脑计划出版工程:
类脑计算与类脑智能研究前沿系列
总主编:张 钹

脑-计算机交互研究前沿

高上凯 吕宝粮 张丽清 编著

上海交通大学出版社
SHANGHAI JIAO TONG UNIVERSITY PRESS

内容提要

　　脑-计算机交互是通过读取特定脑神经活动，构建认知模型获取用户逻辑意图与精神状态，从而建立脑与外部设备间的直接连接通路，搭建闭环神经反馈系统。系统以脑-机接口、机器学习、模式识别等关键技术为基础，围绕可穿戴干电极脑电采集、运动神经康复、认知情感建模以及多模态神经反馈等关键科学问题开展研究，开发智能脑-机交互技术。本分册首先介绍脑-计算机交互技术的原理、方法及关键技术，其次对无创脑-计算机交互系统的实现（包括 SSVEP、P300、想象运动等）、植入式脑-计算机交互系统的实现、脑-计算机交互系统的医学应用以及情感脑-计算机接口的工作原理和关键算法等。

图书在版编目(CIP)数据

脑-计算机交互研究前沿/ 高上凯,吕宝粮,张丽清
编著. 一上海：上海交通大学出版社，2019(2021 重印)
(脑计划出版工程：类脑计算与类脑智能研究前沿
系列)
ISBN 978 - 7 - 313 - 20994 - 8

Ⅰ. ①脑…　Ⅱ. ①高… ②吕… ③张…　Ⅲ. ①人—机
系统-研究　Ⅳ. ①TB18

中国版本图书馆 CIP 数据核字(2020)第 017378 号

脑-计算机交互研究前沿
NAO - JISUANJI JIAOHU YANJIU QIANYAN

编　　著：高上凯　吕宝粮　张丽清
出版发行：上海交通大学出版社　　　　　　　　地　　址：上海市番禺路 951 号
邮政编码：200030　　　　　　　　　　　　　　电　　话：021 - 64071208
印　　制：苏州市越洋印刷有限公司　　　　　　经　　销：全国新华书店
开　　本：710 mm×1000 mm　1/16
字　　数：710 千字
版　　次：2019 年 12 月第 1 版　　　　　　　　印　　张：39.75
书　　号：ISBN 978 - 7 - 313 - 20994 - 8　　　　印　　次：2021 年 5 月第 2 次印刷
定　　价：368.00 元

类脑计算与类脑智能研究前沿系列
丛书编委会

总主编
张 钹
(清华大学,院士)

编 委
(按拼音排序)
丛书编委(按拼音排序)

党建武	天津大学,教授
高家红	北京大学,教授
高上凯	清华大学,教授
黄铁军	北京大学,教授
蒋田仔	中国科学院自动化研究所,研究员
李朝义	中国科学院上海生命科学研究院,院士
刘成林	中国科学院自动化研究所,研究员
吕宝粮	上海交通大学,教授
施路平	清华大学,教授
孙茂松	清华大学,教授
王 钧	香港城市大学,教授
吴 思	北京师范大学,教授
徐 波	中国科学院自动化研究所,研究员
徐宗本	西安交通大学,院士
姚 新	南方科技大学,教授
查红彬	北京大学,教授
张丽清	上海交通大学,教授

丛书执行策划
吕宝粮　上海交通大学,教授

序

人工智能(artificial intelligence，AI)自 1956 年诞生以来，其 60 多年的发展历史可划分为两代，即第一代的符号主义与第二代的连接主义(或称亚符号主义)。两代人工智能几乎同时起步，符号主义到 20 世纪 80 年代之前一直主导着人工智能的发展，而连接主义从 20 世纪 90 年代开始才逐步发展起来，到 21 世纪初进入高潮。两代人工智能的发展都深受脑科学的影响，第一代人工智能基于知识驱动的方法，以美国认知心理学家 A. 纽厄尔(A. Newell)和 H. A. 西蒙(H. A. Simon)等人提出的模拟人类大脑的符号模型为基础，即基于物理符号系统假设。这种系统包括：① 一组任意的符号集，一组操作符号的规则集；② 这些操作是纯语法(syntax)的，即只涉及符号的形式，而不涉及语义，操作的内容包括符号的组合和重组；③ 这些语法具有系统性的语义解释，即其所指向的对象和所描述的事态。第二代人工智能基于数据驱动的方法，以 1958 年 F. 罗森布拉特(F. Rosenblatt)按照连接主义的思路建立的人工神经网络(ANN)的雏形——感知机(perceptron)为基础。而感知机的灵感来自两个方面，一是 1943 年美国神经学家 W. S. 麦卡洛克(W. S. McCulloch)和数学家 W. H. 皮茨(W. H. Pitts)提出的神经元数学模型——"阈值逻辑"线路，它将神经元的输入转换成离散值，通常称为 M-P 模型；二是 1949 年美国神经学家 D. O. 赫布(D. O. Hebb)提出的 Hebb 学习律，即"同时发放的神经元连接在一起"。可见，人工智能的发展与不同学科的相互交叉融合密不可分，特别是与认知心理学、神经科学与数学的结合。这两种方法如今都遇到了发展的瓶颈：第一代基于知识驱动的人工智能，遇到不确定知识与常识表示以及不确定性推理的困难，导致其应用范围受到极大的限制；第二代人工智能基于深度学习的数据驱动方法，虽然在模式识别和大数据处理上取得了显著的成效，但也存在不可解释和鲁棒性差等诸多缺陷。为了克服第一、二代人工智能存在的问题，亟须建立新的可解释和鲁棒性好的第三代人工智能理论，发展安全、可信、可靠和可扩展的人工智能方法，以推动人工智能的创新应用。如何发展第三代人工智能，其中一个重要的方向是从学科交叉，特别是与脑科学结合的角度去思考。"脑计划出版工程：类脑计算与类脑智能研究前沿系列"丛书从跨学科的角度总结与分析了人工智能的发展历程以及所取得的成果,这套丛书不仅可以帮助读者了解人工智能和脑科学发展的最新进展,还可以从中看清人工智能今后的发展道路。

人工智能一直沿着脑启发(brain-inspired)的道路发展至今,今后随着脑科学研究的深入,两者的结合将会向更深和更广的方向进一步发展。本套丛书共7卷,《脑影像与脑图谱研究前沿》一书对脑科学研究的最新进展做了详细介绍,其中既包含单个神经元和脑神经网络的研究成果,还涉及这些研究成果对人工智能的可能启发与影响;《脑-计算机交互研究前沿》主要介绍了如何通过读取特定脑神经活动,构建认知模型获取用户逻辑意图与精神状态,从而建立脑与外部设备间的直接通路,搭建闭环神经反馈系统。这两卷图书均以介绍脑科学研究成果及其应用为主要内容;《自然语言处理研究前沿》《视觉信息处理研究前沿》《听觉信息处理研究前沿》分别介绍了在脑启发下人工智能在自然语言处理、视觉与听觉信息处理上取得的进展。《自然语言处理研究前沿》主要介绍了知识驱动和数据驱动两种方法在自然语言处理研究中取得的进展以及这两种方法各自存在的优缺点,从中可以看出今后的发展方向是这两种方法的相互融合,也就是我们倡导的第三代人工智能的发展方向;视觉信息和听觉信息处理受第二代数据驱动方法的影响很深,深度学习方法的提出最初是基于神经科学的启发。在其发展过程中,它一方面引入新的数学工具,如概率统计、变分法以及各种优化方法等,不断提高其计算效率;另一方面也不断借鉴大脑的工作机理,改进深度学习的性能。比如,加拿大计算机科学家 G. 欣顿(G. Hinton)提出在神经网络训练中使用的 Dropout 方法,与大脑信息传递过程中存在的大量随机失效现象完全一致。在视觉信息和听觉信息处理中,在原前向人工神经网络的基础上,将脑神经网络的某些特性,如反馈连接、横向连接、稀疏发放、多模态处理、注意机制与记忆等机制引入,用以提高网络学习的性能,有关这方面的工作也在努力探索之中;《视觉信息处理研究前沿》与《听觉信息处理研究前沿》对这些内容做了详细介绍;《数据智能研究前沿》一书介绍了除深度学习以外的其他机器学习方法,如深度生成模型、生成对抗网络、自步-课程学习、强化学习、迁移学习和演化智能等。事实表明,在人工智能的发展道路上,不仅要尽可能地借鉴大脑的工作机制,还需要充分发挥计算机算法与算力的优势,两者相互配合,共同推动人工智能的发展。

《类脑计算研究前沿》一书讨论了类脑(brain-like)计算及其硬件实现。脑启发下的计算强调智能行为(外部表现)上的相似性,而类脑计算强调与大脑在工作机理和结构上的一致性。这两种研究范式体现了两种不同的哲学观,前者为心灵主义(mentalism)，后者为行为主义(behaviorism)。心灵主义者认为只有具有相同结构与工作机理的系统才可能产生相同的行为，主张全面而细致地模拟大脑神经网络的工作机理，比如脉冲神经网络、计算与存储一体化的结构等。这种主张有一定的根据，但它的困难在于，由于我们对大脑的结构和工作机理了解得很少，这条道路自然存在许多不确定性，需要进一步去探索。行为主义者认为，从行为上模拟人类智能的优点是："行为"是可观察和可测量的，模拟的结果完全可以验证。但是，由于计算机与大脑在硬件结构和工作原理上均存在巨大的差别，表面行为的模拟是否可行？能实现到何种程度？这都存在很大的不确定性。总之，这两条道路都需要深入探索，我们最后达到的人工智能也许与人类的智能不完全相同，其中某些功能可能超过人类，而另一些功能却不如人类，这恰恰是我们所期望的结果，即人类的智能与人工智能做到了互补，从而可以建立起"人机和谐，共同合作"的社会。

　　"脑计划出版工程：类脑计算与类脑智能前沿系列"丛书是一套高质量的学术专著，作者都是各个相关领域的一线专家。丛书的内容反映了人工智能在脑科学、计算机科学与数学结合和交叉发展中取得的最新成果，其中大部分是作者本人及其团队所做的贡献。本丛书可以作为人工智能及其相关领域的专家、工程技术人员、教师和学生的参考图书。

张　钹

清华大学人工智能研究院

前　　言

脑-计算机交互是一个新兴的学科领域。近年来随着神经科学与信息技术的飞速发展,脑-计算机交互逐渐发展成为应用科学技术领域的前沿热点。虽然脑-计算机交互目前尚无一个完全确认的定义,但是,一般认为凡是涉及脑与计算机或外部设备之间直接交互作用的系统都可以认为是属于脑-计算机交互研究的范畴。

本书是《类脑计算与类脑智能研究前沿》丛书的一个分册,专注于脑与计算机交互的原理、方法和应用。全书内容分为三大部分。

第一部分是基础篇,包含第 1 章～第 4 章。各章分别介绍了绪论、脑-计算机交互系统中脑信号的产生与获取方法、系统的基本构成与实现方法,以及脑信号的处理方法。初次进入脑-计算机交互研究领域的读者可以从中了解与神经科学和信息技术相关的基础知识,为后续章节的阅读打下基础。

第二部分是方法篇,包含第 5 章～第 11 章。各章逐一介绍了常见的脑-计算机交互系统。在无创脑-计算机交互系统中分别介绍了基于稳态视觉诱发电位、P300 事件相关电位、运动想象及功能近红外光谱的脑-计算机交互系统;在有创的脑-计算机交互系统中分别介绍了植入电极式的系统和基于颅内脑电的系统;另外还有一章专门介绍了各种植入式和非植入式电极。

第三部分是应用篇,包含第 12、13 章。第 12 章介绍脑-计算机交互在医学领域中的应用;第 13 章介绍情感脑-计算机接口的工作原理、关键算法以及正在开展的抑郁症辅助诊疗应用研究。

通过本书从原理、方法到应用由浅入深的介绍,我们希望无论是刚开始进入本领域的研究人员还是已经在某些方面对脑-计算机交互系统有所了解的读者都能从本书阅读中得到一定的启示与收获。

需要说明的是,脑-计算机交互是一个正在飞速发展的领域。各种新技术和新方法不断涌现,其应用也从医学领域扩展到健康人群。正因为如此,本书也许只能是一个入门的读本。希望有志在本领域开展研究的读者关注本领域的最新进展,了解本领域研究面临的挑战和未来发展的机遇。

　　本书邀请了国内在脑-计算机交互领域中成果丰硕的学者执笔,他们将自己多年的研究成果深入融合到各章的内容中,在此谨向所有为本书做出贡献的同仁们表示诚挚的谢意。

　　脑-计算机交互是一个交叉学科领域,涉及的学科门类包含神经科学、信息与计算机科学,以及生物医学工程中的众多学科。由于我们在多学科领域的知识有限,本书在叙述过程中难免出现各种各样的问题或错误,殷切希望各学科领域的读者给予诚恳的批评和指正。

编　者

目　　录

绪　论

高上凯

高上凯,清华大学医学院生物医学工程系,电子邮箱: gsk-dea@tsinghua. edu. cn

熟悉计算机领域的读者一定都很了解"人-机交互"(human-computer interaction，HCI)。HCI技术研究的是人与计算机之间的信息交流，包括由人向计算机和由计算机向人的双向信息传递。在早期，人们可以借助鼠标或键盘向计算机发送信息，或借助显示器、打印机获取来自计算机的信息。随着HCI技术的发展，人们提出了更多新颖的人-机交互方法。其中，由人向计算机发送的信息也可以是直接由大脑产生的信号。近年来，各种脑信号检测技术日益成熟，脑与计算机之间的实时在线交互已经成为可能。这种脑与计算机之间的直接交互技术就是本书要讨论的脑-计算机交互(brain-computer interaction，B-C interaction)技术，简称脑-机交互技术。

1.1　脑-计算机交互的定义

脑-计算机交互是一个比较新的概念，目前还没有学术界完全认可的确切定义。但是，与HCI技术类比，我们大致可以认为脑-机交互技术属于人-机交互技术中的一种，只不过它突出强调其研究领域是脑与计算机的直接交互。

目前被较多文章引用的脑-机交互定义是由美国学者Wolpaw等人在2012年提出的[1]，他们认为脑-机交互是测量来自中枢神经系统的活动信息并将其转换成一种人工信号后输出，该信号可用于替代、恢复、增强、补充或改善原始中枢神经系统的输出，由此来改变中枢神经系统与其外部或内部环境正在发生的交互作用。这里也强调了脑和机之间的交互作用，即本书的主题——脑-计算机交互。其中突出强调的中枢神经系统(central nervous system，CNS)通常是指脑(brain)和脊髓(spinal cord)两部分，而不包含周围神经系统(peripheral nervous system，PNS)。中枢神经系统借助其独特的细胞类型和组织结构，可以整合多种接收到的感知信号并由此产生相应的输出信息。中枢神经系统的活动信息由电生理、神经化学和代谢现象等构成。这些信息可以通过颅内或颅外的传感器直接采集获得(无须经过PNS)，人们还可以将其转换成相应的控制命令来实现对外部设备的控制。这就是实现脑-机交互的基本原理。脑-机交互的应用有很多，其定义中所谓的"替代"是指利用脑-机交互系统来替代人们由于疾病或受伤而失去的原本自然具有的功能。例如，对于丧失运动功能的患者，可以用脑信号实现对假肢或轮椅的控制从而替代失去的行走功能[2]；对于失去语言功能的患者，可以通过脑信号电解码生成计算机合成的语音[3]。所谓的"恢复"是指利用脑-机交互系统来恢复人体失去的自然功能。例如，利用脑信号开启安装在瘫痪肢体上的功能电刺激装置,使上肢恢复抓握功能[4-5]。所谓的"增强"是指利用脑-机交互系统提升 CNS 的输出。例如,司机长时间驾驶后会疲劳,并因此降低对周围环境的注意力,人-机交互系统可以将检测到的疲劳状态下的特征脑信号转换成警报声音,从而提醒司机提升注意力[6]。所谓的"补充"是指利用脑-机交互系统的输出来实现附加功能。例如,我们除了正常的两只手操作外,还可以用脑信号来控制第三只机械手操作[7];也可以直接利用脑信号实现对计算机光标的控制[8]。所谓的"改善"是指利用脑-机交互系统来改善人体的功能。例如,对于中风偏瘫患者,可以测量其想象运动时的脑信号并转换成电刺激信号施加到偏瘫的肢体上来改善其运动功能[9]。

1.2　与脑-机交互定义相近的名词术语

在现有的文献资料中,对于脑-机交互系统的描述出现过不同的用语。有些用语的含义十分接近,或者根本就是指同一件事。为了方便读者阅读本书,我们先对一些含义相近的名词术语做个解释与界定。

1.2.1　脑-机接口

脑-机接口在英文中有两个不同的用语,即 brain-computer interface（BCI）和 brain-machine interface（BMI）。"brain-computer interface"这一术语最早出现在 20 世纪 70 年代初[10-11],而"brain-machine interface"最早出现在 1985 年[12]。现在,两者都用来描述将脑活动信息转换成外部设备控制命令,以实现脑与机器或计算机互动的系统。在实践中,BCI 更多用于描述采用无创技术（如脑电或近红外技术）实现的脑-机交互系统;而 BMI 则更多地用于描述采用植入微电极来记录皮层神经元活动的脑-机交互系统。

在本书中,我们认为"脑-机交互"和"脑-机接口"属于同一个研究范畴,只是前者更强调概念设计,而后者则更强调系统的实现。因此,除非有特殊说明,在本书中"脑-机接口"和"脑-机交互"是通用的。

1.2.2　脑/神经-计算机交互

脑/神经-计算机交互（brain/neural-computer interaction，BNCI）源自欧盟委员会（European Commission，EC）支持的一个多国合作项目——BNCI Horizon 2020[13]。但是,这个项目本身并没有对 BNCI 给出明确的定义。之后,

人们在使用 BNCI 时习惯地认为它与传统 BCI 之间的差异只在于所使用的信号不同。通常认为,BNCI 系统中所使用的信号不仅包含直接测量脑活动所获取的信息,也可以包含其他神经生理信号,如眼动、肌电或心电信号等。所谓的混合型 BCI(hybrid BCI)或多模态 BCI(multimodal BCI)就属于此类系统。

1.3　历史沿革

"心想事成"以往都只是发生在科幻小说中的情景,但随着科学技术的发展,人类的梦想正在逐步变成现实。这就是本书要介绍的脑-计算机交互系统。

脑-计算机交互的研究始于半个多世纪前。20 世纪 70 年代初,美国学者 Vidal 在文献中首先提出了 BCI 的概念,并在实验室搭建完成了一个基于视觉诱发电位的 BCI 系统[10-11]。在之后的二十年里,一些脑-计算机接口研究的先驱者先后提出了多种新的实验范式,其中包括基于皮层慢电位的脑-计算机接口系统[14];基于运动节律的脑-计算机接口系统[15];基于 P300 事件相关电位的脑-计算机接口系统[16];等等。但是,从总体上看,该领域的研究并未取得明显进展。这或许是因为当时的技术条件还不足以支撑 BCI 的研究。在很长一段时间的研究过程中,人们首先要解决的问题是如何实现"脑"与"机"之间相互传递信息,或者说要解决两者之间的"接口"问题。实际上,脑活动的相关信息(如神经电生理信号、神经代谢信号等)可以通过各种技术手段来获取,但是要将获取的脑信号转换成计算机能识别的信号则需要有效的脑信号解析方法。此外,如何将计算机发出的信号直接传递给大脑,让大脑感知外界环境的变化,则是一个更加困难的事情。也许是因为上述有关实现脑与计算机之间双向信息传递的技术是脑-计算机交互研究中的重点和难点,学术界一开始就把此类研究称为脑-机接口(BCI 或 BMI)技术。

直至 20 世纪末,由于各种先进技术的发展与成熟,脑-计算机交互的研究才真正进入高速发展的时期。以"brain-computer interface"或"brain-machine interface"为关键词在 Web of Science 中检索到的 2000—2019 年发表的论文有 17 911 篇,其按年份的分布如图 1 - 1 所示,从中可以看到近十年来该领域飞速发展的情况。

有三个重要因素推动了脑-计算机交互系统的发展。首先,现代科学技术的发展极大地推动了脑-计算机交互系统的研发。多种类型的脑信号检测设备被广泛使用,包括有创的植入电极记录设备及多种无创检测设备,如脑电图仪、脑

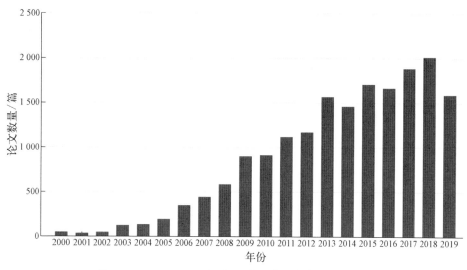

图 1 - 1　2000—2019 年脑-机交互方向发表论文的情况

磁图仪、功能磁共振成像仪及近红外光谱设备等。植入大脑皮层的高密度电极可以同时在线记录几百甚至上千个神经元的活动信息,而无创的头皮脑电多通道记录系统也开始实现可便携及信号的无线传输。用于处理复杂脑信号的计算机系统更是有了日新月异的变化,不仅处理功能强大,价格也不再昂贵。所有这一切为脑-计算机交互系统的研发提供了最基本的技术支撑。

其次,在过去的半个世纪里,人们对中枢神经系统(包括人类和动物)的工作机制有了比较深入的了解,掌握了大量与脑功能相关的信息。这些新知识指导产生了许多脑-计算机交互的新范式,并使系统性能不断提高。现在我们已经看到了大脑对内外部环境的自适应能力,这种自适应能力是实现脑-计算机交互最基本的条件。对中枢神经系统自适应能力的理解拓宽了人们研究脑-计算机交互的思路。最开始脑-计算机交互系统的研发只是为了帮助完全瘫痪患者实现与外界的交流,现在已经拓宽到神经系统疾病的康复和治疗中,甚至还用到了提升健康人群认知能力的训练中。这一切都依赖于中枢神经系统对内外部环境的适应能力。

推动脑-计算机交互系统发展的第三个重要因素是强劲的需求。对于那些患有肌萎缩侧索硬化(ALS)、脊髓损伤、脑瘫、脑卒中的患者而言,虽然他们的肢体活动受到限制,但大多数人的意识是清晰的。以往由于缺乏交流沟通的渠道,导致这些患者失去了被良好照顾的机会。脑-计算机交互系统可以使护理人员及时了解患者的需求,从而为他们提供贴心的护理,这对于提高患者的生存质量及延长其寿命都是十分有意义的。近年来,脑-计算机交互系统在健康人群中的应用也有了很大发展,脑-计算机交互系统不仅可以用于司机疲劳驾驶的检测与预警,还被用于提高学习能力、改善认知水平等场合。所有这些需求使得更多的来自不同领域的研究人员参与到脑-计算机交互系统的研究与开发中来。

目前,许多来自不同学术领域的学者正在参与脑-计算机交互系统的研究。许多国家制订的脑科学计划中也将脑-计算机交互系统作为一个重要的研究方向。相信有强劲需求的推动、更多资源的投入,脑-计算机交互系统在不久的将来还会取得许多突破性进展。

1.4　脑-计算机交互系统的基本构成及涉及的研究领域

无论最终应用在哪里,脑-计算机交互系统的基本特征都是在脑(含人与动物脑)与外部设备之间建立的直接交流通道。

如图1-2所示,一个基本的脑-计算机交互系统的实现首先需要产生具有一定特征的脑信号,该信号通过某种手段被采集到计算机并进行特征提取与分类,由此解析出受试者的意图并将其转换成相应的控制命令从而实现对外部设备的控制。为了保证系统运行的稳定性,受控外部设备的状态需要在线反馈给受试者。反馈信号将通过受试者的感知觉系统告知大脑。大脑获得反馈信息后会进一步调整自己的控制策略,以使整个系统运行在一个最佳的状态。

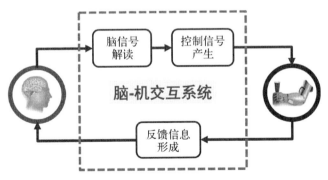

图1-2　脑-计算机交互系统的基本框架

在上述闭合环路中,脑信号的产生及感知觉输入涉及基础神经科学领域。为了实现对外部设备的多样性控制,所产生的脑活动信息必须可重复、可测量、可区分且稳定可靠。因此,研究人员从基础神经生理学研究着手,提出了采用大脑节律信号调节、外部给受试者施加视听觉信号或奇异信号的刺激来满足脑-计算机交互系统设计的要求。除了产生脑信号外,脑-计算机交互面临的更大的挑战是如何实现真正的脑-计算机交互。在脑-计算机交互系统运行的过程中,随着被控外部设备状态的变化或周围环境的改变,受试者必须能及时调整脑信号的输出以实现稳健地控制。这个过程类似于人类"学习技能"(skill learning)的过程,而对于知识学习和记忆的神经机制的研究还远未能交出满意的答卷。

从脑信号的采集到控制命令的产生,直至外部设备的实现,涉及大量现代工程技术的研究,包括信息科学、计算机科学、人工智能、机器人技术、材料科学等。在脑-计算机交互系统的研究中,每个领域都面临着新的课题、挑战与机遇。以脑信号采集与处理为例,目前绝大多数脑-计算机交互系统的研究是基于头皮记录的脑电信号(electroencephalograph,EEG)来实现的。这主要是因为记录EEG信号是一种对受试者没有创伤的方式,因此能被绝大多数受试者接受。此外,EEG的设备相对比较便宜,且可以做到小型化和便携,这也极大有利于脑-计算机交互系统的推广应用。但是,从大脑皮层传播到头皮的脑信号是十分模糊的信号,且每个EEG电极上接收到的信号实际上包含来自成千上万个皮层神经元活动的信息。除此之外,EEG信号还携带大量的噪声(如自发脑电、眼动、电源工频干扰等),实际的信噪比是相当低的。因此这就给后期的信号分析与处理带来了很大困难,这也是当前脑-计算机交互系统要着力解决的一个重要问题。

从本质上看,脑-计算机交互系统中的大脑(中枢神经系统)是可以视为一个生物智能系统,而与之相连的BCI系统则可以视为一个人工智能系统,两者集成在一起就构成了一个复杂巨系统。用工程语言来表达,脑-计算机交互是两个自适应系统间的交互。一方面,中枢神经系统要不断优化自己的输出以实现对目标的有效控制;另一方面,与之相连的BCI系统也必须能自动适应大脑输出信号的变化以确保实现对目标的控制。脑-计算机交互系统的运行就取决于受试者中枢神经系统和BCI系统间有效的自适应互动。中枢神经系统的自适应和与之并发的BCI系统间自适应的复杂交互作用是脑-计算机交互研究中最具挑战性的课题。

上述脑-计算机交互系统研究中涉及的问题与困难导致目前大多数系统仍然处于实验室研究或展示的阶段,真正要将系统推向实用还有很长的路要走。

很显然,脑-机接口是一个交叉学科领域。其中,与生命科学相关的学科领域包括基础神经科学、医学(神经与精神病学)、认知科学、心理学等;与工程技术相关的学科领域包括生物医学工程、神经工程学、脑成像技术、计算机与信息科学、自动化与机器人技术、人工智能(AI)技术、材料科学、半导体集成电路技术等。目前,脑-机接口的应用领域也已经从帮助有运动障碍的残疾人扩展至提升健康人群的认知能力[17-19]。

1.5　本书的内容安排

本书包括基础篇、方法篇和应用篇三部分内容。基础篇介绍脑信号的产生与获取方法(第 2 章)、脑-计算机交互系统的基本构成与实现方法(第 3 章)和脑信号处理方法(第 4 章)。这些基础知识包含了脑-计算机交互中涉及的与神经科学相关的基本常识及系统实现中涉及的工程技术方法,为之后的各章节内容做铺垫。方法篇将逐章介绍各类常见的脑-计算机交互系统,其中在无创的脑-计算机交互系统中将分别介绍已经比较成熟的基于稳态视觉的诱发电位(第 5 章)、P300 事件的相关电位(第 6 章)、运动想象(第 7 章)及功能近红外光谱(第 8 章)的脑-计算机交互系统;在有创的脑-计算机交互系统中将分别介绍植入电极式的系统(第 9 章)和基于颅内脑电的系统(第 10 章);另外还专门开辟了一章来介绍各种植入和非植入式的电极(第 11 章)。在应用篇中,我们将脑-计算机交互系统的应用分为医学应用(第 12 章)和非医学应用(第 13 章)两部分。在医学应用领域,着重介绍运动康复与辅助、视听觉神经假体及神经系统疾病的康复。在非医学应用领域,重点介绍与情绪识别和调节相关的内容。

我们希望通过本书从原理、方法到应用由浅入深的介绍,无论是刚开始进入本领域的研究人员,还是已经在某些方面对脑-计算机交互系统有所了解的读者,都能从阅读本书中得到一定的启示并有所收获。

由于脑-计算机交互系统近年来发展迅速,许多内容都在不断更新,而本书编写的时间又比较仓促,书中难免有不当之处。我们恳请各位读者对书中的错误或问题提出批评指正,共同为推进脑-计算机交互系统的研究与应用而努力。

参考文献

[1]　Wolpaw J R, Wolpaw E W. Brain-computer interfaces: something new under the sun [M]. Oxford: Oxford University Press, 2012.

[2]　Pasley B N, David S V, Mesgarani N, et al. Reconstructing speech from human auditory cortex[J]. PLoS Biology, 2012, 10(1): e1001251.

[3]　Anumanchipalli G K, Chartier J, Chang E F. Speech synthesis from neural decoding of

spoken sentences[J]. Nature, 2019, 568(7753)：493 - 498.

[4]　Bouton C E, Shaikhouni A, Annetta N V, et al. Restoring cortical control of functional movement in a human with quadriplegia[J]. Nature, 2016, 533(7602)：247 - 250.

[5]　Ajiboye A B, Willett F R, Young D R, et al. Restoration of reaching and grasping movements through brain-controlled muscle stimulation in a person with tetraplegia：a proof-of-concept demonstration[J]. The Lancet, 2017, 389(10081)：1821 - 1830.

[6]　deBettencourt M T, Cohen J D, Lee R F, et al. Closed-loop training of attention with real-time brain imaging[J]. Nature Neuroscience, 2015, 18(3)：470 - 475.

[7]　Penaloza C I, Nishio S. BMI control of a third arm for multitasking[J]. Science Robotics, 2018, 3(20), eaat1228.

[8]　Wolpaw J R, McFarland D J. Control of a two-dimensional movement signal by a noninvasive brain-computer interface in humans[J]. Proceedings of the National Academy of Sciences, 2004, 101：17849 - 17854.

[9]　Biasiucci A, Leeb R, Iturrate I, et al. Brain-actuated functional electrical stimulation elicits lasting arm motor recovery after stroke[J]. Nature Communications, 2018, 9：2421.

[10]　Vidal J J. Toward direct brain-computer communication[J]. Annual Review of Biophysics and Bioengineering, 1973, 2(1)：157 - 180.

[11]　Vidal J J. Real-time detection of brain events in EEG[J]. Proceedings of the IEEE 1977, 65(5)：633 - 664.

[12]　Joseph A B. Design considerations for the brain-machine interface[J]. Medical Hypotheses, 1985, 17(3)：191 - 195.

[13]　Brunner C, Birbaumer N, Blankertz B, et al. BNCI Horizon 2020：towards a roadmap for the BCI community[J]. Brain-Computer Interface, 2015, 2(1)：1 - 10.

[14]　Elbert T, Rockstroh B, Lutzenberger W, et al. Biofeedback of slow cortical potentials. I[J]. Electroencephalography and Clinical Neurophysiology, 1980, 48(3)：293 - 301.

[15]　Wolpaw J R, McFarland D J, Neat G W, et al. An EEG-based brain-computer interface for cursor control[J]. Electroencephalography and Clinical Neurophysiology, 1991, 78(3)：252 - 259.

[16]　Farwell L A, Donchin E. Talking off the top of your head：Toward a mental prosthesis utilizing event-related brain potentials[J]. Electroencephalography and Clinical Neurophysiology, 1988, 70(6)：510 - 523.

[17]　Chaudhary U, Bribaumer N, Ramos-Murguialday A. Brain-computer interfaces for communication and rehabilitation[J]. Nature Reviews Neurology, 2016, 12(3)：

513 – 525.

[18]　Abiri R, Borhani S, Sellers E W, et al. A comprehensive review of EEG-based brain-computer interface paradigms[J]. Journal of Neural Engineering, 2019, 16(1): 011001.

[19]　Slutzky M W. Brain-machine interfaces: powerful tools for clinical treatment and neuroscientific investigations[J]. The Neuroscientist, 2019, 25(2): 139 – 154.

2 脑-计算机交互中脑信号的产生与获取方法

高上凯　高小榕

高上凯,清华大学医学院生物医学工程系,电子邮箱: gsk-dea@tsinghua. edu. cn
高小榕,清华大学医学院生物医学工程系,电子邮箱: gxr-dea@tsinghua. edu. cn

脑–机接口是在中枢神经系统与外部设备之间建立的直接交流通道。因此，要了解脑–机接口的工作原理就必须了解有关中枢神经系统的基本知识，包括其解剖结构与功能。由于篇幅有限，本书只扼要介绍相关的知识，目的是为一部分完全不具备相关知识背景的读者提供最基本的有关中枢神经系统的常识，包括一些常用的名词术语，以便这部分读者能顺利地阅读本书的其他章节。读者如果认为有必要深入了解有关知识，可以参考相关的书籍与文献资料[1-2]。

2.1　人体神经系统的解剖结构与基本功能

神经系统是人类机体的主导系统。人体的神经系统由中枢神经系统（CNS）与周围神经系统（PNS）两部分组成，如图 2-1 所示。中枢神经系统包括大脑、小脑、脑干和脊髓；周围神经系统则主要由感觉与运动神经系统组成。通常认为，周围神经系统通过传入神经元将信息传递给中枢神经系统；而中枢神经系统通过传出神经元将信息传递给周围神经系统。人体感受器在接收来自内外环境的刺激后，各种信息会经过传入神经到达中枢神经系统，由中枢神经系统经过一定整合后的信息会由传出神经系统传达至全身各个器官，由此调节各器官的活动来保证机体的协调以及机体与外部环境的统一，从而维持生命活动的正常进行。

本节将首先介绍神经系统最基本的结构和机能单元——神经元，然后分别介绍中枢神经系统和周围神经系统的构成与基本功能。

2.1.1　神经元

人类神经系统是由神经细胞和神经胶质细胞构成的，其中的神经细胞也称为神经元。人类大脑大约包含 1×10^{11} 个神经元。

神经元的结构分为胞体（soma）和突起两部分，其中突起又分为树突

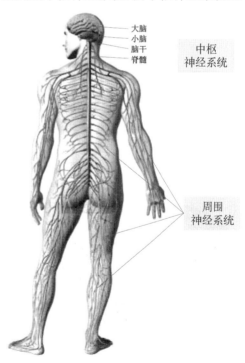

图 2-1　人体神经系统的基本解剖结构

(dendrite)和轴突(axon)(见图 2‐2)。胞体是神经元的主体部分,也是细胞代谢和信息整合的中心,对维持细胞的生命十分重要。树突可视为胞体的延伸部分。树突的作用是接收其他神经元发来的冲动,并将之传至胞体。大多数神经元都有一条细长的轴突,较粗的轴突表面有髓鞘包裹。它的主要功能是将胞体发出的冲动传递给其他神经元或肌细胞和腺细胞等效应器。

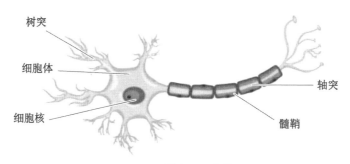

图 2‐2　神 经 元 结 构

　　神经元构成了神经系统中的信息传输通路、神经束和神经网络。互相连接的两个神经元之间或神经元与效应器之间的接触部分称为突触(synapse),神经元之间信号传递就是依靠突触实现的。绝大多数突触信息的传递是通过神经递质介导的。

2.1.2　中枢神经系统

　　中枢神经系统由位于颅腔内的脑和位于脊柱椎管内的脊髓两部分组成,外面被硬膜、蛛网膜和软膜包裹。

　　1. 脑

　　哺乳动物的脑包含大脑(cerebrum)、小脑(cerebellum)和脑干(brain stem)三部分。

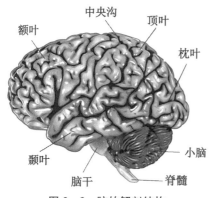

图 2‐3　脑 的 解 剖 结 构

　　大脑被矢状裂沿中间分成两个大脑半球,从功能上看,大脑左右半球分别控制对侧躯体的感觉与运动,且分别负责诸如语言等高级功能。如图 2‐3 所示,大脑表面有许多沟回,它们把整个表面划分成相对独立的四个区域:额叶(frontal lobe)、顶叶(parietal lobe)、颞叶(temporal lobe)和枕叶(occipital lobe)。还有一个被称为岛叶(insular lobe)的皮层处于大脑内部。

通常,大脑皮层的不同区域按其功能分为初级皮层区域(primary areas)和次级皮层区域(secondary areas)。初级皮层包括位于额叶的初级运动皮层(primary motor cortex)、位于顶叶的初级体感皮层(primary somatosensory cortex)、位于颞叶的初级听觉皮层(primary auditory cortex)和位于枕叶的初级视觉皮层(primary visual cortex)(见图 2-4),其主要功能是接收来自外界的各种刺激信号。次级皮层区域的主要功能是完成多种模态的信息处理,包括与认知和注意相关的处理。下面介绍各皮层的主要功能。

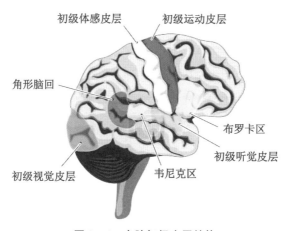

图 2-4 大脑初级皮层结构

1) 额叶

额叶由中央前回(precentral gyrus)、前额叶区(prefrontal areas)和前运动区(premotor areas)组成。在占优势的半球中还包含了被认为是语言产生区域的 Broca 区。

位于中央前回的初级躯体运动皮层(通常称为 M1 区)负责控制自主运动。中央前回的每一点都与它所控制的那部分身体的运动相对应。图 2-5 左侧的剖面图形象地表现了这种对应关系。

前额叶皮层(prefrontal cortex)在决定行为、动机、组织规划以及决策执行能力方面发挥着至关重要的作用。前额皮层的损伤可能导致运动技能学习障碍及多种行为障碍。

前运动皮层(premotor cortex)包括额叶外侧的前运动区(premotor area,PMA)和位于内侧的辅助运动区(supplementary motor area,SMA)。这两个区执行类似的功能,但控制不同的肌群。PMA 支配近端肌肉的运动单元,而 SMA 则支配远端肌肉的运动单元。前运动皮层的损伤可能会影响运动朝向特定目标

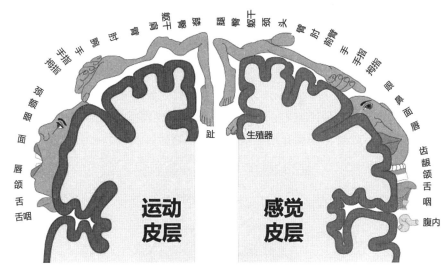

图 2 - 5　躯体感觉和运动皮层上的躯体定位图

的能力。

　　Broca 区是控制语言产生的区域。最常见于左半球表面的 Broca 区域的损伤可导致表达性失语。

　　2）顶叶

　　顶叶位于中央沟、侧沟和顶枕叶沟之间。它包括中央后回、顶上小叶和顶下小叶。

　　初级体感皮层位于中央后回，接收感官信息。与初级躯体运动皮层相似，初级体感皮层上各个感知点的位置也与人体各脏器有相应的对应关系，如图 2 - 5 右侧所示。

　　顶叶损伤可导致注意力障碍、感觉消失或空间失认症等。

　　3）颞叶

　　颞叶由语言记忆中涉及的初级听觉皮层、相关联的听觉皮层（包括 Wernicke 区）和相关联的颞叶皮层组成。来自听觉神经的信息被双侧投射到初级听觉皮层中，被激活的区域与特定的声音频率相关联。

　　颞叶负责处理听觉信息，也与记忆和情感有关。颞叶的损伤会导致听觉障碍。

　　4）枕叶

　　枕叶为视觉皮层中枢，主要处理视觉信息。与初级运动皮层或初级体感皮层类似，初级视觉皮层（V1）和相关联的视觉皮层位也存在着系统的对应关系。

我们视野中的每一个点都在 V1 的特定区域中表示。

头颅内的中枢神经系统还包含小脑和脑干两个重要组成部分。小脑位于大脑的尾部和脑干的背侧。小脑中部狭窄区域称为小脑蚓(vermis),两侧膨大部分称为小脑半球,小脑下面靠近小脑蚓两侧的小脑半球突起称为小脑扁桃体。

小脑是运动调节中枢,与大脑和脊髓有广泛的信息联系。大脑皮层向肌肉发出的运动信息和执行运动时来自肌肉和关节的信息都会传入小脑,并在此进行整合,由此通过传出神经来调整和纠正相关肌肉的运动,使运动保持协调。此外,小脑还在维持身体平衡方面起着重要的作用。它接收来自前庭器官的信息,通过传出系统来改变躯体不同部位肌肉的张力,从而使肌体在做加速或旋转运动时保持平衡。左右侧小脑分别与同侧躯体的运动相关。

脑干是颅内中枢神经系统的另一个重要组成部分。脑干自上而下由三部分组成:中脑(midbrain)、脑桥(pons)和延髓(medulla)。中脑位于脑桥之上,它是视觉与听觉的反射中枢,瞳孔、眼球肌肉等活动均受中脑控制;脑桥位于中脑与延髓之间,它的调节作用可以协调身体两侧肌肉的活动;延髓居于脑干的最下方,它的主要功能是控制呼吸、心跳和消化等。脑干下方与脊髓相连,上方则与大脑相连,它负责在大脑、脊髓和小脑间传递信息。脑干还是条件呼吸、意识和体温等重要生命活动的控制机构。

2. 脊髓

脊髓位于脊椎骨组成的椎管内,上端与脑干的延髓部分相连,下端止于荐骨中部。在身体生长发育的过程中,脊髓并不随脊柱的骨骼同步生长,其长度大约是脊柱的三分之二[见图 2-6(a)]。

脊髓包含两种组织:内部是由神经细胞胞体、无髓轴突、胶质细胞和血管组成的灰质;外侧是由髓轴突构成的白质,它的作用是在脊髓和脑之间传递冲动[见图 2-6(b)]。

脊髓表面有 6 条纵沟,前后正中两条纵沟把脊髓分为对称的两半。前面正中的沟较深,称为前正中裂;后面正中的沟较浅,称为后正中沟。在前正中裂与后正中沟的两侧分别有许多成对的前外侧沟和后外侧沟。前后外侧沟内有成排的由神经纤维形成的脊神经根丝出入。出前外侧沟的根丝形成 31 对前根;入后外侧沟的根丝形成 31 对由感觉神经构成的后根。每对脊神经相连的一段称为一个脊髓节段(segment of spinal cord)。因此,脊髓分为 31 个节段,它们是 8 个颈段(C)、12 个胸段(T)、5 个腰段(L)、5 个骶段(S)和 1 个尾段(Co)。

脊髓两旁发出的成对脊神经分布在全身皮肤、肌肉和内脏器官。脊髓是周

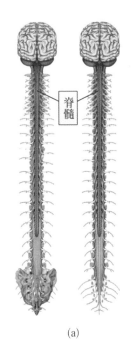

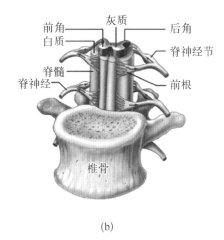

(a)　　　　　　　　　　　　　　　(b)

图 2-6　脊髓的解剖结构

围神经与大脑之间的通路,也是许多简单反射活动的低级中枢。脊髓的主要功能包括反射功能、传导功能和调节功能等。

2.1.3　周围神经系统

周围神经系统是中枢神经系统与外周器官的神经末梢之间的外周神经,包括躯体神经系和内脏神经系两个系统。

1. 躯体神经系

躯体神经系包含支配躯干和四肢躯体性结构的周围神经,其中一部分与脊髓相连,称为脊神经;另一部分与脑直接联系,称为脑神经。

脊神经共 31 对,与脊髓的节段一致,每一对脊神经都与相应的脊髓节段联系。脊髓通过 31 对脊神经与躯体其他部位相连。脊神经从相邻椎体的间隙中穿过,形成神经根进入脊髓的背侧和前侧。脊髓通过这些神经实现与脑的信息交流。

脑神经或称颅神经是与脑直接连接的周围神经,共 12 对,从颅侧到尾侧按顺序分别是嗅神经、视神经、眼动神经、滑车神经、三叉神经、展神经、面神经、前庭蜗神经、舌咽神经、迷走神经、副神经和舌下神经。

2. 内脏神经系

内脏神经系分布于全身内脏和心血管,它支配心肌和平滑肌的运动、腺体的分泌以及向中枢神经系统传递源自内脏和心血管所感受的传入冲动。

内脏传出神经可分为交感神经和副交感神经两个体系,它们相辅相成且相互制约,共同维持内脏和心血管系统的正常节律活动。

2.2 脑信号的获取方法

快速准确地获取大脑活动信息是实现脑-计算机交互的关键。脑活动中产生的电磁信号和与脑代谢相关的信号是在脑-计算机交互中最常见的两类信号。由于信号产生的机理及主要特征各不相同,不同信号的采集需要采用不同的检测手段。考虑到不同信号所包含的生理意义并不相同,如何同时采集不同模态下产生的信号并进行综合分析是一个十分值得关注的问题。

2.2.1 电磁信号的检测

1. 电信号检测

1) 电信号的记录

开展脑功能研究首先遇到的问题是神经活动信息的记录和分析,其中有关神经活动电信号的记录是最常见的方法[3-4]。

图 2-7 简单展示了大脑及头部构成以及三种脑神经活动电信号的记录方法。靠近大脑的是一层坚硬的硬脑膜,它是包被脑和脊髓的坚硬而无弹性的硬膜。再向外是颅骨和头皮。如果要直接记录神经元放电信息,就必须把电极完全植入大脑,由此可以记录到单个神经元放电的信息;如果把电极放在颅骨下方硬脑膜的表面(也可以放在硬脑膜下面),这样记录到的信号是来自几千个神经元活动信息的总和,它被称为皮层脑电(electrocorticogram,ECoG);把电极放在头皮表面,这样记录到的信号是来自几百万个神经元活动信息的总和,称为头皮脑电(electroencephalogram,EEG)。

(1) 神经元动作电位的记录。

所谓神经元放电信息是指在神经系统中传递信息的信号,即动作电位(action potential),也被称为锋电位(spike)。在静息情况下,神经元细胞内电位相对于胞外为负电位。动作电位是指这一电位状态的快速翻转,即在瞬间使胞内电位相对于胞外为正电位。动作电位通常也指神经冲动。同一个神经

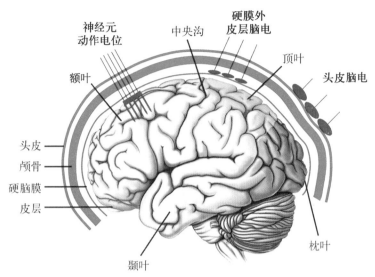

图 2-7　大脑构成及三种脑神经活动电信号的记录方法[5]

元产生的动作电位有相似的幅度和时程,并不随其在轴突上的传导而衰减。神经元就是通过对动作电位频率和模式的编码将信息从一个部位传递到另一个部位的。

　　动作电位的记录方法大致可以分为两类:胞内记录和胞外记录,如图 2-8(a)所示。胞内记录是将微电极直接插入胞体或轴突内来记录信号。胞内记录的结果能直接反映胞内电极与胞外溶液中参考电极之间的电位差。但多数情况下由于神经元的形态太小,插入微电极有一定的难度。实际上,动作电位发生的过程中有不同的离子跨神经元的膜流动。只要把电极放在神经元膜的附近(不要求插入细胞内),也能检测到这个离子电流的变化,这就是胞外记录的原理。当神经元不活动的时候,胞外的记录电极和参考电极之间的电位差为零。但如果电极非常靠近神经元,则当动作电位开始时,正电荷从记录电极的位置流入神经元;当动作电位结束时,正电荷从膜内流向记录电极。由此可见,胞外电极记录到的是一个简短的记录电极和参考电极之间的电压变化。通常与某一个事件相关的神经元放电表现为一个脉冲串,即可以记录到一系列连续的神经元动作电位,如图 2-8(b)所示,其中上图是记录到的几个典型的动作电位,下图则是记录到的一系列放电脉冲(spikes)。

　　在大脑皮层记录神经元的动作电位时,植入的电极周围可能不只存在一个神经元。这时候一个电极就有可能记录来自多个神经元的动作电位。不过,研究表明,神经元在形态、大小以及与其他神经元的连接等方面都各不相同。此

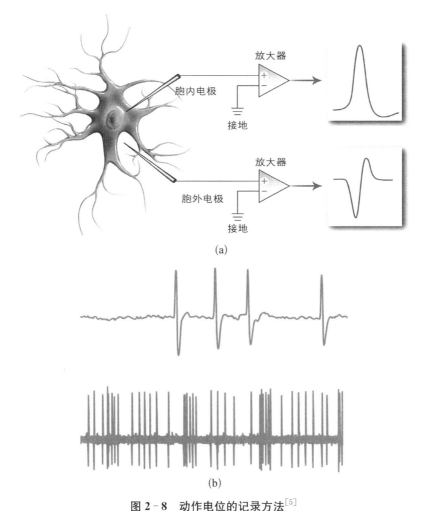

(a)

(b)

图 2 - 8　动作电位的记录方法[5]

(a) 胞内记录和胞外记录的示意图；(b) 连续的神经元动作电位

外,神经元的电特性也不尽相同,因此植入电极所记录到的来自不同神经元的动作电位在形态上是有差别的。基于这种差别,采用信号处理的方法可以将每一次记录到的信号判定给一个特定的神经元,此项工作称为动作电位的分类(spike sorting)。

近年来,在神经元放电信息记录的研究中,一个突出的进展是成功研究了植入电极阵列,即在一个很小的面积上集成许多的小电极。这样就可以同时记录到许多神经元传来的动作电位信号。此外,这些小电极还可以对所记录到的神经元放电信号进行适当的低通滤波,虽然在所得的结果中看不到不同神经元各自的贡献,但是能提供某一个局部范围内神经元集群共同活动的信息,这就是所谓的局部场电位(local field potentials,LFP)。局部场电位可以看成是介于微观水平(microscale)单个神经元活动与宏观水平(macroscale)皮层外记录之间的中间水平的记录信号,因此它也被称为是在介观或中观水平(mesoscopic scale)的信号。

由于电极长期植入后的安全性还有待更多实验的证明,目前植入电极主要用于动物实验。

(2) 皮层脑电的记录。

记录皮层脑电(ECoG)是将电极铺放在颅内硬脑膜之下的大脑皮层上方(而不是像记录神经元动作电位那样要插入大脑皮层)或是放在颅内硬脑膜的上方。此时记录到的信号只能是神经元集群的活动信息。尽管记录 ECoG 信号时电极并不直接插入大脑皮层,但是为了安放皮层电极(特别是要求安放较多数量的电极时),所需手术造成的创伤还是比较大的。目前,此项技术在临床上通常是针对那些即将进行癫痫手术的患者开展的术前检查,以便准确地确定癫痫病灶的位置。脑-机接口的研究大多是在这些癫痫患者术前等待的过程中开展的。

(3) 头皮脑电的记录。

头皮脑电信号(EEG)的记录可以追溯到 1929 年奥地利神经科学家 Hans Berger 的工作[6]。他最先观察到了人在睡眠与觉醒状态下有不同的脑电信号。现在,脑电信号不仅广泛用于临床神经系统疾病的诊断,其在脑科学的研究中也日益发挥出重要的作用。

头皮脑电的记录是一种完全无创的记录方法,操作过程也比较简单。受试者只要佩戴上一个特制的脑电帽,所有测量电极都固定在帽子上。实验时要在电极与头皮之间注入导电膏以保证较低的接触阻抗。另外,除了测量电极和参考电极外,通常还要安放一个接地电极,接地电极放置在头前额的中部。使用接地电极有利于排除 50 Hz 工频的干扰。

为了使不同受试者的测试结果尽可能有一定的可比性,目前脑电测量都采用国际脑电图学会发布的"10-20"电极导联定位标准,"10-20"指每个电极与相邻电极离开 10%或 20%的距离。图 2-9 展示了"10-20"标准导联的位置。

采用"10-20"标准导联测量时,要求电极的位置根据颅骨标志位置的测量来确定。例如,在前后定位时,将从鼻根点至枕外隆凸点的前后连线分成 10 等份,从鼻根向上量得第一个 10%,次点即为中线额极(FP2);从粗隆向上量取最后一个 10%定为中线枕极(Oz),依此类推。"10-20"系统的特点是电极的排列

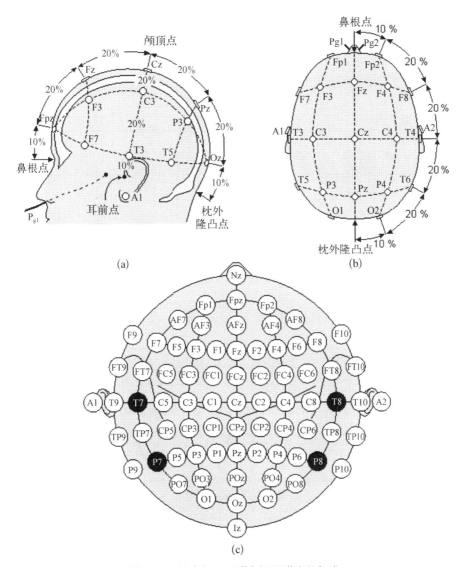

图 2 - 9 脑电"10 - 20"电极导联定位标准

(a) 电极分布侧视图；(b) 电极分布顶视图；(c) 头皮电极的名称和位置

与头颅的大小和形状成比例，这样就可以保证电极的位置与大脑皮层的解剖关系相对应。正是因为这种对应关系，各个电极的命名也与脑解剖分区有对应关系，这样也有利于使用者理解和记忆电极位置的名称。

表 2 - 1 是"10 - 20"导联系统电极名称一览表，电极的具体位置可以参考图 2 - 9。

表 2-1 "10-20"导联系统电极名称一览表

部　位	英　文　名　称	电　极　名　称
前　额	frontal pole	Fp1、Fp2
侧　额	inferior frontal	F7、F8
额	frontal	F3、Fz、F4
颞	temporal	T3、T4
中　央	central	C3、Cz、C4
后　颞	posterior temporal	T5、T6
顶	parietal	P3、Pz、P4
枕	occipital	O1、O2
耳	auricular	A1、A2

注：单数号码的电极在左半侧，双数号码的电极在右半侧。

脑电波通常表现出明显的节律性，主要的脑电信号频段划分为 δ 频段（0～<4 Hz）、θ 频段（4～<7 Hz）、α 频段（7～<13 Hz）、β 频段（13～<40 Hz）和 γ 频段（40～<200 Hz）波，如图 2-10 所示。

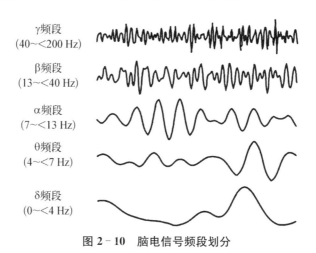

γ频段
(40～<200 Hz)

β频段
(13～<40 Hz)

α频段
(7～<13 Hz)

θ频段
(4～<7 Hz)

δ频段
(0～<4 Hz)

图 2-10　脑电信号频段划分

植入电极可以记录单个神经元的放电信号，空间分辨率达到 200 μm；局部场电位记录信号的空间分辨率可以达到毫米量级；皮层脑电的空间分辨率在 1 cm 以下；头皮脑电记录信号的空间分辨率为 3～5 cm。

综上所述，植入大脑的电极可以直接记录神经元放电信息，是空间分辨率最高的一种记录方式。如果对记录的信号进行低通滤波，则所获得的信号是空间分辨率为毫米量级的局部场电位信息。皮层脑电由于所使用的电极直接贴服在大脑皮层表面,因此也能获得相对较高的空间分辨率。但是上述两种方法都属于对人体有创伤的信号记录法,需要通过外科手术才能把电极植入颅内。特别是完全植入大脑神经元的信息记录方式不仅存在手术带来的风险,电极长期滞留在大脑内的安全性问题也还没有完全得到解决。头皮脑电记录是一种完全无创的方法。然而,头皮脑电信号的空间分辨率显然是比较低的(厘米量级),它所记录到的信号也容易受到各种外界噪声的干扰(如眼动、肌电等)。不过由于它是一种完全无创技术,因此也是最能被绝大多数人所接受的记录方法。

上述三种方法获得的原始信号还可以根据需要做进一步处理,以便挖掘出更深层次的信息。

2) 电信号的处理

(1) 脑电地形图。

脑的功能活动和脑电之间存在直接联系,这是已经公认的结论。脑电作为认知、思维科学以及脑病理研究的一项重要工具,受到了广泛的重视。但是由于影响脑电的因素较多,因此它所蕴含的信息比较复杂。自从 1929 年 Berger 发现脑内电活动在头皮上的表现后,人们从不同角度对它进行了分析。例如,从产生脑电的来源上分析自发脑电、诱发脑电和事件相关电位;为了更形象地表现出脑电的空间分布,提出了脑电地形图;为了提高其空间分辨率,头皮测量的导联数目从 8 通道增加到 128、256 甚至 512 通道;考虑到颅骨的低导电率是脑电空间分布变模糊的重要原因,提出了由头皮测量电位逆推皮层电位的高分辨脑电;为了协助脑电活动源的定位,提出电流偶极子定位的各种方法。此外,脑内电活动的功能分区和多区活动同步化整合特点的分析也日渐深入,把空间信息与时间信息结合起来的时-空模式分析(spatio-temporal pattern analysis)为脑电功能成像打下了基础。

地形图顾名思义是一种表示方位和高度的二维或三维地理图形,人们采用不同的颜色来表示不同地区的海拔高度或海洋的深度,以此形成了不同的地形图。将地形图的概念和方法引入脑电信号处理,就形成了所谓的脑电地形图(brain electrical activity mapping, BEAM),这是一种简单的脑电功能成像方法。

由于脑电测量的时候电极的数量有限,要想构成一张脑电的空间分布图就必须进行插值处理。插值后的各个位置上依据其不同的幅度值(可能是电位或某种频率成分的幅度值)赋予其不同的颜色,就构成了一张脑电地形图。图 2-11(a)是一张 64 导联脑电的电极位置分布图;图 2-11(b)所示的则是脑电地形图。

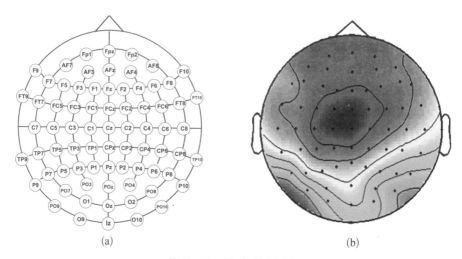

图 2-11 脑电地形图

(a) 受试者头皮上 64 个电极的位置;(b) 经过插值处理后获得的脑电地形图

脑电地形图可以显示不同受试者在不同状态下的脑电分布和变化规律,它可以用来分析脑部病变部位的定位,也可以用来探讨大脑在某些特定的感知和认知条件下的脑电分布,从一个侧面来研究脑活动的机制。

(2) 脑电逆问题。

在头皮表面采集到的脑电信号源自颅内无数神经元产生的电信号。借助颅外记录到的脑电信号推算出颅内源信号的位置和强度的过程就是脑电逆问题(inverse problem)[7]。

在求解逆问题的过程中首先需要了解源信号从颅内传播到头皮的过程,这就是脑电正问题(forward problem),即在已知脑电源及头模型的情况下,计算头皮的电位分布。常见的头模型是一个分层结构模型,从内到外包括大脑组织、脑脊液、颅骨和头皮。对于每一层结构都需要了解其几何形状及相应的电导率。早期研究中将头模型简化成一个包含多层结构的同心球体,这显然与实际情况相差较大。随着影像技术的发展,我们已经可以借助 X 射线计算机断层成像(X-CT)或磁共振成像(MRI)获得完整的头部结构像,由此再通过图像处理方法分离出各层结构。对于真实头模型的复杂结构,正问题的求解需要采用数值方法。目前常用的方法包括边界元法(boundary element method,BEM)、有限元法(finite element method,FEM)等。研究脑电正问题的目的是将正向演算结果与实际观测到的脑电数据做比较,由此来辅助推定脑电源信号的位置及相关特征。

脑电逆问题即脑电发生源的定位分析,是脑电空域分析的核心。现有的逆问题研究大致可以分为偶极子源定位方法和空间电位成像两大类。常见的算法包括多信号分类算法(multiple signal classification,MUSIC)、多分辨率电磁层析成像(low resolution electromagnetic tomography,LORETA)等。正问题与逆问题求解中的不少算法有相关的 MATLAB 工具箱和软件支持。

图 2-12 给出了脑电源定位的计算流程:采集磁共振或 CT 图像,建立个体真实的头模型;采集头皮脑电极的空间位置信息并将其与头模型数据一起送给脑电正问题计算程序;脑电正问题计算得到导联场矩阵,即颅内源活动到头皮脑电的传导关系;采集多导脑电信号并将其与导联场矩阵一起送给脑电逆问题计算程序;求解脑电逆问题最终获得颅内脑电源的分布。

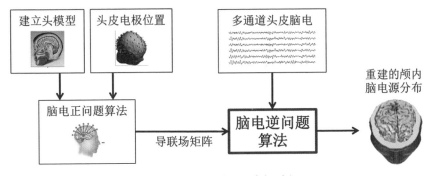

图 2-12 脑电逆问题求解过程

2. 磁信号检测

脑磁图(magnetoencephalography,MEG)是采用低温超导与电子工程等高技术实时测量神经细胞的磁场变化,直接反映大脑神经功能活动的检测技术。MEG 也是一种完全无创的脑功能检测技术,可广泛地用于脑功能研究和临床脑疾病诊断。

"电"和"磁"本来就是相伴而生的。脑神经活动在神经元细胞内产生电流的同时也必然会在其周围产生相应的磁场。由于磁场在传播过程中不会受组织电导率的影响,因此从理论上讲测量这种磁信号比测量脑电信号的失真会更小。然而,由于神经磁场非常微弱,它的强度还不到地球磁场的十几亿分之一,要想测定颅内极其微弱的磁场是非常困难的。1969 年美国科学家 David Cohen 首次在磁屏蔽室中测到了脑磁信号。之后,由于使用超导量子干涉仪(superconducting quantum interference device,SQUID),一项全新的被称为脑磁图的脑功能检查技术得到了很快的发展。在 MEG 研究的开始阶段,由于设备价格昂贵及技术

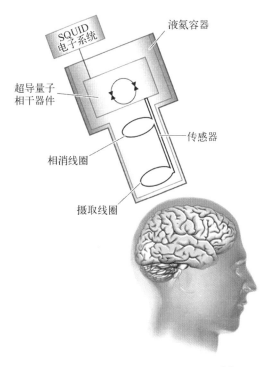

SQUID
电子系统

液氦容器

超导量子
相干器件

传感器

相消线圈

摄取线圈

图 2-13　测量脑磁图的原理与设备[5]

尚未成熟,只能采用单个测量通道。随着科学技术的进步,目前,超过 300 个通道的脑磁图仪也已经在科研机构与医院中使用。图 2-13 展示了 MEG 测量的原理。

准确地说,MEG 测量的是与细胞内电流相关的磁场分布,而非脑电图 EEG 所测量的体电流。因此,与 EEG 相比,MEG 还具有如下明显的优势:磁信号在传播过程中不会受介质电导率的影响,衰减少,失真小;MEG 在测量时 SQUID 探头并不接触受试者头皮或身体,也不用像 EEG 测量时需要在皮肤和电极之间注入导电膏,因此使用起来很方便。

EEG 和 MEG 都是无创的测量技术,而且都具有很高的时间分辨率。它们都是脑功能研究中不可或缺的手段。但目前由于 MEG 设备十分昂贵,其大量推广使用还不现实。

2.2.2　代谢信号的检测

大脑神经系统在活动中必定需要能量的供给。当神经元频繁发信号时,它们所需要的能量(葡萄糖和氧气)也会相应地有所增加。这种能量供给的增加将伴随神经元周围区域性血流量的增加。区域性血流变化虽然不是直接与神经元动作电位相关的信号,但它可以间接地作为神经元活动的标记。这种与代谢过程相关的区域性血流量的变化已经作为研究大脑功能的重要手段。

现有的颅内血流测量方法包括经颅超声多普勒血流测量、正电子发射型断层扫描、功能近红外光谱技术和功能磁共振成像方法。考虑到经颅超声多普勒血流测量和正电子发射型断层扫描都较少在脑-机接口中应用,本节重点介绍功能近红外光谱技术和功能磁共振成像方法。

1. 功能近红外光谱

在人体中,含氧的血液从心脏出发经过大小动脉直达全身所有器官和肌肉的毛细血管,并在那里释放氧气,支持新陈代谢活动。其间它还会吸收代谢过程中产生的二氧化碳,然后通过静脉回流到心脏。由静脉回流的血液将通过肺循环产生新的富氧血液回到心脏,再开始新的循环。在血液中,氧分子(O_2)的运输是通过血红蛋白(Hb)来完成的。存在两种不同形式的血红蛋白,即不包含氧分子的脱氧血红蛋白(脱氧 Hb)和包含氧分子的氧合血红蛋白(氧合 Hb)。在支持组织和器官的新陈代谢过程中,氧合血红蛋白释放氧气,转化成脱氧血红蛋白。

当大脑中某个特定区域的代谢活动增加时,其耗氧量的需求也会增加。此时,神经元会从周围的毛细血管内血液中的氧合 Hb 吸收更多的氧气,而毛细血管则通过自身扩张来允许更多的包含氧合 Hb 的血液进入该区域以回应周围神经元对氧的需求。在这个过程中,活跃神经元邻近血管中的血容量增加,血液流速增加,而氧合血红蛋白释放氧气,转化成脱氧血红蛋白。可见,局部区域中氧合 Hb 与脱氧 Hb 相对数量的变化与该区域神经活动的程度相关,只要能测定上述变化,就能间接了解该局部脑区神经活动的状况。

实验发现,氧合 Hb 与脱氧 Hb 在近红外波段吸收光谱的特征是不同的。脱氧 Hb 呈深红色,它吸收的光的波长为 690 nm;而氧合 Hb 呈浅红色,它吸收的光的波长为 830 nm。在均匀介质中,光的吸收或衰减与吸收分子(氧合 Hb 与脱氧 Hb)的浓度成正比,吸收分子浓度的变化将造成吸光度的变化。这个变化可以采用功能近红外光谱技术(functional near-infrared spectroscopy,fNIRS)来测定。

fNIRS 是一种无创的测量颅内血流变化的技术。通常是在人体头部安放若干发射光源和相应的检测器,如图 2-14 所示,发射器向颅内发出波长为690 nm 和 830 nm 的近红外光,光线穿过头皮、颅骨后到达大脑皮层。之后,部分光线被脑组织吸收和散射,其中部分散射光线被反射出头部从而被接收器接收。由于氧合 Hb 与脱氧 Hb 对波长为 690 nm 和 830 nm 的近红外光有不同的吸收模式,且其吸收的程度还与吸收分子的浓度成正比,因此接收器所能接收的反射光强度就分别反映了血管内氧合 Hb 与脱氧 Hb 的浓度。不过,由于波长为690 nm 和 830 nm 的近红外光在颅内的穿透深度有限,fNIRS 所能揭示的只是距离皮层表面几毫米内的大脑活动状况。

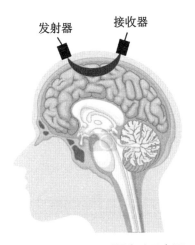

图 2-14 fNIRS 测量方法示意图

实际上,入射光线在穿过头皮、颅骨并进入大脑皮层的过程中将发生多次散射与折射,最后能到达接收器的光线只是其中很少的一部分。如果将这部分最终到达接收器的光子的传播路径画出来,就会得到如图 2-14 中所示的"香蕉"形状。这个光子香蕉的形状与组织的光线特性有关,也与发射器与接收器安放的位置有关。增加发射器与接收器之间的距离,则光子香蕉就有机会覆盖更大的大脑皮层区域,但也会因为有更多的光散射,降低了系统的空间分辨率和灵敏度。

fNIRS 是一种对人体无创伤的测量方法,系统的使用相对也比较方便,其时间分辨率在秒级范围,尚可接受。其缺点是空间分辨率比较低,大约在厘米量级,系统的探查深度也比较有限。有关 fNIRS 的更多介绍及其在脑-机接口中的应用请参见本书的第 8 章。

2. 功能磁共振成像

传统的磁共振成像(magnetic resonance imaging,MRI)主要反映的是人体的结构图像。近年来在磁共振成像技术的基础上发展起来的功能磁共振成像(functional MRI,fMRI)技术已经成为脑功能成像的有效手段[8]。

目前常见的 fMRI 方法包含血氧水平依赖性成像(blood oxygen level dependent imaging,BOLDI)、灌注加权成像(perfusion weighted imaging,PWI)、弥散加权成像(diffusion weighted imaging,DWI)、弥散张量成像(diffusion tensor imaging ,DTI)和脑磁共振波谱成像(magnetic resonance spectroscopy imaging,MRSI)。限于篇幅,本节仅介绍最常用的 BOLDI。

虽然人脑的重量只是人体重量的 2%,但其耗氧量却占人体的 20%,血流量为整个人体的 15%。大脑皮层局部区域的神经活动会导致该区域的血流快速增加,通过测量大脑局部血流,可以间接地测量大脑皮层的神经活动。

BOLDI 的成像机制是氧合血红蛋白和脱氧血红蛋白的磁化率差异。当血红蛋白结合氧分子形成氧合血红蛋白时,磁化率减小;血红蛋白失去氧分子变成脱氧血红蛋白后,磁化率增大。这种磁敏感性的差别会导致局部磁场改变,而局部磁场的非均匀性会使质子的横向弛豫时间明显变短,所以用 T_2 加权的序列就可以对顺磁性物质的这种弛豫效应进行测量。

在局部大脑皮层静息时,局部的耗氧量不大,附近小动脉中的血流量也不多,如图 2-15(a)所示。当该区域的神经元受到刺激产生兴奋时,组织代谢活动增强,兴奋区局部小动脉扩张,血流量增加,供血增多,血液中的氧合血红蛋白也明显增加,如图 2-15(b)所示。这种反差就是 BOLDI 的依据。

建立在 BOLDI 基础上的功能磁共振成像的目的就是探测由于神经活动诱

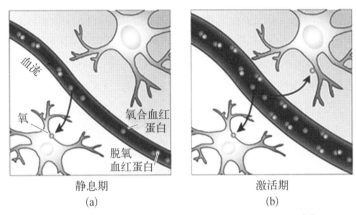

图 2-15 基于血氧水平依赖性的功能磁共振成像[5]

导的去氧血红蛋白浓度变化而导致的 T_2 信号的改变。在感觉或认知刺激的同时,利用快速高分辨回波成像技术进行序列采集,即可显示这种变化的时空分布,从而识别一定的功能区域,建立刺激与响应的关系,进而研究大脑的工作机制。不过,虽然神经活动和生理响应之间的耦合是紧密的,定位也是比较准确的,但两者之间的响应时间相对较慢,通常在秒量级。

在大脑活动期间,血流的实际变化是很小的,因此相应的 BOLDI 信号的改变量也很小。例如对于组块设计的实验,在场强为 $1.5T$ 的 fMRI 系统中,信号的改变率小于 $2\%\sim4\%$;在场强为 $4T$ 的系统中,信号变化率也只有 $5\%\sim6\%$;而对于事件相关设计的实验,信号变化率会更小。在功能性磁共振成像中,为了检测到显著的信号变化,必须得到大量的 fMRI 图像,但同时许多认知活动只有在相对较短的时间内才能持续。因此缩短采集时间就成为最优成像技术的关键。目前常用的是单次激发回波平面技术(echo planar imaging, EPI),可获得 T_2 加权的超高速信号采集序列。

由于 fMRI 的无创性以及技术本身的迅速发展,这一领域的研究已经从开始单纯研究单刺激或任务的大脑皮层功能定位,发展到目前的多刺激和(或)任务在脑内功能区或不同功能区之间的相互影响;从对感觉和运动等低级脑功能的研究,发展到对思维和心理活动等高级脑功能的研究,并越来越展示出它在脑功能研究中的突出地位。

2.2.3 多模态神经影像

不同的神经影像学方法具有不同的特点。例如,植入电极的方法可以采集到单个神经元的放电信息,具有很高的空间分辨率和时间分辨率,这是研究人员希望看到的微观信息。但是,植入电极的过程需要进行外科手术,这将对人体造成较大的创伤。除了手术本身带来的风险外,日后发生感染的风险也是不容回避的。皮层电位(ECoG)的测量也存在类似的风险。与这类有创的方法形成鲜明对比的是被大多数用户接受的无创的方法。所谓无创是指在使用过程中对人体不造成任何创伤。目前在脑-机接口中广泛采用的脑电(EEG)、脑磁(MEG)、功能磁共振成像(fMRI)和功能近红外光谱(NIRS)等都是无创的神经影像方法(见图 2 - 16)。

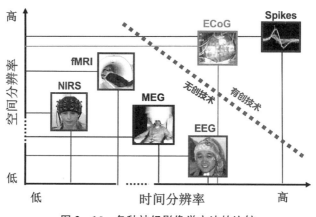

图 2 - 16　各种神经影像学方法的比较

在诸多的无创神经影像学方法中,各种方法具有的特色也不一样。如图 2 - 16 所示,EEG 和 MEG 具有较高的时间分辨率(通常可以达到毫秒量级),但它们的空间分辨率却都不高(大约在厘米量级)。fMRI 的时间分辨率不高(大约在秒量级),但其空间分辨率却相当高(可以达到毫米量级)。NIRS 的时间分辨率和空间分辨率都不高,但它能提供其他成像所不能提供的有关大脑代谢功能的信息。

为了尽可能多地获取脑信息,人们很自然地想到是否能把不同成像模式的优势集中起来,形成兼有高时间分辨率和高空间分辨率的神经影像,这就是我们要介绍的多模态神经影像方法。早期的研究方法是在尽可能相同的外部条件下,先后用不同的成像方式(如 EEG 和 fMRI)采集同一受试者的脑信号,然后再设法把两种成像结果整合在同一坐标系下进行分析。但是,由于两次成像是先后完成的,很难保证受试者的状态是一模一样的。因此,采集到的信号整合后也会产生很大的误差。之后,人们开始研究各种特殊的设备,希望用同一台装置就能采集两种不同来源的脑信息。例如,把 EEG 电极和 NIRS 传感器同时装在一个采集帽上面,在实验过程中同步记录反映大脑电活动的 EEG 信号和反映大脑代谢功能的 NIRS 信号。这种同步采集的装置能保证两种不同范式记录的信号是完全同步的,并能保证两种不同范式所测得的数据是同一受试者在状态完全相同的情况下测得的,充分保证了多模态影像的有效性。

为了同时获得高时间分辨率和高空间分辨率的脑信息,将 EEG 和 fMRI 整合在一起是目前不少研究者采用的方法。在本节中我们将详细介绍这种多模态成像技术。

1. 脑电与功能磁共振成像的融合

在单模式成像的情况下,EEG 可以获得高时间分辨率却无法获得高空间分辨率;而 fMRI 可以获得高空间分辨率却无法具备高时间分辨率。为了将 EEG 和 fMRI 各自的优势融合在一起,科研人员开始研究同时记录 EEG 和 fMRI 的装置及相关的分析方法。目前,常见的数据采集与整合的方法是非对称数据集成方法(asymmetric data integration),其中又分为 fMRI 引导的 EEG(fMRI-informed EEG)和 EEG 引导的 fMRI(EEG-informed fMRI)。典型的数据分析方法包括神经再生建模(neurogenerative modeling)和多模态数据融合(multimodal data fusion)[9]。

1) fMRI 引导的 EEG 方法

fMRI 引导的 EEG 方法可以参考图 2 - 17 来理解。在脑电逆问题的求解过程中需要建立人体头模型,包括头部组成的几何结构和各结构组织的生物物理学属性(例如组织的导电特性),并由此建立电磁计算的正向模型。简单的人体

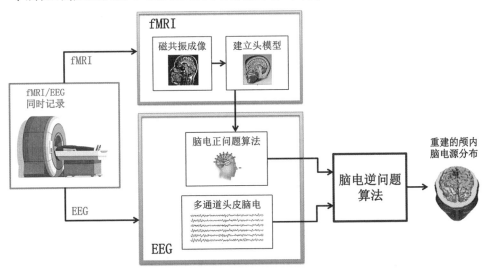

图 2 - 17　fMRI 引导的 EEG 方法

头模型可以是多层球模型,而复杂的头模型则可以来自每个受试者个体的磁共振图像。建立了头部的正向计算模型后,就有可能利用在头皮测量到的脑电信号来推测颅内的神经电活动。而求解出来的颅内神经活动源(例如电流偶极子)可以进一步定位到磁共振的图像中,从而观察到特定时间神经活动源的空间位置。由于 EEG 可以记录颅内神经活动随时间变化的过程,只要重复上述计算过程就可以获得空间活动源随时间变化的过程。

2) EEG 引导的 fMRI 方法[10]

EEG 引导的 fMRI 方法重点关注 EEG 与 fMRI 两者间的关联随时间的变化过程。如图 2 - 18 所示,在 EEG 引导的 fMRI 方法中,通常先对 EEG 信号进行去噪预处理,然后提取每一个试次中某一个感兴趣的特征,例如事件相关电位(event-related potentials,ERP)的幅度和时延、某个频带中的功率等。无论使用哪一种特征,此处基本的假设是认为它们随时间的变化与在实验中观察到的fMRI 信号的变化是一起发生的。由于事件发生的时刻是已知的,随事件发生所引起的血流动力学改变的数学模型也是已知的,因此通过事件发生时刻与血流动力学响应函数(hemodynamic response function,HRF)的卷积就可以预测到 fMRI 信号在每一个像素点上随时间变化的过程,最终获得 EEG-fMRI 统计融合的图像。

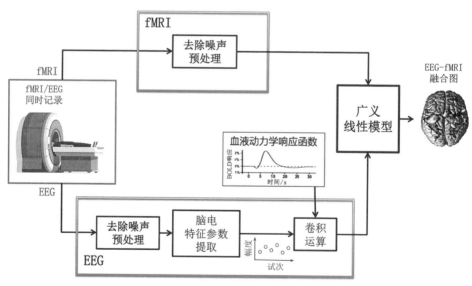

图 2 - 18 EEG 引导的 fMRI 方法

实际上,fMRI 引导的 EEG 方法是一种空间约束方法,而 EEG 引导的 fMRI方法是一种时间约束方法。两种方法联合实现并行处理,将会在时域与空域两个维度上都取得优化的效果[11]。

目前,EEG-fMRI 同时记录和融合分析方法已经被大量应用于临床医学与基础神经科学的研究中。

2. 脑电与近红外光谱成像的融合

脑电与近红外光谱成像的融合是另一种电生理信号与代谢信号相结合的分析方法。与脑电和功能磁共振信号相结合的方法比较,脑电和近红外光谱成像融合的优势在于两者不仅都是对人体无创的技术,而且两者设备的价格相对便宜,也可以做成便携式,便于操作人员使用。

为了将脑电与近红外光谱信号进行融合分析,通常需要使两套设备中用于采集信号的传感器(脑电电极和红外接收器)尽可能靠近,一起放到待测脑区的上方,如图 2-19 所示。两套装置采集的信号需要同步送入计算机进行分析,并由此得出判别结果。

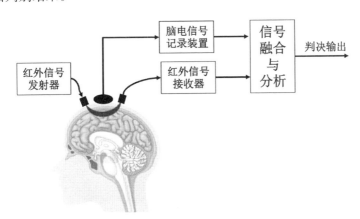

图 2-19 EEG 和 NIRS 融合分析方法

已经有实验证明,由于脑电与近红外光谱检测的信号源自不同的生理机制,两种信号具有互补性。因此采用这两种信号融合分析的脑-计算机交互系统的性能可以得到明显提升,包括分类的正确率、系统的信息传输率和系统的稳健性等。

2.3 脑-计算机交互中脑信号的产生方法

脑-机交互中,采集特定的脑信号并将其转换成相应的控制命令是最基本的一个环节。为了实现不同的控制,就要求被测量到的脑信号是可区分的,即不同状态下的脑信号对应着不同的控制命令。

不同脑信号的产生方法大致可以分为两类：外源性刺激和内源性激励（见图 2 - 20）。所谓外源性刺激是指人为地给受试者一个外部刺激（视觉、听觉或触觉刺激等）。通常情况下，当受试者接收不同的外部刺激时，大脑将产生不同的响应信号，由此就可以产生不同的控制命令。所谓内源性激励是一种不依赖于外部刺激的由受试者自身发出的脑信号。例如，当受试者主动想象肢体运动（只是想象并无实际的运动）时，就会在大脑运动皮层产生相应的信号。想象不同肢体的运动时，脑信号的特征也不一样，这样就可以来实现不同的控制。内源性激励的脑信号还可以包含由情感、注意或其他心智活动产生的脑信号。脑-机接口系统接收了不同条件下产生的脑信号后，通常要在不同的域（时域、频域和空域）上对其进行分析，提取其中的特征，再将其转换成相应的控制命令。

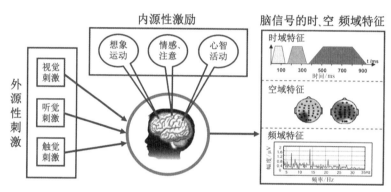

图 2 - 20 脑-机交互中脑信号的产生

2.3.1 基于外源性刺激产生的感知觉信号

常见的外源性刺激包括视觉、听觉和触觉的刺激。

1. 基于视觉刺激产生的诱发信号

只要受试者的视觉通路是正常的，那么当我们给受试者一定的视觉刺激后就会在大脑的视觉通路中产生一系列的响应，这就是所谓的视觉诱发响应。不同形式的视觉刺激将产生不同类型的诱发电位（visual evoked potential，VEP）。

1) 稳态视觉诱发电位[12]

如果给受试者周期性重复的视觉刺激，如按一定频率闪烁的目标刺激，当刺激信号的频率超过 6 Hz 后，就可以在受试者的视觉皮层记录到与刺激频率相关的周期性重复信号，这就是稳态视觉诱发电位（steady state VEP，SSVEP）。

如图 2 - 21 所示，受试者注视着屏幕上以 7 Hz 频率闪烁的目标时，在其枕区视皮层附近就可以记录到相应的周期性变化的信号。只要对所记录的脑电信号进行傅里叶变换,就可以在其频谱图中发现明显的 7 Hz 成分及相应的谐波成分,如 14 Hz、21 Hz 等。

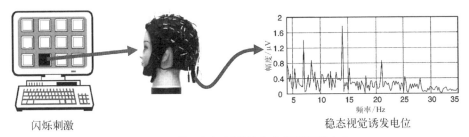

闪烁刺激　　　　　　　　　　　　　　稳态视觉诱发电位

图 2-21　基于闪烁刺激的稳态视觉诱发电位

如果在所设计的脑-机接口系统中有多个目标需要控制,我们可以在屏幕上安排若干个按不同频率闪烁的目标,受试者注视不同的目标,就会产生不同频率特征的 SSVEP。换言之,只要我们能在脑电的频谱图中确定某个特征频率成分,我们就可以由此确定受试者注视的目标。在脑-机接口系统中,每一个目标都与一种控制功能相对应。受试者如果想实现某一种控制功能,就只需注视与该控制功能对应的闪烁目标就可以了[13-14]。详细介绍可参见本书第 5 章。

2) 运动起始视觉诱发电位

运动感知是视觉系统的基本功能之一。将运动目标出现时刻定为起始点所记录的视觉诱发电位称为运动起始视觉诱发电位(motion onset visual evoked potential,mVEP)。

研究表明,运动起始视觉诱发电位由两个主要成分构成,即 N2 和 P2(见图 2-22)[15],它们是脑-机接口系统关注的主要成分。N2 是潜伏在 200 ms 附近的负波,它是 mVEP 的特征成分,反映了运动处理和加工的神经活动,分布在枕区、颞叶和顶区。P2 是潜伏在 240 ms 附近的正波,其幅度与复杂的运动视觉刺激有关,主要分布在顶区,并延伸到中央区。

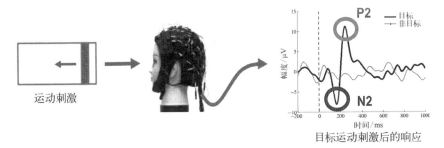

运动刺激　　　　　　　　　　　　　　目标运动刺激后的响应

图 2-22　目标起始运动的诱发响应

在脑-机接口系统中,为了实现多种控制,常常在屏幕上设计多个运动目标,每个目标出现的时刻不一样且分别对应一种控制功能。只要我们同步记录 mVEP 信号,检测出 mVEP 信号中的 N2 成分,就能判断出受试者关注的运动目标出现的时刻。一旦确定所关注的运动目标,就能知晓受试者希望实现的控制功能[16]。

由于采用运动属性作为刺激模式,基于 mVEP 的脑-机接口系统中的刺激目标不需要很高的亮度和对比度。此外,基于 mVEP 的脑-机接口系统避免了闪烁,从而可以减轻用户的视觉疲劳。

3) 编码调制的视觉诱发电位

当受试者接受编码调制的视觉信号刺激时,如图 2-23 所示的由 0 和 1 调制的亮暗信号,记录到的脑电信号中就会出现与该刺激信号相关的特征脑电信号,称为编码调制视觉诱发电位(code modulated VEP,cVEP)。

图 2-23　基于编码刺激的诱发响应

在脑-机接口系统中,通常采用伪随机序列编码调制。所谓的伪随机序列具有如下特征:它可以预先确定且可以重复产生和复制,但其信号特征又与实际的随机信号十分相似。例如二进制编码的 M 序列,它可以由线性反馈移位寄存器产生,也可以由线性递推公式表示。M 序列的自相关函数为二值函数,在零点的值很大,而其他点上的值则很小。

在 M 序列调制的脑-机接口系统中,采用不同时间位移的 M 序列来调制各个不同的目标。在使用前先对不同目标刺激下的响应建立各自的模板,而在使用中则是通过模板匹配的方法来确定受试者所选定的目标[17]。

2. 基于听觉刺激产生的诱发信号

脑-机接口(BCI)技术可以帮助瘫痪病人重建运动控制和对外交流的能力。目前,基于视觉诱发电位的 BCI 系统技术发展相对较为成熟。然而,对于一些视觉系统损伤的患者来说,很难使用现有的视觉脑-机接口系统。幸运的是,对于大部分瘫痪患者来说,其听觉系统往往是完好的,基于听觉诱发电位的脑-机接口系统对他们来说是一个合理的选择。

基于听觉诱发电位的 BCI 系统包括基于皮层慢电位[18]、基于双耳分听范式[19]、基于 P300 范式[20-21]和基于注意的听觉 BCI 系统[22]。

图 2-24 所示是一个基于听觉注意的脑-机接口系统[22]。刺激声音为中文数字语音 1、2、3、4 和 5,分别对应 5 种不同的控制任务。不同数字的声音在不同的空间位置上播放,相互间成 45°角均匀分布。刺激声音序列由 5 个数字反复随机呈现。受试者根据控制任务的需要将注意力集中在目标数字上,在听到目标数字后完成指定的认知任务。由于目标数字与非目标数字呈现时脑电特征有明显差异,因此系统可以通过脑电信号分析来确定受试者关注的数字,从而完成相应的控制。

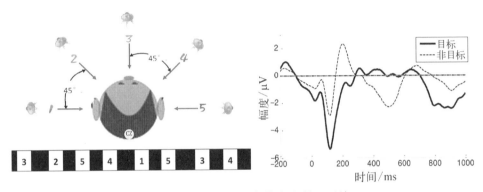

图 2-24 基于听觉注意的脑-机接口系统

3. 事件相关电位

事件相关电位(event related potential,ERP)是人们对某种刺激事件进行信息加工时所诱发的一系列脑电活动。它是一种有心理或语言因素参与的诱发电位。与自发的脑电信号(50~100 μV)相比较,事件诱发电位的幅度很小,通常小于 10 μV。事件相关电位通常与刺激发生的时刻保持时间和相位锁定的关系。因此,可以对多次重复刺激后得到的信号进行相干平均后提取 ERP。所提取的 ERP 信号是由一系列正向和负向波组成的时间波形。

在脑-机接口系统中,P300 事件相关电位得到了广泛的应用[23]。P300 事件相关电位是人体在受到某一种奇异刺激(oddball stimulus)后大约 250~750 ms 内在大脑顶区产生的一种大幅度的正向慢波。奇异刺激可以是听觉、视觉或触觉等不同形式的刺激。如图 2-25 所示,受试者注视屏幕上出现的序列圆盘图像刺激。在一系列黄色圆盘刺激(非目标刺激)的过程中偶然出现红色圆盘刺激(目标刺激)。在红色圆盘刺激出现后大约 300 ms 就可以记录到 P300 事件相关电位。

虚拟键盘输入系统是 P300 事件相关电位在脑-机接口系统中的成功应

奇异刺激

目标 ● ——　　非目标 ○ ┄┄

图 2-25　基于奇异刺激的诱发响应

用[24],详细介绍可参见本书第 6 章。

2.3.2　基于内源性激励产生的脑信号

在现有的脑-机接口系统中,广泛采用基于运动想象产生的内源性激励脑信号来实现对不同目标的控制[25]。产生于大脑的感觉运动皮层,频率范围为 8～12 Hz 的 μ 节律又称为中央前区 α 节律,它和肢体的感觉运动有密切关系,可以被感觉刺激及肢体的主动或被动运动阻断。通常在 μ 节律出现的同时还伴随着 18～26 Hz 的 β 节律的出现,肢体的真实运动或想象运动伴随着由大脑运动皮层 μ/β 节律的事件相关去同步化和同步化(event-related desynchronization/synchronization,ERD/ERS)引起的脑电能量变化[26]。在肢体运动或想象运动过程中,ERD 的空间分布特性符合大脑运动皮层的躯体对应分布关系(见图 2-5):想象左右手运动时,最显著的 ERD 出现在对侧运动皮层的手对应区域(见图 2-26);而想象脚动时 ERD 出现在脚对应区所在的中央区域[27]。根据 μ 节律变化的模式,BCI 系统就能够识别出受试者的意图从而实现相应的控制。详细介绍可参见本书第 7 章。

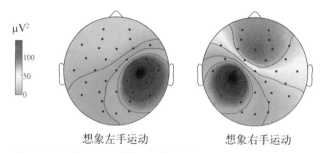

想象左手运动　　　　　　想象右手运动

图 2-26　想象左右手运动时发生的 ERD/ERS 脑电地形图

从图 2-5 中可以看到,与人体不同部位的运动或感觉相对应的感知区不仅处于皮层不同的区域,其所覆盖的面积也有很大的差异。在脑-计算机交互系统中,为了便于区分不同想象运动时的脑信号,通常希望选择所想象的部位在运动皮层中占有较大的面积(例如双手覆盖的区域),而且希望不同的想象运动所激活的脑区相互之间有较大的距离。正是考虑到上述因素,选择想象左手或右手的运动来区分不同的脑信号是一个明智的选择。

2.3.3　与人体精神状态相关的脑信号

在脑-计算机交互系统的使用中,实时解读人的精神状态是十分重要的。这里所提到的精神状态包括人的注意力、情绪、疲劳状态、警觉状态等。对于用户来说,这些信号的解读通常是被动的。因此,此类脑-机接口系统也被称为是被动的脑-机接口系统(passive BCI)[28-29]。

对人体精神状态的检测可以通过人体外在行为(例如眼跟踪)来推断,但更直接的是测量与脑活动相关的生理参数,如脑电。此类信号也被称为是一种神经生理学的标志物(neurophysiological markers)。本节将重点介绍与人体精神状态相关的各种脑信号的特征及相关的检测方法。

1. 与情绪相关的脑信号

有许多不同的术语来描述情绪,例如高兴、愤怒、悲伤、苦恼等。为了区分不同类型的情绪,研究者提出了维度模型的概念。目前比较常用的维度模型是Russell 在 1980 年提出的情绪二维模型。它将情绪表示在一个二维坐标系中。其中一个维度称为愉悦度(valence),另一个维度称为唤起度(arousal)。不同的情绪状态可以在这个二维坐标系中找到相应的位置[30]。

不同的情绪状态在脑电信号中也有不同的表现。例如,大脑额叶脑电信号中在 α 频段的变化与愉悦度有关。左额叶功率谱的下降与负向愉悦度有关,与之对称的右额叶功率谱的下降则与正向愉悦度相关。唤起度水平的变化较容易在 θ 频段检测到[31]。

要了解更多的有关情绪的描述及其在脑-机交互中的应用请参见本书的第13 章。

2. 与注意相关的脑信号

对时间或空间目标的选择性注意反映了人们对那些与任务相关目标的检测,以及对非目标项目忽视的一种能力。高度注意目标的出现可以提高目标检测的速度;反之,注意力水平的降低也会导致操作性能的下降[32]。

在研究注意对脑电信号影响的时候,通常采用奇异任务(oddball task)实验范式[33]。所谓奇异任务实验范式是指让受试者在接受一个序列刺激信号的过程中识别出其中比较罕见的目标,目标项出现的概率为 10%～20%。在实验中,通常还会让受试者在发现目标后在心里默默地计数或者执行一个特别设计的响应动作。在奇异任务实验中,如果用户高度关注目标的出现并在发现目标后执行相应的操作,则可以在用户的脑电信号中发现一个明显的 P300 成分,它出现在目标出现后 300 ms 左右的时间窗里。在采用视觉刺激的实验范式中,P300 成分出现在中央顶区和枕区。这一与注意相关的 P300 成分已经被成功应用于脑-机交互的系统中。

除了 P300 成分外,诱发电位中的一些早成分(如 N1、N2b 等)也与选择性注意有关[34-35]。

在许多重要的工作岗位上,例如核电厂监控、航天飞行等,要求操作人员对所监控的信息保持高度的注意。在这种工作场合,实时监测操作人员的注意力以防止意外事故的发生是有必要的。

3. 与疲劳及警觉状态相关的脑信号

不同的研究领域对警觉有不同的定义。生理学和认知科学的研究人员认为警觉是指人们在指定的工作时间里能对相关工作保持高度注意的能力。与警觉状态相关的是与精神疲劳相关的状态。精神疲劳会影响工作时间里保持警觉的能力。

处于疲劳状态的人们在行为上的表现会变差。随着疲劳程度的增加,操作者在执行相同任务时所花的时间几乎成线性增加,而执行任务的精准程度却明显下降[36-37]。

出现疲劳状态时,脑电中的各种频率成分也会发生相应的变化。例如,操作人员的警觉程度下降时,脑电中的低频成分(如 θ 频段)会上升,特别是最低的 α 频段上升更加明显。而在低频成分下降的同时还会伴随高频成分的提升。除了频率成分的变化外,与诱发电位相关的成分也会发生变化。例如,有研究表明,随着警觉程度的降低,P300 成分的幅度会降低。

驾驶员疲劳是导致车祸的重要原因之一。已经有不少研究采用简单的眼动检测方法来判断驾驶员的嗜睡状态。但是,也有研究表明,采用被动脑-机交互系统来检测驾驶员脑电的频率成分变化可能更早发出预警,以防止事故的发生[38]。

4. 与错误事件相关的脑信号

在日常生活中,人们经常会遇到一些难以预测的事件。当人们快速地对这些突发事件做出响应时难免会发生一些误操作。例如,在计算机上快速打字输入文本时,有时会敲击错误的字符键。此时,人们会很快地在内心提示自己发生了错误。一般情况下,"错误"是指一种主观的感觉,即所发生的事情不是操作者之前所期望的(不管事情本身是对是错)。"错误"可能源自不同的情况：操作人员自身执行了误操作；在人-机交互过程中受控系统发生了误操作；在观察他人时发现了对方的错误；外界提供了与预期不符的反馈信号(奖励或惩罚)；等等。

已有大量研究证明，当人们在内心对错误做出反应后会激活大脑前中脑皮层区(anterior mid-cingulate cortex，aMCC)的神经活动。这个与错误相关的神经活动可以在头皮脑电中观察到，通常称为错误相关电位(error-related potentials，ErrP)。图2-27给出了错误相关电位波形的示意图。从图中可以看到，在对错误事件做出反应后的 50～100 ms 间会出现一个明显的负向峰(error-related negativity，ERN)，而在之后的 200～500 ms 间又会出现一个明显的正向峰[39-40]。

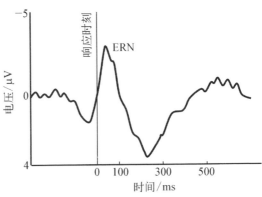

图 2-27　错误相关电位示意图

在脑-机交互系统的使用过程中，由于周围环境等因素的影响，系统经常会错误解读用户信息从而发出错误的控制命令。这种情况的频繁出现将会直接影响脑-机交互系统的性能。为了及时纠正已经发生的错误，我们可以不断跟踪监测实时记录的脑信号，一旦发现记录信号中包含错误事件相关电位，系统即可做出反应，纠正之前发出的错误控制信号[41-42]。

5. 与认知负荷相关的脑信号

认知负荷(cognitive load)并没有十分明确的定义。它通常是指操作人员面对有难度的任务时需要付出的努力程度。常见的与任务难度有关的内容可以是需要记忆的项目数(短期工作记忆)、同一时间里需要执行的任务数(注意力分配)、感知觉难度以及暂时需要承受的压力等。

认知负荷的不同可以反映在操作者的行为表现上。例如，在较重认知负荷情况下，如面对较困难的任务时，会造成操作人员对任务的反应时间延长，出错的概率也会提升。

认知负荷的不同也会反映在记录的脑电信号中。有研究表明，在不同水平认知负荷下，脑电信号功率密度谱中的某些频段会发生变化。在认知负荷较重的情况下，位于中顶叶位置的电极(如 Pz)记录的信号中出现 α 频段(7～13 Hz)功率谱下降；而在中额叶位置的电极(如 Fz)记录的信号中出现 θ 频段(4～7 Hz)，甚至 δ 频段(0～4 Hz)的功率谱上升[43]。还有一些研究发现频率更

高的 γ 频段也会随认知负荷的变化而变化[44]。

除了观察不同认知负荷下脑电功率谱的变化外,还可以通过观察事件相关电位的变化来评估认知负荷的水平。例如,P300 电位幅度的变化可以用来作为工作记忆配置的评价指标。实际上,已经有许多研究表明 P300 电位的幅度会随着认知负荷的增加而降低[45]。还有研究表明,随着任务难度的提升,后正向电位的幅度也会降低[46]。

对于某些需要长时间处理复杂信息的工作岗位(例如空中交通指挥),操作人员的精神负担是很重的。采用被动式脑-机交互系统实时监测操作人员的精神状态,并在必要时采取相应的措施是很有益的。

随着科学技术的发展,脑-计算机交互系统的应用领域已经从单纯为运动障碍人士提供辅助的控制手段扩展到在健全人群中的应用。例如,对于长途运输的司机来说,疲劳驾驶是十分危险的,如果能及时监测司机的疲劳状态并在需要的时候对司机发出警报加以提醒就是很重要的[47]。同样,对那些在危险场所工作的人员来说,及时监测他们的注意力、情绪及警觉状态都是十分必要的。由此可见,研究基于人体精神状态监测的脑-机交互系统是十分必要的。

参考文献

[1] Bear M F, Connors B W, Paradiso M A. Neuroscience: exploring the brain[M]. 3rd ed. Philadelphia: Lippincott Williams & Wilkins Publishers, 2007.

[2] 李继硕. 神经科学基础[M]. 北京:高等教育出版社,2002.

[3] Ramadan R A, Vasilakos A V. Brain computer interface: control signals review [J]. Neurocomputing, 2017, 223: 26 - 44.

[4] Im C, Seo J M. A review of electrodes for the electrical brain signal recording[J]. Biomedical Engineering Letters, 2016, 6(3): 104 - 112.

[5] 吴庆余,高上凯. 生命科学与工程[M]. 北京:高等教育出版社,2009.

[6] Berger H. Uber das electrenkephalogramm des menschen [J]. Arch Psychiatr Nervenkr, 1929, 87: 527 - 570.

[7] 尧德中. 脑功能探测的电学理论与方法[M]. 北京:科学出版社,2003.

[8] 高上凯. 医学成像系统[M]. 2 版. 北京:清华大学出版社,2010.

[9] Huster R J, Debener S, Eichele T, et al. Methods for simultaneous EEG-fMRI: an introductory review[J]. The Journal of Neuroscience, 2012, 3(18): 6053 - 6060.

[10] Abreu R, Leal A, Figueiredo P. EEG-informed fMRI: a review of data analysis methods[J]. Frountiers in Human Neuroscience, 2018, 12: 29.

[11] Lei X, Qiu C A, Xu P, et al. A parallel framework for simultaneous EEG/fMRI

analysis: methodology and simultion[J]. NeuroImage, 2010, 52(3): 1123 - 1134.

[12] Vialatte F B, Maurice M, Tanaka T, et al. Analyzing steady state visual evoked potentials using blind source separation[C]//The second APSIPA annual summit and conference, 2010.

[13] Cheng M, Gao X R, Gao S K, et al. Design and implementation of a brain-computer interface with high transfer rates[J]. IEEE Transactions on Biomedical Engineering, 2002, 49(10): 1181 - 1186.

[14] Chen X, Wang Y, Nakanishi M, et al. High-speed spelling with a noninvasive brain-computer interface[J]. Proceedings of the National Academy of Sciences of the United States of America, 2015, 112(44): E6058 - E6067.

[15] Kuba M, Kubova Z, Kremlacek, et al. Motion-onset VEPs: characteristics, methods, and diagnostic use[J]. Vision Research, 2007, 47(2): 189 - 202.

[16] Guo F, Hong B, Gao X, et al. A brain-computer interface using motion-onset visual evoked potential[J]. Journal of Neural Engineering, 2008, 5(4): 477 - 485.

[17] Bin G, Gao X, Wang Y, et al. A high-speed BCI based on code modulation VEP [J]. Journal of Neural Engineering, 2011, 8(2): 025015.

[18] Hinterberger T, Hill J, Birbaumer N. An auditory brain-computer communication device [C]//2004 IEEE International Workshop on Biomedical Circuits & Systems, 2004.

[19] Hill N J, Lal T N, Bierig K, et al. Attentional modulation of auditory event-related potentials in a brain-computer interface[C]//2004 IEEE International Workshop on Biomedical Circuits & Systems, 2004.

[20] Sellers E W, Donchin E. A P300-based brain-computer-interface: Initial tests by ALS patients[J]. Clinical Neurophysiology, 2006, 117 (3): 538 - 548.

[21] Kubler A, Furdea A, Halder S, et al. A brain-computer interface controlled auditory event-related potential (P300) spelling system for locked-In patients[J]. Disorders of Consciousness, 2009, 1157: 90 - 100.

[22] Guo J, Gao S, Hong B. An auditory brain-computer interface using active mental response[J]. IEEE Transactions on Neural Systems and Rehabilitation Engineering, 2010, 18(3): 230 - 235.

[23] Farwell I A, Donchin E. Talking off the top of your head: toward a mental prosthesis utilizing event-related brain potentials [J]. Eletroencephalography and Clinical Neurophysiology, 1988, 70(6): 510 - 523.

[24] Donchin E, Spencer K M, Wijesinghe R. The mental prosthesis: assessing the speed of a P300-based brain-computer interface[J]. IEEE Transactions on Rehabilitation Engineering, 2000, 8(2): 174 - 179.

[25] Yuan H, He B. Brain-computer interfaces using sensorimotor rhythms: current state and future perspectives[J]. IEEE Transactions on Biomedical Engineering, 2014, 61(5): 1425 – 1435.

[26] Pfurtscheller G, Lopes da Silva F H. Event-related EEG/MEG synchronization and desynchronization: basic principles [J]. Clinical Neurophysiology, 1999, 110: 1842 – 1857.

[27] Pfurtscheller G, Brunner C, Schlogl A, et al. Mu rhythm (de) synchronization and EEG single-trial classification of different motor imagery tasks[J]. NeuroImage, 2006, 31: 153 – 159.

[28] Zander T O, Kothe C. Towards passive brain-computer interfaces: applying brain-computer interface technology to human-machine systems in general[J]. Journal of Neural Engineering, 2011, 8(2): 025005.

[29] George L, Lécuyer A. An overview of research on "passive" brain-computer interface for implicit human-computer interaction[C]//International Conference on Applied Bionics and Biomechanics. 2010.

[30] Russell J A. A circumplex model of affect[J]. Journal of Personality and Social Psychology, 1980, 39(6): 1161 – 1178.

[31] Garcia-Molina G, Tsoneva T, Nijholt A. Emotional brain-computer interface[C]//3rd International Conference on Affective Computing and Intelligent interaction and Workshops, 2013.

[32] Posner M. Orienting of attention[J]. Quarterly Journal of Experimental Psychology, 1980, 32: 3 – 25.

[33] Friedman D, Cycowicz Y M, Gaeta H. The novelty P3: an event-related brain potential (ERP) sign of the brain's evaluation of novelty [J]. Neuroscience Biobehavioral Review, 2001, 25(4): 355 – 373.

[34] Faber L G, Maurits N M, Lorist M M, et al., Mental fatigue affects visual selective attention[J]. PLoS One, 2012, 7(10): e48072.

[35] Boksem M A S, Meijman T F, Lorist M M. Effects of mental fatigue on attention: am ERP study[J]. Cognitive Brain Research, 2005, 25(1): 107 – 116.

[36] Zhao C L, Zhao M, Liu J P, et al., Electroencephalogram and electrocardiograph assessment of mental fatigue in a driving simulator [J]. Accident Analysis & Prevention, 2012, 45: 83 – 90.

[37] Paus T, Zatorre R J, Hofle N, et al. Time-related changes in neural systems underlying attention and arousal during the performance of an auditory vigilance task [J]. Journal of Cognitive Neuroscience, 1997, 9(3): 393 – 408.

[38] Blankertz B, Tangermann M, Vidaurre C, et al. The Berlin brain-computer interface:

non-medical uses of BCI technology[J]. Frontiers in Neuroscience，2010，4：198.

[39] Debener S，Ullsperger M，Siegel M，et al. Trial-by-trial coupling of concurrent electroencephalogram and functional magnetic resonance imaging identifies the dynamics of performance monitoring[J]. The Journal of Neuroscience，2005，25：11730－11737.

[40] Wessel J R，Danielmeier C，Morton J B，et al. Surprise and error：common neuronal architecture for the processing of errors and novelty[J]. The Journal of Neuroscience，2012，32(22)：7528－7537.

[41] Ferrez P W，Millan J R. Error-related EEG potentials generated during simulated brain-computer interaction[J]. IEEE Transactions on Biomedical Engineering，2008，55(3)：923－929.

[42] Chavarriaga R，Millan J R. Learning from EEG error-related potentials in noninvasive brain-computer interface[J]. IEEE Transactions on Neural Systems and Rehabilitation Engineering，2010，18(4)：381－388.

[43] Antonenko P，Paas F，Grabner R，et al. Using electroencephalograpy to measure cognitive load[J]. Educational Psychology Review，2010，22(4)：425－438.

[44] Holm A，Lukander K，Korpela J，et al. Estimating brain load from the EEG[J]. Scientific World Journal，2009，9：639－651.

[45] Schultheis H，Jameson A. Assessing cognitive load in adaptive hypermedia system：Physiological and behavioral methods[M]. Berlin：Springer，2004.

[46] Miller M W，Rietschel J C，McDonald C G，et al. A novel approach to the physiological measurement of mental workload［J］. International Journal of Psychophysiology，2011，80(1)：75－78.

[47] Putze F，Jarvis J P，Schults T. Multimodal recognition of cognitive workload for multitasking in the car[C]//20th International Conference on Pattern Recognition，2010.

脑–计算机交互系统的基本构成与实现方法

高上凯　高小榕

高上凯,清华大学医学院生物医学工程系,电子邮箱：gsk-dea@tsinghua.edu.cn
高小榕,清华大学医学院生物医学工程系,电子邮箱：gxr-dea@tsinghua.edu.cn

基于不同的研究和应用目的,脑-机交互系统有许多不同的实现方法。但其基本的构成都应该包含"从脑到机"(解读脑信号,产生相应的控制命令)和"从机到脑"(将外界信息传递给大脑)的交互通道。本章将介绍脑-机交互系统的基本构成及实现方法。

3.1 脑-计算机交互系统构成的基本框架

本节将介绍构成脑-计算机交互系统的基本组件及特征。

3.1.1 构成脑-计算机交互系统的基本组件

图 3-1 给出了脑-机交互系统的基本构成框架。为了实现大脑(中枢神经系统)与外部设备间的互动,大脑活动的信息需要通过脑-机交互系统记录并解读成相应的控制信号,由此实现对外部设备的控制,包括计算机、机器人、轮椅等。此外,被控设备状态发生变化后,需要告知用户的反馈信息可以通过脑-机交互系统形成施加给受试者感知系统的输入信号,受试者在接收反馈信息后会随时调整对外部设备的控制策略以便获得最佳的控制效果[1-2]。

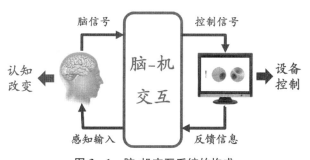

图 3-1 脑-机交互系统的构成

从硬件实现的层面上看,通用的脑-机交互系统大致由四个模块组成:信号采集模块、信号处理模块、控制器模块和反馈模块(见图 3-2)。

1) 信号采集模块

脑信号的采集可以采用有创的植入电极方法,也可以采用无创的头皮脑电、功能磁共振成像或近红外光谱等方法。在多模态脑-机交互系统中还需要同时采集不同来源的脑信号以提升系统的性能。

由于信号采集的过程难免引入各种不希望有的噪声信号(如电源的工频干

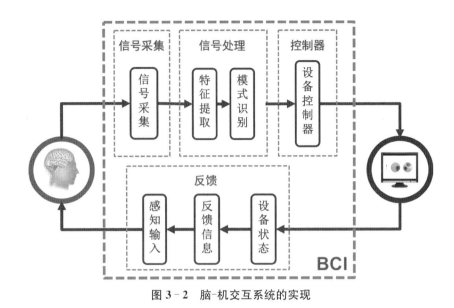

图 3-2　脑-机交互系统的实现

扰等），因此在信号采集环节中经常也会采用滤波等方法做一些前处理，然后再将信号送入后续的处理模块。

2）信号处理模块

信号处理模块主要包含特征提取和模式识别两部分。特征提取实际上是要找到一种更加紧凑的方式来表达信号中的特征成分，例如脑电信号不同频带中功率谱的幅度；皮层特定神经元的发放率等。特征提取的目的是要为进一步的模式分类提供依据。有效的特征往往是与受试者的意图高度相关的。为了提取有效的特征，通常还要进一步排除记录信号中的各种伪迹，例如脑电信号中的眼动干扰及肌电干扰信号等。

3）控制器模块

控制器模块是将模式分类得到的结果转换成相应的控制命令以实现用户的真实意图，例如移动计算机上的鼠标、实现对轮椅的控制等。

4）反馈模块

反馈模块是将被控制对象的状态通过人体的感知系统传递给大脑。对于脑-机交互系统来说，要想稳健地实现对外部设备的控制，反馈信号是十分重要的。如果发生误操作（有可能是外部设备本身的误操作，也可能是错误解读了脑信号），就需要及时地纠正。

神经康复是脑-机交互的一个重要应用领域。已经有实验证明，利用强化的神经反馈训练有助于瘫痪病人运动功能的恢复。

很显然,除了硬件系统外,要想实时运行一个脑-机交互系统还必须有相应软件的支持。脑-机交互系统中的软件主要包括信号处理和平台管理两大部分。有关信号处理的内容将在本书的第 4 章中专门介绍,而有关平台管理软件的内容将在本章的 3.6 节介绍两个目前比较通用的软件平台 BCI2000 和 OpenViBE。

3.1.2 脑-计算机交互系统的基本特征

与常见的控制系统不同,脑-机交互系统是一个由生物体(脑)与物理系统(机)共同构建的系统。它是一个闭环系统,但在两个不同位置可以获得系统的输出,而整个系统的运行则依赖两个自适应系统间的协调作用。

1. 两个自适应系统

在正常情况下,自然人由中枢神经系统(CNS)发出指令再由周围神经系统指挥相应的骨骼、肌肉来完成操作。为了适应生存环境或实现最佳的控制效果,这个过程是需要不断优化的。而实现优化的过程主要是在中枢神经系统内完成的,或者说,中枢神经系统本身是一个自适应系统,它能适应环境变化,从而为达到特定的目标实施最优控制。

与自然人的优化过程不同,脑-机交互系统(BCI)完全不依赖周围的神经肌肉系统,为了实现对外部设备的最优控制,就要求脑-机交互系统本身也具有一定的自适应能力。当中枢神经系统的输出,如信号的幅度、频率或其他特征发生变化时,系统也能做出相应的调整来适应这些变化,从而实现受试者的真实意图。

由此可见,在脑-机交互系统的运行过程中实际上存在两个自适应系统,即生物学意义上的自适应系统(CNS)和真实物理世界的自适应系统(BCI)。这两个自适应系统相互协调工作是保证脑-机交互系统成功的关键。然而,要真正使两者在一个平台上统一起来协同工作,还面临许多难题和挑战。

2. 两个输出端

脑-机交互系统是一个具有反馈功能的闭环系统。受试者的脑信号被解读后转换成相应的控制命令。而一旦外部的执行机构产生动作后,有关的情况就会通过受试者的各种感觉器官传递给受试者。受试者将及时调整自己的控制策略,直至达到预期的系统控制目标。

脑-机交互系统实际上可以在两个位置上获得系统的输出信号:一个是由控制器输出的对外部设备的控制命令;另一个则是不间断检测到的脑信号,即脑状态信息的输出。

如果将脑-机交互系统作为完全瘫痪患者的辅助控制工具或与外界的交流

通道,正确解读受试者的脑信号并由此发出正确的控制命令是最基本的。但是,在这个控制过程中,及时了解脑状态的变化也是十分重要的。例如,当用户突然意识到系统出现误操作时,在大脑顶枕区会出现与错误事件相关的诱发电位。检测到这个诱发电位并由此及时纠正系统的错误就可以明显提升系统的性能。

更进一步,有的脑-机交互系统需要同时获取控制器与大脑两个端口的输出信号,并将它们融合在一起共同完成一项任务。例如,在大容量图像中寻找我们所关注的目标时,就可以同时利用人类在模糊图像中识别目标的敏感性及机器对海量图像处理的快速性,两者协同提高检测的效率。这就需要系统同时获取机器输出及脑状态输出的信息。

3.2 脑-机交互系统的分类方法

脑-机交互系统的实现可以采用多种不同的方法。按照脑信号获取方法的不同,可以分为有创的或无创的两大类;按照不同的实验范式可以分为主动模式、反应模式和被动模式三种;根据系统对周围神经系统的依赖程度可以分为独立的和非独立的两种系统;根据系统不同的运行模式可以分为同步的和非同步的两种系统;根据对外部设备不同的控制方式,可以分为离散型和连续型两种;根据用户数的不同,可以分为单用户和多用户系统。关于有创方法与无创方法的特点在前文中已经有所介绍,本节将介绍上述其他分类方式下的脑-机交互系统。

3.2.1 主动模式、反应模式与被动模式 BCI

主动模式(active)、反应模式(reactive)和被动模式(passive)的脑-机交互系统如图 3-3 所示[3]。

主动模式的 BCI(active BCI)所导出的脑活动信号完全是由受试者自主有意识地控制的。换言之,此类脑信号的产生完全不依赖于外部事件,基于运动想象的 BCI 系统就属于这一类(见第 7 章)。

反应模式的 BCI(reactive BCI)所导出的脑活动信号来源于受试者对外部刺激的反应,即通过受试者间接地调控脑信号以实现对外部设备的控制。例如,基于外部视听觉刺激的 BCI 系统就属于反应模式的 BCI(见第 5、6 章)。

被动模式的 BCI(passive BCI)是在受试者没有任何主观控制意图的情况下导出大脑活动信息,由此利用隐含的信息来丰富人机交互。例如,通过检测驾驶员的疲劳状态或注意力水平,由此在必要的时候提醒驾驶员。

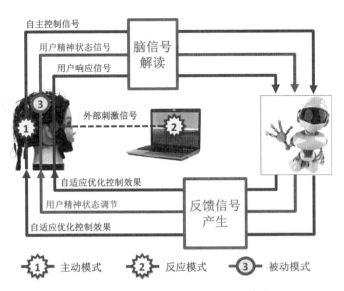

图 3-3　脑-机交互系统的三种实验范式

3.2.2　独立与非独立 BCI 系统

独立的 BCI 系统（independent BCI）和非独立的 BCI 系统（dependent BCI）都符合基本的 BCI 定义，都是在解读了中枢神经系统的信息后实行对外部设备的控制。两者的差异只是对周围神经肌肉系统的依赖程度有所不同。

在独立的 BCI 系统中，BCI 所需特定脑信号的产生完全不依赖周围神经肌肉的活动。例如，在基于运动想象的 BCI 系统中（参见本书第 7 章），受试者可以采用主观想象运动的方法来调节感觉运动的节律，进而控制 BCI 的输出，对于患有严重神经肌肉障碍而导致全身完全瘫痪的患者而言，由于他们完全丧失了对周围神经肌肉的控制，包括转动眼球来注视目标的能力，独立的 BCI 系统是比较适用的。

在非独立的 BCI 系统中，BCI 所需特定脑信号的产生部分依赖于周围神经肌肉的活动。例如，在基于稳态视觉诱发电位的脑-机交互系统中，受试者需要调用控制眼球运动的肌肉来调节注视方向，以选择所需的闪烁目标。

在实际的 BCI 系统中，其实很难分清楚是纯粹的独立 BCI 系统还是纯粹的非独立 BCI 系统。在基于运动想象的 BCI 系统中，即使脑信号的产生不依赖周围神经肌肉的活动，但是受试者仍然需要控制注视方向来监测周围的环境及被控制目标的状态，也就是 BCI 执行控制命令后的效果。另外，在基于稳态视觉诱发电位的脑-机交互系统中，诱发电位的输出幅度还与受试者对目标的注意程度有关系。

3.2.3　同步与非同步 BCI 系统

在同步脑-机交互系统(synchronous BCI)中,BCI 操作的时间进度全部是由系统事先设定的。而在异步脑-机交互系统(asynchronous BCI)中,受试者可以在任何时刻自主地选择如何来控制 BCI 系统。也就是说,BCI 的时间进度完全由受试者自己控制。受试者甚至可以在很长的一段时间内不输出任何命令,即处于"空闲状态"。在这段时间内,若 BCI 系统输出任何字符或有操作,均被视为误操作[4]。

在实际应用中,更多的情况是希望使用非同步 BCI 系统,让用户可以根据自己的实际需要灵活地使用 BCI 系统。

3.2.4　离散型与连续型控制方式

在 BCI 的应用中有离散型(discrete)和连续型(continuous)两种控制方式。所谓离散型控制方式是指脑电信号被解读为对若干离散目标任务的选择,例如在虚拟键盘打字的应用中,脑信号解读的结果是受试者选择的字母或数字。但是在如机器人控制的应用中,用户希望获得的是连续型的控制,即不同脑信号经解读后转换成连续信号的输出以实现对外部设备平稳的控制。图 3-4 给出了两种控制方式的系统构成。

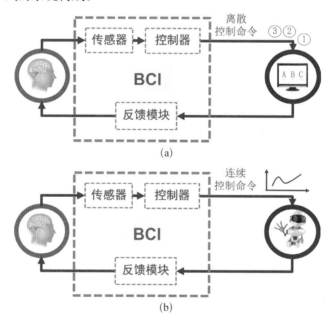

(a)

(b)

图 3-4　离散型和连续性 BCI 系统

(a) 离散型控制方式;(b) 连续型控制方式

目前,大多数 BCI 系统属于离散型的 BCI 系统,连续型 BCI 系统的开发还有不少有待进一步解决的问题。

3.2.5 单用户与多用户系统

为了发挥群体智慧的优势,研究者们设计了同时有多人参与的脑-机交互系统。由此,依据脑-机交互系统中参与人数的不同,脑-机交互系统还可以分为单用户和多用户系统。

由于脑活动信息的解读十分困难,目前脑-机交互中单纯采用脑信号所能控制的维度、速度和精度都还是十分有限的。例如,在基于运动想象的 BCI 系统中,比较稳健的系统大多数采用的是分别想象左手或右手运动,通过两分类方法实现对一个单一维度的控制,例如,想象左手运动时的特征信号被转换成光标左移的命令,而想象右手运动时的特征信号则被转换成光标右移的命令,由此就实现了光标的左右移动,如图 3-5(a)所示。为了实现光标在二维屏幕上的移动,一种可以选择的方法是邀请两位受试者同时来参与实验。受试者本人还是完成分别想象左手或右手的任务。但是,其中一位受试者的特征信号被转换为光标左右移动的命令;而另一位受试者的特征信号则被转换成光标上下移动的命令。虽然每一位受试者只负责简单的一维控制,但两人合作就可以完成二维控制,如图 3-5(b)所示。

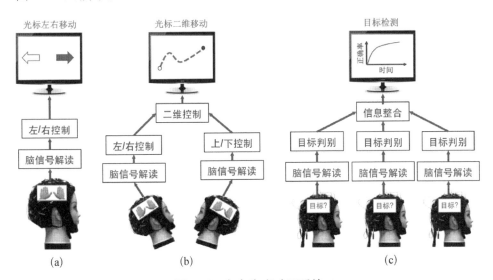

图 3-5 多人脑-机交互系统

(a) 单个受试者在一维方向上移动计算机光标;(b) 两名受试者协同完成计算机光标在二维平面上的移动;(c) 三名受试者协同完成目标检测任务

再如,在目标检测的任务中,所期待的目标突然出现后就会诱发出与之相关的P300成分。但是这种事件相关电位通常非常微弱,难以检测。但如果有多人同时参与实验,将多人的脑信号同时送入计算机进行综合分析,所得到的结论就会比较可靠,相应的检测时间也会缩短,如图3-5(c)所示[5-6]。

3.3 混合型脑-机交互系统

脑-机交互系统的应用对象既包括有运动障碍的残疾人,也包括大量健全人。即使是有运动障碍,绝大多数患者的身体也仍然不同程度地残存一些功能(例如眼动控制等)。为了提升脑-机交互系统的性能,除了利用用户的脑信号之外,还应该尽量利用用户身体各部分可能发出的一切有用信息。如果一个脑-机交互系统除了包含已经有的脑信号之外,还采集了其他生理信号(脑或非脑信号)来参与系统控制,这样的系统被称为混合型脑-机交互系统(hybrid BCI,hBCI)[7]。

3.3.1 混合型脑-机交互系统的定义

2010年Pfurtscheller提出hBCI应该满足以下条件[8]:脑活动信息必须直接从大脑获取;在多种脑活动信息采集模式中,至少有一种被采用,例如采集电信号、磁信号或血流动力学变化的信息等;所采集的信号必须在实时在线的情况下被解读,并由此实现对外部设备的控制或通信;必须提供与控制或通信产生的结果相关的反馈信息。

有六个方面的问题需要在hBCI系统设计时考虑:硬件装置中至少包含一种直接采集脑信号的模态;hBCI系统必须同时检测和处理多种不同的生理信号;实验范式应能用多种模态同时采集多种脑活动信息;能实时在线地采集用于分类的一系列特征信号,同时提高分类的正确率和增加控制指令;输出的分类结果应该能够与外部设备对接(例如轮椅或机器人等);系统还应该提供反馈信息给用户,以实现康复训练或控制的目的[9-10]。

图3-6展示了典型hBCI系统的构成框架。从图中可以看出,hBCI可以采集不同模态的脑信号,如脑电(EEG)和功能近红外光谱(fNIRS)。同时,系统还可以采集非脑生理信号,如眼电(electrooculogram,EOG)和肌电(electromyography,EMG)信号。这些非脑信号可以用来辅助系统去除运动伪迹(如肌电信号)或增加系统输出的控制命令(如眼动信号)。

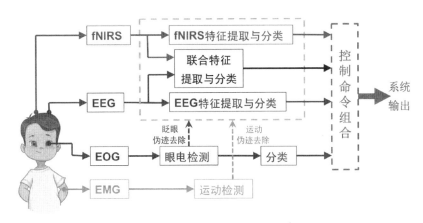

图 3 - 6　混合脑-机交互系统构成框架示意图

由于来自不同模式的脑信号其背后隐含的生理机制不一样,信号特征也不一样,因此它们会被分别送去进行特征提取与分类。此外,由于两类不同的脑信号通常是在同一脑区同时记录的,它们也会被送去做融合分析并进行联合特征的提取和分类。最后,综合各路信号提供的结果形成最终的输出。

很显然,除了具有传统脑-机交互系统的构件之外,hBCI 突出的特点是利用了多种不同的生理信号(包括脑和非脑),这些不同来源的信号包含着不同的信息。因此,采用 hBCI 将有助于增加控制命令的数量、提高分类正确率,并有可能缩短信号检测时间。

3.3.2　混合型脑-机交互系统的实现方法

针对不同的应用场合,混合型脑-机交互系统(hBCI)有多种不同的实现方法。从实用角度考虑,由于脑电(EEG)具有设备价格便宜且易于操作,它已经成为脑-机交互系统中最常用的方法。因此,以脑电为基础再结合另一种信号模式(脑信号或非脑信号)是目前较常见的 hBCI 系统。

1. 脑电结合功能近红外光谱的方法

设计脑电与功能近红外光谱结合(EEG + fNIRS)的 hBCI 系统的目的在于提高系统的分类正确率和增加控制命令的数量[11-12]。

fNIRS 记录的是血流动力学信号,它的出现相对于脑活动的产生具有明显的滞后,因此在脑-机交互过程中产生控制命令比较慢。将 EEG 与 fNIRS 组合成 hBCI 之后,由于 EEG 记录的大脑活动产生的电信号具有很高的时间分辨率,可以弥补上述不足。此外,在周围神经被激活的情况下,滞后检测到的氧合血红蛋白(HbO)的减少和脱氧血红蛋白(HbR)的增加可以作为一个“时间窗”,

用来提升激活事件检出的准确性。

有关 EEG+fNIRS 的 hBCI 的首次研究出现在 2012 年[13]。Fazli 等人的研究表明,将 fNIRS 中有关 HbO 和 HbR 的特征与 EEG 特征组合起来可以提高分类准确率。从最近的研究还可以看到使用前额叶解码脑信号的可行性[12]。

2. 脑电结合肌电的方法

肌电(EMG)信号源自肌肉运动。脑电信号结合肌电信号的目的与应用场合有关。对于健全人而言,增加 EMG 信号无疑将可以增加控制的维度。而对于残疾人而言,EMG 信号可能会用于控制假肢。此外,由于头皮记录的脑电信号通常会受到肌电信号的干扰,如果能对比记录到的肌电信号以及时去除脑电信号中相应的伪迹成分,则可以提高对脑电信号分类的正确率[14]。

EEG+EMG 的 hBIC 系统已经用来研究假肢控制[15]、光标控制[16]和拼写输入[17]等。

3. 脑电结合眼电的方法

如果受试者本人尚具备控制眼球运动的能力,我们可以测量眼电(EOG)信号并将其分类后形成不同的控制命令。将眼动(眨眼等)产生的相关信息和脑电结合在一起,就可以组成一个混合脑-机交互系统[18]。眼动产生的相关信息可以通过检测眼电信号获取,也可以用眼跟踪器获取。

脑电结合眼电的方法至少有两个好处。一方面,直接对眼电信号的解码可以产生附加的系统控制命令。另一方面,由于眼动经常会对所记录的脑电信号产生干扰,如何准确清除眼动干扰一直是脑电信号处理中的一个难题。在 EEG+EOG 的混合脑-机交互系统中,来自 EOG 的检测信号可以用来提示 EEG 信号中出现的伪迹并将其准确地去除。去除脑信号中的伪迹将有效减少系统出现的错误判断,由此提高判别的正确率。有研究表明,EEG+EOG 组成的 hBCI 有可能用于嗜睡状态的检测,它比单一信号的方法更加有效[19-21]。

4. 多种脑信号结合的方法

之前介绍的各种 hBCI 系统中有的采用一种脑信号模态(EEG)另加一种非脑信号(EMG 或 EOG),也有采用两种脑信号模态(EEG+fNIRS),但脑活动信息来自同一脑区。实际上,还有一类 BCI 系统,只采用一种脑信号模态,但是所采集的信号来自不同的脑区。这类系统虽然不是严格意义上的 hBCI,但是,由于它通常涉及两种不同的 BCI 模式(主动模式、反应模式或被动模式),也可以被归类到 hBCI 中。

1) 基于稳态视觉诱发电位(SSVEP)和运动想象模式(MI)的 hBCI

基于 SSVEP 的 BCI 系统属于反应模式的 BCI 系统;而基于 MI 的 BCI 系统

则属于主动模式的 BCI 系统。两种结合后的 hBCI 系统可用来改善对假体或轮椅的控制，取得了较好的效果。

在假体控制的研究中，MI 信号用来完成抓握动作，而 SSVEP 信号则用来操作肘部的动作[22]。在轮椅的控制中，可以用 MI 信号实现左转和右转的功能，用 SSVEP 信号控制轮椅的速度[23]。在机器人控制中，还可以用 SSVEP 信号实现对机器人前后左右移动的控制，用 MI 信号实现对抓握动作的控制[24]。

2）基于稳态视觉诱发电位（SSVEP）和 P300 事件相关电位的 hBCI

基于 SSVEP 信号和 P300 信号构成的 hBCI 系统是一种反应模式的 BCI 系统。两种不同的脑电信号分别是在枕区和顶区记录的。

SSVEP+P300 的系统已经尝试开发出多种应用，包括机器人控制[25]和拼写输入[26]等。特别值得一提的是，Pan 等人还开发了一种针对意识异常患者的意识评价系统，并在临床上取得了积极的效果[27]。

3）基于运动想象（MI）和 P300 事件相关电位的 hBCI

基于 MI 的信号和 P300 信号分别采集自大脑运动皮层和顶区的周围。有研究采用 MI 信号实现导航，用 P300 信号实现目标选择[28]。还有研究用 MI 信号控制轮椅的方向，用 P300 信号控制轮椅的速度[29]。MI+P300 的方法还可以用在神经康复的训练中[30]。

5. 混合脑-机交互系统的优点

虽然 hBCI 涉及多种信号来源，会增加系统的成本，但是 hBCI 带来的好处也是毋庸置疑的。hBCI 系统在增加控制命令的数量和提高分类正确率方面具有明显的优势。

1）增加 BCI 系统控制命令的数量

增加系统有效控制命令的数量是 BCI 研发中的一个关键问题。随着控制命令数量的增加，系统的判别正确率就会随之下降。虽然采用反应模式的 BCI 系统可以提高控制命令的数量，但是要求用户长时间高度集中精力，对外界刺激做出响应也是不现实的。然而，由于 hBCI 系统采集多种脑与非脑信号，丰富了信息来源，这也就为增加控制命令提供了可能。

2）提高 BCI 系统分类的正确率

现有单一模式的 BCI 系统都存在一定的缺陷。对于运动障碍的残疾人而言，基于运动想象的 BCI 系统可用于轮椅控制、康复训练等。但是在现实环境中很难要求患者完成有效的运动想象行为，这将导致系统产生许多误判。基于 SSVEP 和 P300 的 BCI 系统虽然具有较高的通信速率，但是长时间使用会造成视觉疲劳，这也会增加系统误判的可能性。针对这种情况，采用 hBCI 系统（如

EEG+fNIRS 系统)就有可能减少系统的误判率。通常情况下,BCI 系统会给用户提供一个"撤销命令"键。如果出现误判,系统发出了错误的控制命令,就可以通过"撤销命令"来改正,不过这个过程显然也是要花费时间的。但是由于 hBCI 系统提高了系统判别的正确率,减少了"撤销命令"的操作,也就有可能提升系统的工作效率。

在最近几年中,hBCI 的发展十分迅速,不仅改善了 BCI 系统的性能,也扩展了 BCI 的应用领域。最近的研究报告表明,hBCI 系统在残疾人群与健全人群中都有广泛的应用前景[31-34]。

3.4　基于通信理论的视听觉信号调制方法及 BCI 系统构成

通常情况下,基于视听觉信号的脑-机接口系统(visual and auditory BCI,以下简称 v-BCI 和 a-BCI)具有较高的通信速率,且用户在使用中所需要的训练较少,因此也是最有希望进入实用的系统[35]。

本书中所涉及的 v-BCI 和 a-BCI 既包括与外源性(exogenous)视听觉刺激直接相关的 BCI 系统,也包括大脑在接收外部视听觉刺激后产生的内源性(endogenous)响应。前者的典型例子是基于稳态视觉诱发电位或基于听觉稳态响应(auditory steady-state response,ASSR)的 BCI 系统;后者的典型例子是基于视听觉 P300 事件相关电位(visual and auditory P300 event-related potentials)的 BCI 系统。大脑对外源性或内源性刺激的响应分别代表对特定感官刺激的处理过程和对非特定感官刺激的心智活动的处理过程。

在 21 世纪最初的十年中,v-BCI 和 a-BCI 的研究有了飞速发展,许多实验室开展了相关的研究工作并发表了大量论文。在此期间,先进的信号处理和机器学习技术在 BCI 系统中得到应用,并有许多新的实验范式被提出来,包括基于 SSVEP 的 BCI 系统,基于运动起始时刻诱发 VEP 的 BCI 系统以及听觉 BCI 系统等。在 20 世纪就已经提出来的基于 P300 和 VEP 的 BCI 系统在此时期有了很大的改进并开始在临床中试用,初步证明这些系统在 ALS、脑卒中及脊髓损伤患者中是可以使用的。

在过去的几年里,v-BCI 和 a-BCI 在临床中的应用受到了更多的关注。随着 v-BCI 和 a-BCI 技术的发展,越来越多来自不同领域的学者参与其中,并开始出现了许多新的 BCI 范式,包括混合型 BCI(hybrid BCI)、被动式 BCI、情感 BCI(emotional BCI)和协同 BCI(collaborative BCI)等。在这些新的 BCI 范式中也不乏 v-BCI 和 a-BCI 的贡献。

为了更清晰地了解 v-BCI 和 a-BCI 系统设计的原理、方法和应用,我们借鉴了现代通信系统中有关信号调制(signal modulation)和多路存取(multiple access)的概念,将现有的各式各样的 v-BCI 和 a-BCI 系统放在一个统一的框架下来考虑。

3.4.1 v-BCI 和 a-BCI 中的脑信号

1. 脑信号调制

在 v-BCI 和 a-BCI 系统中,脑信号可以通过外源性刺激或内源性心智活动来调制。外源性刺激包括视觉或听觉信号刺激;内源性心智活动可以来源于受试者主观的注意或完成某种心智任务的过程。被调制的脑信号可能发生在不同层次脑活动环节,包括感觉、感知和认知等。感觉是人体的感觉系统对外界刺激信息的处理,由视听觉刺激产生的诱发电位(evoked potentials,EP)就是典型的大脑对感觉信息的处理。感知与大脑对感觉信息的组织、识别与解释等环节相关,大脑在意识层次的感知就可以使人体实现对周围环境的感知。认知水平的处理包含注意、学习、推理和决策等。在 BCI 系统中,上述三个层次中被调制的脑信号特征可以在时域、频域和空域中提取出来。

2. v-BCI 和 a-BCI 系统中脑信号的产生

在 v-BCI 和 a-BCI 系统中的脑信号包括由外源性刺激调制的脑信号和由内源性激励调制的脑信号。

1)由外源性刺激调制的脑信号

(1)视觉诱发电位(VEP)。VEP 是大脑对视觉刺激的响应。它的最大幅度可以在枕区皮层处记录到。进一步细化的分类可以包含瞬态 VEP(transient VEP),即刺激的重复频率较低(小于 2 Hz)时记录到的 VEP;稳态 VEP,即刺激的重复频率较高(大于 6 Hz)时记录到的 VEP;运动 VEP(motion VEP),其反映了视觉系统对运动信息的处理;编码调制 VEP(code-modulated VEP),即由伪随机码序列刺激产生的 VEP[36]。

(2)听觉稳态响应(ASSR)。ASSR 是一种听觉诱发电位,它是对快速听觉刺激的响应,通常可以在头顶处记录到其最大幅度。

2)由内源性激励调制的脑信号

内源性激励调制的脑信号包含以下五种: ① 对奇异性刺激(oddball stimulus)的响应,典型的例子为听觉失匹配负波(auditory mismatch negativity,auditory MMN)、N200 和 P300 等。② 对执行心智任务时的响应,典型的例子为晚期正成分（late positive components，LPC）。③ 响应抑制（response inhibition），如 No-Go N2 信号。④ 语义处理（semantic processing），N400 是典型的信号。⑤ 注意调制的脑信号（attention-modulated brain signals），SSVEP 和 ASSR 信号都可以被注意调制。

在 v-BCI 和 a-BCI 系统中，内源性激励产生的 ERP 信号扮演着重要角色。在现有的 v-BCI 和 a-BCI 系统中，常见的 ERP 成分包括 MMN、N200、P300、LPC、No-Go N2 和 N400。听觉 MMN 是起源于听皮层的前中心负电位，在异常刺激发作后的 150～250 ms 达到峰值。N200 和 P300 ERP 成分在中央和顶部区域最大，反映了刺激评估、选择性注意和奇异任务中有意识的辨别。晚期正成分（LPC）在顶叶有最大值，反映了心智任务中的认知响应选择过程。No-Go N2 成分主要分布在额中央区域，反映抑制响应控制。N400 是大脑对词和其他有意义的刺激的反应，典型区域在中央区域和顶叶。

3.4.2　v-BCI 和 a-BCI 系统中的多目标编码

1. v-BCI 和 a-BCI 系统中的信息流

v-BCI 和 a-BCI 系统中的信息流非常类似通信系统中的情况。如图 3-7 所示，受试者不同的意图通过编码器以一定的方式被调制到受试者输出的脑信号上；被记录到的脑信号又通过解码器还原出原始信息。

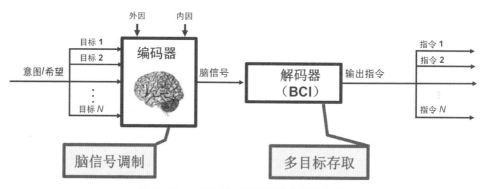

图 3-7　v-BCI 和 a-BCI 系统中的信息流

原理上讲，为了避免不同信道之间的干扰，不同控制意图调制的脑信号相互之间应该是正交的，或者是近似正交的。为此，可以采用类似通信系统中常见的在时间、频率、编码和空间域中进行分割的处理方法，即多路存取（multiple access，MA）的方法。MA 技术允许多个用户同时进行通话而相互之间的干扰却很小。

　　有四种基本的 MA 技术：时分多址（time division multiple access，TDMA）技术、频分多址（frequency division multiple access，FDMA）技术、码分多址（code division multiple access，CDMA）技术和空分多址（space division multiple access，SDMA）技术。在时分多址技术中，不同的用户被分配在不同的时间段，但每个用户都占有全部频带；在频分多址技术中，整个频带被分成若干频段，不同的用户被分配在不同的频段上；在码分多址技术中，不同的用户被指定用不同的编码来调制他们的信号，相互之间所用的编码都不一样；在空分多址技术中，将几何空间分割成若干子空间，每个用户都被指派到自己的空间里。如果把我们的大脑视为一个编码器，借助外源性刺激或内源性激励，受试者的不同意图就可以按不同的 MA 技术被调制到输出的脑信号上（见图 3-8）。

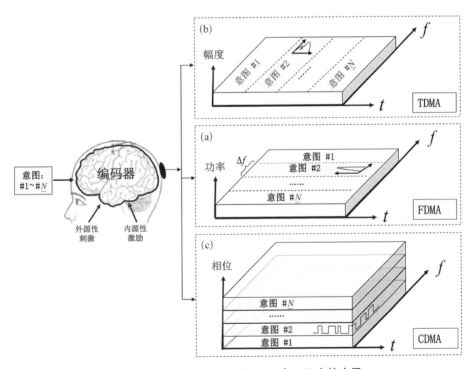

图 3-8　TDME/FDMA/CDMA 在 BCI 中的应用

　　上述四种技术都已经在 v-BCI 和 a-BCI 系统中得到应用。表 3-1 列出了 v-BCI 和 a-BCI 系统中各种多目标调制方法。实际上，大多数基于 ERP 方法的 BCI 系统采用的是 TDMA 技术，不同目标的调制信号出现在不同的时间段上。基于 SSVEP 的 BCI 系统采用的是 FDMA 技术，不同目标的调制信号出现在不同的频段上。近年来，基于 SSVEP 的 BCI 系统还采用了频率与相位混合编码的方式,即 FDMA 加 PDMA 的方法,有效提升了系统的信息传输率。基于伪随机码调制的 BCI 采用了 CDMA 技术。SDMA 技术中,受试者输出的脑信号是通过注视位于不同空间位置的目标来调制的。此外,还有被称为混合多目标存取(hybrid multiple access,HMA)的方法,其同时采用了多种 MA 技术。

表 3 - 1　v-BCI 和 a-BCI 系统实验范式一览表

调制方法	v-BCI		a-BCI	
	刺激方式	响应信号	刺激方式	响应信号
时分多址 (TDMA)	闪烁	N1, P1, N2, P2	主动心智任务	N2, LPC
	移动线条	N2, P2	纯音	MMN
	视觉奇异	P300	听觉奇异	P300
	有意义的词汇	N400	视听觉	P300
	Go/noGo	N2	自然语言	N1, P2
频分多址 (FDMA)	棋盘格闪烁	SSVEP	正弦载波	ASSR
	相位闪烁	SSVEP	爆发纯音	ASSR
	多频率	SSVEP		
	点闪烁、光栅	SSVEP		
码分多址 (CDMA)	伪随机码	cVEP		
	码字	SSVEP		
相分多址 (PDMA)	同频率、多相位	SSVEP		
空分多址 (SDMA)	棋盘格	VEP		
	闪烁	SSVEP		
混合多址 (HMA)	时间/频率	SSVEP, SSVEP/P300		
	空间/频率	SSVEP		
	混合信号	N170/P300, P300/SSVEP		

2. v-BCI 和 a-BCI 系统的分类

在 3.2 节中我们已经介绍了脑-机接口系统的各种分类方法。在本节中我们将 BCI 系统视为一个通信系统,借助现代通信中多目标存取技术,对已有的 v-BCI 和 a-BCI 系统提出了一种新的分类方法,即基于 TDMA、FDMA、CDMA、

PDMA、SDMA 和 HMA 的分类(见表 3 - 1)。在新的分类中,各种 v-BCI 和 a-BCI 范式可以在一个统一的框架下来开展研究。

新分类方法中,各类 BCI 的特征简述如下。

1) 时分多址(TDMA)

TDMA 技术在 BCI 中的典型应用是在基于 P300 信号的 BCI 系统中[37-41]。在此类系统中,当目标出现时同步记录脑电信号,而不同目标出现的时刻都不一样,因此目标刺激产生的 P300 波形发生的时刻也不一样,如图 3 - 9(a)所示。只要依据检测到 P300 信号的时间就能推定受试者注视的目标,从而实现相应的控制。

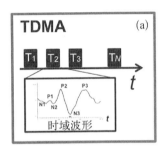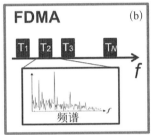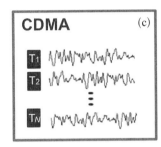
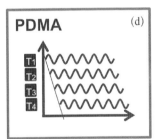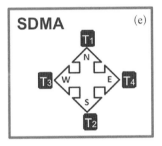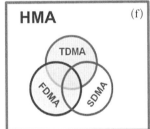

图 3 - 9 多址方法示意图

2) 频分多址(FDMA)

FDMA 技术在 BCI 中的典型应用是在基于 SSVEP 信号的 BCI 系统中[42-47]。在此类系统中,不同的目标按照不同的频率闪烁,也就是说,它们在整个频带范围内不重叠,如图 3 - 9(b)所示。系统对记录到的脑电信号进行频谱分析后,只要发现明显占优势的频率成分,就可以推定受试者注视的目标。

3) 码分多址(CDMA)

CDMA 技术在 BCI 中的典型应用是在基于伪随机码 M 序列的 BCI 系统中[48-49]。在此类系统中,不同目标发出的刺激信号是原始 M 序列信号移位后的信号,相互之间基本上是不相关的。在记录的脑电信号中,不同目标刺激产生的脑电信号被当成自身的模板。在实际使用中,可以通过相关检测发现特征模板出现的时刻,从而推定受试者注视的目标,如图 3-9(c)所示。

4)相分多址(PDMA)

PDMA 技术通常用在基于稳态视觉诱发电位的 BCI 系统中。在基于 PDMA 的视觉 BCI 中,不同目标的闪烁频率一致,但具有不同的相位,如图 3-9(d)所示。系统通过鉴别不同的相位来确定受试者所选择的目标[50]。

5)空分多址(SDMA)

SDMA 技术在 BCI 中的典型应用是在基于空间目标注视的 BCI 系统中,如图 3-9(e)所示。1977 年,Vidal 在他发表的文章中首次使用了"brain-computer interface"这一技术术语[51]。而在他的研究中所采用的方法就是要求受试者分别注意不同空间位置上以不同频率闪烁的目标,被注意的目标频率成分在脑电信号中会得到增强。

6)混合多址(HMA)

HMA 技术如图 3-9(f)所示,其在 BCI 中的典型应用是在基于 P300 和 SSVEP 混合编码的 BCI 系统中[52]。

本节中提出的新的分类方法带来了如下三方面的好处。首先,它简化了对 v-BCI 和 a-BCI 系统设计和实施的理解,使 BCI 研究人员更容易将传统通信系统中已有的技术整合到这些系统设计中去,包括通信系统中的优化系统设计方法和系统性能评估方法等。其次,它有利于 v-BCI 和 a-BCI 相互之间的比较以及使用不同 EEG 信号的系统之间的比较。例如,听觉和视觉 P300 BCI 系统都被分组到 TDMA 类别中,这样原先在 v-BCI 和 a-BCI 系统中单独应用的方法和技术有可能整合在一起,以便进一步提高系统的性能。最后,它可以帮助转移通信系统中现有的方法和技术,以提高当前 v-BCI 和 a-BCI 系统的系统性能。例如,电信中的信号调制和解调方法可用于开发具有更强大系统性能的新 BCI 范式[53]。

从现有的文献报道中,我们发现 TDMA 和 FDMA 是系统设计中最流行的两种方法。具体而言,TDMA 已广泛用于基于 P300 的 BCI 系统,而 FDMA 已大量应用于基于 SSVEP 和 ASSR 的 BCI 系统。虽然 CDMA 的应用还较少,但其现有系统表现出的较高信息传输率是值得注意的。此外,HMA 方法最近被引入 v-BCI 研究中。有研究显示其具有改善 BCI 性能的潜力。

现有文献还显示,v-BCI 的研究报告数量远远大于 a-BCI。由于 VEP 信号的信噪比高,受试者只要能注视刺激目标,v-BCI 系统就可以达到非常高的信息传输率。然而,对于那些严重瘫痪的患者而言,他们无法使用肌肉来控制眼睛注视的方向,在这种情况下,a-BCI 和 v-BCI 系统显示出大体相当的性能。目前,

a-BCI 系统中缺少 CDMA、SDMA 和 HMA 技术,该系统还有很大的改进空间。

3.5　脑-机交互基本的应用模式

尽管脑-机接口(brain-computer interface)研究的历史已超过半个世纪,但真正取得重要进展的还是 21 世纪初开始的近二十年。最初,人们关注的是为完全瘫痪的患者提供一个与外界交流的通道,预期的应用领域是比较狭窄的。随着研究的不断深入,人们对脑-机交互的认识有了很大的变化。从最初简单的相互通信到如今脑-机之间相互的融合,人们已经逐步清晰地看到脑-机交互实际上是人类智能(大脑)与人工智能系统的融合,充分利用并发挥两者各自的优势,使许多原本困难的问题找到全新的解决方案,产生意想不到的效果。它的应用领域也会从传统的医学领域扩展到现代科技的方方面面,包括近年来最热门的人工智能领域。

3.5.1　脑-机接口

从字面上看,"interface"通常是指多个享有公共界面的系统、设备、概念或人与人之间的互联。因此,"brain-computer interface"在一些文献中也被译为"脑-机界面"。

在 21 世纪初,大家比较公认的脑-机接口的定义是 Wolpaw 等人在 2002 年提出的。当时认为脑-机接口就是要在大脑与外部设备之间建立一个交流通道,这个通道的特点是不依赖人体自身的周围神经与肌肉系统,目的是为帮助完全瘫痪的患者实现与外界的交流。这个定义很符合接口的理念,即计算机要尽可能地解析所记录的脑活动信息,读懂受试者的意图,而受试者也要能接受外界的刺激或发生的事件,以便能做出相应的反应。也就是说,要在大脑与外部设备之间实现互联互通,由此实现大脑与外部设备间的通信及对外部设备的控制。

为了解决通信与控制的问题,大量的研究工作关注脑-机接口实现的范式与脑活动信号的解析。从 2001 年至 2008 年,国际上一些著名的脑-机接口研究实验室曾经在全球范围内发起组织了四次脑-机接口数据竞赛。研究人员在实验室采集了大量脑-机接口的实验数据,并在网上公开发布。数据发布后吸引了大量相关领域学者的关注和参与,由此极大地推动了大脑活动信息的解析工作。时至今日,当年为了竞赛而提供的数据库还被许多人用来离线研究脑-机接口中的各类算法。在这个阶段,有关脑-机接口的应用对象比较强调的是那些完全失去运动控制能力的瘫痪患者,诸如 ALS 患者。许多实验室为此类患者开发了计算机光标移动、打字输入及轮椅控制之类的应用[54]。

3.5.2   脑-机交互

对于脑-机交互(brain-computer interaction),从字面上看,"interaction"是指发生在两个或多个物体间的相互作用,由此给对方产生一定的影响。与"interface"相比,"interaction"更强调相互间的作用和影响。

2012 年,Wolpaw 在他的书中重新更新了有关 BCI 的定义(见 1.1 节)[1]。值得注意的是,Wolpaw 在新的定义中强调了改变中枢神经系统与其外部或内部环境之间正在发生的交互作用,这也就是本节强调的"interaction"。

实际上,随着脑-机接口研究的深入,人们已经发现除了解决严重瘫痪患者与外界的通信与控制功能外,BCI 在神经系统疾病的治疗与康复领域有很宽广的应用前景[55]。例如,脑卒中患者往往有运动功能减退的后遗症。虽然现有的辅助训练器具或人工辅助的锻炼能对运动功能的改善起到一定的作用,但是效果往往并不明显。究其原因,人们发现上述锻炼方法都属于被动训练(passive training),缺少患者的主动参与。为了解决这个问题,不少实验室开发了基于脑-机交互系统的脑卒中患者康复训练系统。此类系统在运行中要求患者主动想象患侧肢体的运动,由此激发与之相关的运动皮层产生兴奋。基于大脑皮层可塑性原理,重复主动想象运动的训练确实改善了患者运动皮层的功能,并由此改善患侧肢体的运动功能。这种新型的训练方法也被称为主动训练方法。

3.5.3   脑-机协同智能

脑-机交互系统将生物智能系统(大脑/中枢神经系统)与人工智能系统的核心计算机整合在一个平台上,而实际上两者之间无论是在结构上还是在功能上都有明显的差异。大脑由数以万亿个神经元构成,其突出连接超过 1×10^{15} 个,而信号传递的速度却很慢。从功能上讲,它在数值计算和逻辑运算上远不如一台普通的计算机,但是在学习、理解、规划和创造性等方面却远远优于计算机。现代计算机有超强的数据处理和管理能力,但对周围环境的感知与识别方面却远不如人脑。正因为两者既存在差异,也在功能上存在互补性,如果能将两者整合起来,发挥各自的优势,就一定能取得 1+1 大于 2 的效果。这就是本节要讨论的脑-机协同智能(brain-computer collaborative intelligence)。

在当今人工智能(artificial intelligence,AI)的年代,为了推动 AI 技术的发展,各国政府都纷纷制定了本国的 AI 发展规划。2016 年 10 月美国白宫科技政策办公室（OSTP）下属国家科学技术委员会（NSTC）发表了美国国家人工智能研究和发展战略计划[56]。报告提出了美国优先发展的人工智能七大战略方向及两方面的建议，其中一个发展战略就是开发有效的人类与人工智能协作方法，具体是指"大多数人工智能系统将与人类合作（并非取代人类）以实现最佳性能。需要研究来创建人类和人工智能系统之间的有效交互"。本质上讲，人类和人工智能（人类- AI）协作就是本书介绍的脑-机交互。

实际上，我们已经看到了 AI 技术的许多成功应用。虽然一些领域可以采用完全自主独立的 AI 系统来解决问题，但还有不少领域需要利用人类与 AI 技术的互补性质，将两者优势有机地整合在一起才能更有效地解决问题，这就是协同智能（collaborative intelligence）的理念。更具体地说，协同智能就是要在合作、集体努力和共识决策中产生共享或集体智慧。

为了充分发挥人类与 AI 技术的优势，两者之间合理的分工是很重要的。AI 可能承担的工作如下：① 执行辅助人类的功能，例如，AI 可以帮助人类完成工作记忆、短期或长期记忆的检索以及预测的任务，从而帮助决策者完成许多外围的工作；② 分担人类高级认知功能的负荷，如帮助人类执行复杂的监视和决策任务等；③ 执行代替人类的功能，如在有毒有害工作环境中，AI 可以替代人类执行任务。人类在人类- AI 系统中所起的作用主要是对周围环境的感知、判断与决策等。基于协同智能理念设计的系统，无论是对人类本身，还是对 AI 系统来说都能从中获益。

人类与人工智能协作的方法已经有许多应用示范，其中基于快速系列视觉呈现（rapid series visual presentation，RSVP）的脑-机交互系统（RSVP - BCI）是比较突出的成功应用范例[57]。

从海量图片的数据库中快速找到包含某种特征或目标物体的图像是我们经常面对的问题。如果完全靠人工一张一张查看既费时又乏味，但是，如果完全交给计算机视觉，其对目标识别的灵敏度却远低于人类视觉。在大多数情况下，人类视觉可以非常有效地识别出周围环境中的目标。哪怕被识别目标的尺度、亮度、姿态等众多因素都发生了变化，也不妨碍人类对复杂场景的解析，并从中将目标识别出来。而计算机视觉在图像检索、分类、建模等方面又明显优于人类视觉。现代计算机系统可以高速处理海量图片，包括检索与分类等。RSVP 正是充分发挥了人类视觉与计算机视觉两者各自的优势，在目标识别中取得了意想不到的良好效果。

如图 3 - 10 所示，在基于 RSVP 的 BCI 系统中，可以先从图像数据库中取出一小部分图像以每秒大于 10 帧的速率快速呈现给受试者。虽然在高速条件下受试者很难看清图像中的细节,但却能大致判断所呈现的图像中是否包含要检测的目标。当目标图像出现时,人类视觉系统会产生相应的事件相关电位(如P300 ERP)。由此,RSVP处理软件可以快速地进行目标与非目标图像的分类,并对疑似包含了目标的图像打上标记。这些标记后的图像被送到计算机视觉系统中,由计算机提取其中的特征并建立适当的模型,然后用所建立的模型对整个数据库中的海量图像进行搜索,筛查出更多疑似包含目标的图像。在实际的系统中,人类视觉与计算机视觉的交互协同还可以有许多不同的方式[58]。

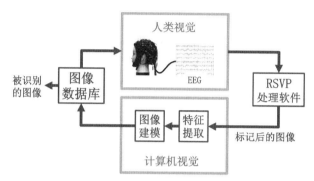

图 3 - 10　基于 RSVP - BCI 的目标搜索原理图

经过测试,采用基于 RSVP - BCI 方法进行目标搜索,至少有如下优势:① 反应速度快。在每秒多于 10 帧图像的显示速度下,靠受试者行为学动作(如按键)对每一个目标图像做出响应是不可能的。很显然,RSVP 的反应速度明显高于传统的行为学测试效果。② 目标追踪快。经过 RSVP 程序的筛选,那些最有可能包含目标的图像被打上了标签,用户只需要对少量带标签的图像进行最后的甄别即可,这就极大缩短了追踪目标的时间。③ 任务转换快。在基于计算机视觉的目标识别系统中对不同目标的识别通常需要事先准备好相应的模板或参数以实现与所检测目标图像的匹配。因此,当搜索的目标改变后,通常就需要给系统下载新的模板或参数,影响任务转换的速度。不同的是,在 RSVP 系统中,基于大脑反应的目标检测在很大程度上与目标的类型无关,在需要的时候系统很快就可以从一个任务转换到另一个任务。

3.6　脑-机交互系统通用的软件平台

随着脑-机交互技术的不断发展,参与研发的实验室越来越多,所提出的新方法也层出不穷。然而,在建立新的实验平台时,研究人员面临的一个共同问题是如何把现有的软硬件资源整合在一起,这往往会花费不少时间和精力。于是,人们想到要开发一个通用的软件平台,它能与目前常用的脑信号采集设备相连,完成信号采集工作,并在此基础上提供常用脑-机交互实验范式的信号处理软件,并将解读后的脑信号转换成相应的控制命令以实现对外部设备的控制。有了这样的平台就为开发新的脑-机交互系统提供了便利条件,并可以在这个平台上完成对各种脑-机交互系统的性能测试和评估[59]。本节将介绍两个目前较通用的脑-机交互软件平台,即 BCI2000 和 OpenViBE。

3.6.1 BCI2000

BCI2000 是较早开发的一款脑-机交互通用软件平台,它是由位于美国纽约州的卫生部沃兹沃思中心实验室(the Wadsworth Center of the New York State Department of Health in Albany, New York, USA)和德国图宾根大学(the Institute of Medical Psychology and Behavioral Neurobiology at the University of Tübingen, Germany)合作开发并维护的[60]。

BCI2000 是基于 C++语言的脑-机接口软件平台。它包括四个基本的模块:源(数据采集与存储)、信号处理、用户应用和操作员界面。其中,操作员界面允许用户改变脑-机接口的参数并运行。目前,BCI2000 提供了近 20 家不同生产商生产的脑信号采集设备的接口程序,包括所有主流数字脑电放大器,支持脑电节律、诱发电位、ECoG 信号、单神经元动作电位等的分析软件,所得的输出信号可以实现对鼠标的控制或打字。BCI2000 还提供信号离线分析的功能,例如指定信号周期的 r^2 分析、脑电地形图显示等[61]。有关 BCI2000 的详细描述及使用方法可以参考文献[62]。

开发 BCI2000 的初衷是支持脑-机交互系统的研发,但从它所提供的功能看,其也可以作为一个通用的生物医学信号处理平台。

3.6.2 OpenViBE

OpenViBE 也是一个基于 C++开发的脑-机接口通用软件平台,它由法国国家计算机科学与控制研究所(French National Institute for Research in Computer Science and Control, INRIA)开发并维护,已正式在 Microsoft Windows 和 Linux 平台上获得许可运行[63]。

OpenViBE 是一个开源系统,用户可以根据自己的需要添加或裁减相关的功能。OpenViBE 的一个突出优点是其信号处理过程中的图形化编程环境方便用户开发新的系统或扩展新的功能[64]。

OpenViBE 由若干软件模块组成。采集服务器（acquisition server）是 OpenViBE 的一个应用模块，它与多种脑信号采集设备对接，输出一个标准的信号流，直接送至后续的信号处理模块。"设计者（designer）"是 OpenViBE 的主要模块，它用来构建并执行信号处理链。用户只要具备基本的信号处理知识，就可以借助系统提供的图形编程功能自行构建所需要的信号处理链。"方案设计（scenario）"也是 OpenViBE 中的一个重要功能。

OpenViBE 的设计面向不同职业的用户，包括研究人员、开发人员和临床医生。它还可以很容易地集成到某些高端的应用环境中，例如虚拟现实应用等。

3.7   脑-机交互系统性能的评价指标

脑-机交互是一项实用技术，因此，如何评价脑-机交互系统的各项性能指标就成了系统研发过程中的一项重要工作。但是，由于脑-机交互系统的实现方式繁多，运行的情况也有很大的差异，因此，很难用一项简单的指标来衡量所有不同的脑-机交互系统[65]。

在 BCI 的研究领域，多种多样的指标被提出用来评估 BCI 的性能，如正确率（accuracy）、敏感性（sensibility）、特异性（specificity）、效率（efficiency）、效用（utility）、信息传输率（information transfer rate，ITR）等[4,66-68]。其中，ITR 是最常用的可对 BCI 整体性能进行度量的指标[69]。

通常采用由 Wolpaw 等人于 1998 年提出的如下公式来计算 ITR：

$$B = \lg N + P\lg P + (1-P)\lg[(1-P)/(N-1)]$$
$$B_t = B \times (60/t)$$

$(3-1)$

式中，B 是 ITR 以选择一个字符的比特数（bit/selection）为单位时的数值；B_t 是 ITR 以每分钟比特数（bit/min）为单位时的数值，通常在 BCI 中报道的 ITR 是 B_t 的数值；N 是可供选择的目标个数（比如，SSVEP 系统中刺激界面编码目标的个数）；P 是期望选择的目标被系统辨认出的可能性，也就是目标识别正确率；t 指系统选择一个字符所需要的时间，单位为 s/selection。式（3-1）实际上是在满足一些简化条件下根据香农信道传输理论推导出的互信息计算公式[70-71]。

学者们往往非常关心在线 BCI 系统的 ITR，并依据此 ITR 数值说明所报道

系统的性能。值得一提的是,在线 BCI 系统的 ITR 估计需要注意以下几个方面的问题[69]:

(1) 式(3-1)实际上是在一些严格的假设条件下才成立的,如果忽视了这些条件,就会错误地估计 ITR。

(2) 在线测试中,一些因素如测试试验的数目、受试者在目标之间视线转移时间等会对式(3-1)中的参数 P 和 t 的估计产生影响,进而也会影响 ITR。

(3) 目前尚缺乏可评估各种范式的在线 BCI 系统性能(包括 ITR 的估计)的通用平台。

BCI 信道传输模型如图 3-11 所示。图中每一个字符都可以被一种脑信号模式编码,这种脑信号模式即为 BCI 的输入,且会被 BCI 系统解码。M 是字符总个数。$p(w_i)(i=1,\cdots,M)$ 是第 i 个字符被选择的概率。$x_i(i=1,\cdots,N)$ 是 BCI 第 i 个输入脑信号模式,通常 $M=N$,但当系统还有另外的输入模式(比如空闲状态)时,N 将会大于 M。$y_j(j=1,\cdots,N)$ 为 BCI 第 j 个输出。$p(y_j\mid x_i)$ 等于第 i 个输入被识别为第 j 个输入的概率,因此当 $i=j$ 时,输出才正确,即 $p(y_i\mid x_i)$ 为第 i 个输入的识别正确率。

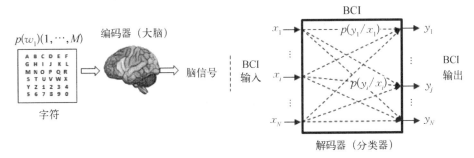

图 3-11　BCI 信道传输模型

基于式(3-1)的计算必须满足如下前提条件: ① BCI 系统须是一个无记忆平稳的离散传输通道。② 所有可被输出的命令被选择的概率相等,即 $p(w_i)=1/N(i=1,\cdots,N)$。 ③ 所有目标字符的分类正确率相等,即 $P=p(y_i\mid x_i)=p(y_j\mid x_j)$。 ④ 分类的误差在剩下的可选字符中均匀分布,即 $p(y_j\mid x_i)_{j\neq i}=[1-p(y_i\mid x_i)]/(N-1)$。

条件①是基础条件。条件②暗示适用式(3-1)的 BCI 系统不能考虑空闲状态,需要满足 $M=N$。 因为,通常空闲状态被选择的概率与其他字符被选择的概率是不一样的。另外,为保证 ITR 随着正确率 P 单调递增,P 应该在随机水平之上,通常实际的 BCI 系统均满足该条件。

上面列出的前提条件在计算 ITR 时不应该被忽略,否则容易造成 ITR 的错误计算。但是,在实际的计算中我们经常会遇到许多问题。下面我们将讨论某些 BCI 系统在用式(3-1)计算 ITR 时面临的问题。

3.7.1   同步 BCI 系统

在同步 BCI 系统中,BCI 操作的时间进度由系统决定。BCI 给用户提供提示符来告知用户何时可以选择目标字符,何时进行心理任务,甚至何时休息等操作。一般来讲,同步 BCI 系统可以较好地满足上述前提条件。

然而,在在线同步 BCI 系统测试过程中,一些不确定性因素会影响式(3-1)中参数的估计。比如,测试的试验数目会影响 P 的估计,目标选择时视线转移的时间会影响 t 的估计。

3.7.2   异步 BCI 系统 ITR 的计算

还有很多 BCI 系统以异步的模式运行。在这种模式下,受试者可以在任何时刻自主地选择控制 BCI 系统。也就是说,BCI 的时间进度由受试者自己控制。在这种系统中,受试者可以在很长的一段时间内选择不输出任何命令,即处于"空闲状态"。在这段时间内,若 BCI 系统输出任何字符或操作,均被视为误操作。由于此类系统违背上述前提条件②和条件③,因此式(3-1)并不适用于这种异步 BCI 系统。

理论上,异步 BCI 系统 ITR 的计算可以借助互信息一般化的计算公式。然而,在实际中,很难准确地知道图 3-11 中 BCI 信道传输模型的诸多参数,比如 $p(y_j \mid x_i)$ 等。因此,异步 BCI 的系统性能通常不采用 ITR 指标。研究者可能会选择报道完成一系列操作所需要的时间。特别是异步 BCI 系统性能的衡量会特别考量 BCI 系统在非控制状态下的性能,即考察在受试者不想控制或使用 BCI 时,系统是否能够很好地"睡眠"。事实上,很多研究证实这种睡眠状态对于 BCI 系统的实用性具有重要价值。

3.7.3   特别设计的 BCI 系统

式(3-1)成立的前提条件①指出,BCI 系统须为无记忆稳定的离散信息传输通道。但是,并不是所有的 BCI 系统均满足条件①。有一些特别设计的 BCI 系统,其输出不仅与当下时刻系统的输入有关,也与之前系统的输入、输出有关,其信道传输的统计特性[如 $p(y_j \mid x_i)$ 等参数]甚至会随时间发生变化。尽管,这类特别设计的 BCI 系统可期望获得较高的系统性能,但是式(3-1)并不适用于这类系统 ITR 的计算。

参考文献

[1] Wolpaw J R，Wolpaw E W. Brain-computer interfaces：principles and practice [M]. Oxford：Oxford University Press，2012.

[2] He B，Gao S，Yuan H，et al. Brain-computer interface[M]. Berlin：Springer，2013.

[3] Zander T O，Kothe C，Jatzev S，et al. Enhancing human-computer interaction with input from active and passive brain-computer interfaces[M]. London：Springer，2010.

[4] Wolpaw J R，Birbaumer N，McFarland D J，et al. Brain-computer interfaces for communication and control[J]. Clinical Neurophysiology，2002，113：767 - 791.

[5] Wang Y，Jung T P. A collaborative brain-computer interface for improving human performance[J]. PLoS One，2011，6(5)：e20442.

[6] Yuan P，Wang Y，Wu W，et al. Study on an online collaborative BCI to accelerate response to visual targets[C]//2012 Annual International Conference of the IEEE，2012.

[7] Hong K S，Khan M J. Hybrid brain-computer interface techniques for improved classification accuracy and increased number of commands：a review[J]. Frontiers in Neurorobotics，2017，11：35.

[8] Pfurtscheller G，Allison B Z，Brunner C，et al. The hybrid BCI[J]. Frontiers in Neurorobotics，2010，4：30.

[9] Nicolas-Alonso L F，Gomez-Gil J. Brain computer interfaces：a review[J]. Sensors，2012，12(2)：1211 - 1279.

[10] Ramadan R A，Vasilakos A V. Brain computer interface：control signals review [J]. Neurocomputing，2017，223：26 - 44.

[11] Khan B，Hodics T，Hervey N，et al. Functional near-infrared spectroscopy maps cortical plasticity underlying altered motor performance induced by transcranial direct current stimulation[J]. Journal of Biomedical Optics，2013，18(11)：116003.

[12] Khan M J，Hong K S. Hybrid EEG-fNIRS-based eight command decoding for BCI：application to quadcopter control[J]. Frontiers in Neurorobotics，2017，11：6.

[13] Fazli S，Mehnert J，Steinbrink J，et al. Enhanced performance by a hybrid NIRS - EEG brain computer inter-face[J]. NeuroImage，2012，59(1)：519 - 529.

[14] Fatourechi M，Bashashati A，Ward R K，et al. EMG and EOG artifacts in brain computer interface systems：a survey[J]. Clinical Neurophysiology，2007，118(3)：480 - 494.

[15] Kiguchi K，Lalitharatne T D，Hayashi Y. Estimation of forearm supination/pronation

motion based on EEG signals to control an artificial arm[J]. Journal of Advanced Mechanical Design Systems and Manufacturing, 2013, 7(1): 74 - 81.

[16] Costa A, Hortal E, Ianez E, et al. A supplementary system for a brain-machine interface based on jaw artifacts for the bidimensional control of a robotic arm[J]. PLoS One, 2014, 10(2): e112352.

[17] Lin K, Cinetto A, Wang Y J, et al. An online hybrid BCI system based on SSVEP and EMG[J]. Journal of Neural Engineering, 2016, 13(2): 026020.

[18] Ma J X, Zhang Y, Cichocki A, et al. A novel EOG/EEG hybrid human-machine interface adopting eye movements and ERPs: application to robot control[J]. IEEE Transactions on Biomedical Engineering, 2015, 62(3): 876 - 889.

[19] Papadelis C, Chen Z, Kourtidou-Papadeli C, et al. Monitoring sleepiness with on-board electrophysiological recordings for preventing sleep-deprived traffic accidents [J]. Clinical Neurophysiology, 2007, 118(9): 1906 - 1922.

[20] Virkkala J, Hasan J, Varri A, et al. The use of two-channel electro-oculography in automatic election of unintentional sleep onset[J]. Journal of Neuroscience Methods, 2007, 163(1): 137 - 144.

[21] Virkkala J, Hasan J, Varri A, et al. Automatic sleep stage classification using two-channel electro-oculography[J]. Journal of Neuroscience Methods, 2007, 166(1): 109 - 115.

[22] Horki P, Solis-Escalante T, Neuper C, et al. Combined motor imagery and SSVEP based BCI control of a 2 DoF artificial upper limb[J]. Medical and Biological Engineering and Computing, 2011, 49(5): 567 - 577.

[23] Cao L, Li J, Ji H F, et al. A hybrid brain computer interface system based on the neurophysiological protocol and brain-actuated switch for wheelchair control[J]. Journal of Neuroscience Methods, 2014, 229: 33 - 43.

[24] Duan F, Lin D X, Li W Y, et al. Design of a multimodal EEG-based hybrid BCI system with visual servo module[J]. IEEE Transactions on Autonomous Mental development, 2015, 7(4): 332 - 341.

[25] Zhao J, Li W, Li M F. Comparative study of SSVEP-and P300-based models for the telepresence control of humanoid robots[J]. PLoS One, 2015, 10: e0142168.

[26] Yin E W, Zeyl T, Saab R, et al. A hybrid brain-computer interface based on the fusion of P300 and SSVEP scores[J]. IEEE Transactions on Neural Systems and Rehabilitation Engineering, 2015, 23(4): 693 - 701.

[27] Pan J H, Xie Q Y, He Y B, et al. Detecting awareness in patients with disorders of consciousness using a hybrid brain - computer interface[J]. Journal of Neural Engineering, 2014, 11(5): 056007.

[28] Su Y, Qi Y, Luo J X, et al. A hybrid brain-computer interface control strategy in a virtual environment [J]. Journal of Zhejiang University-Science C-computers and electronics, 2011, 12(5): 351 – 361.

[29] Long J Y, Li Y Q, Wang H T, et al. A hybrid brain computer interface to control the direction and speed of a simulated or real wheelchair[J]. IEEE Transactions on Neural Systems and Rehabilitation Engineering, 2012, 20(5): 720 – 729.

[30] Bhattacharyya S, Konar A, Tibarewala D N. Motor imagery, P300 and error-related EEG-based robot arm movement control for rehabilitation purpose[J]. Medical & Biological Engineering & Computing, 2014, 52(12): 1007 – 1017.

[31] Vannasing P, Cornaggia I, Vanasse C, et al. Potential brain language reorganization in a boy with refractory epilepsy: an fNIRS – EEG and fMRI comparison[J]. Epilepsy and Behavior Case Reports, 2016, 5: 34 – 37.

[32] Barbosa S, Pires G, Nunes U. Toward a reliable gaze-independent hybrid BCI combining visual and natural auditory stimuli[J]. Journal of Neuroscience Methods, 2016, 261: 47 – 61.

[33] Das A, Guhathakurta D, Sengupta R, et al. EEG – NIRS joint-imaging based assessment of neurovascular coupling in stroke: a novel technique for brain monitoring [J]. International Journal of Stroke, 2016, 11(3): 271 – 272.

[34] Li Y T, Zhou G, Graham D, et al. Towards an EEG-based brain-computer interface for online robot control[J]. Multimedia Tools and Applications, 2016, 75(13): 7999 – 8017.

[35] Gao S K, Wang Y J, Gao X R, et al. Visual and auditory brain-computer interface [J]. IEEE Transactions on Biomedical Engineering, 2014, 61(5): 1436 – 1447.

[36] Bin G Y, Gao X R, Wang Y J, et al. VEP-based brain-computer interface: time, frequency, and code modulations[J]. IEEE Computational Intelligence Magazine, 2009, 4(4): 22 – 26.

[37] Farwell L A, Donchin E. Talking off the top of your head-toward a mental prosthesis utilizing event-related brain potentials [J]. Electroencephalography and Clinical Neurophysiology, 1988, 70(6): 510 – 523.

[38] Piccione F, Giorgi F, Tonin P, et al. P300-based brain computer interface: Reliability and performance in healthy and paralysed participants[J]. Clinical Neurophysiology, 2006, 117(3): 531 – 537.

[39] Kindermans P J, Verstraeten D, Schrauwen B. A bayesian model for exploiting application constraints to enable unsupervised training of a P300-based BCI[J]. PLoS One, 2012, 7(4): e33758.

[40] Lakey E, Berry D R, Sellers E W. Manipulating attention via mindfulness induction

improves P300-based brain-computer interface performance[J]. Journal of Neural Engineering，2011，8(2)：025019.

[41] Hoffmann U，Vesin J M，Ebrahimi T，et al. An efficient P300-based brain-computer interface for disabled subjects[J]. Journal of Neuroscience Methods，2008，167(1)：115 - 125.

[42] Chen X，Wang Y，Nakanishi M，et al. High-speed spelling with a noninvasive brain-computer interface[J]. Proceedings of the National Academy of Sciences of the USA，2015，112(44)：E6058 - E6067.

[43] Chen X，Wang Y，Zhang S，et al. A novel stimulation method for multi-class SSVEP - BCI using intermodulation frequencies[J]. Journal of Neural Engineering，2017，14：026013.

[44] Cheng M，Gao X，Gao S，et al. Design and implementation of a brain-computer interface with high transfer rates[J]. IEEE Transactions on Biomedical Engineering，2002，49：1181 - 1186.

[45] Hwang H J，Kim D H，Han C H，et al. A new dual-frequency stimulation method to increase the number of visual stimuli for multi-class SSVEP-based brain-computer interface (BCI)[J]. Brain Research，2013，1515：66 - 77.

[46] Mukesh T M S，Jaganathan V，Reddy M R. A novel multiple frequency stimulation method for steady state VEP based brain computer interfaces[J]. Physiological Measurement，2006，27(1)：61 - 71.

[47] Shyu K K，Lee P L，Liu Y J，et al. Dual-frequency steady-state visual evoked potential for brain computer interface[J]. Neuroscience Letters，2010，483(1)：28 - 31.

[48] Bin G，Gao X，Wang Y，et al. A high-speed BCI based on code modulation VEP[J]. Journal of Neural Engineering，2011，8(2)：025015.

[49] Nezamfar H，Orhan U，Erdogmus D，et al. On visually evoked potentials in EEG induced by multiple pseudorandom binary sequences for brain computer interface design[C]//IEEE international conference on acoustics，speech and signal processing，2011.

[50] Jia C，Gao X，Hong B，et al. Frequency and phase mixed coding in SSVEP-based brain — computer interface[J]. IEEE Transactions on Biomedical Engineering，2011，58(1)：200 - 206.

[51] Vidal J J. Real-time detection of brain events in EEG[J]. Proceedings of the IEEE，1977，65(5)：633 - 664.

[52] Yin E W，Zhou Z，Jiang J，et al. A speedy hybrid BCI spelling approach combining P300 and SSVEP[J]. IEEE Transations on Biomedical Engineering，2014，61(2)：473 - 483.

［53］ Kimura Y，Tanaka T，Higashi H，et al. SSVEP-based brain-computer interfaces using FSK-modulated visual stimuli［J］. IEEE Transations on Biomedical Engineering，2013，60(10)：2831 – 2838.

［54］ Rezeika A，Benda M，Stawicki P，et al. Brain-computer interface spellers：a review ［J］. Brain Science，2018，8(4)：57.

［55］ Chaudhary U，Birbaumer N，Ramos-Murguialday A. Brain-computer interfaces for communication and rehabilitation［J］. Nature Reviews Neurology，2016，12 (3)：513 – 525.

［56］ U. S. National Science and Technology Council. The national artificial intelligence research and development strategic plan ［R］. Washington：National Science Foundation，2016.

［57］ Lees S，Dayan N，Cecotti H，et al. A review of rapid serial visual presentation-based brain-computer interfaces［J］. Journal of Neural Engineering，2018，15(2)：021001.

［58］ Sajda P，Pohlmeyer E，Wang J，et al. In a blink of an eye and a switch of a transistor：cortically coupled computer vision［J］. Proceedings of the IEEE，2010，98 (3)：462 – 478.

［59］ Brunner C，Andreoni G，Bianchi L，et al. BCI software platforms［M］. Berlin：Springer，2012.

［60］ Schalk G，McFarland D，Hinterberger T，et al. BCI2000：a general purpose brain-computer interface (BCI) system［J］. IEEE Transations on Biomedical Engineering，2004，51：1034 – 1043.

［61］ Mellinger J，Schalk G. BCI2000：a general purpose software platform for BCI research ［M］. Cambridge：MIT Press，2007.

［62］ Schalk G，Mellinger J. A practical guide to brain-computer interfacing with BCI2000：general-purpose software for brain-computer interface research，data acquisition，stimulus presentation，and brain monitoring［M］. Berlin：Springer，2010.

［63］ Renard Y，Lotte F，Gibert G，et al. OpenViBE：an open-source software platform to design，test and use Brain-Computer Interface in real and virtual environments［J］. Presence：Teleoperators and Virtual Environments，2010，19(1)：35 – 53.

［64］ Lindger J，Lecuyer A. OpenViBE and other BCI software platforms. In brain computer interfaces (2)：technology and application［M］. New Jersey：Wiley，2016.

［65］ Thompson D E，Quitadamo L R，Mainardi L，et al. Performance measurement for brain-computer or brain-machine interfaces：a tutorial ［J］. Journal of Neural Engineering，2014，11(3)：035001.

［66］ Billinger M，Daly I，Kaiser V，et al. Is it significant? Guidelines for reporting BCI performance［M］. Berlin：Springer，2013.

［67］ Quitadamo L R，Abbafati M，Cardarilli G C，et al. Evaluation of the performances of different P300 based brain-computer interfaces by means of the efficiency metric ［J］. Journal of Neuroscience Methods，2012，203(2)：361－368.

［68］ Dal Seno B，Matteucci M，Mainardi L T. The utility metric：a novel method to assess the overall performance of discrete brain-computer interfaces［J］. IEEE Transactions on Neural Systems and Rehabilitation Engineering，2010，18(1)：20－28.

［69］ Yuan P，Gao X，Allison B，et al. A study of the existing problems of estimating the information transfer rate in online brain-computer interfaces［J］. Journal of Neural Engineering，2013，10(2)：026014.

［70］ Shannon C E. A mathematical theory of communication［J］. Acm Sigmobile Mobile Computing and Communications Review，2001，5(1)：3－55.

［71］ Pierce J R. An introduction to information theory：symbols，signals and noise ［M］. 2nd ed. New York：Dover Publications Inc，2012.

4 脑信号处理方法

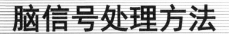

李远清　潘家辉　俞祝良　刘柯　高炜　张智军

李远清,华南理工大学自动化科学与工程学院,电子邮箱: auyqli@scut. edu. cn
潘家辉,华南师范大学软件学院,电子邮箱: panjiahui@m. senu. edu. cn
俞祝良,华南理工大学自动化科学与工程学院,电子邮箱: zlyu@scut. edu. cn
刘柯,重庆邮电大学计算机科学与技术学院,电子邮箱: liuke@cqupt. edu. cn
高炜,华南理工大学自动化科学与工程学院,电子邮箱: augaow@mail. scut. edu. cn
张智军,华南理工大学自动化科学与工程学院,电子邮箱: auzjzhang@scut. edu. cn

任何脑-机接口(BCI)系统必须能够从使用者的大脑中传输信息或者指令,如图 4-1 所示。很多信号处理与机器学习技术也被提出来用于信号传输,本章将介绍绝大部分信号处理与机器学习技术。尽管这一章所描述的技术常常用于处理脑电图(EEG)信号,但是它们也适用于处理其他的脑电信号。

脑-机接口系统允许人们在不使用周围神经或肌肉的情况下进行交流或控制诸如计算机或假体等装置。一个一般的脑-机接口系统架构如图 4-1 所示,其中包含了大脑信号处理的四个阶段。

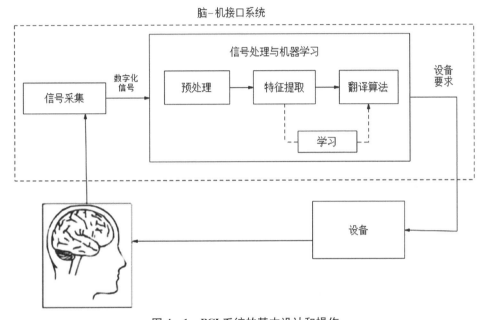

图 4-1 BCI 系统的基本设计和操作

(1) 数据获取,即通过传感器获得大脑信号。如图 4-1 所示,可以用放在头皮上的电极测量、获取脑电图信号。在被计算机处理之前,先利用数据获取硬件将这些信号放大和数字化。因此,拥有一套精确的数字采集系统显得尤为重要。由于脑皮层外部的脑颅及毛发等大而不规则的电极阻抗会降低信号质量,所以以脑电图为基础的脑-机接口系统必须使用备皮和电极凝胶以提高信号质量。

(2) 预处理,即减少与信息相关的"噪声"和"伪迹"。在脑-机接口信号处理中,许多信号成分都是含有噪声的。这其中可能包含由使用者的意识产生的与大脑模式无关的信号,或由信号获取硬件产生并添加到其中的信号。例如眼睛、肌肉产生的信号和大脑产生的信号会被同时收集到。可以通过像空间滤波和时间滤波等一些预处理方法大大减少噪声和伪迹从而提高信号质量。

（3）特征提取，即从经过预处理的大脑信号中提取反映使用者意图的有效信号特征。对于非侵入式脑-机接口而言，特征提取主要基于脑的模式，比如慢变皮层电位（SCP）[1]、事件相关电位（ERPs）、事件相关去同步电位（ERD）、事件相关同步（ERS）等大脑模式。脑事件相关电位的例子包括 P300[2]、稳态视觉诱发电位（SSVEP）[3]和节律，包含了来自皮质区的 8～13 Hz 以及 18～23 Hz 范围内的脑电波信号。根据脑-机接口心理策略诱导或调用的潜在大脑模式，特征就可以从时域或频域中区别开来。比如，反映 P300 的特征通常是从时域中提取出来的。

（4）翻译算法。最终，提取的特征会被翻译成可操控设备如计算机、轮椅或假肢等的离散或连续的控制信号。

4.1　EEG 信号去噪

大脑信号的预处理在脑-机接口系统中发挥着重要作用。在大脑信号中，反映使用者意图的信号成分是有用成分，而剩余的信号成分则被视为噪声。例如，在基于 P300 的脑-机接口拼写中，有效成分是 P300 的电势，噪声信号包括高频信号、α 波、肌电图、眼电图和来自电源和其他设备的干扰。对脑-机接口系统而言预处理十分重要，这是因为有效的预处理方法可以提高信噪比和空间分辨率，这将有效提高脑-机接口的性能。脑-机接口系统中大量使用了空间滤波和时间滤波的预处理方法[4]，这些方法将在下面详细介绍。

4.1.1　空间滤波方法

这一节首先介绍线性变换，然后描述五种空间滤波方法，即共同平均参考（CAR）[4]、拉普拉斯参考、主成分分析（PCA）、独立成分分析（ICA）[5]和共同空间模式（CSP）。所有这里描述的空间滤波方法本质上都是线性变换方法。

1. 线性变换

线性变换是对每个个体抽样时，对从所有通道或部分通道采样的原始信号进行线性组合。线性组合的步骤如下：首先，从通道中采集所有样本值乘以所用方法（如 CAR 或拉普拉斯参考方法）提供的各个样本对应的权值，如式（4-1）所示。然后，将所得的乘积全部加在一起。线性组合所得的和便是转换值。准确地说，线性组合可用公式描述为

$$y = Wx \tag{4-1}$$

式中，*x* 和 *y* 分别表示原始信号向量和转换后的信号向量，*W* 是一个变换矩阵。

图 4-2 描述了使用空间概念表示的信号转换过程。在这种情况下，将信号线性地由信号空间转换为成分空间。我们的目的是期望改善组件的转换渠道。这里的信号改善是指信号各个方面质量的改善，比如降低信噪比，提高空间分辨率或者可分离性等。例如，将记录通道转换成包含了伪迹和大脑信号的组成成分将会提高信噪比和可分离性。随后的信号处

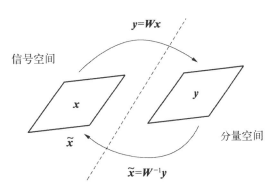

图 4-2　从信号空间到分量空间的线性变换以及从分量空间到信号空间的逆变换

理过程，比如时间滤波、试验均值化或频率功率分析在组件或信号空间中完成。在后一种转换中，信号在转换空间中经过一个特定的操作后被逆变换回来。在这两种情况中，空间滤波器的转换目标都是简化后续的信号处理过程。

图 4-2 表明转换矩阵 *W* 是应用在多通道信号 *x* 上的空间滤波器。转换后空间滤波信号 *y* 是矩阵 *W* 行中包含的滤波系数和信号 *x* 的线性组合。由于这些线性组合，组件到通道的直接联系便会丢失。然而，在信号空间中，转换矩阵 *W* 的逆矩阵(W^{-1})的每一列决定了从分量空间到信号空间逆转化中对各个通道转换的贡献。因此，这些值和通道的拓扑信息可以用于生成脑电地形图。式(4-1)中转换矩阵 *W* 的选择由转化后的时间序列 $y(t)$[6]所需的属性或约束决定。这些各种各样的约束条件导致了以下描述的不同空间滤波器，包含 CAR、拉普拉斯参考、PCA 和 ICA。

2. 共同平均参考

共同平均参考(CAR)方法通过减去各个电极的平均值来调整各个电极的信号。

$$y_i = x_i - \frac{1}{N}(x_i + \cdots + x_N) \tag{4-2}$$

式中，$i = 1, \cdots, N$。

共同平均参考方法是一种线性转换方法。其中，式(4-1)中的转换矩阵 *W* 的第 *i* 行的输入除第 *i* 个输入外全为 $-\frac{1}{N-1}$。共同平均参考方法对所有电极共有的噪声具有有效的降噪功能，如电源 50 Hz 或 60 Hz 的干扰信号。因为有

效的脑信号一般局限在几个电极上,这种方法能增强平均信号中的有效信号。然而,共同平均参考方法不能有效降低非所有电极共有的噪声,例如眨眼产生的眼电图和肌肉收缩产生的肌电图。眼电图在额皮质中更为强烈,而肌电图在相关肌肉中更为明显。因此,必须应用别的方法,例如回归统计法或独立成分分析法去除掉这些伪迹信号。

3. 拉普拉斯参考

拉普拉斯参考通过减去相邻电极的平均值来调整每个电极的信号。拉普拉斯算子可以有效地减少某个区域的集中噪声。这里我们介绍两种类型的拉普拉斯参考:小拉普拉斯参考和大拉普拉斯参考。例如,图 4-3 中展示了分别利用大小拉普拉斯参考的 64 位通道的电极帽。

如图 4-3(a)所示,小拉普拉斯参考减去了正在预处理的信号的最邻近四个电极的 EEG 信号均值。在这个例子中,利用小拉普拉斯参考,第九个预处理的 EEG 信号(y_9)可计算如下:

$$y_9 = x_9 - \frac{1}{4}(x_2 + x_8 + x_{10} + x_{16}) \tag{4-3}$$

如图 4-3(b)所示,大拉普拉斯参考减去了正在预处理信号的次邻近的四个电极的 EEG 信号均值。在这个例子中,利用大拉普拉斯参考,第九个预处理的 EEG 信号(y_9)可计算如下

$$y_9 = x_9 - \frac{1}{4}(x_{11} + x_{32} + x_{41} + x_{49}) \tag{4-4}$$

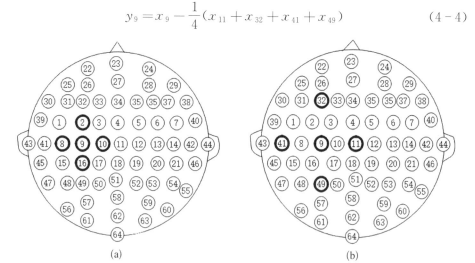

图 4-3 脑电信号第 9 通道拉普拉斯参考预处理

(a) 小拉普拉斯参考;(b) 大拉普拉斯参考

4. 主成分分析

主成分分析(PCA)法和独立成分分析(ICA)法是将大脑信号分解为组分的预处理方法。我们只对里面的部分组分感兴趣,例如与运动想象相关的大脑模式。其余组分我们并不感兴趣,比如噪声。因此,主成分分析法和独立成分分析法经常被用于分离有效组分和噪声信号。

从数学的角度看,主成分分析法是转换为新坐标的正交线性变换方法,将原始信号分解为不相关的按递减方差排序的组分。也就是第一个组分包含最多原始信号的方差,第二个组分包含次多原始信号的方差,依此类推。如果 $X \in \mathbb{R}^{n \times m}$ 是一个大脑信号矩阵,其每一行对应从一个均值为零的特定电极中获得的信号,并且每一列对应从一个特定取样时间获得的信号。通过对协方差矩阵 $R = XX^{\mathrm{T}}$ 进行广义特征值分解,可得主成分分析法的变换矩阵 $W = [w_1, \cdots, w_n]$。其中,$w_1, \cdots, w_n$ 是 XX^{T} 的 n 个广义特征值,它们的值按照降序排列。$W_1, \cdots, W_n$ 是对应广义特征值的归一化正交特征向量。X 的主成分分析法转化如下:

$$Y = W^{\mathrm{T}} X \tag{4-5}$$

式中,$W = [w_1, \cdots, w_n]$。

经过式(4-5)中主成分分析法转化后的信号 Y 中的各行互不相关。因此,在数学上,主成分分析法对输入的 X 信号进行了去相关操作。为了获得那些包含信号中最大方差的组成成分,必须将 W 矩阵中 p 个占优的列向量挑选出来。这些列向量对应的是前 p 个最大特征值对应的特征向量。通过这种方法,对应 p 个最大特征值的 p 个主成分被保留下来,相反,对应 $n-p$ 个最小特征值的 $n-p$ 个主成分被剔除。这些特征值代表了大脑信号的总体方差或电位。因此,最大的特征值可能对应有效组分,而最小的特征值可能对应噪声组分。

5. 独立成分分析

独立成分分析(ICA)也可用于从大脑信号中提取有用信号或分离噪声。独立成分分析是一种解决盲信号分离问题的常用途径。盲信号问题可用经典的"鸡尾酒会效应"来解释。所谓"鸡尾酒会效应"就是许多人同时在房间里谈话,但隔壁的人得分清楚每个人的谈话。人类可以很容易地分辨出这些混合的声音信号,但对机器而言这是十分困难的。然而,在某些严格的限制下,这个问题可通过独立成分分析来解决。大脑信号与"鸡尾酒会效应"相似,因为来自不同神经细胞的信号是在特定的电极上进行测量的。因此,真实的大脑信号来源和混合的程序是未知的。

在数学上，假设在脑信号中存在 n 个独立未知的信号源 $s_1(t)$，…，$s_n(t)$，记为零均值 $\boldsymbol{s}(t)=[s_1(t)，…，s_n(t)]^{\mathrm{T}}$，假设有 n 个电极，这些信号源瞬间线性混合产生 n 个可观测的混合矩阵，即 $\boldsymbol{x}(t)=[x_1(t)，…，x_n(t)]^{\mathrm{T}[7-8]}$，其中

$$\boldsymbol{x}(t)=\boldsymbol{A}\boldsymbol{s}(t) \tag{4-6}$$

式中，$\boldsymbol{A}$ 是一个 $n\times n$ 不变矩阵，其元素需要从观测数据中估计出来。$\boldsymbol{A}$ 被称为混合矩阵，它通常被假定为满秩的，具有 n 个线性无关的列。

独立成分分析方法还假定组分 s_i 是统计独立的，这意味着由不同神经元产生的源信号 s_i 是彼此独立的。然后，在独立成分分析方法中使用观测信号 x 计算混合矩阵 $\boldsymbol{W}$ 以获得如下 n 个独立分量

$$\boldsymbol{y}(t)=\boldsymbol{W}\boldsymbol{x}(t) \tag{4-7}$$

式中，估计的独立分量为 y_1，…，y_n，可表示为 $\boldsymbol{y}(t)=[y_1(t)，…，y_n(t)]^{\mathrm{T}}$。

在使用独立成分分析方法分解脑信号之后，可以选择相关的分量或者去除等价的无关分量，然后使用独立成分分析法将其投影回信号空间

$$\tilde{\boldsymbol{x}}(t)=\boldsymbol{W}^{-1}\boldsymbol{y}(t) \tag{4-8}$$

式中，重建信号 $\tilde{\boldsymbol{x}}$ 表示比 x 更纯的信号[9]。

有许多独立成分分析算法，如信息最大化方法[7]和基于二阶或高阶统计的方法[10]。其中有几个可以在网上免费获得。还有另一种信号源分离技术，即稀疏分量分析（SCA），它假定源组分的数量大于观察到的混合物数量，并且组分之间可能是相互依赖的。有兴趣的读者可以从参考文献[11]中了解稀疏分量分析的更多细节。

6. 共同空间模式

与最大化变换空间中第一个分量方差的主成分分析法相反，共同空间模式（CSP）使两个条件或类别的方差比最大化。换句话说，共同空间模式找到了最大化一个条件样本方差的变换，同时最小化另一个条件样本的方差。假设用户意图被编码在相关脑信号的变化或功率中，这个属性使得共同空间模式方法成为脑-机接口系统中信号处理最有效的空间滤波器之一。基于运动想象的脑-机接口系统是这种系统的典型例子[12]。条件和类别表示不同的思维任务，例如，左手和右手的运动图像。共同空间模式算法不仅需要训练样本，还需要样本所属的信息来计算线性变换矩阵。相比之下，主成分分析法和独立成分分析法不需要这些附加信息。因此，主成分分析法和独立成分分析法是非监督方法，而共同空间模式方法是一个监督方法，它需要每个训练样本

的条件或类别标签信息。

对于共同空间模式算法的更详细的解释如下。我们假设 $W \in \mathbb{R}^{n \times n}$ 是一个共同空间模式变换矩阵。变换的信号是 WX，其中 X 是其中每一行表示电极通道的数据矩阵。第一个共同空间模式组件，即 WX 的第一行，包含了类别 1 的大部分方差（最小的是类别 2），而最后一个组件，即 WX 的最后一行包含了类别 2 的大部分方差 1 级，其中 1 级和 2 级代表两种不同的思维任务。

W^{-1} 的列是共同空间模式[13]。如前所述，列的值表示共同空间模式成分对通道的贡献，因此可以用于可视化共同空间模式成分的地形分布。图 4-4 显示了左侧和右侧运动图像任务的 EEG 数据分析示例的两种常见空间模式，分别对应 W^{-1} 的第一列和最后一列。这些成分的地形分布对应运动图像任务引起的感觉运动节律的预期对侧活动。也就是说，左侧运动图像在右侧感觉运动区域诱导感觉-运动活动模式（ERD/ERS），而右侧运动图像引起左侧感觉运动区域上的活动模式。

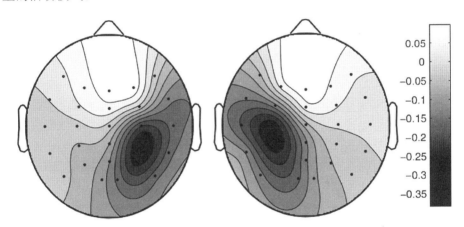

图 4-4　对应左侧和右侧运动图像任务的两个常见空间图案

共同空间模式和主成分分析法都是基于协方差矩阵的对角化。主成分分析法将一个协方差矩阵对角化，而共同空间模式同时对两个协方差矩阵 R_1 和 R_2 进行对角化，这两个矩阵对应两个不同的类别。求解特征值问题对于主成分分析法是足够的。对于共同空间模式，必须解决 $R_1^{-1}R_1$ 的广义特征值问题[6]，以便使用变换矩阵 W 同时对角化的两个协方差矩阵：

$$WR_1W^{\mathrm{T}} = D \quad \text{和} \quad WR_2W^{\mathrm{T}} = I - D \qquad (4-9)$$

基本的共同空间模式算法只能处理两个条件，存在多于两个条件的扩展。有关 CSP 算法和可能扩展的详细信息，请参考文献[14]。

4.1.2 时间滤波方法

时间滤波也称为频率滤波或频谱滤波,在提高脑-机接口系统的信噪比方面起着重要的作用[4]。例如,临时滤波可用于消除电源的 50 Hz 或 60 Hz 噪声。时间滤波也可以用来从特定频段(如 μ 频段或 β 频段)的大脑信号中提取代表运动想象的分量。在基于 μ 频段或 β 频段的 BCI 中,脑电信号如 EEG、ECoG 和 EMG 通常使用 8~12 Hz 的带通滤波器进行时间滤波,使用 18~26 Hz 的带通滤波器记录 β 节律。虽然基于 P300 的 BCI 不主要依赖特定的频段,但是脑信号通常以 0.1~20 Hz 进行带通滤波。较低频率的信号通常与眨眼[15]和其他人为因素(如放大器飘移或由于汗液引起的皮肤电阻变化)有关,因此常常滤掉较低频率的脑信号以去除噪声。

4.2 脑电信号源成分提取方法

4.2.1 盲源分离

脑电信号可以看作由未知混合矩阵构成的盲源线性矩阵。在这种情况下,实际的信息源可以通过基于稀疏表示的盲源分离来获得。如图 4 - 5(a)所示,源在一个域内是稀疏的,例如时频域,因此可以通过分为两个步骤的方法实现基于稀疏表示的盲源分离[16-17]。首先可以用聚类算法来估计混合矩阵,然后通过稀疏表示算法来获得源。通过这个分两步的方法很难准确地估计出混合矩阵。对于基于稀疏表示的盲源分离法,假设源足够稀疏,源的数量可以大于矩阵的数量而且源之间可能是相关的。在文献[18]中,小波包变换方法首次被用在一项改良的斯腾伯格记忆任务(Sternberg memory task)来产生稀疏性的实验。在实验中,第一步,受试者需要在电脑显示器上的随机位置上依次记住三个数字,受试者的记忆有效性会在之后 2.5 s 以一个"测试数字"来评价。第二步,通过小波包变换系数将比值矩阵构造为混合矩阵。第三步,通过 1 - 范数最小化来评估源。

4.2.2 脑电逆成像

脑电信号 EEG 通常被认为是由皮质锥体神经元的同步激活产生的。利用对脑源和脑容量传导的正向建模,脑电逆成像可以识别这些源并且定位它们,如图 4 - 5(b)和图 4 - 6 所示[19]。脑电逆成像对脑机制和疾病检测的研究是有帮

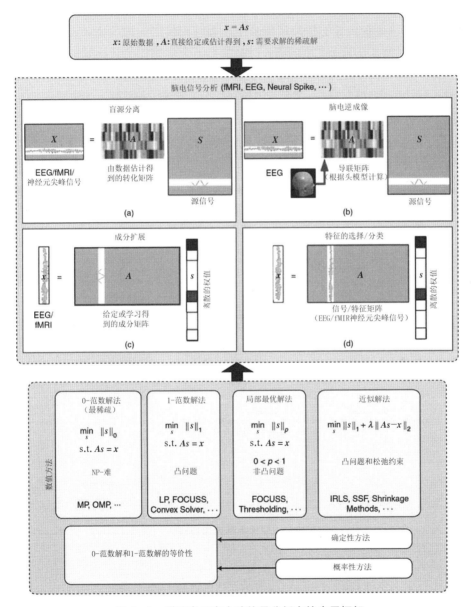

图 4-5　稀疏表示在大脑信号分析中的应用框架

助的。例如,高分辨率脑电逆成像可以用来识别动态癫痫活动的起源和传播,并为患者的术前规划提供信息[19]。

逆成像的分布源模型假设大量的单位偶极子均匀分布在大脑体积或灰质的皮质层上,每个偶极子代表一个候选源。在这个假设前提下,逆成像的第一步通过对脑源和脑容量传导的正向建模来建立源与测量之间的线性关系。特别地,对于图4-6所示的模型,X 的第 j 行是从第 j 个传感器上观察到的脑电信号。矩阵 A(引导场矩阵)的第 i 列对应于第 i 个网格,描述了具有一定位置和方向的单位偶极子是如何与脑电测量相关联的[19]。S 的第 i 行是与 A 的第 i 列所代表的第 i 个网格相关的脑源。在实际情况中,网格的数量范围为 3 000～9 000,具体取决于几个因素,如数据分析任务以及网格是否在大脑体积中或在灰质的皮层上均匀分布。给定网格的配置、传感器的位置和头部模型就可以使用边界元素模型(boundary element model,BEM)或有限元模型(finite element model,FEM)来计算第 i 个网格和第 j 个传感器之间的传递特性 a_{ji}[19],由此来确定矩阵 A。头部模型可以由单球壳、多球壳或结构化 MRI 构成。逆成像的第二步是根据从线性模型中观察到的脑电数据识别脑源。

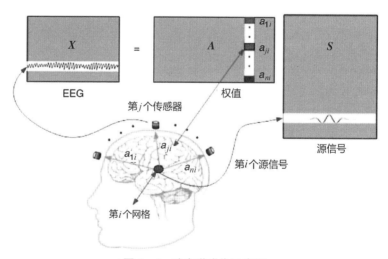

图 4-6 脑电逆成像示意图

由于电极数量 n 比网格数量 m 少得多,所以对于线性逆问题存在无穷多的解。通过引入生物物理学和(或)生理学约束,已经开发出多种方法来获得最佳估计源。假设脑源稀疏的情况下,逆成像问题可以通过稀疏表示(1-范数最小化)来解决[20],一旦获得稀疏的脑源,就可以通过相应的网格进行定位。

使用脑皮层电图法(ECoG)映射作为评估的黄金标准表明了稀疏方法与其

他方法的结果具有可比性,例如用于脑电信号逆成像的基于 2-范数的低分辨率脑电磁层析成像(low resolution brain electromagnetic tomography,LORETA)[20]。我们在图 4-7 中展示了这个研究的部分结果。图 4-7(a)显示了直接硬膜下脑电图记录,而图 4-7(b)和(c)分别显示了低分辨率脑电磁层析成像和稀疏方法的成像结果。所显示结果的阈值设置为最大电流密度(单位为 A/mm²)的 70%。热点(黄色区域)表明,稀疏和 LORETA 方法评估的源活动位于感觉皮层上。然而,稀疏方法得到的热点与直接硬膜下脑电图所确定的区域更为接近。这个实验表明稀疏方法相比 LORETA 方法具有更好的特异性。但是对于空间扩展源,已有多个分布式源图像方法在数值模拟仿真中进行了测试[21]。对于大空间范围(10 mm²~40 cm²)的源,使用 LORETA 方法可以得到有效的结果。总而言之,包括 LORETA 在内的基于 2-范数的方法适合对空间分布的源进行成像,而稀疏方法适合对稀疏和聚焦源进行成像。考虑到两类方法具有不同的优点,文献[22]中提出了几种结合 1-范数和 2-范数的逆成像算法。

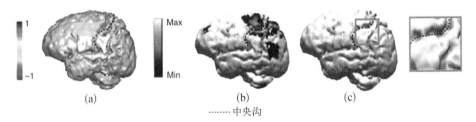

图 4-7 脑电信号逆成像的结果

(a)直接硬膜下脑皮层电图法记录;(b)由 LORETA 成像的结果;(c)通过自稀疏方法成像的结果

4.3 脑电信号溯源分析

4.3.1 脑电溯源分析基本概念

在脑神经科学研究和脑疾病的诊断及治疗中,准确测量人脑在进行认知等活动时脑功能区的活动情况,进而研究不同脑区间的信息交互过程有助于深化对人脑功能的认识[19]。

为实现脑功能区的定位,脑功能成像方法结合认知科学、物理学、信号处理和计算机科学已发展了很多技术探究人脑的工作机理。这些技术可分为间接测量和直接测量两大类。间接测量技术包括 fMRI、正电子发射型计算机断层显像

（positron emission computed tomography，PET）等，记录与神经活动相关的脑信号，比如不同脑区耗氧量变化；直接测量技术包括 EEG、MEG 等，记录由同步神经活动产生的电场或磁场的变化。fMRI 通过测量由神经活动导致的血氧水平变化定位脑功能区，具有高空间分辨率，能够得到与特定认知任务相关的脑活动图。然而，以 fMRI 为代表的间接测量技术不能实时测量在进行认知任务时不同脑区的动态活动情况，因而也不能回答各个功能的脑区是并行还是序列激活以及各脑区信息的交互与融合等涉及时间的动态变化过程。以 EEG 为代表的直接测量技术，实时测量由神经元活动引起的电场或磁场变化，具有高时间分辨率，为研究人脑活动的动态变化提供了更多时域上的细节信息。

EEG 测量的是大脑中神经元细胞集群放电活动在头皮表面的综合反应，能够在亚毫秒量级反映神经元细胞集群的电活动。然而，由于容积效应，EEG 测得的信号与脑内神经元集群产生的信号不直接对应，而是脑内多个信号源的混合重叠[19,23]。因此与 fMRI 成像技术相比，EEG 的空间分辨率较低。为了解决这个问题，一个可行的方法是利用测量的 EEG 信号重构脑内源信号的分布情况，即 EEG 信号的溯源分析。通过 EEG 溯源问题的求解，可以将头皮表面的 EEG 信号转变为脑内源空间的信号。通过在源空间引入大脑的区域和结构信息，结合影像学知识，我们可以对源空间的信号模式做更加细致的研究。如图 4-8 所示，脑电信号溯源分析包括如下两种：① 正演问题，即利用容积传导模型获得源信号与 EEG 记录间的关系；② 反演问题，即根据记录的头皮 EEG 电位分布，利用溯源分析算法反演源空间信号。

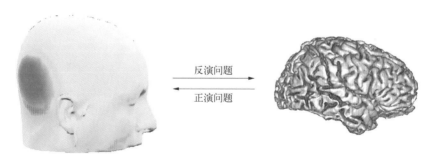

反演问题

正演问题

图 4-8　脑电信号溯源分析示意图

头皮记录的 EEG 电位分布是由脑内的神经电流源引起的，生物导体中电磁场的传播规律满足准静态的麦克斯韦方程组，头皮表面的 EEG 电位分布与脑内源空间信号的关系可以用如下的线性关系表示

$$\boldsymbol{B} = \boldsymbol{LS} + \boldsymbol{\varepsilon}$$ (4-10)

式中，$B=[b_1,\cdots,b_t,\cdots,b_T]\in\mathbb{R}^{d_b\times T}$，表示在头皮表面 d_b 个脑电电极测量的 T 个采样时间点上的 EEG 数据。$b_t\in\mathbb{R}^{d_b}$，表示第 t 个采样时间的观测信号。$S=[s_1,\cdots,s_t,\cdots,s_T]\in\mathbb{R}^{d_s\times T}$ 是源空间内 d_s 个源的源信号，$s_t\in\mathbb{R}^{d_s}$ 表示 t 时刻的皮质神经活动。$\boldsymbol{\varepsilon}$ 是观测噪声。$L\in\mathbb{R}^{d_b\times d_s}$，表示导联矩阵，描述特定位置和方向的源信号与头皮表面测量的 EEG 信号的关系，其受到电极数目、源数目及头模型的约束。

常见的头模型有同心球模型和真实头模型。同心球模型利用同心球壳模拟不同的头组织，比如皮肤、颅骨、脑脊液、灰质和白质。同心球模型计算简单，但对于复杂的下枕叶、颞叶等拟合不够准确[22]，而这些区域在认知功能中有着非常重要的作用。近年来，越来越多的脑电正演问题及反演问题的计算采用真实头模型的拟合方式。真实头模型无法获取组织体电导率随空间变化的精确估计，因此均假设头是由大量电导率均匀且具有各向同性的小块区域构成，此时导联矩阵没有具体的数学形式，其数值解常采用有限元模型(FEM)[24]或边界元模型(BEM)[25]进行计算。

通过解决正演问题获得式(4-10)中的源信号与头皮表面 EEG 信号间的线性关系后，如图 4-9 所示，EEG 溯源分析的反演问题等价于求解一个线性逆问题。为获得较满意的空间分辨率，一般源空间的源数目为数千至数万个，而常用的 EEG 电极数目约为 100 个。因此，式(4-10)是严重欠定的，线性逆问题的解存在不唯一性和不稳定性。通常解决 EEG 反演问题需要引入基于数学和生理

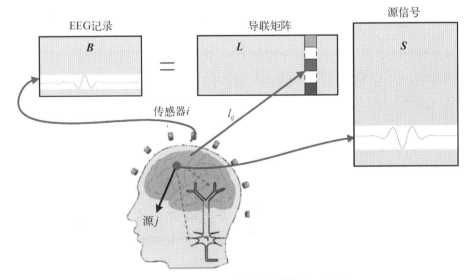

图 4-9　EEG 溯源分析的数学模型示意图

的先验假设约束解空间。为解决这种高度不确定性和欠定性问题,最朴素的方法是将其转化为一个统一框架下的问题。利用先验信息和观测数据的统计推断问题属于贝叶斯方法的范畴。贝叶斯统计基于主观的概率概念,利用已知的数据,通过概率定义某个论断的可信度[26],这个概念非常适合解决 EEG 溯源分析问题。

一般地,我们假设式(4-10)观测噪声 $\boldsymbol{\varepsilon}$ 服从均值为 0,协方差为 $\boldsymbol{\Sigma}_\varepsilon$ 的高斯分布,即 $\boldsymbol{\varepsilon}_t \sim N(\boldsymbol{0}, \boldsymbol{\Sigma}_\varepsilon)$,则似然分布为 $p(\boldsymbol{B} \mid \boldsymbol{S}) = N(\boldsymbol{LS}, \boldsymbol{\Sigma}_\varepsilon)$。给定源信号 $\boldsymbol{S}$ 的某个先验分布 $p(\boldsymbol{S})$,根据贝叶斯公式,源信号 $\boldsymbol{S}$ 的后验分布为

$$p(\boldsymbol{S} \mid \boldsymbol{B}) = \frac{p(\boldsymbol{B} \mid \boldsymbol{S}) p(\boldsymbol{S})}{p(\boldsymbol{B})} \qquad (4-11)$$

EEG 溯源分析即根据式(4-11)计算 $\boldsymbol{S}$ 的最大后验(maximum a posterior, MAP)估计或者后验均值。不同的先验假设 $p(\boldsymbol{S})$ 产生不同的 EEG 溯源分析算法。根据先验约束的不同,我们把已有的溯源分析算法分为两类,即基于空间约束的溯源分析算法和基于时间-空间约束的溯源分析算法。

4.3.2　基于贝叶斯方法的 EEG 溯源分析算法

1. 基于空间约束的 EEG 溯源算法

最经典的基于空间约束的 EEG 溯源算法是最小范数解(minimum norm estimate, MNE)[27]。MNE 选择满足 EEG 记录但能量(用 L_2 范数度量)最小的解作为源信号估计。数学上,MNE 假设源信号 $\boldsymbol{S}$ 的先验分布为 $p(\boldsymbol{S}) = N(\boldsymbol{0}, \alpha \boldsymbol{I})$。由于皮层表面的源信号比深部源信号更容易被 EEG 电极接收,MNE 的解具有深度偏差,其解偏向于皮层表面。为补偿 MNE 的深度偏差,主要有两种方法。第一种是对每个源赋予一定的权重,这就是加权最小范数算法(weighted MNE, wMNE)[28]的基本思想。wMNE 假设 $p(\boldsymbol{S}) = N(\boldsymbol{0}, \boldsymbol{\Sigma}_s)$,其中 $\boldsymbol{\Sigma}_s = \boldsymbol{WW}^{\mathrm{T}}$。$\boldsymbol{W}$ 是一个对角矩阵,对角线上元素表示对每个源赋予的权值,一般假设 $w_i^i = \parallel \boldsymbol{l}_i \parallel_2^{-1}$,$w_i^i$ 表示 $\boldsymbol{W}$ 的第 (i, i) 个元素,$\boldsymbol{l}_i$ 表示导联矩阵 $\boldsymbol{L}$ 的第 i 列。第二种方法是对 MNE 的解基于估计源信号的方差信息进行归一化,即在大脑皮层上不描绘源活动幅值,而是其无量纲的统计量。动态统计参数成像(dynamic statistical parametric mapping, dSPM)[29]和标准化低分辨率大脑电磁成像(standardized sLORETA)[30]是其中两个典型代表。dSPM 和 sLORETA 的主要区别在于 dSPM 假设源信号 $\boldsymbol{S}$ 不是随机变量,而观察噪声 $\boldsymbol{\varepsilon}$ 是随机变量,而 sLORETA 假设 $\boldsymbol{S}$ 和 $\boldsymbol{\varepsilon}$ 都是随机变量。为表示邻近源之间的相关性,Pascual 等[31]提出了 LORETA 算法。LORETA 假设 $p(\boldsymbol{S}) =$

$N(\mathbf{0}, \alpha\boldsymbol{\Sigma}_s)$，其中 $\boldsymbol{\Sigma}_s = \mathbf{W}(\mathbf{DD}^{\mathrm{T}})^{-1}\mathbf{W}^{\mathrm{T}}$。$\mathbf{W}$ 定义与 wMNE 相同，$\mathbf{D}$ 表示空间拉普拉斯算子(Laplacian)。

MNE、wMNE、sLORETA、dSPM 和 LORETA 都属于 L_2 范数约束的范畴，其计算简单，然而基于 L_2 范数约束的解过于模糊。即使皮层活动是局灶性活动，其重构的结果也会覆盖多个脑沟和脑回[19,32]。为了克服 L_2 范数解的过度弥散问题，研究者们提出了基于稀疏性约束的溯源算法。Uutela 等[33] 提出了基于 L_1 范数约束的最小电流估计(minimum current estimate, MCE)，其假设源 $\mathbf{S}$ 的先验分布服从拉普拉斯(Laplace)分布，即 $p(\mathbf{S}) \propto \exp(-\lambda \parallel \mathbf{S} \parallel_p)$。Cotter 等[34] 提出了基于 L_p 范数约束的欠定系统局域解法(focal undetermined system solver, FOCUSS)算法，其假设 $p(\mathbf{S}) \propto \exp(-\lambda \parallel \mathbf{S} \parallel_p)(p < 1)$。

近年来，为更准确地估计源信号，许多研究者在经验贝叶斯框架下通过自相关决策机制自学习先验分布中的参数[35-37]。其典型的代表是稀疏贝叶斯学习(sparse Bayesian learning, SBL)[35]。SBL 假设源信号 $\mathbf{S}$ 的先验为 $p(\mathbf{s}_t) = N(\mathbf{0}, \boldsymbol{\Gamma})$，其中 $\boldsymbol{\Gamma} = \mathrm{diag}(\boldsymbol{\gamma})$，$\boldsymbol{\gamma}$ 是未知的非负超参数，γ_i 表示源 i 的先验方差。如果 $\boldsymbol{\gamma}$ 已知，很容易得到 $\mathbf{S}$ 的后验分布是一个高斯分布。为估计 $\boldsymbol{\gamma}$，常常采用第 II 类似然估计或边际似然估计，即 $\hat{\boldsymbol{\gamma}} = \arg\max_{\boldsymbol{\gamma}} p(\mathbf{B} \mid \boldsymbol{\gamma})$。$\boldsymbol{\gamma}$ 常用的估计方法有期望最大(expected maximization, EM)算法[26]、梯度下降法[38] 和凸分析方法[36]。

然而，稀疏约束方法的源估计过度局灶，不能准确估计参与特定认知任务的脑功能区的空间尺寸[19,39]。ECoG 的临床和实验结果证明 EEG 信号是皮层上不同尺寸大小的神经元同步放电的结果[20,40]。Tao 等的研究表明当皮层有 6 cm^2 以上的神经元同步活动时，才能在头皮表面检测到癫痫样的 EEG 信号[40]。因此，除了脑功能区的位置，准确估计脑功能区的空间尺寸也是脑电溯源分析中的重要研究内容。

2. 基于时间-空间约束的 EEG 溯源算法

传统的基于 L_2 范数约束和稀疏约束的方法通常独立作用于每个时间点，没有考虑 EEG 信号中的时域信息，成像结果对噪声比较敏感。事实上，EEG 中的时域信息不仅能提高脑功能区定位的性能，而且能提供更准确的脑源信号时间序列估计，对脑认知功能理解和脑网络分析有非常重要的帮助[19]。在 EEG 溯源分析中，目前主要有三种利用时间-空间信息的方式。

第一种方式是在 EEG 溯源分析的优化问题中，直接将时域约束作为正则项或先验约束。如 Baillet 等[41] 将相邻时刻源信号的变化作为正则项，得到相对平滑的源信号估计。Daunizeau 等[42] 将源信号在时间上的二阶变化作为正则项，得到光滑的源信号。

第二种利用 EEG 时域信息的方式是状态空间表达式模型。为了模拟源信号之间的时空相关性，Galka 等[43]和 Yamashita 等[44]在 Laplacian 空间约束下，利用一个随机游走模型表示源信号的动态变化，通过 Kalman 滤波[43]或者递归惩罚最小二乘法（recursive penalized least-squares，RPLS）[44]估计源信号。但是文献[43]和文献[44]假设过程噪声的协方差满足一个由 Laplacian 矩阵表示的特定结构，然而在实际中可能并不满足。为提高源信号重构性能，Lamus 等[45]提出了动态最大后验期望最大算法（dynamic maximum a posteriori expectation maximization，dMAP-EM）。dMAP-EM 假设源信号时域连续，空间上局部相互关联，并利用经验贝叶斯算法估计模型参数。由于在每次迭代中都需要对很多个大规模稠密矩阵进行计算和存储，dMAP-EM 对计算时间和内存要求很高，导致其在高分辨率的皮层上的溯源分析存在极大挑战。

为更加高效准确地重构皮层弥散源的位置、尺寸和时间过程，Liu 等[46]利用最近邻多变量自回归模型表示源信号之间的时空相关性，提出了时空正则化 EEG 弥散源成像算法（spatio-temporally regularized algorithm for M/EEG patch source imaging，STRAPS）算法。如图 4-10(a)所示，文献[46]假设源 i 在时间 t 的幅值 s_t^i 是其自身以及最近邻的源在 $(t-1)$ 时刻的幅值的线性组合，过程噪声 ω_t^i 表示模型的误差项，即

$$s_t^i = \lambda \left[a s_{t-1}^i + (1-a) \sum_{j \in N_i} \frac{1}{|N_i|} s_{t-1}^j \right] + \omega_t^i \tag{4-12}$$

式中，N_i 表示源 i 的最近邻源的集合，$|N_i|$ 表示集合 N_i 中的元素个数。a 是一个大于 0 小于 1 的标量，用来衡量 $(t-1)$ 时刻源 i 和其最近邻源 $j(j \in N_i)$ 对源 i 在 t 时刻活动强度的贡献。当 $a=1$ 时，源 i 的近邻源对其没有贡献；当 $a=0$ 时，源 i 的活动强度完全由其最近邻的源 j 决定。a 服从均值为 μ，方差为 β 的高斯分布。STRAPS 假设 a 的先验均值 μ 等于 0.5，表示源 i 及其最近邻源 j 的上一时刻的响应对源 i 当前时刻活动的贡献相等。β 的选取准则是使 $0 \leqslant a \leqslant 1$ 概率足够大，比如 $p(0 \leqslant a \leqslant 1) \geqslant 0.99$。为表示方便，式(4-12)对应的向量表达式为

$$s_t = F s_{t-1} + \omega_t \tag{4-13}$$

其中，$F(i,j) = \begin{cases} \lambda a & (i=j) \\ \lambda(1-a)\dfrac{1}{|N_i|} & (j \in N(i)) \\ 0 & (其他) \end{cases}$。

$F \in \mathbb{R}^{d_s \times d_s}$ 描述了 t 时刻和 $(t-1)$ 时刻的源信号在局部的相互影响。$0 < \lambda < 1$，使得 F 的最大模数小于 1，以保证状态过程的稳定性[45]。过程噪声 ω_t 表示不能被局部的交互作用描述的误差信息。STRAPS 假设 $\omega_t \sim N(0, \Gamma)$，其中协方差矩阵 Γ 是对角阵，即 $\Gamma = \mathrm{diag}(\gamma)$。STRAPS 对应的概率图模型如图 4-10(b) 所示。

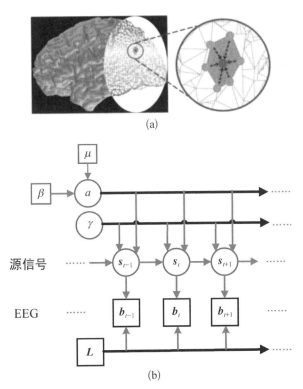

图 4-10　STRAPS 算法时空动态源模型及其概率图模型

(a) STRAPS 最近邻空间约束示意图；(b) STRAPS 概率图模型

式 (4-10) 的观测方程和式 (4-12) 的状态方程构成了 STRAPS 的状态空间表达式。理论上，可通过卡尔曼滤波或平滑获得最优解 $s_t (t=1, \cdots, T)$。但对高空间分辨率的脑电源成像（当源空间分辨率为毫米级时，d_s：10^4），由于需要对 T 个 $d_s \times d_s$ 的状态误差协方差矩阵进行存储和求逆，直接应用卡尔曼滤波或平滑在计算和内存需求上具有极大的挑战。此外，这也可能造成严重的数值稳定性问题。为了解决这些问题，寻找一个最优或次优解，具有更低的计算资源需求和更高稳定性的近似算法变得非常重要。

STRAPS 利用递归惩罚最小二乘法算法将高维的滤波问题分解为一系列

递归最小二乘法,从而实现高效计算源信号的近似解。当 $t=1$ 时,初始状态 s_1 可以根据任意求解瞬时逆问题的方法获得,比如 MNE[27]。当 $t=2, 3, \cdots, T$ 时,状态变量 s_t 通过递归求解如下惩罚最小二乘法问题获得

$$\hat{s}_t = \underset{s_t}{\arg\min}\{P b_t - L s_t P_{\Sigma_\varepsilon^{-1}}^2 + P s_t - F\hat{s}_{t-1} P_{\Gamma^{-1}}^2\} \qquad (4-14)$$

式中,$P x P_{\Sigma^{-1}} = \sqrt{x^T \Sigma^{-1} x}$,$\hat{s}_{t-1}$ 表示上一个时刻的状态变量估计。式(4-14)的解为

$$\hat{s}_t = F\hat{s}_{t-1} + K(b_t - LF\hat{s}_{t-1}) \qquad (4-15)$$

式中,$K = \Gamma L^T (L\Gamma L^T + \Sigma_\varepsilon)^{-1}$。

对于自回归(AR)参数 a 和过程噪声协方差参数 $\Gamma = \operatorname{diag}(\gamma)$,STRPAS 通过第 II 类似然估计 $\{\hat{\gamma}, \hat{a}\} = \underset{(\gamma, a)}{\arg\max} p(B; \gamma, a) p(a)$ 学习超参数。从贝叶斯估计的观点来看,式(4-14)可以看作似然函数为 $p(b_t \mid s_t) = N(L s_t, \Sigma_\varepsilon)$,先验分布为 $p(s_t; \gamma) = N(F\hat{s}_{t-1}, \Gamma)$ 的 MAP 估计。因此,边缘似然函数可近似为

$$p(B; \gamma, a) \approx (2\pi)^{-\frac{T d_b}{2}} \mid \Sigma \mid^{-\frac{T}{2}} \exp\left[-\frac{1}{2}\sum_t r_t^T \Sigma^{-1} r_t\right] \qquad (4-16)$$

式中,$\Sigma = L\Gamma L^T + \Sigma_\varepsilon$,$r_t = b_t - LF\hat{s}_{t-1}$。那么 a、γ 可通过最小化如下代价函数 L 获得:

$$L = -2\lg[p(B; \gamma, a)p(a)] = T\lg \mid \Sigma \mid + \operatorname{trace}(r^T \Sigma^{-1} r) + \frac{(a-\mu)^2}{\beta} + C \qquad (4-17)$$

$C = d_s \lg \beta + (T d_b + d_s)\lg(2\pi)$。关于 a、γ 最小化 L,得到

$$\gamma_i^{k+1} = \frac{P\gamma_i^k L_i^T \Sigma^{-1} r P_F^2}{T\gamma_i^k L_i^T \Sigma^{-1} L_i} \\ a = \frac{\mu + \beta\lambda \operatorname{trace}(\tilde{Y}^T \Sigma^{-1} \tilde{W})}{1 + \beta\lambda^2 \operatorname{trace}(\tilde{W}^T \Sigma^{-1} \tilde{W})} \qquad (4-18)$$

式中,γ_i^k 表示 γ_i 在第 k 次迭代后的值。$\tilde{W}$ 的第 t 列 $\tilde{W}_t = L(I-N)\hat{s}_{t-1}$,$\tilde{Y}$ 的第 t 列 $\tilde{y}_t = b_t - \lambda L N\hat{s}_{t-1}$,矩阵 N 的第 (i, j) 个元素定义为 $N_j^i = \begin{cases} \dfrac{1}{\mid N_i \mid} & (j \in N_i) \\ 0 & (\text{其他}) \end{cases}$。

STRAPS 交替优化状态变量 S 和超参数 a 及 γ,直到代价函数 L 的变化率

小于某个阈值。相比传统的基于状态空间表达式模型的 EEG 溯源算法，STRAPS 不仅能更高效地实现源信号的估计，而且能更准确地估计脑功能区的位置、尺寸和时间过程。然而，尽管状态空间表示能够较好地描述平稳随机过程，但对表示非平稳的脑活动具有一定的局限性。

第三种利用时域信息的 EEG 溯源方法是引入时间基函数（temporal basis functions，TBFs）表示 EEG 信号中的时域信息。时间基函数可以从 EEG 记录中学习，比如利用奇异值分解等方法，也可以选择与数据无关的字典，比如小波字典、傅里叶字典等。Gramfort 等[47]将源信号表示为一系列 Gabor 函数的线性组合，基于时频上的混合范数约束，利用近似算子迭代算法得到了空间上稀疏而时间上平滑的解。Huang 等[48]将在基于单个时刻得到的 L_1 范数解映射到一个 TBF 子空间，从而降低了噪声的影响，得到比常规 L_1 范数解更平滑的源信号估计。类似地，Ou 等[49]同时将 EEG 信号和源信号投影到 TBF 子空间，利用在空间上的 L_1 范数约束和时间上的 L_2 范数约束，通过求解一个凸优化问题估计源信号。在贝叶斯概率框架下，文献[50]将源信号表示为 TBF 的线性组合和误差项之和。然而，在弥散源重构中，这些算法估计的结果或稀疏[47-49]或过于模糊[50]。

为准确重构与认知任务相关的脑功能区，文献[51]提出了一个灵活的贝叶斯概率模型来描述 EEG 数据的时空结构，并基于该模型提出了贝叶斯弥散源电磁时空成像（bayesian electromagnetic spatio-temporal imaging of extended sources，BESTIES）算法。BESTIES 利用马尔可夫随机场（Markov random field，MRF）描述空间连续、局部均匀的脑活动。源信号的时域平滑性利用一组基于 EEG 信号时空分解得到的 TBF 表示。如式（4 - 20）所示，BESTIES 假设源信号 S 是一系列 TBF 的线性组合和模型误差之和，即

$$S = W\boldsymbol{\Phi} + E \tag{4-19}$$

$W\boldsymbol{\Phi}$ 表示源信号中可以用 K 个 TBF $\boldsymbol{\Phi} = [\varphi_1, \cdots, \varphi_T] = [\phi_1^{\mathrm{T}}, \cdots, \phi_K^{\mathrm{T}}]^{\mathrm{T}} \in \mathbb{R}^{K \times T}$ 解释的部分，φ_T 和 ϕ_K 分别表示在 T 时刻的 TBF 分量和第 K 个 TBF。$W \in \mathbb{R}^{d_s \times K}$ 表示 TBF 的权重系数，其中第 (i, k) 个元素 w_k^i 表示第 k 个 TBF 对第 i 个源的贡献。$E = [e_1, e_2, \cdots, e_T] \in \mathbb{R}^{d_s \times T}$ 是校正项，表示在由 TBF 张成的子空间之外的源活动。

为表示皮层空间连续且局部均匀的源活动，BESTIES 利用一阶 MRF[23]表示弥散源的空间特性。BESTIES 假设第 k 个 TBF 在第 i 个源的系数 w_k^i 是其一阶最近邻系数的线性组合

$$w_k^i = \tau \frac{1}{\mid N_i \mid} \sum_{j \in N_i} w_k^j + \xi_k^i \qquad (4-20)$$

其中,$\tau \in [0, 1)$是未知的 MRF 参数,N_i 是第 i 个源的一阶最近邻源的集合。$\mid N_i \mid$ 是集合 N_i 的元素数目,ξ_k^i 是模型残差。为了简便,式(4-20)可写成向量形式

$$\boldsymbol{w}_k = \boldsymbol{M}^{-1} \boldsymbol{\xi}_k \qquad (4-21)$$

式中,$\boldsymbol{w}_k = [w_k^1, w_k^2, \cdots, w_k^{d_s}]^{\mathrm{T}} \in \mathbb{R}^{d_s}$,是第 k 个 TBF 在所有 d_s 个源上的权重系数;$\boldsymbol{M} = \boldsymbol{I} - \tau \boldsymbol{N}$,是一个高度稀疏并可逆的矩阵,矩阵 $\boldsymbol{N}$ 的第(i, j) 个元素定义为 $N_j^i = \begin{cases} \dfrac{1}{\mid N_i \mid} & (j \in N_i) \\ 0 & (其他) \end{cases}$。$\boldsymbol{\xi}_k = [\xi_k^1, \xi_k^2, \cdots, \xi_k^{d_s}]^{\mathrm{T}} \in \mathbb{R}^{d_s}$ 是与第 k 个 TBF 相关的模型残差。BESTIES 假设 $\boldsymbol{\xi}_k \sim N(\boldsymbol{\xi}_k \mid 0, c_k^{-1} \boldsymbol{A}^{-1})$,其中 $\boldsymbol{A} = \mathrm{diag}(\boldsymbol{\alpha})(\boldsymbol{\alpha} \in \mathbb{R}^{d_s})$ 是所有 TBF 的模型残差共享的精确度矩阵。c_k 权衡第 k 个 TBF 的相对贡献:c_k 越大,第 k 个 TBF 对源信号的贡献越小。校正项 $\boldsymbol{E}$ 用相同的一阶 MRF 模型约束,即

$$\boldsymbol{e}_t = \boldsymbol{M}^{-1} \boldsymbol{v}_t \qquad (4-22)$$

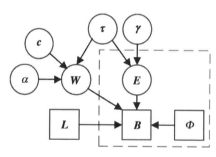

图 4-11　BESTIES 概率图模型

注:虚线框内的变量表示时间序列,虚线框外的变量表示时间不变的参数或超参数;方框内的变量是已知的,圆圈内的变量是未知的;直线箭头表示变量间的概率依赖关系。

其中,$\boldsymbol{e}_t = [e_t^1, e_t^2, \cdots, e_t^{d_s}]^{\mathrm{T}} \in \mathbb{R}^{d_s}$,$\boldsymbol{v}_t = [v_t^1, v_t^2, \cdots, v_t^{d_s}]^{\mathrm{T}}$ 是对应的模型残差。BESTIES 假设 $\boldsymbol{v}_t \sim N(\boldsymbol{v}_t \mid \boldsymbol{0}, \boldsymbol{\Gamma}^{-1})$,其中 $\boldsymbol{\Gamma} = \mathrm{diag}(\boldsymbol{\gamma})$,$\boldsymbol{\gamma} = [\gamma_1, \gamma_2, \cdots, \gamma_{d_s}]^{\mathrm{T}}$ 是一个 d_s 维的非负超参数向量。BESTIES 的概率图模型如图 4-11 所示。

为估计源信号,BESTIES 利用变分贝叶斯推断,通过最大化自由能量 F,寻找一个近似的概率分布近似参数的后验分布 $q(\boldsymbol{W}, \boldsymbol{E}) \approx p(\boldsymbol{W}, \boldsymbol{E} \mid \boldsymbol{B}; \boldsymbol{\alpha}, \boldsymbol{\gamma}, \boldsymbol{c}, \tau)$ [26]:

$$F = \iint q(\boldsymbol{W}, \boldsymbol{E}) \lg \frac{p(\boldsymbol{B}, \boldsymbol{W}, \boldsymbol{E}; \boldsymbol{\alpha}, \boldsymbol{\gamma}, \boldsymbol{c}, \tau)}{q(\boldsymbol{W}, \boldsymbol{E})} \mathrm{d} \boldsymbol{W} \mathrm{d} \boldsymbol{E} \qquad (4-23)$$

为保证 F 中积分的可行性,BESTIES 假设变分概率 $q(\boldsymbol{W}, \boldsymbol{E})$ 满足平均场近似,$q(\boldsymbol{W}, \boldsymbol{E}) = q(\boldsymbol{E}) q(\boldsymbol{W}) = q(\boldsymbol{E}) \prod_{k=1}^{K} q(\boldsymbol{w}_k)$。

当估计 $q(\boldsymbol{E})$ 时,BESTIES 固定 $q(\boldsymbol{W})$ 和超参数,最大化 $\boldsymbol{F}$,得到

$$q(\boldsymbol{E}) = \prod_{t=1}^{T} q(\boldsymbol{e}_t) = \prod_{t=1}^{T} N(\boldsymbol{e}_t \mid \bar{\boldsymbol{e}}_t, \boldsymbol{\Sigma}_e)$$

$$\bar{\boldsymbol{e}}_t = \boldsymbol{M}^{-1} \boldsymbol{\Gamma}^{-1} \boldsymbol{F}^{\mathrm{T}} (\boldsymbol{F} \boldsymbol{\Gamma}^{-1} \boldsymbol{F}^{\mathrm{T}} + \boldsymbol{I})^{-1} (\boldsymbol{b}_t - \boldsymbol{L} \bar{\boldsymbol{W}} \varphi_t) \qquad (4-24)$$

$$\boldsymbol{\Sigma}_e^{-1} = \boldsymbol{M}^{\mathrm{T}} \boldsymbol{\Sigma}_v^{-1} \boldsymbol{M}, \quad \boldsymbol{\Sigma}_v^{-1} = \boldsymbol{F}^{\mathrm{T}} \boldsymbol{F} + \boldsymbol{\Gamma}$$

式中, $\boldsymbol{F} = \boldsymbol{L} \boldsymbol{M}^{-1}$, $\bar{\boldsymbol{W}}$ 是 $\boldsymbol{W}$ 变分后验概率分布的均值。

类似地,变分后验分布 $q(\boldsymbol{W})$ 为

$$q(\boldsymbol{W}) = \prod_{k=1}^{K} q(\boldsymbol{w}_k) = \prod_{k=1}^{K} N(\boldsymbol{w}_k \mid \bar{\boldsymbol{w}}_k, \boldsymbol{\Sigma}_{wk})$$

$$\bar{\boldsymbol{w}}_k = \frac{1}{\phi_k \phi_k^{\mathrm{T}}} c_k^{-1} \boldsymbol{M}^{-1} \boldsymbol{A}^{-1} \boldsymbol{F}^{\mathrm{T}} (c_k^{-1} \boldsymbol{F} \boldsymbol{A}^{-1} \boldsymbol{F}^{\mathrm{T}} + \frac{1}{\phi_k \phi_k^{\mathrm{T}}} \boldsymbol{I})^{-1} \boldsymbol{x} \qquad (4-25)$$

$$\boldsymbol{x} = (\boldsymbol{B} - \boldsymbol{L} \bar{\boldsymbol{E}}) \phi_k^{\mathrm{T}} - \boldsymbol{L} \sum_{l \neq k} \bar{\boldsymbol{w}}_l \phi_l \phi_k^{\mathrm{T}}$$

$$\boldsymbol{\Sigma}_{wk}^{-1} = \boldsymbol{M}^{\mathrm{T}} \boldsymbol{\Sigma}_{\xi k}^{-1} \boldsymbol{M}, \quad \boldsymbol{\Sigma}_{\xi k}^{-1} = \phi_k \phi_k^{\mathrm{T}} \boldsymbol{F}^{\mathrm{T}} \boldsymbol{F} + c_k \boldsymbol{A}$$

其中, $\bar{\boldsymbol{E}} = [\bar{\boldsymbol{e}}_1, \cdots, \bar{\boldsymbol{e}}_T]$ 是 $\boldsymbol{E}$ 的后验均值, ϕ_k 是第 k 个 TBF($\boldsymbol{\Phi}$ 的第 k 行)。

对于超参数估计,BESTIES 利用凸分析技术得到高效稳定的迭代规则。根据式(4-24)和式(4-25)估计的 $q(\boldsymbol{W})$ 和 $q(\boldsymbol{E})$,自由能量 $\boldsymbol{F}$ 为

$$\boldsymbol{F} = \frac{1}{2} \sum_k [\lg \mid c_k \boldsymbol{A} \mid - \lg \mid \boldsymbol{\Sigma}_{\xi k}^{-1} \mid] + \frac{T}{2} [\lg \mid \boldsymbol{\Gamma} \mid - \lg \mid \boldsymbol{\Sigma}_v^{-1} \mid]$$

$$- \frac{1}{2} \sum_k c_k \bar{\boldsymbol{\xi}}_k^{\mathrm{T}} \boldsymbol{A} \bar{\boldsymbol{\xi}}_k - \frac{1}{2} \sum_t \bar{\boldsymbol{v}}_t^{\mathrm{T}} \boldsymbol{\Gamma} \bar{\boldsymbol{v}}_t + \lg p(\boldsymbol{B} \mid \boldsymbol{W} = \bar{\boldsymbol{W}}, \boldsymbol{E} = \bar{\boldsymbol{E}})$$

$$(4-26)$$

式中, $\bar{\boldsymbol{\xi}}_k = \boldsymbol{M} \bar{\boldsymbol{w}}_k$, $\bar{\boldsymbol{v}}_t = \boldsymbol{M} \bar{\boldsymbol{e}}_t$ 。 定义函数

$$f(c_k, \boldsymbol{\alpha}) = \lg \mid c_k \boldsymbol{A} \mid - \lg \mid \boldsymbol{\Sigma}_{\xi k}^{-1} \mid$$

$$g(\boldsymbol{\gamma}) = \lg \mid \boldsymbol{\Gamma} \mid - \lg \mid \boldsymbol{\Sigma}_v^{-1} \mid \qquad (4-27)$$

函数 f 和 g 分别是关于 $(c_k \boldsymbol{A})^{-1}$ 和 $\boldsymbol{\Gamma}^{-1}$ 的凸函数,根据凸函数性质,有

$$f(c_k, \boldsymbol{\alpha}) = \max_{\boldsymbol{\mu}_k} [\boldsymbol{\mu}_k^{\mathrm{T}} c_k^{-1} \boldsymbol{\alpha}^{-1} - \tilde{f}(\boldsymbol{\mu}_k)]$$

$$g(\boldsymbol{\gamma}) = \max_{\boldsymbol{\lambda}} [\boldsymbol{\lambda}^{\mathrm{T}} \boldsymbol{\gamma}^{-1} - \tilde{g}(\boldsymbol{\lambda})] \qquad (4-28)$$

其中, $\tilde{f}(\boldsymbol{\mu}_k)$ 和 $\tilde{g}(\boldsymbol{\lambda})$ 分别是 $f(c_k, \boldsymbol{\alpha})$ 和 $g(\boldsymbol{\gamma})$ 的凸共轭, $\boldsymbol{\mu}_k$ 和 $\boldsymbol{\lambda}$ 是辅助变量。

$\boldsymbol{\alpha}^{-1} = [\alpha_1^{-1}, \alpha_2^{-1}, \cdots, \alpha_{d_s}^{-1}]^{\mathrm{T}}$，$\boldsymbol{\gamma}^{-1} = [\gamma_1^{-1}, \gamma_2^{-1}, \cdots, \gamma_{d_s}^{-1}]^{\mathrm{T}}$。通过凸分析，辅助变量 $\boldsymbol{\lambda} = \dfrac{\partial g(\boldsymbol{\gamma})}{\partial \boldsymbol{\gamma}^{-1}}$，$\boldsymbol{\mu}_k = \dfrac{\partial f(c_k, \boldsymbol{\alpha})}{\partial (c_k \boldsymbol{\alpha})^{-1}}$。将式(4-28)代入式(4-26)，得到 $\boldsymbol{F}$ 的一个下界函数

$$
\begin{aligned}
L(\boldsymbol{\alpha}, \boldsymbol{c}, \boldsymbol{\gamma}, \boldsymbol{\mu}, \boldsymbol{\lambda}) = & \lg p(\boldsymbol{B} \mid \boldsymbol{W} = \bar{\boldsymbol{W}}, \boldsymbol{E} = \bar{\boldsymbol{E}}) \\
& - \frac{1}{2} \sum_k c_k \bar{\boldsymbol{\xi}}_k^{\mathrm{T}} \boldsymbol{A} \bar{\boldsymbol{\xi}}_k - \frac{1}{2} \sum_t \bar{\boldsymbol{v}}_t^{\mathrm{T}} \boldsymbol{\Gamma} \bar{\boldsymbol{v}}_t + \frac{T}{2} \boldsymbol{\lambda}^{\mathrm{T}} \boldsymbol{\gamma}^{-1} \\
& + \frac{1}{2} \sum_k \boldsymbol{\mu}_k^{\mathrm{T}} c_k^{-1} \boldsymbol{\alpha}^{-1} - \frac{1}{2} \sum_k \widetilde{f}(\boldsymbol{\mu}_k) - \frac{T}{2} \widetilde{g}(\boldsymbol{\lambda}) \quad (4-29)
\end{aligned}
$$

因此，$\boldsymbol{\alpha}$、$\boldsymbol{c}$、$\boldsymbol{\gamma}$ 可以通过最大化 L 求解。将梯度 $\dfrac{\partial L}{\partial \boldsymbol{\alpha}^{-1}}$、$\dfrac{\partial L}{\partial \boldsymbol{\gamma}^{-1}}$ 和 $\dfrac{\partial L}{\partial c_k^{-1}}$ 置零，得到

$$
\alpha_i^{-2} = -\frac{\sum_k c_k (\bar{\xi}_k^i)^2}{\sum_k c_k^{-1} \mu_k^i}, \quad c_k^{-2} = -\frac{\bar{\boldsymbol{\xi}}_k^{\mathrm{T}} \boldsymbol{A} \bar{\boldsymbol{\xi}}_k}{\boldsymbol{\mu}_k^{\mathrm{T}} \boldsymbol{\alpha}^{-1}}, \quad \gamma_i^{-2} = -\frac{\sum_t (\bar{v}_t^i)^2}{T \lambda_i} \quad (4-30)
$$

式中，$\bar{\xi}_k^i$、μ_k^i 和 $\bar{v}_t^i$ 分别表示 $\bar{\boldsymbol{\xi}}_k$、$\boldsymbol{\mu}_k$ 和 $\bar{\boldsymbol{v}}_t$ 第 i 个元素。

为估计 MRF 参数 τ，将梯度 $\dfrac{\partial F}{\partial \tau}$ 置零，得到

$$
\tau = \frac{\sum_k c_k \bar{\boldsymbol{w}}_k^{\mathrm{T}} \boldsymbol{A} \boldsymbol{N} \bar{\boldsymbol{w}}_k + \sum_t \bar{\boldsymbol{e}}_t^{\mathrm{T}} \boldsymbol{\Gamma} \boldsymbol{N} \bar{\boldsymbol{e}}_t - \frac{1}{2} \sum_k G_k - \frac{T}{2} H}{\sum_k c_k \bar{\boldsymbol{w}}_k^{\mathrm{T}} \boldsymbol{N}^{\mathrm{T}} \boldsymbol{A} \boldsymbol{N} \bar{\boldsymbol{w}}_k + \sum_t \bar{\boldsymbol{e}}_t^{\mathrm{T}} \boldsymbol{N}^{\mathrm{T}} \boldsymbol{\Gamma} \boldsymbol{N} \bar{\boldsymbol{e}}_t} \quad (4-31)
$$

式中，$G_k = \dfrac{\partial \lg |\boldsymbol{\Sigma}_{\xi k}^{-1}|}{\partial \tau}$，$H = \dfrac{\partial \lg |\boldsymbol{\Sigma}_y^{-1}|}{\partial \tau}$。

BESTIES 交替优化变分概率 $q(\boldsymbol{w}_k)$、$q(\boldsymbol{E})$ 和超参数 $\boldsymbol{\alpha}$、$\boldsymbol{\gamma}$、$\boldsymbol{c}$、τ，最大化 $\boldsymbol{F}$，直到 $\boldsymbol{F}$ 的变化率小于某个阈值(如 10^{-6})则迭代停止。BESTIES 是一个完全数据自驱动的算法，模型中所有参数和超参数完全由 EEG 数据确定。相比基于 L_2 范数约束和基于稀疏约束的 EEG 溯源算法，BESTIES 能够更准确地重建参与认知任务的脑功能区活动(包括位置、尺寸和时间过程)。

4.3.3　EEG 溯源分析展望

EEG 溯源分析是脑科学研究的重要内容，其理论、方法和应用仍在不断发展和完善，依然存在很多方面值得进一步研究和讨论。

(1) 多种成像技术的融合。随着脑成像技术的发展，许多成像技术被应用

于脑功能成像,比如 EEG、MEG、fMRI、PET、DTI 等。多种成像模态的融合将为脑功能研究提供更多细节信息[19]。比如 fMRI 时间分辨率不高,但具有高空间分辨率,EEG 对皮层径向电流活动具有很高的敏感性,而 MEG 对皮层切向电流活动具有更高的敏感性。融合多种模态的脑功能信号能进一步提高溯源分析的性能[52-53]。

(2) 源成像结果的验证。由于 EEG 溯源分析缺少"金标准",目前大多数 EEG 溯源算法研究利用数值模拟的方式评估各种算法的性能。在实验数据分析中,一般有两种方法验证溯源算法性能: ① 对比 ECoG 和溯源算法的重构结果;② 在临床手术治疗中,通过术后评估结果对比溯源算法的重构位置和尺寸与手术切除区域。结合临床数据,比如 ECoG 和 fMRI 等验证溯源算法的性能,并将溯源算法用于实验和临床数据分析,能够为认知科学研究和临床治疗提供重要的辅助手段。

(3) 源成像和脑功能连接。大量研究表明大脑功能是多个脑区间的功能整合结果,与各个脑区间的功能连接和交互作用相关。近年来,研究者也开始从大脑整体角度出发,分析脑功能网络,探索人脑的信息处理和任务完成方式。由于 EEG 信号的高时间分辨率,其能在时间上为研究大脑在认知任务中的动态变化过程提供更多细节信息。通过 EEG 溯源分析,根据 EEG 记录重建脑内源信号的分布模式,利用源信号分析不同脑区的连接并构建脑网络有助于进一步推动脑功能的探索以及脑疾病的诊断和治疗等。

4.4　面向脑-机接口的脑电信号特征提取与选择

4.4.1　视觉诱发电位特征提取

稳态视觉诱发电位是适合脑-机接口的神经生理信号之一。图 4 - 12 显示了基于稳态视觉诱发电位的脑-机接口刺激范式,其中每个按钮以图中标记的特定频率闪烁。标注的频率不会出现在真实的界面中。用户可以通过注视相应的按钮来选择一个号码。视觉刺激引起的稳态视觉诱发电位由一系列分量组成,其频率是刺激频率的精确整数倍。已经开发出来的几种基于稳态视觉诱发电位的脑-机接口系统可参考文献[6]、文献[24]及文献[25]。稳态视觉诱发电位的幅度和相位对刺激参数(如刺激模块的闪烁率和对比度)高度敏感[5]。注视转移可以提高基于稳态视觉诱发电位脑-机接口的性能,但不是必需的,至少对于一

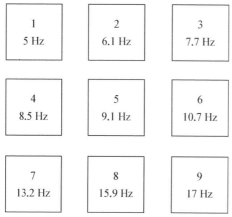

1 5 Hz	2 6.1 Hz	3 7.7 Hz
4 8.5 Hz	5 9.1 Hz	6 10.7 Hz
7 13.2 Hz	8 15.9 Hz	9 17 Hz

图 4 - 12 引发稳态视觉诱发电位刺激的范例

些用户来说是这样。注视转移的重要性在很大程度上取决于显示和任务。例如,如果有很多的目标,或者如果目标位于中央凹的外面,注视转移可能是必要的[54-55]。一种可能的基于稳态视觉诱发电位的脑-机接口特征提取方法如下。

首先,从放置在视觉皮层上的电极记录两个脑电图通道。接下来,使用带通滤波器来滤除脑电图信号以去除噪声。随后使用哈明(Hamming)窗对脑电图信号进行分段,以估计与感兴趣的按钮闪烁速率相对应的主频率。使用快速傅里叶变换估计每个片段的频谱。最后,从谱图中构建一个特征向量用于分类。

P300 电位是刺激出现后 300 ms 左右出现的脑电图振幅的正位移。与稳态视觉诱发电位一样,P300 也基于选择性注意。这种心理策略通常不需要太多的训练,与其他心理策略如运动想象相反。由于 P300 的幅度仅为几微伏,而脑电图的幅度为几十微伏,所以经常需要进行许多试验来区分 P300 与其他活动。因此。基于 P300 的脑-机接口系统的一个主要挑战是用最小的平均次数对来自背景脑电图的 P300 响应进行分类。一种可能的基于 P300 的脑-机接口特征提取方法描述如下。

首先,使用范围为 0.1～20 Hz 的带通滤波器对脑电图信号进行滤波。然后从刺激开始提取滤波的脑电图信号频段。特征矢量是通过连接来自所有电极的片段形成的。可以使用低通滤波器和下采样来提取较小的特征向量。

4.4.2 运动想象特征提取

在基于事件相关去同步/同步的脑-机接口系统中,过滤大脑信号的功率或振幅被用作反映事件相关去同步/同步的特征。例如,μ/β 节律的幅度被用在文献[27]中的光标控制脑-机接口系统中。通过调制 μ/β 节律的幅度,用户可以将光标移动到目标。下面描述两种基于事件相关去同步/同步的脑-机接口系统的特征提取方法,即带功率特征提取和自回归模型系数。请注意,描述信号功率的特性通常与共同空间模式结合使用。这是因为共同空间模式使两个条件之间的功率(方差)比最大化,因此功率特征非常适合[13,56]。

1. 基于带通滤波器的功率特征提取

由于基于事件相关去同步/同步被定义为脑信号中频带(μ/β 频带)的功率

变化,带通功率特征是一种简单的提取基于事件相关去同步/同步特征的方法。该方法通常包括以下步骤[57]:① 对主题特定的脑电图通道应用空间滤波器,如共同平均参考、拉普拉斯算子或共同空间模式;② 在主题特定的频率范围上进行带通滤波;③ 将脑电图样本平方以获得功率样本;④ 对样本进行时间平均,以平滑数据和减少可变性;⑤ 使用对数变换使其分布更加符合高斯分布。

可以根据训练数据确定主题特定的脑电图通道和频率范围,并且每个主题可能有多个频带功率特征。

2. 自回归模型系数

自回归模型是以前值时间序列预测当前值的模型。自回归建模背后的原理是提取某些数据的统计学特性(如方差等)来对时间序列建模。因此,自回归模型的系数可以用作脑信号的特征。给定脑信号 $s_1(t)$, $\cdots$, $s_k(t)$ 的 k 通道,脑信号可以用下面的模型阶数来建模:

$$s_i(t) = a_{i1}s_i(t-1) + \cdots + a_{ip}s_i(t-p) + \varepsilon_i(t) \qquad (4-32)$$

式中,$i=1$, $\cdots$, k;a_{i1}, $\cdots$, a_{ip} 是自回归模型的系数;ε_i 是零均值白噪声过程。读者可参考文献[30]计算自回归模型系数的过程。

给定 N 次试验数据,第 n 次试验的特征向量可以被构造为 $[a_{11}^{(n)}, \cdots, a_{1p}^{(n)}, \cdots, a_{k1}^{(n)}, \cdots, a_{kp}^{(n)}, \sigma_{n1}^2, \cdots, \sigma_{nk}^2]^T$,其中 n 表示第 n 次尝试($n=1$, $\cdots$, N)。这是一种基于自回归模型的简单特征提取方法。但是,还有其他更高级的方法,如文献[58]提出了基于多元自回归模型的特征提取方法,其中使用和-平方差方法来确定自回归模型的阶数 P。自适应自回归模型用于特征提取,其中的系数在文献[59]中是随时间变化的。

4.4.3 脑电信号特征选择

由 BCI 系统记录的通道数量可能很大,从每个通道提取的特征数量也可能很大。在从具有六阶的 AR 模型导出的 128 个通道和特征的情况下,总共特征的数量,即特征空间的维度将是 6 乘以 128,这是相当大的数量。大量通道记录的数据中包含很多信息,但其中有些信息可能是多余的,甚至与分类过程无关。此外,至少有两个原因可以说明为什么功能的数量不应该太大。首先,计算复杂度可能变得太大而不能满足 BCI 的实时要求。其次,特征空间维度的增加可能会导致 BCI 系统的性能下降。这是因为 BCI 系统中使用的模式识别方法是通过训练数据来建立(训练)起来的,并且 BCI 系统将受到特征空间的多余或不相关维度的影响。因此,BCI经常选择一些特征子集进行进一步处理,这个方法称为特征或变量选择。使用特征选择可以有效减少特征空间的维度。特征选择在BCI研究中也是有用的。当使用新的脑力任务或新的BCI范例时,可能并不总是清楚哪个通道位置和哪个特征是最合适的。在这种情况下,特征选择将会有所帮助。

最初,许多功能是从各种方法和覆盖所有可能有用的大脑区域的渠道中提取的。之后,特征选择被用来找到最合适的信道位置和特征提取方法。本节介绍BCI特征选择的两个方面:通道选择和频段选择。

1. 通道选择

如上所述,并不是分布在整个头皮上的所有电极在BCI系统中都是有用的。对于基于SSVEP的BCI,选择来自视觉皮层的脑电信号;对于基于μ/β节律的BCI,选择感觉运动区域中的通道;对于基于P300的BCI,选择显示明显的P300电位信号的通道;对于基于P300或SSVEP的BCI,通常在其他处理步骤之前手动执行通道选择。除了生理上的考虑之外,可以通过将特征选择方法运用于训练数据库来进行特征选择。这种特征选择方法的例子包括优化学生统计、费舍尔准则[60]、双序列相关系数[61]和遗传算法等统计措施。接下来,我们将讲述基于双序列相关系数的通道选择。设$(x_1, y_1), \cdots, (x_k, y_k)$等价于具有标签的单维特征的一维特征$y_k \in \{1, -1\}$。将$X^+$定义为标记为1的观测值$x_k$集合,$X^-$具有标记为$-1$的观测值$x_k$集合。那么双序列相关系数$r$计算为

$$r_X = \frac{\sqrt{N^+ N^-}}{N^+ + N^-} \frac{\text{mean}(X^-) - \text{mean}(X^+)}{\text{std}(X^+ \bigcup X^-)} \tag{4-33}$$

式中,N^+和N^-分别是X^+和X^-的观测数。我们定义r_X^2为这个特征的得分,它反映了所有样本分布的方差。对于BCI系统的每一个通道,使用来自该通道的观察信号与结果计算得分。如果目标是选择N个包含信息最丰富的通道,则可以选择N个得分最高的通道。

2. 频段选择

在反映用户意图的特征被提取之后,下一步是将这些区分特征转换成操作设备的命令。BCI中使用的转换方法将提取的特征转换成设备控制命令[4]。这些命令可以是离散值,如字母选择,也可以是连续值,如垂直和水平光标移动。BCI中的转换方法通常使用机器学习的方法从所收集的训练数据中得到。转换方法大致分为分类和回归两种。

4.5 脑电信号分类

分类算法被定义为从训练数据中构建模型,以便该模型可以用于对未包含在训练数据中的新数据进行分类[62]。"没有免费午餐"定理指出,在模式分类中任何方法都不比其他方法优越;此外,如果一种方法在特定情况下似乎优于另一种方法,那么它就适合特定模式识别问题[60]。因此,BCI 中使用了各种分类方法,如 Fisher 线性判别(FLD)[63-65]、支持向量机(SVM)[63-64]、贝叶斯[66]和隐马尔可夫模型(HMM)[67]。FLD 和 SVM 分类算法在下面的小节中将有讲解。分类算法使用包含 n 个样本的训练数据构成训练模型,其中 x_j 表示类标签 y_j ($j = 1, \cdots, n$)。之后,分类器使用训练模型进行未录入样本的类别标签 y 的估计。在统计模式识别工具箱中,这些算法都是在 Matlab 中实现的。

4.5.1 Fisher 线性判别

线性判别是将高维特征数据投影到较低维空间的方法。投影数据更容易被分为两类。在 Fisher 线性判别式中,数据的可分性由两个指标来衡量:投影类途径之间的距离(应该很大)以及这个方向数据方差的大小(应该很小)[61]。这可以通过最大化文献[60]给出的类间分散与类内分散的比率来实现。

$$J(w) = \frac{w^{\mathrm{T}} S_B w}{w^{\mathrm{T}} S_W w} \tag{4-34}$$

$$S_B = (m_1 - m_2)(m_1 - m_2)^{\mathrm{T}} \tag{4-35}$$

$$S_W = S_1 + S_2 \tag{4-36}$$

式中,S_B 是式(4-35)中两类之间的类散度矩阵;S_W 为式(4-36)中给出的两个类,w 是可调权重向量或投影向量。

在式(4-35)和式(4-36)中,散度矩阵 S_w 和类 w 的样本均值向量 S_w 和 m_w 分别由式(4-37)和式(4-38)得出,$w = 1, 2$。

$$S_w = \sum_{j \in I_w} (x_j - m_w)(x_j - m_w)^{\mathrm{T}} \tag{4-37}$$

$$m_w = \frac{1}{n_w} \sum_{j \in I_w} x_j \tag{4-38}$$

其中,n_w 是属于类 w 的数据样本的数量,I_w 是属于类 w 的数据样本的索引集合。式(4-34)中的权重向量 w 是联合对角化 S_B 和 S_w 的广义特征向量之一,可以通过下式得出:

$$w = S_w^{-1}(m_1 - m_2) \qquad (4-39)$$

FLD 的分类规则由下式给出:

$$y = \begin{cases} 1 & (w^T x \geqslant b) \\ -1 & (w^T x \leqslant b) \end{cases} \qquad (4-40)$$

其中 w 是由式(4-39)给出的,而 b 由下式计算得到:

$$b = \frac{1}{2}w^T(m_1 + m_2) \qquad (4-41)$$

对于 c 类问题,将二元分类器拓展到多类问题中有几种方法[60-61]。在一对多的方法中,构造 c 个二元分类器,从而训练第 k 个分类器区分其他类。在成对的方法中,构造了 $c(c-1)$ 个二元分类器,每个分类器按照两种分类方法构造两个分类器。每个分类器依次对每个分类器进行分类,然后进行多数表决。

4.5.2 支持向量机

支持向量机(support vector machine,SVM)[68]是一种线性判别工具,它在提高分类器泛化能力的假设条件下使两类分离边界最大化。相反,Fisher 线性判别式的目的是最大化平均边际,即类之间的路径差距。图 4-13 展示了由 SVM 学习的典型线性超平面。从文献[61]和文献[68]中,支持向量机所得到的最佳分类器是具有最大余量 $\dfrac{1}{\|w\|^2}$,即最小欧几里得范数 $\|w\|^2$ 的分类器。

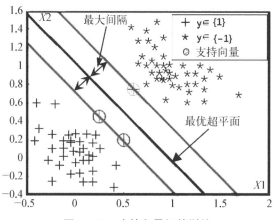

图 4-13 支持向量机的训练

对于线性 SVM,通过最小化训练数据的成本函数来实现大裕度(即最优超平面 w)

$$J(w, \xi) = \frac{1}{2} \parallel w \parallel^2 + C \sum_{i=1}^{n} \xi_i \qquad (4-42)$$

在约束下,

$$y_i(w^T x_i + b) \geqslant 1 - \xi_i, \ \forall i = 1, \cdots, n \qquad (4-43)$$

其中,$x_1, x_2, \cdots, x_n$ 是训练数据;$y_1, y_2, \cdots, y_n \in \{-1, +1\}$ 是训练标签;$\xi_1, \xi_2, \cdots, \xi_n$ 是松弛变量;C 是一个正则化参数,控制复杂性和不可分点数之间的权衡;b 是一个偏差。松弛变量测量数据点与模式可分性理想条件的偏差。参数 C 可以由用户指定或通过交叉验证确定。SVM 采用式(4-40)给出的线性判别分类法则。类似于 FLD 或任何其他二元分类器,一对一静止和成对的方法可以用来将二进制 SVM 分类器扩展到多类[60]。支持向量机对 c 类问题的其他推广包括将边界的广义概念作为具有二次目标函数的约束优化问题。

回归算法被定义为从训练数据中建立一个功能模型,以预测新输入的函数值。训练样本 $\{x_1, x_2, \cdots, x_n\}$ 与样本分类方法相似,但是具有连续值输出 $\{y_1, y_2, \cdots, y_n\}$。给定具有 d 个特征的数据样本 $x = [x_1, x_2, \cdots, x_d]^T$,回归方法使用函数模型预测其输出 y。

线性回归涉及使用以下线性模型预测 x 的输出 $\hat{y}$

$$\hat{y} = w^T x + b \qquad (4-44)$$

其中,w 和 b 将由算法如最小均方算法[61]确定。

4.5.3 稀疏表示模型

1. 特征选取

尽管脑电信号受到体积传导效应引起的噪声和伪影的影响,但脑电模式仍然具有典型的空间、时间和频谱分布特征。例如,左/右侧的运动图像引起了脑电图中感觉运动区 μ 和 β 节律活动的对侧衰减(或重音),称为事件相关去同步(或同步)(ERD/ERS)[69]。P300 电位在注射刺激约 300 ms 后出现,主要存在于顶叶区域,这意味着在特定的时间间隔或频段从特定电极采集的信号比其他信号更容易区分,因此应该建立空间/时间/频谱滤波器用于特征提取/选择。此外,基于特征提取/选择的降维可能使相应分类器具有更好的泛化性。脑电信号数据的特征选择可以通过稀疏表示进行,如图 4-5(d)所示。以基于运动图像的事件相关去同步(或同步)特征提取为例,我们通常使用标记的脑电信号数据来训练一个共同的空间模式(CSP)过滤器。为了区分对应于左侧和右侧的两类运动图像数据的特征,CSP 算法找到一个空间滤波器使其中一类的方差最大化,同时使另一个类别的方差最小化[69]。由于 CSP 方法是基于 2-范数信号方差的优化,所以得到的滤波器权重是非稀疏的,这意味着所有的信道都会在接下来的分类中用到。然而,由于 ERD/ERS 位于特定区域(例如感觉运动区域),只有附近的信道对这两个类别具有良好的区分性,因此在分类之前就需要删除其他信道。在这种情况下,稀疏表示非常适合用于信道选取。通过在目标函数中引入滤波器权值的 1-范数,可以达到通过修改 CSP 方法的优化问题来实现信道选取的目的[70]。因此较低权重的信道将被视为不相关从而可以被删除,这种方法称为稀疏 CSP(SCSP)。实验表明,基于 SCSP 的分类精度要高于经典 CSP 的精度[70],其原理是稀疏表示减少了参与分类的信道数量,从而达到去噪效果。

2. 分类

基于稀疏表示的分类(SRC)过程如图 4-5(d)所示。假设基矩阵 A 由对应于两个类别的两个分量子矩阵组成,即 $A = [A_1 \mid A_2]$,两个子矩阵相互一致性定义如下:$MC(A_1, A_2) = \max\{|a_{1,i}, a_{2,j}| : i = 1, 2, \cdots, N_1, j = 1, 2, \cdots, N_2\}$,其中 $a_{1,i}$ 是 A_1 的第 i 列,$a_{2,j}$ 是 A_2 的第 j 列,N_1 和 N_2 分别是 A_1 和 A_2 的列的总数。两个向量的内积由<·,·>表示。当 MC 低即基矩阵不相关时,同一个类别的测试数据向量可以由基矩阵中的同一类别的列来表示[71]。因此,基于稀疏系数的分类可以通过稀疏表示获得并且提高标注的准确性。例如在 ERD/ERS 中,CSP 滤波器使两个类别之间的区别最大化,因此 CSP 特征可以用来构造基矩阵,利用基矩阵对测试的特征向量进行稀疏回归,得到一个稀疏解,其可以在后续的分类中使用。具体来讲就是通过计算每个类别的系数能量并将能量较大类别的标签分配给测试数据。SRC 被应用在多种基于运动图像的脑-机接口数据集的数据分析中,比线性判别分析方法具有更好的分类性能[9]。

4.5.4 深度学习方法

深度学习是机器学习的一个重要分支,是一类利用多个非线性信息处理层来完成监督或者无监督的特征提取和转化以及模式分析和分类等任务的技术[72]。传统的机器学习和信号处理方法一般采用浅层结构,这些结构一般只包含一两层非线性特征变换。简单的结构使得传统机器学习方法在处理复杂的问题时遇到巨大困难。深度学习为这些问题提供了很好的解决途径。

人工神经网络可以追溯到 20 世纪 80 年代 Fukushima 提出的认知机 (Neocognitron)[73]。1989 年，LeCun 等人将反向传播（backpropagation，BP）算法应用于深度神经网络，实现手写邮政编码的识别[74]。然而，由于存在梯度消失问题，在最初的很长一段时间，神经网络的训练十分困难。为了解决这一问题，研究者们提出了一些不同的方法。Schmidhuber 于 1992 年提出多层级网络，利用无监督学习训练深度神经网络的每一层，再使用反向传播算法进行调优[75]。2006 年，Hinton 提出深度置信网络（deep belief network，DBN），采用无监督预训练来构建神经网络，用以发现有效的特征，此后再采用有监督的反向传播以区分有标签数据[76-77]，这开启了深度学习在学术界和工业界的浪潮。2011 年，线性整流函数（rectified linear unit，ReLU）被提出，有效地抑制了梯度消失问题。2012 年，Hinton 课题组参加 ImageNet 图像识别比赛 ILSVRC-2012，其构建的卷积神经网络（convolutional neural network，CNN）AlexNet 碾压性地夺得冠军[78]，使得 CNN 吸引了众多研究者的注意。近年来，得益于互联网、大数据的卓著进步以及计算系统运算能力的提升，深度学习技术快速发展并在众多应用中展现出前所未有的性能。

1. 基于卷积神经网络的 P300 检测

卷积神经网络（CNN）是深度学习中最常用的模型之一，在图像相关应用中被广泛使用。

CNN 的基本结构如图 4-14 所示，其隐层一般包括卷积层和池化层等。与传统的神经网络不同，CNN 的卷积层与池化层都采用局部连接的方式，一个原因是这样大大减少了网络参数数量，二是因为图像的空间联系本身就是局部的。CNN 靠近输出层通常有与传统神经网络相似的一维全连接层。

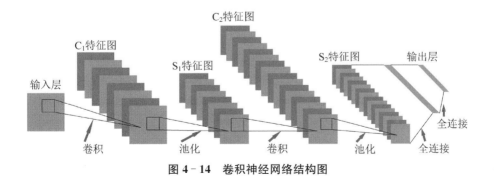

图 4-14 卷积神经网络结构图

文献[79]介绍了 CNN 的算法流程。在前向传播中，对于每个卷积层，其输出为

$$x_j^l = f(\mathring{a} x_i^{l-1} * k_{ij}^l + b_j^l) \tag{4-45}$$

其中，x_j^l 是第 l 层第 j 个特征图，k_{ij}^l 为连接第 l 层第 j 个特征图与第($l-1$)层第 i 个特征图的卷积核，b_j^l 是第 l 层第 j 个特征图的偏置，* 表示卷积，$f(x)$ 为非线性激活函数。池化层在前向传播阶段完成对上一层特征图的降采样。全连接层输出为

$$x^l = f(W^l x^{l-1} + b^l) \tag{4-46}$$

其中，W^l 为连接第($l-1$)层和第 l 层的权值，b^l 为该层的偏置。

　　与一般的神经网络相同，CNN 的训练采用反向传播（backpropagation，BP）算法。将 CNN 应用于图像相关任务中，每个图像样本是二维或三维数据块，很自然地，我们将标准化尺寸的二维或三维样本直接输入 CNN，并使卷积核维度与图像维度一致。借鉴 CNN 在图像相关任务中的方法，将 CNN 应用于脑-机接口，第一步需要考虑如何利用脑电信号构造出类似图像的结构作为网络的输入。由于脑-机接口应用中采集的脑电信号通常是多电极通道的时序信号，最直观的做法是将通道与时间作为输入的两个维度，构造输入图。文献[80]采用这种方法构造尺寸为 $N_{elec}{}' N_t$ 的输入图，并利用 CNN 实现 P300 检测。其中，N_{elec} 是 EEG 信号的通道数（电极数）；每段信号的长度 $N_t = SF \cdot TS$，SF 是采样频率，TS 是信号的时间长度。信号在输入 CNN 之前需做归一化处理。

　　考虑到传统机器学习方法进行 P300 检测的流程，一般地，我们对输入信号做通道选择与通道组合，再对各通道信号进行时域上的滤波、下采样等处理得到样本特征，最后，将样本特征输入分类器完成分类。借鉴这样的流程，文中采用的网络结构如图 4-15 所示。第一个卷积层中，输入图分别与 N_s 个尺度为

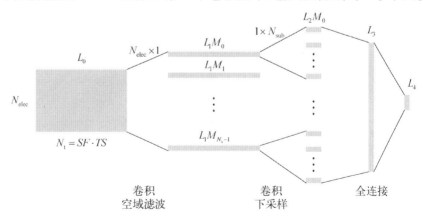

图 4-15　P300 检测中的卷积神经网络结构

$N_\text{elec}'1$ 的卷积核完成卷积操作,得到 N_s 个尺度为 $1'N_t$ 的特征图,这一步实际上进行了通道组合,即空域滤波。第二个卷积层中,前层特征图与 $1'N_\text{sub}$ 的卷积核以 N_sub 的步长做卷积,实际上是时域上的下采样。后两层为全连接层,由于任务为"含 P300"与"不含 P300"的二分类,输出层 L_4 含 2 个神经元。

在第三届国际脑电竞赛数据集 Ⅱ(BCI competition Ⅲ Data set Ⅱ)上,该方法的准确率与竞赛中的最高准确率相当。

2. 基于卷积神经网络与 Fourier 变换的 SSVEP 检测

P300 的特征主要体现在时域上,因此,4.5.4 节中第 1 小节介绍的方法采用时域上的信号构造输入图,并在空域、时域上分别滤波。而对于 SSVEP,其特征主要体现在频域上,因此,在模型中应该考虑加入频域信息。通过在 CNN 隐层间进行一次傅里叶变换来达到此目的。

实验中输入图的构造方法与 4.5.4 节中第 1 小节的方法一致。第一个卷积层采用尺度为 $N_\text{elec}'k_1$ 的卷积核,其中 k_1 为卷积核的宽度。采用二维的卷积核完成了空域上的通道组合与时域上的滤波,实际上相当于实现了图中前两个卷积层的功能。然后,对第一层的特征图做傅里叶变换,得到频域上的特征图。最后是两个全连接层。输出层的神经元个数为 $N_\text{freq}+1$,其中 N_freq 为可能的 SSVEP 类别数,添加的一类表示过渡状态。

研究者采用 6 个电极和 1 s 的时间间隔对 2 个受试者进行实验,离线处理的正确率均超过 95%。

3. 基于卷积神经网络与傅里叶变换的运动想象信号分类

运动想象是脑-机接口系统常见的应用之一。当前常用的运动想象信号特征提取与特征选择方法有共同空间模式(common spatial pattern,CSP)、独立成分分析(independent component analysis,ICA)、主成分分析(principal component analysis,PCA)等,分类方法有支持向量机(support vector machine,SVM)、线性判别分析(linear discriminant analysis,LDA)、贝叶斯分类器(Bayesian classifier)等。

与 SSVEP 任务相比,运动想象信号的分类不仅需要频域上的信息,还需要考虑不同脑区(空间位置)信号的差异,因此采用深度神经网络做运动想象信号分类,4.5.4 节中第 1 和第 2 小节介绍的构造输入图的方法并不是最佳的。文献[81]介绍了一种结合时域、频域、空间位置构造输入图的方法。

首先,对单通道每个时长为 2 s 的试验的信号做短时傅里叶变换(short time fourier transform,STFT),得到尺度为 $N_\text{freq}'N_t$ 的图像,其中 N_freq 为频率采样点数,文中取 257,N_t 为时间采样点数,文中取 32。其次,取 m 频段(6~

13 Hz)和 b 频段(17～30 Hz),通过插值使两个频段的采样点数分别为 16 和 15,由此便得到尺度分别为 16′32 和 15′32 的图像。最后,将其拼接成尺度为 $N_{\text{freq}}′N_t$ 的图像,其中 $N_{\text{freq}}=16+15$,$N_t=32$。

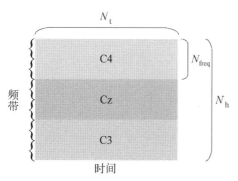

图 4 - 16　运动想象信号输入图像构造方法

对 C4、Cz、C3 三个通道,即($N_c=3$),分别进行上述操作,再将各自得到的图像拼接起来,得到尺度为 $N_h′N_t$ 的图像,如图 4 - 16 所示,其中 $N_h=N_cN_{\text{freq}}$。

由于竖直方向代表的频段、通道信息对于运动想象信号来说更具可分性,因此第一层采用 N_{freq}($N_{\text{freq}}=30$)与输入图像等高的卷积核,尺度为 $N_h′3$。后两层分别是下采样层和全连接层,输出神经元个数为 2,代表左手和右手运动想象。

由于信号受到诸如眨眼、肌肉运动等不确定因素干扰较多,且受试者在某些试验中无法很好地完成运动想象,文章提出在 CNN 后连接栈式自编码器(stacked autoencoder,SAE)加深网络,以改善分类性能。先训练 CNN,再将 CNN 卷积层的输出作为 SAE 的输入,SAE 的输出层代表信号分类结果。整体网络结构如图 4 - 17 所示,先利用 CNN 提取包含时域、频域、空间位置信息的 EEG 特征,再利用 SAE 改善分类性能。

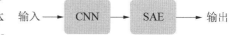

图 4 - 17　基于 CNN - SAE 的运动想象信号分类网络结构示意图

在 BCI competition Ⅳ dataset 2b 上,文章介绍的方法取得 0.547 的卡巴(kappa)值,相比竞赛获胜者性能提升 9%[66]。

4. 基于卷积神经网络与循环神经网络的脑信号分类

循环神经网络(recurrent neural network,RNN)是深度学习中用来处理序列数据的常用模型,在自然语言处理(natural language processing,NLP)中已经取得巨大成功。

RNN 的结构如图 4 - 18 所示,其中左图是简化画法,将其按时间展开得到右图。向量 x 表示输入层,s 表示隐层状态,o 表示输出,U 是输入层到隐层的权重矩阵,V 是隐层到输出层的权重矩阵,W 是隐层上一时刻状态作为当前时刻输入的权重矩阵。

前向传播过程中,当前时刻的输出为

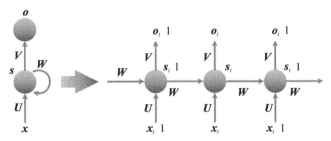

图 4 - 18　循环神经网络结构图

$$\boldsymbol{o}_t = g(\boldsymbol{V}\boldsymbol{s}_t) \qquad (4-47)$$

当前时刻隐层状态为

$$\boldsymbol{s}_t = f(\boldsymbol{U}\boldsymbol{x}_t + \boldsymbol{W}\boldsymbol{s}_{t-1}) \qquad (4-48)$$

其中，$g(x)$、$f(x)$ 是激活函数。

　　RNN 的训练采用时序反向传播（back propagation through time，BPTT）算法。前面我们提到，CNN 在图像识别中表现优异，因此，将 CNN 与 RNN 相结合用于视频处理可取得优异的性能[82]。

　　考虑到 EEG 信号也是时序数据，且在前面小节中我们讨论过，EEG 信号可以被构造成图像的形式，因此，将 CNN 与 RNN 结合用于 EEG 信号分析很可能取得成功。文献[82]提出了一种保持拓扑结构将 EEG 信号转换为图像序列，并仿照视频分类技术，将 RNN 和 CNN 相结合来学习表征的方法。文献中先将单个时间切片的 EEG 信号转换为一张多通道 EEG 图像。首先，对每个电极上的信号做快速傅里叶变换（fast Fourier transform，FFT），并估计能量谱。取感兴趣的 3 个频段，分别计算每个电极采集的信号在这 3 个频段内信号的幅值平方和。其次，保持拓扑结构，将三维空间中电极位置投影到二维平面上。最后，用第一步估算得到的各个位置上的信号能量谱填充第二步图像上的对应位置，不同频段的能量值表现为图像不同通道的值，并利用插值法填补空缺的位置。例如，若感兴趣的是 q、a、b 频段，则将每个电极位置上这 3 个频段的能量值分别填充到 EEG 图像对应位置的第一、二、三通道，并利用插值法填补空缺位置。这样便将一个时间切片的 EEG 信号转换成一张多通道 EEG 图像，前两个维度保持空间拓扑结构，第三维通道表示频段。

　　对每个时间切片做上述转换，并将得到的图像按顺序排列，就得到 EEG 图像序列，类似于视频的形式。利用 EEG 信号构造图像序列的整体流程如图 4-19 所示。

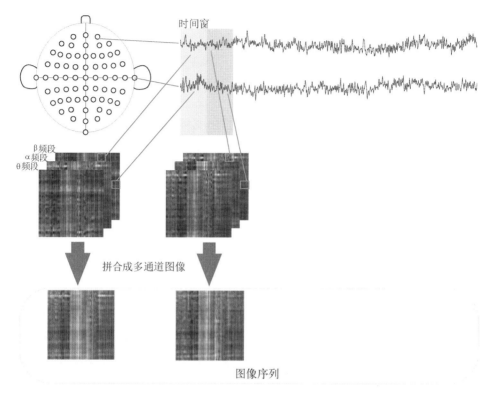

时间窗

β频段
α频段
θ频段

拼合成多通道图像

图像序列

图 4 - 19　利用 EEG 信号构造 EEG 图像序列的流程

对每帧 EEG 图像,采用同一个 CNN 进行特征提取,将每帧图像对应的输出依次排列,再采用多种结构处理多帧的输出,如图 4 - 20 所示,其中"C"表示 7 层 CNN,"max"表示跨时间帧的最大池化层,"FC"表示全连接层,"SM"表示 softmax 层,"Conv"表示跨时间帧的一维卷积层,"L"表示长短期记忆(long-short term memory,LSTM)层,是当下最流行的 RNN 形式之一。

实验中,在每个测试的前 0.5 s 给受试者展示 n 个字母,受试者需要记忆这些字母。3 s 后,给受试者展示一个字母,受试者辨别该字母是否出现在先前展示的字母集合中,通过按键给出答案。从 EEG 记录中识别在不同字母数量 n 下大脑不同程度的工作量。实际操作中 n 取 2、4、6、8,则分类任务中类别数为 4。虽然文献中仅将这套方法用到这个特定的实验任务中,但是,这样的方法对很多 EEG 分类任务都具有很好的借鉴意义。

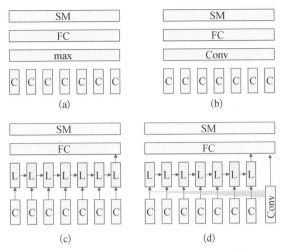

图 4‑20 处理多帧图像序列的网络结构

4.5.5 BCI 应用示例——P300 BCI 拼写器

前面几节描述了 BCI 系统中使用的一些重要的信号处理和机器学习技术。本节以 P300 BCI 拼写器为例来说明 BCI 系统的应用。本节的数据是从使用 P300 拼写模式[54]的 10 个受试者中收集的。在该实验中，由计算机屏幕向用户呈现由字母和数字组成的 $6×6$ 矩阵（见图 4‑21）。用户将焦点放在字符上，而矩阵的每一行或一列随机闪烁。十二个闪烁块组成一个覆盖矩阵所有行和列的运行器。每次运行的这 12 个闪烁块中有两个包含所需的符号，从而产生 P300 电位。拼写器的任务是根据这些闪光灯中收集的 EEG 数据来识别用户所需的字符。

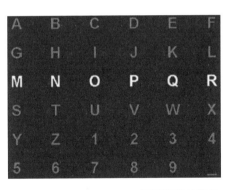

图 4‑21 用于 P300 BCI 拼写器的计算机监视器上显示的刺激矩阵

该数据集包含从 10 个受试者中收集到的训练数据和测试数据，使用具有 41 个字符的常见短语"THE QUICK BROWN FOX JUMPS OVER LAZY DOG 246 138 579"。同样的短语也用于随机词序测试数据收集。

首先根据以下步骤构建每个闪光灯的特征向量。

步骤 1：L 通道 EEG 信号在 $0.1～20$ Hz 范围内过滤（本实验中 $L=24$）。

步骤 2：对于每个闪光灯，从每个通道中对每个通道的 EEG 数据进行分段，例如从闪光后的 $150\sim500$ ms，即每个段是 350 ms 并且包含 87 个数据点（采样率为 250 Hz）。接下来，这些分段在速率为 5 的条件下采样。每个分段获得 17 个数据点。然后为每个闪光灯构建一个特征数据矢量 $\boldsymbol{Fe}_{k,q}$ 以包括来自所有 L 个通道的全部 17 个数据点。

步骤 3：重复步骤 2，为屏幕上的所有闪光建立特征向量 $\boldsymbol{Fe}_{k,q}$，其中 $k=$ $1，\cdots，12，q=1，\cdots，10$。其中 k 表示图 4-21 中的行或列（$k=1，\cdots，6$ 表示行，$k=7，\cdots，12$ 表示列），q 表示每一轮的闪烁次数。

根据实验设置，每个字符出现 120（$120=10\times12$）个灰度。因此，一个字符对应 120 个特征向量。这些特征向量被分为两类：第一类包含 20 个特征向量，其相应的 20 个灰度值出现在包含所需字符的行或列上。从生理角度来讲，可以在这 20 个特征向量中均检测到 P300 电位。另外 100 个不包含 P300 电位的特征向量属于第二类。然后按以下步骤对 SVM 分类器进行训练以检测 P300 来进行新的试验。

步骤 1：使用包含两类特征的训练数据集训练 SVM 分类器。

步骤 2：对于新的试验中的第 q 轮，提取特征矢量 $\boldsymbol{Fe}_{k,q}(k=1，\cdots，12；q=1，\cdots，10)$。将 SVM 用于这些特征向量，得到 120 分，记为 $s_{k,q}$。这些分数是 SVM 目标函数的值。

步骤 3：使用 $ssk=\sum_{q=1}^{10}s_{k,q}$ 这个式子，在所有 q 轮中对所有行或列（$k=1，\cdots，12$）进行评分，然后识别具有各自最大求和得分的行（$k=1，\cdots，6$）和列（$k=7，\cdots，12$），最后决定是否是被识别的行和列的交叉点上的字符。这个字符形成了 BCI 拼写器的输出。

使用这个 BCI 拼写器，这 10 个用户能够写出 42 个字符的测试短语，平均准确率为 99%[54]。

参考文献

[1] Brown W S. Slow cortical potentials and behavior: By B. Rockstroh, T. Elbert, A. Canavan, W. Lutzenberger and N. Birbaumer. Urban & Schwarzenberg, Baltimore, 1989[J]. Neuropsychologia, 1993, 31(12): 1426 - 1427.

[2] Farwell L A, Donchin E. Talking off the top of your head: toward a mental prosthesis utilizing event-related brain potentials [J]. Electroencephalography and Clinical Neurophysiology, 1988, 70(6): 510 - 523.

[3] Cheng M, Gao X R, Gao S K, et al. Design and implementation of a brain-computer

interface with high transfer rates[J]. IEEE Transactions on Biomedical Engineering, 2002, 49(10): 1181 – 1186.

[4] Wolpaw J R, Birbaumer N, McFarland D, et al. Brain-computer interfaces for communication and control[J]. Clinical Neurophysiology, 2002, 113(6): 767 – 791.

[5] Jung T P, Makeig S, Humphries C, et al. Removing electroencephalographic artifacts by blind source separation[J]. Psychophysiology, 2000, 37(2): 163 – 178.

[6] Parra L C, Spence C D, Gerson A D, et al. Recipes for the linear analysis of EEG [J]. NeuroImage, 2005, 28(2): 326 – 341.

[7] Bell A J. An information-maximization approach to blind separation and blind deconvolution[J]. Neural Computation, 1995, 7(6): 1129 – 1159.

[8] Hyvärinen A, Oja E. Independent component analysis: algorithms and applications[J]. Neural Networks, 2000, 13(4): 411 – 430.

[9] Xu N, Gao X R, Hong B, et al. BCI Competition 2003—Data set IIb: enhancing P300 wave detection using ICA-based subspace projections for BCI applications [J]. IEEE Transactions on Biomedical Engineering, 2004, 51(6): 1067 – 1072.

[10] Cichocki A. Adaptive blind signal and image processing: learning algorithms and applications[M]. Hoboken: John Wiley & Sons, Inc., 2002.

[11] Li Y Q, Cichocki A, Amari S. Analysis of sparse representation and blind source separation[J]. Neural Computation, 2014, 16(6): 1193 – 1234.

[12] Ramoser H, Müller-Gerking J, Pfurtscheller G. Optimal spatial filtering of single trial EEG during imagined hand movement [J]. IEEE Transactions on Rehabilitation Engineering, 2000, 8(4): 441 – 446.

[13] Blankertz B, Dornhege G, Krauledat M, et al. The non-invasive Berlin brain-computer interface: fast acquisition of effective performance in untrained subjects [J]. NeuroImage, 2007, 37(2): 539 – 550.

[14] Grosse-Wentrup M, Buss M. Multiclass common spatial patterns and information theoretic feature extraction[J]. IEEE Transactions on Biomedical Engineering, 2008, 55(8): 1991 – 2000.

[15] Gratton G, Coles M G H, Donchin E. A new method for off-line removal of ocular artifact [J]. Electroencephalography & Clinical Neurophysiology, 1983, 55(4): 468 – 484.

[16] Li Y, Cichocki A, Amari S I. Analysis of sparse representation and blind source separation[M]. Cambridge: MIT Press, 2004.

[17] Li Y, Amari S, Cichocki A, et al. Underdetermined blind source separation based on sparse representation[J]. IEEE Transactions on Signal Processing, 2006, 54(2): 423 – 437.

[18] Li Y, Cichocki A, Amari S I. Blind estimation of channel parameters and source components for EEG signals: a sparse factorization approach[J]. IEEE Transactions on Neural Networks, 2006, 17(2): 419-431.

[19] He B, Yang L, Wilke C, et al. Electrophysiological imaging of brain activity and connectivity-challenges and opportunities[J]. IEEE Transactions on Biomedical Engineering, 2011, 58(7): 1918-1931.

[20] Bai X, Towle V L, He E J, et al. Evaluation of cortical current density imaging methods using intracranial electrocorticograms and functional MRI[J]. NeuroImage, 2007, 35(2): 598-608.

[21] Grova C, Daunizeau J, Lina J M, et al. Evaluation of EEG localization methods using realistic simulations of interictal spikes[J]. NeuroImage, 2006, 29(3): 734-753.

[22] Plummer C, Harvey A S, Cook M. EEG source localization in focal epilepsy: where are we now? [J]. Epilepsia, 2008, 49(2): 201-218.

[23] Baillet S, Mosher J C, Leahy R M. Electromagnetic brain mapping[J]. IEEE Signal Processing Magazine, 2001, 18(6): 14-30.

[24] Wolters C H, Anwander A, Tricoche X, et al. Influence of tissue conductivity anisotropy on EEG/MEG field and return current computation in a realistic head model: a simulation and visualization study using high-resolution finite element modeling[J]. NeuroImage, 2006, 30(3): 813-826.

[25] Gramfort A, Papadopoulo T, Olivi E, et al. OpenMEEG: open source software for quasistatic bioelectromagnetics [J]. Biomedical Engineering Online, 2010, 9 (1): 45-45.

[26] Bishop C M. Pattern recognition and machine learning[M]. New York: Springer, 2006.

[27] Hämäläinen M S, Ilmoniemi R J. Interpreting magnetic fields of the brain: minimum norm estimates[J]. Medical and Biological Engineering and Computing, 1994, 32(1): 35-42.

[28] Dale A M, Sereno M I. Improved localizadon of cortical activity by combining EEG and MEG with MRI cortical surface reconstruction: a linear approach [J]. Journal of Cognitive Neuroscience, 1993, 5(2): 162-176.

[29] Dale A M, Liu A K, Fischl B R, et al. Dynamic statistical parametric mapping: combining fMRI and MEG for high-resolution imaging of cortical activity[J]. Neuron, 2000, 26(1): 55-67.

[30] Pascual-Marqui R D. Standardized low-resolution brain electromagnetic tomography (sLORETA): technical details[J]. Methods and Findings in Experimental and Clinical Pharmacology, 2002, 24 (Suppl D): 5-12.

[31] Pascual-Marqui R D, Michel C M, Lehmann D. Low resolution electromagnetic tomography: a new method for localizing electrical activity in the brain [J]. International Journal · of Psychophysiology: Official Journal of the International Organization of Psychophysiology, 1994, 18(1): 49 – 65.

[32] Becker H, Albera L, Comon P, et al. Brain-source imaging: from sparse to tensor models[J]. IEEE Signal Processing Magazine, 2015, 32(6): 100 – 112.

[33] Uutela K, Hämäläinen M, Somersalo E. Visualization of magnetoencephalographic data using minimum current estimates[J]. NeuroImage, 1999, 10(2): 173 – 180.

[34] Cotter S F, Rao B D, Engan K, et al. Sparse solutions to linear inverse problems with multiple measurement vectors[J]. IEEE Transactions on Signal Procesing, 2005, 53(7): 2477 – 2488.

[35] Wipf D, Nagarajan S. A unified Bayesian framework for MEG/EEG source imaging [J]. NeuroImage, 2009, 44(3): 947 – 966.

[36] Wipf D P, Owen J P, Attias H T, et al. Robust bayesian estimation of the location, orientation, and time course of multiple correlated neural sources using MEG[J]. NeuroImage, 2010, 49(1): 641 – 655.

[37] Sato M A, Yoshioka T, Kajihara S, et al. Hierarchical Bayesian estimation for MEG inverse problem[J]. NeuroImage, 2004, 23(3): 806 – 826.

[38] MacKay D J. Bayesian interpolation [J]. Neural Computation, 1992, 4 (3): 415 – 447.

[39] Chowdhury R A, Merlet I, Birot G, et al. Complex patterns of spatially extended generators of epileptic activity: Comparison of source localization methods cMEM and 4 – ExSo-MUSIC on high resolution EEG and MEG data[J]. NeuroImage, 2016, 143: 175 – 195.

[40] Tao J X, Ray A, Hawes-Ebersole S, et al. Intracranial EEG substrates of scalp EEG interictal spikes[J]. Epilepsia, 2005, 46(5): 669 – 676.

[41] Baillet S, Garnero L. A Bayesian approach to introducing anatomo-functional priors in the EEG/MEG inverse problem[J]. IEEE Transactions on Biomedical Engineering, 1997, 44(5): 374 – 385.

[42] Daunizeau J, Mattout J, Clonda D, et al. Bayesian spatio-temporal approach for EEG source reconstruction: conciliating ECD and distributed models[J]. IEEE Transactions on Biomedical Engineering, 2006, 53(3): 503 – 516.

[43] Galka A, Yamashita O, Ozaki T, et al. A solution to the dynamical inverse problem of EEG generation using spatiotemporal Kalman filtering[J]. NeuroImage, 2004, 23(2): 435 – 453.

[44] Yamashita O, Galka A, Ozaki T, et al. Recursive penalized least squares solution for

dynamical inverse problems of EEG generation[J]. Human Brain Mapping, 2004, 21(4): 221 - 235.

[45] Lamus C, Hamalainen M S, Temereanca S, et al. A spatiotemporal dynamic distributed solution to the MEG inverse problem[J]. NeuroImage, 2012, 63(2): 894 - 909.

[46] Liu K, Yu Z L, Wu W, et al. STRAPS: a fully data-driven spatio-temporally regularized algorithm for M/EEG patch source imaging[J]. International Journal of Neural Systems, 2015, 25(4): 1550016.

[47] Gramfort A, Strohmeier D, Haueisen J, et al. Time-frequency mixed-norm estimates: sparse M/EEG imaging with non-stationary source activations[J]. NeuroImage, 2013, 70: 410 - 422.

[48] Huang M X, Dale A M, Song T, et al. Vector-based spatial-temporal minimum L1 - norm solution for MEG[J]. NeuroImage, 2006, 31(3): 1025 - 1037.

[49] Ou W, Hamalainen M S, Golland P. A distributed spatio-temporal EEG/MEG inverse solver[J]. NeuroImage, 2009, 44(3): 932 - 946.

[50] Trujillo-Barreto N J, Aubert-Vazquez E, Penny W D. Bayesian M/EEG source reconstruction with spatio-temporal priors[J]. NeuroImage, 2008, 39(1): 318 - 335.

[51] Liu K, Yu Z L, Wu W, et al. Bayesian electromagnetic spatio-temporal imaging of extended sources with Markov Random Field and temporal basis expansion[J]. NeuroImage, 2016, 139: 385 - 404.

[52] Lei X, Xu P, Luo C, et al. fMRI functional networks for EEG source imaging [J]. Human Brain Mapping, 2011, 32(7): 1141 - 1160.

[53] Cottereau B R, Ales J M, Norcia A M. How to use fMRI functional localizers to improve EEG/MEG source estimation[J]. Journal of Neuroscience Methods, 2015, 250, 64 - 73.

[54] Kelly S P, Lalor E C, Reilly R B, et al. Visual spatial attention tracking using high-density SSVEP data for independent brain-computer communication[J]. IEEE Transactions on Neural Systems & Rehabilitation Engineering, 2005, 13(2): 172 - 178.

[55] Allison B Z, Mcfarland D J, Schalk G, et al. Towards an independent brain-computer interface using steady state visual evoked potentials[J]. Clinical Neurophysiology, 2014, 119(2): 399 - 408.

[56] Li Y, Guan C. Joint feature re-extraction and classification using an iterative semi-supervised support vector machine algorithm[J]. Machine Learning, 2008, 71(1): 33 - 53.

[57] Pfurtscheller G, Neuper C, Flotzinger D, et al. EEG-based discrimination between

imagination of right and left hand movement[J]. Electroencephalography & Clinical Neurophysiology, 1997, 103(6): 642 - 651.

[58] Pappas S S, Leros A K, Katsikas S K. Multivariate AR model order estimation with unknown process order[M]. Berlin: Springer, 2005.

[59] Pfurtscheller G, Neuper C, Schlogl A, et al. Separability of EEG signals recorded during right and left motor imagery using adaptive autoregressive parameters[J]. IEEE Transactions on Rehabilitation Engineering, 1998, 6(3): 316 - 325.

[60] Duda R O, Hart P E, Stork D G. Pattern classification [M]. Hoboken: Wiley, 2000.

[61] Müller K R, Krauledat M, Dornhege G, et al. Machine learning techniques for brain-computer interfaces[J]. Biomedical Engineering, 2004, 49(1): 11 - 22.

[62] Han J, Kamber M, Pei J. Data mining: concepts and techniques[M]. 2nd ed. Louise A: Morgan Kauffman Publisher, 2005.

[63] Blankertz B, Curio G Müller K R. Classifying single trial EEG: towards brain computer interfacing[J]. Advances in Neutral Information Processing System, 2002, 14(1): 157 - 164.

[64] Boostani R, Graimann B, Moradi M H, et al. A comparison approach toward finding the best feature and classifier in cue-based BCI[J]. Medical & Biological Engineering & Computing, 2007, 45(4): 403 - 412.

[65] Hung C I, Lee P L, Wu Y T, et al. Recognition of motor imagery electroencephalography using independent component analysis and machine classifiers [J]. Annals of Biomedical Engineering, 2005, 33(8): 1053 - 1070.

[66] Lemm S, Schäfer C, Curio G. BCI Competition 2003—Data set Ⅲ: probabilistic modeling of sensorimotor mu rhythms for classification of imaginary hand movements [J]. IEEE Transaction on Biomedical Engineering, 2004, 51(6): 1077 - 1080.

[67] Sitaram R, Zhang H, Guan C, et al. Temporal classification of multichannel near-infrared spectroscopy signals of motor imagery for developing a brain-computer interface[J]. NeuroImage, 2007, 34(4): 1416 - 1427.

[68] Cirrincion G, Cirrincion M. Adaptive and learning systems for signal processing, communication, and control[M]. Hoboken: Wiley-IEEE Press, 2010.

[69] Blankertz B, Tomioka R, Lemm S, et al. Optimizing spatial filters for robust EEG single-trial analysis[J]. IEEE Signal Processing Magazine, 2007, 25(1): 41 - 56.

[70] Arvaneh M, Guan C, Kai K A, et al. Optimizing the channel selection and classification accuracy in EEG-based BCI [J]. IEEE Transaction on Biomedical Engineering, 2011, 58(6): 1865 - 1873.

[71] Shin Y, Lee S, Lee J, et al. Sparse representation-based classification scheme for

motor imagery-based brain-computer interface systems [J]. Journal of Neural Engineering，2012，9(5)：056002.

[72] Deng L，Yu D. Deep learning：methods and applications[J]. Foundations and Trends in Signal Processing，2014，7(3 - 4)：197 - 387.

[73] Fukushima K，Miyake S. Neocognitron：a self-organizing neural network model for a mechanism of visual pattern recognition[J]. Competition and Cooperation in Neural Nets，1982，45：267 - 285.

[74] LeCun Y，Boser B，Denker J S，et al. Backpropagation applied to handwritten zip code recognition[J]. Neural Computation，1989，1(4)：541 - 551.

[75] Schmidhuber J. Learning complex，extended sequences using the principle of history compression[J]. Neural Computation，1992，4(2)：234 - 242.

[76] Hinton G E，Salakhutdinov R R. Reducing the dimensionality of data with neural networks[J]. Science，2006，313(5786)：504 - 507.

[77] Hinton G E，Osindero S，Teh Y W. A fast learning algorithm for deep belief nets [J]. Neural Computation，2006，18(7)：1527 - 1554.

[78] Krizhevsky A，Sutskever I，Hinton G E. Imagenet classification with deep convolutional neural networks [J]. The 25th International Conference on Neural Information Processing Systems，2012，1：1097 - 1105.

[79] Bouvrie J. Notes on convolutional neural networks[EB/OL]. [2019 - 11 - 30]. http://cogprints. org/5869/1/cnn. tutorial. pdf.

[80] Cecotti H，Graser A. Convolutional neural networks for P300 detection with application to brain-computer interfaces[J]. IEEE Transactions on Pattern Analysis and Machine Intelligence，2011，33(3)：433 - 445.

[81] Tabar Y R，Halici U. A novel deep learning approach for classification of EEG motor imagery signals[J]. Journal of Neural Engineering，2016，14(1)：016003.

[82] Ng J Y-H，Hausknecht M，Vijayanarasimhan S，et al. Beyond short snippets：Deep networks for video classification[C]//2015 IEEE Conference on Computer Vision and Pattern Recognition (CVPR)，2015.

5 稳态视觉诱发电位脑-机接口

王毅军　陈小刚　高小榕　高上凯

王毅军,中国科学院半导体研究所,电子邮箱：wangyj@semi.ac.cn

陈小刚,中国医学科学院北京协和医学院生物医学工程研究所,电子邮箱：chenxg@bme.cams.cn

高小榕,清华大学医学院生物医学工程系,电子邮箱：gxr-dea@tsinghua.edu.cn

高上凯,清华大学医学院生物医学工程系,电子邮箱：gsk-dea@tsinghua.edu.cn

肌萎缩性侧索硬化症、脑卒中、脊髓损伤等疾病会损害肌肉或控制肌肉的神经通路,严重时可能会导致患者丧失对肌肉的控制,从而使患者失去与外界沟通的渠道[1]。在这些疾病无法治愈、功能受损无法完全恢复的情况下,为大脑提供一个全新的非肌肉输出通道的脑-机接口技术可以作为一种功能恢复途径,以实现患者与外界的交流。

5.1 引言

5.1.1 SSVEP 脑-机接口的定义

BCI 是指在脑与外部设备之间建立一种不依赖于常规的脊髓/周围神经肌肉系统的信息交流与控制通道,从而实现脑与外界的直接交互[2]。与其他通信系统一样,BCI 也有输入(来自用户的大脑信号)、输出(控制外部设备的命令)以及将前者转化为后者的部件。因此,BCI 主要由三部分组成:① 信号采集,即采集用户的大脑信号;② 信号处理,即提取大脑信号特征并将其转化为控制命令以实现对外部设备的控制;③ 设备控制,即根据控制命令执行相应动作以实现用户意愿。BCI 的输出可用于输入字符、移动光标[3-4]、控制机械臂、通过神经假肢来控制瘫痪手臂运动、控制轮椅或其他的辅助装置。用于交流的计算机屏幕是目前应用最广泛的输出设备[2,5]。

监测大脑活动的方法有多种,原则上均可为 BCI 提供输入信号。脑电(EEG)因非侵入式、易于使用以及设备价格低廉等特点成为 BCI 研究最为广泛的输入信号。现有的基于 EEG 的 BCI 系统根据所检测的电生理信号的不同主要分为以下三类:想象运动脑-机接口[6-7]、P300 脑-机接口[8-12]和稳态视觉诱发电位(SSVEP)脑-机接口[13-15]。在基于 EEG 的 BCI 系统中,SSVEP-BCI 因系统简单、训练较少和高信息传输率(ITR)而被广泛地研究[13,15]。因此,本章主要关注基于 SSVEP 的 BCI 方法。图 5-1 是 SSVEP-BCI 系统的原理图。

SSVEP 是大脑对周期性视觉刺激产生的反应,它具有与视觉刺激频率相同的基频及谐波成分,且与刺激信号保持良好的锁时、锁相特性,具有信噪比高和频谱稳定等特点。SSVEP 的响应强度随着刺激频率的升高而下降,在不同的频段有不同的谐振峰。闪光刺激、图形翻转、光栅、棋盘格翻转等视觉刺激常被用于诱发 SSVEP 信号。较简单的闪光刺激可以使用发光二极管(light emitting

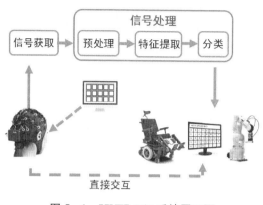

图 5-1　SSVEP-BCI 系统原理图

diodes，LED）来呈现，比较复杂的视觉刺激则一般采用计算机显示器来实现。在 SSVEP-BCI 系统中，每个目标按照不同的刺激属性（例如频率）进行闪烁，通过分析由目标刺激诱发的 SSVEP 信号可以识别出受试者所注视的目标。目前，频率编码和相位编码是 SSVEP-BCI 中最常用的两种编码方法。

5.1.2　SSVEP 脑-机接口的发展

利用 SSVEP 驱动 BCI 系统的基本思想可以追溯至 20 世纪 70 年代，1979 年 Regan 发表了 SSVEP 研究的先驱性工作[16]。在接下来的几十年中，研究人员提出了 SSVEP-BCI 的多种应用。1996 年，Calhoun 和 McMillan 通过调节 SSVEP 的幅值以控制简单飞行模拟器的侧倾运动[17]。1999 年，Cheng 和 Gao 将 SSVEP 应用于 BCI 研究，并构建了一个控制光标二维移动的 BCI 系统[18]。在他们的研究中四个闪烁块按不同频率闪烁，每个闪烁块编码一个不同的命令（上/下/左/右），通过识别 SSVEP 信号以控制光标的移动。

21 世纪前十年，SSVEP-BCI 研究获得了快速发展。研究团队和科学出版物的数量显著增加。Middendorf 等人于 2000 年设计了一个基于 SSVEP 的 BCI 系统，在该系统中两个闪烁按钮呈现在计算机屏幕上，用户只需注视某一按钮即可选中该按钮[19]。在此期间，清华大学的高上凯教授团队在基于频率编码的 SSVEP-BCI 方面进行了深入研究[13,15,20-24]。例如，2002 年，Cheng 等人构建了一套基于 SSVEP 的 BCI 控制的电话拨号系统，并获得了 27.15 bit/min 的 ITR[20]。2003 年，Gao 等人构建了一套 48 目标的 SSVEP-BCI 系统并将其成功应用于遥控电视[21]。该系统获得了 68 bit/min 的 ITR，并验证了在构建 SSVEP-BCI 系统时同时呈现频率间隔为 0.195 Hz 的大量视觉刺激的可行性。同一时期，新的 SSVEP-BCI 范式也被不断提出，例如，基于空间注意力的独立型 SSVEP-BCI 范式[25-26]、多频率编码方法[27-28]、相位编码方法[29]、基于非空间注意力的独立型 SSVEP-BCI 范式[30]以及基于左右视野双频率刺激方法[31]。另外，诸如独立成分分析[13]、最小能量组合（minimum energy combination，MEC）[32]、典型相关分析（canonical correlation analysis，CCA）[15,33]等先进的信号处理算法被用于提高 SSVEP-BCI 系统性能，并表现出良好的效果。

在过去的几年中，SSVEP-BCI 系统的性能获得显著提高，并出现了一系列具有高 ITR 的系统。Chen 等人开发了一套无须校准、频率编码和脑电解码的 45 目标的 BCI 系统，并获得了 105 bit/min 的 ITR[34]，采用滤波器组典型相关分析(filter bank canonical correlation analysis，FBCCA)算法将 ITR 进一步提高至 151 bit/min[35]。研究表明先进的 SSVEP 检测和多目标编码方法的结合对 SSVEP-BCI 高度有效。Nakanishi 等人将个体校准数据引入 SSVEP 检测并结合频率和相位混合编码方法获得了 166 bit/min 的 ITR[36]。Chen 等人通过所提出的联合频率-相位调制方法实现 1 字符/秒的拼写速度并将 ITR 提高至 267 bit/min[37]。在最近的研究中，Nakanishi 等人通过采用新颖的空间滤波算法获得了 325 bit/min 的 ITR，为目前 BCI 研究中最高的 ITR[38]。由于 1 字符/秒的拼写速度接近人注视控制的速度极限，提高 BCI 字符输入的实际 ITR 的空间已不多。与单模态的 BCI 相比，混合 BCI 在 ITR 方面获得了显著提高。混合 BCI 的 ITR 高度依赖于系统设计所采用的信号。例如，基于 P300 和 SSVEP 的混合 BCI 所报道的信息传输率为 50～60 bit/min[39-40]，而混合 SSVEP 和肌电的 BCI 能获得高于 90 bit/min 的 ITR[41]。

5.2 SSVEP 脑-机接口的原理、算法及系统

5.2.1 基本原理

1. SSVEP 的产生

视觉通路是视觉信息从视网膜开始传递到大脑视觉皮层的通道。视觉的感知开始于视网膜内形成视觉感受器的视锥细胞和视杆细胞。经光电转换后，电信号由视神经进一步传递，颞侧的分支沿同侧视束传递，而鼻侧的分支经过视交叉后投射到对侧视束。经由外侧膝状体将信息传输给视觉皮层。视觉皮层主要包括初级视觉皮层(V1)和纹外皮层(V2、V3、V4、V5、MT 等)。视觉信息感知过程包括视网膜输入，外侧膝状体加工，视觉皮层处理和整合[42]。

视觉诱发电位(VEP)是大脑视觉皮层对外界视觉刺激产生的电活动，代表视网膜受刺激后经视觉通路传导至视觉皮层而引起的电位变化。有多种方式的视觉刺激能够诱发出 VEP，闪光刺激和图形翻转是最为常见的刺激形式。其中，图形翻转刺激由相互交替的黑白棋盘格或黑白光栅组成。VEP 按照刺激间

隔时间或重复刺激的频率可以分为瞬态视觉诱发电位(transient VEP, TVEP)和稳态视觉诱发电位(steady-state VEP, SSVEP)[43]。TVEP 是由间歇式的视觉刺激引起的大脑活动的短暂变化。如果施加的视觉刺激为周期性的持续刺激,刺激的间隔短于单个刺激诱发的响应长度,每次刺激引起的响应互相混叠从而形成 SSVEP,这时大脑响应被认为处于稳态过程。TVEP 在单次刺激结束后大脑活动将回到静息态,而 SSVEP 响应在整个连续刺激过程中持续。关于 VEP 产生的神经机制仍存在争议,目前主要有两种假说:① 诱发机制,即 VEP 是独立于背景脑电的,完全由刺激诱发产生,线性叠加于背景脑电信号之上;② 相位重排机制,即脑电节律振荡的瞬时相位被外部视觉刺激调制,经过叠加平均后也可以产生 VEP[44]。

SSVEP 的应用非常广泛,除脑-机接口外,还被用于认知神经科学和临床神经科学的研究[45]。在认知神经科学中,SSVEP 可用于探讨视觉感知、视觉注意、双眼竞争、工作记忆等问题。在临床神经科学中,SSVEP 的应用包括协助治疗衰老和神经退化性疾病、精神分裂症、眼科病理、偏头痛、抑郁症、自闭症、焦虑、癫痫等。

2. SSVEP 的特点

对周期性视觉刺激的频率跟随特性是 SSVEP 的最大特点,这种现象也被称为视皮层的光驱动响应(photic driving response)[46]。由于频率跟随特性,SSVEP 具有明显的周期性,其频谱包含了一系列与刺激频率成整数倍关系的频率成分,其中的基频和二倍频成分最为显著。图 5-2 给出了由 10 Hz 视觉刺激诱发的 SSVEP 的时域波形和幅度谱,在幅度谱的 10 Hz、20 Hz、30 Hz 处均能观察到明显的峰值响应。SSVEP 谐波成分反映了视觉系统及相关大脑皮层的非线性特征。由谐波频率成分表现的非线性是 SSVEP 的另外一个主要特点。SSVEP 的非线性特征还表现为交叉调制频率。两个不同频率视觉刺激组合(f_1 和 f_2)所诱发出的 SSVEP 不仅包含刺激频率的基频和谐波成分,还包含多个交叉调制频率成分,即 $mf_1 + nf_2$(m 和 n 为整数)。视觉通路中非线性产生

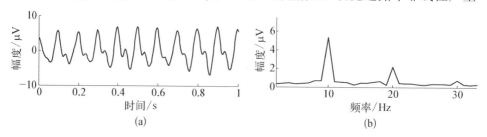

图 5-2　10 Hz 视觉刺激诱发的 SSVEP 的时域波形(a)和幅度谱(b)

的机理目前仍存在争议,它可能与视网膜、外侧膝状体、初级和高级视觉皮层均有关系。现有的研究结果表明在 3～80 Hz 的频带范围内均能诱发出 SSVEP[47]。根据刺激频率的范围,通常可将 SSVEP 分为三个响应频段:低频段(小于 15 Hz)、中频段(15～30 Hz)和高频段(大于 30 Hz)。SSVEP 在低频段具有最大的幅度,在中频段和高频段区域内的幅度存在局部峰值。

除了幅度频率响应特点外,SSVEP 还具有显著的相位特点。SSVEP 与周期性刺激信号具有良好的锁时和锁相特性。在视觉通路中,从视觉刺激开始到 SSVEP 响应产生存在一定的延迟时间,即潜伏期[46]。研究表明低频段 SSVEP 的潜伏期大致在 100～150 ms 范围内[48],并且不同频段 SSVEP 的潜伏期有较大的差异[45]。虽然潜伏期存在一定的个体差异,但同一个体的潜伏期相对固定,在相同频段内不同频率 SSVEP 的潜伏期也相对固定。潜伏期在相同个体上的稳定性保证了 SSVEP 与刺激信号的相位锁定关系。在不同刺激频率下,相同的潜伏期对应了不同的 SSVEP 相位差,因此可以通过测量不同频率 SSVEP 的相位差来估计潜伏期[49]。在 SSVEP 的提取和分析中,潜伏期的估计显得尤为重要,通过施加和潜伏期相同的时间延迟,可以用与刺激时间等长的时间窗准确截取与视觉刺激对应的 SSVEP 响应。

3. SSVEP 脑-机接口的构成

SSVEP 脑-机接口通过检测 SSVEP 中包含的特征编码信息将用户的意图直接转换为对外部设备的控制指令。图 5-3 是 SSVEP 脑-机接口的原理图,由刺激编码、信息解码和设备控制三部分组成。刺激编码通过视觉刺激器实现,采用多目标编码的方法将不同的控制指令以不同视觉刺激的形式呈现,由用户通过注视或注意选择目标刺激来诱发相应的 SSVEP 信号,从而完成控制意图的编码。信息解码是 SSVEP 脑-机接口的核心,包括数据采集、SSVEP 检测、指令

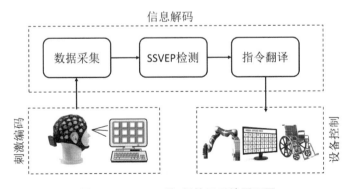

图 5-3　SSVEP 脑-机接口系统原理图

翻译三个功能模块,通过脑电解码算法将 SSVEP 中包含的编码特征信息翻译成控制指令。最终由外部设备执行用户发送的控制指令,同时给用户呈现实时的信息反馈。SSVEP 脑-机接口通常在刺激编码和信息解码中采用事件同步机制,在脑电信号中准确标记视觉刺激对应的起始时刻用于 SSVEP 数据的准确分段和截取。

SSVEP 脑-机接口在人脑和外部设备间构建了一个闭环通信系统,其功能实现通过硬件设备和软件算法的配合共同完成。视觉刺激器的实现通常有两种方式,一种是通过软件编程由计算机显示器绘制的视觉刺激界面,另一种是通过可编程逻辑器件控制的发光二极管阵列刺激器。脑电数据通过脑电采集设备和数据采集软件实时获取,并同步记录刺激事件用于信息解码。SSVEP 检测通常由数据处理计算机上的算法软件完成,并直接转换成设备的控制指令。常见的系统输出设备有计算机、轮椅、机械手、家居环境控制器等多种形式。在线系统使用中的实时反馈借助于信息解码计算机或外部设备和视觉刺激器之间的通信来完成。

4. SSVEP 脑-机接口的工作原理

在视觉脑-机接口系统中,借助视觉刺激,用户通过注意等思维活动来主动调节脑电信号的特征,从而完成对控制意图的编码[50]。根据视觉注意的施加类型,SSVEP 脑-机接口可以分为非独立型和独立型两大类[51]。非独立型系统也称为注视依赖型系统,通过用户的注视施加外显性注意(overt attention)来完成对刺激编码 SSVEP 的调节,这一系统在很大程度上依赖眼球的运动控制,可同时编码大量目标。而独立型系统通过隐性注意(covert attention)实现对 SSVEP 的调节,可完全不依赖眼动控制,可编码目标的数量非常有限。在主动调节 SSVEP 信号的原理方面,两种类型的 SSVEP 脑-机接口有显著差别。

非独立型 SSVEP 脑-机接口通过选择性地注视目标刺激来诱发相应编码的 SSVEP 信号。刺激在视野中的位置决定了 SSVEP 信号的强度。视觉刺激越接近视野中央,诱发出的 SSVEP 幅度就越大,越往外围,诱发出的 SSVEP 的幅度越小,这一现象称为大脑初级视觉皮层的中央放大效应(central cortical magnification)[52]。视网膜中央凹处的视细胞密度最大,因此对中央区域的刺激最为敏感;源自视网膜中央的纤维投射到枕叶皮层后部,而周围的纤维投射到枕叶内侧面,因此头皮记录到的 SSVEP 更多是由中央纤维的投射产生。通过注视将多个刺激中的目标刺激移至中央视野,最大程度诱发出相应编码的 SSVEP,这是非独立型 SSVEP 脑-机接口的基本原理。

独立型 SSVEP 脑-机接口通过不依赖于眼动的选择性注意(selective

attention)来实现对目标 SSVEP 信号的调节。选择性注意通过增益控制机制(gain control mechanism)来调节注意和非注意目标的视觉信息流[53]。选择性注意对 SSVEP 信号的调节主要表现为幅度和潜伏期的变化。与非注意状态相比,注意状态下的 SSVEP 信号具有更大的幅度和更短的潜伏期。独立型 SSVEP 脑-机接口中施加选择性注意的常见方式有两种,即空间选择性注意(spatial selective attention)和特征选择性注意(feature selective attention)。空间选择性注意作用于视野中不同空间位置(如左右侧)的目标编码刺激调节 SSVEP 信号,而特征选择性注意作用于不同特征(如颜色)的目标编码刺激。通过主动施加空间或特征选择性注意,产生由视觉刺激诱发的差异性 SSVEP 信号是独立型 SSVEP 脑-机接口的基本原理。

5.2.2　刺激编码

刺激编码在 SSVEP-BCI 系统中扮演着重要角色。通信系统中的技术可以启发 BCI 系统设计的新思路。BCI 系统中的信息流与通信系统非常类似。为了表达不同的意愿,大脑信号必须以一定方式进行调制,以使嵌入 EEG 信号中的意愿能够被解调为原始信息。同时,为了避免相互干扰,受不同意愿调制的 EEG 信号应该是正交或近似正交的。因此,受调制的大脑信号可以按照时间、频率、编码、空间进行划分。这种策略类似于通信领域的多址技术[54],即在通信系统中允许多用户以最小的性能损失实现同时共享带宽。多址技术分为时分多址(time division multiple access,TDMA)、频分多址(frequency division multiple access,FDMA)、码分多址(code division multiple access,CDMA)、空分多址(space division multiple access,SDMA)。TDMA 是以不同时隙实现通信;FDMA 是以不同的频率信道实现通信;CDMA 是以不同的代码序列实现通信;SDMA 是以不同的方位信息实现通信。事实上,在视觉 BCI 系统中可以找到所有这些方法的类比[14]。

SSVEP-BCI 是一个典型的 FDMA 系统,其中各目标占用各自的频带而没有重叠。目前,频率编码是 SSVEP-BCI 研究中最常用的方法。在这类系统中,各目标以不同频率闪烁,从而为各目标诱发出特定的 SSVEP 信号,通过分析视觉皮层的 SSVEP 信号即可确定受试者所注视的目标。低频段视觉刺激诱发的 SSVEP 幅值要高于中、高频段视觉刺激诱发的 SSVEP 幅值。因此,绝大多数 SSVEP-BCI 系统采用低频段的频率作为刺激频率。Chen 等人利用低频段的 40 个刺激频率(频率范围为 8~15.8 Hz,频率间隔为 0.2 Hz)构建了一套基于频率编码的 40 目标字符输入系统[35]。Bakardjian 等人设计与实现了基于人脸情感图片编码的 SSVEP-BCI 系统[55]。该系统引入人脸情感图片作为刺激，显著增强 SSVEP 响应，进而提高 SSVEP-BCI 系统的性能。但是低频段 SSVEP 存在容易引起眼睛疲劳、具有诱发光敏感癫痫发作的风险、涵盖自发脑电等问题，尤其 α 频段容易引起假阳性检测。因此，有研究提出构建基于高频的 SSVEP-BCI 系统作为缓解上述风险和视觉疲劳的替代方案[56]。随着编码目标数量不断增加，频率编码方法受到一定的限制。首先，只有特定频率范围内的刺激频率才能诱发出较强的 SSVEP 信号；其次，为提高 SSVEP-BCI 系统的解码性能，应该避免选择刺激频率的谐波成分作为刺激频率；第三，当选用传统分频方法在计算机显示器上呈现视觉刺激时，刺激频率的数量受限于屏幕刷新率，即只能产生能够被屏幕刷新率整除的刺激频率。这些限制因素促使研究人员寻求更为合适的刺激编码方法。

为此，多频率编码方法被提出并用于增加编码目标数量，即在有限的刺激频率前提下利用多个刺激频率编码一个目标，通过不同的频率组合编码更多的目标。在这种范式中，每个目标由多个频率进行编码，通过检测记录 SSVEP 信号的主要频率成分来识别目标。例如，Mukesh 等人研究表明利用 F_1 和 F_2 两个不同的频率编码单一视觉刺激所诱发的 SSVEP 信号，其主要频率成分有 F_1、F_2、F_1+F_2 以及谐波成分[27]。基于这一现象，利用两个闪烁频率 F_1 和 F_2 可以编码三种不同类型的视觉刺激，第一种视觉刺激由单一频率 F_1 编码，第二种视觉刺激由单一频率 F_2 编码，第三种视觉刺激由 F_1 和 F_2 同时编码。这项研究阐述了利用较少的闪烁频率增加编码目标数量的可行性。然而，这个概念并没有扩展到两个以上的频率。Shyu 等人利用两个空间邻近的视觉刺激（两个视觉刺激以不同的频率闪烁）编码单一目标[28]。受试者注视两个闪烁刺激的中央且将两个刺激频率处的 SSVEP 信号作为主要特征用于分类。由于受试者需要将注意力从视觉刺激的中央转移至两个刺激中的一个会带来两个刺激频率处的谱能量随时间变化，进而引起其中一个刺激频率处的 SSVEP 峰值削弱或消失。为了解决上述注意力转移引起的问题，Chen 等人提出了一种交叉调制频率编码的方法[57-58]，即在刺激频率基础上产生附加调制频率，通过不同的附加调制频率编码不同的目标，从而利用一个刺激频率编码多个目标。理论上，频率值为 F 的刺激频率通过改变附加调制频率的大小 $[f_i=F/(i+1)，i=1，\cdots，2F-1]$ 可以实现对（$2F-1$）个目标进行编码。

比起注意单个视觉特征，人类可以更好地对来自不同视觉子通道的视觉特征的组合进行持续注意[59-60]。因此，有研究提出基于视觉通道内多子通道的编码方法来构建独立型 SSVEP-BCI 系统[25-26,30,61]。例如，Kelly 等人首次提出并设计了一种基于空间注意力的独立型 SSVEP-BCI 系统。受试者在不转移注视点的前提下,通过内隐注意力集中在空间左侧或右侧的闪烁方块来进行左右目标的选择,闪烁方块被注意时对应频率的 SSVEP 幅值会增强[25-26]。Zhang 等人设计与实现了一套基于非空间注意的独立型 SSVEP-BCI 系统[61]。在该系统中,两个点阵分别具有不同的颜色(红色/蓝色)和运动方向(顺时针/逆时针,60°/s),这两个点阵在颜色和运动子通道的不同信息使受试者主观感受两个点阵,以分别构成不同的虚拟平面,受试者能在不转动眼球的情况下对其中某一点阵执行持续注意任务。两个点阵分别按不同的频率闪烁,当某点阵被注意时,其对应的 SSVEP 信号幅值会增强。

与频率类似,相位也是 SSVEP-BCI 中信息传递的一种载体。在采用相位编码的 BCI 系统中,使用一个闪烁频率通过设置不同的初始相位可实现对多个目标的编码。2008 年,Wang 等人将相位信息用于 SSVEP-BCI 的目标编码,并基于一个频率利用不同的相位实现了拥有六个目标的 SSVEP-BCI 系统[29]。在选用传统分频方法在计算机显示器上呈现视觉刺激时,相位的数量也受限于屏幕的刷新率 f_{scr},即频率值为 f 的刺激频率只能产生 f_{scr}/f 个相位。

在通信领域,在多址信道中实现同时进行频率和相位编码的结合频率和相位编码(hybrid frequency and phase coding)已被证明比仅频率或相位的编码方法更为有效[62]。通过类似的方式结合频率和相位特征可以提高 SSVEP 信号的可分性。而目前在 SSVEP-BCI 中结合频率和相位编码的研究仍较少,用于 SSVEP-BCI 的结合频率和相位编码策略主要有两种:频率和相位混合编码[36,63]及频率和相位联合编码(joint frequency and phase coding)[37]。在频率和相位混合编码范式中,相邻目标的频率或相位不同。具体地说,刺激阵列中共包含 $K_x \times K_y$ 个目标,目标由线性增加的频率和相位来标记且增加幅度与目标索引(从 1 至 $K_x \times K_y$)成比例,即

$$f(k_x, k_y) = f_0 + \Delta f \times (k_y - 1) \tag{5-1}$$

$$\phi(k_x, k_y) = \frac{2\pi}{K_x} \times (k_x - 1)(k_x = 1:K_x, k_y = 1:K_y) \tag{5-2}$$

式中,k_x 和 k_y 分别表示行和列的索引,f_0 为最小的刺激频率,Δf 为相邻两列的频率间隔,$2\pi/K_x$ 为相邻两行的相位间隔。在频率和相位混合编码范式中,需要联合频率和相位信息来识别目标。例如,Nakanishi 等人构建了一套基于频率和相位混合编码的 SSVEP-BCI 系统[36]。在 60 Hz 刷新率下,利用 8 个频率(频率范围为 8~15 Hz,频率间隔为 1 Hz)和 4 个相位(0、0.5π、π、1.5π)组合可

达到 32 个目标。模拟在线实验结果显示该系统获得了 166.91 bit/min 的 ITR，表明了频率和相位混合编码在提高 BCI 系统性能方面的潜力。

为了满足在较短的数据上识别频率编码 SSVEP 信号的要求，Chen 等人将相位编码整合到频率编码中，从而实现频率和相位联合编码范式，以增大频率编码目标的差异[37]。在频率和相位联合编码范式中，相邻目标的频率和相位均不相同。具体地说，刺激阵列中共包含 $K_x \times K_y$ 个目标，目标由线性增加的频率和相位来标记且增加幅度与目标索引（从 1 至 $K_x \times K_y$）成比例，即

$$f(k_x, k_y) = f_0 + \Delta f \times [(k_y - 1) \times K_x + (k_x - 1)] \tag{5-3}$$

$$\phi(k_x, k_y) = \phi_0 + \Delta \phi \times [(k_y - 1) \times K_x + (k_x - 1)]$$
$$(k_x = 1 : K_x, k_y = 1 : K_y) \tag{5-4}$$

式中，k_x 和 k_y 分别表示行和列的索引，f_0 和 ϕ_0 分别表示第一个目标的频率和相位，Δf 和 $\Delta \phi$ 分别表示两相邻目标的频率间隔和相位间隔。通过这种方式对目标进行编码可整合频率和相位编码从而提高系统性能。在频率和相位联合编码范式中仍可通过简单的频率检测来进行目标识别，但是系统性能可通过整合嵌入的相位信息而大幅提高。

除上述提及的 FDMA 方法外，CDMA 方法也被应用于 SSVEP-BCI 系统。Kimura 等人提出了一种基于频移键控（frequency shift keying，FSK）的编码方法[64]，即用两个刺激频率承载二进制 0 和 1，"0"对应某一刺激频率，而"1"对应另一刺激频率，用二进制码字中的 0 和 1 去控制两个刺激频率交替出现，从而实现将二进制码字转换成视觉刺激信号；随后将接收到的脑电信号解调成二进制码字。在该项研究中，码字长度为 5，每个码字由三个"0"和两个"1"组成，从而实现了利用两个刺激频率编码 10 个目标的目的。

SDMA 方法也已经应用于 SSVEP-BCI 系统的设计，其中 EEG 信号由视野中不同的目标位置调制。2011 年，Yan 等人提出了一种组合频率和空间信息的编码方法，即基于左右视野、双频率同时刺激的方法[65]。在该范式中，两个刺激块组合成一个目标。根据神经科学的视野交叉原理，两个视野的频率成分将分别投影在大脑枕区左右两半部分。如果刺激频率的数量为 N，左右视块均可独立选择 N 个频率，由两视块组成的目标可组合成 N^2 个不同目标，故可实现的目标数提高了 $(N-1)$ 倍。

另外，混合多址（HMA）方法也被应用于 SSVEP-BCI 研究以提高系统的整体性能。例如，Zhang 等人提出了一种基于多频序列编码（multiple frequency sequential coding，MFSC）的范式[66]。该范式引入了时间信息，每个目标由给

定频率集合的一个排列按照时间顺序进行编码。Yin 等人提出一种基于 P300 和 SSVEP 平行输入的混合 BCI 拼写方法[67]。在该方法中,目标字符由基于 P300 和 SSVEP 的混合特征所提供的二维坐标检测得到。具体地说,P300 和 SSVEP 目标选择机制以子拼写器的形式同时分别用于每一维坐标的检测。这样,只需用 N_1 个 P300 的刺激编码和 N_2 个 SSVEP 的刺激频率就可以实现 $N_1 \times N_2$ 个字符的拼写。Xu 等人提出了一种新的 SSVEP 与 ERP 融合的范式——P300＋SSVEP-B speller[68]。该范式将 SSVEP 特征信号嵌入到 P300 speller 中,使目标字符在诱发 P300 特征时不产生 SSVEP 特征,而在没有 P300 特征出现时产生 SSVEP 特征。这样,P300＋SSVEP-B speller 就能够利用两种 EEG 特征,即 P300 和 SSVEP 阻断(SSVEP-Blocking,SSVEP-B)来编码一个控制指令,从而提高 EEG 中有用信息量,使 BCI 系统更加可靠稳定。

5.2.3　SSVEP 信息解码

1. 预处理

SSVEP 信号经脑电采集设备获取后,首先经过数据预处理来得到可用于特征提取的高质量信号。头皮脑电信号通常包含大量由设备、环境、运动引入的噪声干扰以及肌电、眼电、心电等伪迹。此外,与 SSVEP 信号无关的自发背景脑电活动也在很大程度上增加了 SSVEP 的提取难度。通过数据预处理的方法可以有效减少脑电信号中的噪声和伪迹,提高 SSVEP 的信噪比,从而更准确、更容易地提取 SSVEP 信号。在 SSVEP 脑-机接口中,数据预处理通常包括数据选取和信号增强两个主要步骤。

SSVEP 数据选取针对采样率、时间窗、电极位置三个参数进行。SSVEP 脑-机接口系统通常采用低于 30 Hz 的中低频段刺激,能观测到的 SSVEP 信号的基频和谐波成分处于 100 Hz 以下的频带范围[35]。因此,有较高采样率的原始脑电数据可通过降采样来减少数据存储量和计算量。用于 SSVEP 截取的时间窗通过结合刺激时间窗和 SSVEP 潜伏期得到。Chen 等人的研究表明,通过对刺激时间窗施加 140 ms 左右的延迟时间可以更准确地提取和刺激对应的 SSVEP 数据[37]。采集 SSVEP 的电极通常放置于头皮的枕部和顶部区域,该区域内 SSVEP 信号具有最高的信噪比。根据 SSVEP 的幅度和信噪比等特征可以手动或自动挑选用于特征提取的电极。

SSVEP 信号增强的目的是通过去除或抑制噪声来提高 SSVEP 的信噪比。与其他脑电诱发电位类似,SSVEP 信号的增强通过脑电信号处理的方法来实现,常用的方法有叠加平均、时域滤波、空间滤波。叠加平均是脑电事件相关电位分析中最常用的方法,同样可用于增强 SSVEP 信号。叠加平均方法在保留数据中 SSVEP 信号的同时有效降低背景噪声的幅度。时域滤波可有效去除与 SSVEP 无关的信号成分。其中,陷波器可用于消除工频干扰,带通滤波器用于滤除 SSVEP 基频和谐波响应外的低频和高频分量。Chen 等人将滤波器组的方法用于更高效地提取 SSVEP 中的基频和谐波信息[35]。滤波器组分析将 SSVEP 信号分解为多个子带成分,与单一通带滤波方法相比能更有效地提取谐波中包含的独立信息。空域滤波寻找多导联 SSVEP 信号的空间分布模式,通过多导联信号的加权组合来提取 SSVEP 相关的成分或者去除 SSVEP 无关的成分,从而提高 SSVEP 的信噪比。Friman 等人将空间滤波与特征提取和分类检测算法相结合,显著提高了 SSVEP 检测的正确率[32]。

2. 特征分析和提取

根据 SSVEP 信号周期性的特点,幅度和相位是特征分析的重要参数。对采样率为 f_s、数据长度为 N、刺激频率为 f 的 SSVEP 信号 $x(n)$,幅度 $A_x(f)$ 和初始相位 $\phi_x(f)$ 的计算方法如下:

$$A_x(f) = \mathrm{abs}\left[\frac{1}{N}\sum_{n=1}^{N} x(n)\mathrm{e}^{-j2\pi\left(\frac{f}{f_s}\right)n}\right],\ \phi_x(f) = \mathrm{angle}\left[\frac{1}{N}\sum_{n=1}^{N} x(n)\mathrm{e}^{-j2\pi\left(\frac{f}{f_s}\right)n}\right] \tag{5-5}$$

信噪比是评价 SSVEP 检测难易程度的量化指标。基于幅度响应,给定频率分辨率为 Δf 时,计算刺激频率处 SSVEP 幅度与 K 个邻近频率处脑电平均幅度的比值可以得到 SSVEP 的信噪比,即

$$\eta_{\mathrm{SNR}} = 20\lg\left\{\frac{K \times A(f)}{\sum_{k=1}^{K/2}\left[A(f+k\Delta f) + A(f-k\Delta f)\right]}\right\} \tag{5-6}$$

SSVEP 的初始相位由刺激信号相位和视觉潜伏期共同决定。潜伏期(单位为毫秒)可以通过对两个不同刺激频率(f_1 和 f_2)SSVEP 信号初始相位的估计,并计算频率-相位响应函数的斜率得到[49]

$$t = -\frac{\phi_x(f_1) - \phi_x(f_2)}{2(f_1 - f_2)} \times 1\,000 \tag{5-7}$$

由于 SSVEP 同时具有基频和谐波响应的特点,分析幅度和信噪比的同时关注刺激频率和谐波频率。Wang 等人使用包含 35 名受试者的数据集分析了 SSVEP 信号的基本特征[69]。图 5-4 为由 15 Hz 刺激诱发的 SSVEP 信号的波形、幅度谱和信噪比,波形为 Oz 导联处 5 s 刺激对应的 SSVEP 信号,刺激到

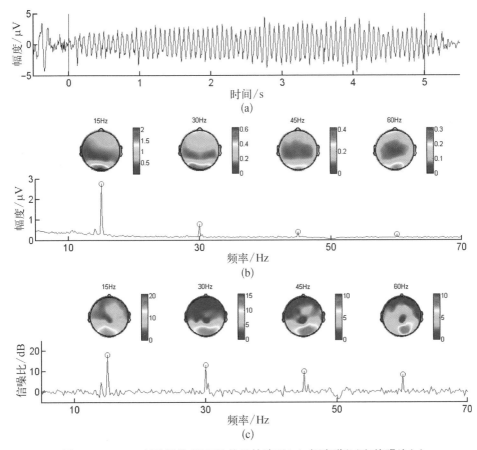

图 5 - 4　15 Hz 刺激诱发 SSVEP 信号的波形(a)、幅度谱(b)和信噪比(c)

SSVEP 响应之间有 140 ms 左右的潜伏期。在幅度和信噪比分析中,基频 (15 Hz)和谐波频率(30 Hz、45 Hz、60 Hz)处均有明显峰值,峰值大小随着频率 的上升而下降。SSVEP 成分的脑电地形图表明,SSVEP 信号在枕区有最大的 幅度和信噪比。

　　SSVEP 的幅度和相位等特征参数可直接用于分类检测。Cheng 等人采用 快速傅里叶变换(FFT)方法计算 SSVEP 的幅度,用于峰值频率的检测[20]。Jia 等人采用快速傅里叶变换方法计算 SSVEP 的初始相位,用于区分同一频率下 不同相位编码的 SSVEP 信号[63]。经过预处理后的时域波形也可直接用于 SSVEP 检测。Lin 等人首次采用典型相关分析(CCA)方法计算多导联 SSVEP 时域波形和正余弦参考信号的相关系数用于分类检测[33]。Nakanishi 等人提出 了用于时域波形分类检测的个性化 SSVEP 模板匹配方法[36]。结合空间滤波和模板匹配的时域波形检测方法在 SSVEP 脑-机接口中获得了很好的性能。

3. SSVEP 分类检测

由于 SSVEP 和刺激之间存在稳定的频率跟随特性,频率编码 SSVEP 脑-机接口中的目标频率检测可以采用非监督的方法实现,系统使用可无须训练。功率谱峰值检测是检测 SSVEP 频率最简单的方法。Cheng 等人通过检测 FFT 结果中的峰值频率来识别 SSVEP 的频率,检测基频和二倍频幅值之和最大的频率值[20]。在多通道 SSVEP 检测中,基于相关性分析的 CCA 算法是最常用的非监督方法。Bin 等人将 CCA 应用于在线脑-机接口系统,以刺激谐波频率的正余弦信号为参考实现了高速率的 SSVEP 频率检测[15]。

近年来,基于训练数据的监督方法在 SSVEP 检测中表现出优越的性能。其中,个性化模板匹配的 SSVEP 检测方法被广泛应用在 SSVEP 脑-机接口中。模板匹配方法通常结合空间滤波器算法,从个性化的训练数据中得到不同目标编码的 SSVEP 模板和空间滤波器,通过计算空间滤波后测试数据和模板的相关系数来寻找最相似的模板信号。与 CCA 采用的正余弦模板信号相比,个性化 SSVEP 模板充分考虑了个体 SSVEP 潜伏期以及各谐波成分的差异,在 SSVEP 检测上有更好的性能。此外,与仅用于频率检测的非监督方法相比,模板匹配方法很好地解决了 SSVEP 相位检测的问题。在大目标数 SSVEP 脑-机接口研究中,Chen 等人提出了具有更高编码效率的混合频率-相位的 SSVEP 编码方法[70]。基于个性化模板匹配的方法在混合频率-相位编码[36]和联合频率-相位编码[37]中均取得了很好的效果,将 SSVEP 编码的刺激时间大幅缩短到 500 ms。

除简单的最大值检测算法外,机器学习中的分类器算法也被广泛用于 SSVEP 的分类检测。Müller-Putz 等人将线性判别分析(linear discriminant analysis,LDA)用于识别频率编码 SSVEP 的幅度谱特征[71]。Yeh 等人采用多类支持向量机(support vector machine,SVM)方法识别相位编码 SSVEP 中的幅度和相位特征[72]。Kwak 等人采用卷积神经网络(CNN)方法显著提高了 SSVEP 幅度谱分类检测的正确率[73]。与其他类型脑-机接口相比,SSVEP 脑-机接口具有目标种类多、特征维度高、训练样本数量少的特点,分类器算法较容易发生泛化能力差和过学习等问题。

4. SSVEP 空间滤波算法

空间滤波算法可以通过优化组合利用来自多个导联的脑电数据,减弱各导联中的共有噪声,提高 SSVEP 的频率识别正确率。其中最典型的主要有三类算法。第一类是基于最小能量组合(minimum energy combination,MEC)的频率识别算法,其核心思想是通过寻找空间滤波器,将原始多导联信号进行投影,得到低维组合信号,减弱噪声信号以及其他伪迹信号。第二类是基于典型相关分析(CCA)的频率识别算法,该算法已在 SSVEP-BCI 中得到广泛应用。第三类是基于任务相关成分分析(task-related component analysis, TRCA)的频率识别算法,其核心思想是通过消除背景脑电活动以提高 SSVEP 信号的信噪比,进而增强 SSVEP 在各试次中的重复性。下面将分别介绍上述三类算法。

(1) 基于 MEC 的频率识别算法。MEC 通过对多个导联的脑电数据进行优化组合以尽可能地降低伪迹信号[32]。为了尽可能降低伪迹信号,首先利用投影矩阵 Q 把各导联信号投影至 SSVEP 模型矩阵 X 上,并剔除各导联脑电信号的 SSVEP 成分,求出伪迹信号,如下式所示

$$\widetilde{Y} = Y - QY = Y - X(X^{\mathrm{T}}X)^{-1}X^{\mathrm{T}}Y \tag{5-8}$$

式中,Y 为多导联脑电信号,$\widetilde{Y}$ 只包含伪迹信号。

通过求解式(5-9)的最优化问题,寻求一个单位范值的权重向量 $\hat{w}$,使得信号 $\widetilde{Y}\hat{w}$ 的能量达到最小。

$$\min_{\hat{w}} \parallel \widetilde{Y}\hat{w} \parallel^2 = \min_{\hat{w}} \hat{w}^{\mathrm{T}}\widetilde{Y}^{\mathrm{T}}\widetilde{Y}\hat{w} \tag{5-9}$$

上式的最优化问题可以通过求解正定矩阵 $\widetilde{Y}^{\mathrm{T}}\widetilde{Y}$ 的特征值(λ_1, λ_2, $\cdots$, λ_{N_y}, $\lambda_1 \leqslant \lambda_{N_y}$)求出,其中,$N_y$ 为导联数量。因为 $\hat{w}$ 为单位向量,所以信号投影到特征向量上的能量就是对应的特征值的大小。因此,采用最小的特征值 λ_1 对应的特征向量 v_1 作为空间滤波器系数时,可以使信号中包含的伪迹信号最小。采用较大点的特征值 λ_2 对应的特征向量 v_2 作为空间滤波器系数时,信号中包含的伪迹信号也会随之增加。由于 v_1 和 v_2 对应的特征值不同,提取出来的信号成分是相互独立的。

通过控制所有成分引入总伪迹能量的办法来确定有用成分个数 N_s,即求解满足下式的最小值 N_s:

$$\frac{\sum_{i=1}^{N_s}\lambda_i}{\sum_{j=1}^{N_y}\lambda_j} > 0.1 \tag{5-10}$$

上式的分子表示采用 N_s 个特征成分时引入的总伪迹能量,分母表示总伪迹能量。提取出的 N_s 个特征成分中,有将近 90% 的伪迹被剔除。空间滤波器系数矩阵可以表示为

$$W = \left(\frac{v_1}{\sqrt{\lambda_1}} \cdots \frac{v_{N_s}}{\sqrt{\lambda_{N_s}}} \right) \tag{5-11}$$

（2）基于 CCA 的 SSVEP 检测方法。CCA 已广泛应用于 SSVEP-BCI[15,33]。标准 CCA 方法利用正余弦信号作为参考信号而无须训练。然而，由于受到自发脑电活动的干扰，检测性能会下降。近年来，已有多种扩展型的方法通过将个体化脑电校准数据引入 CCA 中以提高检测性能，如 CCA 系数的聚类分析（cluster analysis of CCA coefficients，CACC）[74]、多维典型相关分析（Multi-way CCA，MwayCCA）[75]、L1 正则化多维 CCA（L1-regularized multi-way CCA，L1-MCCA）[76]、多集 CCA（Multi-set CCA，MsetCCA）[77]、基于个体化模板的 CCA（individual template based CCA，ITCCA）[78]。

校准数据和单试次测试数据分别用四阶张量 $\boldsymbol{X} = (X)_{njkh} \in \mathbb{R}^{N_f \times N_c \times N_s \times N_t}$ 和两阶张量 $\hat{\boldsymbol{X}} \in \mathbb{R}^{N_c \times N_s}$ 表示。其中，n 表示刺激索引，N_f 表示刺激数量，j 为导联索引，N_c 为导联数量，k 为采样点索引，N_s 为采样点数量，h 为训练试次索引，N_t 为训练试次数量。目标识别的目的是将新获取的数据 $\hat{\boldsymbol{X}}$ 分类为 N_f 类中的一类 C_n（$n = 1, 2, \cdots, N_f$）。C_n 对应的刺激频率 $f_n \in (f_1, f_2, \cdots, f_{N_f})$。在除 CACC 以外的所有基于 CCA 的方法中，C_n 的特征值可以分别用监督方法和无监督方法计算，即 $\rho_n = f(\hat{\boldsymbol{X}}, \boldsymbol{Y}_n)$ 和 $\rho_n = f(\hat{\boldsymbol{X}}, \boldsymbol{x}_n)$。其中，$\boldsymbol{Y}_n$ 为构造的参考信号以模拟由第 n 个视觉刺激诱发的 SSVEP。目标类 C_τ 可以通过下式来识别：

$$\tau = \underset{n}{\arg\max} \rho_n \quad (n = 1, 2, \cdots, N_f) \tag{5-12}$$

在 SSVEP-BCI 中，特征提取旨在寻求更好的特征值 ρ_n 以优化目标识别的正确率。

（a）标准 CCA。CCA 是研究两组多维变量之间线性关系的一种统计方法，已广泛应用于 SSVEP 的频率识别[15,33]。对于两组多维变量 $\boldsymbol{X}$ 和 $\boldsymbol{Y}$ 以及它们的线性组合 $\boldsymbol{x} = \boldsymbol{X}^\mathrm{T} \boldsymbol{W}_x$ 和 $\boldsymbol{y} = \boldsymbol{Y}^\mathrm{T} \boldsymbol{W}_y$，CCA 通过求解式（5-13）的优化问题寻求向量 $\boldsymbol{W}_x$ 和 $\boldsymbol{W}_y$，以使得 x 和 y 之间的相关系数最大。

$$\rho(x, y) = \max_{W_x, W_y} \frac{E[\boldsymbol{x}\boldsymbol{y}^\mathrm{T}]}{\sqrt{E[\boldsymbol{x}\boldsymbol{x}^\mathrm{T}]E[\boldsymbol{y}\boldsymbol{y}^\mathrm{T}]}} = \max_{W_x, W_y} \frac{E[\boldsymbol{W}_x^\mathrm{T}\boldsymbol{X}\boldsymbol{Y}^\mathrm{T}\boldsymbol{W}_y]}{\sqrt{E[\boldsymbol{W}_x^\mathrm{T}\boldsymbol{X}\boldsymbol{X}^\mathrm{T}\boldsymbol{W}_x]E[\boldsymbol{W}_y^\mathrm{T}\boldsymbol{Y}\boldsymbol{Y}^\mathrm{T}\boldsymbol{W}_y]}}$$

$$\tag{5-13}$$

最大的 ρ 值对应 x 和 y 之间具有最大的相关性。$\boldsymbol{X}$ 为多导联脑电信号；$\boldsymbol{Y}$ 对应参考信号，与 $\boldsymbol{X}$ 具有相同的数据长度。在 SSVEP 的频率识别中，参考信号 $\boldsymbol{Y}_n \in \mathbb{R}^{2N_h \times N_s}$ 可以设置为

$$\boldsymbol{Y}_n = \begin{bmatrix} \sin(2\pi f_n t) \\ \cos(2\pi f_n t) \\ \vdots \\ \sin(2\pi N_h f_n t) \\ \cos(2\pi N_h f_n t) \end{bmatrix}, \quad t = \left[\frac{1}{f_s}, \frac{2}{f_s}, \cdots, \frac{N_s}{f_s} \right] \tag{5-14}$$

式中，f_n 为刺激频率，f_s 为采样率，N_h 为谐波次数。为了识别 SSVEP 的频率成分，CCA 分别计算多导联脑电信号 $\hat{\boldsymbol{X}}$ 与各刺激频率对应的参考信号 $\boldsymbol{Y}_n$ 之间的典型相关系数 ρ_n。选择具有最大相关系数的参考信号的频率作为 SSVEP 的频率。

(b) CACC。CACC 通过采用 k-均值聚类分析来识别检测和空闲状态，从而实现异步 SSVEP-BCI[74]。该方法的操作分为校准和测试两个阶段。校准阶段基于三个最高典型相关系数(r_{n1}，r_{n2}，r_{n3}；$r_{n1} \geqslant r_{n2} \geqslant r_{n3}$)为各刺激频率构建三维特征空间，并利用特征点 r_n 进行 k-均值聚类分析($k=2$)，以识别检测和空闲两类的质心位置。当 $\bar{r}_1$ 和 $\bar{r}_2$ 两类质心距离达到阈值 β，则结束校准阶段。在测试阶段，从数据集 $\hat{\boldsymbol{X}}$ 中计算出的新特征 $\hat{r}_n$ 通过近邻法被分类为检测或空闲状态。如果对应于刺激频率的分类器均未检测到检测状态，则特征被分类为空闲状态。如果只有一个特征值 $\hat{r}_\tau$ 被分类为属于检测状态，则识别出目标类 C_τ。如果多个分类器检测到检测状态，则目标类 C_τ 被确定为使得特征点 $\hat{r}_\tau$ 与检测和空闲两类的两质心的中点的距离最大化的第 τ 个特征空间。

(c) MwayCCA。MwayCCA 通过最大化个体脑电数据训练集与正余弦信号之间的相关性来优化参考信号，从而提高 SSVEP 识别精度[75]。假设属于 C_n 类的脑电信号训练集 $\boldsymbol{X}_n \in \mathbb{R}^{N_c \times N_s \times N_t}$，通过式(5-14)构造的正余弦参考信号 $\boldsymbol{Y}_n \in \mathbb{R}^{2N_h \times N_s}$，以及它们的线性组合 $\boldsymbol{z}_n = \boldsymbol{X}_n \times_1 \boldsymbol{w}_1^T \times_3 \boldsymbol{w}_3^T$ 和 $\boldsymbol{y}_n = \boldsymbol{v}^T \boldsymbol{Y}_n$，多维 CCA 寻求权重向量 $\boldsymbol{w}_1 \in \mathbb{R}^{N_c}$，$\boldsymbol{w}_3 \in \mathbb{R}^{N_t}$ 和 $\boldsymbol{v} \in \mathbb{R}^{2N_h}$ 以使得 $\boldsymbol{z}_n$ 和 $\boldsymbol{y}_n$ 之间的相关性达到最大。

$$\tilde{\boldsymbol{w}}_{n,1}, \tilde{\boldsymbol{w}}_{n,3}, \tilde{\boldsymbol{v}}_n = \underset{\boldsymbol{w}_1, \boldsymbol{w}_3, \boldsymbol{v}}{\arg\max} \frac{E[\boldsymbol{z}_n \boldsymbol{y}_n^T]}{\sqrt{E[\boldsymbol{z}_n \boldsymbol{z}_n^T] E[\boldsymbol{y}_n \boldsymbol{y}_n^T]}} \tag{5-15}$$

式中，$\boldsymbol{X} \times_n \boldsymbol{w}^T$ 表示张量 $\boldsymbol{X} \in \mathbb{R}^{I_1 \times I_2 \times \cdots \times I_N}$ 的 n-模乘积，其矢量为 $\boldsymbol{w} \in \mathbb{R}^{I_n}$。

$$(\boldsymbol{X} \times_n \boldsymbol{w}^T)_{i_1 \cdots i_{n-1} i_{n+1} \cdots i_N} = \sum_{i_n=1}^{I_n} x_{i_1 i_2 \cdots i_N} \omega_{i_n} \tag{5-16}$$

式(5-15)的优化问题可以通过交替 CCA 的迭代来解决,使得 w_1、w_3 和 v 满足收敛条件 $\| w(m) - w(m-1) \|_2 < 10^{-5}$,式中 m 表示迭代步数,w 为要学习的权重系数[76]。在获得优化权重系数 $\widetilde{w}_{n,1}$ 和 $\widetilde{w}_{n,3}$ 之后,可通过 $\widetilde{z}_n = X_n \times_1 \widetilde{w}_{n,1}^{\mathrm{T}} \times_3 \widetilde{w}_{n,3}^{\mathrm{T}}$ 得到优化的参考信号。最后,可以通过多重线性回归[75]或 CCA[76] 将特征值 ρ_n 作为测试数据 $\hat{X}$ 与优化的参考信号 $\widetilde{z}_n$ 之间的相关性。

(d) L1 - MCCA。在多维 CCA 中,优化的参考信号由来自多个试次的脑电张量(其中某些试次可能有伪迹)和正余弦信号构成。为了去除含有伪迹的试次以及进一步优化参考信号,提出了具有 L1 正则化的惩罚性多维 CCA[76]。

由于式(5-15)中分母的大小不影响相关性最大化,式(5-15)可以重新表达为以下最小二乘优化问题:

$$\widetilde{w}_{n,1}, \widetilde{w}_{n,3}, \widetilde{v}_n = \underset{w_1, w_3, v}{\operatorname{argmin}} \frac{1}{2} \| X_n \times_1 w_1^{\mathrm{T}} \times_3 w_3^{\mathrm{T}} - v^{\mathrm{T}} Y_n \|_2^2$$
$$满足 \ \| w_1 \|_2 = \| w_3 \|_2 = \| v \|_2 = 1 \tag{5-17}$$

随着 L1 正则化,多维 CCA 的惩罚性被定义为

$$\widetilde{w}_{n,1}, \widetilde{w}_{n,3}, \widetilde{v}_n = \underset{w_1, w_3, v}{\operatorname{argmin}} \frac{1}{2} \| X_n \times_1 w_1^{\mathrm{T}} \times_3 w_3^{\mathrm{T}} - v^{\mathrm{T}} Y_n \|_2^2$$
$$+ \lambda_1 \| w_1 \|_1 + \lambda_2 \| v \|_1 + \lambda_3 \| w_3 \|_1$$
$$满足 \ \| w_1 \|_2 = \| w_3 \|_2 = \| v \|_2 = 1 \tag{5-18}$$

式中,λ_1、λ_2 和 λ_3 分别是控制 w_1、v 和 w_3 稀疏性的正则化参数。w_1、v 和 w_3 的正则化将分别为参考信号的优化提供导联、谐波和试次的自动选择。由于可以根据已有研究确定导联和谐波,虽然式(5-18)中的问题可以通过交替应用最小绝对收缩和选择算子(least absolute shrinkage selection operator, LASSO)来解决,但是仅试次选择需要 LASSO 来确定($\lambda_1 = \lambda_2 = 0$)[76]。因此,$w_1$ 和 v 可以简单地由常规的 CCA 获得。根据文献[76],正则化参数 λ_3 设置为 0.5。

(e) MsetCCA。MCCA 中的参考信号可以根据初始的正余弦信号进行优化。基于脑电信号训练集优化参考信号可以提供更好的结果。为了进一步提高 SSVEP 的分类精度,文献[77]提出了 MsetCCA,该方法采用多个脑电信号训练集的联合空间滤波。

假设属于 C_n 类的脑电信号的第 h 个训练试次 $X_{n,h} \in \mathbb{R}^{N_c \times N_s}$,提取多个脑电数据集中共有特征的联合空间滤波器 $w_1, \cdots, w_{N_t}$,以及用于最大化多个训练数据集之间的整体相关性的目标函数被定义为

$$\tilde{w}_{n,1}, \cdots, \tilde{w}_{n,N_t} = \underset{w_1, \cdots, w_{N_t}}{\mathrm{argmax}} \sum_{h_1 \neq h_2}^{N_t} w_{h_1}^{\mathrm{T}} X_{n,h_1} X_{n,h_2}^{\mathrm{T}} w_{h_2}$$

满足
$$\frac{1}{N_t} \sum_{h_1=1}^{N_t} w_{h_1}^{\mathrm{T}} X_{n,h_1} X_{n,h_1}^{\mathrm{T}} w_{h_1} = 1。 \tag{5-19}$$

拉格朗日乘子的优化问题可以用下面的广义特征值问题来解决,即

$$(R_n - S_n)w = \rho S_n w \tag{5-20}$$

式中,

$$R_n = \begin{bmatrix} X_{n,1} X_{n,1}^{\mathrm{T}} & \cdots & X_{n,1} X_{n,N_t}^{\mathrm{T}} \\ \vdots & \ddots & \vdots \\ X_{n,N_t} X_{n,1}^{\mathrm{T}} & \cdots & X_{n,N_t} X_{n,N_t}^{\mathrm{T}} \end{bmatrix}$$

$$S_n = \begin{bmatrix} X_{n,1} X_{n,1}^{\mathrm{T}} & \cdots & 0 \\ \vdots & \ddots & \vdots \\ 0 & \cdots & X_{n,N_t} X_{n,N_t}^{\mathrm{T}} \end{bmatrix}$$

$$w = \begin{bmatrix} w_1 \\ \vdots \\ w_{N_t} \end{bmatrix}$$

在获得最优联合空间滤波器 $\tilde{w}_{n,h}$ 之后,具有在多个训练试次中共享的一些共同特征的优化参考信号可以由 $\tilde{z}_{n,h} = \tilde{w}_{n,h}^{\mathrm{T}} X_{n,h}$ 给出。目标 C_n 所优化的参考信号可以被构造为

$$Z_n = [\tilde{z}_{n,1}^{\mathrm{T}}, \tilde{z}_{n,2}^{\mathrm{T}}, \cdots, \tilde{z}_{n,N_t}^{\mathrm{T}}]^{\mathrm{T}} \tag{5-21}$$

最后,计算的特征值 ρ_n 可以表征测试数据 $\hat{X}$ 与优化参考信号 Z_n 的典型相关性。

(f) ITCCA。ITCCA 在基于编码调制的视觉诱发电位脑-机接口领域被首次提出,该方法利用测试数据与个体化模板信号之间的典型相关来检测脑电信号时域特征[78]。该方法也适用于 SSVEP 的检测。对于各目标,可以通过对多个训练试次进行平均,即 $\bar{X}_{njk} = \frac{1}{N_t} \sum_{h=1}^{N_t} \chi_{njkh}$ 来获取个体化模板 $\bar{X}_n (\bar{X}_n \in \mathbb{R}^{N_c \times N_t})$。在这种情况下,标准 CCA 的参考信号 Y_n 可以由个体化模板 $\bar{X}_n$ 来代替,然后 ITCCA 中的 CCA 过程可以描述如下

$$\rho_n = \max_{w_x, w_{\bar{x}}} \frac{E[w_x^{\mathrm{T}} X \bar{X}_n^{\mathrm{T}} w_{\bar{x}}]}{\sqrt{E[w_x^{\mathrm{T}} X X^{\mathrm{T}} w_x] E[w_{\bar{x}}^{\mathrm{T}} \bar{X}_n \bar{X}_n^{\mathrm{T}} w_{\bar{x}}]}} \qquad (5-22)$$

（g）CCA 和 ITCCA 的组合方法。近期，结合标准 CCA 和 ITCCA 的扩展型 CCA 被提出[36,79]。利用基于 CCA 的空间滤波器将测试集 $\hat{X}$ 和个体化模板 $\bar{X}_n$ 的投影之间的相关系数作为目标识别的特征。具体而言，以下三个权重向量被用作空间滤波器以增强 SSVEP 的信噪比：① 测试集 $\hat{X}$ 和个体化模板 $\bar{X}_n$ 之间的 $W_x(\hat{X}\bar{X}_n)$；② 测试集 $\hat{X}$ 和正余弦参考信号 Y_n 之间的 $W_x(\hat{X}Y_n)$；③ 个体化模板 $\bar{X}_n$ 和正余弦参考信号 Y_n 之间的 $W_x(\bar{X}_nY_n)$。 相关向量 r_n 定义如下

$$r_n = \begin{bmatrix} r_{n,1} \\ r_{n,2} \\ r_{n,3} \\ r_{n,4} \end{bmatrix} = \begin{bmatrix} r(\hat{X}^{\mathrm{T}} W_x(\hat{X}Y_n), Y^{\mathrm{T}} W_y(\hat{X}Y_n)) \\ r(\hat{X}^{\mathrm{T}} W_x(\hat{X}\bar{X}_n), \bar{X}_n^{\mathrm{T}} W_x(\hat{X}\bar{X}_n)) \\ r(\hat{X}^{\mathrm{T}} W_x(\hat{X}Y_n), \bar{X}_n^{\mathrm{T}} W_x(\hat{X}Y_n)) \\ r(\hat{X}^{\mathrm{T}} W_x(\bar{X}_nY_n), \bar{X}_n^{\mathrm{T}} W_x(\bar{X}_nY_n)) \end{bmatrix} \qquad (5-23)$$

式中，$r(a, b)$ 表示两个一维信号 a 和 b 之间的皮尔逊相关系数。可以使用集成分类器来组合上述四个特征。实际上，式（5-24）中的加权相关系数 ρ_n 被用作目标识别的最终特征。

$$\rho_n = \sum_{l=1}^{4} \mathrm{sign}(r_{n,l}) \cdot r_{n,l}^2 \qquad (5-24)$$

式中，$\mathrm{sign}(r_{n,l})$ 用于保留测试集 $\hat{X}$ 和个体化模板 $\bar{X}_n$ 之间的负相关系数的判别信息。选择最大化权重相关值的个体化模板作为与目标对应的参考信号。

（3）基于 TRCA 的频率识别方法。观测的多导联脑电信号的线性生成模型可以由任务相关信号和任务无关信号组成。TRCA 通过试次间协方差最大化以解决从观测的脑电信号中恢复任务相关信号的问题。滤波器组分析之后，通过 TRCA 从个体校准数据 $X_n^{(m)}$ 中获取第 n 个刺激的空间滤波器 $w_n^{(m)}[w_n^{(m)} \in \mathbb{R}^{N_c}]$。 单试次测试数据 $X^{(m)}[X^{(m)} \in \mathbb{R}^{N_c \times N_s}]$ 与第 n 个视觉刺激的平均训练数据 $\bar{X}_n^{(m)}[\bar{X}_n^{(m)} \in \mathbb{R}^{N_c \times N_s}]$ 之间的相关系数可以通过下式计算出来。

$$r_n^{(m)} = \rho((X^{(m)})^{\mathrm{T}} w_n^{(m)}, (\bar{X}_n^{(m)})^{\mathrm{T}} w_n^{(m)}) \qquad (5-25)$$

式中，$\rho(a, b)$ 表示 a 和 b 两个信号之间的皮尔逊相关分析。

由于存在对应于所有视觉刺激的 N_f 个个体校准数据，因此可以获得 N_f 个不同的空间滤波器。理想情况下，它们应该是相似的。因为从 SSVEP 源信号到头皮记录的混合系数在使用的频率范围内可以被认为是相似的[80-81]。这

表明通过整合所有的空间滤波器可能进一步改善识别性能。集成的空间滤波器 $\boldsymbol{W}^{(m)}[\boldsymbol{W}^{(m)} \in \mathbb{R}^{N_c \times N_f}]$ 可以通过下式获得。

$$\boldsymbol{W}^{(m)} = \left[\boldsymbol{w}_1^{(m)} \boldsymbol{w}_2^{(m)} \cdots \boldsymbol{w}_{N_f}^{(m)}\right] \qquad (5-26)$$

因此,式(5-25)可以修改为

$$r_n^{(m)} = \rho\left((\boldsymbol{X}^{(m)})^{\mathrm{T}} \boldsymbol{W}^{(m)}, (\bar{X}_n^{(m)})^{\mathrm{T}} \boldsymbol{W}^{(m)}\right) \qquad (5-27)$$

式中,$\rho(a, b)$ 表示 a 和 b 之间的二维相关分析。

通过整合对应所有子带成分的相关系数获得最终特征 ρ_n 之后,可以通过式(5-12)识别目标刺激。

5. SSVEP 的非平稳问题

脑电活动的非平稳性伴随着各种心理和行为状态不断出现。脑电的非平稳问题一方面源于生理和心理状态的变异性等内在因素,另一方面来自电极位置、接触、运动伪迹和环境噪声的变化等外部因素的影响[50]。与其他脑-机接口类似,SSVEP 脑-机接口面临的一个主要挑战是 SSVEP 信号在不同时期的非平稳性,这时常导致系统性能的恶化。SSVEP 非平稳问题具体体现在"不同次实验"和同一实验中"不同试次"两个不同的时间维度上,表现为由脑电特征参数变化导致的系统性能变化。非平稳问题会对有监督的 SSVEP 检测方法造成严重影响。要获得稳健的分类器性能,往往需要大量的训练数据,而长时间训练中人的注意力和疲劳等认知精神状态会逐步发生改变,给 SSVEP 检测带来更大的困难。为解决由非平稳问题导致的训练烦琐和性能不稳定问题,需要充分考虑 SSVEP 信号的特点,开发具有在线自适应能力的 SSVEP 检测算法。

零训练方法主要是通过多次实验或多名受试者来整合信息,目的在于缓解不同次实验中特征提取和分类存在的非平稳性问题。机器学习中的迁移学习方法被用于实现小样本训练或零训练的脑-机接口[82]。迁移学习的目标是将在一个环境或任务中学到的知识用来帮助在新环境或新任务中的学习。通过迁移学习可以缓解 SSVEP 脑-机接口的非平稳问题。Nakanishi 等人提出了跨时间迁移的 SSVEP 检测方法[83]。采用相同受试者不同天的 SSVEP 数据分别作为训练集和测试集,跨时间信息迁移方法的性能显著高于无训练 CCA 算法。Yuan 等人提出了基于脑-脑信息迁移的 SSVEP 检测方法[84],该算法利用受试者间 SSVEP 信号内在的相似性,将较大样本源受试者的 SSVEP 模板和滤波器信息迁移到目标新受试者,其算法性能优于 CCA。此外,采用在线自适应更新 SSVEP 模板的方法使迁移学习算法的性能得到了进一步的提升[83-84]。

在更小的时间尺度下,同一次实验中的不同试次间脑电信号也存在非平稳特性,表现为单试次中任务相关脑电信噪比的变化。因此,对单试次脑电信号时间参数的优化在提高分类性能上起着重要的作用。例如,基于事件相关电位的脑-机接口中一个典型问题是动态调节目标识别所需刺激的重复次数,用于优化系统的通信速率。多种类似的动态窗长的方法被用于提高 SSVEP 脑-机接口的效率。在 Cheng 等人开发的基于 FFT 峰值检测的系统中,设置多次连续检测结果相同的要求使算法实现了动态调节每次操作所需时间的目标[20]。Yin 等人基于 CCA 算法提出了 SSVEP 检测的可靠性评分标准,通过检验可靠性评分是否超过阈值实现时间窗长的动态选择,有效降低了 SSVEP 检测的不稳定性[85]。Nakanishi 等人将动态停止的方法用于基于个性化模板匹配的 SSVEP 检测算法,计算后验概率测量与模板相关性特征的可信度,通过阈值法实现动态窗长的选择[86]。

5.2.4 系统设计

SSVEP-BCI 通用化系统框架如图 5-5 所示。SSVEP-BCI 系统设计主要包括三个步骤:标准数据集采集、离线系统设计、在线系统实现。这一系统框架的优点是减少了系统参数调整后重新采集数据的过程,系统中刺激编码参数(如刺激频率、相位和刺激时间)和脑电解码算法的优化仅仅通过离线分析就可以完成。通过此系统设计方案获得的在线系统可以实现与离线系统类似的性能。

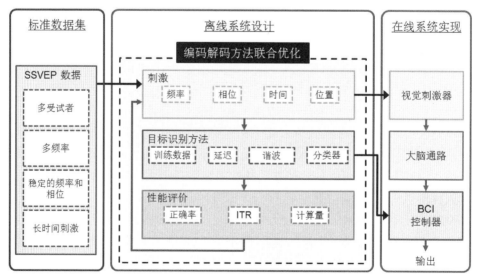

图 5-5 SSVEP-BCI 的通用化系统设计方案

SSVEP-BCI 相关研究人员针对 SSVEP 信号检测开发了许多算法,而这些算法的评估通常是基于研究人员各自采集的数据完成的,难以比较这些算法的性能。当前 SSVEP-BCI 研究中存在诸多系统范式(如二目标选择系统和 45 目标字符输入系统)是标准数据集采集面临的难点之一。因此,标准数据集需要具有足够多的刺激频率、足够长的刺激时间、稳定的刺激参数(频率和相位),以使其能够用于离线系统设计、简化系统设计以及刺激编码方法和脑电解码算法的研究。近期,Wang 等人提出了一个 SSVEP-BCI 的公开数据集[69]。该数据集具有如下特点:① 包含大量的受试者(共 35 名受试者,其中只有 8 名受试者有 SSVEP-BCI 经历);② 大量的刺激频率(40 个刺激频率,频率范围为 8～15.8 Hz,频率间隔为 0.2 Hz),每个刺激频率的刺激时间为 5 s 且重复 6 次;③ 相位编码也被用于刺激编码;④ 刺激事件与 EEG 数据精确同步;⑤ 记录了全脑 64 导联 EEG 数据。这些特征使得基于该数据集研究 SSVEP 检测算法和刺激编码成为可能。而且,通过离线分析,可以同时考虑刺激编码和目标识别方法,以实现在线 BCI 的最高性能。此外,该数据集还可以为研究 SSVEP 的计算模型提供高质量的 EEG 数据。

刺激编码和脑电解码的联合优化是通用化系统设计方案的重要优点。编码的优化包括对刺激信号的频率、相位、刺激时间、目标位置的优化;解码方法的优化重点考虑个性化的训练数据、视觉通路的延迟、谐波分析以及目标识别的分类器;通过性能(识别正确率、ITR、计算量)评价指标来优化编码解码方法,这一步骤仅通过离线分析就能完成。

通过离线分析推测在线系统性能是 BCI 研究中常用的方法,而这一方法对实际实验条件没有过多考虑,诸如脑电解码算法的计算成本、反馈呈现的时间等,这些参数可能会影响在线操作的性能。因此,在线系统的实现需要综合考虑脑电解码算法的复杂度、系统实时性等要求。在线系统是检验 BCI 系统性能的金标准。

此系统框架可以联合测试编码和解码方法,以便针对不同编码方法进一步优化解码方法。而且由离线分析优化的刺激参数和目标识别算法可以很容易地应用于在线 BCI 系统。因此,这一系统框架明显方便新的 SSVEP-BCI 系统设计。

5.3 SSVEP 脑-机接口的应用

5.3.1 通信

1. 综述

交流对于人类至关重要。恢复交流可以使严重残疾者完成许多工作,提高其生活质量,并在一定程度上让他们更加独立。因此,对于严重残疾患者而言,通信可能是需要 BCI 技术干预的最紧迫的需求。虽然 BCI 的应用正在不断拓展,但迄今为止 BCI 研究仍主要关注通信。BCI 研究人员已经提出了多种辅助通信系统,从简单的回答"是"或"否"的二项选择或图标选择扩大到支持文字输入的虚拟键盘。经验证,SSVEP-BCI 能够用于通信交流[34,87-88],这一应用主要是通过计算机显示器实现的。

已有多种基于 SSVEP 的 BCI 拼写器得以开发应用。基于 SSVEP 的 Bremen-BCI 拼写器曾在 2008 年德国汉诺威 CeBIT 展会和 2008 年德国杜塞尔多夫 RehaCare 展会上进行了评测。Bremen-BCI 拼写器通过将光标位置移动到目标字符的位置从而实现选择目标字符的操作。具有不同闪烁频率的视觉刺激分别对应"左""右""上""下""选择"5 个命令,以控制光标的移动[88]。在 Cecotti 的研究中,视觉刺激集成于用户界面。该系统界面为具有三个选项的菜单,且采用三步决策树设计。当一个选项被选定时,该选项的内容被分成三个新的选项。一个目标字符的选定可以通过顺序产生三个正确的命令来实现[87]。上述研究均是利用较少的刺激频率构建拼写器,需要多步操作才能实现字符选择。也有研究尝试使字母表中的每个字符或数字键盘上的每个数字都以其各自频率闪烁,从而实现直接选择字符的目的。Chen 等人提出了一套基于 SSVEP 的高 ITR 拼写器[34]。该系统在 LCD 显示器上利用新颖的采样正弦波方式,以 0.2 Hz 的频率间隔精确地产生了 45 个不同频率的刺激目标,由此实现了高效的一步选定字符的操作。除了上述提及的基于 SSVEP 的单一模态 BCI 拼写器,将 SSVEP 信号与其他模态信号相融合的混合 BCI 也被用于构建拼写器。Lin 等人设计了一套基于 SSVEP 和肌电的 60 目标混合 BCI 拼写器,让 SSVEP 和肌电信号进行混合编码,并利用两者各自的优点来提升系统整体性能[41]。

另外,SSVEP-BCI 也被用于电话拨号和光标移动从而实现交流。在 Cheng 等人的研究中,使用基于 SSVEP 的 BCI 对计算机屏幕上的 13 个按键进行了选择,这些按键表示了虚拟的电话键盘,包括数字键"0～9"、退格键"BACKSPACE"、确认键"ENTER"和开关键"On/Off"[20]。十三名受试者中有八名能够成功利用该系统拨打移动电话。Hwang 等人设计了一套基于 SSVEP 的 12 目标智能键盘系统,可以将其选择的号码通过虚拟键盘自动传输至 Skype 的拨号盘上。所有受试者均可成功地使用该系统呼叫他们的移动电话[89]。Jones 等人比较了基于 SSVEP 的控制系统和鼠标的性能[90],研究发现尽管基于 SSVEP 的控制系统进行选择操作的速度较慢,但在目标距离上的限制较少,这可能在某些应用场合中有操作优势。Trejo 等人设计了一套基于 SSVEP 的二维光标移动系统[91]。在该系统中,

SSVEP由位于显示器边缘处的四个棋盘格窄条来诱发,并用于控制光标的移动。

2. 电话拨号

电话拨号是SSVEP-BCI在通信方面的一个主要应用。基于SSVEP-BCI的电话拨号系统可以帮助残疾人利用大脑信号来操作电话。图5-6显示了利用SSVEP-BCI进行电话拨号的演示系统。该系统由视觉刺激与反馈模块、EEG数据获取模块以及个人笔记本电脑组成。视觉与反馈模块包括12个闪光块,分别代表数字0~9十个数字键以及"确认"和"删除"两个控制键。各闪光块的闪烁频率不同。反馈模块显示系统判别受试者拨出的电话号码数字。在EEG数据获取模块中,一对双极Ag/AgCl电极通过头带被固定在用户的大脑枕区。采用结构简单、导联数少的脑电放大器采集信号,由此较大程度地降低成本,减少体积。个人笔记本电脑用于信号处理和命令转化。用户可通过注视目标数字轻松地输入号码,再通过个人笔记本电脑方便地完成拨打电话的任务。五名受试者的在线实验结果显示,该系统的平均ITR达到了46.68 bit/min,平均正确率达到了94.8%。该系统具有电极数少、刺激光亮度低、容易使用、准确率高、目标数多、信息传输率高、系统简单、价格便宜等特点。

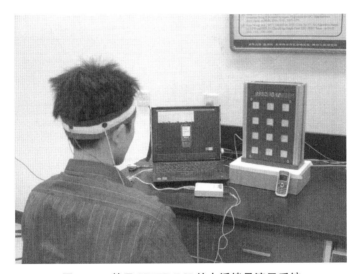

图5-6　基于SSVEP-BCI的电话拨号演示系统

3. 文字拼写

文字拼写是BCI的一个重要应用方向,也是SSVEP-BCI研究最为广泛的应用领域。拼写系统使人们能够在计算机上键入(或拼写)文字。瘫痪和残疾者可以利用基于BCI的拼写器实现与外界的交流。图5-7显示了用于文字拼写的 SSVEP-BCI。基于视觉闪烁信号和诱发的单试次 SSVEP 在频率和相位上的高度一致性提出了一个同步调制和解调范式来实现基于脑-机接口的字符输入系统,特别是提出了一个新的频率-相位联合调制方法用于标记 0.5 s 闪烁持续时间下的 40 个字符,各字符的编码频率不同(刺激频率范围为 8～15.8 Hz,频率间隔为 0.2 Hz),且相邻字符的相位间隔为 0.35π。研究者利用用户训练数据开发了针对用户的目标识别算法,并且通过在线提示拼写任务和自由拼写任务验证该系统的可行性。12 名健康受试者的在线提示拼写任务结果显示,系统的拼写速率为 1 bit/s,即获得了高达 60 bit/min(约为 12 个单词)的高拼写速率,测试阶段的平均正确率为(91.04±6.67)%,平均信息传输率为(4.45±0.58)bit/s。另外,所有受试者都能够完成自由拼写任务,其中 11 人能够无误地完成拼写任务,1 人有 7 个输入错误并通过"Backspace"键对错误输入进行清除,平均信息传输率为(4.50±1.03)bit/s。与现有系统相比,该系统的 ITR 提高了数倍,因此证实了基于无创记录脑活动的脑-机接口能够提供一个真实、自然、高速的交流通道。并且所提出的高速率脑-机接口的方法无论是对有严重运动障碍的患者还是对健康受试者都会有多种应用。

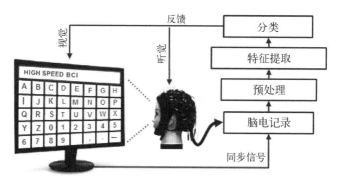

图 5-7 基于 SSVEP-BCI 的文字输入系统

5.3.2 控制

1. 综述

BCI 系统在控制方面的应用除了提高严重运动障碍患者的生活质量外,还能够降低护理者的工作量,使其工作不再那么繁重。基于 SSVEP-BCI 的控制策略已成功用于家居环境、机器人以及康复与辅助设备的控制。

智能轮椅作为移动机器人的一种典型代表可以提高瘫痪和残疾者的行动能力。相比于其他的 BCI 控制应用,脑控轮椅因被应用于转运行动不便人群而需要更高的安全性。因此,用于轮椅控制的 BCI 需要较高的性能,即较高的识别正确率和较短的识别时间。而 SSVEP-BCI 的高 ITR 特点正符合这一要求。在基于 SSVEP-BCI 控制的轮椅研究中,BCI 通常采用三种控制方式(低水平、高水平、共享)作用于轮椅。低水平控制由 BCI 输出指令直接控制轮椅,用户可以自由控制轮椅,脑控轮椅系统无须额外的机器智能,因此,整个系统的成本和计算复杂度低,然而长时间控制易使用户疲劳。在高水平控制中,脑控轮椅系统必须配备某些机器智能,用户仅需发送目标指令,然后系统将按照所选目标的具体路径自动驾驶轮椅,但用户缺乏自由控制且仅限于预先定义的目标。共享控制中用户和系统共享控制,通常采用两种形式来实现:① 用户发送低水平控制指令,而系统通过诸如躲避障碍物或最大似然指令执行等功能来辅助导航;② 用户能在低、高水平两种控制方式间自由切换。相比于低水平的控制方式,高水平控制和共享控制依赖于轮椅的机器智能;在驱使轮椅的安全性和用户意图推测的准确性上更有保障;用户无须频繁地发送指令,能够降低用户的疲劳程度;由于使用了一系列传感器,其成本和计算复杂度高。目前,基于 SSVEP 的脑控轮椅研究仍主要是采用低水平的控制方式。这可能与目前轮椅控制所需的指令数量较少(如前进、后退、左转、右转)有关。另外,SSVEP-BCI 也被用于对假肢、仿真机器人和外骨骼的控制。Müller-Putz 和 Pfurtscheller 设计与实现了一套异步 SSVEP-BCI 系统以控制双轴电动假肢手。受试者能够在 75.5～217.5 s 时间范围内利用该系统重复一系列动作,这表明异步 SSVEP-BCI 系统可以用于控制表面安装闪烁灯的神经假肢[92]。Ortner 等人构建了一套异步 SSVEP-BCI 系统,并将其应用于控制可调式手矫形器以完成抓取物体的任务[93]。Gergondet 等人开发了一套基于 SSVEP-BCI 控制的仿真机器人系统,该系统允许用户在未知环境下操作机器人[94]。Kwak 等人开发了一套基于 SSVEP 的异步 BCI 下肢外骨骼控制系统,通过对 EEG 信号进行实时解码,用户能够利用该系统完成前行、右转、左转、坐下、站立等动作[95]。

由于严重运动障碍患者往往是居家生活,因此,对家居设备的有效控制将增加患者的幸福感和独立性。Gao 等人将 SSVEP-BCI 系统成功应用于遥控电视[21]。此外,功能性电刺激(functional electrical stimulation, FES)可以用于具有完整的下运动神经元和周围神经功能的瘫痪患者的运动功能恢复。Gollee 等人将 SSVEP-BCI 与 FES 系统相结合以允许用户控制刺激设置和参数,发现该系统可以实现对 FES 系统的精准、鲁棒的控制[96]。

2. 移动机器人

BCI 控制的移动机器人能够扩展用户的能力,它使严重残疾者能够实现对其他环境的感知、探索以及交互。图 5 - 8 显示了一套基于 SSVEP-BCI 控制的移动机器人系统。该系统采用人-机协同控制的方式，即人完成人类擅长而机器人不擅长的工作（如感知、意识和决策等），机器人完成机器擅长的工作（如执行指令、移动、抓取、存储和计算），通过这样的组合能最大化系统效率并解放用户的操作压力。具体来说，受试者需要完成目标选取、判断、决策等高级任务，而机器人完成移动、抓取、图像获取并简单识别、定位、存储、计算等低级任务。实验任务是让机器人去目标所在地点抓取目标，实现这一任务可以有两种方式：① 受试者通过 BCI 一步步地控制机器人完成移动和抓取操作，同时机器人记录下目标的位置、目标的视觉图像和机械手的抓取轨迹。② 受试者下达选择目标指令后，机器人根据之前记录下的目标位置和机械手坐标自动地实现移动和抓取任务。受试者判断机器人有没有成功完成自动抓取，如果没有成功，则再通过 BCI 方式进行微调，直至抓到目标。在这样的系统中，受试者扮演"教师"的角色，采用示教方式教给机器人目标的位置和目标的视觉特征。而机器人则扮演"学生"的角色，会学习到关于目标的一些知识，然后通过机器智能来进行自主抓取。

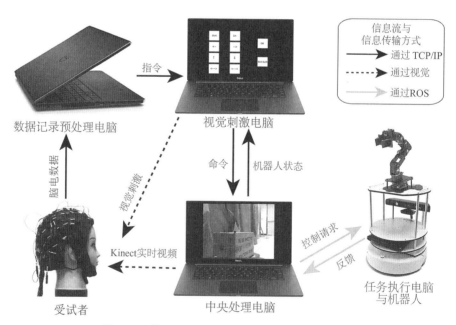

图 5 - 8　基于 SSVEP-BCI 控制的移动机器人系统

3. 机械臂控制

脑控机械臂是脑控机器人研究领域的一个主要方向。脑控机械臂可以帮助瘫痪和残疾者克服关节和工作空间限制以完成日常抓取任务。图5-9展示了一套基于SSVEP-BCI控制的机械臂系统原理图。该系统包含两个子系统：SSVEP-BCI系统和机械臂系统。BCI与机械臂之间的通信采用TCP/IP通信协议。在DENSO公司生产的6轴机械臂上配备了一个两抓指的气动抓手并设计了一个15目标的SSVEP-BCI。通过自主设计的系统界面，用户只需注视以一定频率闪烁的目标块即可完成对机械臂输出命令的控制。利用FBCCA方法，所构建的SSVEP-BCI系统允许用户无须训练即可直接操控机械臂。为了进一步提高所构建脑控机械臂系统的实用性，采用小型化轻便式无线EEG采集设备来测量SSVEP信号。由于采用BCI直接控制机械臂，脑控机械臂系统允许用户在未知环境下实时操控机械臂。12名健康受试者的在线结果表明脑控机器臂能够在4 s内输出一个命令且平均正确率达91.78%，进而带来48.27 bit/min的平均ITR。所有受试者均能通过控制机械臂完成整个抓取任务，完成任务的平均时间为(639.33±147.21)s(时间范围为472～956 s)。实验结果显示所构建的SSVEP-BCI能够对机械臂进行精确、鲁棒的控制。

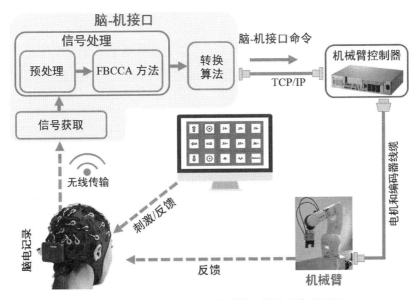

图5-9　基于SSVEP-BCI控制的机械臂系统原理图

5.3.3　状态监测

1. 综述

与用于通信交流和设备控制的主动式脑-机接口不同，SSVEP也用于被动式脑-机接口的设计[97]。被动式脑-机接口常用于大脑活动的动态监测。在被动式脑-机接口的应用中,SSVEP 信号用来编码大脑的状态参数。基于不同的刺激编码范式,利用 SSVEP 信号提供的时域、频域、空域特征可追踪大脑和视觉通路的活动状态,也可用于个体身份识别等其他应用。

利用信号幅度受到注视或注意显著调节的特点,SSVEP 可实时追踪用户的注意和疲劳等认知精神状态。Lee 等人采用频率编码的 SSVEP 来监测视觉注意,对注意目标图片叠加刺激编码,通过 SSVEP 幅度的大小来区分隐性注意的程度[98]。Chien 等人提出了脑显示交互技术,采用高频的显示背光刺激编码来诱发 SSVEP,用来实时追踪用户的注视位置[99]。Mun 等人采用 SSVEP 和 ERP 评价 3D 环境下用户的认知疲劳程度,发现注意和忽略状态下 SSVEP 的能量比与疲劳程度相关[100]。SSVEP 的参数可以反映视觉通路的工作状态,因此也被用来做临床研究。Nakanishi 等人将多焦 SSVEP 编码视野不同区域的方法用于青光眼的视野损伤检测,通过 SSVEP 的幅度大小量化相应区域视野损伤的程度[101]。利用偏头痛发作时表现出 SSVEP 适应性缺失的现象,Ko 等人将 SSVEP 监测方法用于区分偏头痛发作周期中的不同区间[102]。近年来,基于脑电信号的生物身份识别方法受到越来越多的关注[103]。采用视觉刺激诱发脑电的范式(如 VEP 和 P300)可以获得较快的识别速度和较高的识别精度。例如,Phothisonothai 将不同频段 SSVEP 信号的时频分布作为特征实现了对不同个体身份的脑电识别[104]。

2. 视野检查

对视野不同区域采用不同频率编码的多焦 SSVEP 方法被用于量化青光眼等疾病中视野损伤的程度[105]。对于视野中某一特定区域,通过测量相应频率处 SSVEP 幅度的大小及稳定性,可以量化评价该区域视野损伤的程度。与传统的逐块测试 VEP 电生理方法相比,多焦 SSVEP 方法的优点是同时并行记录视野中所有区域的 VEP 信号,从而大大缩短测试时间。Nakanishi 等人首次将多焦 SSVEP 方法用于设计可穿戴式的多焦 SSVEP 脑-机接口,可用于视野损伤的日常监测[101]。头戴式多焦 SSVEP 系统如图 5 - 10 所示,包括基于手机的头戴式显示和移动式脑电采集装置。由手机屏幕呈现多焦 SSVEP 刺激(20 块区域,刺激频率为 8~11.8 Hz,间隔为 0.2 Hz),集成了干电极的脑电采集装置同步采集脑电和刺激事件,最后由手机或电脑的脑电分析算法完成对数据的分析,得到视野损伤的区域和程度。系统中数据分析采用了基于 CCA 的算法,与健康眼睛相比,青光眼中视野损伤区域对应的 SSVEP 信号与正余弦参考信号之间表现出较低的典型相关系数(见图 5 - 10)。患者和正常人对照组的实验结果表明,多焦 SSVEP 可以达到与标准自动视野检查（standard automated perimetry, SAP）类似的性能，两种方法在青光眼诊断的精度上不存在显著差异。但是由于 SAP 法需要由医生在医院完成，并且单次检查结果的可靠性不高，病人无法对视野损伤的进展情况进行长期监测。而多焦 SSVEP 脑-机接口法有成本低、使用方便、性能稳定的优点，该系统可以让患者在家长期使用，从而有效地辅助临床诊断和治疗。

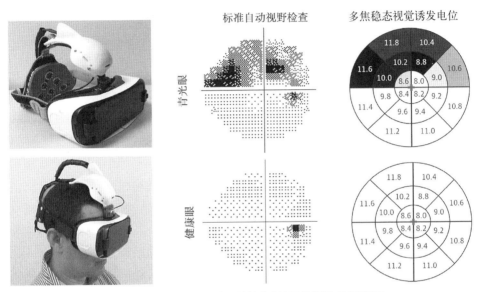

图 5 - 10　多焦 SSVEP 视野检测系统及检测结果示意图

5.4　SSVEP 脑-机接口的发展趋势

5.4.1　高通信速率

近年来，SSVEP-BCI 受到来自神经工程、神经科学以及临床康复等领域学者的广泛关注。虽然 SSVEP-BCI 的性能在过去二十年中获得了迅速的提升，但 SSVEP-BCI 研究仍主要处于实验室研究阶段。

2000 年左右，BCI 系统的 ITR 达到了 25 bit/min。Gao 等人构建了一套 48 目标的 SSVEP-BCI 系统并获得了 68 bit/min 的 ITR。高效的信号处理和机器学习算法的应用推动了 ITR 的提高。Bin 等人将 CCA 方法应用于 6 目标在线 SSVEP-BCI 系统。12 名健康受试者的在线实验结果显示该系统获得了 58 bit/min 的 ITR[15]。与此同时,新的刺激呈现方法也相继被提出,助力于提高 ITR 水平。为诱发具有较高频率分辨率的 SSVEP 信号,Wang 等人提出了一种频率近似方法来呈现视觉刺激,并基于该方法以计算机显示器作为视觉刺激器开发了一套基于频率编码的 16 目标 SSVEP-BCI 系统。该系统拥有 75.4 bit/min 的 ITR[106]。

在过去的几年里,随着信息编码和脑电解码技术的进步,相比早期系统的 ITR,SSVEP-BCI 系统的 ITR 增长了多倍。值得注意的是,在近期基于视觉 BCI 的文字输入研究中,SSVEP-BCI 系统的信息传输率高于 100 bit/min。Chen 等人基于采样正弦编码方法构建了一套基于频率编码的 45 目标 SSVEP-BCI 系统并获得了 105 bit/min 的 ITR[34]。为了充分利用 SSVEP 谐波成分以提高基于 CCA 方法的频率检测效果,Chen 等人将滤波器组分析的思想引入 CCA,提出了 FBCCA 方法,并将其应用于 40 目标的 SSVEP-BCI 系统[35]。该算法将 ITR 进一步提高至 151.18 bit/min。Nakanishi 等人将个体校准数据引入 SSVEP 信号检测,并结合频率和相位混合编码方法构建了一套 32 目标的 SSVEP-BCI 系统。13 名受试者的模拟在线实验结果显示该系统拥有 166.91 bit/min 的 ITR[36]。基于视觉刺激信号和诱发的 SSVEP 信号在频率和相位上的高度一致性,Chen 等人提出了一个同步调制和解调范式实现基于 BCI 的文字输入系统。该系统利用频率和相位联合编码方法标记 40 个目标,并利用用户训练数据设计基于用户的目标识别算法,实现 1 bit/s 的拼写速度并将 ITR 提高至 267 bit/min[37]。在最近的研究中,Nakanishi 等人通过采用一种新颖的数据驱动空间滤波算法获得了 325.33 bit/min 的 ITR,为目前 BCI 研究中最高的 ITR[38]。由于 1 bit/s 的拼写速率已接近人注视控制速度的极限,因此提高 BCI 文字输入的 ITR 空间已不多。此外,混合 BCI 方法突破了传统单模态 BCI 性能指标瓶颈状态,大大提高了系统性能。然而,混合 BCI 的 ITR 高度依赖于系统设计所采用的信号。例如,基于 P300 和 SSVEP 的混合 BCI 所报道的 ITR 为 50~60 bit/min[67-68],而混合 SSVEP 和肌电的 BCI 拥有高达 90 bit/min 的 ITR[41]。与传统单模态的 SSVEP-BCI 研究所报道的 ITR 相比,混合 BCI 的性能还有很大的提升空间。

5.4.2 混合型脑-机接口

混合型脑-机接口(hybrid BCIs)是指将脑-机接口与其他的生理或技术信号相结合的系统[107-108],其目的是通过整合多种输入信号以提高脑-机接口的性能,进而扩大脑-机接口的适用人群。在混合型 SSVEP 脑-机接口中,SSVEP 作为反映用户控制意图的一种脑信号可以实现实时通信和控制。根据第二种信号的类型,混合型 SSVEP 脑-机接口可以分为纯粹混合脑-机接口(pure hybrid BCIs)和交叉混合脑-机接口(mixed hybrid BCIs)两种。其中,纯粹混合脑-机接口通过结合 SSVEP 和另外一种脑电信号各自的优势以提高系统的整体性能。常用的与 SSVEP 混合的脑电信号有事件相关 P300 电位[39,68]、脑电运动节律[109]、注意相关脑电 α 节律[26]以及 N2pc[110]等其他脑电成分。交叉混合脑-机接口将 SSVEP 与其他非脑信号相结合以实现更可靠的控制。与 SSVEP 结合的非脑信号既可以是肌电和眼电[41]等生理信号,也可以是来自眼动追踪[111]等其他人机交互技术的信号。由于采用单一模态 SSVEP 的脑-机接口方法取得了很高的通信速率,开发具有更高性能的混合型 SSVEP 脑-机接口面临着诸多挑战。混合型 SSVEP 脑-机接口的优势体现在该系统具有更高的舒适性和更广的适用人群。

在纯粹混合脑-机接口的使用中,有两类不同的方法可以产生包含 SSVEP 的混合脑电信号。一类方法是设计包含多个心理任务的混合-机接口范式,通过诱发不同的脑电信号实现对单一或多个维度的控制。在视觉脑-机接口中,SSVEP 和 P300 的混合获得了明显的效果。Yin 等人将频率编码的 SSVEP 刺激叠加到行/列编码的 P300 刺激上,注视目标刺激同时诱发 P300 和 SSVEP 用于提高目标和非目标刺激的可区分程度[39]。Xu 等人提出了一种注视目标诱发 P300 并同时阻断 SSVEP 的刺激设计方法,通过混合特征的融合显著提高了目标检测的性能[68]。Allison 等人通过同时进行想象运动(想象左手或右手运动)和视觉注意任务(注视左侧或右侧闪烁刺激)产生运动节律和 SSVEP 两个独立的特征变化,通过特征结合提高系统的分类性能[109]。另一类方法则是采用能够诱发多个脑电信号的单一类型心理任务来产生混合脑电信号。例如,空间选择性注意(注意左或右侧闪烁刺激)会同时产生对 SSVEP 和脑电 α 节律的调制。利用这一原理,Kelly 等人将 SSVEP 和 α 节律的能量特征相结合提高了独立型 SSVEP 脑-机接口的性能[26]。在另一项基于 SSVEP 的空间注意检测的研究中,Xu 等人结合 SSVEP 和 N2pc 信号的特征提高了视觉空间注意检测的速度和精度[110]。

交叉混合脑-机接口将 SSVEP 与其他行为控制相关的肌电和眼动等信号相结合,可有效提高 SSVEP 脑-机接口系统的信息传输速率。一方面,通过两种信号混合编码的方法可以大幅度增加系统可识别的目标数。例如,Lin 等人将 SSVEP 与简单握拳动作的肌电信号相结合,通过 15 类 SSVEP 频率编码和 4 类肌电次数编码的混合编码方法设计了 60 类文字拼写系统,并且通过肌电确认的方法进一步提高了系统的识别正确率[41]。除肌电外,Lin 等人还将眼电信号用于 SSVEP 的混合编码,结合两类眼电(向左和向右注视)编码将 SSVEP 编码的目标数量提高到两倍[41]。另一方面,两种独立信号的特征融合可以提高相同任务下分类检测的性能。例如在视觉注视方向的检测上,高速率 SSVEP 脑-机接口的性能与传统的眼动追踪方法具有一定的可比性。Ma 等人将基于图像的眼动追踪方法引入到混合型 SSVEP 脑-机接口的设计中,通过融合同步采集的 SSVEP 和眼动注视点位置来检测注视方向,与单一模式方法相比,混合型文字拼写系统的信息传输速率得到了大幅提高[111]。

5.4.3 移动式脑-机接口

经过近二十年的快速发展,脑-机接口在系统的通信速率上获得了显著的提升,但脑-机接口技术在现实生活中的应用因系统成本高、便携性差、使用复杂等问题而受到很大的限制[112]。开发移动式脑-机接口平台有助于推动脑-机接口技术走出实验室进入日常生活。设计可实用化的移动式 SSVEP 脑-机接口系统需要从技术上解决如下三个方面的问题。首先,移动式 SSVEP 脑-机接口需要利用移动式软硬件平台实现视觉刺激呈现、脑电信号获取和脑电数据分析。近年来,可穿戴电子和智能手机等移动设备的快速发展使便携式 SSVEP 脑-机接口成为可能。其次,传统的湿电极需要使用导电膏以保证电极和头皮的良好接触,而移动式 SSVEP 脑-机接口系统需要配备使用更为方便和舒适的新型脑电电极。头皮脑电干电极[113]可穿过头发与头皮良好接触,在视觉皮层对应的枕区采集到高质量的 SSVEP 信号。最后,与用户行为被严格限制的条件相比,移动式 SSVEP 脑-机接口需要高效的运动伪迹和噪声去除技术以保证系统在复杂行为状态下能获得稳定的性能。基于脑电的移动式脑成像技术[114]可以为自然行为状态下 SSVEP 信号的采集和分析提供高效的方法和工具。

近年来,无线可穿戴式脑电和脑-机接口的开发和应用受到越来越多的关注[115]。SSVEP 脑-机接口由于具有操作方便、通信速率高、抗噪能力强的优点,在移动式脑-机接口的开发和测试验证中被广泛采用。面对消费者市场,国外多家公司推出了廉价的可穿戴式脑电采集装置。基于这些装置可以方便地构建移动式 SSVEP 脑-机接口。Luo 等人采用 NeuroSky 公司的单通道脑电模块采集 SSVEP 信号,并提出了一种基于时域波形周期检测的分类算法来实现 SSVEP 的分类检测[116]。Lin 等人使用 Emotiv 公司的 14 通道脑电装置记录 SSVEP 信号,比较了站立和行走状态下 SSVEP 脑-机接口的性能差异[117]。移动式脑电数据分析平台是移动式脑-机接口的重要组成部分。Wang 等人开发了基于智能手机的移动式 SSVEP 计算平台,实现了基于 FFT 和 CCA 的 SSVEP 实时检测算法[118]。手机平板等移动终端以及云计算等技术的快速发展将为移动式脑-机接口提供更丰富的工具支持。此外,SSVEP 脑-机接口在虚拟现实(virtual reality,VR)中的应用也开始受到关注。Ma 等人开发了 VR 头戴式显示集成的 SSVEP 脑-机接口,开发的文字拼写系统获得了与桌面式系统类似的性能[111]。

新型电极技术是推动脑-机接口技术实用化的关键因素。为方便稳定地记录 SSVEP 信号,研究人员提出了多种电极设计和使用方法。Chi 等人开发了接触式和非接触式头皮干电极,接触式干电极在移动式 SSVEP 脑-机接口中获得了和湿电极相似的信息传输速率[119]。在长期使用过程中,现有干电极的舒适性还有待进一步提高。Xing 等人开发了一种采用导电液的微渗电极,电极采用有弹性的海绵材料与头皮接触,电极可连续记录 8 个小时以上,所采集的 SSVEP 的信噪比与湿电极相当[120]。针对 SSVEP 脑-机接口使用方便的需求,研究人员提出了在无头发覆盖区域提取 SSVEP 的方法。Wang 等人将耳内脑电(EarEEG)技术尝试用于提取 SSVEP 信号,结合模板匹配算法,置于左右耳道内的电极实现了 4 分类的脑-机接口[121]。Wang 等人还提出了记录 SSVEP 的耳后电极放置方法,采用皮肤贴片电极记录 SSVEP 信号实现了 12 分类的在线脑-机接口[122]。此外,Norton 等人开发了贴于耳部的柔性可弯曲电极,可记录到 SSVEP 信号并用于脑-机接口文字输入系统,电极可连续使用两周以上[123]。

5.4.4 神经调控

神经调控以调节神经活动和兴奋性为目的,包括一系列侵入式和非侵入式的调控技术[124]。其中非侵入式的神经调控包括经颅电刺激和经颅磁刺激等经颅脑刺激技术,由于其非侵入性等优点,这一领域内的研究呈现快速增长的趋势。经颅脑刺激的神经反馈方式能够调节大脑皮层的兴奋性,增强脑信号特征,故增强型的神经调控技术是未来 BCI 研究发展的一个方向。

在近二十年间,以经颅电刺激为代表的非侵入式电刺激技术如雨后春笋般发展。经颅电刺激可以通过电极将特定的低强度电流作用于特定脑区,达到调节大脑皮层神经活动的目的。经颅电刺激对于脑损伤的恢复、情绪调节、增强认知能力等具有调控作用。经颅电刺激(transcranial electrical stimulation,tES)根据刺激电流波形的不同,主要分为经颅直流电刺激(transcranial direct current stimulation,tDCS)、经颅交流电刺激(transcranial alternating current stimulation,tACS)和经颅随机噪声电刺激(transcranial random noise stimulation，tRNS)三类。由于其具有廉价、可携带、操作简单、安全、无副作用等优点，人们对其的研究呈指数增长。

结合经颅电刺激的 BCI 因有望通过经颅电刺激调节大脑皮层的兴奋性，增强脑信号特征，进而提高 BCI 性能而备受关注，但对该系统的研究还处于起步阶段且主要基于感觉运动节律 BCI 范式。中国科学院深圳先进技术研究院的研究团队发现，阳极的经颅直流电刺激能够明显引起高频 μ(10~14 Hz)和 β(14~26 Hz)节律的事件相关去同步化(event-related desynchronization，ERD)模式变化，增强的 ERD 模式能够在一定条件下提高脑-机接口的性能，这说明经颅直流电刺激是一种可以帮助用户在相对短时间内掌握可靠脑-机接口控制策略的很有前景的方法[125]。此外，他们还研究了经颅直流电刺激对运动想象中相位同步的调节作用，并发现阳极刺激后左手运动想象任务中右侧 M1 区与 SMA 区的相位锁定指数显著增加，表明阳极刺激能够影响大脑活动的耦合，进而增强运动想象的相位同步，对运动想象脑-机接口的分类有促进作用。然而，目前结合经颅电刺激的 SSVEP-BCI 研究仍是空白。仅有相关研究探讨经颅电刺激对 SSVEP 信号的调制作用[126]。该研究表明双侧导联的经颅直流电刺激对 6~15 Hz 频段的 SSVEP 有影响，发现对健康受试者施加 20 min 1 mA 的经颅直流电刺激后，两种电流方向的电刺激均能显著降低 7 Hz SSVEP 信号的能量；相对于对照组，10 Hz SSVEP 信号的能量在阳极刺激和阴极刺激后均有所上升，尤其是对于阳极刺激，部分枕叶区电极的能量变化显著。

另外，目前 BCI 系统的信息传输方式大多数为单向形式。通过经颅脑刺激的调控途径，可将 BCI 识别结果转化为电/磁刺激信号反馈至大脑，从而实现一种新颖的脑-脑接口范式。

参考文献

[1] Schalk G, Mellinger J. A practical guide to brain-computer interfacing with BCI2000 [M]. New York：Springer, 2010.

[2] Lebedev M A, Nicolelis M A. Brain-machine interfaces：past, present and future [J]. Trends in Neurosciences, 2006, 29(9)：536 - 546.

[3] Farwell L A, Donchin E. Talking off the top of your head：toward a mental prosthesis utilizing event-related brain potentials [J]. Electroencephalography and Clinical Neurophysiology, 1988, 70(6)：510 - 523.

[4] Pfurtscheller G, Neuper C, Guger C, et al. Current trends in Graz brain-computer interface (BCI) research [J]. IEEE Transactions on Rehabilitation Engineering, 2000, 8(2)：216 - 219.

[5] Mak J N, Wolpaw J R. Clinical applications of brain-computer interfaces: current state and future prospects [J]. IEEE Reviews in Biomedical Engineering, 2009, 2(1): 187 - 199.

[6] Pfurtscheller G, Neuper C. Motor imagery and direct brain-computer communication [J]. Proceedings of the IEEE, 2001, 89(7): 1123 - 1134.

[7] Graimann B, Allison B, Pfurtscheller G. Brain-computer interfaces: revolutionizing human-computer interaction [M]. New York: Springer, 2013.

[8] Sellers E W, Donchin E. A P300-based brain-computer interface: initial tests by ALS patients[J]. Clinical Neurophysiology, 2006, 117(3): 538 - 548.

[9] Nijboer F, Sellers E W, Mellinger J, et al. A P300-based brain-computer interface for people with amyotrophic lateral sclerosis [J]. Clinical Neurophysiology, 2008, 119 (8): 1909 - 1916.

[10] Piccione F, Giorgi F, Tonin P, et al. P300-based brain computer interface: reliability and performance in healthy and paralysed participants [J]. Clinical Neurophysiology, 2006, 117(3): 531 - 537.

[11] Hoffmann U, Vesin J M, Ebrahimi T, et al. An efficient P300-based brain-computer interface for disabled subjects [J]. Journal of Neuroscience Methods, 2008, 167: 115 - 125.

[12] Kubler A, Furdea A, Halder S, et al. A brain-computer interface controlled auditory event-related potential (P300) spelling system for locked-in patients [J]. Annals of the New York Academy of Sciences, 2009, 1157: 90 - 100.

[13] Wang Y, Wang R, Gao X, et al. A practical VEP-based brain-computer interface [J]. IEEE Transactions on Neural Systems and Rehabilitation Engineering, 2006, 14(2): 234 - 239.

[14] Bin G, Gao X, Wang Y, et al. VEP-based brain-computer interfaces: time, frequency, and code modulations [J]. IEEE Computational Intelligence Magazine, 2009, 4(4): 22 - 26.

[15] Bin G, Gao X, Yan Z, et al. An online multi-channel SSVEP-based brain-computer interface using a canonical correlation analysis method [J]. Journal of Neural Engineering, 2009, 6(4): 046002.

[16] Regan D. Electrical responses evoked from the human brain [J]. Scientific American, 1979, 241(6): 134 - 146.

[17] Calhoun G L, McMillan G R. EEG-based control for human-computer interaction [C]//Proceedings Third Annual Symposium on Human Interaction with Complex Systems (HICS'96), Dayton: 1996.

[18] Cheng M, Gao S. An EEG-based cursor control system [C]//Proceedings of the First

Joint BMES/EMBS Conference，1999.

[19] Middendorf M，McMillan G，Calhoun G，et al. Brain-computer interfaces based on the steady-state visual-evoked response ［J］. IEEE Transactions on Rehabilitation Engineering，2000，8(2)：211－214.

[20] Cheng M，Gao X，Gao S，et al. Design and implementation of a brain-computer interface with high transfer rates ［J］. IEEE Transactions on Biomedical Engineering，2002，49(10)：1181－1186.

[21] Gao X，Xu D，Cheng M，et al. A BCI-based environmental controller for the motion-disabled ［J］. IEEE Transactions on Neural Systems and Rehabilitation Engineering，2003，11(2)：137－140.

[22] Wang Y，Zhang Z，Gao X，et al. Lead selection for SSVEP based brain-computer interface ［C］//The 26th annual international conference of the IEEE engineering in medicine and biology society，2005.

[23] Wang Y，Wang R，Gao X，et al. Brain-computer interface based on the high-frequency steady-state visual evoked potential ［C］//2005 First International Conference on Neural Interface and Control Proceedings，2005.

[24] Jia C，Xu H，Hong B，et al. A human computer interface using SSVEP based BCI technology ［J］. Lecture Notes in Computer Science，2007，4565：113－119.

[25] Kelly S P，Lalor E C，Finucane C，et al. Visual spatial attention control in an independent brain-computer interface ［J］. IEEE Transactions on Biomedical Engineering，2005，52(9)：1588－1596.

[26] Kelly S P，Lalor E C，Reilly R B，et al. Visual spatial attention tracking using high-density SSVEP data for independent brain-computer communication ［J］. IEEE Transactions on Neural Systems and Rehabilitation Engineering，2005，13 (2)：172－178.

[27] Mukesh T M S，Jaganathan V，Reddy M R. A novel multiple frequency stimulation method for steady state VEP based brain computer interfaces ［J］. Physiological Measurement，2006，27：61－71.

[28] Shyu K K，Lee P L，Liu Y J，et al. Dual-frequency steady-state visual evoked potential for brain computer interface ［J］. Neuroscience Letters，2010，483(1)：28－31.

[29] Wang Y，Gao X，Hong B，et al. Brain-computer interfaces based on visual evoked potentials：feasibility of practical system designs ［J］. IEEE Engineering in Medicine and Biology Magazine，2008，27(5)：64－71.

[30] Allison B Z，McFarland D J，Schalk G，et al. Towards an independent brain-computer interface using steady state visual evoked potentials ［J］. Clinical Neurophysiology，2008，119(2)：399－408.

[31] 闫铮,宾光宇,高小榕. 基于左右视野双频率刺激的 SSVEP 脑-机接口[J]. 清华大学学报,2009,49(12):2013－2016.

[32] Friman O, Volosyak I, Graser A. Multiple channel detection of steady-state visual evoked potentials for brain-computer interfaces [J]. IEEE Transactions on Biomedical Engineering, 2007, 54:742－750.

[33] Lin Z, Zhang C, Wu W, et al. Frequency recognition based on canonical correlation analysis for SSVEP-based BCIs [J]. IEEE Transactions on Biomedical Engineering, 2007, 54:1172－1176.

[34] Chen X, Chen Z, Gao S, et al. A high-ITR SSVEP-based BCI speller [J]. Brain-Computer Interfaces, 2014, 1(3－4):181－191.

[35] Chen X, Wang Y, Gao S, et al. Filter bank canonical correlation analysis for implementing a high-speed SSVEP-based brain-computer interface [J]. Journal of Neural Engineering, 2015, 12(4):046008.

[36] Nakanishi M, Wang Y, Wang Y T, et al. A high-speed brain speller using steady-state visual evoked potentials [J]. International Journal of Neural Systems, 2014, 24(6):1450019.

[37] Chen X, Wang Y, Nakanishi M, et al. High-speed spelling with a noninvasive brain-computer interface [J]. Proceedings of the National Academy of Sciences of the United States of America, 2015, 112(44):E6058－E6067.

[38] Nakanishi M, Wang Y, Chen X, et al. Enhancing detection of SSVEPs for a high-speed brain speller using task-related component analysis[J]. IEEE Transactions on Biomedical Engineering, 2018, 65(1):104－112.

[39] Yin E, Zhou Z, Jiang J, et al. A novel hybrid BCI speller based on the incorporation of SSVEP into the P300 paradigm [J]. Journal of Neural Engineering, 2013, 10(2):026012.

[40] Xu M, Chen L, Zhang L, et al. A visual parallel-BCI speller based on the time-frequency coding strategy [J]. Journal of Neural Engineering, 2014, 11(2):026014.

[41] Lin K, Cinetto A, Wang Y, et al. An online hybrid BCI system based on SSVEP and EMG [J]. Journal of Neural Engineering, 2016, 13(2):026020.

[42] Gazzaniga M S, Ivry R B, Mangun G R. Cognitive neuroscience: the biology of the mind[M]. 4th ed. New York: W. W. Norton & Company, 2013.

[43] Odom J V, Bach M, Barber C, et al. Visual evoked potentials standard (2004) [J]. Documenta Ophthalmologica, 2004, 108(2):115－123.

[44] Sauseng P, Klimesch W, Gruber W R, et al. Are event-related potential components generated by phase resetting of brain oscillations? A critical discussion [J]. Neuroscience, 2007, 146(4):1435－1444.

［45］ Vialatte F B，Maurice M，Dauwels J，et al. Steady-state visually evoked potentials: focus on essential paradigms and future perspectives ［J］. Progress in Neurobiology，2010，90(4): 418 – 438.

［46］ Regan D. Human brain electrophysiology: evoked potentials and evoked magnetic fields in science and medicine ［M］. New York: Elsevier，1989.

［47］ Herrmann C S. Human EEG responses to 1 – 100 Hz flicker: resonance phenomena in visual cortex and their potential correlation to cognitive phenomena ［J］. Experimental Brain Research，2001，137(3 – 4): 346 – 353.

［48］ Hillyard S A，Anllo-Vento L. Event-related brain potentials in the study of visual selective attention ［J］. Proceedings of the National Academy of Sciences of the United States of America，1998，95(3): 781 – 787.

［49］ Regan D. Some characteristics of average steady-state and transient response evoked by modulated light ［J］. Electroencephalography and Clinical Neurophysiology，1966，20(3): 238 – 248.

［50］ Gao S，Wang Y，Gao X，et al. Visual and auditory brain-computer interfaces ［J］. IEEE Transactions on Biomedical Engineering，2014，61(5): 1435 – 1447.

［51］ Wolpaw J R，Birbaumer N，McFarland D J，et al. Brain-computer interfaces for communication and control ［J］. Clinical Neurophysiology，2002，113(6): 767 – 791.

［52］ Cowey A，Rolls E T. Human cortical magnification factor and its relation to visual acuity ［J］. Experimental Brain Research，1974，21: 447 – 454.

［53］ Hillyard S A，Mangun G R，Woldorff M G，et al. Neural systems mediating selective attention［M］. Cambridge: The MIT Press，1995.

［54］ Rappaport T S. Wireless communication，principle and practice［M］. 2nd ed. New Jersey: Prentice-Hall，2001.

［55］ Bakardjian H，Tanaka T，Cichocki A. Emotional faces boost up steady-state visual responses for brain-computer interface ［J］. Neuroreport，2011，22(3): 121 – 125.

［56］ Volosyak I，Valbuena D，Luth T，et al. BCI demographics II: how many (and what kinds of) people can use a high-frequency SSVEP BCI? ［J］. IEEE Transactions on Neural Systems and Rehabilitation Engineering，2011，19(3): 232 – 239.

［57］ Chen X，Chen Z，Gao S，et al. Brain-computer interface based on intermodulation frequency ［J］. Journal of Neural Engineering，2013，10: 066009.

［58］ Chen X，Wang Y，Zhang S，et al. A novel stimulation method for multi-class SSVEP-BCI using intermodulation frequencies ［J］. Journal of Neural Engineering，2017，14: 026013.

［59］ Melcher D. Dynamic，object-based remapping of visual features in trans-saccadic perception ［J］. Journal of Vision，2008，8(14): 2.

［60］　Blaser E，Pylyshyn Z W，Holcombe A O．Tracking an object through feature space ［J］．Nature，2000，408：196-199．

［61］　Zhang D，Maye A，Gao X，et al．An independent brain-computer interface using covert non-spatial visual selective attention ［J］．Journal of Neural Engineering，2010，7(1)：016010．

［62］　Khalona R A，Atkin G E，LoCicero J L．On the performance of a hybrid frequency and phase shift keying modulation technique ［J］．IEEE Transactions on Communications，1993，41(5)：655-659．

［63］　Jia C，Gao X，Hong B，et al．Frequency and phase mixed coding in SSVEP-based brain-computer interface ［J］．IEEE Transactions on Biomedical Engineering，2011，58(12)：200-206．

［64］　Kimura Y，Tanaka T，Higashi H，et al．SSVEP-based brain-computer interfaces using FSK-modulated visual stimuli ［J］．IEEE Transactions on Biomedical Engineering，2013，60(10)：2831-2838．

［65］　Yan Z，Gao X，Gao S．Right-and-left visual field stimulation：A frequency and space mixed coding method for SSVEP based brain-computer interface ［J］．Science China Information Sciences，2011，54(12)：2492-2498．

［66］　Zhang Y，Xu P，Liu T，et al．Multiple frequencies sequential coding for SSVEP-based brain-computer interface ［J］．PLoS One，2012，7：e29519．

［67］　Yin E，Zhou Z，Jiang J，et al．A speedy hybrid BCI spelling approach combining P300 and SSVEP［J］．IEEE Transactions on Biomedical Engineering，2014，61(2)：473-483．

［68］　Xu M，Qi H，Wan B，et al．A hybrid BCI speller paradigm combining P300 potential and the SSVEP blocking feature ［J］．Journal of Neural Engineering，2013，10(2)：026001．

［69］　Wang Y，Chen X，Gao X，et al．A benchmark dataset for SSVEP-based brain-computer interfaces ［J］．IEEE Transactions on Neural Systems and Rehabilitation Engineering，2017，25(10)：1746-1752．

［70］　Chen X，Wang Y，Nakanishi M，et al．Hybrid frequency and phase coding for a high-speed SSVEP-based BCI speller ［C］//36th annual international conference of the IEEE engineering in medicine and biology society，2014．

［71］　Müller-Putz G R，Scherer R，Brauneis C，et al．Steady state visual evoked potential (SSVEP)-based communication：impact of harmonic frequency components ［J］．Journal of Neural Engineering，2005，2：123-130．

［72］　Yeh C L，Lee P L，Chen W M，et al．Improvement of classification accuracy in a phase-tagged steady-state visual evoked potential-based brain computer interface using multiclass support vector machine ［J］. Biomedical Engineering Online，2013，12：46.

［73］ Kwak N S，Müller K R，Lee S W. A convolutional neural network for steady state visual evoked potential classification under ambulatory environment ［J］. PLoS One，2017，12(2)：e0172578.

［74］ Poryzala P，Materka A. Cluster analysis of CCA coefficients for robust detection of the asynchronous SSVEPs in brain-computer interfaces ［J］. Biomedical Signal Processing and Control，2014，10：201 - 208.

［75］ Zhang Y，Zhou G，Zhao Q，et al. Multiway canonical correlation analysis for frequency components recognition in SSVEP-based BCIs ［C］//18th international conference on neural information processing (ICONIP 2011)，2011.

［76］ Zhang Y，Zhou G，Jin J，et al. L1 - Regularized multiway canonical correlation analysis for SSVEP-based BCI ［J］. IEEE Transactions on Neural Systems and Rehabilitation Engineering，2013，21：887 - 896.

［77］ Zhang Y，Zhou G，Jin J，et al. Frequency recognition in SSVEP-based BCI using multiset canonical correlation analysis ［J］. International Journal of Neural Systems，2014，24(4)：1450013.

［78］ Bin G，Gao X，Wang Y，et al. A high-speed BCI based on code modulation VEP ［J］. Journal of Neural Engineering，2011，8(2)：025015.

［79］ Wang Y，Nakanishi M，Wang Y T，et al. Enhancing detection of steady-state visual evoked potentials using individual training data ［C］//2014 36th Annual International Conference of the IEEE Engineering in Medicine and Biology Society，2014.

［80］ Srinivasan R，Bibi F A，Nunez P L. Steady-state visual evoked potentials：distributed local sources and wave-like dynamics are sensitive to flicker frequency ［J］. Brain Topography，2006，18(3)：167 - 187.

［81］ Ales J M，Norcia A M. Assessing direction-specific adaptation using the steady-state visual evoked potential：results from EEG source imaging ［J］. Journal of Vision，2009，9(7)：8.

［82］ Jayaram V，Alamgir M，Altun Y，et al. Transfer learning in brain-computer interfaces ［J］. IEEE Computational Intelligence Magazine，2016，11(1)：20 - 31.

［83］ Nakanishi M，Wang Y，Jung T P. Session-to-session transfer in detecting steady-state visual evoked potentials with individual training data ［C］//Ac：International Conference on Augmented Cognition，Toronto：Springer 2016.

［84］ Yuan P，Chen X，Wang Y，et al. Enhancing performances of SSVEP-based brain-computer interfaces via exploiting inter-subject information ［J］. Journal of Neural Engineering，2015，12(4)：046006.

[85] Yin E, Zhou Z, Jiang J, et al. A dynamically optimized SSVEP brain-computer interface (BCI) speller [J]. IEEE Transactions on Biomedical Engineering, 2015, 62(6): 1447 - 1456.

[86] Nakanishi M, Wang Y, Wang Y T, et al. A dynamic stopping method for improving performance of steady-state visual evoked potential based brain-computer interfaces [C]//2015 37th Annual International Conference of the IEEE Engineering in Medicine and Biology Society (EMBC), 2015.

[87] Cecotti H. A self-paced and calibration-less SSVEP based brain-computer interface speller [J]. IEEE Transactions on Neural Systems and Rehabilitation Engineering, 2010, 18(2): 127 - 133.

[88] Volosyak I. SSVEP-based Bremen-BCI interface-boosting information transfer rates [J]. Journal of Neural Engineering, 2011, 8(3): 036020.

[89] Hwang H J, Hwan Kim D, Han C H, et al. A new dual-frequency stimulation method to increase the number of visual stimuli for multi-class SSVEP-based brain-computer interface (BCI) [J]. Brain Research, 2013, 1515: 66 - 77.

[90] Jones K S, Middendorf M, McMillan G R, et al. Comparing mouse and steady-state visual evoked response-based control [J]. Interacting with Computers, 2003, 15(4): 603 - 621.

[91] Trejo L J, Rosipal R, Matthews B. Brain-computer interfaces for 1 - D and 2 - D cursor control: designs using volitional control of the EEG spectrum or steady-state visual evoked potentials [J]. IEEE Transactions on Neural Systems and Rehabilitation Engineering, 2006, 14(2): 225 - 229.

[92] Müller-Putz G R, Pfurtscheller G. Control of an electrical prosthesis with an SSVEP-based BCI [J]. IEEE Transactions on Biomedical Engineering, 2008, 55(1): 361 - 364.

[93] Ortner R, Allison B Z, Korisek G, et al. An SSVEP BCI to control a hand orthosis for persons with tetraplegia [J]. IEEE Transactions on Neural Systems and Rehabilitation engineering, 2011, 19(1): 1 - 5.

[94] Gergondet P, Druon S, Kheddar A, et al. Using brain-computer interface to steer a humanoid robot [C]//2011 IEEE International Conference on Robotics and Biomimetics, 2011.

[95] Kwak N S, Müller K R, Lee S W. A lower limb exoskeleton control system based on steady state visual evoked potentials [J]. Journal of Neural Engineering, 2015, 12(5): 056009.

[96] Gollee H, Volosyak I, McLachlan A J, et al. An SSVEP-based brain-computer interface for the control of functional electrical stimulation [J]. IEEE Transactions on

Biomedical Engineering, 2010, 57(8): 1847 – 1855.

[97] Zander T, Kothe C. Towards passive brain-computer interfaces: applying brain-computer interface technology to human-machine systems in general [J]. Journal of Neural Engineering, 2011, 8(2): 025005.

[98] Lee Y C, Lin W C, Cherng F Y, et al. A visual attention monitor based on steady-state visual evoked potential [J]. IEEE Transactions on Neural Systems and Rehabilitation Engineering, 2016, 24(3): 399 – 408.

[99] Chien Y Y, Lin F C, Zao J K, et al. Polychromatic SSVEP Stimuli with Imperceptible Flickering Adapted to Brain-Display Interactions [J]. Journal of Neural Engineering, 2017, 14: 016018.

[100] Mun S, Park M C, Park S. SSVEP and ERP measurement of cognitive fatigue caused by stereoscopic 3D [J]. Neuroscience Letters, 2012, 525 (2): 89 – 94.

[101] Nakanishi M, Wang Y T, Jung T P, et al. Detecting glaucoma with a portable brain-computer interface for objective assessment of visual function loss [J]. JAMA Ophthalmology, 2017, 135(6): 550 – 557.

[102] Ko L W, Lai K L, Huang P H, et al. Steady-state visual evoked potential based classification system for detecting migraine seizures [C]//2013 6th international IEEE/EMBS conference on neural engineering (NER), 2013.

[103] Yang S, Deravi F. On the usability of electroencephalographic signals for biometric recognition: A survey [J]. IEEE Transactions on Human-machine Systems, 2017, 47(6): 958 – 969.

[104] Phothisonothai M. An investigation of using SSVEP for EEG-based user authentication system [C]//2015 Asia-Pacific Signal and Information Processing Association Annual Summit and Conference (APSIPA), 2015.

[105] Abdullah S N, Vaegan, Boon M Y, et al. Contrast-response functions of the multifocal steady-state VEP (MSV) [J]. Clinical Neurophysiology, 2012, 123 (9): 1865 – 1871.

[106] Wang Y, Wang Y T, Jung T P. Visual stimulus design for high-rate SSVEP BCI [J]. Electronics Letters, 2010, 46 (15): 1057 – 1127.

[107] Pfurtscheller G, Allison B Z, Bauernfeind G, et al. The hybrid BCI [J]. Frontiers in Neuroscience, 2010, 4: 30.

[108] Müller-Putz G, Leeb R, Tangermann M, et al. Towards noninvasive hybrid brain-computer interfaces: frame-work, practice, clinical application, and beyond [J]. Proceedings of the IEEE, 2015, 103(6): 926 – 943.

[109] Allison B Z, Brunner C, Kaiser V, et al. Toward a hybrid brain-computer interface based on imagined movement and visual attention [J]. Journal of Neural Engineering,

2010，7(2)：26007.

[110] Xu M, Wang Y, Nakanishi M, et al. Fast detection of covert visuospatial attention using hybrid N2pc and SSVEP features [J]. Journal of Neural Engineering, 2016, 13(6)：066003.

[111] Ma X, Yao Z, Wang Y, et al. Combining brain-computer interface and eye tracking for high-speed text entry in virtual reality [C]//IUI '18：23rd International Conference on Intelligent User Interfaces, 2018.

[112] Wang Y J, Gao X R, Hong B, et al. Practical designs of brain-computer interfaces based on the modulation of EEG rhythms[M]//Graimann B, Allison B, Pfurtscheller G. Brain-computer interfaces. Berlin：Springer, 2010：137 – 154.

[113] Chi Y M, Jung T P, Cauwenberghs G. Dry-contact and noncontact biopotential electrodes：Methodological review [J]. IEEE Reviews in Biomedical Engineering, 2010, 3：106 – 119.

[114] Makeig S, Gramann K, Jung T P, et al. Linking brain, mind and behavior [J]. International Journal of Psychophysiology, 2009, 73(2)：95 – 100.

[115] Lin C T, Ko L W, Chang M H, et al. Review of wireless and wearable electroencephalogram systems and brain-computer interfaces — a mini-review [J]. Gerontology, 2010, 56(1)：112 – 119.

[116] Luo A, Sullivan T J. A user-friendly SSVEP-based brain-computer interface using a time-domain classifier [J]. Journal of Neural Engineering, 2010, 7：026010.

[117] Lin Y P, Wang Y, Jung T P. Assessing the feasibility of online SSVEP decoding for moving humans using a consumer EEG headset [J]. Journal of NeuroEngineering and Rehabilitation, 2014, 11：119.

[118] Wang Y T, Wang Y, Jung T P. A cell-phone-based brain-computer interface for communication in daily life [J]. Journal of Neural Engineering, 2011, 8 (2)：025018.

[119] Chi Y M, Wang Y T, Wang Y J, et al. Dry and noncontact EEG sensors for mobile brain-computer interfaces [J]. IEEE Transactions on Neural Systems and Rehabilitation Engineering, 2012, 20(2)：228 – 235.

[120] Xing X, Pei W, Wang Y, et al. Assessing a novel micro-seepage electrode with flexible tips for wearable EEG acquisition [J]. Sensors and Actuators A：Physical, 2018, 270：262 – 270.

[121] Wang Y T, Nakanishi M, Kappel S L, et al. Developing an online steady-state visual evoked potential-based brain-computer interface system using EarEEG [C]//2015 37th Annual International Conference of the IEEE Engineering in Medicine and Biology Society (EMBC), 2015.

［122］ Wang Y T，Nakanishi M，Wang Y，et al. An online brain-computer interface based on SSVEPs measured from non-hair-bearing areas ［J］. IEEE Transactions on Neural systems and rehabilitation engineering，2017，25(1)：11－18.

［123］ Norton J J，Lee D S，Lee J W，et al. Soft，curved electrode systems capable of integration on the auricle as a persistent brain-computer interface ［J］. Proceedings of the National Academy of Sciences，2015，112(13)：3920－3925.

［124］ Knotkova H，Rasche D. Textbook of neuromodulation ［M］. New York：Springer，2015.

［125］ Wei P F，He W，Zhou Y，et al. Performance of motor imagery brain-computer interface based on anodal transcranial direct current stimulation modulation ［J］. IEEE Transactions on Neural Systems and Rehabilitation Engineering，2013，21（3）：404－415.

［126］ Liu B，Chen X，Yang C，et al. Effects of transcranial direct current stimulation on steady-state visual evoked potentials ［C］//2017 39th Annual International Conference of the IEEE Engineering in Medicine and Biology Society (EMBC)，2017.

基于EEG的无创BCI
——P300研究前沿

金晶　张丹　张宇　王行愚

金晶,华东理工大学信息科学与工程学院自动化系,电子邮箱：jinjing@ecust. edu. cn
张丹,清华大学社会科学学院心理学系,电子邮箱：dzhang@tsinghua. edu. cn
张宇,理海大学工程与应用科学学院生物工程系,电子邮箱：yuzi20@lehigh. edu
王行愚,华东理工大学信息科学与工程学院自动化系,电子邮箱：xywang@ecust. edu. cn

6.1 P300 脑-机接口概述

脑-机接口系统的基本思想是在语言、肢体运动外,为人类开辟一条新的向外界发送信息的通道。脑-机接口系统利用传感器技术和计算机技术采集脑电信号,利用信号处理和模式识别算法对脑电信号进行实时处理和识别,然后把识别结果作为控制命令向外部设备传送指令,以实现人脑与外部设备的通信和控制。

1965 年,Sutton 等人首次发现 P300 电位[1],这是一种可以通过怪球(oddball)范式诱发的事件相关电位(ERP),是刺激产生后 300 ms 左右时出现的一个正波。P300 脑-机接口系统是基于 oddball 范式原理提出的[2],因这种系统具有较高的分类准确率和信息传输率,并且在视觉疲劳方面要低于其他视觉诱发模式[3],所以 P300 脑-机接口系统是使用最广泛的脑-机接口系统之一。2009 年,P300 脑-机接口系统被《美国时代周刊》评为最有价值的 50 个发明之一。2011 年,美国沃兹沃思中心的 Wolpaw 教授在第五届脑-机接口国际大会上报告说,美国一位失去运动机能的教授已经利用 P300 脑-机接口进行办公。P300 脑-机接口系统也是迄今为止唯一被用于现实生活的脑-机接口系统。随着脑-机接口系统的发展,运动想象等脑-机接口系统也已被广泛用于脑卒中等康复领域,以上报告足以说明 P300 脑-机接口系统在脑-机接口应用中的重要性。

1988 年,Farwell 和 Donchin 设计了首个基于 P300 的脑-机接口拼写系统,利用 6×6 矩阵的行列交叉作为编码规则,通过不重复遍历闪烁矩阵中的所有行和列,利用行列交叉组合的唯一性来实现目标位置字符的编码。脑-机接口系统可以通过识别 P300 电位的诱发时间并配合行列闪烁次序信息来定位使用者注视的目标字符。对于此系统,因为单轮诱发的 P300 电位不明显,所以需要通过多轮诱发,并进行叠加滤波才能获得可识别的 P300 电位。

随着 P300 脑-机接口拼写系统的提出,研究者从诱发矩阵形式[4-5]、刺激源模式[6-7]、刺激呈现规则[8]等方面对拼写系统进行了一系列的优化研究。除拼写系统以外,P300 脑-机接口系统还被用于轮椅方向控制、鼠标控制、网页浏览、画画和游戏等方面,在诱发形式上也分成了编码矩阵诱发[2,4]和单字符诱发[9-10]这两种形式。随着对 ERP 的深入研究,研究人员发现脑-机接口系统在诱发识别性高的 P300 以外,还可以诱发其他可识别的 ERP 信号,并能增加诱发信号的分类准确率,因此多事件相关电位的诱发范式相继被提了出来,如 N200 拼写系统[6],P300 和 N200 融合诱发的拼写系统[7],N200、P300 和 N400 联合诱发的熟悉人脸诱发范式[11]和注重诱发 N170 的倒人脸诱发范式[12]。

除了基于视觉诱发的 P300 脑-机接口系统以外,为了适应不同使用者的身体状况,也为了进一步优化 P300 脑-机接口系统,听觉和触觉诱发也成为除视觉外主要研究的诱发通道。为了进一步优化 P300 脑-机接口系统,多感觉通道诱发方法被用于增强诱发 ERP 信号,如 2011 年,Belitski 等人提出了一种视听觉诱发方法,并取得了比传统视觉诱发更高的分类准确率[13]。2016 年,Yin 等人提出了听、触觉的联合诱发范式,取得了比单听觉通道和多听觉通道更高的分类准确率[14]。对于 P300 脑-机接口系统的优化,多模态诱发方法也是有效的优化方法之一,如利用运动想象脑-机接口的特性来辅助 P300 脑-机接口系统[15],融入稳态视觉诱发电位的特征来提高 P300 脑-机接口系统的准确率等[16-17]。

对于 P300 脑-机接口系统的优化,除了在诱发刺激源、诱发模式等方面的研究,还有一个重要环节为 ERP 信号的处理和识别。1988 年,Farwell 和 Donchin 的 P300 拼写系统使用的是步进式线性分类器(stepwise linear discriminant analysis, SWLDA),这种分类器对 P300 电位具有很好的分类效果[2]。2005 年,Serby 等人提出利用极大似然方法(maximum likelihood classifier, ML)和独立分量分析(independent component analysis, ICA)来提高 P300 电位的识别准确率。2008 年,Hoffmann 等人对肢体和语言障碍病人展开研究,利用单字符诱发模式实现 6 目标的 P300 脑-机接口系统,此工作选择使用贝叶斯线性分类器(bayes linear discriminant analysis, BLDA)对诱发信号进行分类,并取得了较高的分类准确率[10]。除了以上方法以外,研究者还提出了用来采集 ERP 信号的电极选择算法[18]和特征提取算法[19]。

P300 脑-机接口系统需要长时间的离线数据采集才能得到足够的数据来训练在线分类模型,但是这种方式会使使用者过度疲劳,影响后续在线使用效果,也会影响他们对使用这种系统的积极性。2013 年,Zhang 等人提出空间-时间线性分析方法(spatial-temporal discriminant analysis, STDA)来降低对离线数据的需求,从而减少离线训练时间[20]。同年,Jin 等人提出利用已采集的数据建立公用泛化模型的思想,当新的使用者使用 P300 脑-机接口时,通过在线模型校正的方式来提高分类器性能,研究表明这种方法可以有效避免离线训练,并且在线校正时间只是离线训练的 1/6。而且利用带反馈的在线校正模式也提高了系统使用的趣味性[21]。2016 年,Zhang 等人利用稀疏贝叶斯方法进一步减小对离线训练数据的需求,并且在小样本下取得了较优的分类准确率[22]。

虽然 P300 脑-机接口的研究多数还处在实验室阶段,很多研究数据都来自健康人。但是,随着研究工作的深入,P300 脑-机接口系统逐渐被越来越多的患者接受并使用。针对患者的 P300 脑-机接口系统的应用主要涉及日常辅助、生活娱乐和患者状态评估等。主要使用的患者有肌萎缩侧索硬化患者、微意识和植物状态患者、多发性硬化症患者和其他一些麻痹和运动障碍患者[23-24]。

对于视觉诱发的 P300 脑-机接口拼写系统,由于部分患者的眼睛转动和凝视功能受到影响,所以传统的矩阵诱发方式不能满足这些患者的需求。Sperling 等人提出了快速序列变换的范式(rapid serial visual presentation paradigm,RSVP)[25],研究了人的短时记忆和动态空间注意,结果发现这种范式也可用于脑-机接口系统。2010 年,Brunner 等人对 P300 拼写系统是否需要人的注视展开了研究,研究发现在非注视条件下,P300 拼写系统的性能会大大降低[26]。这也证明了对于视角受限患者,传统矩阵诱发范式将受到很大影响。2011 年,Pires 等人提出了独立凝视脑-机接口系统并取得了一些应用效果[27]。但因独立凝视范式的目标和非目标出现在一个位置,所以目标诱发信号会受到非目标诱发的干扰。针对这个问题,很多研究者在独立诱发范式的基础上提出了很多优化方法,并提出了适用于小视角的变种范式[3,28]。

本章将主要围绕 P300 脑-机接口范式、P300 等事件相关电位的识别算法以及 P300 脑-机接口系统的康复应用和新颖应用方法展开详细介绍和讨论。

6.2 P300 脑-机接口的诱发模式及系统设计

基于诱发模式的脑-机接口系统对实验范式的依赖非常大,一个好的实验范式往往可以很大程度上提高诱发脑-机接口系统的性能。诱发脑-机接口范式的设计一般基于认知神经科学知识,通过研究人脑对外界各种刺激反映来优化或设计诱发脑-机接口范式[11]。P300 脑-机接口范式是和整个系统融合在一起的,小到诱发源,大到整个刺激界面都是诱发范式的一部分。对于 P300 脑-机接口的范式研究和优化涉及很多方面,如刺激序列优化、诱发矩阵形式优化和刺激源优化等[29-30]。通过这些优化不仅可以提高诱发信号的强度,还可以降低诱发信号之间的相互重叠干扰、诱发信号源之间的相邻干扰和诱发刺激带来的视觉疲劳度。除以上优化目标以外,对于不同的应用场景和控制目标也可以进行相关范式优化,使得脑-机接口更适用于特定的控制问题[31-32]。

6.2.1 P300 脑-机接口系统的主要脑电位

P300 脑-机接口系统主要通过识别诱发的事件相关电位来实现,所以本节将针对该电位展开详细介绍。P300 脑-机接口系统主要用的脑电位有 N100、N170、N200、P300 和 N400 等。

1. N100

1939 年,Davis 首次记录了 N100 电位[33],1966 年另一个 Davis 研究了声音刺激和 N100 的关系[34]。从 EEG 中,我们可以看到 N100 是一种负向的事件相关电位。对于成人,N100 一般在刺激发生后的 80～120 ms 之间产生,P200 紧随其后。多数研究都集中于声音刺激诱发的 N100,但 N100 也和视觉、嗅觉、疼痛和体感等感觉刺激有关。随机刺激相对于重复刺激可以诱发较强的 N100,对于语音刺激,N100 和辨别/分类声音有关。在临床方面,N100 可以作为测试听觉异常的依据,特别在患者不能通过语言或行为进行表述的时候,这种依据特别有用。尤其对昏迷患者,N100 可以用来预测患者恢复的可能性[35]。2014 年,Sato 等人把 N100 信号用于 P300 脑-机接口系统[36]。

2. N170

1996 年,Bentin 等人首先发现了 N170 信号[37],他们在做人脸和其他图片刺激时发现,人脸能诱发不同于其他图片(包括动物脸、身体和汽车)诱发的信号。其实早在 1989 年,Bötzel 等人就试图研究人脑处理人脸信息时的事件相关电位,但是他们发现的是刺激后 150 ms 诱发的、分布在脑中央区的顶区正电位(vertex positive potential,VPP)[38]。之后研究发现,N170 和 VPP 是反映人脑处理人脸信息的同一个过程。对于 N170 的研究,选择的刺激一半是倒人脸、不同种族的人脸和带表情的人脸,因为倒人脸更难理解,神经元群体编码识别倒人脸需要更长的时间,所以倒人脸诱发的 N170 的延时要更长一些[37],诱发延时一般在 30 ms 左右。

3. N200

N200 是一种负向波,波峰一般在刺激后的 200～350 ms 之间,一般分布在脑区前部。以前 N200 被认为和失匹配有关,但之后研究发现 N200 和执行认知控制功能有关。研究 N200 的范式有很多,但最常用的范式叫作"Eriksen flanker task",范式中会呈现一连串的字母,分别为"AAAAA"的匹配模式和"BBBBAB"的失匹配模式,每个字母对应右手或左手反应,明显的 N200 一般在失匹配模式中产生。另一个比较常用的范式是"go/no-go"任务,N200 一般都在"no-go"任务中产生。虽然 N200 一般在脑区前部,但在视觉任务中一般分布在脑区后部。2009 年,运动刺激模式 N200 首次用于脑-机接口系统[6],并且针对 N200 脑-机接口系统提供了多种改进范式[7,12]。

4. P300

P300 电位一般在人的决策过程中被诱发,一般研究 P300 的范式为 "oddball"范式[39],其中小概率刺激称为目标刺激,大概率的刺激称为非目标刺激,P300 一般在小概率刺激下诱发。P300 一般在刺激后 250～500 ms 被诱发。在研究 P300 的过程中,研究人员发现 P300 有两种子成分,其中一种称为 P3a (新 P300),另一种称为 P3b。P3a 一般是 250～280 ms 的正向波,分布在脑前区或中央区,这个成分主要和注意、处理新颖刺激有关。P3b 是一个波峰在 300 ms 左右的正向波,延时一般在 250～500 ms 之间,分布在顶叶脑区。P3b 是研究认知过程,特别是对心理学信息处理研究的有效工具。一般来讲不可能事件和低概率事件会诱发 P3b,在一定情况下概率越低诱发的 P3b 越大。P3b 也可以用来研究认知负荷。1988 年,P300 电位首次用在脑-机接口的拼写系统的设计中[2]。

5. N400

N400 是刺激后 400 ms 左右产生的负向波,N400 的延时区间为 250～500 ms,一般分布在中央顶区。N400 一般与单词和一些其他有意义的刺激有关,包括视觉和听觉词汇,还有就是签字、图片、人脸、环境声音和气味。1980 年,Kutas 等人首次发现了 N400[40],他们想通过阅读时遇到意想不到的词汇来诱发 P300 电位,但是却发现诱发了较大的负电位,这个电位就是 N400。之后研究发现,重复刺激下 N400 会被减弱。2011 年,Kaufmann 等人首次通过人脸范式发现 N400 有助于提高脑-机接口系统的性能[41]。

6. 晚期正电位

晚期正电位(late positive potentials,LPP)在显性记忆中非常重要,这种电位在刺激后 500 ms 左右产生,一般持续几百毫秒,主要分布在大脑顶叶区域[40]。在典型实验范式中,首先要求受试者浏览一批词汇,他们并不知道这些词汇是在后续实验时需要他们回忆出来的,这些词汇是被记忆的老词汇。过一段时间后,让受试者看一批老词汇和新词汇混合的词汇,然后让他们从中找出前面看过的词汇。研究发现当他们看到老词汇时,晚期正电位幅值相对较大[42]。有时候 P300、P600 等都被认为是晚期正电位。P600 是和语言相关的事件相关电位,在刺激后 500 ms 左右产生,波峰在 600 ms 左右,延时约为几百毫秒,一般认为当听到或读到语法错误和句法异常时诱发。所以 P600 一般在神经语言实验中来研究大脑处理句子的过程。1992 年,Lee 和 Phillip 首先报告了研究

P600 的工作,由于这个电位是由句法诱发的正向电位,所以被称为句法正偏移(syntactic positive shift, SPS)。

P300 脑-机接口系统的主要诱发通道有视觉、听觉和触觉等。因为,视觉诱发可以得到较高的分类准确率,容易实现拼写等较多目标的脑-机接口系统,所以视觉诱发方面的研究相对于听觉和触觉要多得多。但是,因视觉刺激需要使用者长时间注释刺激目标而带来很大的视觉疲劳,并且也不适用于盲人等视觉障碍患者。所以基于这些问题,听觉诱发和触觉诱发被相继提了出来。以下我们将针对各个通道的单独诱发和融合诱发方法展开详细介绍。

6.2.2　基于单通道诱发的 P300 脑-机接口系统

单通道是指只通过一个感觉通道来进行诱发。这种诱发方法任务相对单一,易于使用者掌握。下面将分别介绍基于视觉、听觉和触觉诱发模式的脑-机接口系统。

1. 视觉诱发模式

因视觉诱发可以获得显著而稳定的事件相关电位,所以这方面的研究和应用相对较多。1988 年 Farwell 和 Donchin 提出的第一个 P300 拼写系统也是基于视觉的[2]。视觉诱发的 P300 脑-机接口系统主要分为行列模式[2]和单字符模式[9]。对于单字符模式还有一些变种范式,如快速序列呈现模式[43]、小视角模式[3]、独立凝视模式[44],其中独立凝视模式是快速序列呈现模式的一种特殊化形式。从 2009 年开始,行列模式也产生了一些变种模式,称为非行列模式[5,29],即把行列编码改成组编码模式,这种模式可用来优化 P300 脑-机接口系统。

自从第一个行列模式的 P300 拼写系统被提出以来,研究人员针对行列模式展开了一系列的优化研究。2003 年,Allison 和 Pineda 等人研究了不同尺度矩阵对拼写系统的影响[4]。研究发现大矩阵能诱发更强的事件相关电位,引起这一现象的主要原因是大矩阵完成一轮闪烁的时间较长,在其他条件都相同的前提下,大矩阵下目标刺激之间的平均时间间隔要长于其他小矩阵。2002 年,Gonsalvez 等人研究发现,在一定时间间隔内,诱发 P300 的幅值大小与目标间时间间隔(target to target interval, TTI)相关,时间间隔越大,诱发 P300 电位的幅值越大[45]。2006 年,Sellers 等人也研究了不同尺度矩阵的性能差异,并研究了刺激间隔对准确率和信息传输率的影响[46]。2009 年,Salvaris 等人研究了矩阵中目标间的距离、目标刺激的尺寸大小以及背景颜色对 P300 脑-机接口系统性能的影响,研究发现大目标尺寸和白色背景可以使系统获得较好的性能[47]。同年,Martens 等人研究了诱发信号的重叠和目标刺激时间间隔对

P300 拼写系统的影响,研究发现,诱发信号的相互重叠会影响事件相关电位的分类效果,并且刺激间隔也和 P300 脑-机接口系统的性能相关[48]。

除了行列模式的 P300 脑-机接口系统以外,单字符诱发也是一种比较常见的诱发模式[9]。当选择数量不多的物体或控制方向时,单字符诱发更具有优势。2008 年,Hoffmann 等人利用单字符模式设计了家居生活辅助系统,利用 P300 脑-机接口系统实现对台灯、电话等相关物品的选择并获得了非常高的分类准确率[10]。对于单字符诱发,也不是单单适用于少目标的情况,通过一定的策略也可以进行多目标选择。2014 年,Ikegami 等人利用二级选择的方式来实现多目标选择,首先把 36 个字符分成以 6 个字符为一组的区域块,然后通过单字符模式来选择其中一个目标块,用此目标块的 6 个字符再进行单字符闪烁模式选择目标字符用于日语拼写系统,该系统成功被 ALS 患者使用[49]。

独立凝视范式是单字符诱发模式的一种特殊形式。Brunner 等人提出 P300 脑-机接口系统需要使用者注视目标才能得到较好的诱发效果[26]。研究人员认为对于视角注视和跟踪能力受损伤的患者,普通的行列模式或单字符模式是不适合的。因此,独立凝视 P300 脑-机接口被提了出来[44]。独立凝视的思想起源于快速序列呈现[25],这种快速序列呈现范式主要用于认知机理研究。2010 年,Acqualagna 等人提出不同颜色字母快速序列呈现的范式,并证明了这种范式应用于拼写脑-机接口系统的可行性[43]。2011 年,Liu 等人提出把 6 个字符集中放置于一个圆形区域,每个字符所在位置会随机被其他字符替换,以实现拼写任务[44]。2011 年,Treder 等人比较了三种独立凝视范式,这些范式都采用了不同颜色的模式来区分不同的目标区域,研究发现六角拼写器(hex-o-spell)的准确率最低,中心拼写器(center speller)的准确率最高,六角拼写器(cake speller)居于中间[50]。这个研究成果表明,当视角受限时,刺激目标越集中在视角中心,获得的准确率越高。2016 年,Chen 等人把不同表情和颜色的卡通人脸融入独立凝视范式中,这种范式的性能显著优于只是颜色不同或表情不同的独立凝视范式[28]。为了进一步优化独立凝视范式,研究人员还采用了多感官融合和多模态的方法,这部分工作将在后续的多通道和多模态部分进行介绍。

直到 2010 年,多数 P300 脑-机接口拼写系统都是基于行列模式的,但是由于这种模式的闪烁模式固定,很难在相邻干扰、刺激目标间时间间隔等方面进行优化,即使进行优化也会影响系统的整体性能。2010 年 3 月加拿大阿尔格玛大学、美国沃兹沃思中心、北佛罗里达大学和田纳西州立大学的学者联合在 *Clinical neurophysiology* 上发表了首个关于非行列 P300 拼写系统的工作[29]。

但此拼写系统是基于西洋跳棋盘设计的,并没有解析刺激矩阵的编码原理。同年8月 Jin 等人在德国的 *Biomedizinische technik* 上发表了解析 P300 拼写编码的文章,并基于此编码成功设计了优于传统模式的 P300 拼写系统[5]。该工作提出了一种基于二项式系数的新型编码规则。传统的行列编码规则是矩阵的所有行和列按照一定亮暗规则不重复地遍历闪烁(一轮闪烁),以此作为定位目标的基本形式。但是因为闪烁诱发的信号较弱,需要多轮诱发后进行信号叠加才能获得满意的分类效果。在这种编码规则下,特定矩阵的每轮闪烁次数、每列或行的元素个数以及行列交替形式都是无法改变的,所以这种刺激矩阵的优化受到了很大的限制。基于二项式系数的新型编码突破了原来的行列模式,以闪烁组代替行列,这样每组闪烁元素的位置和个数都可以任意设定。如图 6-1 所示,传统的行列模式也能用此编码规则来解释。基于这个新的编码模式,通过适当增加每组的元素个数可以减少每轮的闪烁组数。图 6-1 中新的编码模式由 9 个闪烁组组成,通过这个方式减少了每轮闪烁的组数,进而减少了每轮闪烁所需要的时间,显著提高了此类脑-机接口系统的信息传输率。2011 年,Jin 等人基于此编码提出了避免双闪的优化方法,有效降低双闪带来的重复盲和信号重叠等问题[51]。传统的闪烁模式经常会出现同一位置连续闪烁的现象,使用者因重复盲,在一定概率下,视觉会无法捕捉后续的那一闪而造成错误。即使使用者视觉捕捉到后续闪烁,诱发信号也会过度重叠导致系统对脑电位的识别准确率降低。但简单延长两个连续闪烁组间的时间间隔会大大降低此类脑-机接口的

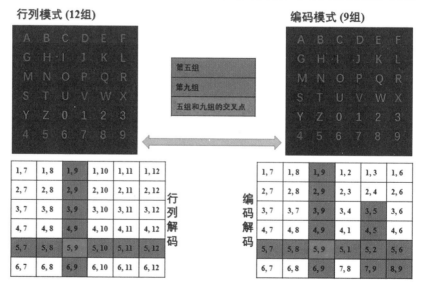

图 6-1　基于二项式系数的新型编码

信息传输率。基于新编码规则对 36 个目标的刺激矩阵进行优化可以避免连续闪烁(见图 6-2)。为了得到足够的闪烁编码,把闪烁组个数设置成和传统 6×6 矩阵的行列数一样,每轮将会不重复遍历所有闪烁组。而当 k 组闪烁时,下一组将从 $(k-2)$、$(k-1)$、$(k+1)$ 和 $(k+2)$ 闪烁组中选取,$(k-2)$、$(k-1)$、$(k+1)$、$(k+2)$ 闪烁组将不含有 k 组中的任何矩阵块,也就是说这些组将不会和 k 组有交叉点。如图 6-2 所示,如果 k 组是 5 组,那下一组将从 4、3、6、7 组中选取,每轮还是不重复遍历 1~12 所有闪烁组。

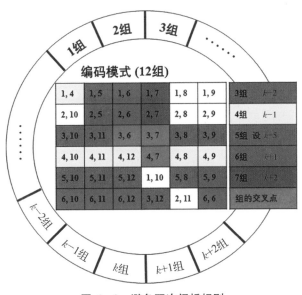

图 6-2 避免双次闪烁规则

基于新的编码规则,Jin 等人设计了利用 9 个闪烁组来定位 84 个目标的刺激矩阵(见图 6-3)。这里将通过编码规则研究相邻干扰对 P300 脑-机接口系统的影响。(a)组为未优化的编码,(b)组为优化的编码。从图 6-3 中可以清楚地看到每个矩阵块来自周边相邻块的干扰程度。因斜对角的两个相邻块的实际距离要远远大于上、下、左、右的相邻块距离,所以不计入斜对角区域的干扰。实验结果表明,优化编码得到的事件相关电位更强,并且分类准确率也显著优于未优化的编码。这个结果证明了相邻干扰对脑-机接口的负面影响,并提供了对此问题的优化方法。2012 年,Jin 等人还基于此编码规则研究了不同 TTI 对 P300 脑-机接口系统的影响[8]。研究发现,太短的 TTI 会造成诱发信号的相互重叠,影响信号的分类准确率,太长的 TTI 会降低系统的信息传输率,所以选择合适的 TTI 非常重要。脑-机接口系统因使用者的短时注意分散或噪声等因素

1,2,3	2,3,4	3,4,5	4,5,6	5,6,7	6,7,8	7,8,9	3,5,8	3,5,9	1,3,4	2,6,7	3,7,8
1,2,4	2,3,5	3,4,6	4,5,7	5,6,8	6,7,9	2,4,7	2,4,8	1,8,9	1,4,9	2,6,8	3,7,9
1,2,5	2,3,6	3,4,7	4,5,8	5,6,9	6,8,9	4,7,8	4,8,9	1,7,9	1,5,6	2,6,9	3,8,9
1,2,6	2,3,7	3,4,8	4,5,9	5,7,8	1,3,6	4,7,9	1,4,8	1,6,9	1,6,7	2,7,8	2,5,9
1,2,7	2,3,8	3,4,9	4,6,7	5,7,9	2,4,6	1,4,7	1,5,8	1,5,9	2,5,6	2,7,9	1,3,8
1,2,8	2,3,9	3,5,6	4,6,8	5,8,9	3,6,7	1,3,7	1,6,8	2,8,9	2,5,7	3,6,8	1,3,9
1,2,9	2,4,5	3,5,7	4,6,9	1,3,5	1,4,6	1,5,7	1,7,8	2,4,9	2,5,8	3,6,9	1,4,5

干扰源

干扰源 | 被干扰 | 干扰源

干扰源

(a)

1,2,3	2,3,4	2,3,5	2,3,6	2,3,7	2,3,8	2,3,9	5,7,9	5,7,8	6,7,8	6,7,9	7,8,9
1,2,4	1,3,4	2,4,5	2,4,6	2,4,7	2,4,8	2,4,9	5,6,9	5,6,8	5,6,7	6,8,9	8,9
1,2,5	1,3,5	1,4,5	2,5,6	2,5,7	2,5,8	2,5,9	4,5,9	4,5,8	4,5,7	4,5,6	3,4,5
1,2,6	1,3,6	1,4,6	1,5,6	2,6,7	2,6,8	2,6,9	4,6,9	4,6,8	4,6,7	3,5,6	3,4,6
1,2,7	1,3,7	1,4,7	1,5,7	1,6,7	2,7,8	2,7,9	4,7,9	4,7,8	3,7,8	3,5,7	3,4,7
1,2,8	1,3,8	1,4,8	1,5,8	1,6,8	1,7,8	2,8,9	4,8,9	3,7,8	3,6,8	3,5,8	3,4,8
1,2,9	1,3,9	1,4,9	1,5,9	1,6,9	1,7,9	1,8,9	3,8,9	3,7,9	3,6,9	3,5,9	3,4,9

每轮每个方向一次干扰(4次)	每轮干扰次数为5次	每轮干扰次数为6次	每轮干扰次数为7次	每轮干扰次数为8次以上

(b)

图 6-3　减少周边干扰的编码模式

（a）未优化的编码矩阵；（b）优化的编码矩阵

会产生不可避免的错误。虽然对于拼写系统，可以通过删除来去除错误字符，但在使用如轮椅等运动设备时，错误的控制指令可能会带来危险。研究发现对于矩阵编码脑-机接口系统，产生错误的原因往往是一个矩阵块的两个闪烁组中的一组被错误识别，但同时错误识别两组闪烁组的概率是非常小的。2014 年，Jin 等人基于此规律，利用新的编码规则，设计了规避错误输出的方法[32]。具体实现方法如下：图 6-4 中绿色区域的三个矩阵块的闪烁组之间，以及它们和其他

编码模式 (12组)

1,7	4,10	5,11	2,7
1,8	3,7	3,8	2,8
1,9	3,9	6,12	2,9

关键指令（减少误操作达100%）	非关键指令（减少误操作达80%）

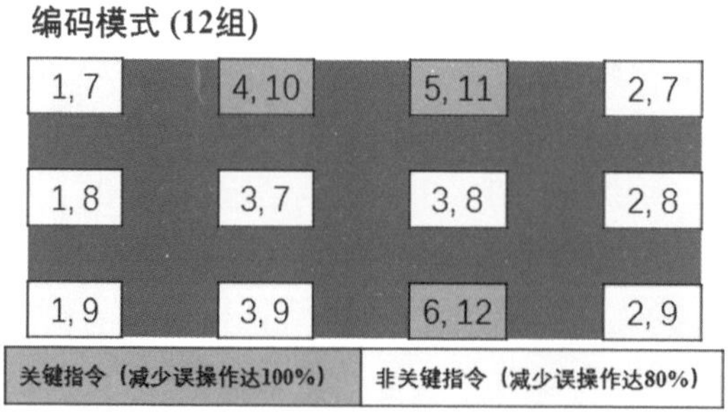

图 6-4　误操作规避编码

矩阵块的闪烁组之间都没有交叉点，也就是说绿色区域的闪烁组是独立于其他矩阵块的，因此其他矩阵块中的一个闪烁组被错误识别是不可能定位到绿色区域矩阵块的。如以（1，7）闪烁组组合矩阵块为目标（见图 6-4 左上角），无论是 1 组或 7 组闪烁组被

识别错误,都不会变成(4,10)闪烁组合。对于黄色区域,因系统一共有 12 个闪烁组,1 和其他 2～12 的闪烁组组合有 11 种,7 和 2～6 以及 8～12 的闪烁组组合有 10 种,所以含有 1 或 7 的组合共 21 种,除了(1,7)闪烁组组合是目标外,会有 20 种可能的错误输出,但是含有 1 或 7 的矩阵块在图 6-4 中只有 5 种,除目标外还有 4 种有效指令,所以无论 1 或 7 错误,错误输出有效指令的概率是 20%。研究结果表明,这种设计有效地避免了关键指令(绿色矩阵块)的误触发,降低了非关键指令(黄色矩阵块)的误触发,提高了系统控制的安全性。2016 年,Townsend 等人利用显示帧和编码规则设计了 ITR 为 100 bit/min 的高速 P300 拼写系统[52]。

在研究事件相关电位的诱发机制时,诱发模式从传统的单电位诱发推广到多电位诱发。P300 脑-机接口系统的传统优化方法都是集中于提高 P300 电位的信噪比。根据 P300 刺激模式,通过控制目标时间间隔和显示尺寸、目标间距、字体颜色等方式来实现优化。但研究发现,事件相关电位中除了 P300 电位以外,还有其他电位也对分类起到了重要贡献。2009 年,Hong 等人提出了基于 N200 运动诱发电位的脑-机接口系统[6],并认为 N200 拼写系统可以取得比 P300 拼写系统更优的性能。但是,如果能同时诱发多种可识别的事件相关电位,使得每种电位都能鲁棒可识别,这种方法可更进一步提高 P300 脑-机接口系统的性能。2011 年,Jin 等人提出了把多种事件相关电位同时优化的思想,利用运动物体和光闪融合诱发,在保证诱发强 P300 电位的前提下,成功增强了诱发的 N200 电位,提高了分类准确率[7](见图 6-5)。2011 年,Kaufmann 等人提出熟悉人脸诱发事件相关电位的方法,并应用于拼写系统,实验结果表明这种范式可以诱发强 P300 和 N400,显著提高了 P300 脑-机接口系统的准确率和信息传输率。2013 年,Kaufmann 等人把此系统应用于神经变性疾病的病人并取得了很好的应用效果[53]。2012 年,Zhang 等人研究了倒人脸刺激后 200 ms 左右事件相关电位的特点,发现 N170 也可以作为增加此时间区域信号的有效成分,实验结果表明,N170 成分对分类有很大贡献并显著提高了基于事件相关电位的识别准确率[12](见图 6-6)。同年,Jin 等人比较了传统 P300 范式、运动诱发范式和不同表情的人脸范式,研究表明人脸范式显著优于其他范式,但是简单融入表情信息并没有带来很大的正面效应[11]。

人脸范式可以在较少叠加次数下获得较高的分类准确率,但研究发现,同一张人脸的重复刺激会带来重复抑制效应,从而会导致使用时间的增加,人脸范式的准确率将受到影响。为了解决这个问题,Jin 等人提出了多人脸诱发范式,通过这个范式可以有效降低重复刺激带来的抑制效应,显著提高人脸范式的实际

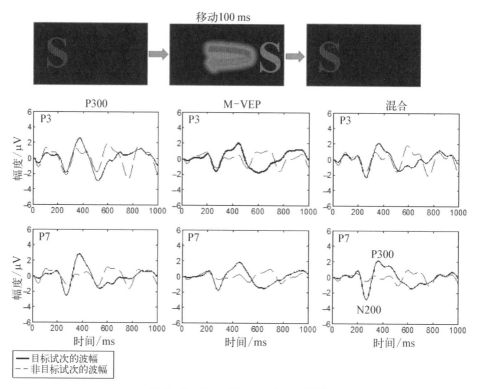

图 6-5 N200 和 P300 的融合诱发

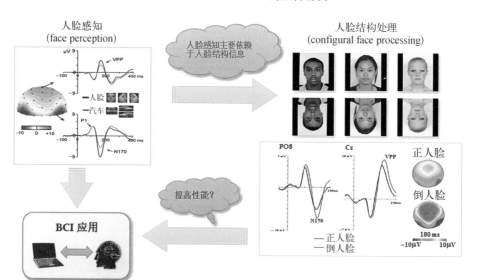

图 6-6 倒人脸诱发范式

使用性能[32]。除了优化人脸范式的性能以外,部分研究工作还集中在对部分电位的增强诱发上,非匹配负波(mismatch negative potentials,MMV)常被用于听觉 P300 脑-机接口系统。但研究发现,一定的刺激模式也可以诱发视觉非匹配负波,用以固定频率呈现的同个图形来替代传统静态背景,以小概率随机改变此图形诱发非匹配负波。按一定频率呈现的同个图形(一般需呈现 3 次以上)可以有效建构惯性记忆,然后通过图形变换打破惯性记忆,从而有效诱发非匹配负波,实验结果表明这种诱发模式下的分类准确率显著优于传统模式[54]。传统任务范式中单调的数图片和闪烁次数很容易使受试者走神,从而影响诱发效果。2017 年,研究者提出一种基于蜂窝模式的任务范式如图 6-7 所示,其任务是数蜂窝中红点的个数,蜂窝中红点的个数(1~3 个)和变化位置都是随机的,从而在简单易数的前提下,能让受试者长时间注意目标而不走神。实验表明,这种模式可以提高注意力,并显著提高视觉 ERP 脑-机接口的准确率[55]。

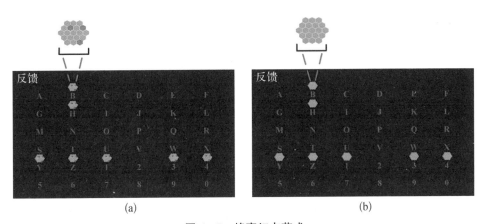

图 6-7 蜂窝红点范式

除了提高诱发的事件相关电位以外,研究发现在基于字符或人脸的诱发模式中,突然出现的消失或亮暗交替变化刺激会带来很大的视觉疲劳,也会让使用者很容易受到周围非目标刺激变化的干扰。为了解决这个问题,我们对内源性刺激方式展开了深入的研究,研究发现对于某些具有特定含义的刺激图像,只需要很小的变动就能产生很强的认知反差。基于这个发现,我们设计了人脸表情变化的诱发范式,通过一根曲线的简单变化,就可以识别生气和高兴这两种截然相反的表情,实验结果表明这种反差诱发可以得到非常高的分类准确率,而且还可以显著降低视觉疲劳和相邻干扰[32](见图 6-8)。

视觉系统的信息处理存在两条并行的通路:"What"(什么)和"Where"(哪

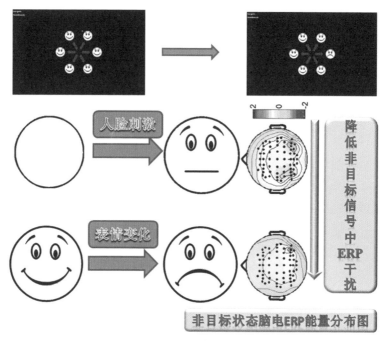

图 6-8　微变化表情差异诱发方法

里)通路[56],其中"What"通路与物体的形状、颜色等物理属性的感知有密切关系,该通路向腹侧延伸到 V4 皮层和下颞区(inferior temporal, IT);而"Where"通道则主要负责空间感知、视觉运动感知等,该通路向背侧延伸到中颞区(middle temporal, MT)和顶叶皮层。经典的视觉事件相关电位脑-机接口研究通常采用闪烁或翻转图形的方式呈现视觉刺激,其所诱发的响应主要来自"What"通路。"Where"通路的最具代表性事件相关电位响应是运动相关视觉诱发电位(motion visual evoked potential),该响应在研究人的视觉运动处理神经机制的基础探索与临床应用中具有重要价值[57]。在所有运动相关视觉诱发电位中,运动起始视觉诱发电位(motion-onset visual evoked potential, mVEP)具有最大的响应幅度和最小的受试者间差异及受试者内差异,因此很快引起了脑-机接口领域研究者的关注。

　　运动起始视觉诱发电位由三个主要成分构成,即 P1、N2 和 P2。其中 N2 是空间分布位于枕-颞区和顶区,潜伏期为 160~220 ms 的负波,被认为是视觉运动感知特异成分,反映了视觉运动处理与加工的神经活动[57]。一般认为,N2 的起源在 MT 区域附近,这与功能磁共振、正电子发射成像中有关视觉运动处理机制的定位研究结果是一致的[58]。作为视觉运动的特异响应,mVEP 的 N2 成分主要反映了视觉运动信息,而对视觉刺激强度等初级视觉物理属性不敏感,这对脑-机接口的实际应用可能具有十分重要的意义。

在基础与临床研究中,研究者总结了包括刺激视野大小、亮度、对比度、运动速度与方向等一系列经验参数[59]。值得注意的是,约 10%的较低前景/背景对比度就足够诱发出明显的 N2 响应,这进一步明确地展示了运动起始视觉诱发电位的应用优势。我们可以设计不依赖高对比度的视觉刺激,从而减少脑-机接口界面给用户带来的视觉疲劳与不适。

运用运动起始视觉诱发电位,研究者最早设计并实现了一个界面外观类似 P3 拼写器的字符输入脑-机接口应用[60]。虽然两者界面看起来很相似,但其背后的脑-机接口工作原理却有很大差别。最重要的是,经典 P3 拼写器通过识别正波 P3 来实现脑-机接口应用,而基于 mVEP 的脑-机接口主要依靠对目标字符注意所引起的相应行列视觉运动特异响应 N2,因此,这类新提出的脑-机接口又被称为 N2 拼写器。N2 拼写器工作的核心基础是以 N2 为代表的运动起始视觉诱发电位,可以被用户的注意力变化所调制。具体来说,用户通过对某待输入字符下方的虚拟按钮内呈现的从左到右运动的随机竖条执行注意任务以实现对该字符的选择。与 P3 拼写器一样,这些竖条刺激以行或列的方式随机呈现,每次视觉运动刺激的呈现时间为 140 ms,相邻两次运动刺激起始时刻之间的时间间隔为 200 ms。

因为运动起始诱发电位的幅度可被注意力调制的现象已经在视觉认知神经科学的基础研究中得到证实[61],N2 拼写器可以采用与 P3 拼写器类似的策略进行用户输出意图的识别,只是脑-机接口分类时所关注的事件相关电位成分不再是 P3 而是 N2。在 N2 拼写器中的典型 mVEP 响应无论是行刺激还是列刺激,被注意的字符所对应的行列均引起了显著不同于非注意字符的脑电响应,其中最突出的成分是视觉运动刺激开始呈现后 200 ms 的负峰,即 N2 成分。该成分的空间分布具有偏侧性,主要分布在大脑左侧的顶-枕区域。

将 N2 拼写器与 P3 拼写器的结果进行更加直接的对比表明,P3 拼写器的典型脑电成分 P3 的响应延迟时间更长,主要分布在额-顶区且分布相对广泛。N2 拼写器的典型脑电成分 N2 的响应延迟时间相对较短,空间分布相对更加局部化,以大脑左侧的顶-枕区域为主。N2 拼写器更加空间局部化的脑电特征为实现少通道数的脑-机接口系统提供了可能性。一项有 10 名受试者的研究表明[61],基于单个最优脑电通道的 N2 拼写器可使目标与非目标的分类准确率达到(91.5±10.7)%,而来自同一批受试者的基于 6 个通道的 P3 拼写器的分类准确率为(87.9±12.9)%。

N2 拼写器用视觉运动替代了视觉闪烁,视觉刺激的物理强度大大降低,我们预计该系统范式可以在长时间使用中有更好的表现。虽然针对该特性的长时间应用还未见报道,其关键脑电特征的时间稳定性分析在一定程度上展现了N2 拼写器的潜在优势。与 P3 相比,N2 的潜伏期和响应幅度都更加稳定,这一方面与 N2 拼写器的视觉刺激强度较低有关,另一方面也与 N2 是相对更早的视觉响应成分有关。视觉响应晚成分如 P3 受到更多的认知因素影响,稳定性也会相对较差。无论是哪种原因,N2 响应的稳定性有利于脑-机接口分类算法更好地工作,在相对较长的时间内保持稳定的分类性能。

由于 mVEP 主要体现了视觉系统对视觉运动起始的响应,理论上讲该响应对视觉刺激的物理属性变化如对比度、颜色等不敏感。在 100% 及 30% 对比度下,运用经典的脑-机接口识别算法均可在较少试次数的情况下实现较高的分类正确率(6 分类时大于 90%)。这一结果提示我们,mVEP 脑-机接口可以用于具有复杂物理刺激变化的视觉界面中,并保持相对稳定的性能。

因此,有研究者尝试将 mVEP 脑-机接口系统嵌入到浏览器中,实现了文本输入及简单浏览器控制的"脑控"浏览器应用[62]。在该应用中,用户通过一个6 目标的两级动态菜单实现英文字母及特殊字符的输入;浏览器的关键功能也配备视觉运动刺激的"虚拟按钮",从而实现对浏览器页面的上翻、下翻、前进、返回等操作。在一项实验中,12 名受试者在 Google 检索框内输入"BCI"三个字符,在检索到的页面列表中选中维基百科的脑-机接口词条页面,并随后打开该页面进行浏览。采用基于单个电极搭建的脑-机接口系统,所有受试者均在 1~4 min 内完成了该任务,平均完成时间为 119.1 s。在另一项相对复杂的测试中,该浏览器应用的信息传输率估计约为 42.1 bit/min。在浏览器应用中,视觉信息的物理复杂性超过了高度控制条件下的拼写器字符输入界面等传统脑-机接口界面,在该场景下的成功应用很好地展示了 N2 拼写器的实用化潜力。

认知晚成分最早是由 Sutton 等在 1965 年提出的,是因刺激的新奇性而出现的、潜伏期为 300 ms 左右、在中央顶区分布的 P3 成分[39]。随后的深入研究发现,认知晚成分的内涵十分丰富,可由多种实验范式诱发,与注意、刺激评估、工作记忆等认知过程有关系,因此被定名为正相晚成分(late positive complex,LPC)。

认知晚成分的相关研究为脑-机接口范式设计的灵活性和多样化提供了生理依据,指示脑-机接口用户执行不同的主动认知任务,通过认知晚成分的识别从而实现脑-机接口操作。重要的是,这样的任务可以不局限于简单的计数或判断是否,也可以是更加复杂的认知过程,如颜色识别、声音判断、文字识别、数学运算等。利用刺激触发信号的时间标记,通过分析脑电数据将用户做出心理反应的刺激识别出来,从而实现脑-机接口意图解读,这样的脑-机接口范式被称为认知脑-机接口,上述 P3 拼写器及 mVEP 脑-机接口都属于这一范畴。在 N2 拼写器中,研究者给不同的运动竖条刺激赋予不同的颜色,并要求受试者在被注意字符所对应虚拟按键中的竖条出现时对该竖条的颜色进行识别。通过这样的任务设计,研究者希望得到更加特异的认知晚成分。的确,一项验证性研究表明,相比不使用任何认知任务的注视条件,使用"计数"任务可以得到更强的 300～400 ms 时间段正相晚成分;而采用"颜色识别"任务后,正相晚成分得到进一步增强,且该增强主要体现在 400～600 ms 这一更晚的时间窗。上述结果表明,受试者的主动认知任务的确可以带来意图特异的生理响应,从而提升脑-机接口系统性能。

在另一项听觉事件相关电位脑-机接口研究中,研究者更加直接地运用分类正确率对比了不同认知任务下的脑-机接口性能[63]。在该系统中,用户听到随机顺序呈现的汉语语音播报的数字,并通过注意其中某一个数字来实现目标选择。每一个数字均可以用男声或女声播报。在主动认知任务条件下,要求用户对听到的目标数字进行播放声音的性别区分。相比一个简单的计数任务,该性别区分任务对应更强的 500～600 ms 的正相晚成分。更重要的是,结合该晚成分进行的脑-机接口数据分析表明,在这样的认知任务下可以提升分类正确率。因此,在事件相关电位脑-机接口中引入高级的认知活动有望有效提升系统性能。

2. 听觉诱发模式

使用脑-机接口的用户是多种多样的,他们的身体状况各有差异,对于部分视觉障碍患者,视觉诱发脑-机接口系统并不能为他们服务。但是很大部分视觉障碍患者的听觉系统是完好的,通过设计听觉刺激也可以很好地诱发 P300 电位进行识别,并且听觉刺激还可以有效地诱发非匹配负波。2009 年,Furdea 等人提出基于矩阵模式的听觉诱发拼写系统,把视觉行列模式用序列化的声音刺激来代替,通过不同组序列间的交叉来进行定位,实现了相当于 5×5 形式的听觉拼写系统[64]。同年,Klobassa 等人利用同样的方法实现了 6×6 形式的听觉拼写系统[65]。Kübler 等人 2009 年在 ALS 患者身上也测试了此系统,虽然这种系统的性能远远低于视觉诱发拼写系统,但是也能得到大于随机的分类准确率,她们认为只要对患者进行很好的适应性训练,这种系统也有望运用于 ALS 患者[66]。2010 年,Guo 等人首次把中文元素用于听觉 P300 脑-机接口系统,在此系统中听觉诱发刺激的延时固定为 200 ms,但目标间隔的时间为 50～250 ms 不等,通过这个方式增加了听觉刺激的不可预测性,可以提高听觉刺激的诱发效果,实验结果表明这种模式可以取得较高的分类准确率[67]。2010 年以后,研究者在不同声音的听觉诱发模式中逐渐引入空间的概念,通过刺激空间分布的差异性提高目标刺激和非目标刺激的可区分性。2010 年,Höhne 等人利用不同音高和方位设计了 9 目标的听觉脑-机接口系统,在分类测试中,该系统对目标的分类准确率为 69.5%,对非目标的分类准确率为 81.4%;在多分类测试中,分类准确率达到了 89.37%;研究还发现,短句任务的分类准确率要比长句任务的分类准确率要高。2011 年,Höhne 等人又对此系统进行了改进,提出了利用高、中、低三种声音加左、中、右三个空间来实现 9 个目标的定位,这种方法是对两组序列刺激定位的改进模式,而且他们通过耳机来实现空间效应,大大提高了听觉脑-机接口系统的灵便性[68]。2013 年,Kathner 等人对此类系统进行了优化,利用空间和音调信息融合实现了 36 个字符的拼写[69]。随着不同的听觉范式被提出,听觉诱发方式的优化逐渐采用视觉诱发的优化方式。2011 年,Schreuder 等人采用了视觉中避免双次刺激和相邻干扰的概念对空间分布的听觉刺激进行优化,提出这种范式避免了目标刺激的连续激发,两次目标刺激之间至少会相隔两个其他非目标刺激,对于相邻非目标刺激的激发也要和目标刺激相隔一个刺激时间以上[70]。随着听觉刺激技术的发展,2013 年 Nambu 等人利用耳机实现了6 个方位的声音刺激,这种六声道技术大大提高了听觉脑-机接口系统的选择多样性和灵便性[71]。为了进一步提高听觉诱发 P300 脑-机接口的效率和目标个数,2014 年 Höhne 等人设计了一种新的刺激方式,他们的听觉刺激分成三组,对应左声道、右声道和双声道,每组对应 7~10 个英语字母,每组内每个字母的播放间隔是 250 ms,三组的开始播放间隔为 80.3 ms,这样实际每 80.3 ms 都会有一个声音刺激出现,但是目标分布在不同的声道,受试者很容易抓住目标刺激。这个方式可以高效快速地遍历 26 个字母,提高听觉脑-机接口的多目标信息传输率[72]。

因为听觉脑-机接口系统是通过声音刺激进行诱发的,使用者无法通过身体机能避免声音刺激。现在听觉脑-机接口的刺激往往是单调的"beep"声,有高频(1 000 Hz 左右)、低频(200 Hz 左右)和中频(500 Hz 左右),这些声音刺激在长时间下很容易使人产生不适。为了减少这种不适,研究人员开始关注舒适声音刺激的设计与优化。

2014 年,Treder 等人利用三种不同乐器的声音,通过重复音乐和新颖音乐模式(与重复音乐不同的音律)来实现基于音乐的诱发范式。实验结果表明这种方式可以取得和简单音乐刺激方式具有同样效果的分类准确率[73]。

以上这种方法把声音刺激作为一段音乐的一部分,构思非常巧妙,但是这种方法需要受试者具有很好的音乐素养,对于部分不识音律的使用者并不适用。2016 年,Huang 等人把音乐音符作为刺激,以减少刺激给人带来的噪声感,让成人男性、女性和小孩读这些音符以提高不同刺激间的区分度,实验证明这种方法可以得到较高的准确率而且舒适度上要优于"beep"刺激,而且一般人都可以很好地辨认和确认声音刺激[74](见图 6-9)。2016 年,Zhou 等人又提出将不同鼓的声音与柔和背景音乐相融合作为刺激,柔和的音乐可以有效提高听觉脑-机接口系统的舒适性,而且研究发现这种柔和背景音乐不会影响刺激的区分效果,还可以得到和无背景音乐下同样高的分类准确率(见图 6-10)[75]。

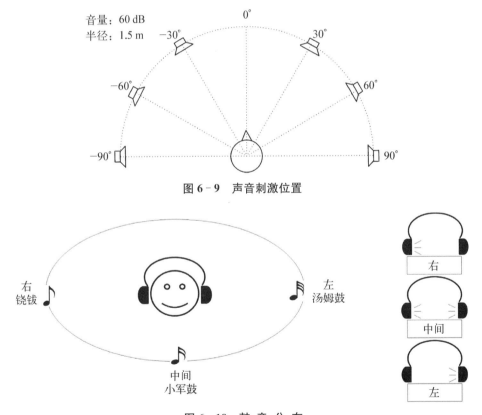

图 6-9 声音刺激位置

图 6-10 鼓 音 分 布

3. 触觉诱发模式

触觉诱发不依赖于视觉和听觉,使脑-机接口系统适用于更广的人群。2010 年,Brouwer 等人较早地提出了触觉诱发脑-机接口系统,他们利用一个圆环,圆环上装有多个振动装置,以此来诱发事件相关电位[76]。但是对于触觉诱发范式,其目标数一般相对较少,很难用于拼写等对目标数要求较高的任务中。2012 年,Waal 等人利用盲文刺激器件设计了 6×6 模式的振动刺激诱发的 P300 脑-机接口系统。利用双手的食指、中指和小指形成一个 6 行 6 列刺激模式。对比视觉 6×6 刺激矩阵,触觉行刺激通过一次随机遍历 6 个手指刺激来完成,列刺激通过第二次随机遍历 6 个手指刺激来完成,使用者通过注意两次目标手指的振动来实现字符的定位。实验结果表明这种针对 36 个目标的振动诱发脑-机接口系统可以得到平均约 80% 的分类准确率[77]。

2014 年,振动诱发的脑-机接口系统被用于意识障碍患者的诊断中。这种系统使用两个或三个振动诱发器,其中一个作为靶刺激,振动概率为 1/8,其他振动器为非靶刺激[23]。虽然触觉刺激有其独特的应用环境,适用于听觉和视觉障碍的患者,但是对于视觉功能尚存,甚至对于已经失去凝视功能的患者,视觉诱发也会比触觉诱发的性能好。

6.2.3　多通道融合诱发和多模态 P300 脑-机接口系统

多种感官刺激都可以触发事件相关电位,适用于具有部分感官障碍的患者。但是研究发现,各种感官之间并不局限于单独感官通道诱发,而且可以进行融合诱发,进而可以显著提高诱发的效果[13]。除了多感官通道的诱发以外,P300 脑-机接口系统还可以和其他模态的脑-机接口系统进行融合应用,以适用于不同的应用场景以及提高单独模态脑-机接口系统的人群适用性。

1. 多通道融合诱发的 P300 脑-机接口系统

为了进一步提高感官诱发的识别准确率,多通道诱发成为一个可选的有效方法之一。听觉、触觉或视觉三个感官通道的两两融合诱发可以有效弥补因单一感官漏感或使用者部分感官对刺激不敏感带来的识别准确率低的问题。2011 年,Belitski 等人提出一种可以单独使用视觉和听觉,并且也能进行视觉、听觉融合诱发的脑-机接口系统,他们认为不同使用群体可以根据自身需要选择系统中提供的诱发方式,也可以通过视觉和听觉的融合诱发互补得到更高的分类准确率[13]。除视觉诱发以外,听觉和触觉诱发的分类准确率相对较低,而且不适用的人群比例也相对较高。2016 年,Barbosa 等人认为只是视觉诱发的独立凝视系统比非独立凝视视觉诱发系统的准确率要低得多,他们认为通过听觉进行辅助诱发可以有效提高视觉诱发的独立凝视脑-机接口系统的准确率,试验中他们利用自然语言的声音来提高可区分性,降低使用者精神负担,在听觉和独立凝视的融合系统中发现,使用者对视觉的依赖并不大,但是取得的分类准确率要比单独视觉或听觉高了近 32%[78]。2016 年,Yin 等人通过融合听觉和触觉诱发来提高分类准确率和信息传输率,通过听觉和触觉的同时触发、相互印证可以显著提高诱发信号的识别准确率,相比于单独听觉和触觉的平均识别准确率,融合系统准确率的提高量超过 40%[14]。

目前对于多通道融合诱发的研究工作相对较少,但是考虑到不同感官诱发的互补性和取得的效能,这种融合诱发方法有很大的实际应用前景。对于多感官诱发,特别是触觉,不仅要注意诱发的方式和位置,也要设计有效融合的方式。对于不同刺激的诱发和反馈延时,要进行适当地调整,也要注意各种感官下刺激之间的配合模式。所以多通道融合的方法相对单通道设计需要更好的设计技术和方法,如果不考虑使用人群的因素,取得的效果要明显比单通道诱发高得多。

2. 多模态系统中的 P300 脑-机接口系统

现在主要使用的脑电模式是运动想象电位、稳态诱发电位和慢皮层电位事件相关电位等。因本节主要讨论基于 EEG 的脑-机接口系统,对于非 EEG 的其他模式这里不做讨论。因为不同模式的脑-机接口有其独特的应用特点,所以多模态脑-机接口被提出来以适应不同的控制和应用场景。因为 P300 脑-机接口在目标选择和拼写方面有独特的优势,所以 P300 和其他模式脑-机接口的联合优化成为脑-机接口领域的一个研究热点。

1) P300 和运动想象的融合应用设计

2010 年,Li 等人设计了把运动想象和 P300 电位联合应用的系统,在界面系统中利用 P300 电位进行上下控制,再利用运动想象进行左右控制[79]。2013 年,Yu 等人利用运动想象控制鼠标,然后利用 P300 进行拼写输入来实现对电子邮件系统的脑-机接口控制[80]。2014 年,Bhattacharyya 等人基于多模态脑-机接口建构了一个机械臂控制系统,他们利用运动想象控制机械臂的方向,利用 P300 实现机械臂的起停,然后利用错误电位的检测来避免错误操作[81]。2017 年,Ma 等人把运动诱发电位和运动想象电位融合应用于光标控制,在有效诱发运动电位的同时,受试者也实现了运动想象的任务,最后得到了较优的控制效果[82]。

2) P300 和稳态视觉诱发电位的融合应用设计

相比运动想象,稳态视觉诱发电位和 P300 电位都是视觉诱发,有更大的融合应用空间。2011 年,Panicker 等人提出了一种具有根据使用者意愿进行单词拼写的 P300-SSVEP 的融合非同步拼写系统。他们认为如果使用者有意愿进行拼写,他们就会盯着屏幕。屏幕背景上有按一定频率闪烁的刺激,如果从脑电中检测到相关 SSVEP 信息,系统就会认为使用者希望进行单词拼写,拼写系统就会被激活,使用者就可以进行单词输入[83]。2013 年,Choi 等人利用运动想象控制机器人的方向,利用 SSVEP 控制机器向前运动,并且利用 P300 选择目标。他们充分利用了运动想象适合方向控制、SSVEP 适合快速反应以及 P300 适合目标选择的特点实现了 3 类模式的融合应用[84]。同年,Li 等人提出 P300 和 SSVEP 同时诱发的范式,利用 P300 和 SSVEP 的相互印证来提高轮椅控制系统的准确率[85]。2013 年,Xu 等人利用 SSVEP 和 P300 融合建构拼写系统,他们利用检测到的 SSVEP 作为闲置时间的判别依据,在 P300 拼写期间没有 SSVEP 的诱发刺激,所以通过这个认定拼写时间段,实验表明这种方式可以有效提高拼写系统的准确率[86]。2013 年,Yin 等人利用 SSVEP 提高 P300 拼写系统中同行或同列元素的可区分性,首先利用 P300 诱发对诱发矩阵的元素进行定位,然后利用检测到的 SSVEP 信号进行进一步校正,这种方式可以显著提高 P300 脑-机接口系统的准确率和信息传输率[87]。2014 年,Loughnane 等人提出了一种把 SSVEP 和独立凝视 P300 系统融合应用的脑-机接口系统,他们认为这种系统有希望应用于自锁患者[88]。2014 年,Yin 等人提出了两种不同的 P300 和 SSVEP 的融合系统:在第一种系统中利用 SSVEP 定位含有 6 个目标元素的位置,然后利用 P300 定位目标区域的元素;第二种系统是利用 SSVEP 实现列定位,然后利用 P300 实现行定位,就像传统的 P300 系统,只是列闪烁被换成了 SSVEP 刺激[89]。2015 年,Combaz 等人再次验证了 P300 和 SSVEP 同时诱发的可行性[90]。2015 年,Wang 等人对 P300 和 SSVEP 的融合方法进行研究,研究发现由于颜色变换的融合方式都是闪烁刺激,会诱发其他频率的噪声脑电信号,使得 SSVEP 的诱发效果降低。如果把颜色变换变成形状变换,可以有效降低同位置不同刺激频率带来的干扰,有效诱发与单独刺激下具有同样质量的 P300 电位和 SSVEP 信号[16]。2015 年,Yin 等人利用 SSVEP 和 P300 同时诱发的方法实现字符的定位,其中 P300 利用黄色变形字符诱发,SSVEP 利用白色闪烁方块诱发,然后分别对 P300 和 SSVEP 进行识别,最后利用模糊规则选择定位的目标[17]。2016 年,Chang 等人利用 9 种不同频率的闪烁目标实现 9 个方块区域的定位,然后通过方块中 4 个目标的随机闪烁实现最终字符的定位[91]。2017,Kaongoen 等人提出了一种听觉稳态诱发和听觉诱发的 P300 电位融合应用的方法,通过识别不同的听觉诱发频率和不同侧面诱发的 P300 电位实现融合决策,最后选定相应目标。

6.3 P300 脑-机接口中的特征学习与模式分类

6.3.1 特征学习

1. 空域特征学习

空域特征优化又称为空间滤波,主要通过优化多导联 EEG 信号的加权组合得到具有更高信噪比的特征信号以提高分类性能。由于大脑电信号的容积传导特性,大脑皮层所采集到的 EEG 信号往往表现出较差的空间分辨率。这使得脑电信号的采集通常需要使用多个导联,并根据相应的任务从多个时间段中进行记录,由此所形成的特征向量往往具有较高的维数。考虑到 BCI 系统的实用性,应尽量缩短其校验过程所需时间,因此在系统校验阶段所能采集的训练数据往往十分有限,这就很可能导致维数灾难现象。这就需要在分类前采用合适的特征提取算法对脑电模式进行特征优化,从而达到提高信噪比和降维的目的,以改善最终分类效果。假设在大脑中存在 K 个源信号 $S = [s_1, s_2, \cdots, s_L]^T \in \mathbb{R}^{K \times T}$,其中每个源信号包含 T 个时间点,则通过传导矩阵 $A = [a_1, a_2, \cdots, a_M] \in \mathbb{R}^{K \times C}$ 传输后在大脑皮层所观测到的 C 个导联的 EEG 信号 $X = [x_1, x_2, \cdots, x_M]^T \in \mathbb{R}^{C \times T}$ 可描述为

$$X = A^T S + N \tag{6-1}$$

式中,N 为各通道的噪声。如果忽略该噪声的影响,则理论上可由观测信号 X 和传导矩阵 A 估计出源信号 S。然而在实际应用中,传导矩阵往往是未知的,因此无法直接从式(6-1)中估计出源信号。这时,我们期望寻找一种合适的线性变换 W,由多通道观测信号来近似地估计出源信号 $\widetilde{S}$,而该过程就称为空间滤波,其基本形式可表示如下:

$$\widetilde{S} = W^T X \tag{6-2}$$

式中,$W = [w_1, w_2, \cdots, w_L] \in \mathbb{R}^{C \times K}$,其中每个列向量都视为一个空间滤波器。根据对源信号施加的不同约束假设可以得到满足不同要求的特征。下面我们将简单介绍目前 BCI 研究中常用的空间特征提取(空间滤波)算法。

1) 独立成分分析

独立成分分析(independent component analysis,ICA)[92]是一种尝试将观

测信号分离成统计独立的非高斯信号源线性组合的一种线性变换方法。ICA 假设源信号为非高斯信号且相互之间统计独立,将多变量观测信号分离为若干源信号,并根据一定的先验知识区别出有效源信号和干扰源信号。在对 EEG 的处理过程中,ICA 可被视为一种无监督空间滤波算法。对多导联 EEG 信号进行 ICA 提取独立源信号后,可根据经验知识排除噪声干扰信号,并将对应于噪声源的空间滤波器置零,再重新返回投影即可得到去噪后的 EEG。

目前常用的 ICA 算法包括 Infomax、JADE 和 FastICA[93-95]。其中,Infomax 算法由 Bell 和 Sejnowski 首先提出,它通过最大化熵来提取各独立源信号。FastICA 由 Hyvärinen 首先提出,它是一种基于固定点迭代最大非高斯性的独立源信号的提取算法,具有较高的计算效率,其估计分离矩阵的表达式为

$$w_i^+ = E(\hat{X}G(w_i^{\mathrm{T}}\hat{X})) - E(G'(w_i^{\mathrm{T}}x))w_i$$
$$\widetilde{w}_i = \frac{w_i^+}{\| w_i^+ \|} \tag{6-3}$$

式中,$E(\cdot)$ 表示数学期望,$G(\cdot)$ 是一个与衡量信号非高斯性相关的函数。

2) 共空间模式

共空间模式(common spatial pattern, CSP)[96]是一种通过在包含两类别的数据中寻找一组投影方向 W(即空间滤波器)来最大化投影后两类数据方差差异的信号空间滤波算法。CSP 将使得两类数据在投影后所得到的特征具有最小二乘意义下的最大可判别性。CSP 可表示为如下的瑞利(Rayleigh)商形式

$$w = \underset{w}{\mathrm{argmin}} \frac{w^{\mathrm{T}}\Sigma_1 w}{w^{\mathrm{T}}\Sigma_2 w} \tag{6-4}$$

式中,Σ_l 为第 l 类数据的空间协方差矩阵。给定来自第 l 类中第 i 次试验所采集的 EEG 数据 $X_{l,i} \in \mathbb{R}^{C \times T}$($C$ 个导联 $\times T$ 个时间点),则 Σ_l 可分别计算为 $\Sigma_l = \sum_{i=1}^{N_l} X_{l,i} X_{l,i}^{\mathrm{T}}/N_l$,这里 N_l 指第 l 类数据中的样本数量。利用拉格朗日乘子法可将式(6-4)所描述的最优化问题转化为求解如下的广义特征分解问题:

$$\Sigma_1 W = \Lambda \Sigma_2 W \tag{6-5}$$

式中,Λ 中最大的 L 个特征值所对应的 W 中的特征向量是我们希望求解的 CSP 空间滤波器。目前已有多种正则化的 CSP 算法被提出并成功应用于 BCI 的研究中,取得了不错的空间特征提取效果[97]。

3) Fisher 判别分析

Fisher 判别准则(Fisher's criterion,FC)[98]是一种通过寻找一组投影方向使两类数据在该方向上的投影具有最大的类间区别和最小的类内方差,从而使两类数据间产生最高可判别性的算法。FC 已被广泛用于模式识别领域的各种分类问题,即我们通常所使用的 Fisher 判别分析(Fisher's discriminant analysis,FDA)。此外,我们也可考虑将 FC 作为一种空间滤波算法,以寻找一种空间投影方向 $\boldsymbol{W}$ 来最大化两类 EEG 数据在时间特性上的可判别性[98]。其基本形式可表示如下:

$$w = \underset{w}{\mathrm{argmin}}\, \frac{\boldsymbol{w}^{\mathrm{T}} \boldsymbol{S}_{\mathrm{B}} \boldsymbol{w}}{\boldsymbol{w}^{\mathrm{T}} \boldsymbol{S}_{\mathrm{W}} \boldsymbol{w}} \tag{6-6}$$

式中,$\boldsymbol{S}_{\mathrm{B}}$ 指空间类间散布矩阵,$\boldsymbol{S}_{\mathrm{W}}$ 指空间类内散布矩阵。假设 $\boldsymbol{X}_{l,i} \in \mathbb{R}^{C \times T}$ 为来自第 l 类中第 i 次试验所记录的多导联 EEG 数据,则 $\boldsymbol{S}_{\mathrm{B}}$ 和 $\boldsymbol{S}_{\mathrm{W}}$ 分别可计算如下:

$$\boldsymbol{S}_{\mathrm{B}} = \sum_{l=1}^{2} N_l (\bar{\boldsymbol{X}}_l - \bar{\boldsymbol{X}})(\bar{\boldsymbol{X}}_l - \bar{\boldsymbol{X}})^{\mathrm{T}} \tag{6-7}$$

$$\boldsymbol{S}_{\mathrm{W}} = \sum_{l=1}^{2} \sum_{i \in \mathcal{I}_l} (\boldsymbol{X}_{l,i} - \bar{\boldsymbol{X}}_l)(\boldsymbol{X}_{l,i} - \bar{\boldsymbol{X}}_l)^{\mathrm{T}} \tag{6-8}$$

式中,$\mathcal{I}_l$ 和 N_l 分别指第 l 类数据集和其中包含的数据个数,$\bar{\boldsymbol{X}}_l$ 和 $\bar{\boldsymbol{X}}$ 分别为第 l 类数据的均值和所有两类数据的均值,可分别计算如下:$\bar{\boldsymbol{X}}_l = \sum_{i=1}^{N_l} \boldsymbol{X}_{l,i}/N$,$\boldsymbol{X} = \sum_{i=1}^{N} \boldsymbol{X}_i/N$。同样采用拉格朗日乘子法,可将式(6-6)的最大化问题转化为如下的广义特征值分解问题:

$$\boldsymbol{S}_{\mathrm{B}} \boldsymbol{W} = \boldsymbol{\Lambda} \boldsymbol{S}_{\mathrm{W}} \boldsymbol{W} \tag{6-9}$$

式中,$\boldsymbol{\Lambda}$ 中最大的 K 个特征值所对应 $\boldsymbol{W}$ 中的特征向量为我们希望求解的 FC 空间滤波器。不同于 CSP 算法,FDA 要求学习的投影矩阵能够使得两类数据在投影后的新特征空间中。Pires 等人将 CSP 和 FC 两种算法进行结合,提出了一种基于次优化方式的空间特征优化方法,并在健康受试者和 ALS 受试者的 P300 数据上验证了其特征学习的有效性[98]。该算法首先在多导联 EEG 数据上执行 FC 空间滤波来学习具有较高判别性的空间优化特征,然后对优化后的特征再执行 CSP 空间滤波,进一步增大不同类别间特征的差异性,最后结合两种空间滤波所学习的显著判别特征,有效改善了 BCI 系统中 P300 电位的分类精度。

2. 稀疏特征学习

从大脑皮层记录到的原始 EEG 信号往往包含大量的噪声信息,虽然空间滤波算法可以通过学习多通道的加权组合在一定程度上改善信噪比,但空间滤波后的信号仍可能含有部分冗余成分。为了获得更高的判别性,需要对特征进行进一步的选择和优化。目前,稀疏特征学习已经被广泛应用于模式识别的各个领域中,例如压缩感知、稀疏判别分析和稀疏表示等[99]。大量的实验表明,特定精神任务下所诱发的 EEG 模式在空间、时间或频率特征维上往往呈现较为稀疏的判别特性。因此,稀疏特征学习为 EEG 信号的特征优化提供了一个有效途径。我们首先考虑如下带惩罚项约束的最小二乘回归模型

$$w = \underset{w}{\arg\min} \frac{1}{2} \| \boldsymbol{X}^{\mathrm{T}}w - \boldsymbol{y} \|_2^2 + \Omega \tag{6-10}$$

式中,$\boldsymbol{y} = [y_1, y_2, \cdots, y_N]^{\mathrm{T}}$ 是一个包含类别标签的向量,Ω 是根据实际应用问题所施加的惩罚项,用于控制模型的复杂度,从而使所学习的特征能够更好地刻画真实的样本分布。最常用的惩罚项是对判别向量 w 的 l_2-范数进行约束,即令 $\Omega = \| w \|_2$,以获得较为平滑的投影向量,但它并不能学习到具有稀疏性的判别向量。为了获得稀疏投影向量以排除 EEG 信号中所包含的冗余信息,采用 l_0-范数约束($\Omega = \| w \|_0$)来控制判别向量中的非零元素个数。然而,采用 l_0-范数约束的最小化问题将是一个多项式复杂程度的非确定性(non-deterministic polynomial, NP)问题,无法通过有效的优化算法进行求解。不过在很多实际应用中,我们可以采用 l_1-范数($\Omega = \| w \|_1$)代替 l_0-范数来实现对稀疏投影向量的有效学习。目前有多种算法可以求解 l_1-范数约束的最小二乘问题,其中一种比较典型的算法是最小绝对收缩选择算子(least absolute shrinkage and selection operator, Lásso)[100],其目标函数可表示为

$$w = \underset{w}{\arg\min} \frac{1}{2} \| \boldsymbol{X}^{\mathrm{T}}w - \boldsymbol{y} \|_2^2 + \lambda \| w \|_1 \tag{6-11}$$

式中,λ 是惩罚参数,用于控制投影向量 w 的稀疏性。w 中的元素值反映了对应特征对判别分析的重要性,零元素则表明所对应的特征不具有有效的判别性。λ 值越大则上式学习到的投影向量越稀疏,即 w 中将有更多的零元素,因此只保留下更少的关键特征。需要注意的是特征选择程度往往与实际应用紧密相关,最优的 λ 值通常需要通过交叉验证的方式进行估计。

近年来,在针对 EEG 信号的特征优化问题中,稀疏特征学习已得到了越来越广泛的应用。Blankertz 等人提出了一种基于稀疏正则化的 Fisher 判别分析,

实现了对高维脑电特征的自动选择,有效抑制了噪声信号对分类效果的影响[101]。稀疏 CSP 对 MI EEG 进行最优导联选择。Zhang 等人针对脑电信号识别过程中的频段优化问题,提出了一种稀疏滤波带宽共空间模式算法[102]。该算法首先对原始脑电信号分别在多个子带宽下进行时域滤波和 CSP 空间滤波处理,得到不同频段下的 CSP 特征,并通过稀疏回归自动选择最优的频段特征,有效克服了传统单频段分析方法无法准确定位受试者最优频段特征的问题,成功实现了不同滤波子带宽下的判别特征联合学习,提高了运动想象脑电模式特征学习的鲁棒性。Rivet 等人将 l_1-范数约束引入到 xDAWN 空间滤波方法中,提出了一种针对 P300 特征学习的稀疏空间滤波算法[103]。该算法在估计具有稀疏性空间滤波器的同时实现了 EEG 信号的电极选择和空间加权,改善了所学习特征的可判别性,从而获得了更高的 P300 电位分类精度。

一些学者对上述 Lasso 稀疏特征学习方法进行了进一步的扩展。Yuan 等人提出了一种基于组稀疏模型的特征优化算法,该算法利用 $l_{2,1}$-范数代替传统的 l_1-范数约束,有效实现了对分组特征的自动选择,目前已被广泛应用于解决模式识别领域中的多任务特征学习问题[104]。Tomioka 等人成功将组稀疏模型引入到 EEG 信号的特征学习问题中,设计一种整合特征选择和模式分析的判别学习框架[105],其数学表达式可描述如下:

$$\boldsymbol{W} = \underset{\boldsymbol{w}}{\mathrm{argmin}} \frac{1}{2} \parallel \boldsymbol{X}^{\mathrm{T}}\boldsymbol{W} - \boldsymbol{y} \parallel_2^2 + \lambda \parallel \boldsymbol{W} \parallel_{2,1} \qquad (6-12)$$

式中,当 $\parallel \boldsymbol{W} \parallel_{2,1} = \sum_{c=1}^{C} \parallel \boldsymbol{W}(:,c) \parallel_2$ 时,该惩罚项中的稀疏约束将作用于 $\boldsymbol{W}$ 中的各列,从而实现对 EEG 信号最优电极的自动选择。而当 $\parallel \boldsymbol{W} \parallel_{2,1} = \sum_{t=1}^{T} \parallel \boldsymbol{W}(:,t) \parallel_2$ 时,该惩罚项中的稀疏约束则将作用于 $\boldsymbol{W}$ 中的各行,从而实现对 EEG 信号时域模式的自动估计。通过同时施加这两种稀疏约束,该判别学习框架实现了最优电极选择和时间基优化两种特征学习功能,有效提高了基于 P300 的 BCI 系统目标检测精度。

3. 多维特征联合学习

上述基于矩阵运算的特征学习算法仅通过空间维的投影来实现对脑电信号的特征提取和降维,很难满足对脑电信号中所包含的时间维、频率维和空间维等多维数据信息进行同时分析处理的要求。而这种同时的多维数据联合分析却很可能帮助我们更有效地挖掘出特定脑电模式的特性,并进行准确分类。因此,多维特征联合学习的实现对 BCI 系统的发展和应用有十分重要的意义。综合考虑脑电信号的空间、时间、频率和相位等多维特性,亟须设计有效的多维脑电特征提取算法,以增强特征提取效果、提高分类准确率。

　　基于张量分解的多维特征学习方法由 Cichocki 等人首先引入到解决脑电信号的特征优化问题中,这种多维数据分析对所提取出的脑电模式特征提供了更加符合其神经生理学意义的解释[106]。可根据 EEG 数据在不同信息维的特性来设计特定的约束。

　　目前,常用的张量分解模型主要包括 Canonical Polyadic(CP)分解和Tucker 分解两种,如图 6‑11 所示。给定 N 维张量数据 $\boldsymbol{X} \in \mathbb{R}^{I_1 \times I_2 \times \cdots \times I_N}$, CP模型将其分解为

$$\boldsymbol{X} = \sum_{r=1}^{R} \boldsymbol{u}_r^{(1)} \circ \boldsymbol{u}_r^{(2)} \circ \cdots \circ \boldsymbol{u}_r^{(N)} \tag{6-13}$$

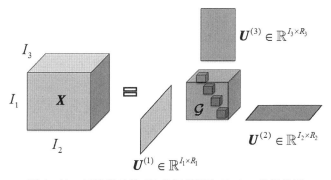

图 6‑11　三阶张量的 CP 分解模型和 Tucker 分解模型

式中,"∘"表示向量内积,使得上式成立的最小 R 值被称为张量秩。可见 CP 分解是将高维张量表示为一系列的秩‑1 张量之和。相比 CP 分解而言,Tucker 分解是一种更具一般形式的模型,它将张量数据分解为

$$\boldsymbol{X} = \mathcal{G} \times_1 \boldsymbol{U}^{(1)} \times_2 \boldsymbol{U}^{(2)} \cdots \times_N \boldsymbol{U}^{(N)} \tag{6-14}$$

式中,$\mathcal{G} \in \mathbb{R}^{R_1 \times R_2 \times \cdots \times R_N}$ 称为核张量,其元素反映了因子矩阵列之间的相互关系,$\boldsymbol{U}^{(n)} \in \mathbb{R}^{I_n \times R_n}$ 是因子矩阵,"$\times_n$"表示张量与矩阵的模‑n 乘法。可以看出,CP 分解其实是 Tucker 分解的一种特殊情况,即当 $R_1 = R_1 = \cdots = R_N = R$ 时,Tucker 分解等价于 CP 分解。

　　对于小训练样本集条件下的 ERP 分类问题,传统的线性判别分析方法采用了向量化的高维特征来训练分类器,而这恰恰是导致所学习的分类器在有限系统校验时间得到较差泛化性能的主要原因。此外,简单的特征串联忽略了 ERP电位潜在的多维结构特性,这使得隐藏在 EEG 信号多维数据结构中的显著判别

信息无法被有效挖掘出来,因此往往很难获得十分理想的目标分类精度。

我们可以构造多维 EEG 张量数据,并利用张量分解技术实现对多维判别信息的充分挖掘。Zhang 等人通过对 Fisher 空间滤波算法进行多维扩展,提出了一种空间-时间多维判别分析算法(STDA)[20]。该算法构造了一种空间-时间多维样本来作为矩阵特征。这种矩阵特征很好地保留了 EEG 原有的空间-时间结构特性。基于这种空间-时间样本,STDA 算法在 ERP 矩阵特征的空间维和时间维上进行协同优化,交替学习两个信息维上的投影矩阵,从而使投影后的特征在目标类和非目标类之间的可判别性达到最大化。该算法利用所学习的两个投影矩阵将构造的各空间-时间多维样本转化为新的维数显著降低的一维样本,从而有效改善判别分析中协方差矩阵的估计效果,提高了小样本下 ERP 电位的分类精度,缩短了 BCI 系统校验时间。Onishi 等人利用不同参数下的多项式模型来拟合真实的 P300 波形,获得了多种 P300 特性尺度下的 EEG 样本,将不同尺度下的样本进行堆叠构成了 EEG 张量数据,并成功引入张量判别分析,通过对 ERP 电位空间维、时间维和不同尺度下特征信息的联合学习和降维有效实现了 EEG 信号的多维结构特征学习,该方法在 P300 电位的分类问题中表现出了良好的性能[107]。

近年来,随着矩阵补全技术在计算机科学领域的迅速发展,基于张量分析的多维数据补全方法也逐渐受到模式识别领域学者们的关注。在基于 ERP 的 BCI 系统模式识别校验过程中,那些含有较严重噪声干扰的样本往往会被直接丢弃,以避免噪声信息对分类器学习性能造成不良影响。然而,对 BCI 系统实用性的要求限制了系统校验阶段可获取的训练样本量,而丢弃部分样本将使小样本问题变得更加严重,这很可能导致学习分类器的过拟合现象进一步恶化。为解决该问题,Zhang 等人提出一种基于张量分析的多维低秩近似算法,充分研究 EEG 信号的多维信息低秩表示方法,实现了对 ERP 样本中所包含的噪声数据点的准确估计与修复,显著改善了噪声环境下对目标指令检测的可靠性[108]。

可见,基于张量分解的多维特征学习模型为我们提供了一种更为灵活的特征学习技术。我们可依据特定脑电模式在不同数据维上的特性有针对性地施加相应的约束限制,以避免多维分析算法对噪声信号出现过拟合,充分挖掘不同信息维上更加符合神经生理学意义的判别特征,进一步增强算法的有效性和鲁棒性。例如,可在多维脑电数据的空间、时间和频率维分析的基础上同时分别施加稀疏、平滑和非负正则化,实现相应的多维正则化处理。这些功能都是基于矩阵分析的传统特征学习方法所不具备的。

6.3.2 分类模型构建

1. 正则化分类模型学习

如前所述,BCI 系统分类过程往往受到高维小样本条件的制约,且脑电信号本身也受到其他噪声信号的干扰,因此上述算法在对模式特征进行分析时较容易出现过拟合现象,很难得到最佳的分类效果。针对该问题,一种有效的解决途径是根据应用需要对分析算法进行正则化处理。目前应用于 BCI 系统中P300 分类的正则化算法主要包括逐步线性判别分析、收缩线性判别分析以及支持向量机等 3 种方式。

1) 逐步线性判别分析

逐步线性判别分析(Stepwise LDA,SWLDA)[109]可被视为 FDA 的一种扩展,它通过执行基于统计测试的前向、后向逐步线性回归来反复地加入和去除特征,以达到特征降维并只保留具有显著判别性特征的目的,并由此寻找最优的判别投影方向。SWLDA 的基本思想具体可描述为逐步引入特征变量,每次引入一个“最显著”的特征变量,同时也检验先前引入的特征变量,如果先前引入的特征变量判别能力随新引入特征变量的变化不显著,则将其从判别模型中去除,直到判别模型中的各特征变量都具有显著判别能力,且剩下来的特征变量均无法满足引入判别模型的显著性要求时,结束逐步统计分析。在执行 SWLDA 时,需预先设定三个参数:两个分别用于控制添加和去除特征的统计测试 p 值和保留特征的最大个数。目前 SWLDA 已被广泛应用于基于 P300 的 BCI 中。

2) 收缩线性判别分析

从模式识别角度来考虑,传统 LDA 在小训练样本集下的分类效果较差主要是由于样本的协方差矩阵得不到准确地估计。这种协方差矩阵的不准确估计可以描述为一种系统性误差:协方差矩阵较小的特征值被估计得过小,而较大的特征值则被估计得过大,因此其在很大程度上降低了 LDA 分类器的泛化能力。收缩线性判别分析(Shrinkage LDA,SKLDA)尝试利用一种协方差矩阵收缩技术[110]将被过小和过大估计的特征值向特征均值进行收缩,从而使调整后的协方差矩阵更接近真实的协方差矩阵,以此来改善分类器的泛化性能。该协方差矩阵收缩技术可表示如下:

$$\widetilde{\boldsymbol{\Sigma}} = (1-\lambda)\boldsymbol{\Sigma} + \lambda\nu\boldsymbol{I} \qquad (6-15)$$

式中,λ 是一个收缩参数,用于控制特征值的缩放程度,其解析解可按照文献[111]中的方法来求解;$\nu = \mathrm{tr}(\boldsymbol{\Sigma})/D$,为原协方差矩阵特征值的平均值,$D$ 指特征空间的维数。SKLDA 已被应用于基于运动想象的 BCI[112] 以及单次试验的 ERP 分类中[111],在小训练样本集下依然表现出了优良的分类性能。

3) 支持向量机

支持向量机(support vector machine,SVM)同样是通过学习一个合适的超平面来分类两类特征[113]。然而不同于 LDA 的是 SVM 所寻找的超平面是为了使属于两个不同类别数据点的间隔最大化,该超平面又被称为最大间隔超平面。SVM 在解决小样本及高维特征分类中表现出了其特有的优势,其数学表达式为

$$\min_{w,b,\xi} \frac{1}{2}\|w\|_2^2 + C\sum_{p=1}^P \xi_p,$$
$$\text{s. t. } y_p(\langle w, x_p\rangle + b) \geqslant 1 - \xi_p; \xi_p \geqslant 0 \ \forall p \in \{1, 2, \cdots, P\}$$

$$(6-16)$$

式中,ξ_p 是一个松弛变量,用于保证数据在线性不可分的情况下上述的优化问题仍然有解。C 是一个调整参数,其作用类似于正则化 LDA 中调整参数的作用,但在没有先验知识的情况下,通常需要利用交叉验证训练样本集对其进行估计。目前 SVM 已被广泛地应用于各种 BCI 系统中,并取得了良好的分类效果[114-116]。另外,SVM 的一些变种也相继被设计出并应用到 BCI 中,例如,基于导联加权的 SVM(sw-SVM)应用于 P300 分类[117]、基于模糊理论的 SVM 应用于运动感知节律(ERD/ERS)分类[118] 以及基于直推式的 SVM 应用于降低 BCI 系统的训练校验要求[119] 等。

我们可以将式(6-16)的对偶形式表示如下

$$\max_{\alpha_1, \cdots, \alpha_P} \sum_{p=1}^P \alpha_p - \frac{1}{2}\sum_{p=1}^P\sum_{q=1}^P \alpha_p\alpha_q y_p y_q [x_p, x_q],$$
$$\text{s. t. } \sum_{p=1}^P \alpha_p y_p = 0; 0 \leqslant \alpha_p \leqslant C \ \forall p \in \{1, 2, \cdots, P\} \quad (6-17)$$

由于这里的内积 $[x_p, x_q]$ 是一个线性函数,所以其描述的 SVM 通常又被称为基于线性核的 SVM(linear SVM,LSVM)。当我们利用其他非线性核函数 $K(x_p, x_q)$ 代替这里的内积时,就形成了基于非线性核的 SVM。BCI 研究中通常使用的非线性核函数为高斯核,即

$$K(x_p, y_q) = \exp\left(\frac{-\|x_p - x_q\|_2^2}{2\sigma^2}\right) \quad (6-18)$$

而相应的 SVM 则被称为高斯 SVM(Gaussian SVM,GSVM)。GSVM 已被应用于基于 P300 的 BCI 中,并取得了不错的分类效果[114]。

2. 贝叶斯分类模型

尽管正则化技术有效改善了分类模型的泛化性能,然而其效果在很大程度上依赖于对最优正则化参数的准确选择。这些关键性的参数往往根据经验设定,或通过交叉验证方法进行选择。然而,仅依据经验来选择参数显然难以得到理想的模型学习效果,尽管交叉验证可以解决该问题,但它不仅耗时并且需要对受试者采集更多的数据以作为验证集来选择参数,这无疑在很大程度上降低了BCI系统的用户友好性。贝叶斯推论为解决上述难题提供了一条有效途径,在全贝叶斯框架下,所有模型参数均可通过训练数据进行自动学习。

1) 贝叶斯判别分析

Hoffmann 等[10] 提出了一种基于贝叶斯线性判别分析(Bayesian LDA,BLDA)的 P300 分类算法,通过贝叶斯线性回归有效抑制了对高维数据的过拟合,从而得到比一般 LDA 更好的分类性能。该算法对所学习的判别向量引入零均值高斯先验分布。考虑如下的高斯似然函数:

$$p(\boldsymbol{y} \mid \boldsymbol{w}, \sigma^2) = \left(\frac{1}{2\pi\sigma^2}\right)^{\frac{N}{2}} \exp\left(-\frac{1}{2\sigma^2} \parallel \boldsymbol{y} - \boldsymbol{Xw} \parallel_2^2\right) \qquad (6-19)$$

最大化式(6-19)的对数将获得和最小二乘回归同样形式的解 $\boldsymbol{w} = (\boldsymbol{X}^T\boldsymbol{X})^{-1}\boldsymbol{X}^T\boldsymbol{y}$。然而由于缺乏有效的约束,最大似然估计(或最小二乘)的解很可能出现过拟合现象,该问题在小样本情况下尤为严重。在贝叶斯框架下,我们可以通过指定特定的先验信息对分类模型进行约束,从而使其能够更加真实地刻画样本的特征分布,以达到更高的泛化性能。一种常用的零均值高斯先验分布可描述如下:

$$p(\boldsymbol{w} \mid \alpha) = \prod_{d=1}^{D} \mathcal{N}(w_d \mid 0, \alpha^{-1}) = \left(\frac{\alpha}{2\pi}\right)^{\frac{D}{2}} \exp\left(-\frac{\alpha}{2} \parallel \boldsymbol{w} \parallel_2^2\right) \quad (6-20)$$

式中,D 为特征空间的维数,α 是待估计的逆方差超参数。结合似然函数和先验分布,我们可利用贝叶斯准则将后验分布估计如下:

$$p(\boldsymbol{w} \mid \alpha, \sigma^2, \boldsymbol{y}) = \frac{p(\boldsymbol{y} \mid \boldsymbol{w}, \sigma^2)p(\boldsymbol{w} \mid \alpha)}{p(\boldsymbol{y} \mid \alpha, \sigma^2)} \qquad (6-21)$$

由于似然函数和先验分布均服从高斯分布,则后验分布也服从高斯分布,并可由如下的均值和协方差进行描述:

$$\boldsymbol{\mu} = \sigma^{-2}\boldsymbol{\Sigma}\boldsymbol{X}^T\boldsymbol{y}, \quad \boldsymbol{\Sigma} = (\sigma^{-2}\boldsymbol{X}^T\boldsymbol{X} + \alpha\boldsymbol{I})^{-1} \qquad (6-22)$$

其中超参数可通过最大化边界似然(即证据理论[120])进行估计:

$$\alpha \leftarrow \frac{\gamma}{\boldsymbol{\mu}^{\mathrm{T}} \boldsymbol{\mu}}, \ \sigma^2 \leftarrow \frac{\| \boldsymbol{y} - \boldsymbol{X} \boldsymbol{\mu} \|_2^2}{N - \gamma} \tag{6-23}$$

式中,$\gamma = \sum_{d=1}^{D} \eta_d / (\alpha + \eta_d)$,$\eta_d$ 是矩阵 $\boldsymbol{X}^{\mathrm{T}} \boldsymbol{X} / \sigma^2$ 的第 d 个元素。

2) 稀疏贝叶斯学习

BLDA 算法中采用了标准的零均值高斯先验,其作用与 l_2-范数约束相似,可以缓解过拟合现象,但无法学习到具有稀疏特性的判别向量,从而缺乏对显著特征的自动选择能力。稀疏贝叶斯学习(sparse Bayesian learning, SBL)由 Tipping[121]首先提出。不同于 BLDA 方法中所采用的标准高斯先验分布,SBL 算法定义了如下的独立高斯先验:

$$p(\boldsymbol{w} \mid \boldsymbol{\alpha}) = \prod_{d=1}^{D} \left(\frac{\alpha_d}{2\pi} \right)^{\frac{1}{2}} \exp\left(-\frac{1}{2} \alpha_d w_d^2 \right) \tag{6-24}$$

式中,$\boldsymbol{\alpha} = [\alpha_1, \alpha_2, \cdots, \alpha_D]^{\mathrm{T}}$ 是一个超参数向量,其中各项分别用于控制每个元素的稀疏性。结合似然函数,并利用贝叶斯准则可将后验分布的均值和协方差估计为

$$\boldsymbol{\Sigma} = (\sigma^{-2} \boldsymbol{X}^{\mathrm{T}} \boldsymbol{X} + \boldsymbol{\Lambda})^{-1}, \ \boldsymbol{\mu} = \sigma^{-2} \boldsymbol{\Sigma} \boldsymbol{X}^{\mathrm{T}} \boldsymbol{y} \tag{6-25}$$

式中,$\boldsymbol{\Lambda} = \mathrm{diag}[\alpha_1, \alpha_2, \cdots, \alpha_D]$。 基于证据理论的边界似然最大化策略[120],可将模型超参数估计如下:

$$\alpha_d \leftarrow \frac{\gamma_d}{\mu_d^2}, \ \sigma^2 \leftarrow \frac{\| \boldsymbol{y} - \boldsymbol{X} \boldsymbol{\mu} \|_2^2}{N - \sum_{d=1}^{D} \gamma_d} \tag{6-26}$$

式中,μ_d 是第 d 个后验均值;$\gamma_d = 1 - \alpha_d \Sigma_{dd}$;$\Sigma_{dd}$ 是后验协方差矩阵的第 d 个对角线元素。

通过对比 BLDA 和 SBL 的先验和后验分布,如图 6-12 所示可以发现,相比传统的高斯先验,SBL 中所采用的独立高斯先验使后验分布朝向坐标轴方向进行了显著的收缩,从而获得了更为稀疏的判别向量。然而,该后验分布呈现出双峰特性,这可能对同一样本集估计出不同的结果,该问题随着特征维数的增加将变得更加突出。因此,在采用 SBL 对小样本下 ERP 高维特征进行分类时,可能并不能达到最优的分类性能。

为解决上述问题,Zhang 等人进一步引入拉普拉斯(Laplacian)先验(见图 6-12),即针对基于事件相关电位脑-机接口中的小样本问题,提出了一种基于

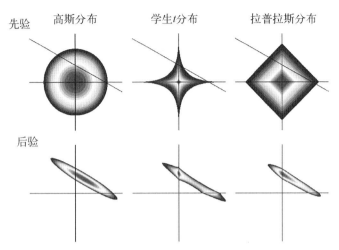

图 6 - 12 不同类型的先验分布和后验分布对比

Laplacian 先验的稀疏贝叶斯分类算法[22]。该算法通过分层贝叶斯的方式有效实现了 Laplacian 先验下的概率模型学习,所估计的后验分布呈现单峰特性,能够准确获得合适的模型稀疏程度,从而实现了有效判别特征的自动选择。实验分析表明该算法显著改善了基于事件相关电位脑-机接口的目标分类精度,有效减少了所需训练样本数量,提高了 BCI 系统的实用性。

除了稀疏特征优化和判别模型学习外,SBL 还有很多值得进一步深入探索的其他潜在应用,如最优电极选择、EEG 信号溯源分析和最优脑电模式频段优化等。Yu 等人将 SBL 中的独立高斯先验进行扩展,提出了一种基于组自相关决定的 P300 最优电极自动选择算法[122]。该算法对传统 SBL 学习模型中的先验分布进行改进,设计了一种分组独立高斯先验,达到了对各电极数据的稀疏性有效控制的目的,并通过边界似然最大化对模型超参数进行自动估计,有效实现了 P300 电位最优电极的自动选择,并取得了良好的 P300 分类性能。

3. 公用和集成分类模型构建

BCI 系统的性能好坏在很大程度上依赖于用户的精神状态。尤其是对于患者用户而言,过长的系统校验时间将会使其产生较大的精神负担,从而极大地影响系统的整体性能。因此,BCI 系统在校验阶段可获取的训练样本数量往往十分有限,训练样本量过少将出现过拟合现象,这就使得对分类模型的准确构建变得更加困难。为了尽可能降低对受试者训练数据量的要求,已有研究将半监督学习和自适应学习思想引入到现有分类算法中,这种方式对改善 BCI 系统的实用性起到了良好的促进作用。

1) 公用模型

构建公用分类模型为解决上述小样本问题提供了一个有效途径,其基本思想是通过分析不同受试者间特征的共性和差异性,利用已有其他受试者的数据来补充目标受试者的训练数据集,从而实现在小样本情况下学习到较高泛化性能的分类器。Jin 等人针对 P300 分类模型学习的实验分析初步验证了公用分类模型对事件相关 P300 电位的识别效果,实验结果表明利用其他受试者已有数据来补充目标受试者训练数据以学习分类模型的可行性,并指出结合在线模型训练策略可能进一步提升系统整体性能[21]。Lu 等人提出了一种基于多正则化参数的聚合分类算法,通过利用其他受试者的数据对目标受试者 CSP 空间滤波器进行构造,有效提高了小样本下基于 CSP 特征的 EEG 信号分类性能[97]。Vidaurre 等人提出了一种无监督自适应 LDA 算法,通过对 EEG 样本整体均值和协方差自适应估计,实现了对分类模型参数的自动修正,保证了分类模型在BCI 使用过程中的泛化性能,有效缩短了系统校验时间[123]。Zink 等人提出了一种基于 CP 分解的张量分类算法,通过串联目标和非目标受试者的 EEG 信号实现张量数据的构造,利用多维学习充分挖掘 P300 电位的空间-时间模式,有效实现了 BCI 公用分类模型的学习,该算法被成功应用于基于听觉刺激 P300 的BCI 系统中,达到了显著减少系统校验时间的目的[124]。

2) 集成分类模型

目前,大部分 BCI 系统的 EEG 模式分类研究中都只采用了单个分类器,然而由于不同类型的单个分类器存在不同缺陷,很难真正对特定分类问题达到十分理想的效果。这时,可以考虑采用组合分类器的方式来优化分类模型。通常可以通过如下两种组合方式对多个单分类器进行组合:① 多个同类型但具有不同参数的分类器组合;② 不同类型的分类器组合。多个分类器的组合可以弥补单个分类器的缺陷并融合其各自的优点,可以降低组合后的分类器陷入过拟合的风险,以增强分类器泛化能力,由此可对 EEG 模式特征的分类效果起到一定的促进作用。

由于 EEG 信号极易受到噪声干扰,对同一受试者在同一实验范式的多次试验中所记录到的 EEG 信号也可能呈现出较大的差异性,从而导致所学习的分类模型无法准确地刻画出真实样本的特征分布,而该问题在复杂应用环境下将显得更加突出。为了降低这种试验间信号差异性对分类结果带来的不良影响,Rakotomamonjy 等人提出了一种基于线性 SVM 的集成分类模型,并成功应用于 P300 电位的分类任务中[125]。该方法首先将 EEG 训练数据集拆分为若干子训练集,在每个子训练集下进行最优导联选择和 SVM 分类器学习,最后将所有子训练集下所学习的 SVM 分类模型的预测输出值进行平均,得到最终的分类结果。该集成 SVM 分类算法有效克服了试验间数据差异性对分类模型学习的影响,表现出了良好的 P300 分类性能。

尽管稀疏判别分析已被成功应用于脑电特征分类,然而其算法有效性在很大程度上依赖于稀疏参数的选择,该参数往往根据交叉验证进行选择。此外,使用选择的单一稀疏参数将忽略在其他稀疏参数下可能获得的判别性能,从而无法达到最优的目标分类性能。考虑不同稀疏程度下学习的特征可能提供相互辅助的判别信息,Zhang 等人提出了一种聚集稀疏判别分析算法,该算法首先在不同的惩罚参数下学习相应的稀疏判别模型,将测试样本在不同判别模型下所得到的分类分数在 AUC(接收者操作特征曲线与坐标轴围成的面积)标准下进行融合,从而实现基于多惩罚参数的稀疏判别集成学习模型,巧妙地解决了传统稀疏表示方法中的参数选择问题,有效提高了脑电特征分类模型的可靠性,增强了脑-机接口系统的鲁棒性[126]。

4. 神经网络与深度学习

神经网络是一种模仿生物神经网络结构和功能的数学计算模型,主要用于对目标函数或预测模型进行估计,尤其适用于揭示观测与预测之间的非线性关系。一个典型的神经网络算法主要由网络结构、激励函数和学习规则三部分组成。目前,多层感知器(multilayer perceptron,MLP)是在 EEG 分析中使用最为广泛的一种神经网络算法[127]。MLP 通常由多层神经元组成,包括一个输入层、一个或多个隐层和一个输出层,每一个神经元的输入和前一个神经元的输出相互连接,而输出层的神经元则决定了输入特征向量的类别。MLP 属于万能逼近器,只要设计足够多的隐层和神经元,它可以近似任意一个连续函数,因此它已被应用于多种 EEG 模式的分类问题中[128]。然而,MLP 对包含噪声且不稳定的 EEG 信号比较敏感,容易出现过拟合现象,从而可能在一定程度上降低分类器的泛化能力,因此其在 BCI 实际系统开发中并未被广泛采用[128]。在将 MLP 应用于 BCI 系统中的 EEG 分类问题中,我们需要仔细地考虑如何设计 MLP 的隐层和神经元的结构。

超限学习机(extreme learning machine,ELM)是在单隐层前馈神经网络基础上发展起来的一种简单实用的分类器学习模型,近年来已引起模式识别领域研究学者的广泛关注[129]。传统的单隐层前馈神经网络的学习方法主要包括两个步骤:① 初始化输入层与隐层的连接权值以及隐层与输出层的连接权值;② 计算输出层的误差,并通过反向传播不断修正前面的连接权值,直至输出误差满足要求。反向传播算法利用迭代优化将误差逐步降低,然而过低学习率会导致训练速度过慢,过大的学习率则会使系统无法收敛到稳定结构。ELM 理论表明输入层与隐层之间的连接权值可依据特定的分布进行随机赋值,而无须进行迭代学习,隐层与输出层的连接权值则可转化为最小二乘问题进行求解,这大大简化了神经网络模型的学习过程,并降低了模型陷入过拟合的风险。由于 ELM 计算要求相对较低且可获得与 SVM 相媲美的泛化性能,目前 ELM 已被越来越多地应用于 EEG 信号的分析中。

如前所述,神经网络的结构越复杂(如隐层数越多,每个隐层中的神经元越多),则理论上该模型就能够完成更为复杂的学习任务。然而,神经网络结构越复杂意味着需要学习的模型参数越多,在有限的训练样本集下很容易出现过拟合问题,从而无法获得具有较高泛化性能的可靠分类模型。此外,对具有多隐层结构的神经网络直接采用经典的反向传播算法进行学习,将会因为误差在多隐层内逆向传播时出现发散现象而无法收敛到稳定模型[130]。因此,传统神经网络算法中基本都只采用了复杂度较低的浅层网络结构以避免模型泛化性能受到影响,但这种浅层的网络结构却很难从复杂的数据中学习出较为抽象的特征信息,而这些高水平的特征信息则很可能对判别模型的构建起到十分关键的作用。近年来,深度学习作为一种深层的神经网络学习方法已在大数据背景下展现了其强大的特征学习能力,它通过逐层学习能够从简单的低水平特征挖掘出更抽象的高水平特征。目前,在模式识别领域中应用最为广泛的深度学习模型主要包括深度信念网络(deep belief network,DBN)、堆叠自编码(stacked autoencoder,SAE)以及卷积神经网络(CNN)[130]等。围绕 EEG 信号分析的深度学习模型的构建逐渐成为 BCI 领域的研究热点。Cecotti 等人首先将深度学习思想引入到解决 BCI 系统中的 P300 模式识别问题中,提出了一种基于 CNN 的 P300 深度分类模型[131]。该 CNN 模型的隐层结构由 2 个卷积层和 1 个全连接层组成,实现了对 P300 波形时域特征的准确学习,并结合多个 CNN 模型的集成学习策略有效提高了 BCI 系统对 P300 电位的分类精度。不过,深度特征学习和分类方法在 BCI 应用领域中的研究尚处于起步阶段,其更多的潜在应用还有待进一步深入探索和挖掘。

6.3.3 空闲状态识别算法

1. 异步脑-机接口与空闲状态识别

异步脑-机接口(asynchronous BCI)是脑-机接口走向实用化的重要形态。"异步"是相对本领域研究较充分的"同步"脑-机接口而言的。在同步脑-机接口中,用户需要根据脑-机接口系统工作的时间节奏,在特定时间窗内执行特定的思维活动任务以实现控制或通信,脑-机接口系统只对时间窗内的脑神经活动信号进行解析。在异步脑-机接口中,用户可以在任意时刻进行脑-机接口指令的输出,系统在用户有控制意图时处于工作状态,而在其他时间处于空闲状态。与同步系统相比,将固定时间窗策略扩展为连续时间过程的全面检测并不难,只需要让脑-机接口系统在足够密集的滑动时间窗内工作即可。其中最大的挑战是如何有效区分用户的大脑是否处于工作状态,这就涉及工作状态与空闲状态大脑思维活动模式的差异分析,而这一问题的研究还相对较少。

区分工作状态与空闲状态的最大挑战在于对空闲状态时大脑神经活动模式建立可计算的数学模型。空闲状态与工作状态的最大区别是空闲状态并非一个特定的思维活动状态,而是工作状态之外所有可能状态的集合。对于脑-机接口用户来说,工作状态时是高度专注的,希望完成某控制指令的输出;而空闲状态下,用户可能从事看书、看电视、与他人交谈、睡觉等多种多样的活动。同时,在实际脑-机接口系统使用中,用户在绝大多数时间里往往处于空闲状态,将空闲状态错误地识别为工作状态并发出控制指令会让用户很困扰,这样的困扰或许远远超过工作状态时目标识别错误带来的影响。值得注意的是,脑-机接口系统所要求的实时高速指令输出对空闲状态的检测带来了很大困难,短时前提下的事件相关电位等诱发响应的信噪比较低,不易与自发脑电活动区分开来。

为了应对上述问题,研究者主要采取了以下几种方法:一是搭建混合脑-机接口系统,通过其他脑-机接口范式或技术的辅助以实现更加有效的空闲状态识别;二是通过模式识别方法并结合一定量的空闲状态数据构建工作状态与空闲状态的分类算法;三是充分挖掘事件相关电位脑-机接口范式中脑电数据的生理特性,构建针对性的算法以实现异步脑-电接口的运行。接下来我们分三个小节分别进行介绍。

2. 基于混合脑-机接口设计的空闲状态识别

混合脑-机接口是综合利用不同脑-机接口系统范式,整合其优点,以实现具有更高的系统实用性的脑-机接口类型。对于事件相关电位脑-机接口来说,无论是经典的 P3 拼写器,还是最近提出的 N2 拼写器等代表性应用,短时间少试次的事件相关电位信号难以与自发脑电很好地区分开,这是脑-机接口系统走向异步实用化的最大困难。与事件相关电位相比,另外两类在脑-机接口领域常用的信号,即想象运动的事件相关去同步化节律活动和稳态视觉诱发电位,在短时情境下有相对较高的信噪比,可用来辅助事件相关电位脑-机接口系统实现异步操作。

以运动想象为例,混合脑-机接口系统可以不断检测用户的感觉运动皮层特定脑区是否出现 μ 节律的能量下降(事件相关去同步化),并以运动想象事件的检出作为开关来触发事件相关电位的脑-机接口应用程序。已有研究表明,用户可以很好地完成想象运动任务与 P3 拼写器注意任务的顺序执行或并行执行[132],在保持各自范式原有分类性能的同时并未明显增加任务负荷,这展示了这类设计思路的可行性。

同样的思路也可以用于与稳态视觉诱发电位脑-机接口的混合设计中。在一项 P3 拼写器的混合设计研究中,研究者让所有字符组成的矩阵在行列刺激之外进行黑白交替的快速稳态闪烁[132]。当用户操作 P3 拼写器时,不仅有行列刺激引起的事件相关电位响应,还伴随黑白交替刺激引起的稳态视觉诱发电位。脑-机接口系统仅在检测到可靠的稳态视觉诱发响应时才激活 P3 拼写器进行字符输出。该项研究结果表明,有无稳态视觉诱发刺激对用户的 P3 拼写器判别准确率影响不大。更重要的是,该混合系统在空闲状态下仅有 4.2% 的概率会输出虚假报警信息。稳态视觉诱发电位的短时高信噪比在该系统中起到了很大的作用。

3. 基于模式识别方法的工作状态与空闲状态分类

另一些研究者从模式识别与机器学习的角度探索工作状态与空闲状态的区别。为此,研究者通过实验采集具有代表性的空闲状态脑电数据(比如看书、交谈、闭眼休息等场景),尝试提取这一复杂状态的关键脑电特征,构建区分工作状态与空闲状态的分类器。

一项较早的研究通过对工作状态及空闲状态下的事件相关电位特征构建高斯拟合模型的方式来表述空闲状态的特征[133]。因为事件相关电位本身是具有高维度的多通道时间过程数据,该研究运用基于高斯核函数的支持向量机算法提取不同状态下的有效特征。结果表明,该算法不仅可以很好地区分工作状态与空闲状态,而且工作状态中注意目标刺激与非目标刺激所诱发的脑电也在该特征上有差异化表达。在实际在线运行过程中,基于该特征的脑-机接口算法在 4 名受试者上所得到的空闲状态虚假报警误判率平均为 0.71 次/分钟,已经初步满足实用化要求。

一些后续的研究也采用了类似的思路,包括使用逐步线性判别法进行空闲状态脑电数据特征提取[134],在事件相关电位之外引入对脑电频谱能量的考察等。虽然在这些研究中空闲状态下的虚假报警率相对较低,但是采用相对有限的脑电数据作为空闲状态的代表性数据本身可能存在一定的局限性。在更加复杂的实际应用情境下,用户的头或身体运动带来的肌电以及环境的电磁干扰等因素在现有模型构建中考虑得也许不够充分。因此,现有研究文献中的结果或许是偏乐观的性能估计。

4. 结合事件相关电位脑-机接口范式脑电数据生理特性的异步系统

如果仅依靠工作状态下的脑电数据就可进行空闲状态识别的话,则可以有效地规避对复杂多变的空闲状态进行建模这一难题。的确,部分研究者通过充分挖掘事件相关电位脑-机接口范式中脑电数据的生理特点,正在逐步开展这个方向的尝试。

在 P3 拼写器的异步脑-机接口系统研究中,有研究者将等时间间隔呈现的行或列刺激所引起的脑电响应看作近似稳态视觉诱发电位,通过检测是否存在与该间隔时间对应的稳态视觉诱发电位来判断用户是否正在注视 P3 拼写器界面[135]。如果用户的确在注视界面,则激活 P3 拼写器的事件相关电位算法,输出用户希望输出的字符。该范式中行列刺激的间隔时间为 200 ms,相当于 5 Hz 的稳态视觉刺激。可以看到,相比工作状态,空闲状态下的稳态视觉诱发电位响应幅度要低得多,与自发脑电相当。在该研究中,21 名受试者在工作状态下完成字符输出任务的平均识别准确率为 99%,同时空闲状态的识别准确率为 93.2%。

另一项研究则针对 N2 拼写器范式的特点提出了一个特别的识别算法[136]。与 P3 拼写器不同的是,N2 拼写器是利用大脑对视觉运动信息的加工处理诱发事件相关电位 N2 成分来实现的。因为人类天然对视觉运动信息十分敏感,视觉注意目标之外的行列视觉运动刺激同样也会引起视觉运动起始诱发电位,只是幅度随刺激与注意目标距离的增加而减小,这是视觉运动起始诱发电位的离心现象[137]。为充分利用这一生理特性,有研究者提出了 ERP 组分析,即将所有行列刺激引起的事件相关电位作为一组,提取 N2 幅度作为特征,依据 N2 幅度在不同行列上的起伏变化关系来判断用户的注意目标。当用户注意第一列时,我们预期看到从第一列到第六列所对应的 N2 幅度逐步下降;当用户注意第三列时,则预期看到 N2 幅度从第三列开始逐步向两侧减小。基于这种思路构建的分类算法在 12 名受试者身上的虚假报警率较低,为 2.3 次/分钟。

6.4　P300 脑-机接口的临床应用及其展望

6.4.1　BCI 潜在的用户群

以著名物理学家霍金为代表的脊髓侧索硬化患者(ALS)、重症肌无力患者、因事故导致高位截瘫的患者等可能是 BCI 技术最主要的受益人群。为了更好地服务上述患者,Wolpaw 等人认为应该通过残疾程度,而不是患病的原因来对潜在的 BCI 用户进行分类。以这种方式评估的潜在 BCI 用户分为三大类:① 丧失所有肌肉功能,处于完全"锁定"状态的人群;② 保持十分有限的神经肌肉控制能力的人群,例如眼睛运动或轻微肌肉抽搐等;③ 仍然保留大量神经肌肉控制,并且可以容易地使用常规肌肉辅助通信技术的人群。

目前还不清楚 BCI 能否被第一类人群即处于完全"锁定"状态的人(如晚期 ALS 或严重的脑性麻痹患者)很好地使用。解决这个问题需要对每个人进行广泛且长期的评估,以解决警觉性、注意力、视觉或听觉能力以及更高皮质功能的基本问题。值得一提的是,研究人员推测,如果在完全锁定状态开始之前,这类人群能够保留使用 BCI 的能力。

目前,第二类人群,即保留部分肌肉功能的人是 BCI 系统的主要用户群。该组的主要用户为依赖呼吸机的 ALS 患者、脑干卒中患者和严重脑瘫患者。通常,他们仅保留非常有限的、容易疲劳并且不可靠的眼睛运动或其他微弱的肌肉功能。因此,这类患者不能很好地利用常规的基于肌肉的辅助通信技术。对于这一组中的人来说,BCI 系统能够提供比常规技术更便利和更可靠的基本通信和控制。

潜在的第三类 BCI 用户群也是目前规模最大的用户群,是那些保留大量神经肌肉控制能力的人。对于这类用户群中的大多数人而言,目前 BCI 系统的能力较为有限。未来,随着 BCI 系统的能力、可靠性和便利性的不断提高,有望让更多来自这个群体中的人受益。

6.4.2 BCI 的临床用途

BCI 的潜在临床用途可分为直接控制辅助技术和神经康复。目前,BCI 已经能够在沟通、运动控制以及环境控制等领域对患者有所帮助,BCI 在神经康复中所起到的作用也逐渐被重视。

1. 沟通

如何帮助处于"锁定"状态的人恢复部分沟通能力一直是 BCI 领域最为重要、也最为紧迫的工作之一。

目前,已经有三种类型的 BCI 系统被广泛测试,分别为缓慢的皮层电位(SCP)、P300 事件相关电位以及感觉运动节律(SMR)。SCP-BCI 和 SMR-BCI 都需要对用户进行充分的训练,才能让患者充分控制大脑活动。经过训练之后,才能产生有效的可应用于 BCI 的信号。相比之下,P300-BCI 在测量大脑对具有特殊意义的刺激(视觉或听觉)反应时,不需要对用户进行太多的培训[138]。

P300 的信号质量相对稳定,并且易于获取。这种特性使基于 P300 的 BCI 能较好地在临床中发挥作用。Sellers[139] 和 Nijboer 等人[140] 的报告中说,ALS 患者能够使用 P300 拼写器进行沟通。同时,P300-BCI 也能够帮助脑卒中、脊髓损伤、脑瘫、多发性硬化和有其他疾病的患者恢复沟通[10]。这些系统可以通过诸如文本、语音合成器以及词语联想等程序增强通信效率。同时,基于听觉刺激的 P300-BCI 系统对于有视觉障碍的患者是非常有帮助的,但是这类 BCI 的研究相对较少。

2. 环境控制

基于 BCI 的环境控制可以大大提高严重残疾人的生活质量。严重运动障碍的患者一般只能在家里活动。如果他们能够控制环境中的一些东西(如室温、光、有调节功能的床、电视等)将增加他们的幸福感和独立感。

Cincotti 等人在最近的一项研究中试图将 BCI 技术整合到家庭中的环境控制系统中[141]。通过基于 EEG 的 BCI 技术,用户能够远程操作如电灯、电视、立体声设备、床、声音报警器、前门开启器和电话机等,并能够通过无线摄像机监控周边环境。有 14 名健康正常受试者和 4 名患有脊髓性肌萎缩Ⅱ型(SMAⅡ)或 Duchenne 肌营养不良(DMD)的受试者参与了模拟家庭环境的测试。在三个测试阶段(总共 8~12 次),患者的平均准确率为 60%~75%。该研究的初步结果表明,BCI 技术可以辅助患者控制环境,能够使患者获得更多的独立感。此外,这一措施也能一定程度地解放护理人员,减轻他们的工作量。

3. 行动恢复

独立行动的恢复对于瘫痪患者而言是一个非常重要的话题。鉴于此,几个 BCI 研究小组试图开发由 BCI 驱动的轮椅,使得患者能够恢复部分行动能力。

Tanaka 等人开发了由 EEG 控制的电动轮椅,EEG 检测到特定指令之后,直接用于控制轮椅[142]。这样的精确控制对用户来说可能是相当苛刻的。Rebsamen 等人报道了由 P300-BCI 系统控制的轮椅,在他们的系统中,其用户从目的地菜单中直接选择目的地[143]。虽然这种方法对用户的要求较低,但对轮椅的实时方向控制能力提出了较高的要求,并且这种方法需要预先储存可能的路径。Millan 和他的小组研究了一种基于与各种心理任务相关的 EEG 活动和共享控制系统的 BCI 控制轮椅,采用智能算法帮助用户在轮椅导航期间获得连续的系统命令。BCI 驾驶轮椅在现实环境中的可用性需要进一步的工作来确认。考虑到安全性,与其他许多 BCI 应用程序相比,BCI 驾驶轮椅要有更高的精度。

4. 神经康复

除了用于沟通和控制之外,BCI 系统还有作为治疗工具的潜力。BCI 能够帮助因受到外伤或疾病而损伤的神经肌肉进行重新学习,从而恢复部分功能。

在综述文献中,Daly 和 Wolpaw 将基于 BCI 的运动学习策略分为两大类[144]。第一类是对患者进行训练,从而产生正常的大脑活动以控制运动功能。这个策略的思路为:如果患者能更好地控制大脑活动,那他们的中枢神经功能也能得到相应恢复和加强。当中枢神经系统的功能加强之后,能够进一步改善运动控制。对脑卒中患者的研究结果表明,这类患者能够对特定脑活动模式进行控制。BCI 的辅助系统可对特定大脑活动进行测量并转换识别,并反馈给用户,让他们感受到控制的加强。

神经康复的第二个策略是使用 BCI 的输出,并激活可移动的辅助设备。这种方法假设中枢神经系统的可塑性能够在外界引导的运动控制中被诱发,从而使功能有所恢复。过去的研究表明,在脑卒中患者的神经康复训练中使用机器人装置辅助运动是有效的[145]。基于 BCI 的治疗可能为标准的神经康复方法提供有益的辅助,并可能通过减少康复治疗的方式来减轻患者的医疗负担。

这一康复治疗思路也正在应用于精神类疾病治疗的探索中。在面向自闭症儿童的康复训练中,BCI 同样起重要作用。与正常儿童相比,自闭症儿童在观看他人运动情景时模仿动机弱,相应的感觉运动皮层激活程度较低。让这些儿童参与基于感觉运动皮层激活程度强弱实时反馈的游戏项目,可以提升他们对感觉运动皮层激活程度的自我控制能力,从而改善自闭症的症状。类似的脑-机接口反馈训练范式也有望在多动症、抑郁症等治疗中发挥积极作用。

6.4.3 BCI 应用实例

虽然 BCI 领域的研究者已经开展了大量实验室探索,但走出实验室向患者提供 BCI 应用系统的案例还较少,这里介绍两个成功的应用案例。

1. 应用实例 1

Sellers 等人在 2010 年的一项研究中报告了一个 BCI 系统在家庭中使用的实例[146]。在一项为期 2.5 年的研究中,一位重度的 ALS 患者(已经无法再使用常规辅助通信技术)独立在家使用新开发的基于 P300 非侵入型的 BCI 系统。

BCI 系统使该 ALS 患者能够继续参与工作和家庭生活,并表现出了不错的性能。在连续三年的时间中,该系统一直保持稳定,可以得到可靠的 P300 成分,并且阻抗也保持在较低水平。该用户使用这套 BCI 系统与家人和朋友进行互动,并继续他的科研事业。他、他的家人和朋友对这套 BCI 系统都很认可,一致认为患者生活质量得到了提高。其他类似的残疾人也开始使用该系统。这是 BCI 开始从实验室研究走向家庭应用的重要一步。

2. 应用实例 2

Holz 等人在 2015 年的一项研究中同样报告了 P300-BCI 在患者家中的情况[147]。在这个案例中,他们为一名 73 岁并患有 ALS 的老画家搭建了 P300-BCI 系统。该系统建立在应用程序"Brain Painting"上,并安装在患者的家中,老画家的家庭和护理人员都接受了 BCI 系统使用培训。在每次使用 BCI 系统之后,老画家都要就主观控制水平、失控程度、疲惫程度、满意度、沮丧感和享受度进行打分,同时对 BCI 系统作为辅助工具的有效程度和令人满意的程度进行打分。

整个 BCI 使用过程持续了 14 周,累计使用超过 200 次。每周老画家都会使用 1~3 次 BCI 系统,平均单次使用时间为 81 min。老画家对 BCI 系统的总体满意度较高,也感觉越来越能够掌控该系统,并且认为 BCI 系统有效地提升了自己的生活质量。更令人欣喜的是,老画家还办了她的个人画展,并规划了后续的多次展出。

6.4.4 BCI 在临床中应用的挑战与前景

1. BCI 系统的可行性

目前 BCI 系统的可行性仍然很差。如果 BCI 应用于现实,最好能够像人们的肌肉一样可靠。如果没有重大改进,BCI 只能起到辅助严重残疾者进行基本的沟通作用。解决这个问题取决于 3 方面:① 在 BCI 操作中增加可逐步适应的功能与操作;② 设计模仿正常中枢神经系统功能 BCI 的可操作性;③ 提供额外脑信号和其他感觉信号反馈的重要性。

在当前的 BCI 中,通常是 BCI 而不是用户决定何时产生输出。理想情况下,BCI 应该是自我调节的。BCI 总是可以利用用户的脑信号单独控制 BCI 输出的产生。使用来自多个区域联合信号的 BCI 接口更有可能对当前情境做出更好的反应,因此可以更好地识别何时输出或不输出。同时,目前的 BCI 主要提供视觉反馈,虽然相对较慢,但往往很有意义。相比之下,基于肌肉的天然技能依赖许多种感觉输入(如皮肤、视觉、听觉),控制涉及高速复合运动(如肢体运动)的 BCI 可能得益于比视觉更快、更准确的感觉反馈。研究者已经开始研究通过刺激器刺激皮质或其他部位以提供这种反馈。

BCI 允许中枢神经系统获得新技能,从而用大脑信号代替产生天然肌肉的脊髓运动神经元。这种基于肌肉的技术依赖于从中枢神经系统到皮层通路的可塑性与可维持性。这种可塑性通常需要几个月或几年的练习。正是通过这种可塑性，婴儿学会了走路和谈话；孩子学习阅读、写作和算术；成年人获得运动和智力技能。现在，也可以让人们用 BCI 重新获得他们失去的能力。在 BCI 系统中，如何有效地设计以及使用户更好地恢复中枢神经系统的功能，并使中枢神经系统更好地配合 BCI 工作是非常重要的。

Nijboer 认为，BCI 技术的设计更应该考虑可用性而不是可靠性[148]。从这个角度来看，重要的是要考虑到潜在患者人群对于 BCI 系统的需求。因为用户的接受才是对于某个医疗辅助系统的最终认可。调查研究表明，患者对使用 BCI 系统有兴趣，但目前的系统不能满足其对速度、准确性和易用性的要求。虽然系统性能（即速度和准确度）对终端用户很重要，但还需要考虑其他使用场景。例如，Liberati 等人在 2015 年的研究中报告，ALS 患者强调，他们希望只通过自己就能控制环境，如打开和关闭灯光、控制电视、回答门铃、调节一个房间的温度等，而不希望这种简单的小事也要麻烦别人[149]。因而，应该着重考虑 BCI 在具体场景中的使用便利性。

2. BCI 系统的普及性

在普及性方面，目前的 BCI 主要用于十分严重的残疾人。由于这个用户群人数相对较少，这使得 BCI 本质上是一种孤立的技术，目前还没有足够的商业利益来激励生产或是促进传播。虽然非侵入式 BCI 系统的初始成本已经相对较低（如 5 000～10 000 美元），但是它们也需要一定的维护成本。所有 BCI 的未来商业能否实现将取决于是否能够减少长期支持的数量和复杂程度、能否增加用户数量以及是否能够确保有保险公司或政府机构可以报销相关费用。

目前已经有证据表明，如果 BCI 系统拥有更好的稳定性和适应性，那它的用户数量将大幅度提高[150]。无论如何，如果 BCI 的功能被进一步改善，并使其具有商业吸引力，那么 BCI 就能得到更好地普及。这样的话既能为商业公司提供财务激励，又能向临床和技术人员提供足够的资金，从而使他们更好地研究和支持 BCI。

3. BCI 系统对患者生活质量的影响

很多研究者也非常关心 BCI 系统是否能够提高患者的生活质量，这个问题目前依旧很难评估。通常，研究者都会选择评估 BCI 系统对于患者心情的影响，以证明该设备有一定的作用。但研究发现 BCI 系统对患者的影响并不特别稳定。Kübler 等人的研究表明，由于个体差异，抑郁症对 ALS 患者的影响也不尽相同，可以发现使用 BCI 的 ALS 患者包含无任何抑郁症状到有严重抑郁症状的所有类型的患者[151]。同时，McLeod 和 Clarke 发现，通过问卷调查评估患者的生活质量随着有限的社会支持走向绝望,其结果并不完全等同于患者的身体状况。另一个复杂因素是,个人的生命价值可能会随着死亡的接近而改变[152]。而BCI 用户大多都处于生命晚期,因而他们对系统的满意程度也一定程度地受到了病程的影响。

因而,如何建立有效的体系来评价 BCI 系统对患者生活质量的影响,对于BCI 系统在临床中的应用而言也是非常大的挑战。

参考文献

[1] Sutton S, Braren M, Zubin J, et al. Evoked-potential correlates of stimulus uncertainly[J]. Science, 1965, 150(3700): 1187 - 1188.

[2] Farwell L A, Donchin E. Talking off the top of your head: toward a mental prosthesis utilizing event-related brain potentials [J]. Electroencephalography and Clinical Neurophysiology, 1988, 70(6): 510 - 523.

[3] Jin J, Daly I, Zhang Y, et al. An optimized ERP brain-computer interface based on facial expression changes[J]. Journal of Neural Engineering, 2014, 11(3): 036004.

[4] Allison B Z, Pineda J A. ERPs evoked by different matrix sizes: implications for a brain computer interface (BCI) system[J]. IEEE Transactions on Neural Systems Rehabilitation Engineering, 2003, 11(2): 110 - 113.

[5] Jin J, Horki P, Brunner C, et al. A new P300 stimulus presentation pattern for EEG-based spelling systems[J]. Biomedical Engineering/Biomedizinische Technik, 2010, 55(4): 203 - 210.

[6] Hong B, Guo F, Liu T, et al. N200-speller using motion-onset visual response [J]. Clinical Neurophysiology, 2009, 120(9): 1658 - 1666.

[7] Jin J, Allison B Z, Wang X Y, et al. A combined brain-computer interface based on P300 potentials and motion-onset visual evoked potentials[J]. Journal of Neuroscience Methods, 2012, 205(2): 265 - 276.

[8] Jin J, Sellers E W, Wang X Y. Targeting an efficient target-to-target interval for P300 speller brain-computer interfaces [J]. Medical and Biological Engineering Comput, 2012, 50(3): 289 - 296.

[9] Piccione F, Giorgi F, Tonin P, et al. P300-based brain computer interface: reliability and performance in healthy and paralysed participants[J]. Clinical Neurophysiology, 2006, 117(3): 531 - 537.

[10] Hoffmann U, Vesin J M, Ebrahimi T, et al. An efficient P300-based brain-computer interface for disabled subjects[J]. Journal of Neuroscience Methods, 2008, 167(1): 115 - 125.

[11] Jin J, Allison B Z, Kaufmann T, et al. The changing face of P300 BCIs: a comparison of stimulus changes in a P300 BCI involving faces, emotion, and movement[J]. PLoS One, 2012, 7(11): e49688.

[12] Zhang Y, Zhao Q B, Jin J, et al. A novel BCI based on ERP components sensitive to configural processing of human faces[J]. Journal of Neural Engineering, 2012, 9 (2): 026018.

[13] Belitski A, Farquhar J, Desain P. P300 audio-visual speller[J]. Journal of Neural Engineering, 2011, 8(2): 025022.

[14] Yin E, Zeyl T, Saab R, et al. An auditory-tactile visual saccade-independent P300 brain-computer interface [J]. International Journal of Neural Systems, 2016, 26 (1): 1650001.

[15] Long J Y, Li Y Q, Yu T Y, et al. Target selection with hybrid feature for BCI-based 2 – D cursor control[J]. IEEE Transactions on Biomedical Engineering, 2012, 59(1): 132 – 140.

[16] Wang M J, Daly I, Allison B Z, et al. A new hybrid BCI paradigm based on P300 and SSVEP[J]. Journal of Neuroscience Methods, 2015, 244: 16 – 25.

[17] Yin E, Zeyl T, Saab R, et al. A hybrid brain-computer interface based on the fusion of P300 and SSVEP scores[J]. IEEE Transactions on Neural Systems and Rehabilitation Engineering, 2015, 23(4): 693 – 701.

[18] Jin J, Allison B Z, Brunner C, et al. P300 Chinese input system based on Bayesian LDA[J]. Biomedizinische Technik, 2010, 55(1): 5 – 18.

[19] Ma T, Li H, Yang H, et al. The extraction of motion-onset VEP BCI features based on deep learning and compressed sensing[J]. Journal of Neuroscience Methods, 2017, 275: 80 – 92.

[20] Zhang Y, Zhou G X, Zhao Q B, et al. Spatial-temporal discriminant analysis for ERP-based brain-computer interface [J]. IEEE Transactions on Neural Systems and Rehabilitation Engineering, 2013, 21(2): 233 – 243.

[21] Jin J, Sellers E W, Zhang Y, et al. Whether generic model works for rapid ERP-based BCI calibration[J]. Journal of Neuroscience Methods, 2013, 212(1): 94 – 99.

[22] Zhang Y, Zhou G X, Jin J, et al. Sparse Bayesian classification of EEG for brain-computer interface[J]. IEEE Transaction on Neural Networks and Learning Systems, 2016, 27(11): 2256 – 2267.

[23] Lugo Z, Rodriguez J, Lechner A, et al. A vibrotactile P300-based brain-computer interface for consciousness detection and communication [J]. Clinical EEG and Neuroscience, 2014, 45(1): 14 – 21.

[24] Riccio A, Holz E M, Arico P, et al. Hybrid P300-based brain-computer interface to

improve usability for people with severe motor disability: electromyographic signals for error correction during a spelling task [J]. Archives of Physical Medicine and Rehabilitation, 2015, 96(3): S54 - S61.

[25] Reeves A, Sperling G. Attention gating in short-term visual memory[J]. Psychological Review, 1986, 93(2): 180 - 206.

[26] Brunner P, Joshi S, Briskin S, et al. Does the 'P300' speller depend on eye gaze? [J]. Journal of Neural Engineering, 2010, 7(5): 056013.

[27] Pires G, Nunes U, Castelo-Branco M. GIBS block speller: toward a gaze-independent P300-based BCI[C]//Annual International Conference of the IEEE Engineering in Medicine and Biology Society, 2011.

[28] Chen L, Jin J, Daly I, et al. Exploring combinations of different color and facial expression stimuli for gaze-independent BCIs [J]. Frontiers in Computational Neuroscience, 2016, 10: 00019.

[29] Townsend G, LaPallo B K, Boulay C B, et al. A novel P300-based brain-computer interface stimulus presentation paradigm: moving beyond rows and columns[J]. Clinical Neurophysiology, 2010, 121(7): 1109 - 1120.

[30] Jin J, Allison B Z, Sellers E W, et al. An adaptive P300-based control system [J]. Journal of Neural Engineering, 2011, 8(3): 036006.

[31] Zhang R, Li Y Q, Yan Y, et al. Control of a wheelchair in an indoor environment based on a brain-computer interface and automated navigation[J]. IEEE Transaction on Neural Systems and Rehabilitation Engineering, 2016, 24(1): 128 - 139.

[32] Jin J, Allison B Z, Zhang Y, et al. An ERP-based BCI using an oddball paradigm with different faces and reduced errors in critical functions[J]. International Journal of Neural Systems, 2014, 24(8): 1450027.

[33] Davis P A. Effects of acoustic stimuli on the waking human brain[J]. Journal of Neurophysiology, 1939, 2: 494 - 499.

[34] Davis H, Zerlin S. Acoustic relations of the human vertex potential[J]. The Journal of the Acoustical Society of America, 1966, 39(1): 109 - 116.

[35] Hyde M. The N1 response and its applications[J]. Audiology and Neuro-otology, 1997, 2(5): 281 - 307.

[36] Sato H, Washizawa Y. A novel EEG-based spelling system using N100 and P300 [J]. Studies in Health Technology and Informatics, 2014, 205: 428 - 432.

[37] Bentin S, Allison T, Puce A, et al. Electrophysiological studies of face perception in humans[J]. Journal of Cognitive Neuroscience, 1996, 8(6): 551 - 565.

[38] Bötzel K, Grüsser O J. Electric brain potentials evoked by pictures of faces and non-faces: a search for "face-specific" EEG-potentials[J]. Experimental Brain Research,

1989，77(2)：349 - 360.

[39] Sutton S，Braren M，Zubin J，et al. Evoked-potential correlates of stimulus uncertainty[J]. Science，1965，150(3700)：1187 - 1188.

[40] Kutas M，Hillyard S A. Reading senseless sentences：brain potentials reflect semantic incongruity[J]. Science，1980，207(4427)：203 - 205.

[41] Kaufmann T，Schulz S M，Grunzinger C，et al. Flashing characters with famous faces improves ERP-based brain-computer interface performance[J]. Journal of Neural Engineering，2011，8(5)：056016.

[42] Rugg M D. Memory and consciousness：a selective review of issues and data[J]. Neuropsychologia，1995，33(9)：1131 - 1141.

[43] Acqualagna L，Treder M S，Schreuder M，et al. A novel brain-computer interface based on the rapid serial visual presentation paradigm[C]//Annual International Conference of the IEEE Engineering in Medicine and Biology. 2010.

[44] Liu Y，Zhou Z T，Hu D W. Gaze independent brain-computer speller with covert visual search tasks[J]. Clinical Neurophysiology，2011，122(6)：1127 - 1136.

[45] Gonsalvez C L，Polich J. P300 amplitude is determined by target-to-target interval [J]. Psychophysiology，2002，39(3)：388 - 396.

[46] Sellers E W，Krusienski D J，McFarland D J，et al. A P300 event-related potential brain-computer interface (BCI)：the effects of matrix size and inter stimulus interval on performance[J]. Biological Psychology，2006，73(3)：242 - 252.

[47] Salvaris M，Sepulveda F. Visual modifications on the P300 speller BCI paradigm [J]. Journal of Neural Engineering，2009，6(4)：046011.

[48] Martens S M，Hill N J，Farquhar J，et al. Overlap and refractory effects in a brain-computer interface speller based on the visual P300 event-related potential[J]. Journal of Neural Engineering，2009，6(2)：026003.

[49] Ikegami S，Takano K，Kondo K，et al. A region-based two-step P300-based brain-computer interface for patients with amyotrophic lateral sclerosis[J]. Clinical Neurophysiology，2014，125(11)：2305 - 2312.

[50] Treder M S，Schmidt N M，Blankertz B. Gaze-independent brain-computer interfaces based on covert attention and feature attention[J]. Journal of Neural Engineering，2011，8(6)：066003.

[51] Jin J，Allison B Z，Sellers E W，et al. Optimized stimulus presentation patterns for an event-related potential EEG-based brain-computer interface[J]. Medical and Biological Engineering and Computing，2011，49(2)：181 - 191.

[52] Townsend G，Platsko V. Pushing the P300-based brain-computer interface beyond 100 bpm：extending performance guided constraints into the temporal domain[J].

Journal Neural Engineering，2016，13(2)：026024.

[53]　Kaufmann T，Schulz S M，Koblitz A，et al. Face stimuli effectively prevent brain-computer interface inefficiency in patients with neurodegenerative disease[J]. Clinical Neurophysiology，2013，124(5)：893 - 900.

[54]　Jin J，Sellers E W，Zhou S J，et al. A P300 brain-computer interface based on a modification of the mismatch negativity paradigm[J]. International Journal of Neural Systems，2015，25(3)：1550011.

[55]　Jin J，Zhang H H，Daly I，et al. An improved P300 pattern in BCI to catch user's attention[J]. Journal of Neural Engineering，2017，14(3)：036001.

[56]　Rizzolatti G，Matelli M. Two different streams form the dorsal visual system：anatomy and functions[J]. Experimental Brain Research，2003，153(2)：146 - 157.

[57]　Heinrich S P. A primer on motion visual evoked potentials [J]. Documenta Ophthalmologica，2007，114(2)：83 - 105.

[58]　Tootell R B，Reppas J B，Dale A M，et al. Visual motion aftereffect in human cortical area MT revealed by functional magnetic resonance imaging[J]. Nature，1995，375 (6527)：139 - 141.

[59]　Kuba M，Kubová Z，Kremláček J，et al. Motion-onset VEPs：characteristics，methods，and diagnostic use[J]. Vision Research，2007，47(2)：189 - 202.

[60]　Hong B，Guo F，Liu T，et al. N200-speller using motion-onset visual response [J]. Clinical Neurophysiology，2009，120(9)：1658 - 1666.

[61]　Neville H J，Lawson D. Attention to central and peripheral visual space in a movement detection task：an event-related potential and behavioral study. I. Normal hearing adults[J]. Brain Research，1987，405(2)：253 - 267.

[62]　Liu T，Goldberg L，Gao S K，et al. An online brain-computer interface using non-flashing visual evoked potentials [J]. Journal of Neural Engineering，2010，7 (3)：036003.

[63]　Xu H，Zhang D，Ouyang M，et al. Employing an active mental task to enhance the performance of auditory attention-based brain-computer interfaces [J]. Clinical Neurophysiology，2013，124(1)：83 - 90.

[64]　Furdea A，Halder S，Krusienski D J，et al. An auditory oddball (P300) spelling system for brain-computer interfaces[J]. Psychophysiology，2009，46(3)：617 - 625.

[65]　Klobassa D S，Vaughan T M，Brunner P，et al. Toward a high-throughput auditory P300-based brain-computer interface[J]. Clinical Neurophysiology，2009，120(7)：1252 - 1261.

[66]　Kübler A，Furdea A，Halder S，et al. A brain-computer interface controlled auditory event-related potential (P300) spelling system for locked-in patients[J]. Annals of the

New York Academy of Ences，2009，1157：90－100.

[67] Guo J，Gao S H，Hong B. An auditory brain-computer interface using active mental response[J]. IEEE Transaction on Neural Systems and Rehabilitation Engineering，2010，18(3)：230－235.

[68] Höhne J，Schreuder M，Blankertz B，et al. A novel 9-class auditory ERP paradigm driving a predictive text entry system[J]. Frontiers in Neuroscience，2011，5：99.

[69] Kathner I，Ruf C A，Pasqualotto E，et al. A portable auditory P300 brain-computer interface with directional cues [J]. Clinical Neurophysiology，2013，124（2）：327－338.

[70] Schreuder M，Rost T，Tangermann M. Listen，You are Writing！Speeding up Online Spelling with a Dynamic Auditory BCI[J]. Frontiers in Neuroscience，2011，5：112.

[71] Nambu I，Ebisawa M，Kogure M，et al. Estimating the intended sound direction of the user：toward an auditory brain-computer interface using out-of-head sound localization[J]. PLoS One，2013，8(2)：e57174.

[72] Höhne J，Tangermann M. Towards user-friendly spelling with an auditory brain-computer interface：the CharStreamer paradigm[J]. PLoS One，2014，9(6)：e98322.

[73] Treder M S，Purwins H，Miklody D，et al. Decoding auditory attention to instruments in polyphonic music using single-trial EEG classification [J]. Journal of Neural Engineering，2014，11(2)：026009.

[74] Huang M，Daly I，Jin J，et al. An exploration of spatial auditory BCI paradigms with different sounds：music notes versus beeps[J]. Cognitive Neurodynamics，2016，10(3)：201－209.

[75] Zhou S J，Allison B Z，Kübler A，et al. Effects of background music on objective and subjective performance measures in an auditory BCI[J]. Frontiers in Computational Neuroscience，2016，10：105.

[76] Brouwer A M，van Erp J B F. A tactile P300 brain-computer interface[J]. Frontiers in Neuroscience，2010，4：19.

[77] Waal M V D，Severens M，Geuze J，et al. Introducing the tactile speller：an ERP-based brain-computer interface for communication[J]. Journal of Netural Engineering，2012，9(4)：045002.

[78] Barbosa S，Pires G，Nunes U. Toward a reliable gaze-independent hybrid BCI combining visual and natural auditory stimuli[J]. Journal of Neuroscience Methods，2016，261：47－61.

[79] Li Y Q，Long J Y，Yu T Y，et al. An EEG-based BCI system for 2－D cursor control by combining Mu/Beta rhythm and P300 potential [J]. IEEE Transactions on Biomedical Engineering，2010，57(10)：2495－2505.

[80] Yu T Y, Li Y Q, Long J Y, et al. A hybrid brain-computer interface-based mail client [J]. Computational and Mathematical Methods in Medicine, 2013, 2013: 750934.

[81] Bhattacharyya S, Konar A, Tibarewala D N. Motor imagery, P300 and error-related EEG-based robot arm movement control for rehabilitation purpose[J]. Medical and Biological Engineering and Computing, 2014, 52(12): 1007 - 1017.

[82] Ma T, Li H, Deng L L, et al. The hybrid BCI system for movement control by combining motor imagery and moving onset visual evoked potential[J]. Journal of Neural Engineering, 2017, 14(2): 026015.

[83] Panicker R C, Puthusserypady S, Sun Y. An asynchronous P300 BCI with SSVEP-based control state detection[J]. IEEE Transactions on Biomedical Engineering, 2011, 58(6): 1781 - 1788.

[84] Choi B, Jo S. A low-cost EEG system-based hybrid brain-computer interface for humanoid robot navigation and recognition[J]. PLoS One, 2013, 8(9): e74583.

[85] Li Y Q, Pan J H, Wang F, et al. A hybrid BCI system combining P300 and SSVEP and its application to wheelchair control [J]. IEEE Transactions on Biomedical Engineering, 2013, 60(11): 3156 - 3166.

[86] Xu M P, Qi H Z, Wan B K, et al. A hybrid BCI speller paradigm combining P300 potential and the SSVEP blocking feature[J]. Journal of Neural Engineering, 2013, 10(2): 026001.

[87] Yin E, Zhou Z T, Jiang J, et al. A novel hybrid BCI speller based on the incorporation of SSVEP into the P300 paradigm[J]. Journal of Neural Engineering, 2013, 10 (2): 026012.

[88] Loughnane G M, Meade E, Reilly R B, et al. Towards a gaze-independent hybrid-BCI based on SSVEPs, alpha-band modulations and the P300 [C]//36th annual international conference of the IEEE engineering in medicine and biology society, 2014.

[89] Yin E, Zhou Z T, Jiang J, et al. A speedy hybrid BCI spelling approach combining P300 and SSVEP[J]. IEEE Transactions on Bimedical Engineering, 2014, 61 (2): 473 - 483.

[90] Combaz A, Van Hulle M M. Simultaneous detection of P300 and steady-state visually evoked potentials for hybrid brain-computer interface [J]. PLoS One, 2015, 10 (3): e0121481.

[91] Chang M H, Lee J S, Heo J, et al. Eliciting dual-frequency SSVEP using a hybrid SSVEP-P300 BCI[J]. Journal of Neuroscience Methods, 2016, 258: 104 - 113.

[92] Xu N, Gao X R, Hong B, et al. BCI competition 2003 — Data set IIb: Enhancing P300 wave detection using ICA-based subspace projections for BCI applications

[J]. IEEE Transactions on Biomedical Engineering，2004，51(6)：1067 - 1072.

[93] Cardoso J F. High-order contrasts for independent component analysis[J]. Neural Computation，1999，11(1)：157 - 192.

[94] Bell A J，Sejnowski T J. An information maximization approach to blind separation and blind deconvolution[J]. Neural Computation，1995，7(6)：1129 - 1159.

[95] Hyvärinen A. Fast and robust fixed-point algorithms for independent component analysis[J]. IEEE Transactions on Neural Networks，1999，10(3)：626 - 634.

[96] Arvaneh M，Guan C，Ang K K，et al. Optimizing the channel selection and classification accuracy in EEG-based BCI[J]. IEEE Transactions on Biomedical Engineering，2011，58(6)：1865 - 1873.

[97] Lu H，Eng H L，Guan C，et al. Regularized common spatial pattern with aggregation for EEG classification in small-sample setting[J]. IEEE Transactions on Biomedical Engineering，2010，57(12)：2936 - 2946.

[98] Pires G，Nunes U，Castelo-Branco M. Statistical spatial filtering for a P300-based BCI：tests in able-bodied，and patients with cerebral palsy and amyotrophic lateral sclerosis[J]. Journal of Neuroscience Methods，2011，195(2)：270 - 281.

[99] Zhang Y，Jin J，Qing X Y，et al. LASSO based stimulus frequency recognition model for SSVEP BCIs[J]. Biomedical Signal Processing and Control，2012，7(2)：104 - 111.

[100] Tibshirani R. Regression shrinkage and selection via the Lasso[J]. Journal of the Royal Statistical Society：Series B (methodological)，1996，58(1)：267 - 288.

[101] Blankertz B，Curio G，Müller K R. Classifying single trial EEG：towards brain computer interfacing[C]//Proceedings of Advances in Neural Information Processing Systems (NIPS 1)，2002.

[102] Zhang Y，Zhou G X，Jin J，et al. Optimizing spatial patterns with sparse filter bands for motor-imagery based brain-computer interface[J]. Journal of Neuroscience Methods，2015，255：85 - 91.

[103] Rivet B，Cecotti H，Phlypo R，et al. EEG sensor selection by sparse spatial filtering in P300 speller brain-computer interface[C]//Annual International Conference on Engineering in Medicine and Biology，2010.

[104] Yuan M，Lin Y. Model selection and estimation in regression with grouped variables [J]. Journal of the Royal Statistical Society，2006，68(1)：49 - 67.

[105] Tomioka R，Müller K R. A regularized discriminative framework for EEG analysis with application to brain-computer interface [J]. NeuroImage，2010，49(1)：415 - 432.

[106] Cichocki A，Washizawa Y，Rutkowski T，et al. Noninvasive BCIs：multiway signal-

processing array decompositions[J]. IEEE Computer, 2008, 41(10): 34 - 42.

[107] Onishi A, Phan A H, Matsuoka K, et al. Tensor classification for P300-based brain computer interface[C]//IEEE International Conference on Acoustics, Speech and Signal Processing, 2012.

[108] Zhang Y, Zhao Q B, Zhou G X, et al. Removal of EEG artifacts for BCI applications using fully Bayesian tensor completion[C]//IEEE International Conference on Acoustics, Speech and Signal Processing, 2016.

[109] Draper N R, Smith H. Applied regression analysis[M]. 2nd ed. New York: Wiley, 1981.

[110] Schäfer J, Strimmer K. A shrinkage approach to large-scale covariance matrix estimation and implications for functional genomics[J]. Statistical Applications in Genetics and Molecular Biology, 2005, 4(1): 32.

[111] Blankertz B, Lemm S, Treder M, et al. Single-trial analysis and classification of ERP components — a tutorial[J]. NeuroImage, 2011, 56(2): 814 - 825.

[112] Vidaurre C, Kramer N, Blankertz B, et al. Time domain parameters as a feature for EEG-based brain-computer interfaces [J]. Neural Networks, 2009, 22 (9): 1313 - 1319.

[113] Van Gestel T, Suykens J A, Lanckriet G, et al. Bayesian framework for least-squares support vector machine classifiers, gaussian processes, and kernel Fisher discriminant analysis[J]. Neural Computation, 2002, 14(5): 1115 - 1147.

[114] Kaper M, Meinicke P, Grossekathoefer U, et al. BCI competition 2003-Data set IIb: support vector machines for the P300 speller paradigm[J]. IEEE Transactions on Biomedical Engineering, 2004, 51(6): 1073 - 1076.

[115] Thulasidas M, Guan C, Wu J K. Robust classification of EEG signal for brain-computer interface[J]. IEEE Transactions on Neural Systems and Rehabilitation Engineering, 2006, 14(1): 24 - 29.

[116] 葛瑜,刘杨,周宗潭,等. 用于脑-机接口 P300 实验的支持向量机分类方法[J]. 计算机工程与设计,2008,29(11): 2859 - 2862.

[117] Jrad N, Congedo M, Phlypo R, et al. sw-SVM: sensor weighting support vector machines for EEG-based brain-computer interfaces [J]. Journal of Neural Engineering, 2011, 8(5): 056004.

[118] Xu Q, Zhou H, Wang Y J, et al. Fuzzy support vector machine for classification of EEG signals using wavelet-based features[J]. Medical Engineering and Physics, 2009, 31(7): 858 - 865.

[119] Liao X, Yao D Z, Li C Y. Transductive SVM for reducing the training effort in BCI [J]. Journal of Neural Engineering, 2007, 4(3): 246 - 254.

[120] MacKay D J. Bayesian Interpolation [J]. Natural Computing，1992，4（3）：415－447.

[121] Tipping M E. Sparse Bayesian learning and the relevance vector machine[J]. Journal of Machine Learning Research，2001，1(1)：211－244.

[122] Yu T Y，Yu Z L，Gu Z H，et al. Grouped automatic relevance determination and its application in channel selection for P300 BCIs[J]. IEEE Transactions on Neural Systems and Rehabilitation Engineering，2015，23(6)：1068－1077.

[123] Vidaurre C，Kawanabe M，von Bunau P，et al. Toward unsupervised adaptation of LDA for brain-computer interfaces [J]. IEEE Transactions on Biomedical Engineering，2011，58(3)：587－597.

[124] Zink R，Hunyadi B，Van Huffel S，et al. Tensor-based classification of an auditory mobile BCI without a subject-specific calibration phase [J]. Journal of Neural Engineering，2016，13(2)：026005.

[125] Rakotomamonjy A，Guigue V. BCI Competition Ⅲ：dataset Ⅱ-ensemble of SVMs for BCI P300 speller[J]. IEEE Transactions on Biomedical Engineering，2008，55(3)：1147－1154.

[126] Zhang Y，Zhou G X，Jin J，et al. Aggregation of sparse linear discriminant analysis for event-related potential classification in brain-computer interface[J]. International Journal of Neural Systems，2014，24(1)：1450003.

[127] Bishop C M. Pattern recognition and machine learning [M]. New York：Springer，2006.

[128] Haselsteiner E，Pfurtscheller G. Using time-dependent neural networks for EEG classification[J]. IEEE Transactions on Rehabilitation Engineering，2000，8(4)：457－463.

[129] Huang G B，Zhu Q Y，Siew C K. Extreme learning machine：theory and applications [J]. Neurocomputing，2006，70(1)：489－501.

[130] 周志华. 机器学习[M].北京：清华大学出版社，2016.

[131] Cecotti H，Graser A. Convolutional neural networks for P300 detection with application to brain-computer interfaces[J]. IEEE Transactions on Pattern Analysis and Machine Intelligence，2011，33(3)：433－445.

[132] Panicker R C，Puthusserypady S，Sun Y. An asynchronous P300 BCI with SSVEP-based control state detection[J]. IEEE Transactions on Biomedical Engineering，2011，58(6)：1781－1788.

[133] Zhang H H，Guan C T，Wang C C. Asynchronous P300-based brain — computer interfaces：a computational approach with statistical models[J]. IEEE Transactions on Biomedical Engineering，2008，55(6)：1754－1763.

［134］　Aloise F，Schettini F，Aricò P，et al. P300-based brain-computer interface for environmental control：an asynchronous approach［J］. Journal of Neural Engineering，2011，8(2)：025025.

［135］　Pinegger A，Faller J，Halder S，et al. Control or non-control state：that is the question! An asynchronous visual P300-based BCI approach［J］. Journal of Neural Engineering，2015，12(1)：014001.

［136］　Zhang D，Song H Y，Xu H L，et al. An N200 speller integrating the spatial profile for the detection of the non-control state［J］. Journal of Neural Engineering，2012，9(2)：026016.

［137］　Kremláček J，Kuba M，Chlubnová J，et al. Effect of stimulus localisation on motion-onset VEP［J］. Vision Research，2004，44(26)：2989 - 3000.

［138］　Mak J N，Wolpaw J R. Clinical applications of brain-computer interfaces：current state and future prospects［J］. IEEE Reviews in Biomedical Engineering，2009，2：187 - 199.

［139］　Sellers E W，Donchin E. A P300-based brain-computer interface：initial tests by ALS patients［J］. Clinical Neurophysiology，2006，117(3)：538 - 548.

［140］　Nijboer F，Sellers E，Mellinger J，et al. A P300-based brain-computer interface for people with amyotrophic lateral sclerosis［J］. Clinical Neurophysiology，2008，119(8)：1909 - 1916.

［141］　Cincotti F，Mattia D，Aloise F，et al. Non-invasive brain-computer interface system：towards its application as assistive technology［J］. Brain Research Bulletin，2008，75(6)：796 - 803.

［142］　Tanaka K，Matsunaga K，Wang H O. Electroencephalogram-based control of an electric wheelchair［J］. IEEE Transactions on Robotics，2005，21(4)：762 - 766.

［143］　Rebsamen B，Burdet E，Guan C，et al. Controlling a wheelchair indoors using thought［J］. IEEE Intelligent Systems，2007，22(2)：18 - 24.

［144］　Daly J J，Wolpaw J R. Brain-computer interfaces in neurological rehabilitation［J］. The Lancet Neurology，2008，7(11)：1032 - 1043.

［145］　Daly J J，Hogan N，Perepezko E M，et al. Response to upper-limb robotics and functional neuromuscular stimulation following stroke［J］. Journal of Rehabilitation Research and Development，2005，42(6)：723 - 736.

［146］　Sellers E W，Vaughan T M，Wolpaw J R. A brain-computer interface for long-term independent home use［J］. Amyotrophic Lateral Sclerosis，2010，11(5)：449 - 455.

［147］　Holz E M，Botrel L，Kaufmann T，et al. Long-term independent brain-computer interface home use improves quality of life of a patient in the locked-in state：a case study［J］. Archives of Physical Medicine and Rehabilitation，2015，96(3 Suppl)：

S16 - S26.

[148] Nijboer F, van de Laar, Gerritsen S, et al. Usability of three electroencephalogram headsets for brain-computer interfaces: a within subject comparison[J]. Interacting with Computers, 2015, 27(5): 500 - 511.

[149] Liberati G, Pizzimenti A, Simione L, et al. Developing brain-computer interfaces from a user-centered perspective: assessing the needs of persons with amyotrophic lateral sclerosis, caregivers, and professionals[J]. Applied Ergonomics, 2015, 50: 139 - 146.

[150] Shih J J, Krusienski D J, Wolpaw J R. Brain-computer interfaces in medicine [J]. Mayo Clinic Proceedings, 2012, 87(3): 268 - 279.

[151] Kübler A, Winter S, Ludolph A C, et al. Severity of depressive symptoms and quality of life in patients with amyotrophic lateral sclerosis[J]. Neurorehabil Neural Repair, 2005, 19(3): 182 - 193.

[152] Mcleod J, Clarke D M. A review of psychosocial aspects of motor neuron disease [J]. Journal of the Neurological Sciences, 2007, 258(1): 4 - 10.

7

基于脑运动想象的脑-机交互及应用

张丽清　李洁　赵启斌　李俊华

张丽清，上海交通大学计算机科学与工程学院计算机科学与工程系，电子邮箱：Zhang-lq@cs.
sjtu. edu. cn
李洁，同济大学电子与信息工程学院计算机科学与技术系，电子邮箱：jieli@tongji. edu. cn
赵启斌，日本理化研究所脑科学研究院，电子邮箱：qbzhao@brain. riken. cn
李俊华，埃塞克大学(英国)计算机科学与电子工程学院，电子邮箱：junhua. li@essex. ac. uk

本章介绍基于运动想象脑-机交互技术的基本框架、神经机理以及核心技术,并进一步探索基于运动想象脑-机交互技术的典型工程应用。

7.1 引言

人类大脑是自然界进化过程中所产生的最复杂、最精致的构件,具有其他动物无法比拟的高级认知功能,为人类提供了语言、记忆、认识、情感等高级信息处理功能。探索和揭示脑的奥秘已成为当代自然科学研究所面临的最重大的挑战之一。理解人类大脑的结构、信息表征与信息存储行为、信息处理过程以及高级认知行为不仅为神经科学、认知科学以及信息科学提出了前沿研究问题,而且对提高人类认知潜能、提高学习与工作效率、保护人类大脑以及预防与治疗疾病等有着极其重要的社会意义和应用价值。

脑-机交互是通过读取特定脑思维模式建立大脑与计算机或其他电子设备的通信和控制技术,而不使用传统周围神经系统。基于运动想象的脑-机交互旨在揭示特定脑思维活动——肢体想象动作产生的脑电模式和变化规律,建立特定脑思维信号模式与行为之间的映像关系。应该指出,当前脑-机交互读取的脑思维信号模式并非直接识别受试者的思维内容,而是通过识别特定思维脑信号模式,例如肢体运动想象诱发的脑信号模式来对应控制外部设备的指令。作为典型的多学科汇聚研究领域,脑-机交互是当前国际上增长非常迅速的研究领域,诱发了多个交叉学科领域的科学研究问题,并对信息技术领域提出新的技术需求。例如脑-机交互对传感器技术、复杂数据分析与建模、模式识别技术、硬件实现以及功能电刺激等方面提出了新的、更高的性能要求。脑-机交互技术的出现得益于多个相关学科技术的不断进步,同时也必然会推动多个相关学科的交叉发展,包括生物医学工程、神经科学、计算机科学、电子工程、材料科学、纳米技术、神经病理学等。

脑-机交互的核心是如何读出脑思维信号的模式,涉及两个根本的问题:利用何种脑思维信息采集技术能鲁棒地读取脑思维信号模式?哪些脑思维信号模式能被现有智能信息处理技术鲁棒地识别出来?要深入理解和回答这两个核心问题需要从神经科学和智能信息处理技术中寻求答案。

在神经科学方面,人们对中枢神经系统的结构、功能和系统层次等问题有了越来越清晰的认识,为BCI设计提供了理论基础。此外,计算技术的快速发展,特别是机器学习与建模技术的发展,为实时处理脑信号和建立脑认知活动预测模型提供了强有力的支持。相关科学、工程技术方面的逐步成熟和迅猛发展使得脑-机交互的研究目标逐步成为现实。同时,不断增加的社会需求也推动了脑-机交互技术快速发展,其中一个最为直接的需求是利用脑-机交互技术解决修复神经系统疾病问题。特别是随着老年人口的增长,震颤(性)麻痹、阿尔茨海默病、癫痫、脊髓损伤等疾病不断增加,需要建立一个大脑与外界直接交互的新途径,以便改善这些患者的生活质量。因此,研究脑-机交互对理解大脑认知过程、智能信息处理有重要的理论意义;对研发处理高度复杂数据的新型信息感知技术、模式识别技术具有重要的价值;对挖掘人类认知潜能、研发残疾人和老年人自助系统、特别是对认知障碍疾病的康复等问题具有很大帮助,并具有极其重要的社会意义。另外脑-机交互在新型人-机交互、残疾人轮椅控制、高可靠性身份认证、高危险性环境下警觉度检测等领域有重要的应用前景。

脑-机接口系统依赖不同的神经生理机理,它们有各自的优缺点。而基于运动想象的BCI是一种完全独立的系统,更适合在实际场合中应用。但是,产生运动想象相关的特征模式往往需要对受试者进行很长时间的训练,并且有许多受试者即使经过长时间的训练也无法产生反映实际意图的脑电信号,这就是所谓的BCI盲问题。此外,由于EEG信号的空间分辨率低,扩展此类BCI系统的命令种类和提高信息传输率极为困难。因此,尽管基于运动想象的BCI具有完全独立自主的优势,但是其面临的困难和挑战也很多。

7.2　基于脑运动想象的脑-机交互机理

本节我们主要介绍脑电的产生机理及特点。

7.2.1　脑电信号产生及特点

大脑是人体内外环境信息获得、表征、处理和整合的中枢,大脑信息处理与存储离不开大脑神经计算的基本单元——神经元。对我们来说,神经元是既熟悉又陌生的。熟悉的是我们对神经元的生理实验和计算模型有深入的研究,但是人们还无法理解神经元网络如何存储信息、为什么要用脉冲电位来传递信息和进行信息加工等问题。

大脑有多达千亿数量级的神经元。神经元有多种不同的类型,分布在不同的脑区,其在信息处理中的功能也有所区别。神经元在结构上有相似之处,由胞体、轴突和树突组成。树突负责接收前面神经元发送的信号或向后继神经元发送信息;神经元胞体负责输入信息的整合与处理,处理好的信息通过轴突向后继神经元传递神经脉冲信号。一个神经元通过轴突将信息传递给成千上万突触后神经元,也可以通过树突接收成千上万的突触前神经元传递的信息。大脑内的信息处理和信息传导是由神经元组成的网络进行的,神经元之间的连接是由结构上相互接触但不直接相连通的被称为突触的特殊结构完成的。突触被认为是神经元网络存储信息的重要部件,在神经网络模型中,可以对应两个神经元之间的连接权值。

感觉神经元接收到外界物理的或化学的动态信号时,细胞膜上的电位变化可形成动作电位通过轴突向远端传导,使一系列的神经元产生动作电位。单个神经元的动作电位能量很小,不足以被放置在脑壳外的电极检测到。但是在同一个脑区内有多至百万个神经元同步活动引起的电位可以被头皮上的电极检测到。这些大量神经元电活动产生的电场经容积导体(由皮层、颅骨、脑膜及头皮构成)传导后在头皮上产生的电位变化称为脑电信号或脑电图(EEG)。脑电图(EEG)是利用放置在头部外的电极记录的脑内活动电信号,反映了人脑神经组织的电活动和大脑的功能状态,是了解人脑信息处理过程的一种极为重要的方式。

最早记录到动物脑电信号的是英国科学家 Caton[1]。他在 1875 年从家兔和猴子的大脑皮质中记录到脑电活动信号,从而开启了脑电信号与脑功能关联的研究。但是对正确认识脑电信号、并对脑电研究产生重要影响的工作是 1929 年德国精神科科学家 Berger 的关于人脑电波的研究[2]。他将两根白金针电极插入颅骨缺损患者的大脑皮层,成功地从人脑记录到有规律的电活动。进一步实验表明,即便是把电极放置在头皮上也可以记录到相应的电活动。他首先把正常人在安静闭眼时出现在枕叶和顶叶的脑电信号命名为 α 波,该波频率为 10 Hz,波幅在 50 μV 左右。他在实验中发现,当受试者睁开眼睛观察物体时,α 波消失,出现了频率为 18～20 Hz、幅值为 20～30 μV 的脑电信号,称之为 β 波。这类脑电信号称为脑电图。由于 Berger 最早使用的生物电放大器比较粗糙,不少学者对他的结果存有怀疑,经过 5 年的争论,直至 1934 年,当英国生物学家 Adrian 和 Matthews 确认了 Berger 的结果之后,人类脑电图才获得了科学界的公认[3-4]。1936 年以后,脑电图学逐步进入医学临床应用。脑电图可用于多类脑神经疾病的诊断,适合 EEG 诊断的病症有癫痫、脑瘤、脑卒中等脑疾病,如脑癫痫活动会产生显著的脑电图异常。脑电图也可以用于脑死亡的诊断[5-6]。

对于清醒健康的人来说,脑电幅度变化范围大约在几微伏到 75 μV 之间。脑电信号主要来源于神经元胞体和大树突的梯度型突触后电位。皮层中第三层到第五层的椎体细胞是主要信号来源。皮层中神经元同步的程度反映在脑电信号的幅值上，由于电传导特性，脑电信号大部分来自靠近电极的外皮层。在头皮上记录的脑电信号表征了大量神经元集群产生电流的传导。EEG 去同步（desynchronization）反映了神经元群体以协作方式相互作用，导致了信号在幅值上的减小。

我们所研究的 EEG 信号是通过置于头皮上的电极采集到的。鉴于它的无创性以及使用方便性，目前 EEG 信号也成为研究大脑功能及 BCI 的一个最常用的信号。EEG 信号具有自己独特的特点，主要表现在以下几个方面。

（1）信号微弱。脑电信号非常微弱，在微伏、毫伏级。一般 EEG 信号只有 $50\,\mu\mathrm{V}$ 左右，最大的为 $100\,\mu\mathrm{V}$。

（2）信噪比低。采集到的信号信噪比非常低，往往包含大量的干扰成分，如背景噪声、电极与皮肤的接触噪声、肌肉动作、眼动等带来的伪迹等。

（3）非平稳性强。EEG 信号是一种随机性很强的非平稳信号。随机性强是由于影响它的因素太多，其特征几乎不可能从单次试验信号中提取出来，只能平均多次试验才能呈现出来，从而必须借助统计处理技术来检测、辨识和估计它的特征。又由于大脑信号的时变性，EEG 又是统计特性随时间变化的非平稳信号。

（4）频域特征突出。同其他电生理信号相比，功率谱分析及各种频域处理技术在 EEG 信号处理中一直占有重要的位置。

（5）多导信号之间的关联信息强。EEG 信号一般是用多电极测得的多导信号，各导联信号之间存在着非常重要的互信息。

7.2.2　事件相关去同步/同步（ERD/ERS）

早期的研究认为，某些事件能诱导大量神经元的同步电活动，称为事件相关电位[7]，而且这种电活动与刺激是锁时且锁相的，即时间锁定并且相位锁定。锁时就是指该诱发电位的潜伏期基本固定；锁相则指诱发电位的初始相位固定。基于以上观点，通常使用平均技术检测 ERP。由于自发的脑电成分可以看作是与刺激无关的叠加噪声，而且是非锁时与非锁相的，故平均法不能提高信噪比。

后来研究发现，诱发电位可以看作自发脑电成分的相位重组，某些刺激能够减小自发脑电的幅度，这说明把 ERP 看作是叠加在无关噪声上的信号的假设并非总能成立。Berger 发现脑电后不久就知道一些刺激可以阻断 α 波。这些变化与刺激事件是锁时的，但并不锁相。虽然阻断现象的潜伏期大致相同，但是波形的起始相位未必一致，因此不能用简单的线性方法进行分析，但可以用频域分析检测。这类现象表现为脑电信号在一定频率范围内的改变，通常是一定频段内能量的减小或增加,这种能量的减小称为事件相关去同步(event-related desynchronization,ERD),而能量的增加称为事件相关同步(event-related synchronization,ERS)[8]。

实际运动与想象运动都会产生脑电波同步活动的升高或降低,也就是 ERS/ERD。Pfurtscheller 和 Aranibar 在 1977 年发现了与实际运动相关的 ERD 现象,并且描述了 ERD 与 ERS 现象的空间拓扑分布[9-10]。比如右手与左手运动会产生 μ 节律(8~12 Hz)和 β 节律(18~26 Hz)在对侧头皮上的去同步现象,脚运动产生的去同步现象主要分布在头皮中心区域。这些现象说明了特定运动产生的 ERD 在感觉运动皮层具有特定的空间分布。

7.2.3 任务相关持续去同步/同步(TRSD/TRSS)

大脑在清醒时的放松或休息状态下,脑活动明显包含一种空闲节律,主要分布在脑各部分区域。比如 10 Hz 左右的 μ 节律主要集中在中心感觉运动区,并且 20 Hz 左右的 β 节律分布在运动皮层区域。因此 10 Hz 与 20 Hz 左右的节律同时存在于 EEG 信号中,如图 7 - 1 所示。

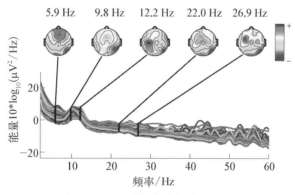

图 7 - 1　导联频率谱与脑地形图

实验表明即使通过运动想象也会在运动皮层出现瞬时的 ERD/ERS 现象,并且 ERD/ERS 是时间锁定的。当前大部分研究集中在说明 ERD/ERS 的存在性以及潜伏期长短,单次事件仅产生单个 ERD/ERS 波形,这种波形通常出现在指示信号后固定的时间间隔内。因此基于 ERD/ERS 的 BCI 系统很难实现连续异步的控制。

相对于 ERD/ERS 的瞬时性特点,一个关键的问题是受试者是否能够产生连续或持续的 ERD/ERS,也就是是否能够像 SSVEP 一样,由重复的视觉刺激使 VEP 发生重叠,继而形成 SSVEP。因此我们设计了新的实验,实验任务由原来的单次想象变为连续并且重复想象一固定动作,比如手的抓握与张开动作。实验表明该现象是存在的,并且只要想象任务连续重复执行,则 ERD/ERS 也呈现出重复现象。理论上可解释为重复的运动想象导致了脑皮层反应处于一种"稳态状态",从而引发了相应脑皮层区域持续的状态。因此 EEG 在能量变化上相当于多个单次的 ERD/ERS 叠加。

为了给出持续 ERD/ERS 的神经生理学解释,研究者对 5 名受试者进行实验。结果表明其中有 3 名受试者能够通过持续重复的运动想象任务产生持续的去同步现象。图 7-2 中时频图验证了我们的假设,其中(a)中每一行代表了一类想象任务,5 列代表了 5 个空间导联位置。从第一行中可清楚地看到,在 CP4、C4 位置上出现明显的 ERD 现象,并且一直持续到任务结束(共 4 s)。而且在 C3、CP3 上出现了 ERS 现象,同样持续到任务结束。这说明在想象左手运动时,右半脑出现持续的 ERD,左半脑出现持续的 ERS。同理,在想象右手运动任务时,C4 出现了持续 ERS 现象,并且 CP3 出现了持续的 ERD 现象。而且所有的 ERD/ERS 都集中在两个频率段上,即 μ 与 β 节律。第三行为想象左脚运动时,在 Cz、CP4、C4 处同时出现持续的 ERD 现象,而在 C3、CP3 上出现持续的 ERS 现象。这种现象可以解释为在重复想象手运动时,大脑对侧脑皮层区域直接参与了该任务,并持续处于激活状态直到想象任务消失,同时大脑同侧脑皮层区域则持续处于非激活状态。这说明当受试者连续重复地想象某一固定动作时,一部分神经元群能够持续地处于激活状态。我们称这种现象为任务相关持续去同步/同步现象(TRSD/TRSS)或称为稳态事件相关去同步/同步[11-12]。TRSD/TRSS 代表与运动想象任务相关的连续的 ERD/ERS,并且它们以固定的频率重复出现,可以看作是与特定运动想象事件相关的多个单次 ERD/ERS 的叠加。图 7-2(b)中显示了三类任务在各导联上的平均能量谱,从中可看出对于左半脑区域的 C3、CP3 导联,左手想象能量较大,右手想象能量较小,脚想象能量最大。类似地,在右半大脑 C4、CP4 导联上,左手想象能量较小,右手想象能量较大,脚想象能量最大。对于脑中央位置 Cz 导联,三类任务的能量几乎一致。这也说明了脚想象时,左右半脑都出现了 ERS 现象,Cz 出现了 ERD 现象。

实验结果表明,重复想象运动的速度越快,则持续去同步现象越明显。这说明任务越复杂则同步化神经元的数量越多,因此在任务相关区域就产生了更加明显的激活状态,从而使得去同步现象更加明显。

通过比较,ERD/ERS 与 TRSD/TRSS 之间的区别如下。

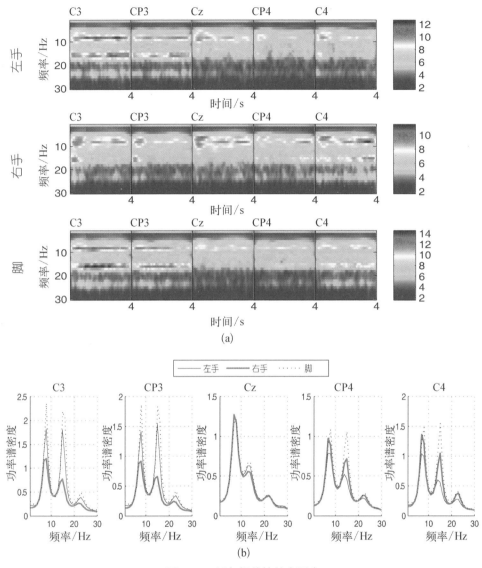

图 7－2 任务相关持续去同步

（1）单次事件与多次事件。ERD/ERS 是由单次事件产生的单次去同步/同步现象，而 TRSD/TRSS 是多次重复的任务产生的多次 ERD/ERS 的叠加。

（2）短暂性与持续性。ERD/ERS 是由离散的事件引起的短暂的信号能量变化，通常在固定时间间隔内完成。而 TRSD/TRSS 是由连续重复的运动想象任务引起的持续的信号能量变化，持续时间是可变的。

（3）锁时与非锁时。ERD/ERS 是严格与事件开始时刻锁时的，而 TRSD/

TRSS 不是与任务开始时刻锁时的。

(4) 同步性与异步性。ERD/ERS 适合同步 BCI 系统,而 TRSD/TRSS 非常适合异步 BCI 系统。

TRSD/TRSS 与 ERD/ERS 之间的联系类似 VEP 与 SSVEP 之间的关系,即 TRSD /TRSS 是多个 ERD/ERS 复合的结果。但由于 TRSD/TRSS 不具有 SSVEP 的锁相性以及连续视觉刺激出现频率的准确性,因此不能像 SSVEP 一样根据频率不同来区别模式,但其主要优势是能够快速且连续地反映运动想象状态转换。大多数传统的 BCI 系统只能够检测两种或三种想象状态,并翻译为 2~3 个离散的控制命令。若采用 TRSD/TRSS,由于其持续时间可以作为一种新的控制命令参数(如作为该类想象任务的强度),从而可以提供更加复杂的控制功能。因此 TRSD/TRSS 提供了一种新的 BCI 类型,且适合异步 BCI 系统。

但是,想象运动速度与持续去同步现象之间的关系仍不清楚,并且持续去同步的最大持续时间以及受试者从一种想象状态转变为另外一种想象的最快时间等问题对于异步 BCI 也非常重要,有待进一步研究。

7.3 运动想象脑电信号处理与模式识别

BCI 系统中一种重要的方法是采用机器学习技术让计算机学习特定受试者特定的脑信号模式。为了正确地对脑信号进行分类识别,特征提取与分类器至关重要,特征提取的目的是对数据集进行降维或减少复杂度,同时尽可能不丢失相关信息。特征提取过程的计算有效性、对噪声的鲁棒性以及仅依赖于历史数据是 BCI 系统的先决条件。分类器是在特征空间中通过学习得到最佳分类函数,目的是能够对未知数据进行最优分类。

BCI 中的特征提取方法主要分两类:一是结合神经生理学特性来提取特征,如计算特定空间位置具有最大辨别能力的频率带能量,可采用信号处理中的时序滤波方法,如有限脉冲响应滤波(FIR)、无限脉冲响应滤波(IIR),快速傅里叶变换(FFT),以及空间滤波方法,如双极滤波、公共平均参考和拉普拉斯滤波等。二是采用有监督或无监督机器学习技术提取相关特征,如主分量分析(PCA)、独立分量分析(ICA)或公共空间模式(CSP)等。此外,将脑电信号进行多模态的张量表征,利用张量分解进行有监督或无监督的特征提取,可以在没有先验知识的情况下进行有效的特征提取。此外,随着近年来深度学习、迁移学习的兴起以及迅速发展,脑-机接口作为新的数据分析的方法被广泛应用到各个领域。

7.3.1 空间滤波方法

设 $X \in \mathbb{R}^{C \times T}$ 是 EEG 数据的矩阵表示,其中 T 表示时间采样数,C 表示电极导联数目,空间滤波可以是任意的 $w \in \mathbb{R}^C$,经过空间过滤后的信号 $s \in \mathbb{R}^{1 \times T}$ 可定义为

$$s = w^{\mathrm{T}} \cdot X \tag{7-1}$$

空间滤波可看作是一种提取特定源信号的方法,也可以用来去除干扰信号,如眼电信号。

1) 双极滤波

双极滤波是一种最简单的空间滤波方法。由于 EEG 信号包含许多源信号,且相邻电极上测量的 EEG 有许多共同部分,所以单个电极上测量的信号并不属于单个信号源。通过计算适当的电极之间的差,可以去除共同部分,从而保留相关信息。

2) 公共平均参考(CAR)

尽管公共平均参考是一种二次参考方法而不是滤波方法,但它能表示为一个空间滤波器。对于每个电极,减去所有电极的平均,即

$$s_i^{\mathrm{CAR}} = s_i - \frac{1}{C} \sum_{j=1}^{C} s_j \tag{7-2}$$

对应的空间滤波器可表示为

$$w_j^{\mathrm{CAR}} = \begin{cases} 1 - \dfrac{1}{C} & (j = i) \\[2ex] -\dfrac{1}{C} & (\text{其他}) \end{cases} \tag{7-3}$$

3) 拉普拉斯(Laplace)滤波

由于公共平均参考把所有的电极进行平均,而距离较远的电极之间几乎没有相似内容,因此 Laplace 滤波仅减去该电极周围电极的平均,如 s_i 表示电极 i 的信号,$s_{i_1}, \cdots, s_{i_n}$ 表示电极 i 的周围电极信号,则

$$s^{\mathrm{LAP}} = s_i - \frac{1}{n} \sum_{j=1}^{n} s_{i_j} \tag{7-4}$$

式(7-4)表示 Laplace 滤波后的信号,参数 n 可根据电极的空间分布来选择。该空间滤波器系数为

$$w_j^{\mathrm{LAP}} = \begin{cases} 1 & (j=i) \\ -\dfrac{1}{n} & (j \in i_i, \cdots, i_n) \\ 0 & (\text{其他}) \end{cases} \qquad (7-5)$$

4)主分量分析(PCA)

给定数据 $x_k \in \mathbb{R}^m (k=1, \cdots, n)$,PCA 能够降低数据维数,并找到最优的数据近似,即 $x_k \approx b + W a_k$,其中 $b \in \mathbb{R}^m$,$a_k \in \mathbb{R}^p$,$p \leqslant m$ 且 $W \in \mathbb{R}^{m \times p}$。PCA 可解释为最小化均方误差 $\sum_{k=1}^n \| x_k - (b + W a_k) \|_2$,并满足对角化限制条件,即 $W^{\mathrm{T}} W = I$。 PCA 的一种简单计算方法是求解散布矩阵 $\sum_{i=1}^n (x_i - \mu)(x_i - \mu)^{\mathrm{T}}$ 对应的前 k 个最大特征值的特征向量。因此相应主分量方向具有最大的方差。PCA 常用来作为数据降维的方法。

5)独立分量分析(ICA)

ICA 方法不是在最小二乘意义上表示数据,而是寻找一种数据投影方向,使得投影后的各分量具有最大独立性。ICA 的目标可以理解为盲源分离问题。假设观测信号 $X \in \mathbb{R}^{C \times T}$ 是 C 维数据,具有 T 个采样点,并且由源信号 S 线性混合而成,即

$$X = AS \qquad (7-6)$$

其中,$A \in \mathbb{R}^{C \times C}$ 是未知的混合矩阵,S 是源信号。为了恢复源信号,假设源信号之间是互相独立的,如果能够找到一个解混矩阵 W 使得 $S = WX$ 尽可能空间独立,则源信号可以被恢复。

根据对源信号的特定假设不同,有许多不同的算法。若假设非高斯性,则可以采用 JADE[13]、FastICA[14] 以及 Infomax[15] 算法。若假设时间结构,如谱或方差不同,则有 TDSEP[16] 和 SOBI[17] 算法。若假设数据独立,但具有非平稳性,则 SEPAGAUS[18] 非常有效。所有这些算法都基于线性假设 $x(t) = As(t)$。 ICA 也可扩展到非线性,如利用核方法可扩展到非线性 TDSEP[19-20] 算法。

7.3.2 CSP 空间特征提取

公共空间模式(common spatial pattern,CSP)旨在寻找空间投影方向使得在该投影方向上一类信号的方差被极大化,同时另一类信号的方差被极小化。

脑-机交互中的事件相关去同步/同步问题正好适应 CSP 的条件。Koles 和 Soong 首先将 CSP 算法应用于计算空间滤波来检测事件相关去同步现象,因而被广泛应用在基于 ERD/ERS 的 BCI 中[21]。若给定任意高维空间中两类分布数据,有监督 CSP 算法的目的是找到一组空间投影方向,该方向上两类数据的方差区别最大,换句话说就是最大化其中一类数据方差而同时最小化另外一类数据方差。信号方差大说明节律信号较强,而信号方差小则说明节律信号较弱。

原始 EEG 数据段可以表示为一个 $N \times T$ 的矩阵 E,其中 N 是空间电极导联数目,T 代表采样点数目。EEG 数据的标准化空间协方差可以由下式计算:

$$C = \frac{EE^{\mathrm{T}}}{\mathrm{trace}(EE^{\mathrm{T}})} \tag{7-7}$$

trace X 表示 X 对角元素之和。对于两类数据而言,举例来说左右手想象过程中的 EEG 数据,空间协方差 $\bar{C}_{d \in [l,r]}$ 可以通过平均所有同类数据段协方差来计算。总协方差可以表示为

$$C_c = \bar{C}_l + \bar{C}_r \tag{7-8}$$

C_c 可以分解为 $C_c = U_c \lambda_c U_c'$,其中 U_c 是特征向量矩阵,并且 λ_c 是特征值对角阵。这里特征值是按照从大到小的顺序排列。然后通过白化变换如下:

$$P = \sqrt{\lambda_c^{-1}} U_c' \tag{7-9}$$

使得所有 PC_cP' 的特征值等于 1。进而 $\bar{C}_l$ 和 $\bar{C}_r$ 可变换为

$$S_l = P\bar{C}_l P' \quad 和 \quad S_r = P\bar{C}_r P' \tag{7-10}$$

且 S_l 和 S_r 具有公共的特征向量,即如果 $S_l = B\lambda_l B'$,那么 $S_r = B\lambda_r B'$,并且 $\lambda_l + \lambda_r = I$,其中 I 是单位矩阵。因为两个相应的特征值之和总是为 1,对应 S_l 较大特征值的特征向量也就是对应 S_r 较小特征值的特征向量。反之亦然。这种性质使得 B 中的特征向量对于两类数据的分类非常有用。

于是可得投影矩阵 $W = B'P$,EEG 数据段可以投影到此矩阵得到

$$Z = WE \tag{7-11}$$

式中,W^{-1} 的列通常称为公共空间模式,并且可以认为是时不变 EEG 源信号的空间分布向量。投影后信号 $Z_p (p = 1, \cdots, 2m)$ 中能最大化区别两类数据方差的是对应最大特征值 λ_l 和 λ_r 的特征向量,通常我们取 Z 的前 m 与后 m 行。

最后特征系数可表示为

$$f_p = \ln\left(\frac{\mathrm{var}(\mathbf{Z}_p)}{\sum\limits_{i=1}^{n}\mathrm{var}(\mathbf{Z}_i)}\right) \qquad (7-12)$$

式中，$\mathbf{Z}_p(p=1,\cdots,n)$ 是 CSP 分量，ln 变换的目的是使数据近似平均分布，特征系数向量 f_p 可用来训练分类器。

7.3.3 增量公共空间模式算法

机器学习算法应用在 BCI 中的一个最大挑战就是如何克服在线 EEG 数据的非平稳性。通常我们先在有监督学习模式下采集训练数据来训练脑-机交互模型，然后在在线训练的模式下，实时采集新样本更新交互模型，以便适应受试者脑思维模式的动态变化。但由于 EEG 数据模式是非平稳的，也就是说即使是同样的思维任务，随着时间的推移，EEG 特征模式也会有所变化。脑-机交互系统应该具有自适应能力以适应 EEG 模式的变化[22]。一种解决方法就是让系统能够自适应调整已训练的模型。现有的特征提取算法中，CSP 算法是一种针对运动想象任务 EEG 非常有效的特征提取方法，通常 CSP 算法需要一个训练过程来估计 CSP 变换矩阵，即空间过滤模式，但每次实验通常都需要重新训练一个新的 CSP 空间模式，而且即使是同一次实验，环境变化，受试者精神状态、注意力或者情绪的变化，以及周围环境的变化都会导致已训练好的 CSP 模式不再适用识别变化后的脑电思维模式。因此需要进一步拓展 CSP 算法以便能自适应跟踪最优空间模式。

可以假设在运动想象实验中，最佳分类空间模式会产生变化。为了跟踪最佳的分类子空间，一种方法就是把在线数据都保存下来，试验后重新训练 CSP 空间模式。这种方式往往需要存储大量的实验数据，并且随着实验过程的延长，系统必须抛弃部分最早的数据，当每一个新采样点到来时，都需要系统重新训练模型，极大降低了系统性能。显然如果算法能够在每个新采样点到来时，仅仅在原有的训练模型上做细小的更新，这样不仅保存了以前的先验知识，而且不需要保存大量的历史数据。为了解决该困难，我们介绍一种新型的增量型公共空间模式算法（ICSP）[23]，该算法能够自适应在线特征提取，并更新 CSP 投影矩阵，从而能够在线更新空间滤波。此过程能够使 BCI 系统对于非平稳 EEG 数据更加具有鲁棒性。

1. 瑞利系数

CSP 特征提取的过程可以用最大化瑞利（Rayleigh）系数的形式来解释[22,24]。CSP 是一种广泛应用在两类运动想象 EEG 分类问题上的空间过滤方法,比如左右手想象。EEG 信号经过带通滤波到 $\mu(7\sim15\text{ Hz})$ 和 $\beta(15\sim30\text{ Hz})$ 节律,然后可以分别计算对应两类信号的平均标准化协方差矩阵 $\boldsymbol{\Sigma}_l$ 和 $\boldsymbol{\Sigma}_r$:

$$\boldsymbol{\Sigma}_l = \sum_{j\in C_l} \frac{\boldsymbol{E}_j \boldsymbol{E}_j^{\mathrm{T}}}{\text{trace}(\boldsymbol{E}_j \boldsymbol{E}_j^{\mathrm{T}})},\ \boldsymbol{\Sigma}_r = \sum_{j\in C_r} \frac{\boldsymbol{E}_j \boldsymbol{E}_j^{\mathrm{T}}}{\text{trace}(\boldsymbol{E}_j \boldsymbol{E}_j^{\mathrm{T}})}, \tag{7-13}$$

式中,$\boldsymbol{E}_j \in \mathbb{R}^{m\times k}$ 表示第 j 个 EEG 数据段矩阵,k 是每个数据段的采样点。CSP 算法的目标是找到一个最优的空间投影模式,可以用向量表示为 $w \in \mathbb{R}^d$,使得过滤后的信号在平均能量分布上具有最大的类区分性,并保持所有类总能量为一常数,即

$$w\boldsymbol{\Sigma}_l w^{\mathrm{T}} = \boldsymbol{D},\ w\boldsymbol{\Sigma}_r w^{\mathrm{T}} = \boldsymbol{I} - \boldsymbol{D} \tag{7-14}$$

式中,$\boldsymbol{I}$ 代表单位阵,$\boldsymbol{D}$ 代表对角阵。因此建立一个空间过滤矩阵 $\boldsymbol{W}$(CSP 投影矩阵),其中包含了对应于最大 m 个特征值与最小 m 个特征值的投影向量 w。

CSP 算法过程也可以用约束的广义特征值问题来描述。最大化 Rayleigh 系数也就是解决如下优化问题:

$$\max J(w) = \frac{w^{\mathrm{T}} \boldsymbol{R}_l w}{w^{\mathrm{T}} \boldsymbol{R}_c w} \tag{7-15}$$

式中,$J(w)$ 是 Rayleigh 系数,$\boldsymbol{R}_l$ 和 $\boldsymbol{R}_c$ 是 $m\times m$ 对称阵。该优化问题等价于给定约束条件 $w^{\mathrm{T}} \boldsymbol{R}_c w = 1$,求解矩阵 $\boldsymbol{R}_l$ 的最大特征方向。该优化问题可以利用梯度上升算法实现:

$$\nabla J \propto \left(\frac{1}{w^{\mathrm{T}} \boldsymbol{R}_c w}\right) \left[\boldsymbol{R}_l w - \left(\frac{w^{\mathrm{T}} \boldsymbol{R}_l w}{w^{\mathrm{T}} \boldsymbol{R}_c w}\right) \boldsymbol{R}_c w\right] \tag{7-16}$$

梯度上升算法收敛于优化代价函数的极大值点,满足梯度为零条件,即

$$\nabla J = 0$$

事实上,式(7-15)可以通过下面的广义特征值分解来求解:

$$\boldsymbol{R}_l w = \lambda \boldsymbol{R}_c w,\ \lambda = \frac{w^{\mathrm{T}} \boldsymbol{R}_l w}{w^{\mathrm{T}} \boldsymbol{R}_c w} \tag{7-17}$$

式中,λ 是广义特征值,w 是对应于 λ 的广义特征向量。对于实对称正定协方差矩阵,特征向量严格正定且特征值全为实数。

广义特征值向量能够同时对角化协方差矩阵,如 $w^{\mathrm{T}} \boldsymbol{R}_l w = \boldsymbol{\Lambda}$ 和 $w^{\mathrm{T}} \boldsymbol{R}_c w = \boldsymbol{I}$,

其中 I 是单位阵。广义特征向量可以看作是一种在两个信号联合空间的滤波,能够最小化其中一个信号的能量,并且同时最大化另外一个信号。因此,广义特征值分解能够作为一种信号分离方法来减弱不需要的分量,增强有用信号。

对于两类运动想象的 EEG 模式识别问题,我们希望找出区别两类想象的判别特征。一种实现方法是找出一个投影方向,使得对于第一种想象运动 EEG 变化能量极大,而另外一类想象运动 EEG 变化能量极小。为此对于上述广义特征值问题,我们可以定义:

$$R_l = \Sigma_i; \quad R_c = \Sigma_1 + \Sigma_2 \tag{7-18}$$

在式(7-18)中,$\Sigma_i(i=1, 2)$ 是第 i 类 EEG 数据段的平均协方差矩阵。可得

$$\max J_1(w) \Leftrightarrow \max \frac{w^T \Sigma_1 w}{w^T(\Sigma_1 + \Sigma_2)w} \Leftrightarrow \min \frac{w^T \Sigma_2 w}{w^T(\Sigma_1 + \Sigma_2)w} \tag{7-19}$$

和

$$\max J_2(w) \Leftrightarrow \max \frac{w^T \Sigma_2 w}{w^T(\Sigma_1 + \Sigma_2)w} \Leftrightarrow \min \frac{w^T \Sigma_1 w}{w^T(\Sigma_1 + \Sigma_2)w} \tag{7-20}$$

式中,$J_1(w) + J_2(w) = 1$,因此,$\max J_1(w)$ 等价于 $\min J_2(w)$,$\max J_2(w)$ 等价于 $\min J_1(w)$。那么最大化 Σ_1 的 Rayleigh 系数的 w 等价于最小化 Σ_2 的 Rayleigh 系数,可见其目标与 CSP 算法一样。

因此对于特征提取,可以建立最优的空间模式 $W = [W_1, W_2]$,其中 W_1 是优化式(7-19)得到标准协方差矩阵 Σ_1 的前 m 个最大特征向量,而 W_2 是优化式(7-20)得到 Σ_2 的前 m 个最大特征向量。

2. 迭代过程

根据式(7-15)Rayleigh 系数的代价函数和式(7-19)以及式(7-20),可通过式(7-17)广义特征值分解来优化 CSP 投影向量,并设 $R_l = [\Sigma_1, \Sigma_2]$,$R_c = \Sigma_1 + \Sigma_2$,$w$ 是广义特征向量,λ 是广义特征值。由于 R_l、R_c 是对称正定阵,所以这种分解总是有解的。对于每一个特征向量 w,可以得到相应的广义特征值,并且总是严格正值。所以根据广义特征值方程(7-17),如果 $R_c = I$,那么广义特征值问题将简化为主分量分析(PCA)。用 R_c^{-1} 左乘式(7-17)可得到

$$w = \frac{w^T R_c w}{w^T R_l w} R_c^{-1} R_l w \tag{7-21}$$

式(7-21)是迭代算法中的基本过程,能够通过在线学习方式来得到 CSP 投影

向量。设用 $w(n-1)$ 表示 $(n-1)$ 时刻采样时获得的投影向量,那么在第 n 个采样点的投影向量可以根据式(7-21)表示为

$$w(n) = \frac{w^{\mathrm{T}}(n-1)R_c(n)w(n-1)}{w^{\mathrm{T}}(n-1)R_l(n)w(n-1)}R_c^{-1}(n)R_l(n)w(n-1) \quad (7-22)$$

很明显,式(7-22)在每个时间点求解广义特征值的方程类似于 RLS 求解 Wienner 的更新规则[25]。使用 Sherman-Morrison-Woodbury 矩阵逆的定义[26] 进一步简化可得:

$$\Sigma^{-1}(n) = \Sigma^{-1}(n-1) - \frac{\Sigma^{-1}(n-1)x(n)x^{\mathrm{T}}(n)\Sigma^{-1}(n-1)}{1 + x^{\mathrm{T}}(n)\Sigma^{-1}(n-1)x(n)} \quad (7-23)$$

$$\Sigma(n) = \frac{n-1}{n}\Sigma(n-1) + \frac{1}{n}xx^{\mathrm{T}} \quad (7-24)$$

3. 次分量提取

利用式(7-22)可计算得到第一个最大分量,但一般情况下需要多个分量来进行分类,为了得到次分量,可以采用标准的反演过程,可以设置 $\hat{R}_l = \left(I - \frac{R_l w_1 w_1^{\mathrm{T}}}{w^{\mathrm{T}} R_l w}\right)R_l$,$\hat{R}_c = R_c$,其中 w_1 是由式(7-22)得到的最大特征向量。从而可得,$\hat{R}_l w_1 = 0$ 和 $\hat{R}_l w_i = \lambda_i R_c w_i$,$i > 1$。为了方便表示,这里省略了迭代下标 n。

$$\begin{aligned}
\hat{R}_l &= \left(I - \frac{R_l w_1 w_1^{\mathrm{T}}}{w_1^{\mathrm{T}} R_l w_1}\right)R_l \\
&= R_l - \frac{R_l w_1 w_1^{\mathrm{T}} R_l}{w_1^{\mathrm{T}} R_l w_1} \\
&= R_l - 2\frac{R_l w_1}{w_1^{\mathrm{T}} R_l w_1}w_1^{\mathrm{T}} R_l + \frac{R_l w_1}{w_1^{\mathrm{T}} R_l w_1}w_1^{\mathrm{T}} R_l \\
&= E\left[\left(x_l - \frac{R_l w_1}{w_1^{\mathrm{T}} R_l w_1}y_l\right)\left(x_l^{\mathrm{T}} - \frac{w_1^{\mathrm{T}} R_l}{w_1^{\mathrm{T}} R_l w_1}y_l\right)\right] \\
&= E[\hat{x}_l \hat{x}_l^{\mathrm{T}}] \quad (7-25)
\end{aligned}$$

式中,$y_l = w_1^{\mathrm{T}} x_l(n)$,$\hat{x}_l = x_l - \frac{R_1 w_1}{w_1^{\mathrm{T}} R_1 w_1}y_l(n)$。采用上式做在线反演,然后用同样的迭代公式(7-22)来计算此分量。这里反演过程(7-25)并没有增加算法的复杂度,因为式(7-25)中的所有项都是中间计算结果,而不需要重新计算。以此类推,可以用同样方法分别计算第三、第四次分量。

4. 实验数据分析与结果

实验数据采用便携式 g.tec 脑电放大器,电极位置采用国际标准 10-20 系统,仅采集 14 导联数据,这 14 导分布在脑运动控制区域,采用左右耳乳突处的平均电位作为参考电位,采样率为 256 Hz。EEG 数据首先通过滤波到 2～30 Hz,并且去除 50 Hz 和 60 Hz 工频的干扰。所有电极采用标准的 Ag/AgCl,并保证每个电极的阻抗低于 10 kΩ。

ICSP 算法在左右手想象 EEG 数据上进行测试,为了说明基于批处理的 CSP 与 ICSP 算法能够得到一致的结果,对相同的训练数据分别用两种方法来学习空间模式。图 7-3 显示了 CSP 和 ICSP 算法的结果;(a)和(b)分别代表受试者 A 的 CSP 与 ICSP 空间滤波;(c)和(d)分别代表受试者 B 的 CSP 与 ICSP

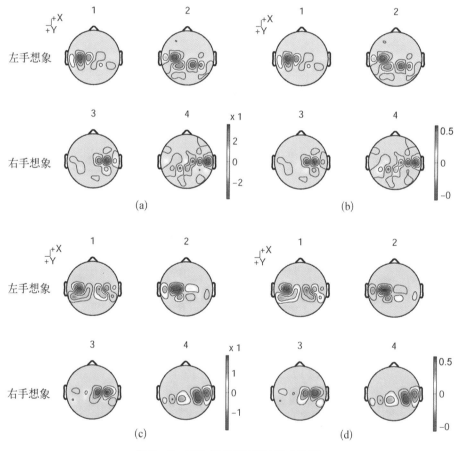

图 7-3　CSP 与 ICSP 空间模式比较

(a) 受试者 A 的 CSP 空间滤波;(b) 受试者 A 的 ICSP 空间滤波;(c) 受试者 B 的 CSP 空间滤波;(d) 受试者 B 的 ICSP 空间滤波

空间滤波。每个子图中上面一行表示左手想象的第一个最大分量与第二个最大分量的空间模式，下面一行表示右手想象的两个空间模式。从中可以看出，CSP 与 ICSP 算法得到的空间模式几乎是完全一致的，仅在次分量上存在一些微小的差别。据此可以证明 ICSP 算法能够得到与 CSP 相同的空间模式，并且可以用在线更新的方式来计算。

7.3.4 公共空间频率模式算法研究

公共空间模式（CSP）[27-29]算法是一种针对运动想象 EEG 进行特征提取的非常有效的方法，能够找到最优的空间滤波模式，使得经过此滤波后，可以得到具有最大类辨别能力的特征向量。但这一过程往往需要较多的空间导联，而且其性能的好坏依赖于滤波频率范围的选择。对于不同的频率带，最优的空间滤波也不同，因此通常采用比较宽的滤波频带（如 8～30 Hz），这样容易学习到与该频率范围有重叠的噪声或其他不具有辨别能力的背景脑信号。文献[30]中提出了一种 CSP 的改进算法——公共空间谱过滤模式（CSSP），该算法采用了一个延迟参数，在每导数据上进行简单的滤波功能，因此可以达到空间模式与频率模式的同时优化。尽管结果表明 CSSP 算法比 CSP 算法在分类性能上有所改进，但因为采用了一个延迟参数的有限脉冲滤波的限制，导致频率选择的灵活性非常低。并且在 CSSP 中，延迟参数值 τ 的选择也非常困难。文献[31]和文献[32]中提出了公共空间谱稀疏（CSSSP）算法，不过这种算法也同样存在参数选择的困难性，若参数选择过小，则容易过拟合，若参数选择过大，则接近于 CSP 算法。本节介绍一种公共空间频率模式算法（CSFP），这种算法能够灵活地优化频率与空间组合滤波模式，当多类 EEG 数据的频率范围存在区别时，该算法能较明显地提高分类性能。

1. 小波时频分析方法

事件相关电位的时频分析最近引起了广泛关注，特别是在脑-机交互中[33-35]。由于 EEG 数据的时空模式随时间的非平稳性，简单的频率分析无法检测到频率变化，而连续小波分析方法通过采用变长度时间窗口去分析不同频率，因而能够平衡时间分辨率与频率分辨率之间的矛盾。

EEG 信号 $x^{c,k}(\tau)$ 的连续小波变换（CWT）可以定义为

$$W^{c,k}(a,t) = \frac{1}{\sqrt{a}} \int_{-\infty}^{+\infty} x^{c,k}(\tau) \psi\left(\frac{\tau-t}{a}\right) \mathrm{d}\tau \qquad (7-26)$$

式中，t 表示时间偏移；a 表示尺度参数；ψ 表示小波函数；$W^{c,k}(a,t)$ 表示数据

段 $x^{c,k}(\tau)$ 的小波变换系数;c 表示导联位置;k 表示 EEG 数据段的编号。

尽管存在很多小波函数,Morlet 小波被认为是最适合分析 EEG 数据的时频分布。并且尺度参数 a 与频率 f 之间存在关系 $a = F_c/(fT)$,可得到以频率为参数的小波变换形式:

$$\hat{W}^{c,k}(f, t) = W^{c,k}\left(\frac{F_c}{fT}, t\right) \tag{7-27}$$

式中,$\hat{W}^{c,k}(f, t)$ 表示第 k 个 EEG 数据段 $x^{c,k}(\tau)$ 在导联 c、频率 f、时间 t 处的小波变换系数;F_c 是小波中心频率,以 Hz 为单位;T 是信号采样周期。因此可以利用式(7-27)对 EEG 数据进行时频表示,其中 f 可设置在具体的频率范围内从低到高变化。

2. 目标函数与算法过程

多类 EEG 最佳的辨别模式不仅存在空间模式的不同,同时也存在频率模式的差别。下面将介绍如何在空间模式的基础上加入频率模式的优化过程。

首先 EEG 小波时频表示为

$$p_k^{c,f} = \hat{W}^{c,k}(f, t) \tag{7-28}$$

式中,$p_k^{c,f}$ 表示第 k 个 EEG 数据段在空间导联 c 和频率 f 处随时间变化的小波系数,然后可以为每导数据建立一种时频分布表示矩阵,或者为每个频率成分建立一个空时分布矩阵,即

$$U_k^c = (p_k^{c,f_1} \ p_k^{c,f_2}, \cdots, p_k^{c,f_m})^{\mathrm{T}} \tag{7-29}$$

和

$$V_k^f = (p_k^{c_1,f} \ p_k^{c_2,f}, \cdots, p_k^{c_n,f})^{\mathrm{T}} \tag{7-30}$$

式中,U_k^c 表示第 k 个数据段在空间导联 c 上的时频矩阵,频率变化范围从 f_1 到 f_m;V_k^f 表示第 k 个数据段在频率 f 上的空时分布矩阵,空间导联变化范围为 c_1 至 c_n。为了重建完全的 EEG 信号时频分布,我们可以重新排列所有导联的时频矩阵 U_k^c 或者所有频率的空时矩阵 V_k^c:

$$Y_k = \begin{pmatrix} U_k^{c_1} \\ U_k^{c_2} \\ \vdots \\ U_k^{c_n} \end{pmatrix} \quad \text{或} \quad Y_k = \begin{pmatrix} V_k^{f_1} \\ V_k^{f_2} \\ \vdots \\ V_k^{f_m} \end{pmatrix} \tag{7-31}$$

式中，$\boldsymbol{Y}_k$ 表示新建立的第 k 个 EEG 数据段时空频矩阵。

使用这种表示方法，可以计算各类平均的时空频协方差矩阵：

$$\boldsymbol{\Gamma}^{(i)} = \sum_{k \in \text{class}_i} \frac{\boldsymbol{Y}_k \boldsymbol{Y}_k^{\mathrm{T}}}{\text{tr}(\boldsymbol{Y}_k \boldsymbol{Y}_k^{\mathrm{T}})} \tag{7-32}$$

式中，$\boldsymbol{Y}_k \in \mathbb{R}^{N \times M}$ 表示时空频矩阵；N 代表空间导联数目×频率分量数目（也就是，$n \times m$）；M 是每个数据段的采样点数目；class_i 表示第 i 类训练数据段集合。

CSFP 方法的目标是通过优化找到最佳的空间和频率组合模式 $\boldsymbol{W}_{\text{csfp}}$ 使得通过该投影后的特征向量具有最大的类辨别能力。向量 $\boldsymbol{w}_p \in \mathbb{R}^d (d = n \times m)$ 表示 $\boldsymbol{W}_{\text{csfp}}$ 中的第 p 列（也就是其中的一个空间频率模式），并且能够最大化第一类协方差，同时最小化所有类的总协方差。因此，每个投影向量 $\boldsymbol{w}$ 可以通过优化 Rayleigh 熵系数的形式来得到，表示如下

$$\underset{\boldsymbol{w}}{\arg\max} \frac{\boldsymbol{w}^{\mathrm{T}} \boldsymbol{S}_I \boldsymbol{w}}{\boldsymbol{w}^{\mathrm{T}} \boldsymbol{S}_T \boldsymbol{w}} \tag{7-33}$$

投影向量 $\boldsymbol{w}$ 的优化等价于解决广义特征值分解问题 $\boldsymbol{S}_I \boldsymbol{w} = \lambda \boldsymbol{S}_T \boldsymbol{w}$，其中 λ 是广义特征值，$\boldsymbol{w}$ 是对应广义特征值 λ 的广义特征向量。这样可以通过联合对角化矩阵 $\boldsymbol{S}_I$ 和 $\boldsymbol{S}_T$ 求得 l 个广义特征向量与特征值。首先找到对应最大广义特征值的具有最大辨别能力的特征向量 $\boldsymbol{w}$，然后可以通过删除最大分量并反演 $\boldsymbol{S}_I$ 过程依次优化次分量：

$$\boldsymbol{S}_I \leftarrow \boldsymbol{S}_I \left(\boldsymbol{I} - \frac{\boldsymbol{w}^{\mathrm{T}} \boldsymbol{w} \boldsymbol{S}_T}{\boldsymbol{w}^{\mathrm{T}} \boldsymbol{S}_T \boldsymbol{w}} \right) \tag{7-34}$$

通过重复此过程，可依次优化得到所有的投影方向。

为了找到分类最佳辨别模式，我们可以设置矩阵 $\boldsymbol{S}_I$ 和 $\boldsymbol{S}_T$ 的取值如下：

$$\boldsymbol{S}_I = \boldsymbol{\Gamma}^{(i)} \big|_{i=1}^M, \quad \boldsymbol{S}_T = \frac{1}{M} \sum_{i=1}^M \boldsymbol{\Gamma}^{(i)} \tag{7-35}$$

式中，$\boldsymbol{S}_I$ 分别取对应类的时空频矩阵的协方差矩阵，可通过式（7-32）得到，$\boldsymbol{S}_T$ 是所有 M 类数据的总协方差矩阵。通过优化准则（7-33）和（7-34）可以得到对应第 i 类数据的投影矩阵 $\boldsymbol{W}^{(i)}$，也就是第 i 类空间频率模式。$\boldsymbol{W}^{(i)}$ 中投影向量的个数可以通过后面的交叉验证过程来选取最优值。最后，把所有类的 $\boldsymbol{W}^{(i)} \big|_{i=1}^M$ 复合在一起构成一个投影矩阵，即 $\boldsymbol{W}_{\text{csfp}} = [\boldsymbol{W}^{(1)}, \boldsymbol{W}^{(2)}, \cdots, \boldsymbol{W}^{(M)}]$，此矩阵就是具有多类最大辨别能力的空间频率模式。

通过得到投影矩阵 $\boldsymbol{W}_{csfp}$，可以把 EEG 信号的时空频矩阵 $\boldsymbol{Y}_k$ 投影到该矩阵，并得到投影分量：

$$\boldsymbol{Z}_k = \boldsymbol{W}^T \boldsymbol{Y}_k \qquad\qquad (7-36)$$

从而，$\boldsymbol{Z}_k$ 表示多类数据最大辨别分量，该分量不仅考虑了空间模式，而且考虑了频率模式。

3. 实验数据分析

为了验证 CSFP 算法的性能，对多类运动想象任务 EEG 数据进行特征提取和模式分类。运动想象任务包括三类：左手想象，右手想象，右脚想象。将 CSFP 算法与经典算法 CSP 在同一数据集上做性能比较。为了证明 CSFP 算法仅需要少数空间导联数目，本次实验由 5 名受试者参加，并且仅采集 5 导联数据，分别对应大脑运动控制区域 C3、CP3、Cz、CP4 和 C4。信号采集采样率为 256 Hz。

为了验证 CSFP 算法在实时脑-机交互系统上的性能，需要对原始 EEG 数据进行预处理。预处理过程是把每一个带有类别标记的 EEG 数据段用重叠滑动窗口技术切割成许多更小的数据段，切割中滑动窗口的长度保持不变，并且给每一个小数据段赋予相同的类别标记。这样做的意义在于验证算法是否能够在较短的时间段上得到较好的分类准确率，从而提高脑-机交互的速度。经过预处理可以得到具有不同长度的 EEG 数据段，长度变化从 1 s 到 4 s，然后分别作特征提取与分类，验证其在不同长度数据段上的算法性能。

在信号时频变换中，在频率为 6～30 Hz 的范围内采用连续小波变换，得到 EEG 数据段的时频表示。为了可视化多类数据时频分布的不同，可以对同类所有数据段的时频表示矩阵作平均，如图 7-4 所示。图中第一行显示了左手想象运动的 5 个导联上各自的时频分布，从中可明显看出在 C3、CP3 位置的 μ 节律出现增强，而在 C4、CP4 位置上 μ 节律出现明显衰减现象，这说明想象左手运动时，左半脑出现 ERS，右半脑出现 ERD[36]。同样在第二行的右手想象运动中出现了与左手想象运动正好相反的 ERD 与 ERS。图中第三行表示想象脚运动的时频表示，从中可看出左右脑同时出现 ERS 现象。另外从第一行与第二行中也可看出左手想象与右手想象的 ERD 现象的频率范围稍有不同，也就是频率模式不仅与受试者有关，而且与任务类别相关。

通过 10×10 交叉验证过程，可得到 5 名受试者平均的分类准确率与标准差。对于每位受试者的数据，分别验证了不同数据段长度的分类性能，长度变化从 1 s 到 4 s，分类性能结果如图 7-5 所示。图中共显示了分别对应两类与三类

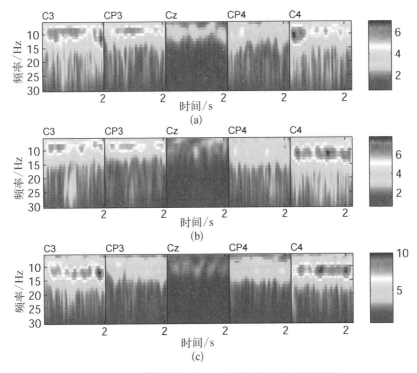

图7-4 三类想象任务中5导数据的平均时频分布

(a) 左手想象运动;(b) 右手想象运动;(c) 右脚想象运动

运动想象任务的错误率与标准差。其中三名受试者性能较好,其他两名受试者性能较差,接近随机分类错误率,因此对这两名受试者仅给出两类分类结果。从结果中可看出 CSFP 算法比 CSP 算法分类错误率要低。并且在实验中发现对于三类想象任务,1 s 数据段能够得到最高的信息传输率,为 0.59 bit/s。

综上所述,CSFP 算法是一种针对多类 EEG 数据的空间频率优化算法,该算法能够对空间与频率模式同时进行优化,从而在更少的空间导联上成功地分类 EEG 信号。对三类想象任务进行分类的实验结果证明了 CSFP 算法的优点,该算法能在更短的时间段上得到较好的结果,在准确率与泛化能力上更具优越性。

4. 公共空间频率模式的意义与解释

公共空间频率模式 $\boldsymbol{W}$ 的解释可分为两个方面:首先 $\boldsymbol{W}$ 可以分为许多子矩阵,也就是 $\boldsymbol{W} = (\hat{\boldsymbol{W}}_{c_1}^{\mathrm{T}}, \cdots, \hat{\boldsymbol{W}}_{c_n}^{\mathrm{T}})^{\mathrm{T}}$ 或 $\boldsymbol{W} = (\hat{\boldsymbol{W}}_{f_1}^{\mathrm{T}}, \cdots, \hat{\boldsymbol{W}}_{f_m}^{\mathrm{T}})^{\mathrm{T}}$,从而得到

$$\boldsymbol{Z}_k = \sum_{c=c_1}^{c_n} \hat{\boldsymbol{W}}_c^{\mathrm{T}} \boldsymbol{U}_k^c \quad \text{或} \quad \boldsymbol{Z}_k = \sum_{f=f_1}^{f_m} \hat{\boldsymbol{W}}_f^{\mathrm{T}} \boldsymbol{V}_k^f \qquad (7-37)$$

式中,$\hat{\boldsymbol{W}}_c$ 表示每个空间导联 c 上的频率组合模式,$\hat{\boldsymbol{W}}_c$ 中每一列代表在所有导联

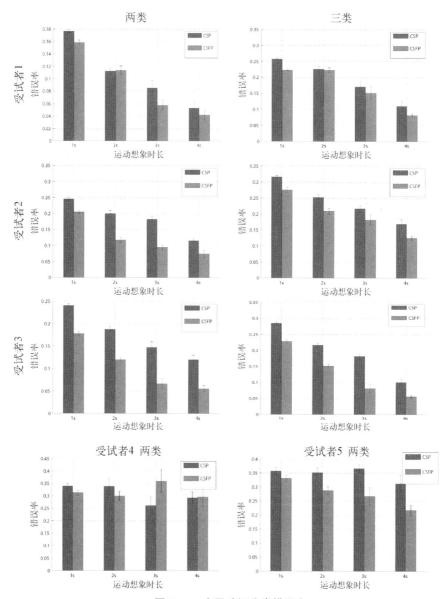

图 7 - 5　交叉验证分类错误率

c 上的频率组合系数。据此,该算法可以得到不同空间导联 c 上的不同的频率组合模式,而且可以得到对应不同类数据的不同频率组合模式。相应地,$\hat{W}_f$ 表示每个频率 f 成分上不同的空间组合模式。

图 7 - 6 表示空间频率模式,四个子图分别代表四个公共空间频率模式。第一行的两个图分别代表对应左手想象类的两个最大投影方向。第二行的两个图

代表对应右手想象类的两个最大投影方向。在两类数据空间频率模式图中可以更清晰更直观地看到最优辨别频率与空间分布。从图中看到第一类主要集中在频率带 12 Hz、15～21 Hz、23～24 Hz，而第二类主要集中在频率带 12～13 Hz、17～21 Hz、23～24 Hz、27～28 Hz。这说明频率信息不仅随受试者不同而不同，而且随着类别的不同也不尽相同。举例来说，当左手想象时，15～16 Hz 能量在左右半脑上同时增强，而右手想象时减弱。相反，左手想象时，27～28 Hz 的能量在左右半脑都减弱，但右手想象时，27～28 Hz 的能量增强。

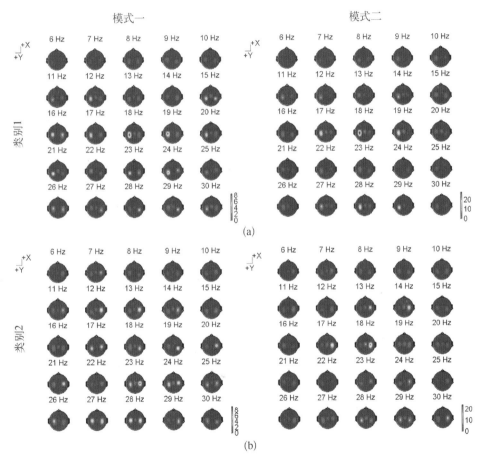

图 7-6 四个 CSFP 空间频率模式

(a) 左手想象；(b) 右手想象

正如所料，μ 和 β 节律具有明显的辨别能力，而其他频率带仅具有较小的辨别能力。由于低频幅值通常比较大，但却不具有类辨别能力，所以通过优化得到的频率模式明显对此频率带具有衰减作用，而完全保留了 μ 和 β 节律的能量。

相对于在 CSP 算法中保留所有的 8～30 Hz 信号,CSFP 能够更加细分频率信息,并且把每个空间导联上的信号过滤到不同的频率带,加入了频率模式的优化,提高了投影方向的频率分辨率。

Z_k 表示多类数据最大辨别分量,代表了同时对空间与频率优化的结果。为了进一步研究空间频率模式的含义,可以定义 w_p 表示投影矩阵中第 p 列,那么投影后的第 p 个分量 $Z_k^p = w_p^{\mathrm{T}} Y_k$ 可表示为

$$Z_k^p = \sum_{f=f_1}^{f_m} \sum_{c=c_1}^{c_n} w_p^{c,f} Y_k^{c,f} \qquad (7-38)$$

式中,$w_p^{c,f}$ 是 W_{csfp} 中第 p 列在对应空间导联 c 与频率 f 的系数。为了找到多类最佳辨别方向,对应第 i 类数据的投影矩阵 $W^{(i)}$ 包含了在空间与频率上同时分布的向量,通过该向量投影,可以最大化第 i 类数据的协方差,同时最小化所有类总的平均协方差。

众所周知,数据预处理,即带通滤波对 CSP 算法的性能影响极大,主要是因为 CSP 算法对于频带参数的选择非常敏感,频带参数通常由人为观测或者经验知识来选择,因此频带参数选择的好坏直接影响分类性能,而 CSFP 算法可以对频率模式和空间模式同时进行优化,可从具体的数据中学习得到最优的空间模式与频率模式,减少了人为选择频带参数引起的性能下降。同时,CSFP 在对多类思维任务 EEG 分类的问题上可得到更好的分类性能,特别是多类思维任务 EEG 在空间上分布一致,但频率上有明显区别时,该算法的优势更为明显。

7.3.5 基于判别张量分解的单次脑电信号分类

脑-机接口系统的本质是通过特征提取和分类算法对不同思维状态下的 EEG 信号进行识别,再将识别的结果用于控制外部设备,从而实现信息的传递。研究表明脑-机接口系统的性能关键在于对 EEG 信号特征的准确表征和 EEG 信号单次实验数据的正确分类[37-38]。目前用于 EEG 信号单次实验数据分类上最成功的算法为公共空间模式(CSP)算法,国际 EEG 数据处理竞赛证明针对运动想象的 ERD/ERS,CSP 算法具有最高的分类性能。CSP 通过计算两类多导 EEG 信号的判别空间模式,使得一类信号投影到此模式上方差最大,同时另一类的方差最小。由于信号经过特定频带滤波后的方差直接反映了它在这个频带上的能量,因此 CSP 能够准确地检测到两类多导 EEG 信号的频谱变化。现有的大多数脑-机接口系统都是利用 CSP 算法来对不同肢体运动想象时的 EEG 信号进行分类从而实现信息传递的,CSP 算法也成为 BCI 系统中运用最多的算法[39-41]。

尽管 CSP 算法是脑-机接口中应用最成功的算法,但是对于 EEG 信号的分类问题而言,它并不是最优的。CSP 算法高度依赖于先验的神经生理学知识来去除噪声,即预处理过程的时域滤波,因为 CSP 算法通过信号的时序方差来计算判别空间模式,只有将信号通过预先识别出的任务相关频带的滤波,信号方差的大小变化才能反映出相应频率节律活动的增强或减弱[30]。为了提高 BCI 的信息传输率和鲁棒性,在 BCI 系统中发展新的可用的脑-机交互范式是必要的[42]。然而,如果范式中所运用任务的相关频率特性是未知的,即没有先验的神经生理学知识,CSP 并不能取得理想的效果。因此,设计一个鲁棒的、有效的 EEG 信号单次实验数据分类算法是非常必要的。所以,我们提出了一种基于判别张量分解的方法来对无先验知识下的、鲁棒的 EEG 信号单次实验数据进行分类[43-44]。

1. 模型框架与处理流程

基于判别张量分解的 EEG 信号单次实验数据分类方法的框架和流程如图 7-7 所示,该方法共包括五个部分。

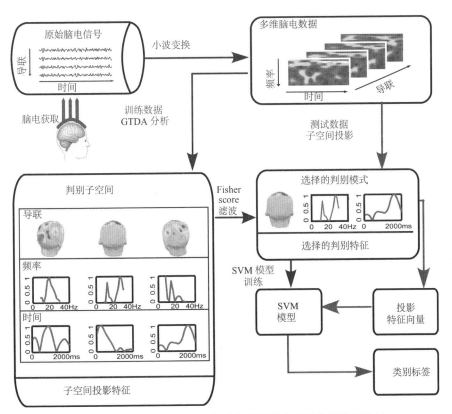

图 7-7 基于判别张量分解的脑电信号单次实验数据分类方法

（1）根据脑-机交互范式采集原始的 EEG 信号。

（2）多导 EEG 信号由小波变换分解，并表征为空间、频率、时间模态上的三阶高维张量。

（3）利用判别张量分解方法从训练数据中提取多维线性判别子空间，并将上一步骤中所得到的高维张量投影到判别子空间上得到低维张量。

（4）将所得低维张量进行向量化，并用 Fisher score 方法消除判别子空间中冗余的判别投影模式。

（5）训练 SVM 分类器来进行 EEG 信号单次实验数据分类。

以下将对流程中的判别张量分解和 Fisher Score 特征选择给出详细的说明。

2. 判别张量分解

判别张量分解算法（general tensor discriminant analysis，GTDA）[45] 被用于从训练数据中提取多维线性判别子空间，该算法是线性判别分析（LDA）在高阶张量数据结构上的一个扩展。

线性判别分析是一种常用的特征提取方法，其目标是使提取特征后样本的类间离散度和类内离散度的比值最大，即各类样本在特征空间中有最佳的可分离性。给定训练样本 $x_{(i,j)} \in \mathbb{R}^N$ 属于 C 个不同类别，i 代表第 i 个类别，$1 \leqslant i \leqslant C$，$j$ 代表第 i 类中的第 j 个样本。LDA 的目标是寻找一个 $x_{(i,j)}$ 的投影子空间，使投影后数据的类内散布矩阵最小，同时使类间散布矩阵最大。在训练集上，假设共有 $n = \sum_{i=1}^{C} n_i$ 个样本，第 i 类上样本的均值是 $m_i = (1/n_i) \sum_{j=1}^{n_i} x_{(i,j)}$，而所有样本的均值 $m = (1/n) \sum_{i=1}^{C} \sum_{j=1}^{n_i} x_{(i,j)}$。类间离散度矩阵 S_b 和类内离散度矩阵 S_w 分别为

$$S_b = \frac{1}{n} \sum_{i=1}^{C} n_i (m_i - m)(m_i - m)^\mathrm{T} \tag{7-39}$$

$$S_w = \frac{1}{n} \sum_{i=1}^{C} \sum_{j=1}^{n_i} (x_{(i,j)} - m_i)(x_{(i,j)} - m_i)^\mathrm{T} \tag{7-40}$$

通过最大化 S_b 和 S_w 迹的比率，可求得由投影向量构成的投影矩阵，$U = [u_1, \cdots, u_{C-1}]$，

$$U^* = \underset{U}{\mathrm{argmax}} \frac{\mathrm{tr}(U^\mathrm{T} S_b U)}{U^\mathrm{T} S_w U} \tag{7-41}$$

U^* 是由 $S_w^{-1}S_b$ 的前 m 个较大特征值对应的特征向量组成的矩阵。

用差散射标准来定义投影矩阵为

$$U^* = \underset{UU^{\mathrm{T}}=I}{\mathrm{argmax}}\left[\mathrm{tr}(U^{\mathrm{T}}S_bU) - \zeta\,\mathrm{tr}(U^{\mathrm{T}}S_wU)\right] \qquad (7-42)$$

这里 ζ 作为拉格朗日乘子,是一个起调节作用的参数。如果要提取一个最大特征值对应的特征向量作为投影矩阵,可设定 $\zeta=\lambda_{\max}$,$\lambda_{\max}$ 是 $S_w^{-1}S_b$ 最大的特征值。如果要同时提取 N^* 个特征向量作为投影矩阵,ζ 应被设定为 $\sum_{i=1}^{N^*}\lambda_i$,其中 $\lambda_i\,|_{i=1}^{N^*}$ 是 $S_w^{-1}S_b$ 的最大的 N^* 个特征值。

与矩阵的线性判别分析类似,判别张量分析是差散射标准在张量上扩展。假设 $X_{(i;j)}$ 代表第 $i(1 \leqslant i \leqslant C)$ 个类别中第 $j(1 \leqslant j \leqslant N_i)$ 个张量样本。$M_i = (1/N_i)\sum_{j=1}^{N_i}X_{(i;j)}$ 是第 i 类样本的均值张量,所有样本的均值张量为 $M = (1/N)\sum_{i=1}^{C}N_iM_i$。$X_{(i;j)}$、$M_i$、$M$ 均为 M 阶张量,第 $k(1 \leqslant k \leqslant M)$ 阶上的判别投影矩阵 U_k 可以由下式计算得出

$$U_k^*\,|_{k=1}^M = \underset{U_k^{\mathrm{T}}U_k=I\,|_{k=1}^M}{\mathrm{argmax}}\Big(\sum_{i=1}^{C}N_i\,\|\,(M_i-M)\prod_{k=1}^{M}\times_k U_k^{\mathrm{T}}\,\|_{Fro}^2$$
$$-\zeta\sum_{i=1}^{C}\sum_{j=1}^{N_i}\|\,(X_{(i;j)}-M)\prod_{k=1}^{M}\times_k U_k^{\mathrm{T}}\,\|_{Fro}^2\Big) \qquad (7-43)$$

式中,Fro 为 Frobenius 范数。

由于式(7-43)不存在封闭解,所以我们使用迭代的交替投影方法来获得 U_k 的解。式(7-43)可以分解为 M 个子优化问题,如下所示:

$$U_k^*\,|_{k=1}^M = \underset{U_k^{\mathrm{T}}U_k=I\,|_{k=1}^M}{\mathrm{argmax}}\Big(\sum_{i=1}^{C}N_i\,\|\,(M_i-M)\overline{\times}_k U_k^{\mathrm{T}}\times_k U_k^{\mathrm{T}}\,\|_{Fro}^2$$
$$-\zeta\sum_{i=1}^{C}\sum_{j=1}^{N_i}\|\,(X_{(i;j)}-M)\prod_{k=1}^{M}\overline{\times}_k U_k^{\mathrm{T}}\times_k U_k^{\mathrm{T}}\,\|_{Fro}^2\Big) \quad (7-44)$$

式中,$X\,\overline{\times}_k U_k^{\mathrm{T}} = X\prod_{d=1;d\neq k}^{M}\times_d U_d$。

算法的详细描述见下节的算法 1。

判别张量分析和上文中提到的其他的张量分解形式,如并行因子分解(PARAFAC)、TUCKER 分解、NMWF 分解等相比具有以下优点。

(1) 独立地进行每个模态上的判别模式提取,以避免小样本问题的

产生。

（2）考虑类别信息从而保存了训练数据中的判别信息。

（3）可以证明最后的判别投影子空间是一定收敛的。

当采用张量表征的 EEG 数据经过判别张量分解后，可以得到由投影矩阵构成的判别子空间。原先的大尺寸的张量 EEG 数据投影到该判别子空间上转换成小尺寸的张量数据，将小尺寸的张量向量化从而可以得到一系列特征向量数据。

3. Fisher score 特征选择

Fisher score 用来从特征向量中进一步剔除冗余特征，选择最具有判别能力的特征和相应的投影模式。用均值和方差的比值 Fisher score 来衡量单个特征对二类任务的区分能力，定义如下：

$$\text{Fisher score} = \frac{\parallel \mu_1 - \mu_2 \parallel^2}{\sigma_1 + \sigma_2} \tag{7-45}$$

式中，μ_1、μ_2 分别代表第一类和第二类任务在该单个特征上的均值，σ_1、σ_2 代表它们的方差。对于特征向量中的每个特征，计算出它们的 Fisher score 值并按照由大到小的顺序进行排列，前 n 个具有较高判别权重的特征被保留，其余特征被认为不重要而被剔除。保留下来的特征所对应的投影矩阵也被认为是最具有判别能力的判别模式，并用于下面的计算。

算法 1：判别张量分解（GTDA）算法

输入：训练张量集 $\boldsymbol{X}_{(i;j)}\Big|_{1\leqslant i\leqslant C}^{1\leqslant j\leqslant n_i} \in \mathbb{R}^{N_1 \times N_2 \times \cdots \times N_M}$，调节参数 ζ，最大迭代次数 T；

输出：分解所得各个模态上的投影矩阵 $\boldsymbol{U}_l\,|_{l=1}^M \in \mathbb{R}^{N_{l^*} \times N_l}$，其中 $\boldsymbol{U}_l^\mathrm{T}\boldsymbol{U}_l = \boldsymbol{I}$，输出张量 $\boldsymbol{Y}_{(i;j)}\Big|_{1\leqslant i\leqslant C}^{1\leqslant j\leqslant n_i} \in \mathbb{R}^{N_{1^*} \times N_{2^*} \times \cdots \times N_{M^*}}$。

[1] 初始化 $\boldsymbol{U}_l^{(0)}\,|_{l=1}^M = 1_{N_{l^*} \times N_l}$

for $t=1$ to T do

  for $l=1$ to M do

    计算 $\boldsymbol{B}_l^{t-1} = \sum\limits_{i=1}^C \{ n_i mat_l [(\boldsymbol{M}_i - \boldsymbol{M})\overline{\times}_l (\boldsymbol{U}_l^{(t-1)})^\mathrm{T}]$
    $mat_l^\mathrm{T} [(\boldsymbol{M}_i - \boldsymbol{M})\overline{\times}_l (\boldsymbol{U}_l^{(t-1)})^\mathrm{T}]\}$；

    计算 $\boldsymbol{W}_l^{t-1} = \sum\limits_{i=1}^C \sum\limits_{j=1}^{n_i} \{ n_i mat_l [(\boldsymbol{X}_{(i;j)} - \boldsymbol{M}_i)\overline{\times}_l (\boldsymbol{U}_l^{(t-1)})^\mathrm{T}]$

$$mat_l^{\mathrm{T}}\big[(\boldsymbol{X}_{(i,j)} - \boldsymbol{M}_i)\,\overline{\times}_l\,(\boldsymbol{U}_l^{(t-1)})^{\mathrm{T}}\big]\};$$

通过矩阵奇异值分解来计算:

$$\boldsymbol{U}_l^{*(t)} = \mathrm{argmax}_U\,\mathrm{tr}\big[\boldsymbol{U}^{\mathrm{T}}(\boldsymbol{B}_l^{t-1} - \zeta\boldsymbol{W}_l^{t-1})\boldsymbol{U}\big]$$

    end for

判断是否满足收敛条件 $\sum\limits_{l=1}^{M}\parallel\boldsymbol{U}_l^{(t)}(\boldsymbol{U}_l^{(t-1)})^{\mathrm{T}} - \boldsymbol{I}\parallel^2 \leqslant \varepsilon$,如满足,跳出循环;

end for 计算 $\boldsymbol{Y}_{(i,j)} = \boldsymbol{X}_{(i,j)}\prod\limits_{l=1}^{M}\times_l\boldsymbol{U}_l$。

4. 实验数据分析

为了充分调研上述方法在 EEG 信号单次实验数据分类中的有效性,我们将其用到三个不同实验的数据集分析上。

第一个数据集为当五位受试者进行左右手运动想象时记录的 EEG 信号数据。其采集过程为受试者坐在有扶手的椅子上,距离电脑屏幕大概 1.5 m,眼睛与电脑屏幕保持水平。屏幕上会随机出现左右箭头的图形提示,受试者根据左右箭头提示分别进行 2 s 的左手、右手运动想象任务。实验所用设备及记录导联同上一章,信号采样率为 500 Hz。对于每个受试者,实验采得 60 次(每类 30 次)训练实验数据(62 导联,2 s)以及 140 次(每类 70 次)测试实验数据(62 导联,2 s)。

在这个数据集上,我们使用了上述基于判别张量分解的方法进行特征提取,并和三种不同类型的方法,即计算功率谱密度作为特征的方法(power spectrum density,PSD)[46]、CSP[27]、NMWF[47]进行比较。算法及分类器中需要的参数由训练数据集上的五折交叉验证来选择。

首先根据已知的神经生理学知识使 EEG 信号经过 8～30 Hz(与运动想象运动相关的 α、β 节律频带)滤波。对于 PSD 方法,通过傅里叶变换计算 C3、C4、Cz 在 8～30 Hz 的功率谱特征。图 7 - 8 显示了一个典型受试者样本 2 的 C3、C4 导联上每类任务的 EEG 信号功率谱密度的分布,可见两类任务在 C3、C4 上的 8～30 Hz 频带,特别是 12～13 Hz 有明显的区别。

对于受试者样本 2,由 CSP 算法提取出的两个最有意义的空间投影模式如图 7 - 9 所示。这里为了更清楚地说明提取特征的神经生理学意义,空间模式的显示只集中在运动相关的顶叶区域,可见在运动相关区域上,C3 和 C4 对分类问题具有最大的权重。

针对单次的二维 EEG 信号数据,在设定的空间、频率、时间范围(62 导;8～30 Hz;2 s)建立张量数据。图 7 - 10 显示了由 GTDA 算法从张量数据中提取的

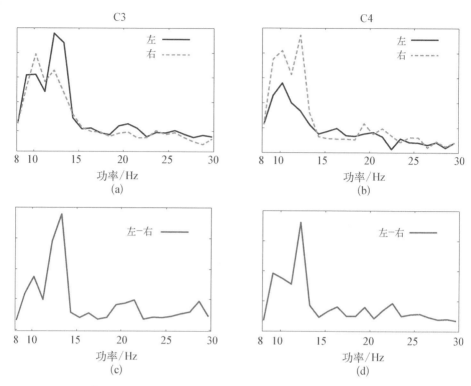

图 7-8　左右手运动想象时 EEG 信号在(a) C3 导联、(b) C4 导联上的平均功率密度以及两类任务在(c) C3 导联、(d) C4 导联上的功率谱密度

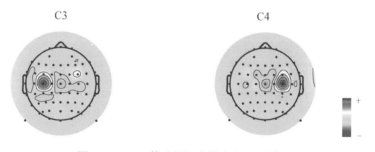

图 7-9　CSP 算法提取出的空间投影模式

(数据经过 8~30 Hz 的带通滤波)

两个判别权重最大特征向量所对应的空间、频率、时间投影模式。其中的频率判别投影模式和图 7-8 中显示的两类任务功率谱密度分布非常一致，最大权重的频率分布在 12~13 Hz 段上。在两个空间判别投影模式中(与 CSP 中类似，空间模式的显示只集中在运动相关的顶叶区域)，C3 和 C4 分别具有正负两个方向的最大值，即 C3、C4 对两个任务分别具有最大权重。

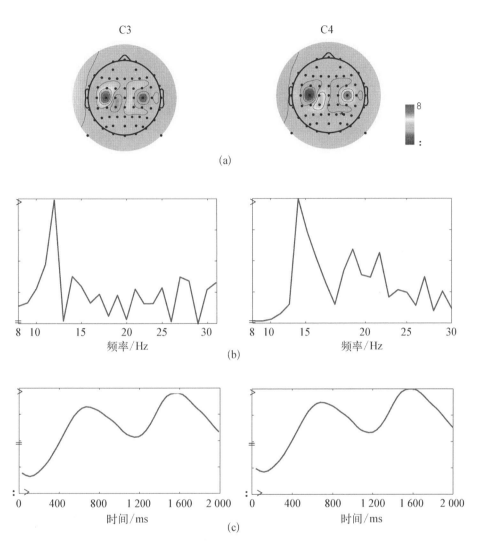

图 7‑10　判别张量分解方法提取出的(a) 空间、(b) 频率、(c) 时间模式
（数据经过 8～30 Hz 的带通滤波）

在非负张量分解中,对前面建立的张量数据进行非负限制的张量分解。图 7‑11 显示了由 NMWF 算法提取的两个判别权重最大的特征向量所对应的空间、频率、时间投影模式。尽管这些模式都表现出了与两类任务的高度相关性,但是和 CSP 及 GTDA 中提取出的模式相比,其对任务的判别特征较弱。如虽然它的空间投影模式也反映了每类任务对应的对侧事件相关去同步现象,但是对任务分类最重要的 C3 和 C4 导联不能被识别为判别权重最大的导联。

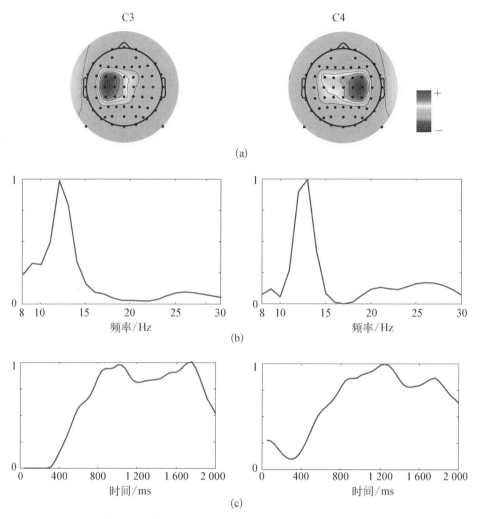

图 7-11　非负张量分解方法提取出的(a) 空间、(b) 频率、(c) 时间投影模式
（数据经过 8～30 Hz 的带通滤波）

表 7-1 列出了分类结果。对于受试者样本 1、样本 2、样本 3，PSD 的方法可以取得 62.1%～75.0% 的正确率。由于 PSD 方法计算的是预先选定的一阶 EEG 信号(时间)在一定时间内的功率谱密度，没有直接考虑空间和频率判别模式，所以对分类并不是最有效的。而由两阶 EEG 信号数据计算判别空间模式的 CSP 算法能取得出色的分类效果。GTDA 和 NMWF 算法都可以提取出多模态的投影模式及特征以用于分类，但是 GTDA 方法可以取得比 NMWF 更好的分解效果，这是由于 NMWF 没有直接考虑判别特征，本质上而言它是一种分解的技巧，而不是分类的方法。对于五个受试者，GTDA 方法的平均分类结果为

76.3％,CSP 的平均分类结果为 75.6％。由此说明对于经过正确预处理的数据,GTDA 能够取得和 CSP 一样好的分类结果。

表 7-1 四种方法在数据集 1 上的分类结果 单位：％

算　法	样本 1	样本 2	样本 3	样本 4	样本 5	平　均
PSD	72.1	75.0	62.1	55.7	40.0	61.0
CSP	80.0	88.6	82.1	61.4	65.7	75.6
NMWF	81.4	84.3	71.4	56.4	50.7	68.8
GTDA	85.7	95.0	73.6	60.7	66.4	76.3

说明：数据经过 8～30 Hz 的带通滤波。

为了调查上述四种方法的鲁棒性及各类算法在没有先验神经生理学知识下的有效性,我们将原始 EEG 信号通过一个更广的频率带滤波(4～45 Hz,为正常脑电波频带范围),同时张量数据也建立在此时设定的空间、频率、时间范围(62 导联,4～45 Hz,2 s),再对它们的分类结果进行比较。如表 7-2 所示,此时四种算法的性能都有一定的下降。特别是 CSP 算法的分类结果急剧下降,平均分类准确率下降到 50.6％。由于 CSP 算法是通过信号的方差来检测节律活动的变化的,因此它特别容易受到噪声的影响,其从较广的频率带上提取判别特征的效果非常不好。图 7-12 展示了受试者样本 2 的 CSP 提取出的两个空间投影模式,从中可以看出该模式对分类完全没有判别意义。而张量分析的方法,特别是 GTDA 算法仍然能保持很高的分类准确率,并可以提取出有意义的判别投影模式,如图 7-13 所示。由此说明 CSP 算法的表现高度依赖于数据的预处理滤波,而 GTDA 算法具有很好的鲁棒性,能从较广的频率带上提取判别投影模式和特征。

表 7-2 PSD、CSP、NMWF、GTDA 四种方法在数据集 1 上的分类结果

单位：％

算　法	样本 1	样本 2	样本 3	样本 4	样本 5	平　均
PSD	68.6	77.1	56.4	50.7	43.6	59.3
CSP	46.4	45.0	54.3	54.6	52.9	50.6
NMWF	78.5	79.3	65.7	54.3	47.1	65.0
GTDA	84.3	88.6	72.1	52.1	52.9	70.0

说明：数据经过 4～45 Hz 的带通滤波。

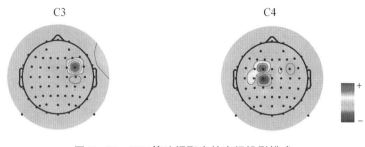

图 7 - 12 CSP 算法提取出的空间投影模式

（数据经过 4～45 Hz 的带通滤波）

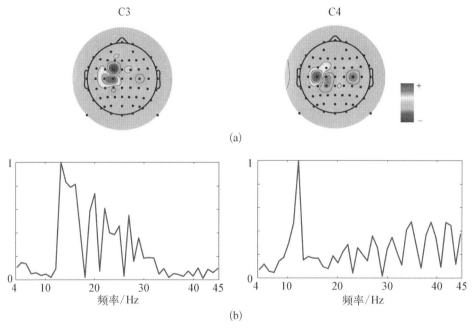

图 7 - 13 判别张量分解方法提取出的(a) 空间、(b) 频率投影模式

（数据经过 4～45 Hz 的带通滤波）

数据集 2 和 3 来自两个受试者进行不同思维任务时记录的 EEG 数据。在数据集 2 中，要求受试者进行图形感知和思维算术两类不同的思维任务。其采集过程如下：给受试者提供两类视觉提示图片，一类是不同的几何图形（如圆形、方形），要求受试者识别出图形的形状类别；另一类是包含三个整数的计算公式，要求受试者进行心算并给出结果。这两类任务交替执行，每次任务时间为 2 s，间隔休息时间为 4 s，信号采样率为 1 000 Hz，记录导联数和数据集 1 中相同。对于每个受试者，实验共运行 4 回，每回采得 60 次（每类 30 次）实验数据

(62 导联,2 s)。

数据集 3 包含受试者识别英语单词和休息时的 EEG 数据。其采集过程如下：给受试者提供两类刺激图片，一类是空白的，另一类包含一个英文单词。显示英文单词时，要求受试者回忆这个单词的意思以及发音；显示空白图片时，受试者不需要做任何回应，保持休息放松状态。每类图片显示 1 s，间隔时间为 4 s。和数据集 2 一样，实验共运行 4 回，每回采得 60 次（每类 30 次）实验数据(62 导联,1 s)。

相比运动想象实验（数据集 1），数据集 2 和 3 中和认知与记忆任务相关的频带目前还不是很明确。因此，我们使用判别张量分解的方法从正常脑电波所在频带进行特征提取，并与 CSP 方法进行比较。

对两个数据集，原始 EEG 信号通过正常 EEG 信号频率带滤波(4～45 Hz)，同时张量数据也建立在此时设定的空间频率时间范围(62 导联;4～45 Hz;2 s 在数据集 2 上,1 s 在数据集 3 上)。每回运行的数据依次被作为训练集，其余的数据作为测试集。对于每个训练集，我们选取四个判别权重最大的特征，并考虑对应的判别投影模式。对于数据集 2，每个频率判别投影模式都显示出在低频率(4～14 Hz)上有较大的权重，图 7 - 14 展示了每位受试者的一个频率判别投影模式。对于数据集 3，频率判别投影模式表现出在高频率(12～45 Hz)上有较大的权重，图 7 - 15 展示了每个受试者两个频率判别投影模式。表 7 - 3 和表 7 - 4 列出了在两个数据集上的四折交叉验证的分类结果。可见，GTDA 算法在每个数据集上都取得了较高的分类准确率，而 CSP 在较广的 EEG 信号频带上进行特征提取的效果并不好。但是，当将 EEG 信号通过基于 GTDA 方法识别出的较大权重的频带滤波后，CSP 的准确率得到大幅提高。为了比较，CSP 也被运用到较低权重的频带滤波，分类结果证明由 GTDA 提取出的频率判别投影模式可用于识别任务相关频带，为 CSP 方法提供有效的预处理过程中的滤波频带信息。

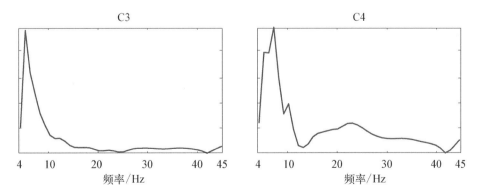

图 7 - 14 基于判别张量分解方法提取出的频率投影模式（数据集 2）

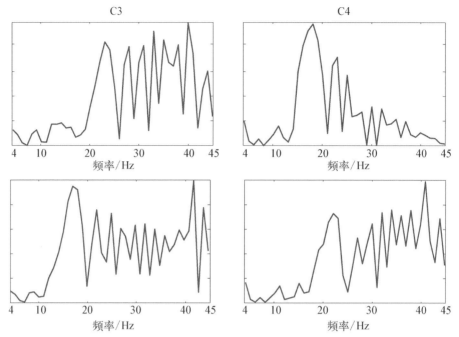

图 7 - 15 基于判别张量分解方法提取出的 4 种典型投影模式(数据集 3)

表 7 - 3 两种方法在数据集 2 上的分类结果

	滤波频带/Hz	样本 6 的准确率/%	样本 7 的准确率/%
GTDA	4~45	92.5	86.2
CSP	4~45	74.9	61.4
	4~14	97.1	75.8
	15~45	72.1	56.5

表 7 - 4 两种方法在数据集 3 上的分类结果

	滤波频带/Hz	样本 8 的准确率/%	样本 9 的准确率/%
GTDA	4~45	75.3	70.5
CSP	4~45	56.9	51.9
	4~11	65.6	52.4
	12~45	73.5	80.9

从上面的实验数据分析可以得到以下结论。

(1) 基于判别张量分解的 EEG 信号单次实验数据分类方法是一个鲁棒的方法;在没有先验的神经生理学知识的情况下,可以从较广的 EEG 信号频带上提取特征,取得有效的结果,这对在 BCI 中发展新的可用的脑-机交互范式以及提高信息传输率有重要作用。

(2) GTDA 算法可以在提取判别特征的同时得到对应的各个模态上的判别投影模式,为一些非鲁棒性的方法,如 CSP 方法,提供有效的任务相关的判别信息并用于信号预处理,从而提高其分类准确率。

7.3.6　基于正则张量分解的单次脑电信号模式分类

在对于 EEG 信号的分析中,尽管 CSP 方法是非常成功的,但是对 EEG 信号的分类问题而言它并不一定是最优的。除了在上一节中提到的它的性能严重依赖预处理滤波以外,CSP 还存在两个主要的问题。首先,它对空间投影模式的选择是较武断的。由于 CSP 算法对噪声极为敏感,在对特征值排序后,一些对分类并不是很相关的特征向量会由于对应的特征值在排序的两端而被选择作为空间投影模式,因此在算法中,经常从特征值序列的两端同时取几个对应的特征向量作为提取的空间投影模式,并基于这几个投影模式的结合来进行分类[48]。这也造成了我们无法通过 CSP 算法直接得到一个最佳的判别投影模式对 EEG 信号进行分类。其次,CSP 算法中对协方差矩阵同时对角化使得它计算的空间投影模式容易过拟合。特别是在信号的导联数比较多,而可用的训练样本数比较少的情况下,过拟合的现象尤其严重[49],此时 CSP 提取出的空间投影模式中对分类最有意义的导联被掩盖在一些无关的导联中。这也导致我们无法识别出对分类最重要的导联,而必须采用较多的导联信号来用于分类,这违背了在 BCI 中使用尽可能少的信号记录导联数的意愿。因此,为了更直接地获取 EEG 信号分类相关信息并提高 BCI 的实用性,我们提出了一种基于正则张量分析(regularized tensor discriminant analysis,RTDA)的方法来对 EEG 信号进行特征分析,并用于 EEG 信号的单次实验数据分类[9,50]。

1. 模型框架与处理流程

基于正则张量分析的 EEG 信号单次实验数据分类方法的框架和流程如图 7 - 16 所示,该方法主要包括四个部分。

(1) 根据脑-机交互方式,采集原始的 EEG 信号。

(2) 多导 EEG 信号由小波变换分解,并表征为空间、频率、时间域上的三阶高维张量。

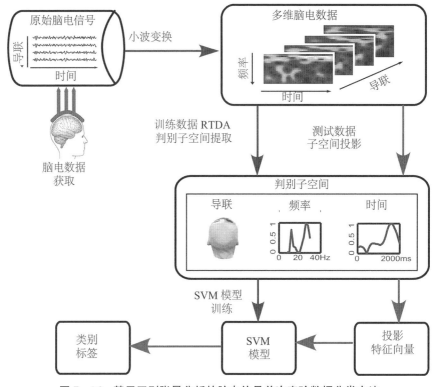

图 7-16 基于正则张量分析的脑电信号单次实验数据分类方法

（3）利用正则张量分解从训练数据中直接提取最具有判别能力的判别空间，即各个模态上最具有判别能力的投影模式。

（4）将张量数据投影到提取出的投影模式上得到特征向量，并训练 SVM 分类器来进行 EEG 信号单次实验数据分类。

其中，张量信号的表征和 SVM 特征分类等在上文中已经有了详细的介绍，所以下面主要对正则张量分解算法给出说明。

2. 正则张量分解

正则张量分解算法直接从训练数据中提取最具有判别能力的多维线性判别空间。给定样本集合 $\boldsymbol{\Phi} = \{\boldsymbol{X}_n, y_n\}_{n=1}^{N}$，$\boldsymbol{X}_n \in \mathbb{R}^{D_1 \times D_2 \times \cdots \times D_m}$ 代表第 n 个样本（m 阶张量），$y_n \in \{1, -1\}$ 两个不同的类别。基于 Logistic 回归模型，我们提出了判别分析模型，两类后验概率的对数比值是张量数据 $\boldsymbol{X}$ 的多维线性函数，即

$$\ln \frac{P(y=+1 \mid \boldsymbol{X})}{P(y=-1 \mid \boldsymbol{X})} = f(\boldsymbol{X}, \boldsymbol{\theta}) = \boldsymbol{X} \prod_{d=1}^{m} \times_d \boldsymbol{w}_d + b \qquad (7-46)$$

式中，$\boldsymbol{\theta} = (\boldsymbol{w}_1, \cdots, \boldsymbol{w}_m, b)$，$\boldsymbol{w}_d \mid_{d=1}^{m}$ 是 D_d 维向量，$b \in \mathbb{R}$ 是偏差项。设定第 d

个模态上的判别模式为 w_d，$X \times_d w_d$ 为 X 和向量 w_d 的 n 阶乘，因此 $X \prod_{d=1}^{m} \times_d w_d$ 计算的是张量 X 到由 $w_d |_{d=1}^{m}$ 张成的判别子空间的投影系数，参数 b 可以作为补偿被推出。

我们使用 Logistic 回归模型来给出后验概率函数：

$$P(y \mid X, \boldsymbol{\theta}) = \frac{1}{1 + e^{-yf}(X, \boldsymbol{\theta})} \tag{7-47}$$

为避免由于 EEG 数据的高维度而造成提取判别子空间的过拟合，在最小化负似然函数中，我们加上了正则化的条件，即

$$\min_{w_d, b} \sum_{n=1}^{N} \ln(1 + e^{-y_n f(X_n, \boldsymbol{\theta})}) + \sum_{d=1}^{m} \lambda_d^1 \parallel w_d \parallel^2 + \lambda_d^2 \mid w_d \mid - \lambda_d^3 (w_d^{\mathrm{T}} K_d w_d) \tag{7-48}$$

正则化的条件由三个不同的惩罚项来实现：$\lambda_d^1 \parallel w_d \parallel^2$ 用于得到紧缩的 w_d 的解；$\lambda_d^2 \mid w_d \mid$ 对 w_d 进行稀疏性的限制；$\lambda_d^3 (w_d^{\mathrm{T}} K_d w_d)$ 用于平滑 w_d，其中 K_d 是 $D^d \times D^d$ 的对称矩阵。假设 $r_{d(i,j)}$ 衡量的是在 d 模态上采样点 i 和 j 间的距离，$K_{d(i,j)}$ 定义为 $1/r_{d(i,j)}$，可以看作是用样本间的距离对相关程度的一种评价。λ_d^1、λ_d^2、λ_d^3 是模态上的调节参数，用以平衡在训练数据上的拟合度和测试集上的泛化度，避免过拟合。

有了多维线性概率函数和上述三类惩罚项就可以很方便地在提取 EEG 信号的各模态最优判别模式时加上合理的假设。由于单次的 EEG 信号被表征为通道×频率×时间的三阶张量，我们可以用 $\lambda_d^2 \mid w_d \mid_{d=1,2}$ 在空间和频率维上加上稀疏性限制，在时间维上加上平滑性限制 $\lambda_d^3 (w_d^{\mathrm{T}} K_d w_d) |_{d=3}$，即 λ_1^1、λ_2^1、λ_3^1 均大于 0，λ_1^2、λ_2^2 均大于 0，λ_3^2 等于 0，λ_3^3 大于 0，λ_1^3、λ_2^3 均等于 0。$r_{3(i,j)}$ 定义为第 i 和第 j 个采样点间时间间隔的绝对值。上述参数的具体值可以在训练样本上自动选取。容易得出，通过最小化式（7-48），可以获取各个模态上最优的判别模式，即

$$w_d \Big|_{d=1}^{m} = \operatorname*{argmin}_{w_d |_{d=1}^{m} \in R^{D_d}} \Big\{ \sum_{n=1}^{N} \ln[1 + e^{-y_n(X_n \prod_{d=1}^{m} \times_d w_d + b)}]$$
$$+ \sum_{d=1}^{m} \lambda_d^1 \parallel w_d \parallel^2 + \lambda_d^2 \mid w_d \mid - \lambda_d^3 (w_d^{\mathrm{T}} K_d w_d) \Big\} \tag{7-49}$$

由于式（7-49）不存在封闭解，所以选择迭代的交替投影方法来求解。式

(7-49)可以分解为 m 个子优化问题,如下所示:

$$w_d \Big|_{d=1}^m = \underset{w_d \in R^{D_d}}{\operatorname{argmin}} \Big\{ \sum_{n=1}^N \ln[1 + e^{-y_n (X_n \prod_{l=1,l \neq d}^m \times_l w_l) \times_d w_d + b}]$$

$$+ \lambda_d^1 \| w_d \|^2 + \lambda_d^2 | w_d | - \lambda_d^3 (w_d^{\mathrm{T}} K_d w_d) \Big\} \qquad (7-50)$$

式(7-50)中的 w_d 用很多方法都可以求解,这里我们采用了梯度下降法。算法 2 给出了上述正则张量分解在给定 λ_d^1、λ_d^2、λ_d^3 下进行迭代优化求解的详细步骤。其中最关键的是步骤 4,它概括了如何利用 $(t-1)$ 次迭代中的 $w_k^{t-1} \big|_{k=1,k \neq d}^m$ 求解 t 次迭代中在 d 模态上的判别模式 w_d^t。通过重复进行步骤 4 的迭代,直至收敛,各个模态上的最优判别模式可被求得。算法的详细描述见算法 2。

算法 2:正则化张量分解算法

输入:训练样本集 $\Phi = \langle X_n, y_n \rangle_{n=1}^N$, $X_n \in \mathbb{R}^{D_1 \times D_2 \times \cdots \times D_m}$ 代表第 $n(1 \leqslant n \leqslant N)$ 个样本(m 阶张量),$y_n \in \{1, -1\}$ 是对应的类别,调节参数 λ_d^1、λ_d^2、λ_d^3 以及最大迭代次数 c。

输出:各个模态上的判别模式 $\{w_d \big|_{d=1}^m\}$;[1] 初始化 $w_d^0 = 1_{D_d} \big|_{d=1}^m$

for $t = 1$ to c do

    for $d = 1$ to m do

$$\text{计算 } w_d^t = \underset{w_d \in \mathbb{R}^{D_d}}{\operatorname{argmin}} \Big\{ \sum_{n=1}^N \ln[1 + e^{-y_n (X_n \prod_{l=1,l \neq d}^m \times_l w_l^{t-1}) \times_d w_d^t + b}] +$$

$$\lambda_d^1 \| w_d^{t-1} \|^2 + \lambda_d^2 | w_d^t | - \lambda_d^3 (w_d^t K_d w_d^t) \Big\}$$

    end for 判断是否满足收敛条件 $\operatorname{abs}\Big(1 - \sum_{d=1}^m (w_d^{(t)})^{\mathrm{T}} w_d^{t-1}\Big) \leqslant \varepsilon$,如满足,跳出循环;end for

3. 实验数据分析

为了充分调研上述方法在进行 EEG 信号分类中的有效性,我们首先将其用到 4 个受试者左右手运动想象的实验数据分析上,并在 3 个方面与 CSP 方法进行比较。对于每个受试者,实验数据的采集方式、采样率、训练数据和测试数据的大小等都和上一章中相同。

首先,我们将 EEG 信号经过 8~30 Hz(与运动想象运动相关的 α、β 节律频带)滤波,并针对单次的二维 EEG 信号数据建立三阶张量数据(62 导联,

8～30 Hz,2 s)。通过小波变换,对于一个导联信号上的一维图(时间)可以得到一个二维图(频率×时间),因此将多个导联上的二维图折叠可以获取三维张量。为了和下面提取出的最优判别模式做比较,这里对于一个典型的受试者样本3,我们给出了两类张量数据平均差的多导(62导联)二维图。从图7-17中可以观测到差值在大脑的顶叶区、α和β节律上有两个方向上的最大绝对值,特别集中在C3和C4导联12～13 Hz任务开始后400 ms。这和神经生理学上的发现也很一致,说明小波变换后的张量数据可以捕获到ERD和ERS现象。

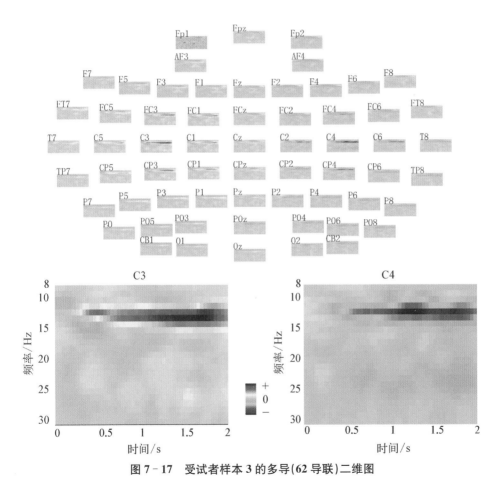

图7-17 受试者样本3的多导(62导联)二维图

对于CSP算法,我们选用2～8个投影模式的组合来获取最优的分类准确率(过多的投影模式会造成过拟合),确切的投影模式个数由训练精度决定。分类结果如表7-5所示,可见基于正则张量分解的方法可以得到和CSP很接近的结果,特别是对于受试者样本 2,张量方法可以取得 75.7% 的精度,而 CSP 为 56.4%。此外,CSP 方法总是要采用几个投影模式的组合才能取得最好的结果,而基于正则张量分解的方法可以直接提取最优判别模式,从而可以更好地从各个模态上解释 EEG 分类问题。

表 7-5　两种方法的分类结果

	受试者	样本 1	样本 2	样本 3	样本 4
CSP	投影模式个数	2	8	4	6
	准确率/%	91.4	56.4	90.0	62.1
RTDA	准确率/%	83.6	75.7	94.3	61.4

说明:数据经过 8~30 Hz 滤波。

图 7-18 显示了每个受试者的 CSP 提取出的最大和最小特征值对应的特征向量。在这些投影模式中,很多不在运动相关脑区的导联也具有很大的权重值,这是由 CSP 的过拟合造成的,以至于我们很难从这些模式中找到和分类任务最相关的导联位置。而正则张量分解提取出来的判别模式非常有意义,如图 7-19 所示,大脑两个半球的顶叶区处的导联显示出了在两个方向上的最大权重(样本 4 除外,两种方法对它都未取得有效的结果)。此外,频率上和时间上最优的判别模式分别如图 7-20 和图 7-21 所示,在 α 频带和任务开始后 400 ms 时有较大的权重。与图 7-17 相比可见,正则张量分解的方法的确提取出了各个模态上的最优判别模式。

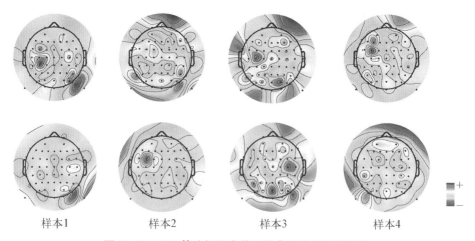

样本1　　　　样本2　　　　样本3　　　　样本4

图 7-18　CSP 算法提取出的两种典型空间投影模式

(数据经过 8~30 Hz 的带通滤波)

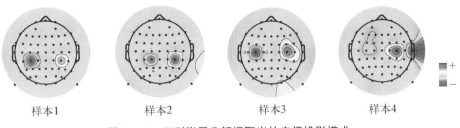

图 7‑19　正则张量分解提取出的空间投影模式

（数据经过 8～30 Hz 的带通滤波）

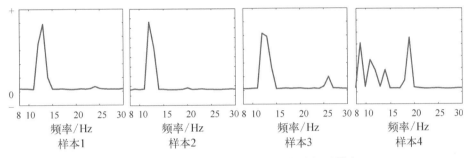

图 7‑20　正则张量分解提取出的频率投影模式

（数据经过 8～30 Hz 的带通滤波）

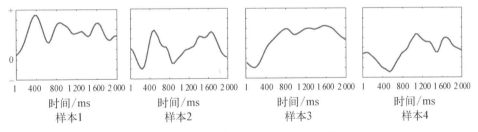

图 7‑21　正则张量分解提取出的时间投影模式

（数据经过 8～30 Hz 的带通滤波）

　　为了研究该正则张量分解方法的鲁棒性及其在没有先验的神经生理学知识条件下的有效性，我们将原始 EEG 信号通过一个更广的正常 EEG 信号频率带滤波（4～45 Hz），同时张量数据也建立在此时设定的空间、频率、时间范围（62 导联，4～45 Hz，2 s），CSP 算法和正则张量方法分别用于处理后的二维和三维的 EEG 数据，分类结果如表 7‑6 所示。此时，对于所有的受试者，CSP 的分类结果均下降至 60.0% 以下，但此时该张量方法的分类性能基本上没有损失。图 7‑22 展示了每个受试者的 CSP 提取出的两个空间投影模式，可以看出该模式对于分类完全没有意义。而正则张量分解方法仍然能保持很高的分类准确率,并可以提取出有意义的判别投影模式,图 7-23 和图 7-24 展示了基于正则张量方法提取出的空间、频率投影模式。由此说明 CSP 算法的表现高度依赖于数据的预处理滤波,而正则张量分解方法具有与前面提到过的判别张量分解方法一样的鲁棒性,能在更广的频率带上提取判别投影模式和特征。

表 7-6 两种方法的分类结果

	受试者	样本 1	样本 2	样本 3	样本 4
CSP	投影模式个数	2	8	4	6
	准确率/%	52.9	52.9	45.0	51.4
RTDA	准确率/%	83.6	75.0	93.6	57.1

说明:数据经过 4~45 Hz 滤波。

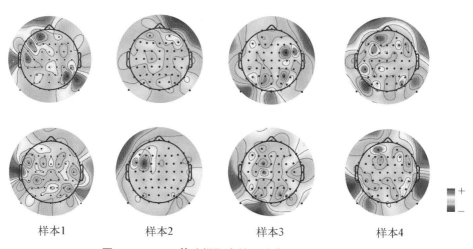

样本1 样本2 样本3 样本4

图 7-22　CSP 算法提取出的两种典型空间投影模式

(数据经过 4~45 Hz 的带通滤波)

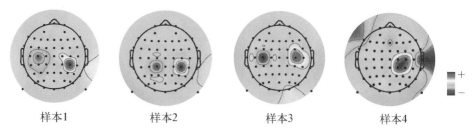

样本1 样本2 样本3 样本4

图 7-23　正则张量分解提取出的空间投影模式

(数据经过 4~45 Hz 的带通滤波)

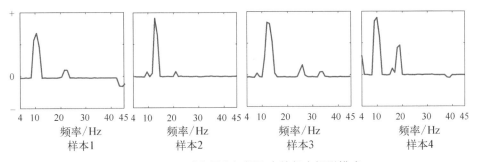

图 7-24　正则张量分解提取出的频率投影模式

（数据经过 4～45 Hz 的带通滤波）

　　尽管 CSP 被公认为对 EEG 信号分类具有最好的结果，但是 CSP 算法的过拟合也很严重，特别是在可用的训练样本数比较少的情况下，如图 7-18 和 7-22 所示。这个缺点使得在 CSP 中必须使用较多的导联信号，而 BCI 的实际应用则希望使用尽可能少的记录导联数。

　　基于正则张量分解的方法可以有效地用于导联选择。在该算法中，稀疏性的惩罚项被施加到空间模式的提取过程中，降低和判别无关的导联的权重，增加和判别有关的导联的权重。通过在提取出的空间模式中选取权重最大的导联，对分类最有意义的导联就可以被自动识别出来。图 7-25 展示了对于一个典型的受试者（样本 3），在算法的执行过程中随着稀疏惩罚项的加强，空间投影模式不断稀疏的过程。最后，C3 和 C4 被识别出是最有意义的导联。对于所有的受试者，在提取出的稀疏的空间投影模式（见图 7-19 和图 7-23）中，最大权重的导联和神经生理学上已知的结果一致（样本 4 除外）。对于每个受试者，我们只选取两个权重最大的导联的数据，并重新使用这种基于正则张量分解的方法来进行分类，分类结果如表 7-7 所示。与前面选择所有导联数据来计算的分类结果相比，此时的分类精度损失很少。

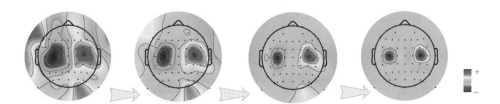

图 7-25　空间投影模式的稀疏过程

表 7 - 7 经过导联选取后的正则张量分解方法的分类结果

受 试 者	样本 1	样本 2	样本 3	样本 4
选择的导联	CP3,CP4	CP1,CP4	C3,C4	C4,T8
准确率/%	83.6	70.7	93.6	56.4

最后,我们将该张量分析算法用于非左右手运动想象的 EEG 分类实验,再次调研该方法在没有先验知识条件下的有效性。实验数据来自两个受试者进行心算时的 EEG 数据,其采集过程为:要求受试者注视电脑屏幕,当屏幕出现一个计算公式时,受试者进行心算,并给出结果,公式显示 2 s,间隔休息时间为 2 s,信号采样率为 1 000 Hz,实验最后得到 100 次执行心算时和 100 次休息时的 EEG 实验数据(62 导联,2 s)。

对于这个数据集,我们使用正则张量分解的方法从正常 EEG 所在频带(4～45 Hz)进行特征提取,并和 CSP 方法进行比较(见表 7 - 8)。原始 EEG 信号通过正常 EEG 信号频率带滤波(4～45 Hz),同时张量数据也建立在此时设定的空间、频率、时间范围(62 导联,4～45 Hz,2 s)。CSP 算法对噪声极为敏感,对于较广频率带下的特征提取效果不好,而正则张量分解的方法可以在较广的 EEG 信号频带上取得较好的分类效果。该方法提取的稀疏的空间、频率模式以及平滑的时间投影模式如图 7 - 26 和图 7 - 27 所示,结果表明最具有判别权重的频带在 θ 节律(4～7 Hz)上,位于大脑的前额叶导联。使用前面提到的导联选择方法,我们选取对分类权重最大的两个导联的数据来分类,取得的分类精度和前面的结果相比没有损失。

表 7 - 8 CSP 及基于正则张量分解的方法的分类结果

	样本 5 的准确率/%	样本 6 的准确率/%
RTDA	85.0	75.1
CSP	79.3	69.3

从上面的实验数据分析可以得到以下结论。

(1) 通过多维的判别分析和有关 EEG 信号合理假设的正则条件的引入,正则张量分解算法克服了由于 EEG 信号的低信噪比和高维度所引起的特征提取中的难题,可以有效地从张量表征的 EEG 数据中提取判别子空间。该方法用于两类 EEG 信号数据的分析结果,确认了它的有效性和鲁棒性。

(2) 特别要指出的是,正则张量分解算法中,稀释性的惩罚项被用于限制空

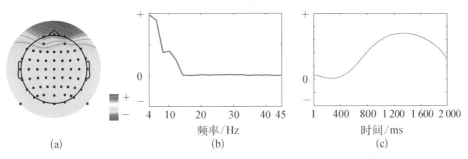

图 7-26　正则张量分解提取出的(a) 空间、(b) 频率、(c) 时间投影模式(样本 5)

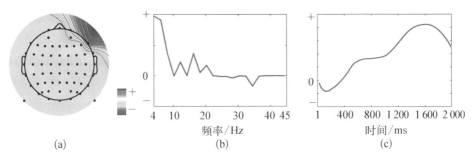

图 7-27　正则张量分解提取出的(a) 空间、(b) 频率、(c) 时间投影模式(样本 6)

间判别投影模式的提取,从而可以准确地识别出对于分类最有意义的导联。该方法可以用于 BCI 中的导联选择,并能在确保分类精度基本没有损失的情况下,有效地减少 BCI 中实际使用的信号导联数,提高系统的实用性。

　　本节主要提出了用张量这种高阶的数据结构来表征 EEG 幅值信息,并提出多种基于不同张量分解的方法,用于 EEG 信号特征提取及模式分类。由于张量分解是一种高维空间上的计算模型,能够保留各阶之间的相关信息,从而可以对 EEG 幅值信息进行有效的多模态分析,从时间、空间、频率多个模态上提取判别投影模式。本书中介绍的判别张量分解方法不仅对 EEG 的分类具有很高的准确率,还可以在没有先验知识的情况下识别出对分类有意义的频带分布。另外,通过加入合理的正则化条件,正则化判别张量分析方法可以从很少的导联数据上提取出最具有判别能力的模式。这两种方法可以提高 BCI 的信息传输率及系统的实用性。

7.3.7　深度学习、迁移学习的应用

　　随着深度学习的迅速发展,近年来很多的研究将卷积神经网络(CNN)、循环神经网络(RNN)以及长短期记忆网络(LSTM)等深度神经网络用于分析脑

电信号,取得了不错的效果。

用深度学习方法处理脑电信号大致可分为两种架构:第一种架构是先用基于分解或变换的方法对原始数据进行特征提取,然后再把得到的特征输入到深度神经网络进行分类[51-52]。后来,有学者提出,这种架构容易导致原始数据中的时空信息丢失,于是提出了另一种思路——端到端的学习架构,即直接将原始信号作为网络输入,由网络自行学习和提取特征[53]。

目前,这方面的研究主要围绕两大问题进行:① 如何设计网络结构和数据表示,使得网络可以尽可能地利用原始数据的时空信息;② 脑电信号的采集实验较为烦琐,耗时耗力,如何解决数据样本较少但深度神经网络需要大量的训练样本的问题。可在数据表示的方法上进行改进,将一般用二维数组表示的脑电信号用三维数组表示,用其中两维表示电极的位置关系,以此保留空间信息,并提出用多分支的三维卷积神经网络(multi-branch 3D convolutional neural network)分析信号,不同的分支使用不同大小的卷积核[54];将循环网络和卷积网络整合成一个新的网络结构——循环卷积神经网络(recurrent convolutional neural network),以此提取时空信息[55];将 LSTM 和 CNN 作为两个不同的分支,分别提取 EEG 信号的时间和空间信息,最后再将两个分支的结果串接到一起[56];此外,有相当一部分文章在二维 CNN 的基础上进行改进,在不同的卷积层分别对时间和空间两个维度进行卷积[52-53,57]。除了比较常用的 CNN 和 RNN之外,也有部分研究尝试使用其他的深度网络处理脑电数据。例如,用深度多项式网络来分析脑电数据,可以在小数据集上学习到较好的特征,解决了样本数量少的问题[58];利用深度置信网络(DBN)分析脑电信号的频域特征,提高运动想象任务的分类准确率[51]。

由于脑电信号的采集较为困难,因此,迁移学习在脑电信号分析中也具有重大的意义。迁移学习是为了减少样本标注和模型训练的成本,利用相关领域或任务标注数据或将学习到的知识结构应用到目标领域的任务中,以完成或改进目标领域的学习效果[59]。在运动想象的脑电数据分类中,为解决不同受试者之间以及同一受试者不同次任务之间由于脑电信号差异而导致的分类器的不稳定问题,使用迁移学习将分类模型在不同任务之间、不同受试者之间共享,进行样本、特征、参数等层面的迁移,可达到缩短校正时间、提高分类准确率的目的。

其中,利用源脑电信号和目标脑电信号在空间滤波器上的相似性,在目标数据构造空间滤波器的基础上,利用源数据在不同层面改造空间滤波器,进行特征提取,加大不同标签的样本距离,以达到在有限目标数据的情况下提高分类器效果的目的,即较多使用公共空间模式(CSP)的迁移。如通过参数控制调整源数据在构建目标数据空间滤波器过程中的比重,以达到依据源数据质量以及其与目标数据的相似度来调整源数据的使用程度的目的[60-62];根据目标数据与源数据空间滤波器的相似性,找到能够反应数据间相关性的公共稳定子空间,并用特定参数反应数据间的差异,排除不同源数据给目标分类带来的差异性与不稳定性[63-64];通过最大化不同受试者之间空间滤波器的差异,找到因受试者个体差异以及实验环境差异产生的数据间的不同特征,调整空间滤波器来达到最佳分类效果[65-66]。

此外,迁移学习也被应用到深度神经网络训练中。如用条件变分自编码器(conditional variational auto-encoder,CVAE)以及对抗网络进行脑电数据的迁移学习,在用 CVAE 学习不同个体脑电数据的共性特征的同时,训练一个对抗网络,使得网络可以通过共性特征推导出用于表示个体身份的向量[67];在 CNN中,将源个体的所有数据用作网络的训练集,然后逐渐往训练集和测试集中增加目标个体的数据,使得网络能识别出源个体的一般模式并能应用于目标个体[68]。

本节主要介绍了近年来发展迅速的深度学习、迁移学习在对运动想象脑电信号分析上的应用。深度学习可以通过组合低层特征形成更加抽象的高层特征或属性类别,因此可以用于挖掘对脑电信号更丰富的内在信息。通常脑电信号数据样本较少,特别是深度神经网络的训练需要大量的样本,因此迁移学习在脑电信号上的运用也是一个非常有意义的研究方向。

7.4   基于脑运动想象的脑-机交互系统设计

脑-机交互为人脑与外界环境的交互提供了直接的通道,本节介绍用于设计开发 BCI 系统的平台,该平台具有友好的用户界面,可以实现多任务、异步、自主的脑-机接口,为 BCI 提供实验研究与算法验证。该平台还可以对数据各个模态上的特征进行多角度可视化,揭示和理解特定思维任务时 EEG 信号模式动态变化特征,为多模态参数优化提供直观依据。此外,系统提供指令翻译接口,可以在受试者思维任务和系统控制命令间灵活地建立对应关系,基于此接口,我们首先设计了一个交互训练系统原型[11,43],旨在为残疾人或者正常人提供全新的主动参与控制的交互训练模式,以帮助他们提高对 BCI 应用系统,如基于 EEG 信号的辅助设备的控制能力。正常人的实验证明,交互训练系统可提供有效的人机双向式训练[69-70],使用者在逐步提高控制能力后,可以实现虚拟及现实场景中自主异步的 BCI 控制。

7.4.1 系统设计

脑-机交互的本质是通过对不同思维状态下 EEG 信号的模式识别来进行信息传递。在我们设计的 BCI 系统中,使用者可自由设计不同的思维任务,受试者在不同思维任务下记录的 EEG 数据被用于分析和提取与任务相关的判别特征,判别特征的分类结果被翻译成实验平台中的实时控制信号。系统可以连续地监控 EEG 信号,并加入空闲状态检测,能够在检测到受试者有明确的控制意图时才发送控制指令。当受试者没有控制意图,或者系统无法确定哪一类指令时,系统维持原来的状态,这样用户可按照自己的意愿在任意时刻执行思维任务,以此来控制系统,实现自主异步的脑-机交互。

该平台总体框架如图 7 - 28 所示,它是一种闭环 BCI 系统:首先通过采集设备得到原始 EEG 信号,然后再对 EEG 信号进行预处理,接下来进行信号的特征提取、模式分类,将分类的结果通过指令翻译转化为控制命令,用于具体的 BCI 应用场景中,包括交互训练场景[11]、在线游戏[43]、遥控小车驾驶[71]。此外,

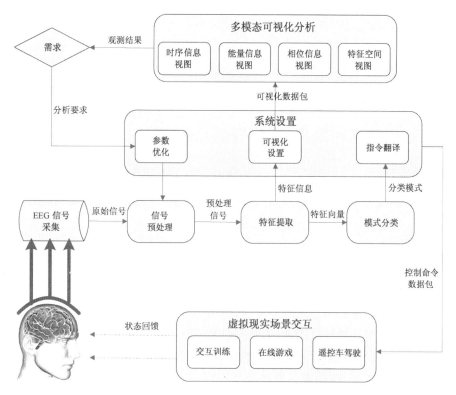

图 7 - 28 脑-机交互系统总体框架

还可以通过可视化模块对 EEG 信号特征进行多模态、多角度可视化,从而获取最直观的依据对信号预处理及特征提取过程中的多模态参数进行优化配置,提高系统性能。为便于各种特征提取及模式分类算法的修改和测试,整个平台使用 Matlab 脚本实现。

7.4.2 开发平台的基本功能

本脑-机交互系统研发平台具有如下功能和特点。

(1) 本平台实现了完整的实验研究与算法验证,具有良好的扩展性和灵活性,系统集成了多种预处理、特征提取、模式分类方法,并且留有算法扩展的接口,用户可以方便地加入新的模式分类算法以验证其对在线 BCI 的有效性。在该平台中还可以灵活地配置各种参数,包括实验中要求执行的思维任务数、EEG 导联配置、信号滤波频带、系统反应时间、任务时间窗口设置等。此外,平台提供指令翻译接口,通过该接口,可以在受试者思维任务和应用场景控制命令间灵活地建立对应关系,使得本平台具有很高的扩展性,从而推动 BCI 的广泛应用。

(2) 脑-机交互系统训练和受试者适应训练是脑-机交互应用的难点之一。本平台支持用户和计算机间双向的适应性训练。在线训练过程中的数据用来建立系统模式识别模型,包括特征提取模型与分类器模型,而基于训练得到的模式识别模型又对受试者脑电信号进行在线分类,分类的结果作为神经反馈信号显示在屏幕上。这样重复的过程可保证系统与用户之间互学习,形成了双向学习的闭环系统,实验表明该平台提供的交互训练模式有利于用户与系统之间的快速适应,可以有效地提高训练效率。

(3) 本平台易于系统模型参数设置。平台对分类结果计算概率值,并对每类任务分别设置阈值,对于不超过相应阈值的分类结果,系统输出无操作命令,由此支持对受试者的空闲休息状态进行检测。在线游戏 BCI 系统及遥控小车控制 BCI 系统都采用了灵活的异步控制协议,不需要外部系统的同步信号,采用滑动窗口技术在更短时间内快速检测思维模式的变化并作出反应。有了空闲状态的检测和异步的通信协议,系统用户可以自由地选择何时输出控制命令,实现自主异步的交互方式,这是一种更接近自然的 BCI 控制方式。

(4) 本平台可进行多模态可视化分析。平台集成了本书前几章提出的基于张量分解的方法,可对 EEG 数据进行多模态可视化分析,如时序显示、能量特征显示、相位特征显示、特征空间分布显示以及多模态的判别投影模式显示等等,从而平台的使用者可以通过直观的显示信息对实验预处理过程的多模态参数,如时间窗、滤波频带、导联设置进行优化配置,增强有用信号,提高系统性能。

7.4.3　鲁棒的控制策略

受试者在使用该系统输出自己的控制意图时,如在基于多类肢体想象任务的遥控小车控制中,会受到一些干扰因素的影响,如外部噪声导致的注意力下降、思维任务切换时对应 ERD 现象减弱等,此时会造成错误的分类结果,影响系统的性能,因此平台中使用了鲁棒的控制策略[11,72]。

如图 7-29 所示,通过 SVM 的类条件概率估计,对每次 EEG 信号分类问题,可以得到相应的分类结果 C 和其分类概率 P。系统可以根据该受试者在训练阶段时的表现设置每类的阈值,把分类概率小于阈值的都归结为空操作,只有当分类概率高于设定的阈值时,才将该分类结果通过指令翻译转化为控制命令,以实现具体的 BCI 应用场景控制。

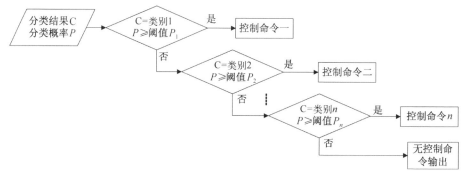

图 7-29　脑-机交互系统鲁棒的控制策略

受试者受到干扰或者在思维任务转变时的过渡阶段会产生概率较低的分类结果,阈值的设定可以过滤掉此时的控制命令输出,保证输出命令的正确率,避免错误分类引起的影响,使得系统具有高可靠性与容错能力。此外,该策略也在受试者处于休息状态时,也就是无控制意图时,通过阈值的设定将此时的分类结果不翻译成控制命令,实现了大脑的"空闲状态检测",保证该 BCI 的控制方式更为自然。该策略还可以平衡各类命令输出的难易程度,由于不同受试者的脑电模式都不尽相同,对于某类任务,有些受试者的分类概率很高,而对于另一类任务,分类概率比较低,根据受试者自身脑电特征分布的规律对不同的任务分别设定概率阈值可以均衡系统对不同任务的检测能力,保证系统的稳定性。

7.4.4　多模态可视化分析

与现有的 BCI 系统相比,本系统平台可以将二维的时序脑电信号通过小波变换计算三阶的 ERSP 和四阶的 PLV、PIV,得到包含幅值信息、相位信息的张量数据,构建张量数据中的设置界面[42,73-74]。使用高阶的张量数据可以对 EEG 信号进行多模态可视化分析,如时序显示、能量特征显示、相位特征显示、特征空间分布显示以及基于张量分解的方法提取出的各个模态上的判别模式显示,从而平台的使用者可以通过直观的显示信息对 EEG 预处理过程的多模态参数,如时间窗、频率窗、导联设置进行优化配置,增强有用信号。

系统平台中的多模态可视化分析包括以下几个方面。

(1) 时序信息可视化。对预处理后的脑电信号进行时序可视化也就是对一个典型的受试者进行左右手运动想象时采集到的脑电信号的时序信息进行可视化。

(2) 幅值信息可视化。对于每类任务的脑电信号幅值信息,可视化其在空间、时间、频率上的分布。图 7 - 30 是对一个典型受试者进行左右手运动想象时脑电信号的事件相关频率谱(event related spectral perturbation,ERSP)进行多模态可视化的结果。

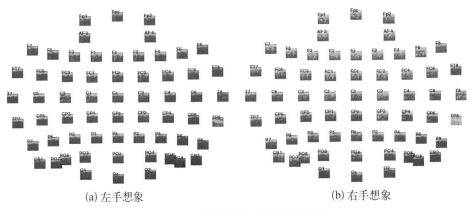

(a) 左手想象 (b) 右手想象

图 7 - 30 幅值信息多模态可视化

(3) 相位信息可视化。对于每类任务的脑电信号相位信息,可视化其空间、时间、频率上的分布,图 7 - 31 是对一个典型受试者进行左右手运动想象时脑电信号的平均 PLV 进行多模态可视化的结果。

(4) 判别投影模式可视化。对于多类任务脑电信号的幅值信息、相位信息,可视化它们之间空间、时间、频率分布的区别。如可以得到两类脑电信号在选定导联上随时间变化的功率谱,如图 7 - 32 所示。此外,基于张量分解的方法可以提取出该受试者的两类脑电信号在各个模态上的判别投影模式,如图 7 - 33 所示。

(5) 特征空间可视化。为了可视化特征提取的好坏,我们采用主分量分析方

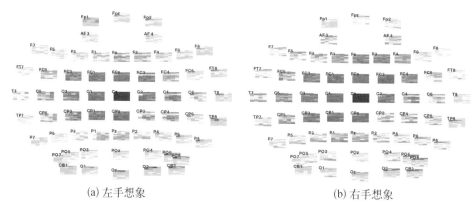

(a) 左手想象   (b) 右手想象

图 7‑31 相位信息多模态可视化

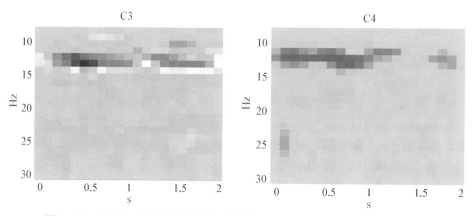

图 7‑32 在 C3、C4 导联上两类脑电信号间随时间变化的功率谱区别可视化

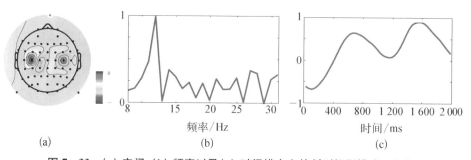

(a)   (b)   (c)

图 7‑33 (a) 空间、(b) 频率以及(c) 时间模态上的判别投影模式可视化

法把提取的特征向量降维到二维空间或三维空间来展示。图 7 - 34 展示的是该典型受试者左右手运动想象时两类脑电信号样本特征的二维空间和三维空间分布。

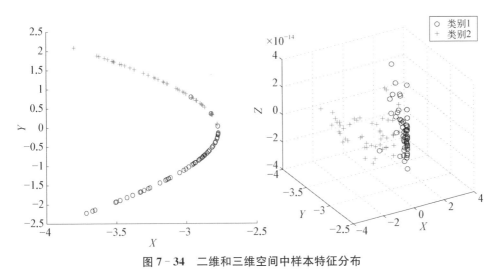

图 7 - 34　二维和三维空间中样本特征分布

7.4.5　交互训练系统

为用户提供一个交互式训练系统有利于用户更好更快地适应如何使用和控制脑-机交互系统。交互式训练需要有三个过程：第一，基本训练，根据脑-机交互范式，机器采集用户思维模式的脑电信号。第二，系统根据采集到的脑电信号利用机器学习的方法训练模式分类器。第三，训练好了模式分类器后，用户可以通过训练平台学习如何操控脑-机交互系统。

脑-机交互系统一个重要的应用前景是为那些肢体残疾、脊髓损伤、脑卒中、肌萎缩侧索硬化以及其他神经肌肉退化的患者建立大脑与外界世界直接交互的通道，此外，脑-机交互系统还为正常人提供一种在特殊环境下的新的辅助控制方式。但是，BCI 系统中脑-机交互学习一直是研究的难点之一，因此，我们专门设计了基于肢体想象运动的交互训练系统，提供给用户一种全新的主动参与控制的交互训练模式，进行用户和机器双向的适应性训练：一方面，计算机需要通过机器学习得到模式识别模型，先使用带类别标签的训练集数据进行特征提取和分类器设计，再对没有类别标签的测试集进行测试来判断测试样本的类别；另一方面，用户通过反馈信息判断系统是否能够按照自己的意图来输出命令并进行自我调整，进行生物反馈训练。系统提供如下三种不同形式的训练模式。

（1）初始训练模式。每个用户在首次使用系统时必须让他能尽快学会如何执行运动想象任务,同时也让系统学习一个初始的特征提取和分类器模型。因此,我们设计了初始训练模式,用一个虚拟人的运动来直接提示用户进行相应的思维任务,具体的过程是让受试者保持放松并注视电脑屏幕上的提示。屏幕上会出现一个虚拟人,并做出各种肢体动作,如左手、右手、脚的活动,受试者根据虚拟人的运动提示想象自己进行相应的动作。虚拟人的运动类型由系统按照预先设定生成,可以设置两类或多类。受试者想象持续的时间及次数可自由设置,通常初始训练时采用 2 s 想象时间,每类任务想象 15 次。想象过程中受试者尽量保持身体静止。记录实验中的 EEG 数据,并对每一段 EEG 数据分配类别标签,然后采用该带类别标记的 EEG 数据段集合来训练系统特征提取与分类器模型。这种训练方式可作为第一次建立初始系统模型的步骤。实验证明,该方式对于首次进行 BCI 实验的受试者有良好的训练指导效果。

(2)虚拟人反馈训练模式。有了初始的特征提取和分类器模型以后,就可以对用户进行带反馈的虚拟人控制训练。该训练模式和初始训练正好相反,受试者在该训练模式下可以直接控制屏幕上虚拟人的各种肢体运动。具体训练过程为受试者执行不同的肢体运动想象任务,系统对此时受试者的脑电数据进行模式识别,并将识别的结果用于控制屏幕上的虚拟人进行对应的肢体运动,并给出当前任务的分类概率。受试者可以通过虚拟人是否能作出对应的运动来检测系统能否正确进行任务识别,并可以通过当前任务的分类概率来进行自我调节。实验过程中记录下的 EEG 数据可以用来更新系统特征提取与分类器模型。实验证明,这种方式对提高受试者的训练精度非常有效。

(3)实时进度条反馈训练模式。该模式为用户提供实时反馈的训练,以进一步提高受试者的训练精度。如图 7 - 35 所示,在此训练场景

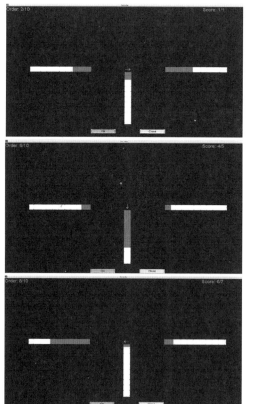

图 7 - 35 实时进度条反馈训练场景

中,屏幕上显示多个进度条,每个进度条代表一个思维任务类别,系统设置一个很短的滑动时间子窗口(通常设定为 0.1~0.2 s),对受试者执行思维任务时处于子窗口中的脑电数据进行分类,柱状条以累计增长的方式来连续显示从想象开始到当前时刻的分类结果。对于每次思维任务,系统根据各柱状条长短来判断最终的分类结果,若与提示任务一致则该次任务识别成功,否则该次任务识别失败。受试者在执行每次思维任务的过程中,屏幕上的进度条提供实时在线的反馈信息,受试者通过观测进度条是否能够按照自己的意图变化来进行自我调整,进行生物反馈训练。实验过程中记录下的 EEG 数据可以用来更新系统特征提取与分类器模型。

实验结果证明该系统提供的多种交互训练模式有利于受试者与系统之间的双向学习,提高训练效率,使受试者能够尽快地掌握如何使用 BCI 系统。

7.5 基于运动想象交互系统的典型应用

本节介绍基于运动想象脑-机交互技术的典型应用,重点介绍轮椅车脑控系统、多人竞赛脑控赛车系统以及康复训练系统等。

7.5.1 轮椅车脑控系统

脑控轮椅车是脑-机交互技术的一个典型应用。本节介绍基于脑-机交互的轮椅控制系统架构设计。在这个架构上,逐一分析了各模块的结构,开发了 MiServer 数据转发程序,统一了不同脑电设备的客户端命令,在一定程度上方便了在使用不同的脑电采集设备时代码的编写。为了得到更好的控制效果,编写了轮椅控制优化算法。最后介绍了轮椅控制算法以及各控制优化算法。

1. 系统框架

轮椅系统架构主要分为脑电信号处理模块、轮椅控制模块、操作模块。轮椅系统的框架如图 7 - 36 所示,三部分功能如下。

(1) 脑电信号处理模块反映大脑活动的电生理信号,该信号由电极从头皮采集,并传送到放大器,经过放大、滤波、模数转换等前置处理后传送到计算机中进行相应的信号处理和模式识别。提取出与用户意图相关的脑电信号特征,如电位的幅值、EEG 的节律等。分类后得到的输出被转换为控制命令用来控制轮椅设备运行。

(2) 轮椅控制模块是指数字控制信号利用数模转换模块转化为模拟信号驱

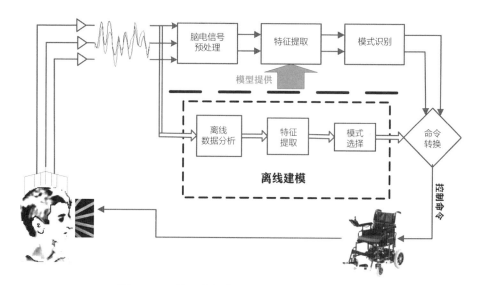

图 7‑36 基于脑电的轮椅控制系统整体流程图

动运动控制芯片,芯片发出模拟控制信号到电机驱动轮椅前进、左转、右转。设计中要考虑安全问题,能在常规控制杆控制和基于脑电信号控制之间进行无缝安全切换,以便紧急情况能停止轮椅的移动。设计了轮椅运动控制优化算法,使得轮椅能够平滑地运动,同时兼具一定的容错性和操作灵敏度。

(3)操作模块设计了轮椅控制交互界面,能够方便快捷地设置轮椅控制系统的参数以及实时显示当前的运动状态。

基于上述系统框架,轮椅系统在进行轮椅控制的过程中可以同步可视化展示用户的 EEG 信号。同时,考虑到在不同的场景下,EEG 信号将会采用不同的设备进行采集,为了降低代码冗余,简化编程,设计了 MiServer(BCI MatlabIntface Server)服务程序,提供一个统一的 EEG 信号采集接口,将来可以屏蔽不同设备间差异。该模块利用内建驱动直接访问设备,然后将数据缓冲在子模块 DataCache 中,并根据客户端的不同需求,将数据转发到客户端。这样就可以实现多个任务的同时进行,增加了系统的可扩展性和并发性。轮椅控制部分(见图 7‑37)包含脑电信号处理、轮椅控制模块、轮椅控制算法以及交互界面等。数据首先通过 MiServer 驱动 EEG 采集设备采集数据,然后利用脑电处理模块分类数据生成控制命令,这些控制命令经过优化算法优化,从而达到足够的灵敏度和一定的容错性。

2. MiServer 模块

为了方便客户端调用,轮椅系统首先开发了 MiServer 程序用于提供统一的数据接口和基于 TCP 的通信能力。
该模块分为 5 个主要部分：
① MiServer Core，提供通信的核心
支持；② DataCache，用于缓冲数
据，满足客户端对实时性或者连续
性的要求；③ Driver，驱动设备，通
过抽象接口适配不同类型的设备；
④ Client，对应的客户端；⑤ Matlab
接口。

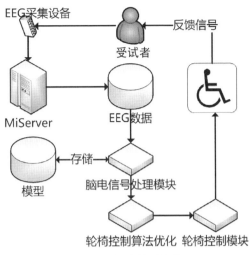

图 7－37　轮椅控制架构图

考虑到后续开发以及方便管
理，该系统使用 Maven 进行项目管
理，同时需要满足的客户端数量较
多、负载较重以及实时性要求较高，
故不能采用传统的阻塞编程模式。JDK 提供的 NIO(Non-blocking I/O)有效解
决了多线程服务器存在的线程开销问题。在 NIO 中使用多线程，主要目的已不
是应对每个客户端请求而分配独立的服务线程，而是通过多线程充分使用多个
CPU 的处理能力和处理中的等待时间，以提高服务能力。NIO 的非阻塞 I/O 机
制是围绕选择器和通道构建的。Channel 类表示服务器和客户机之间的一种通
信机制，Selector 类是 Channel 的多路复用器。Selector 类将传入客户机的请求
多路复用，并将它们分派到各自的请求处理程序。

（1）MiServer Core。该模块通过加载 Driver 实现对设备的访问，利用
DataCache 为每一个客户端维护独立的数据缓冲区，同时也提供了客户端之间
数据广播的接口。为了简化通信协议，所有通信都通过 MiRequest 封装，并转换
成 TCP 包传输。当数据包到达时，MICodecFactory 通过 MiRequestDecoder 解
码数据包，解码成功后，传递给 MiServer Handler 处理。Handler 根据数据包的
action 字段的类型进行不同的处理。该模块可以与驱动联用，不加载驱动时支
持 1 对 1 或者 1 对多数据发送。

（2）DataCache。该模块负责维护缓冲区，用于缓冲数据。每个客户端可以
设置不同大小的缓冲区，并以 FIFO 模式访问数据，同时允许客户端访问最后一
个进入缓冲区的数据。

（3）Driver。为了屏蔽设备间差异，设计了 Driver 模块。该模块提供统一
的接口从设备读取数据。通信中，我们使用的是自行定义 Neuroscan 通信协议，
负责访问 Neuroscan 设备，读取相关的 EEG 数据。

（4）Client 与 Matlab 接口。Client 提供了 MiServer 的 Java 封装，支持与服务器建立连接、断开连接，具有初始化缓冲、发送数据、接收数据、查询最后一条数据、清除缓冲等功能。

使用 MiServer 作为新的数据读取接口后，由于其在独立的进程中运行，解决了数据丢包问题。同时 MiServer 使用简单，降低了代码的冗余程度，在一定程度上屏蔽了设备的差异，使得系统更易于维护。

3. 脑电信号处理模块

脑电信号处理模块利用滑动窗口从 MiServer 或者直接从设备获取 EEG 数据，采集到的信号通过基线矫正、去伪迹等预处理算法以提高信噪比，然后利用公共空间模式（CSP）等算法提取特征向量，并用支持向量机（SVM）进行分类，所得的分类结果转换为轮椅的运动控制信号。根据支持向量机的分类结果将一定时间内的分类结果汇总，计算出每个分类的可能性 P_i，并与预设的阈值进行比较，然后投票。如果超过阈值，则输出该分类结果，三类的分类结果均没有超过阈值，则输出无结果。

4. 轮椅控制模块

轮椅的控制模块（见图 7-38）主要是根据上文提及的脑电信号处理模块输出控制命令，对轮椅进行控制。数字控制信号利用数模转换模块转化为模拟信号驱动运动控制芯片，实现轮椅前进、左转、右转。同时该模块提供了一个两路开关，能在常规控制杆控制和基于脑电信号控制之间进行无缝安全切换，以便于

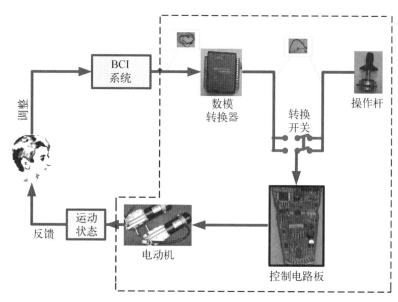

图 7-38　控制运动部分电路的相互关系图

在实际应用中使用。通过测量得知,轮椅运动控制芯片接受模拟量输入,包括 2 个参数:旋转分量和前进分量。系统设计中选择了 Contec 数模转换器,能够进行 8 通道模拟量电压信号的输入(16 bit,10 μs/ch A/D 变换),2 通道的模拟量电压信号的输出(16 bit,10 μs D/A 变换)。该模块还配置了数字量输入输出(各 4 点),可以作为模拟量电压信号输入输出的外部触发/时钟输入或通用输入输出信号,使轮椅保持静止。

5. 操作模块

轮椅控制交互界面(见图 7 - 39)提供了控制轮椅所需的选项,由如下功能模块组成。

(1) 数据源选择和参数设置。选择数据源类型,可以是从文件输入,也可以从 gtec、NeuroScan 设备读取。

(2) 模型文件的选取。选择已经训练好的模型。

(3) 分类参数设置。设置主要采用的特征提取方法以及分类方法。

(4) 分类结果阈值设定。根据 Online 参数,当分类结果超过阈值时输出。

(5) 控制参数设定。设置测量方式,以及速度大小、窗口大小等参数。

图 7 - 39　轮椅控制交互界面

由于个体差异,不同受试者做三类想象运动的难度是不同的,而且会受到其精神状况等因素的影响。因此在投票时,需要针对不同的分类结果设置不同的阈值,并且根据受试者状态作出调整。轮椅的运动在一定程度上受到环境的影响:不平的地面、摩擦力较小的地面以及湿度的变化都会影响到轮椅的运动状况。界面中提供了轮椅左转、右转以及直行时的输出电压,方便根据具体情况进行调节。

6. 轮椅控制优化算法

在实验中,轮椅在控制方面,存在如下困难。

(1)轮椅使用万向轮转向,由于摩擦力的问题,当轮椅前进方向发生变化时,万向轮无法及时跟随改变,从而导致轮椅转向存在一定的困难。

(2)受试者通过三类想象控制轮椅,但是三类想象难度并不相同。一般而言,常人执行左手想象运动会相对困难。此时,分类结果会偏向某一类或者某两类。这个问题的解决方案之一是提高相对容易想象运动的阈值,降低困难想象运动的阈值。在较高的阈值下,受试者感觉轮椅笨重,操纵困难。

(3)当受试者分类结果无法超过阈值时,将输出空闲状态,然而轮椅电机在空闲和运行状态间切换,需要 $300\sim500$ ms 的时间。这将导致有一些转向动作完成不到位。

为了解决上述问题,项目中,根据实际情况提出了多种局部优化算法。

(1)方向优化。解决轮椅方向发生变化时阻力较大问题。

(2)转向优化。解决轮椅由直行转向时,电机切换引起的转向不到位问题。

(3)命令平滑优化。解决轮椅运动状态改变时,受试者注意力分散引起的控制效果不佳问题。

(4)预启动优化。试图解决模拟信号控制下,电机因状态切换带来的响应缓慢问题。

(5)滑动窗口优化。试图提高轮椅的灵敏度。

这些算法在一定程度上改善了用户体验。虽然这些优化算法代码交叉在一起,但通过开关量可以在程序中指定开启或关闭,允许只开启一个或开启任意多个优化算法。

7. 方向优化和转向优化

在实验中发现,当轮椅由直行状态变成转向状态或由转向状态变成直行状态时,由于万向轮需要根据改变的方向旋转,所以会遇到相对较大的阻力。这个阻力主要由于万向轮需要一定空间改变其方向。在初期万向轮阻力较大时,可以临时提高电压,改变电机的输出功率。如果仅仅提高轮椅输出电压,初期转向困难的问题会得到一定的缓解,但此后会加速比较迅猛,不利于保证安全。

目前提出两种解决方案:方向不同时改变输出电压;方向不同时延长输出时间。经过测试,大多数情况下,改变输出电压的方案效果较好,后者速度不均匀,效果欠佳。

优化电压方向能够解决大部分转向问题,但是如果在转向之前,电机状态为空,可能会发生离合器切换,该过程需要 300~500 ms 的时间,将导致转向不到位。直行变转向时,问题明显;当转向变直行时,由于轮椅结构原因,这个问题不明显。因此采用了转向优化算法,该算法能在一定程度上改善直行变向时转向不到位的问题。

8. 命令平滑优化

由于依靠三类运动想象控制轮椅,当轮椅运动状态发生切换,如从停止进入前进状态,会对受试者产生一个冲击。在这种情况下受试者的注意力会被冲击分散,短时间内想象结果会受到一定干扰。此外,分类结果如果要输出命令,必须通过较高阈值,在此情况下,分类结果很难达到该阈值,表现为轮椅直行时,会在走停之间有几次切换才能正常。从受试者感受看,从停止状态进入直行状态带来的冲击比较大,对其控制有明显的影响。为了提高轮椅移动的连续性,我们提出了命令平滑优化。

该优化的主要思想是现有系统计算单位时间不同分类的概率,当超过阈值时输出;当输出为空时,我们可以动态降低某类分类的阈值,再次检测是否能输出控制命令。

7.5.2 多人赛车 BCI 游戏设计

脑-机交互系统的另一个应用方向就是在娱乐领域,本节所要介绍的是多人赛车游戏系统。首先介绍整个 BCI 多人赛车游戏的架构,再分模块介绍多人赛车的各种组成部分以及控制算法。

1. 系统架构

多人赛车游戏系统主要包括三个部分,脑电信号处理部分、控制模块与赛车程序部分。整个系统的框架如图 7 - 40 所示。系统的运行流程如图 7 - 41 所示。

2. 脑电信号处理模块

脑电数据采集设备使用 G. tec 系统,G. tec 系统同时采集多人的 EEG 信号,然后经过数据分离,将不同人的 EEG 信号分离,脑电信号处理模块将训练数

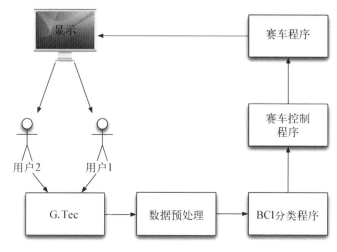

图7-40 多人赛车游戏系统架构

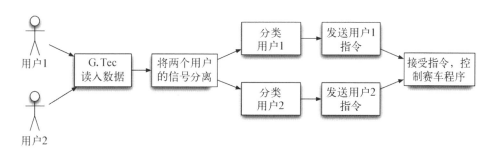

图7-41 多人赛车游戏系统流程

据中的脑电信号训练出一个特征模型。在测试时利用这个模型,可以将新数据映射为相应的特征向量用于分类器进行分类。

本系统对外部赛车程序的控制通过模拟键盘以及鼠标输入的方法来实现,利用模拟键盘输入输出程序便可以控制赛车应用程序,让赛车进行前进、左转以及右转的操作。

虚拟键盘动作的函数需要使用到 Windows 操作系统提供的 API 函数 SendInput。对于每一个按键的操作,都有一个按下操作和相对应的释放操作。这样就可以在 Matlab 里调用此函数来进行键盘模拟操作了。通过虚拟键盘,我们可以很方便地将其他应用程序或游戏整合至脑-机交互系统,这样就使得脑-机交互系统具有很高的扩展性,并且可以使脑-机交互系统的应用更加广泛。对赛车的控制主要有表7-9所示的三种指令。

表 7 - 9　多人赛车游戏控制指令

指　令	运　动　想　象	实　现　方　法
加速前进	放松或者脚的运动	在赛车初始速度的基础上按住前进 0.3 s
左转	左手运动	在赛车初始速度的基础上按住左转 0.3 s
右转	右手运动	在赛车初始速度的基础上按住右转 0.3 s

3. 赛车程序部分

赛车程序使用了免费软件 MultiRacer，该程序支持 1～4 人同时游戏，并且有赛道的选择和一些参数的设置。该游戏的多人模式是在同一台显示器上分屏幕进行的。图 7 - 42 展示的是该游戏的两人游戏模式。

图 7 - 42　MultiRacer 程序界面

4. 参数设定以及实际运行

在脑-机交互的应用中，赛车需要保持一定的速度向前行驶，因此程序要随时保持一个初始速度进行行驶。由于一次指令的时间比较长，所以初始速度设定为 20 km/h 左右，这样可以让用户有时间控制赛车的行驶。为了保持两个用户的公平性，分类和控制采取同步策略，就是说同时采集两个用户同一时间段内的 EEG 信号，之后对在这段相同时间内的信号进行分类，再将指令同时发送给应用程序。另外，两个用户左右手想象的阈值也被设置为相等的数值。程序的其他参数如表 7 - 10 所示。

表 7 - 10　多人赛车游戏运行参数设置

参　　　数	取　　值
信号采样率	500 Hz
滤波	8～30 Hz
特征提取算法	CSP
分类器	线性 SVM
训练每次任务时间	4 s
赛车游戏每次任务时间	1 s
赛车游戏每次键盘指令发送时间	0.3 s

实际运行程序的流程如下所述：① 两位受试者做好实验准备，戴好电极帽，打好导电膏。② 对两位受试者分别进行模型训练，使其想象左右手运动及放松，受试者各实验 6 次。如果精度达到要求，进入下一步，否则使用当前测试结果作为训练数据训练新的模型。③ 用训练好的两个模型进行多人赛车游戏。图 7 - 43 和图 7 - 44 是游戏运行的实际情况。

图 7 - 43　实际运行情况 1

5. 可能的改进

本系统已经达到了预期的效果，然而还有一些地方需要改进。

（1）因为系统使用的是免费软件 MultiRacer 并模拟控制键盘，使得有些时候控制效果并不好，可能的改进方法为在 MultiRacer 的源代码里加入控制赛车的 API 接口，然后利用 API 对小车进行控制，这样可以使控制精度得到一定的

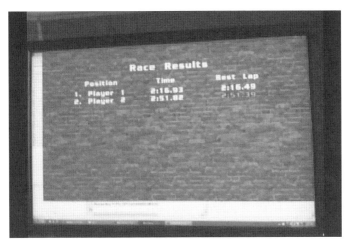

图 7 - 44 实际运行情况 2

提升。

(2) 赛车的初始速度与每次指令速度之间的关系有待改进,赛车的初始速度关系到用户能否及时对赛车的运动进行反应和控制,如果初始速度太高,脑-机交互系统的指令间隔比较长,那么用户控制赛车的行进就会比较困难,如果初始速度太低,又会使用户觉得太容易控制而丧失游戏的竞技性和趣味性。因此,需要改进分类的算法并且提高分类精度,可以让脑-机交互系统在更短的时间内处理每一次指令,从而适当地增加赛车的初始速度。

(3) 由于目前使用左右手想象的方法,分类类别数只能达到三类,因此缺少赛车后退控制指令,使得赛车卡在一个地方没有办法出来的情况时有发生。可能的改进方法有提高分类精度,改进分类算法使得可以以比较高的精度来进行4 类的划分,或者采用一些其他方法对后退指令进行控制。

另外,通过本节所展示的内容,可以很方便地将脑-机交互系统扩展到许多游戏的应用上,这样可以使得脑-机交互系统有更广泛的应用,并且可以在娱乐、游戏等方面应用脑-机交互系统,从而有更多的游戏控制方式。

7.5.3 基于虚拟现实/增强现实(VR/AR)的康复训练系统

脑-机接口还可以为肢体瘫痪者,如运动功能障碍的脑卒中患者,提供一种全新的主动参与控制的康复训练模式,通过识别患者肢体运动想象时的脑电信号,形成相应的神经反馈,使之可以进行主动直接的康复训练,恢复肢体机能。传统的脑-机接口康复系统较多使用箭头或想象反应条来提示患者进行运动想象,此类系统不能很好地调动患者的训练积极性,易导致患者疲劳,从而使训练效果大打折扣。将 VR/AR 技术与脑-机接口技术相结合时,人们佩戴相应的设备,可在逼真的三维虚拟环境中与场景里的事物进行实时交互,从而更好地利用主动式的运动想象来改善运动功能障碍。本节所要介绍的是脑-机交互系统在康复领域的一个应用,即基于虚拟现实/增强现实的康复训练。由于数据处理和控制算法与本章节其他两个应用相似,本节主要介绍系统架构与虚拟现实/增强现实场景的构建。

1. 系统架构

本系统(见图 7 - 45)是将脑-机接口技术和虚拟现实技术结合,建立的一套包括软件、硬件的针对脑卒中患者上肢运动功能障碍的康复系统。系统主要由脑电数据采集模块、数据分析、系统总控、反馈指令生成模块、虚拟现实/增强现实交互模块以及触觉同步刺激模块构成。其中,脑电数据采集和数据分析模块主要实现数据实时采集和模式分类的功能;系统总控模块主要实现实验参数设置、反馈指令生成等功能;触觉同步刺激模块主要实现患者手部同步触觉刺激功能;虚拟现实/增强现实模块主要实现 VR 眼镜参数设置、模型显示、反馈控制信号转换、虚拟手反馈控制等功能。

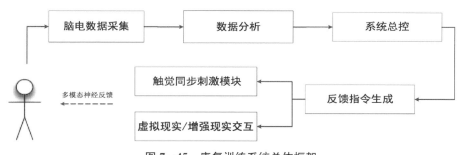

图 7 - 45　康复训练系统总体框架

2. 系统运用

受试者通过康复系统的虚拟现实眼镜可进入交互界面(见图 7 - 46),场景可以是虚拟现实场景[见图 7 - 46(a)],也可以设定为叠加摄像头捕捉的周围真实环境的增强现实场景[见图 7 - 46(b)]。同时利用与虚拟刷子同步的触觉刺激设备产生的真实触觉刺激,使受试者能受到多种模态的反馈。受试者根据场景中小圆球的指示想象对应手的动作[见图 7 - 46(c)]。同时,实时采集脑电信号,计算分析出分类结果后转换成反馈指令发送至虚拟现实设备及触觉刺激设备。虚拟现实模块再根据接收到的信号使手部模型做相应的动作。良好的 VR/AR 模型可以给患者带来深度的沉浸感,并且根据不同患者的个体特征提供不同的设置和反馈,提供精准康复训练模型,提高患者运动想象的康复训练效果。图 7-47 展示了脑卒中患者正在使用该系统进行运动想象康复训练。

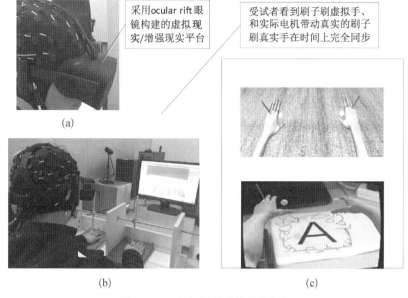

图 7-46 康复训练系统总体框架

图 7-47 脑卒中患者进行运动想象康复训练

参考文献

[1] Caton R. The electric currents of the brain[J]. British Medical Journal,1875,2: 278.

[2] Berger H. Uber das elektrenkephalogramm des menschen[J]. Arch Psychiatr

Nervenkr，1929，87(1)：527 - 570.

[3] Adrian E D，Matthews B H C. The berger rhythm：potential changes from occipital lobes in man[J]. Brain，1934，57：355 - 385.

[4] Adrian E D，Yamagiwa K. The origin of the berger rhythm[J]. Brain，1935，58：323 - 352.

[5] Shi Q W，Yang J H，Cao J T，et al. EEG data analysis based on EMD for coma and quasi-brain-death patients[J]. Journal of Experimental and Theoretical Artificial Intelligence，2011，23(1)：97 - 110.

[6] Chen Z，Cao J T. Qualitative evaluation and quantitative EEG analysis in brain death diagnosis for adults：an empirical study[J]. Cognitive Neurodynamics，2008，2(3)：257 - 271.

[7] Filipović S R，Jahanshahi M，Rothwell J C. Uncoupling of contingent negative variation and alpha band event-related desynchronization in a go/no-go task[J]. Clinical Neurophysiology，2001，112(7)：1307 - 1315.

[8] Annett J. Motor imagery：perception or action? [J]. Neuropsychologia，1995，33 (11)：1395 - 1417.

[9] Pfurtscheller G，Aranibar A. Event-related cortical desynchronization detected by power measurements of scalp EEG [J]. Electroencephalography and Clinical Neurophysiology，1977，42(6)：17 - 26.

[10] Pfurtscheller G，Lopes F H. Event-related EEG/MEG synchronization and desynchronization：basic principles[J]. Clinical Neurophysiology，1999，110 (11)：1842 - 1857.

[11] 赵启斌. 脑电信号时空特征分析及其在 BCI 中的应用[D]. 上海：上海交通大学，2008.

[12] Zhao Q B，Zhang L Q，Cichocki A. EEG-based asynchronous bci control of a car in 3D virtual reality environments[J]. Chinese Science Bulletin，2009，54(1)：78 - 87.

[13] Cardoso J F，Souloumiac A. Blind beamforming for non Gaussian signals[J]. IEE Proceedings：Part F Radar and Signal Processing，1993，140：362 - 362.

[14] Hyvarinen A，Oja E. Independent component analysis：a tutoRial [J]. Neural Networks，2000，13(4 - 5)：411 - 430.

[15] Bell A J，Sejnowski T J. An information-maximization approach to blind separation and blind deconvolution[J]. Neural Computation，1995，7(6)：1129 - 1159.

[16] Ziehe A，Müller K R. TDSEP-an efficient algorithm for blind separation using time structure[C]//International Conference on Artificial Neural Networks，1998.

[17] Belouchrani A，Abed-Meraim K，Cardoso J F，et al. A blind source separation technique using second-order statistics[J]. IEEE Transactions on Signal Processing，1997，45(2)：434 - 444.

[18] Pham D T. Blind separation of instantaneous mixture of sources via the Gaussian mutual information criterion[J]. Signal Processing, 2001, 81(4): 855 - 870.

[19] Harmeling S, Ziehe A, Kawanabe M, et al. Kernel feature spaces and nonlinear blind souce separation [C]//Proceedings of the 14th international conference on neural information processing systems, 2002.

[20] Harmeling S, Ziehe A, Kawanabe M, et al. Kernel-basednonlinear blind source separation[J]. Neural Computation, 2003, 15(5): 1089 - 1124.

[21] Koles Z J, Soong A C K. EEG source localization: implementing the spatio-temporal decomposition approach[J]. Electroencephalography and Clinical Neurophysiology, 1998, 107(5): 343 - 352.

[22] Li Y Q, Guan C T. A Semi-supervised SVM learning algorithm for joint feature extraction and classification in brain computer interfaces[C]//International Conference of the IEEE Engineering in Medicine and Biology Society, 2006.

[23] Zhao Q B, Zhang L Q, Cichocki A, et al. Incremental common Spatial Pattern algorithm for BCI[C]//In IEEE international joint conference on neural networks, 2008.

[24] Tomioka R, Hill J, Blankertz B, et al. Adapting spatial filtering methods for nonstationary BCIs [C]//Proceedings of 2006 Workshop on Information-based Induction Sciences, 2006.

[25] Rao Y, Principe J. An RLS type algorithm for generalized eigendecomposition[C]// Neural Networks for Signal Processing XI: Proceedings of NNSP2001, 2001: 263 - 272.

[26] Golub G H, Van Loan C F. Matrix Computations[M]. Baltimore: Johns Hopkins University Press, 1996.

[27] Ramoser H, Muller-Gerking J, Pfurtscheller G. Optimal spatial filtering of single trial EEG during imagined hand movement[J]. IEEE Transactions on Rehabilitation Engineering, 2000, 8(4): 441 - 446.

[28] Muller-Gerking J, Pfurtscheller G, Flyvbjerg H. Designing optimal spatial filters for single-trial EEG classification in a movement tast[J]. Clinical Neurophysiology, 1999, 110: 787 - 798.

[29] Wang Y J, Zhang Z G, Li Y, et al. BCI competition 2003 - data set IV: an algorithm based on CSSD and FDA for classifying single-trial EEG[J]. IEEE Transcations on Biomedical Engineering, 2004, 51(6): 1081 - 1086.

[30] Lemm S, Blankertz B, Curio G, et al. Spatio-spectral filters for improving the classification of single trial EEG[J]. IEEE Transcation on Biomedical Engineering, 2005, 52(9): 1541 - 1548.

［31］ Dornhege G，Blankertz B，Krauledat M，et al. Optimizing spatio-temporal filters for improving brain-computer interfacing［C］//Proceedings of the 18th International Conference on Neural Information Processing Systems（NIPS），2006.

［32］ Dornhege G，Blankertz B，Krauledat M，et al. Combined optimization of spatial and temporal filters for improving brain-computer interfacing［J］. IEEE Transactions on Biomedical Engineering，2006，53（11）：2274 – 2281.

［33］ Bostanov V，Kotchoubey B. The t-CWT：a new ERP detection and quantification method based on the continuous wavelet transform and student's statistics［J］. Clinical Neurophysiology，2006，117（12）：2627 – 2644.

［34］ Mørup M，Hansen L K，Arnfred S M. ERPW A VELAB – a toolbox for multi-channel analysis of time-frequency transformed event related potentials［J］. Journal of Neuroscience Methods，2007，161（2）：361 – 368.

［35］ Yamawaki N，Wilke C，Liu Z M，et al. An enhanced time-frequency-spatial approach for motor imagery classification［J］. IEEE Transaction on Neural Systems and Rehabilitation Engineering，2006，14（2）：250 – 254.

［36］ Pfurtscheller G，Brunner C，Schlogl A，et al. Mu rhythm（de）synchronization and EEG single-trial classification of different motor imagery tasks［J］. NeuroImage，2006，31（1）：153 – 159.

［37］ Blankertz B，Curio G，Müller K. Classifying single trial EEG：towards brain computer interfacing［C］//15th Annual Conference on Neural Information Processing Systems，2002.

［38］ Lotte F，Congedo M，Lecuyer A，et al. A review of classification algorithms for EEG-based brain-computer interfaces［J］. Journal of Neural Engineering，2007，4（2）：R1 – R13.

［39］ Guger C，Ramoser H，Pfurtscheller G，et al. Real-time EEG analysis with subject-specific spatial patterns for a brain-computer interface（BCI）［J］. IEEE Transactions on Rehabilitation Engineering，2000，8（4）：447 – 456.

［40］ Pfurtscheller G，Neuper C，Guger C，et al. Current trends in Graz brain-computer interface（BCI）research［J］. IEEE Transactions on Rehabilitation Engineering，2000，8（2）：216 – 219.

［41］ Sun H，Zhang L Q. Subject-adaptive real-time BCI system［C］//14th International Conference on Neural Information Processing，2007.

［42］ Lal T N，Schroder M，Hinterberger T，et al. Support vector channel selection in BCI ［J］. IEEE Transactions on Biomedical Engineering，2004，51（6）：1003 – 1010.

［43］ 李洁. 多模态脑电信号分析及脑机接口应用［D］. 上海：上海交通大学，2009.

［44］ Li J，Zhang L Q，Tao D C，et al. A prior neurophysiologic knowledge free tensor-based scheme for single trial EEG classification[J]. IEEE Transactions on Neural Systems and Rehabilitation Engineering，2009，17(2)：107 – 115.

[45] Tao D C，Li X L，Wu X D，et al. General tensor discriminant analysis and Gabor features for gait recognition[J]. IEEE Transactions on Pattern Analysis and Machine Intelligence，2007，29(10)：1700.

[46] Welch P. The use of fast Fourier transform for the estimation of power spectra：a method based on time averaging over short，modified periodograms[J]. IEEE Transactions on Audio and Electroacoustics，1967，15(2)：70 – 73.

[47] Mørup M，Hansen L K，Parnas J，et al. Decomposing the time-frequency representation of EEG using nonnegative matrix and multi-way factorization[OL]. [2019 – 10 – 15]. http：www. mendeley. com/catalogue/369c6abc-26be-3a0c-aff3-1279413ff2d2/.

[48] Tomioka R，Aihara K，Müller K R. Logistic regression for single trial EEG classification[J]. Advances in Neural Information Processing Systems，2007，19：1377 – 1384.

[49] Farquhar J，Hill N J，Lal T N，et al. Regularised CSP for sensor selection in BCI [C]//In Proceedings of the 3rd International Brain-computer Interface Workshop and Training Course，2006.

[50] Li J，Zhang L Q. Regularized tensor discriminant analysis for single trial eeg classification in BCI[J]. Pattern Recognition Letters，2010，31(7)：619 – 628.

[51] Lu N，Li T F，Ren X D，et al. A deep learning scheme for motor imagery classification based on restricted Boltzmann machines[J]. IEEE Transactions on Neural Systems and Rehabilitation Engineering，2017，25(6)：566 – 576.

[52] Guan C，Sakhavi S，Yan S. Learning temporal information for brain-computer interface using convolutional neural networks[J]. IEEE Transactions on Neural Networks and Learning Systems，2018，29(11)：5619 – 5629.

[53] Li Y，Zhang X R，Zhang B，et al. A channel-projection mixed-scale convolutional neural network for motor imagery EEG decoding[J]. IEEE Transactions on Neural Systemsand Rehabilitation Engineering，2019，27(6)：1170 – 1180.

[54] Zhao X Q，Zhang H M，Zhu G L，et al. A multi-branch 3D convolutional neural network for EEG-based motor imagery classification[J]. IEEE Transactions on Neural Systems and Rehabilitation Engineering，2019，27(10)：2164 – 2177.

[55] Jeong J，Wang I，Lee S，et al. Recurrent convolutional neural network model based on temporal and spatial feature for motor imagery classification[C]//In 2019 7th International Winter Conference on Brain-computer Interface (BCI)，2019：1 – 4.

[56] Guan C，Yang X，Gu B，et al. A Framework on Optimization Strategy for EEG Motor

Imagery Recognition[C]//In 2019 41st Annual International Conference of the IEEE Engineering in Medicine and Biology Society(EMBC)，2019.

[57] Koike-Akino T，Wei C，Wang Y. Spatial component-wise convolutional network (SCCNet) for motor-imagery EEG classification[C]//9th International IEEE/EMBS Conference on Neural Engineering (NER)，2019.

[58] Lei B. Walking imagery evaluation in brain computer interfaces via a multi-view multi-level deep polynomial network [J]. IEEE Transactions on Neural Systems and Rehabilitation Engineering，2019，27(3)：497 - 506.

[59] Yang Q，Pan S J. A survey on transfer learning[J]. IEEE Transactions on Knowledge and Data Engineering，2009，22(10)：1345 - 1359.

[60] Lu H P，Plataniotis K N，Venetsanopoulos A N. Regularized common spatial patterns with generic learning for EEG signal classification [C]//Annual International Conference of the IEEE Engineering in Medicine and Biology Society，2009.

[61] Xu Y L，Wei Q G，Zhang H，et al. Transfer learning based on regularized common spatial patterns using cosine similarities of spatial filters for Motor-Imagery BCI [J]. Journal of Circuits，Systems and Computers，2019，28(7)：1950123.

[62] Cheng M M，Lu Z H，Wang H X. Regularized common spatial patterns with subject-to-subject transfer of EEG signals[J]. Cognitive Neurodynamics，2017，11 (2)：173 - 181.

[63] Meinecke F C，Müller K，Samek R，et al. Transferring subspaces between subjects in brain-computer interfacing[J]. IEEE Transactions on Biomedical Engineering，2013，60(8)：2289 - 2298.

[64] Vidaurre C，Müller K，Kawanabe R，et al. Stationary common spatial patterns for brain-computer interfacing[J]. Journal of Neural Engineering，2012，9(2)：2289 - 2298.

[65] Kawanabe M，Müller K，Samek R，et al. Divergence-based framework for common spatial patterns algorithms[J]. IEEE Reviews in Biomedical Engineering，2013，7：50 - 72.

[66] Choi S，Kang H. Bayesian common spatial patterns for multi-subject EEG classification[J]. IEEE Reviews in Biomedical Engineering，2014，57：39 - 50.

[67] Ozdenizci O，Wang Y，Koike-Akino T，et al. Transfer learning in brain-computer interfaces with adversarial variational autoencoders [C]//In 2019 9th International IEEE/EMBS Conference on Neural Engineering (NER)，2019.

[68] Kilicarslan A，Craik A，Contreras-Vidal J L. Classification and transfer learning of EEG during a kinesthetic motor imagery task using deep convolutional neural networks [C]//In 2019 41st Annual International Conference of the IEEE Engineering in

Medicine and Biology Society(EMBC)，2019.

[69] Li J H，Zhang L Q. Bilateral adaptation and neurofeedback for brain computer interface system[J]. Journal of Neuroscience Methods，2010，193(2)：373 - 379.

[70] Li J H，Zhang L Q. Active training paradigm for motor imagery BCI [J]. Experimental Brain Research，2012，219(2)：245 - 254.

[71] 孙涵.基于 EEG 的实时脑-计算机接口和远程控制系统的分析与设计[D].上海：上海交通大学,2008.

[72] 梁健怡.基于脑机交互的轮椅控制系统设计与研究[D].上海：上海交通大学,2010.

[73] 洪侃.多模态脑电在线可视化与脑机接口神经反馈系统[D].上海：上海交通大学,2011.

[74] Hong K，Zhang L Q，Li J，et al. Multi-modal EEG online visualization and neuro-feedback[C]//7th International Symposium on Neural Networks，2010.

fNIRS脑-机接口及神经反馈

朱朝喆

朱朝喆,北京师范大学认知神经科学与学习国家重点实验室,电子邮箱:czzhu@bnu.edu.cn

非侵入性的脑功能成像技术可大致分为直接观测神经电活动的脑电图（EEG）、脑磁图（MEG）以及通过观测血氧变化来间接反映神经活动的功能性磁共振（fMRI）、近红外光谱脑功能成像（fNIRS）。本章主要介绍基于近红外光谱脑功能成像的脑-机接口及神经反馈研究。

8.1 fNIRS 脑-机接口的原理及优势

近红外光谱脑功能成像是一种非侵入性的光学脑功能成像技术。fNIRS 成像基于以下两个过程：① 首先，脑内神经元放电活动会消耗能量，而大脑自身的能量储备十分有限，因此大脑依赖附近血管血供系统补偿氧气和葡萄糖来生成新的 ATP。这种补偿性供血会引起局部血流量和血液中的主要氧气携带者——血红蛋白浓度的变化。具体表现为血流量增大，合氧血红蛋白浓度上升，脱氧血红蛋白浓度下降。② 其次，血红蛋白是生物组织内吸收近红外波的主要化合物，血红蛋白浓度的变化会进一步改变该处脑组织的光学属性（吸收和散射），进而导致穿过该处脑组织的近红外光（波长为 600～900 nm）的光强发生改变。基于以上两点，我们可以在颅骨表面以一定的间距（通常为 3 cm）成对放置近红外光的发射与接收光极，并从发射极输入一定强度的近红外光，同时在接收极记录输出光的强度。这些近红外光可以穿过颅骨、脑脊液等组织，在此过程中蛋白质和水等物质对近红外光的吸收量极小，只有在进入脑组织后，才会因为血红蛋白的吸收作用使光强衰减。也就是，光强衰减量的动态变化反映了血红蛋白浓度的动态变化。基于修正的比尔-朗伯定律，我们便可以从输出端近红外光强信号变化中计算出合氧和脱氧血红蛋白浓度的变化，进而间接地反映神经活动的变化情况。

需要注意的是，进入组织后近红外光子会因吸收散射等作用而发生衰减，fNIRS 只能检测到大脑皮层表面的血氧活动。此外，由于一对发射极-接收极构成的通道只能反映发射极和接收极之间局部脑组织的血氧变化，fNIRS 的空间分辨率取决于发射极-接收极间距（厘米级）。

血红蛋白浓度变化可以带来局部脑组织光学特性和磁属性的变化。由此，fNIRS 和核磁共振成像技术（fMRI）都可以实现对血氧信号的采集。相比传统的基于电信号的脑电脑-机接口，基于血氧代谢信号的脑-机接口技术还在发展阶段，但相比脑电信号，血氧信号具有特异性更高、适用范围更广的优点，使得基于血氧信号的脑-机接口技术表现出一些独特的优势。由于电信号具有传导性/

弥散性,头上电极采集到的信号可能来自全脑任一区域,研究人员无法对脑电信号进行准确的空间定位以确定其反映的功能。目前,脑电脑-机接口技术主要依赖神经功能意义已经较为明确的 α、β 频段信号,P300 及 SCP(皮层慢电位)等特征信号。但是这一类信号是有限的,很多功能目前还没有特征信号能与之对应,这使得脑电脑-机接口技术具有一定的局限性。相比之下,血氧信号则具有较强的空间定位能力,可以精确、特异地反映所关心脑区的活动。根据信号采集脑区的不同,用户也可以采用相应的心理过程或认知策略来引导产生 BCI 所需的脑活动模式,因此在应用中用户可使用的调节策略会更多也更灵活。相关研究还发现,对于用户来说,血氧信号的可调性要优于脑电信号。一个新用户经过 3～4 次的训练后就可以学会控制自己的血氧活动[1-3],而传统的对脑电信号的控制往往需要经过 12～30 次训练才能够成功习得[4]。

此外,相比同样作为基于脑血氧信号的成像技术 fMRI,fNIRS 则具有成本低、对受试者的限制性低、便携易用等优点[5]。

(1) 低限制性大大拓展了 fNIRS 脑-机接口的应用领域。由于 fNIRS 对受试者的头动、肌动不敏感,使用时不需要受试者以固定姿势躺在密闭狭小的舱体内。这使得 fNIRS 尤其适用于一些特殊受试者和实验情境。就受试者而言,fNIRS 适用于婴儿、儿童、多动症患者等一些头动较多、对设备容忍度较低的受试者,一些难以或无法使用 fMRI 进行扫描的受试者(如行动不便,身上带有金属或患有幽闭恐惧症的受试者)也可以使用 fNIRS 进行测量;就实验情境而言,fNIRS 也可以应用在一些高生态效度的研究中,如对日常生活、社会交互及运动员训练过程的研究。此外,由于 fNIRS 设备给受试者带来的不适感较低,受试者及其家长对 fNIRS 的接受度较高。

(2) 便携性是 fNIRS 的另一个重要优点。体型较大的 fNIRS 设备装有轮子,可以灵动移动,以满足术中监控和户外监测的需求。日本已经出现了专门用于儿童能力测试的移动 fNIRS 监测站;微型的无线便携设备体积极小,佩戴方便,因此可以随时随地使用 fNIRS 技术。此外,更适于日常使用的小型便携 fNIRS 设备也已经研发出来。经过进一步发展,出现了可穿戴式的微型 fNIRS 设备[6]。这类微型设备通常借助蓝牙将数据实时传输到笔记本上进行查看、存储、处理等操作。此外,由于没有沉重的光纤压在头上,佩戴十分舒适,为长期使用创造了条件。以上种种原因使得 fNIRS 成为既适合完成短时间内多次扫描,又适合追踪训练及康复治疗等长时变化的脑成像技术。

(3) 此外,fNIRS 与其他模态成像技术的兼容性更好。多模态成像与多模态数据融合分析是未来脑科学研究发展的一大趋势。光学信号与电、磁信号的良好兼容性使得 fNIRS 可以和 fMRI/EEG 互不干扰地进行同步扫描,不会带来额外的伪迹。fNIRS 和 EEG 的同步扫描可以融合时空信息,现在已有研究将fNIRS 和 EEG 信号融合以进行脑-机接口的判别分析。在识别用户意图时,与使用单一种类信号的成像方法相比,该方法具有更高的准确率[7]。

由于以上种种优势,近年来基于 fNIRS 构建脑-机接口与神经反馈系统的研究受到了广泛关注。下面我们将分别介绍近红外脑-机接口(fNIRS - BCI)及近红外神经反馈(fNIRS - NF)的发展背景及研究现状。

8.2 fNIRS 脑-机接口的发展

8.2.1 fNIRS - BCI 历史背景

早在 1978 年,Jöbsis 就提出近红外可用于大脑血氧活动的检测[8]。但直到2004 年,研究者才开始逐渐尝试将近红外用于脑-机接口领域。在 Coyle 进行的首个研究中,要求受试者在基线阶段放松休息,在任务阶段进行持续的运动想象(想象内容为捏紧/松开一个软球)。BCI 系统实时采集受试者当前的血氧活动信号,根据血氧浓度的变化是否高于阈值判断出受试者当前的大脑处于活动还是休息状态,其预测准确率可达到 75%[9]。

2007 年,Coyle 进一步使用自制的 fNIRS - BCI 系统(Mind Switch)检验了二元开关控制的有效性。这个系统会向受试者呈现两个选项,当想要选取的选项亮起时,受试者通过运动想象提高运动区的 HbO 信号强度(开)。BCI 系统则通过区分该信号与休息状态(关)的信号帮助受试者做出选择,该实验中分类器的准确率高达 80%[10]。

同年,Naito 首次将 BCI 系统用于肌萎缩侧索硬化患者(ALS)。一共 40 名患者参加了研究,他们的任务是通过控制自己的大脑来回答一些问题。在实验中,他们通过进行心算、音乐想象等认知任务来做出"Yes"的回答,通过保持放松休息的状态来做出"No"的回答。采用光强信号的瞬时幅度与相位作为特征,BCI 系统可以成功解码 70% 非完全闭锁 ALS 患者的选择;而对于完全闭锁患者,只有 40% 的患者可以有效使用该技术,识别准确率约为 80%[11]。

上述 BCI 系统应对的都是有明确时间节点的同步问题,即使用者先做出响应,BCI 系统已知用户进行响应的时间点(比如在问题出现后的 10 s 时间窗口内),充分收集该时间窗口内的整段血氧幅值以做出判断。另一个更加复杂的应用情境是将 BCI 系统用于"走-停控制",这一控制方式常见于对轮椅、汽车等驾驶工具的持续控制中,由于指令发出和结束的时间点并非事先设定好的,特征提取和分类的难度大大增加,例如,当使用一个更长时间窗口内的信号来进行分类时,结果会更加稳定,但是保持识别准确性的同时却降低了对当前响应的敏感性。Utsugi 等人使用预实验中训练好的权重参数对血氧活动的时间、空间特征进行分类,成功验证了基于心算的 fNIRS - BCI 用于"走-停控制"的可行性,且该系统对指令发出的识别准确率可达 80%,时间精度可达 ±6 s[12]。

如上所述,BCI 常用的驱动策略为受试者自发产生的运动想象和心算过程。Luu 和 Chau 则提出不依赖于额外的认知活动,根据直接使用用户看到想要选择的对象时的脑活动解码出受试者的选择[13]。该研究要求受试者在大脑中对两种饮料做出评价,并决定想要哪一种饮料,由于大脑在做出决定时诱发了与偏好相关的脑活动,在无须外部认知活动的情况下,设备通过采集该阶段的信号即可直接帮助他们完成这一决定。使用光强信号和简单的线性判别分析(LDA)可以使这种偏好解码的准确率达到 80%。Tai 尝试将 fNIRS - BCI 用于情绪解码,利用受试者在进行积极和消极情绪诱发任务时的血氧活动对他们的情绪进行解码,解码准确率为 $75\% \sim 94\%$[14]。

这些早期的 fNIRS - BCI 研究揭示了 fNIRS 用于脑-机接口的可行性,此后的研究进一步扩展了 fNIRS - BCI 的应用领域,并通过不断改进特征选择和分类方法提高 BCI 的解码准确率。绝大部分 fNIRS - BCI 系统的准确率可以达到 70%,已经接近 EEG-BCI 的准确程度,而 Shin 和 Jeong 制作的 fNIRS - BCI 系统的准确率甚至高达 95%[15]。虽然基于脑电的脑-机接口仍然是 BCI 领域的主流,但持续增长的 fNIRS - BCI 应用研究和不断改善的技术表明 fNIRS 在 BCI 领域具有巨大的发展潜力。

8.2.2 fNIRS - BCI 系统的组成

与其他脑-机接口系统类似,一个典型的 fNIRS - BCI 系统也包括三个部分,分别是脑信号产生与采集模块,fNIRS 预处理模块,特征提取与分类模块。

1. 脑信号产生与 fNIRS 信号采集

当用户想要传达某个指令时,他们首先通过某种策略产生脑活动。例如,当用户想要喝水时,他们就进行运动想象,当系统检测到运动区的活动时,就知道该端上一杯水了。因此,构建 fNIRS - BCI 系统的第一步是采集合适的脑活动信号。由 fNIRS 的光学反射原理可知,近红外光由发射极发出,在到达接收极的过程中,其衰减主要来自发射极-接收极之间区域中脑组织的血红蛋白吸收作用,因此近红外光只能对发射极-接收极之间区域的血氧活动进行检测,无法实现全脑成像。这需要研究人员事先确定要采集哪一区域的活动,并在相应的区域放置光极。运动区和前额叶是fNIRS-BCI中最常用的目标区域。当使用与运动执行、运动想象等主要与运动相关的驱动策略时,数据采集的目标脑区为运动区;当使用与心算、计数、音乐或风景想象等主要与认知功能相关的驱动策略时,数据采集的目标脑区为前额叶。

此外,光极排布也是一个需要注意的问题。一个发射极和一个接收极组成的一对光极形成了fNIRS的一个测量通道,用于检测两个光极之间区域的血氧活动,这与脑电中一个导联的概念类似。多个测量通道的组合可以完成对更大区域的检测。光极的具体排布可以根据fNIRS设备的光极数量以及想要覆盖的目标脑区的大小和形状进行设计,但发射极与接收极间的间距一般设定在3 cm左右。间距过短,光只能到达浅层组织,难以检测到大脑皮层区域的活动;间距过长则导致近红外光衰减过多,检测到的信号过于微弱。

下面我们分别介绍在BCI系统中常见的用以激活运动区和前额叶的认知任务。

(1)初级运动区的活动适合用来驱动fNIRS-BCI。一方面是因为运动区的信号较强且稳定,易于检测和分类;另一方面,运动区信号和实际的控制外部设备时的运动意图在根本上是一致的,有助于患者运动系统的康复。两种最常用的运动区活动诱发任务为运动执行和运动想象。

运动执行指通过移动身体的部位产生肌肉运动来诱发运动区激活。几种常见的运动执行任务包括敲击手指、拍手、举臂以及抓取物体等。由于运动执行能稳定诱发较强的运动区血氧活动,通常被用来进行BCI方法的测试与改进。但运动执行依赖于外部动作,有些BCI受众并不具备动作能力,因此它在实际BCI使用中的价值不如想象策略。

运动想象则是对身体动作的想象,不依赖于实际的肌肉动作。运动想象包含视觉想象和体感想象两个方面,但更重视肌肉收缩舒张等体感(kinesthetic)的运动想象往往能诱发比视觉想象更强的脑活动。考虑到BCI的核心目标之一是为运动障碍的患者提供一种新的交流途径,运动想象成了fNIRS-BCI中使用最多的驱动方式之一[11-13,16-27]。常见的运动想象任务包括想象捏一个很软的球,想象按一定简单或复杂的顺序敲击手指,想象抓握物体或屈伸手指、手腕等身体部位。

(2)前额叶的活动也很适合用来驱动fNIRS-BCI设备。一方面,前额叶受头动的影响小,且前额的头发较少,因此该区域容易达到更好的fNIRS信号质量;另一方面,对于一些运动障碍受试者,由于运动想象和运动执行的脑功能网络高度相关,有一些受试者在运动想象方面的能力也会受损,运动区损伤本身也可能影响记录到的运动区信号的有效性。而一般情况下这种患者的前额叶未受到损伤,因此更适合作为数据采集的目标脑区。基于这些优势,大部分使用前额叶的 fNIRS - BCI 研究都得到了比较理想的结果,常用的前额叶任务包括心算、计数、音乐想象以及心理旋转等认知任务。

心算指不借助纸笔在大脑中完成的计算过程。大量研究已经验证了心算用于 BCI 的有效性[12, 23, 28-31]。常用的心算任务是倒减数字,即从一个较大的数字中连续减去随机产生的小数字(如 100 连续减 7),此外还有大数乘法等。通常具有较大认知负荷的复杂计算任务可以诱发更强的前额叶活动。

音乐想象(意念唱歌)指在脑海中想象自己唱歌,对歌曲进行组构与分析的过程。如今也有一些研究者成功将意念唱歌应用于 fNIRS - BCI 中[11,20-21,26,32-33],比起枯燥的心算任务,这是一种相对生动有趣的驱动策略。

其他用于诱发前额叶活动的任务包括计数[11,34]、场景想象[11]、意念写字、心理旋转[16-17,22,28]、情绪诱发[25,35]等。一些研究指出,除了利用与意图无关的想象活动来间接诱发前额叶脑活动外,由主观偏好、欺骗、视觉刺激等直接诱发的脑活动响应也可以用于解码用户的意图[22, 24, 36-37]。

2. fNIRS 信号预处理

我们采集到的原始血氧信号中存在许多不同种类的噪声,这些噪声与我们关心的神经活动无关但又会对血氧信号产生影响。与 fNIRS 相关的噪声一般可分为三类,机器噪声、实验噪声与生理噪声。fNIRS 信号预处理的目的就是去除噪声,从而使得到的信号能更真实地反映用户的意图。事实上,相比采用更复杂的特征提取与分类的方法,信号本身才是关键,如果能够获得足够纯净的神经活动,即便使用一个简单的分类器,往往也能获得不错的分类准确率。遗憾的是,噪声的组成非常复杂,即使使用了去噪方法也不可能完全去除噪声。

下面我们分别介绍几种与 fNIRS 相关的噪声及相应的预处理方法。

(1)机器噪声。机器噪声通常表现为高于神经活动频段的高频噪声和因机器发热而产生的信号慢性漂移。机器噪声是最容易去除的噪声,因为它存在稳定的频段特征,易于与神经活动分离。利用低通滤波或滑动平均等方式可以有效去除高频机器噪声,利用高通滤波器或其他去线性漂移的方法可以有效去除低频机器噪声。

(2)实验噪声。实验噪声指的是实验过程中因使用者身体或头部移动导致的噪声。由于光极和头皮的贴合有时并不是十分紧密,使用者较大幅度的移动会造成光极和头皮的相对滑动,从而影响光极发射和接收近红外光子的位置和角度。此外,头动本身也会导致该区域血流量的增加:轻者会记录到暂时性的 spike 式信号跳变,去除后剩余的信号依然可用;严重者可能由于光极滑开导致此后记录到的数据已经不再是目标脑区的信号。

因此,在研究的过程中应当要求受试者尽可能避免大幅度的身体或头部移动。此外,研究者可以使用一些方法更好地固定近红外光纤,使光极和头皮接触得更加紧密、稳固,减少两者间的相对移动,进而显著改善头动的影响。

研究者们也提出了一些后验地从信号中去除头动或减小头动影响的算法,包括样条插值、主成分分析(PCA)、小波分析与卡尔曼滤波等。其中,样条插值与 PCA 算法以其实现简单、稳定且通用(调参要求较低)的特点被广泛应用于目前常见的商业软件中。简单来说,样条插值去头动的原理是首先根据头动时信号幅值变化较大的特点识别出头动开始和结束的时间点,然后在这个头动窗口内对头动噪声进行样条插值(可以理解为对头动噪声进行拟合),最后从原始信号中去除拟合出的头动噪声。而主成分分析去头动的原理是将原始信号利用主成分分析方法分解为若干不同的成分,其中排序靠前的成分包含了原始信号中的大部分信息(方差较大),一般头动噪声位于前三个成分之中,需要进一步结合成分的时空特征选择出头动成分,将其从原始信号中剔除。需要注意的是,线性插值只作用于头动出现的那段数据,不会对其他部分的波形产生影响,而其他方法会影响信号全长,如果选取的参数不当,可能会污染未出现头动部分的神经信号。Cooper 等人系统地比较了这些方法[38],发现线性插值能最显著地降低信号的均方误差(由于头动幅值远大于信号均值,会贡献很大一部分均方误差),而小波分析可以最大限度地提高噪声比(contrast-to-noise ratio),因而推荐使用这两种方法。

以上这些去头动方法大多是离线使用的算法,需要一段较长的数据才能完成,它们更适合实时性要求较低的 BCI 情境,即刺激出现后做出选择时产生脑活动。该算法可以对一整段(如 20 s)的脑活动进行样条插值或 PCA,再输出预处理后的信号进入分类等环节。相比之下,卡尔曼滤波或其他的自适应滤波方法则具有更高的实时性,但是实现起来较为复杂。

但考虑到数据处理的简便性,我们依然推荐在实验进行的过程中通过指导语和戴帽子等方式从源头上减少头动噪声的出现。

(3)生理噪声。生理噪声指的是由心跳、呼吸、血压波动等引起的噪声。这些生理活动呈周期性,表现出很强的频段特征:心跳频段为 1～1.5 Hz;呼吸频段为 0.2～0.5 Hz;血压波动频率为 0.1 Hz(迈耶波)。一般使用 0.01～0.5 Hz

的带通滤波器可以有效地去除机器噪声以及心跳的影响,并保留下有效神经活动。但还有一些噪声(如呼吸和血压波动以及其他任务引起的自主神经活动)由于与神经活动的信号频段存在混叠,未能被去除,这时就需要使用自适应滤波以及独立成分分析(ICA)/主成分分析(PCA)等方法。前者通过额外采集或模拟的方式得到呼吸、血压波动等生理信号,再利用自适应滤波将其从原始信号中去除;后者则利用了生理噪声的全局特性,将生理成分挑选出来后剔除。自适应滤波适用于实时 BCI,而 ICA/PCA 的实时化目前仍是一个方法学问题。

在生理噪声中有一类较为特殊的浅层噪声,来自浅层组织(非脑组织)的脑血流。我们头皮皮肤及其他浅层组织中存在大量的毛细血管,这些浅层组织血管中的血红蛋白也会吸收近红外光子,因此这些组织的血氧活动也会对我们测得的信号造成影响。研究者可以采用短导或多普勒血流仪记录下浅层组织的信号,再用自适应滤波的方式去除。

3. 特征提取与分类

接下来,我们需要从预处理后得到的血氧信号中提取并选择能恰当刻画脑活动的特征,并基于这些特征进行分类,将分类的结果作为指令输出给机器,指导它们做出相应行动。下面我们将分别介绍一些常用于 fNIRS - BCI 系统中的特征与分类器。由于存在许多特征与分类器,我们要根据数据的特点选择其中能最好地识别出用户意图的特征与分类器。这一评估和选择的过程是在训练阶段完成的,选出的特征与分类器将用于搭建 BCI 系统。

1) 特征提取与选择

特征提取是指从数据中抽出特征,该操作降低了数据维度并将数据映射到了更易分类的抽象空间,是分类问题中的重要步骤。在进行血氧信号的特征提取时,有以下几种常见的策略。

(1) 启发式方法。研究者通过观察预处理后血氧信号的波形在不同脑活动状态下的差异,找到能刻画两者差异的指标,如血氧信号的峰值幅度、均值、方差、斜率、偏度和峭度等。当直接观察波形形态难以判断时,还可以进一步画出两种状态下血氧信号的分布。这些特征在 fNIRS - BCI 系统中的使用频率最高的是信号均值[5,7,9-10,13,22,25,26,39-40]和斜率[23,26,32,39,41-43],其次是幅度[11,31,44]、方差、偏度及峭度[35,40]。

(2) 模型参数(滤波器系数)。另一种从血氧信号中提取特征的方式是建立一个数学模型,例如血氧信号=脑激活强度×系数 A+噪声 1×系数 B+噪声 2×系数 C+…+残差,利用采集到的实时血氧信号来递推估计模型中的脑激活强度,并将结果作为特征输入到分类器中。这一方法假定不同的脑激活状态具有不同的参数特征,据此可以分类。已有研究使用卡尔曼滤波器[45]、递推最小二乘估计[46]以及小波变换[16,47]等方法获得了可用的参数。这一特征提取方式有三个优点:一是这一步可以同时承担预处理和特征选择两项任务,从原始信号中直接消除噪声,提取有效激活成分;二是采用不同的模型可以自由地提取信号中的各种时频特征;三是这种递推估计的算法可以根据结果自适应地修正系数,输出更加精确的结果。但是目前还没有直接比较这一方法与启发式方法的分类准确性。

虽然特征的选取应当取决于受试者实际的血氧情况,是一个数据驱动过程,但是我们还是可以从大量研究中看出一些优先项。首先,几乎半数的 fNIRS - BCI 研究在特征选择时选取了均值或斜率,由于它们简单且物理意义清晰,能直观地反映信号的强度和变化特征,研究者在新研究中可以优先考虑使用这两个指标。另一个需要考虑的问题是从哪种血氧信号中提取特征。我们知道神经活动耗氧导致局部血流量增加,形成(氧)过度补偿,使得该区域合氧血红蛋白浓度增加,脱氧血红蛋白浓度下降。而两种血红蛋白的吸收光谱不同,故近红外共能测得三种不同的血氧信号,包括 HbO(合氧血红蛋白)、HbR(脱氧血红蛋白)和 HbT(总血红蛋白=合氧血红蛋白+脱氧血红蛋白)的浓度变化。研究者发现 HbO 信号幅值大、响应强,能比 HbR 和 HbT 信号更鲁棒地反映与任务相关的脑活动。Plichta 等人发现 HbO 信号的重测信度要强于 HbR[48]。的确,基于HbO 信号的特征提取更适合用于 BCI 分类,是绝大部分 BCI 系统的选择。

当我们从血氧信号中提取出特征后,还要进行特征选择。假设使用启发法、模型参数法或其他方法中获得的原始特征集有 n 个特征,那么存在 $(2n-1)$ 个可能的非空特征子集,我们需要从中找到脑活动分类准确率最好的特征子集。特征选择能剔除不相关或冗余的特征,从而达到减少特征个数、提高模型精确度、减少数据计算时间的目的。

最简单的特征选择方法是穷举,即使用所有可能的特征子集对脑活动状态进行分类,并从中选择可分性能最好、准确率最高的那个。这种做法的优点是可以搜索到每个特征子集从而得到全局最优的结果,缺点是计算量极大。如果备选的特征子集数量较少,比如考虑均值、斜率、方差以及它们两两组合的分类效果,那么就可以使用这种方法选取其中分类性能最好的特征。这也是目前许多BCI 研究中采用的方式。

当备选的特征子集数量增加时,可以使用序列搜索或随机搜索的方法。序列搜索指在搜索过程中依据某种次序不断向当前特征子集中添加或剔除特征,从而获得优化特征子集。例如,在前向搜索中,研究者从空集开始,每次都选择一个使分类性能达到最优的特征加入。该方法的缺点是在其他特征加入后使得变冗余的特征无法被去除。后向选择与之相反，从特征全集开始每次选择一个特征剔除，使得剔除这一特征后分类的准确率达到最高。该方法的缺点是在剔除其他特征后，重新变得有信息量的已淘汰特征无法再被加入。增 L 去 R 选择算法是对这一问题的改进，在前向加入 L 个特征时会去除 R 个特征，在后向剔除 R 个特征时也会加入 L 个特征。序列浮动选择就是基于增 L 去 R 算法，但是 L 和 R 不是固定的，而是取决于当前轮次的情况，取能够使识别准确率最大的情况。

遗传算法是一种在 BCI 研究中常用的随机搜索算法。顾名思义，遗传算法利用了大自然的进化思想，首先随机产生一批特征子集，并根据它们的分类性能进行评分。然后从这些特征子集中抽取特征繁殖出下一代的特征子集，繁殖过程中会发生特征的交叉与突变。分类性能越好(适应性强)的特征子集被选中参加繁殖的概率越高。经过 N 代的繁殖和优胜劣汰后，有效的特征被不断保留下来，种群中就可能产生出分类性能最优的特征子集。

2) 分类模型

在成功地提取特征后，分类模型可以根据这些特征识别出使用者的意图，并将分类结果作为控制指令传送给应用端执行相应的动作。在近红外脑-机接口中，几种常用的分类模型包括线性判别分类器(LDA)、支持向量机(SVM)以及人工神经网络(artificial neural network，ANN)。

4. fNIRS - BCI 研究新进展

1) 沟通型 BCI 用于帮助临床闭锁综合征患者

使用 fNIRS - BCI 的大部分策略，如运动想象、心算等，与用户想要传达的意图之间并没有直接的联系，需要用户把直接的意图转化为一种无关的策略，这可能使用户难以很好地执行策略。一种相对来说更直接的驱动策略是默念，即在脑海中默念出自己的选择，通过解码用户心中默念的内容，可以直接确定其意图。

Hwang 在八名健康受试者中测试了 fNIRS - BCI 用于判别"是"或"否"答案的选择范式[33]。受试者需要对每个问题做出"是"或"否"的回答，并在心里默念自己的答案，每个试次的长度为 $10\,\mathrm{s}$，利用血氧信号的峭度特征进行分类的准确率可以达到 75%。有趣的是，这一研究的光极覆盖了绝大部分额-顶-枕区域，却没有太覆盖颞叶区域(已知非常重要的言语相关区域)。

这一类 BCI 的最终目标是替代患者已经丧失的语言交流能力，它的主要适用对象是闭锁综合征患者。肌萎缩侧索硬化会导致闭锁综合征，主要表现为四肢及面部全瘫、不能讲话,患者的意识仍然清楚,但却难以和外界进行沟通。部分闭锁综合征患者还可以通过眼球的转动或睁闭眼来表达自己的想法,而完全闭锁患者连眼部肌肉都无法控制。如何构建他们与外界的沟通途径,打破他们的"沉默"是一个重要的临床问题。

2014 年,Gallegos-Ayala 提供了基于 fNIRS - BCI 重新建立完全闭锁患者的沟通渠道的Ⅳ类临床循证证据(专家委员会或相关权威的意见)[49]。这是一个案例研究,患者为一位 67 岁的女性。截至实验时,患者已经丧失了一切利用眼球运动、其他肌肉或者辅助设备与外界沟通的能力。通过脑电的 ERP 检测,她的意识清醒,认知能力完好。在使用 fNIRS - BCI 前,该患者尝试使用 EEG-BCI 完成了相同的范式(是否判断),但是未能达到稳定的沟通。该研究录下了患者丈夫的声音,用短句向患者询问一些答案已知的确定性问题(如:你在汉堡出生)或答案未知的开放性问题(如:你想要翻身,这一类问题的金标准由患者丈夫推断给出)。每个试次的长度为播放句子 1~2 s,之后间隔 25 s 播放下一个句子,患者则在这 25 s 内做出响应。将支持向量机作为分类器,血氧信号的实时分类准确率在最后一个训练阶段达到了 76%。

Chaudhary 在四名处于完全闭锁或近乎完全闭锁状态的患者身上应用了相同的范式,询问患者一些答案已知的私人问题[50]。其中三名受试者完成了两周共 46 次的训练(每次训练含 20 个问题),最后一名受试者完成了 20 次训练。使用支持向量机对 fNIRS 血氧信号进行实时分类,分类的平均准确率为 70%,高于随机水平。使用脑电震荡或眼部肌电信号则无法很好地区分出"是"和"否"两种答案(虽然电信号偶尔会体现出显著的差异,但结果并不稳定)。虽然将fNIRS - BCI 的应用从这些个案成功地推广到其他完全闭锁患者上还需要经过许多努力,且单个词语的响应距自由地表达也还有很远的距离,但这些研究初步说明 fNIRS 在沟通型 BCI 领域有巨大潜力,尤其是当 EEG-BCI 并不起效时,血氧脑-机接口给患者带来了更多的希望。

2) EEG-fNIRS 混合 BCI

将光极和电极同时放置在受试者头壳上,用 fNIRS 和 EEG 设备分别采集光信号及电信号,分别提取两者的特征后进行融合,就形成了混合 BCI。近年来,混合 BCI 也是 BCI 研究的一个前沿领域。

相比其他成像技术,fNIRS 和 EEG 都具有价格低廉、便携(轻量级)、操作简单的优点,因此在脑-机接口中得到了广泛应用。但这两种技术也存在自身的缺点,神经活动诱发的血氧响应相比神经电信号存在 4~6 s 左右的延迟,导致 fNIRS 时间分辨率较低;而 EEG 直接测量神经电活动,虽然时间精度可以达到毫秒量级，但由于电信号在大脑中传导扩散，某一电极接收到的电信号可能来自大脑的不同位置，导致其空间定位能力很差。如果结合两个技术，在时空信息上形成互补，就有可能达到更好的分类准确率。由于光电信号之间不会相互干扰，使得同步采集两种信号在技术上也比较便利。

在实际研究中，Fazli 等人利用近红外信号来辅助运动相关的脑电 BCI，融合了两种信号的分类结果以提高脑电 BCI 性能[7]。他们在运动区同时放置了电极和光极，解码受试者当前是左手运动/想象还是右手运动/想象。脑电将运动皮层感觉运动节律（脑电 μ 频段，8～12 Hz）的频段能量作为特征进行 LDA 分类，近红外将血氧响应的幅度均值作为特征进行 LDA 分类。对基于两种信号的分类结果进行融合后，14 名受试者中有 13 名的分类准确率相比纯脑电 BCI 有所提高，分类准确率达到 83.2%，平均提升了 5%。但是在这一研究中，研究者也提到血氧信号在时间上的延迟（慢变特性）可能会拉低脑电 BCI 的传输速率。这可能会限制混合 BCI 在一些具有高传输速率需求场景中的应用，但是考虑到信号融合可能使分类准确率得到巨大提升，因此研究者认为混合 BCI 依然具有非常大的应用潜力，尤其对于一些无法高效使用纯 EEG - BCI 的受试者（即 EEG - BCI 盲，约占总用户量的 15%～30%）来说，他们依然可以使用 fNIRS - BCI 来实现脑-机之间的交互。

除了提高单一分类任务的分类准确率，混合 BCI 还可以增加可分类的任务数量（BCI 的可加工指令数量）。例如，Khan 等人提出了一个四方向控制型 BCI，其中左右两个方向由运动想象时的脑电信号控制，前后方向的运动则由受试者进行计数或者倒减数字时的血氧活动控制。这样就把一个多分类任务拆成了两个简单的二分类任务，使得分类准确率大大提升，基于 EEG 和 fNIRS 的 BCI 系统的分类准确率分别达到了 94.7% 和 80%[34]。

此外还有研究者尝试利用混合 BCI 解码出任务的不同参数。比如 Koo 在一个研究中尝试利用 fNIRS 来检测自定步调（self-pacing）的运动想象开始的时间，随后用 EEG 对运动想象的内容（左手或右手）进行解码[51]。自定步调指受试者自行决定何时开始进行运动想象并发出指令，与以往研究中在特定的指示之后开始想象的任务不同。在自定步调的 BCI 中，研究者除了解码想象内容外，还需要额外检测想象内容开始的时间点。如何用 fNIRS 检测运动想象开始的时间点呢？该研究采用了阈值检测方法，当血氧活动幅值高于基线一定水平时，认为用户产生了与想象相关的脑活动。这一方案达到了 7% 的低误报率和 88% 的高击中率。

Buccino 等人认为血氧活动响应虽然缓慢（需要延迟 4～6 s 才能达到峰

值),但是早在响应初期就已经展现出了血氧幅值的变化[52]。当考虑均值时,这一变化较弱,不易被检测到,但当使用斜率作为特征时,则可以即时检测到血氧变化开始的时刻。因此,该研究采用斜率作为 fNIRS 信号的特征。结果发现,当使用 μ 和 β 频段的特征时,EEG 的最大准确率为(85.2±4.6)%;当同时使用均值和斜率的特征时,基于 fNIRS 的 BCI 系统无论使用 HbO 还是 HbR 信号,都比 EEG 更好,同时使用 HbO 与 HbR 两种信号时,正确率达到(92.4±5.3)%。而当研究者融合了 EEG 和 fNIRS 的特征后,得到的最高分类准确率为(94.2±3.4)%。

这些研究结果说明,在不同的阶段融合 fNIRS 信号与 EEG 信号提供的信息可以提高 BCI 分类器的性能,获得更高的解码准确率,还可以实现对更多不同内容的解码。

表 8-1 为部分文献中 fNIRS-BCI 系统采用的策略、特征及分类模型。虽然 EEG-BCI 仍是 BCI 技术的主流,但 fNIRS-BCI 的研究数量一直在持续增长,彰显了 fNIRS 在 BCI 领域的发展潜力。其主要应用包括:① 帮助丧失运动能力的患者实现与外界的交流,传达自己的意图。这主要利用 fNIRS-BCI 的二元控制帮助患者对一些问题给出"是"或"否"的回答,或利用 fNIRS-BCI 实现在线打字[29,39]。② 帮助丧失运动能力的患者恢复部分移动的能力。fNIRS-BCI 系统产生的指令可以实现对义肢、轮椅等设备的操控。由于 fNIRS 的便携性,尤其是无线微型系统的出现使得使用者可以更加自由地在一个广阔的范围内行动。但是此类应用出于安全的考虑不能容忍错误的发生,对准确率的要求非常高,而且由于使用者常常要根据突发情况作出实时反应,对 BCI 控制系统的传输速率要求也很高。当下 fNIRS-BCI 系统的准确率及稳定性尚需要进一步提高,其传输速率更是其突出的缺陷,离投入实际使用的距离还很远。但目前已经有一些 fNIRS-BCI 研究开始尝试改进准确率及传输速率。③ 环境控制(对环境、温度等的远程调控)BCI 系统的受众仍主要是运动能力受限的患者。④ 游戏娱乐则是脑-机接口一个非常诱人的发展方向。通过意念实现对小车、小球的控制不仅是非常有趣的娱乐项目,还可以使儿童非常积极地投入到注意力训练等脑功能训练中。

最后需要注意的是,fNIRS 信号与 fMRI 信号类似,都是反映神经活动继发引起的血氧浓度的变化,而非对神经电活动的直接记录,因此相比于脑电信号而言,属于慢信号。在需要快速响应的 BCI 应用场合(如控制轮椅行进等)中应用 fNIRS 构建 BCI 系统时需要小心。总的来说,fNIRS-BCI 是一个具有潜力的脑-机接口新技术,但其技术还需要进一步的发展与优化。

表 8-1 部分文献中选取的策略、特征、分类模型一览

文献	脑区	任务/策略	滤波器	特征	分类器	分类准确率/%
Coyle 等 2004[9]	运动区	运动想象	低通滤波	ΔHbO均值	基于阈值检测的算法	75
Sitaram 等 2007[39]	运动区	运动想象	低通滤波	各通道 ΔHbO/ΔHbR 均值	支持向量机和隐马尔可夫模型	73(支持向量机) 89(隐马尔可夫模型)
Naito 等 2007[11]	前额叶	心算、音乐想象和风景想象	低通滤波	光强幅值	二次判别分析	80
Coyle 等 2007[10]	运动区	运动想象	低通滤波	ΔHbO均值	基于阈值检测的算法	80
Luu 和 Chau 2009[13]	前额叶	主观偏好选择	低通滤波	光强信号均值	线性判别分析	80
Tai 和 Chau 2009[35]	前额叶	图像诱发的情绪产生	最小均方自适应滤波器	ΔHbO/ΔHbR 的均值、方差、均方根、偏度和峭度	线性判别分析和支持向量机	96.6(线性判别分析) 94.6(支持向量机)
Power 等 2010[26]	前额叶	心算、音乐想象	低通/小波滤波	光强信号均值	隐马尔可夫模型	77.2
Cui 等 2010[44]	运动区	敲击手指	指数滑动平均滤波器	ΔHbO/ΔHbR 的幅值、历史梯度、二阶梯度以及空间模式	支持向量机	>80(空间模式)
Abibullaev 等 2011[16]	前额叶	物体旋转、言语流畅性和心算	小波滤波	小波变换得到滤波器系数的均值、能量、标准差	人工神经网络	>94

（续表）

文　献	脑区	任务/策略	滤波器	特　征	分　类　器	分类准确率/%
Falk 等 2011[21]	前额叶	音乐想象	低通滤波	小波变换后的ΔHbO/ΔHbR血氧均值	隐马尔可夫模型	83
Holper 和 Wolf 2011[40]	运动区	运动想象	低通滤波	ΔHbO信号的均值、方差、偏度和峭度	线性判别分析	81
Tanaka 和 Katura 2011[27]	前额叶，视觉皮层	变化检测任务	滑动平均/带通滤波	来自单一、两个或三个通道的ΔHbO/ΔHbR信号均值	支持向量机	77
Hu 等 2012[24]	前额叶	欺骗	带通滤波	ΔHbO/ΔHbR信号的绝对值	支持向量机	83.4
Power 等 2012[41]	前额叶	心算	低通滤波	信号斜率	线性判别分析	72.6
Abibullaev 和 An 2012[17]	前额叶	物体旋转、填字以及乘法	小波滤波	小波变换后获得的滤波器系数	线性判别分析、支持向量机及人工神经网络	>75(人工神经网络) >85(线性判别分析) >90(支持向量机)
Liu 等 2013[53]	前额叶	加工视觉刺激	带通滤波	ΔHbO/ΔHbR的均值以及EEG信号幅度	逐步(step-wise)线性判别分析	>90
Power 和 Chau 2013[42]	前额叶	心算	低通滤波	ΔHbO/ΔHbR的信号斜率	线性判别分析	71.1
Stangl 等 2013[31]	运动区，前额叶	运动想象、心算	滑动平均	ΔHbO的幅值	线性判别分析	65

（续表）

文　献	脑区	任务/策略	滤波器	特　征	分　类　器	分类准确率/%
Khan 2014[34]	运动区	运动想象	低通滤波	不同时间窗中 $\Delta HbO/\Delta HbR$ 信号的均值与斜率	线性判别分析	77.5（均值） 87.2（斜率）
Faress 和 Chau 2014[22]	前额叶	言语流畅性	低通滤波	$\Delta HbO/\Delta HbR/$ ΔHbT 信号的斜率	线性判别分析	86
Mihara 等 2012[59]	运动区	拍手	Savitzky-Golay 平滑	多项回归后的信号幅值	支持向量机和人工神经网络	79.1（支持向量机） 83.3（人工神经网络）
Schudlo 等 2014[43]	前额叶	心算	低通滤波	在三个不同的时间窗中 $\Delta HbO/\Delta HbR/$ ΔHbT 信号的斜率	线性判别分析	77.4
Naseer 等 2014[29]	前额叶	心算	低通滤波	$\Delta HbO/\Delta HbR$ 的均值	线性判别分析和支持向量机	74.2（线性判别分析）
Khan 等 2014[34]	运动区、前额叶	运动执行、计数以及心算	带通滤波	$\Delta HbO/\Delta HbR$ 的均值	线性判别分析	>80
Hwang 等 2014[28]	运动区、前额叶	运动想象、默唱、心算、心理旋转	带通滤波	$HbO/HbR/HbT$ 信号均值	线性判别分析	>70（心算及心理旋转）
Hong 等 2015[23]	运动区、前额叶	运动想象、心算	带通滤波	HbO 信号的均值与斜率	多类别线性判别分析	>75

8.3　fNIRS 神经反馈

广义上来讲,fNIRS 神经反馈是 fNIRS 脑-机接口的一种特殊形式。传统意义上,fNIRS 脑-机接口更加关注用大脑替代周围神经系统以及肌肉骨骼,直接控制外部设备(如轮椅、机械臂、光标位置等)或者实现通信。而 fNIRS 神经反馈则更关注个体对大脑特定区域的自主调控。

传统的脑成像研究通常通过观测受试者的脑活动来研究脑与行为之间的关系。近年来,一些研究者逐渐将关注点从"观测脑"转向了"干预脑",试图通过对神经活动的直接调控来提升受试者的认知功能与行为表现。对神经活动的调控可以分为外源性刺激和内源性调节两大类[54]。其中外源性脑刺激技术,如经颅磁刺激(TMS)、经颅直流电刺激(TDCS)、深部脑刺激技术(DBS)等主要通过对特定靶脑区施加外部物理能量刺激来实现对脑功能的调控,进而改变人们的认知和行为表现。而神经反馈(NF)则属于内源性的神经调控技术,它不依赖于外部能量,仅通过视觉、听觉等形式向受试者反馈实时的脑活动水平,促使受试者在反馈信息的指引下找到合适的心理策略,实现对脑活动的实时、自主地调控(self-regulation),进一步改善相应的认知和行为[55]。现有的神经反馈技术主要有磁共振神经反馈(fMRI - NF)、脑电神经反馈(EEG - NF)和近红外神经反馈(fNIRS - NF)。其中 fNIRS - NF 虽然起步较晚,但相对于前两种神经反馈技术有着独特的优势。相对 fMRI - NF,fNIRS 设备购买和使用成本低廉,具有便携性,对受试者和使用场地无特殊要求,适合长时间使用。相对于 EEG - NF,fNIRS - NF 具有更高的空间分辨率和更好的空间靶向性。这些特点使 fNIRS - NF 具有巨大的潜力,随着软硬件技术的进步,近些年 fNIRS - NF 受到了更多研究者的关注,处于快速发展阶段[56]。

8.3.1　国际神经反馈研究进展

相对于 fMRI - NF,fNIRS - NF 的研究起步较晚[56]。2009 年,Kanoh 等人为了增强 BCI 系统的分类准确率设计了第一个 fNIRS - NF 系统,希望通过向使用者实时反馈脑活动信号来帮助其增强特定脑区的活动强度,进而增强脑活动的可区分性,从而更好地控制外部设备[57]。在经过五天的反馈训练后,三位使用者中有两位运动想象时的 HbO 信号表现出幅度增强、信噪比增加、空间分布更加集中的趋势。为了更好地评估 fNIRS - NF 对运动想象时脑活动的增强效果，Kanoh 等人于 2011 年使用 fMRI 来考察 fNIRS‐NF 训练前后测试过程中受试者进行运动想象时的脑活动情况，同样发现脑活动模式在经过 fNIRS‐NF 训练后变得更加集中，表现出更好的空间特异性[58]。虽然这两篇文章的研究结果均表明神经反馈训练可以提高运动想象时运动区活动的特异性，使其空间分布更为集中，但是这两项研究的受试者分别只有 3 和 5 名，且没有严格的实验设计与统计分析。因此其研究结论的有效性有待进一步验证。

直到 2012 年，Mihara 才第一次正式论证了 fNIRS‐NF 系统的可行性及其用于增强运动想象时脑活动强度的有效性[59]。运动想象是目前脑卒中患者的一种康复疗法。由于运动执行和运动想象激活的脑网络高度相似，研究者认为患者在进行运动想象时也可以锻炼运动网络，帮助其逐渐恢复运动功能。但目前运动想象疗法的结果尚不一致，想象时运动区激活偏弱，可能限制了想象的效果。Mihara 等人认为神经反馈可以作为一种辅助方式提高运动想象时的脑激活程度，进而增强运动想象疗法的临床效果。该研究分为两个实验，分别论证了 fNIRS‐NF 的可行性和有效性。在实验一中受试者用手指运动来提高运动区的活动强度，以滑动一般线性模型（general linear model，GLM）实时计算出的运动区激活统计量（T 值）作为反馈信号，研究发现实时计算出的 T 值与使用传统的离线分析方法计算出的 T 值存在很高的相关性。这说明实时反馈的信号确实可以正确地反映当前的脑活动水平，验证了 fNIRS‐NF 的可行性。实验二中，21 名受试者（随机分配到真假反馈组）采用运动想象的策略来提高运动区的活动强度。相比假反馈组，接受真实反馈信号的受试者在运动想象时对侧前运动区的激活效果更加显著，且对自己想象生动性的主观评价也更高。这验证了 fNIRS‐NF 用于增强运动想象质量及脑激活程度的有效性。

对于具有 MRI 扫描禁忌证、不愿意接受药物治疗或表现出抗药性的患者来说，fNIRS‐NF 可作为一种低风险、无副作用的替代疗法，为他们的康复燃起了新的希望，并开始逐渐被应用到临床相关的研究中。Mihara 进一步将 fNIRS‐NF 应用于脑卒中患者的康复过程中：实验选取了 20 名患有皮层下卒中的偏瘫患者，将他们随机分配到真假反馈组。在原有的标准康复疗程外，患者接受了额外的为期两周共 6 次的神经反馈辅助下的运动想象训练[60]。经 NF 训练后，真反馈组在运动想象时前运动区的激活程度显著高于假反馈组。采用博格梅尔量表（fugl‐meyer assessment，FMA）对上肢的运动功能进行评定，结果发现 FMA 的分数在组别（真/假反馈）和时间点（前测/后测/后测两周后的追踪测试）上有显著的交互作用。得益于反馈训练真反馈组成员的运动功能恢复得更好，即使是运动功能重度损伤的患者也能从 fNIRS‐NF 中受益。此研究结果说明

fNIRS-NF确实可以提高脑卒中患者运动想象时相关脑区的激活程度，促进运动功能的恢复。

Kober等人研究发现以运动区激活的偏侧化程度（左侧-右侧）作为反馈指标进行8次（每次约25 min）的训练后，真反馈组成员在运动想象时的脑活动更加集中在左侧运动区，而假反馈组的脑活动仍表现出弥散的双侧分布模式，这再次验证了fNIRS-NF的有效性[61]。此外，该研究还得到了显著的学习曲线，脑激活的偏侧模式随训练时间的增加越来越明显，直到第8次训练时也没有达到平台期，这说明长时训练在神经康复中具有巨大潜力。

上述研究验证了fNIRS-NF在调控运动相关脑区活动中的可行性，且在脑卒中康复中具有一定的实际作用。除运动区外，前额叶也是fNIRS-NF中常用的靶脑区。这两个脑区不仅具有重要的功能意义，且处于皮层位置，适合用fNIRS进行探测。以运动区作为靶脑区的神经反馈可以提高一般性的运动能力，辅助运动功能障碍（如脑卒中、帕金森、吞咽障碍等）患者的神经康复。以前额叶作为靶脑区的神经反馈则可以提高多种认知功能，临床上可用于治疗注意力缺陷（attention deficit hyperactivity disorder，ADHD）、学习障碍等与认知相关的疾病。Marx等人以背外侧前额叶（DLPFC）作为靶脑区将fNIRS-NF用于治疗ADHD儿童，并比较了在fNIRS-NF、EEG-NF及EMG-Feedback（肌电生物反馈）等三种反馈模态下的治疗效果[4]。研究结果表明在经过12次训练后，fNIRS-NF组的家长对儿童ADHD症状的评分（FBB-ADHS）显著下降，而EEG-NF和EMG-Feedback组的评分虽然也表现出下降的趋势，但效果并不显著。由于通常情况下EEG-NF需要20～30次训练才能帮助受试者学会有效地调控脑活动，而基于血氧反馈的fNIRS或fMRI-NF仅需3～4次就能起效，因此在12次试验条件下比较两者的效果是不全面的。但该研究的结果至少可以说明fNIRS-NF能够有效地改善ADHD症状，且较其他模态的神经反馈起效更加迅速。

8.3.2 国内神经反馈研究进展

北京师范大学认知神经科学与学习国家重点实验室朱朝喆研究团队搭建了国内第一个单脑fNIRS神经反馈实验平台（见图8-1）。该平台包括硬件与软件系统两部分，可完成fNIRS实时成像（包括简单的在线滤波）、数据传输、反馈信号计算与反馈信息图形显示等基本功能。目前fNIRS-NF的研究刚刚起步，尚未考虑神经反馈过程中各个步骤的优化问题。该团队在单脑fNIRS神经反馈实验平台的基础上，系统开展了有关靶脑区选择、反馈形式优化等问题的神经反馈方法学研究。后续该团队又对该反馈平台进行了不断的优化改进,优化后的反馈平台已经被成功地用在 ADHD 儿童的症状改善(见图 8-2)以及健康受试者的认知灵活性的提升中[62]。

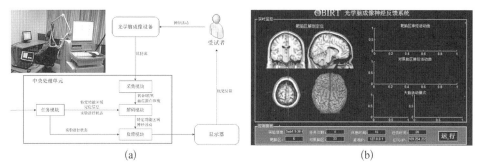

(a)   (b)

图 8-1   单脑 fNIRS 神经反馈实验平台

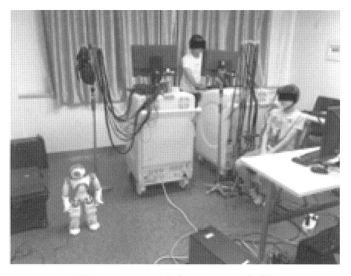

图 8-2   ADHD 儿童 fNIRS-NF 场景

(机器人的运动速度作为反馈指标)

以往的神经反馈仅局限于单脑反馈,随着多脑同步成像技术进入人们的视野,该团队考虑将神经反馈和多脑成像技术相结合,由此构建了首个双脑 fNIRS 神经反馈实验平台。由于 fNIRS 的各个测量通道相对独立,可以使用一台 fNIRS 设备同时测量两名使用者。另外 fNIRS 设备具有可移动特性,研究者还可以将多台 fNIRS 设备集中于一处同时进行测量,这为双脑甚至多脑反馈提供了便利。该团队将同一台 fNIRS 设备的不同测量单元分别放置在两个受试者头上,并通过局域网建立 fNIRS 成像设备、计算反馈信息的服务器以及交互界面间的实时通信,实现了基于单个 fNIRS 设备的双脑同时实时成像和反馈功能(见图 8-3)[63]。另外在双脑平台的使用中,使用双方不一定同时都在某一相同的地点。为了拓展平台的使用范围,该团队进一步搭建了异地双脑 fNIRS 神经反馈的实验平台。该平台通过互联网实现了不同地区甚至不同国家之间 fNIRS 设备的同步成像以及成像数据和反馈信息的异地传输,从而实现远程双脑实时成像反馈功能[64]。

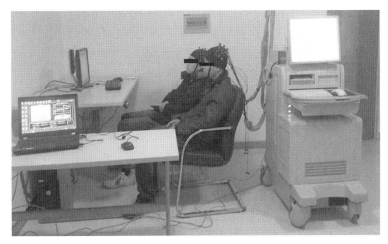

图 8-3　fNIRS 脑间耦合神经反馈

fNIRS 双脑神经反馈最简单的应用形式是将两个相继、独立的单脑神经反馈同时进行,并将两个受试者的神经反馈调节情况同时展示出来,鼓励相互竞争。比如在拔河游戏中,两名受试者利用自己神经反馈调节的信号进行"拔河",他们需要尽可能地增强自己的脑活动,努力超过对手的脑活动水平。该类双脑反馈模式的调节对象、调节方式与单脑反馈并无区别,但是同伴或对手的存在可以极大地增加反馈训练的趣味性和挑战性,增加受试者参与训练的积极性,降低训练过程带来的枯燥感和疲劳感。理论上,双脑反馈游戏是提高神经反馈训练效果的一种途径,但是双脑反馈究竟是否会使使用者产生相较于单脑神经反馈更强的训练效应还需要经过进一步验证。

fNIRS 多脑成像研究发现交互过程中出现的脑间连接可以表征合作行为,并预测双方语言理解程度等。目前研究脑间连接功能的方法主要是计算两个个体在交互时的脑间连接(hyperlink)强度,并将其与个体间的交互行为表现进行相关分析。上述研究虽然能揭示一些现象之间的联系,但是这些现象之间缺乏因果性。我们通常难以判断是因为更高的脑间连接导致双方产生了更好的交互行为,还是因为更好的交互行为诱发了更加同步的神经活动。在单脑研究中,为了得到因果性的结论,研究者往往会选择脑损伤的患者作为研究对象或通过脑刺激技术对脑活动这一自变量进行"操控"。而这两种方式都难以用于双脑研究中对脑间连接水平的操控。双脑 fNIRS 神经反馈则为直接操纵脑间连接提供了可能。朱朝喆团队在国际上首次提出了跨神经反馈(cross-brain feedback)的理念[65],通过同时观测两位受试者的脑活动信号,实时计算脑间连接指标,并将其以视觉形式反馈给两位受试者,这样可以帮助受试者在反馈信号的指导下,尝试利用各种调节策略选择性地增强或抑制脑间连接。在此基础上,研究者有可能操控交互双方的脑间连接,将其作为自变量,同时观测他们的交互行为表现,并将其作为因变量,从而建立两者之间的因果关系来研究神经同步性与交互行为之间的关联。这为理解脑间连接的功能意义提供新视角,可以将其更好地用于研究人类交互过程中的神经机制。然而,脑间连接神经反馈还停留在概念阶段,尚有很多理论与方法学问题亟待解决。

参考文献

[1] Caria A, Veit R, Sitaram R, et al. Regulation of anterior insular cortex activity using real-time fMRI[J]. NeuroImage, 2007, 35(3): 1238 - 1246.

[2] Weiskopf N, Scharnowski F, Veit R, et al. Self-regulation of local brain activity using real-time functional magnetic resonance imaging (fMRI)[J]. Journal of Physiology - Paris, 2004, 98(4 - 6): 357 - 373.

[3] Weiskopf N, Veit R, Erb M, et al. Physiological self-regulation of regional brain activity using real-time functional magnetic resonance imaging (fMRI): methodology and exemplary data[J]. NeuroImage, 2003, 19(3): 577 - 586.

[4] Marx A M, Ehlis A C, Furdea A, et al. Near-infrared spectroscopy (fNIRS) neurofeedback as a treatment for children with attention deficit hyperactivity disorder (ADHD)—a pliot study[J]. Frontiers in Human Neuroscience, 2015, 8: 1038.

[5] Naseer N, Hong K S. fNIRS-based brain-computer interfaces: a review[J]. Frontiers in Human Neuroscience, 2015, 9: 3.

[6] Piper S K, Karueger A, Koch S P, et al. A wearable multi-channel fNIRS system for brain imaging in freely moving subjects[J]. NeuoImage, 2014, 85: 64 - 71.

[7] Fazli S, Mehnert J, Steinbrink J, et al. Enhanced performance by a hybrid fNIRS - EEG brain computer interface[J]. NeuoImage, 2012, 59(1): 519 - 529.

[8] Jöbsis F F. Noninvasive, infrared monitoring of cerebral and myocardial oxygen sufficiency and circulatory parameters[J]. Science, 1978, 198(4323): 1264 - 1267.

[9] Coyle S, Ward T, Markham C, et al. On the suitability of near-infrared (NIR) systems for next-generation brain-computer interfaces[J]. Physiological Measurement, 2004, 25(4): 815 - 822.

[10] Coyle S M, Ward T E, Markham C M. Brain-computer interface using a simplified functional near-infrared spectroscopy system[J]. Journal of Neural Engineering, 2007, 4(3): 219 - 226.

[11] Naito M, Michioka Y, Ozawa K, et al. A communication means for totally locked-in ALS patients based on changes in cerebral blood volume measured with near-infrared light[J]. IEICE Transactions on Information and Systems, 2007, 90(7): 1028 - 1037.

[12] Utsugi K, Obata A, Sato H, et al. GO-STOP control using optical brain-computer interface during calculation task[J]. IEICE Transactions on Communications, 2008, 91: 2133 - 2141.

[13] Luu S, Chau T. Decoding subjective preference from single-trial near-infrared spectroscopy signals[J]. Journal of Neural Engineering, 2009, 6(1): 016003.

[14] Tai K. Near-infrared spectroscopy signal classification: towards a brain-computer interface[D]. Toronto: University of Toronto, 2008.

[15] Shin J, Jeong J. Multiclass classification of hemodynamic responses for performance improvement of functional near-infrared spectroscopy-based brain-computer interface [J]. Journal of Biomedical Optics, 2014, 19(6): 067009.

[16] Abibullaev B, An J, Moon J I. Neural network classification of brain hemodynamic responses from four mental tasks[J]. International Journal of Optomechatronics, 2011, 5(4): 340 - 359.

[17] Abibullaev B, An J. Classification of frontal cortex haemodynamic responses during cognitive tasks using wavelet transforms and machine learning algorithms[J]. Medical Engineering & Physics, 2012, 34(10): 1394 - 1410.

[18] Günther Bauernfeind, Leeb R, Wriessnegger S C, et al. Development, set-up and first results for a one-channel near-infrared spectroscopy system / entwicklung, aufbau und vorläufige ergebnisse eines einkanal- nahinfrarot-spektroskopie-systems [J]. Biomedizinische Technik Biomedical Engineering, 2008, 53(1): 36 - 43.

[19] Günther Bauernfeind, Scherer R, Pfurtscheller G, et al. Single-trial classification of antagonistic oxyhemoglobin responses during mental arithmetic [J]. Medical & Biological Engineering & Computing, 2011, 49(9): 979 - 984.

[20] Chan J, Power S, Chau T. Investigating the need for modelling temporal dependencies in a brain-computer interface with real-time feedback based on near infrared spectra [J]. Journal of Near Infrared Spectroscopy, 2012, 20(1): 107.

[21] Falk T H, Guirgis M, Power S, et al. Taking fNIRS-BCIs outside the lab: towards achieving robustness against environment noise[J]. IEEE Transactions on Neural Systems and Rehabilitation Engineering, 2011, 19(2): 136 - 146.

[22] Faress A, Chau T. Towards a multimodal brain-computer interface: combining fNIRS and fTCD measurements to enable higher classification accuracy[J]. NeuroImage, 2013, 77(12): 186 - 194.

[23] Hong K S, Naseer N, Kim Y H. Classification of prefrontal and motor cortex signals for three-class fNIRS-BCI[J]. Neuroscience Letters, 2015, 587: 87 - 92.

[24] Hu X S, Hong K S, Ge S S. fNIRS-based online deception decoding[J]. Journal of Neural Engineering, 2012, 9(2): 026012.

[25] Moghimi S, Kushki A, Power S, et al. Automatic detection of a prefrontal cortical response to emotionally rated music using multi-channel near-infrared spectroscopy [J]. Journal of Neural Engineering, 2012, 9(2): 026022.

[26] Power S D, Falk T H, Chau T. Classification of prefrontal activity due to mental arithmetic and music imagery using hidden Markov models and frequency domain near-infrared spectroscopy[J]. Journal of Neural Engineering, 2010, 7(2): 026002.

[27] Tanaka H, Katura T. Classification of change detection and change blindness from near-infrared spectroscopy signals [J]. Journal of Biomedical Optics, 2011, 16 (8): 087001.

[28] Hwang H J, Lim J H, Kim D W, et al. Evaluation of various mental task combinations for near-infrared spectroscopy-based brain-computer interfaces [J]. Journal of Biomedical Optics, 2014, 19(7): 077005.

[29] Naseer N, Hong M J, Hong K S. Online binary decision decoding using functional near-infrared spectroscopy for the development of brain-computer interface [J]. Experimental Brain Research, 2014, 232(2): 555 - 564.

[30] Sagara, K, Kido K. Evaluation of a 2-channel fNIRS-based optical brain switch for motor disabilities' communication tools[J]. IEICE Trans actions on Information and Systems, 2012, 95(3): 829 - 834.

[31] Stangl M, Günther B, Jürgen K, et al. A haemodynamic brain-computer interface based on real-time classification of near infrared spectroscopy signals during motor imagery and mental arithmetic[J]. Journal of Near Infrared Spectroscopy, 2013, 21(3): 157 - 171.

[32] Power S D, Kushki A, Chau T. Towards a system-paced near-infrared spectroscopy brain-computer interface: differentiating prefrontal activity due to mental arithmetic and mental singing from the no-control state[J]. Journal of Neural Engineering, 2011, 8(6): 066004.

[33]　Hwang H J, Choi H, Kim J Y, et al. Toward more intuitive brain-computer interfacing: classification of binary covert intentions using functional near-infrared spectroscopy[J]. Journal of biomedical optics, 2016, 21(9): 91303.

[34]　Khan M J, Hong K S, Naseer N. Multi-decision detection using EEG-fNIRS based hybrid brain-computer interface (BCI)[C]//The 20th Annual Meeting of the Organization for Human Brain Mapping (OHMB), 2014.

[35]　Tai K, Chau T. Single-trial classification of fNIRS signals during emotional induction tasks: Towards a corporeal machine interface[J]. Journal of Neuroengineering and Rehabilitation, 2009, 6(1): 39.

[36]　Luu S, Chau T. Neural representation of degree of preference in the medial prefrontal cortex[J]. Neuroreport, 2009, 20(18): 1581 - 1585.

[37]　Ayaz H, Shewokis P A, Bunce S, et al. Optical brain monitoring for operator training and mental workload assessment[J]. NeuroImage, 2012, 59(1): 36 - 47.

[38]　Cooper R J, Juliette S, Louis G, et al. A systematic comparison of motion artifact correction techniques for functional near-infrared spectroscopy[J]. Frontiers in Neuroscience, 2012, 6.

[39]　Sitaram R, Zhang H, Guan C, et al. Temporal classification of multichannel near-infrared spectroscopy signals of motor imagery for developing a brain-computer interface[J]. NeuroImage, 2007, 34(4): 1416 - 1427.

[40]　Holper L, Wolf M. Single-trial classification of motor imagery differing in task complexity: a functional near-infrared spectroscopy study[J]. Journal of Neuroengineering and Rehabilitation, 2011, 8(1): 34.

[41]　Power S D, Kushki A, Chau T. Intersession consistency of single-trial classification of the prefrontal response to mental arithmetic and the no-control state by fNIRS[J]. PloS One, 2012, 7(7): e37791.

[42]　Power S D, Chau T. Automatic single-trial classification of prefrontal hemodynamic activity in an individual with Duchenne muscular dystrophy[J]. Developmental Neurorehabilitation, 2013, 16(1): 67 - 72.

[43]　Schudlo L C, Weyand S, Chau T. A review of past and future near-infrared spectroscopy brain computer interface research at the PRISM lab[C]//2014 36th Annual International Conference of the IEEE Engineering in Medicine and Biology Society, 2014: 1996 - 1999.

[44]　Cui X, Bray S, Reiss A L. Speeded near infrared spectroscopy (fNIRS) response detection[J]. PLoS One, 2010, 5(11): e15474.

[45]　Abdelnour A F, Huppert T. Real-time imaging of human brain function by near-infrared spectroscopy using an adaptive general linear model[J]. NeuroImage, 2009,

46(1)：133 – 143.

[46] Aqil M，Hong K S，Jeong M Y，et al. Cortical brain imaging by adaptive filtering of fNIRS signals[J]. Neuroscience Letters，2012，514(1)：35 – 41.

[47] Khoa T Q D，Nakagawa M. Functional near infrared spectroscope for cognition brain tasks by wavelets analysis and neural networks[J]. World Academy of Science，Engineering and Technology，2008，15：628 – 633.

[48] Plichta M M，Herrmann M J，Baehne C G，et al. Event-related functional near-infrared spectroscopy (fNIRS)：are the measurements reliable? [J]. NeuroImage，2006，31(1)：116 – 124.

[49] Gallegos-Ayala G，Furdea A，Takano K，et al. Brain communication in a completely locked-in patient using bedside near-infrared spectroscopy[J]. Neurology，2014，82 (21)：1930 – 1932.

[50] Chaudhary U，Xia B，Silvoni S，et al. Brain-Computer Interface-Based Communication in the Completely Locked-In State[J]. PLoS Biology，2017，15(1)：e1002593.

[51] Koo B，Lee H G，Nam Y，et al. A hybrid fNIRS-EEG system for self-paced brain computer interface with online motor imagery[J]. Journal of Neuroscience Methods，2015，244(SI)：26 – 32.

[52] Buccino A P，Keles H O，Omurtag A，et al. Hybrid EEG – fNIRS asynchronous brain-computer interface for multiple motor tasks [J]. PLoS One，2016，11 (1)：e0146610.

[53] Liu Y，Ayaz H，Curtin A，et al. Towards a hybrid P300 – based BCI using simultaneous fNIR and EEG [C]//International Conference on Augmented Cognition，2013.

[54] Sitaram R，Ros T，Stoeckel L，et al. Closed-loop brain training：the science of neurofeedback[J]. Nature Review Neuroscience，2017，18(2)：86 – 100.

[55] Emmert K，Kopel R，Sulzer J，et al. Meta-analysis of real-time fMRI neurofeedback studies using individual participant data：how is brain regulation mediated? [J]. NeuroImage，2016，124：806 – 812.

[56] Kohl S H，Mehler D M A，Lührs M，et al. The potential of functional near-infrared spectroscopy-based neurofeedback — a systematic review and recommendations for best practice[J]. Frontiers in Neuroscience，2020，14：594.

[57] Kanoh S，Murayama Y，Miyamoto K，et al. A fNIRS-based brain-computer interface system during motor imagery：system development and online feedback training[C]//Annual international conference of the IEEE engineering in medicine and biology society，2009：594 – 597.

[58] Kanoh S，Susila I P，Miyamoto K，et al. The effect of neurofeedback training on

cortical activity during motor imagery revealed by fNIRS and fMRI[J]. International Journal of Bioelectromagnetism，2011，13(2)：82 – 83.

[59] Mihara M，Miyai I，Hattori N，et al. Neurofeedback using real-time near-infrared spectroscopy enhances motor imagery related cortical activation[J]. PLoS One，2012，7(3)：e32234.

[60] Mihara M，Hattori N，Hatakenaka M，et al. Near-infrared spectroscopy-mediated neurofeedback enhances efficacy of motor imagery-based training in poststroke victims：a pilot study[J]. Stroke，2013，44(4)：1091 – 1098.

[61] Kober S E，Wood G，Kurzmann J，et al. Near-infrared spectroscopy based neurofeedback training increases specific motor imagery related cortical activation compared to sham feedback[J]. Biological Psychology，2014，95(1)：21 – 30.

[62] Li K S，Jiang Y H，Gong Y L，et al. Functional near-infrared spectroscopy-informed neurofeedback：regional-specific modulation of lateral orbitofrontal activation and cognitive flexibility[J]. Neurophotonics. 2019；6(02)：025011.

[63] 朱朝喆,段炼,刘伟杰. 多人神经反馈训练方法和多人神经反馈训练系统：中国,ZL 201310247192. 1[P]. 2013 – 04 – 24.

[64] 朱朝喆,刘伟杰,段炼. 群体神经反馈训练方法及群体神经反馈训练系统：中国,ZL 201310058658. 3[P]. 2013 – 06 – 26.

[65] Duan L，Liu W J，Dai R N，et al. Cross-brain neurofeedback：scientific concept and experimental platform[J]. PLoS One. 2013；8(5)：e64590.

植入式脑-机接口

郑筱祥　许科帝　张佳呈　任其康

郑筱祥,浙江大学求是高等研究院,浙江大学生物医学工程与仪器科学学院生物医学工程系,电子邮箱：zhengxx@zju.edu.cn

许科帝,浙江大学求是高等研究院,电子邮箱：xukd@zju.edu.cn

张佳呈,浙江大学生物医学工程与仪器科学学院生物医学工程系,电子邮箱：jiachengzhang@zju.edu.cn

任其康,字节跳动有限公司,电子邮箱：wfaqrqk@163.com

无创非植入脑-机接口的信号源来自透过头皮的大脑放电的宏观活动,由于颅骨的低通效应导致不能获得大量神经元的单位活动信息,限制了其对信号的空间分辨率。而植入式脑-机接口通过微电极陈列直接获取大脑皮层的神经集群信号,可克服上述缺点。本章主要对植入式脑-机接口展开介绍。

9.1 植入式脑-机接口概述

9.1.1 引言

植入式和非植入式脑-机接口的神经信号来源如图 9-1 所示[1]。由于基于 EEG 的非植入脑-机接口在解析自由度、信息传输率、实时精确控制方面存在瓶颈,因此研究者开始了颅内记录方法的研究。随着电子信息科学在微电极制造、并行数据采集系统和神经信息处理等方面的发展,近年来植入式脑-机接口成为国际上的研究热潮。

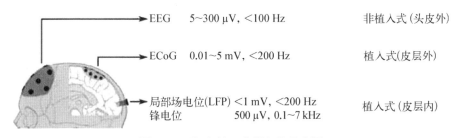

EEG	5~300 μV, <100 Hz	非植入式(头皮外)
ECoG	0.01~5 mV, <200 Hz	植入式(皮层外)
局部场电位(LFP)	<1 mV, <200 Hz	植入式(皮层内)
锋电位	500 μV, 0.1~7 kHz	

图 9-1 脑-机接口分类与信号来源

植入式脑-机接口能直接获取大脑皮层的神经集群信号,信息量大、时空分辨率高,锋电位(spike)信号解码能够实现对外部设备多自由度的实时、精确控制。自 21 世纪以来,《自然》(Nature)和《科学》(Science)等期刊报道了一系列植入式脑-机接口的重大研究成果,相关研究促进了人们对神经系统的认识,建立了大量复杂信息处理方法,极大地推动了神经、信息与认知等学科的发展。脑-机接口系统如图 9-2 所示,由神经信号采集、神经信息解析和外部执行装置的控制与反馈系统构成[2]。整个系统应用信息科学的研究方法探究大脑多层次神经信息的加工、处理和传输过程,实现大脑与外部设备的交互,在大脑和外部设备之间直接建立了一座"信息通信的桥梁",即解码大脑中检测到的神经信号,并将其转化为外部设备的控制指令,同时将外部环境中获得的信息进行编码,并

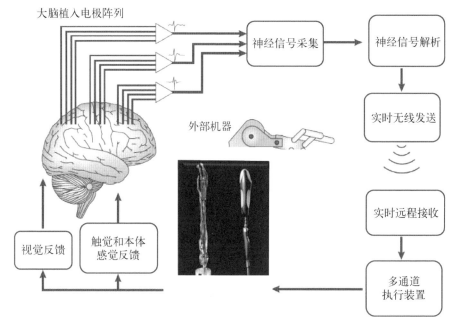

图 9‐2　脑-机接口系统原理图

将其反馈到大脑转化为神经冲动，向大脑传递感觉信息，由此形成了一个双向闭环系统。

　　由于基于 EEG 的非植入脑-机接口在解析自由度、信息传输率、实时精确控制等方面存在瓶颈。因此，有研究者开始了颅内记录方法的研究。

9.1.2　植入式脑-机接口的发展

　　植入式脑-机接口的研究可以追溯到 20 世纪 90 年代末，1998 年，美国 Emory 大学的 Kennedy 等首次将锥状玻璃电极植入病人的大脑皮层，将采集到的神经电信号输入计算机直接解析，患者通过集中精力想象某种肌肉的运动可以控制计算机屏幕上光标的移动[3]。1999 年，Chapin 等人用人工神经网络算法将大鼠运动皮层神经集群电信号转换为水泵控制指令，首次实现了大脑对外部设备的直接控制[4]。该研究表明植入式脑-机接口在脑神经信息加工处理机制探索、神经功能修复与疾病治疗等方面具有重大的科学研究和应用价值。近年来，各国政府纷纷投入大量人力和财力，支持植入式脑-机接口及相关的神经信息处理和植入式器件等研究。以美国为首的一些大学和研究机构在国家科学基金（NSF）、卫生研究院（NIH）和国防先进研究计划署（DARPA）的支持下，率先开展了啮齿类（大鼠）和非人灵长类动物（猴）的植入式脑-机接口研究，推动了该技术的快速发展并取得重大突破,初步实现了运动皮层神经集群信号对外部设备(如计算机、假肢等)的直接控制。2000 年,Nicolelis 等通过"翻译"猴子运动皮层的多个神经元放电信号,实时模拟出了猴子手臂的运动轨迹,并成功地将其用于对机械手臂的控制[5]。2006 年,斯坦福大学的 Shenoy 研究小组利用植入猴子运动前皮层的慢性微电极阵列,设计并开发了一套高性能的脑-机接口系统,其信息传输率可达 6.5 bit/s,相当于每分钟输入 15 个单词[6]。2006 年,美国 Cyberkinetics 公司开发的 BrainGate™ 获得了 FDA 的认证,并先后在 6 名高位瘫痪的患者身上进行了临床实验。该系统可对患者运动皮层神经元电信号进行实时处理分析,并将其转换成控制外部设备的指令,患者几乎无须训练就可以用意念移动屏幕上的光标或简单地控制假肢。2008 年,美国匹兹堡大学Schwartz 研究小组成功地对猴子运动皮层的神经集群活动信号进行解码,这只猴子能控制一只具有 4 个自由度的机械手,并完成自我喂食的连续动作[7]。2012 年,《柳叶刀》刊登了 Schwartz 小组的临床研究成果,一位高位截瘫的女性志愿者仅凭借她大脑的"意念"控制床边的机械手臂将一块巧克力送到自己的嘴里。该研究在病人大脑植入了一个尺寸为 4 mm×4 mm、拥有 100 个微电极的犹他电极阵列,实时采集病人大脑的神经信号,信号经过计算机分析,解读出与"意念"相关的编码特征,向机械手臂发出指令,并完成对机械臂的实时运动控制[8]。同年,布朗大学的 Donoghue 研究团队也通过植入式脑-机接口技术实时采集瘫痪病人大脑的信息,据此控制三维空间的机械手臂完成自主喝咖啡的任务[9]。

虽然,国内植入式脑-机接口的研究起步较晚,但近年来,在国家科技部和自然科学基金委的支持下,研究人员开展了机—脑、脑—机以及脑—机—脑等不同层次,以大鼠、猴和人为实验对象的一系列有关植入式脑-机接口技术的研究。2006 年,中国科学院半导体研究所的科研人员制作了可以植入到大脑皮层进行神经信号采集的硅基微电极。山东科技大学的苏学成团队研究了机器人鸟[10]。南京航空航天大学的戴振东团队研究了壁虎机器人[11]。浙江大学求是高等研究院郑筱祥研究团队在 2006 年研发了复杂环境下的大鼠导航系统,2011 年成功利用猴子脑神经信号控制机械手来完成精细的手势动作,并在此基础上,首次在国内开展植入式脑-机接口的临床研究,成功地利用患者皮层脑电信号控制机械手进行猜拳游戏[12]。2016 年,上海交通大学的李广晔等人建立了人脑SSVEP 信号控制蟑螂机器人的脑-机系统。研究人员通过电刺激蟑螂的触角神经,使蟑螂完成走"S"形路线的任务。

目前,植入式脑-机接口的研究对象已经逐步从实验动物过渡到临床患者,相关研究已经从简单的运动信息解析,逐步向包含感知、认知等复杂任务的方向发展。相关研究促进了人们对神经系统的认识,建立了大量复杂信息处理、人-机交互技术以及模式识别的新方法,极大地推动了信息、认知等学科的发展。

9.1.3　植入式脑-机接口神经信息解析特征

由于植入式脑-机接口技术在临床康复、心理认知和国家安全等领域所展示出的巨大应用前景,相关研究在全球范围内方兴未艾。伴随着材料科学和微电子技术的发展,高密度的微电极阵列、高精度运算放大器以及具有高速采样率的模数转换器已经使采集大脑神经集群活动的高通量信号成为可能,但如何从海量的数据中获取准确而有效的信息,实现对神经信息的精确解码,从而更深层次地解析思维活动传递的信息已成为目前植入式脑-机接口研究中亟待解决的主要问题之一。

神经科学研究表明,神经元电活动和神经集群构成的网络是神经信息加工和处理的物质基础。为了准确地解析神经集群活动所蕴含的信息,需要在时间上对每个神经元的电活动进行高速而准确的记录,在空间上尽可能多地收集相关脑区神经集群的活动,因此信息解析中需要处理的数据规模非常庞大,且记录到的海量数据中存在与解析目标无关的冗余信息,这些冗余信息会产生额外的输入维度,增加信息解析模型参数和信息处理模型的学习复杂度,影响信息解析的实时性。此外,高计算量对实现脑-机接口硬件的低功耗和便携带来困难。因此,如何通过信息约简方法解决神经信息规模大、冗余信息多的问题是实时神经信息解析的关键问题之一。

实现脑-机交互最核心的技术就是神经集群解码,面临的挑战源于神经系统的复杂性,表现为以下三个方面: ① 神经系统是一个非线性系统,传统线性分析方法难以准确评定神经信号的动力学结构,也无法揭示大脑活动的本质特征。如何在建模中有效引入神经科学上关于神经元发放与运动之间已存在的证据和相关生物学结论同样也是一个挑战。② 由于大脑具有可塑性,神经信息具有时变性,神经电活动与解析目标的映射模式以及相关性均随时间自适应地变迁,传统的静态信息处理方法难以保持长期的高精度解析。③ 反映宏观脑功能的神经信息在空域、频域上都有分布,单个脑区、单个频段的神经信号不能完整体现宏观意义上的脑功能。空域上的协同性表现为不同脑区的神经元活动在脑功能实现中的分工不同,同一脑区内也存在神经元活动相似的协同集群。频域上的协同性主要体现在低频的局部场电位信号包含较大范围内的神经元电活动,但信息精度不足;高频的锋电位发放序列则包含精度较高的神经元群体放电信息,但范围较狭窄。因此,如何有效解决神经系统的非线性、时变性和协同性等问题、建立高效的解码模型是神经信息解析的另一个关键问题。

目前神经集群信息解码的研究主要包括以下几个方面。

Georgopoulos 等人于 20 世纪 80 年代发现运动皮层神经元发放具有明显的方向选择偏好[13-14]。基于该研究结果,Taylor 等人提出了群矢量及其改进算法,并成功用于猴子开环控制假臂实验[15]。但群矢量方法受限于偏好方向均一性及线性解析模式假设。Wessberg 等人提出了基于维纳滤波的神经信息解析算法,突破了群矢量对神经元发放偏好方向的均一性假设[5]。此外,Fisher 线性判别、最大似然性估计和投票方法等线性、单输出、静态算法也相继用于运动控制,但以上线性解码方法难以实现信息的精确解码。

进一步的研究发现非线性方法具有更合理的生理基础,更符合神经信息处理的特性。近年来,有人尝试用非线性方法进行神经解码,Kim 等人提出用不同的线性模型组合成非线性模型进行解码[16],Sanchez 等、Wang 等人分别使用递归神经网络(recurrent neural network)和时滞神经网络(time-delay neural network)来引入非线性方法进行建模[17-18]。此类方法直接使用非线性函数逼近的概念,而无法引入在神经科学中关于神经元发放与运动之间已存在的证据和相关的生物学结论,给解码结果的分析带来困难。此外,这些方法对解码模型的调整过程具有较高的时间复杂度,无法有效地实现模型的动态更新,难以对动态变化的神经信息进行长期稳定的解码。

针对神经系统的时变性,近年来一些学者开始将状态观测法(state observation approach)等基于概率的方法用于神经信息解析。Wu 等人使用基于概率的卡尔曼滤波器进行解码,卡尔曼滤波器在行为解析中认为行为参数不仅与当前神经元电活动信息有关,并且为运动参数建立了动态模型[19]。但卡尔曼滤波器仍然受限于线性映射假设及高斯分布的后验概率。Li 等人提出基于 Unscented 卡尔曼滤波器的方法,将卡尔曼的线性假设扩展到 2 阶多项式逼近,对非线性的近似能力有限[20]。Brockwell、Shoham 和 Srinivasan 等人先后提出基于后验概率的信息解码算法,在观测模型上引入的神经电活动与解析目标的映射模式假设为指数模型,该方法有待数据的进一步检验[21]。

故此,探索新的基于生理意义的信息解析模型和高效率的解码算法是当前迫切需要解决的问题。

9.1.4 脑-机交互的反馈与控制

在脑与外界的交互控制过程中,由于大脑具有较强的可塑性和适应性,可以通过实时的外部环境反馈及时调整神经元活动模式以适应确定的神经信息解析算法。此外,神经解码算法可以从神经集群信息中提取控制参数和命令,但现有的技术还无法完全获取所有神经元信息和神经网络的拓扑结构,这种解码模型的不完整性和环境噪声很大程度影响了控制的效果。因此,在植入式脑-机接口中,大脑与外部设备的交互研究主要围绕反馈和控制两个关键问题展开,目的是提高系统的鲁棒性和可控性。

1. 反馈

在植入式脑-机接口中,引入对生物体的反馈可以实现高效的信息交互,其主要作用有:① 生物体可以实时根据运动执行控制中的误差进行控制矫正;② 在执行控制动作后,生物体可以不断学习和适应,逐渐调整神经活动以达到更高的运动精度。所以,一个鲁棒的脑-机接口系统需要通过生物反馈进行误差补偿。当前植入式脑-机接口中主要采用视觉反馈形式,其他还有一些基于听觉、触觉以及与视觉反馈相结合的多模态反馈形式。最新型的反馈形式为直接用电刺激感觉皮层,尝试将真实的感觉直接反馈给大脑。但该技术的研究还刚刚起步,对相关的理论与关键技术知之甚少。

较早的一些植入式脑-机接口系统并没有为大脑提供有效的外部反馈,如2000 年 Wessberg 等虽然成功地让夜猴利用其大脑神经元活动信息操纵一维游戏杆和外部设备,但是实验中没有为夜猴提供外部反馈,是一个开环系统。Chapin 等人最早建立了具有闭环反馈的植入式脑-机接口系统,大鼠利用视觉反馈机械杆的实际位置从而实时调整自身的神经控制指令,实现了神经信号对外部机械杆的实时控制。当前大多数植入式脑-机接口系统采用视觉反馈形式,实验对象通过自身的视觉—运动—感觉通路来完成反馈,视觉反馈甚至可能使一些受损的神经通路重新连接,脑-机接口系统的性能也得到提高。

Serruya 等、Carmena 等人采用屏幕视觉反馈使猴子控制二维鼠标移动[22-23]。Taylor 等人采用基于虚拟现实的视觉反馈实现对三维空间视觉目标的跟踪[15]。这些实验中的视觉反馈形式都比较简单。鉴于此,Carmena 等人设计了新的视觉反馈形式,将外部设备的三维位置和抓取动作的力(可视化)反馈给实验猴,实现了对真实外部设备的控制。2008 年,Velliste 等人证明猴子经过训练可以熟练地利用运动皮层的神经集群活动信号控制 6 自由度的机械手,完成自我喂食的连续动作,该反馈通过视觉观察机械手臂运动而获得,但机械延时和环境干扰对视觉反馈造成了较大影响[7]。Aggarwal 等人采用视觉反馈来提高猴子在操作中的注意力,使猴子通过神经电信号控制虚拟现实中的单个手指。实验表明,视觉反馈能够在一定程度上提高脑-机接口的运动参数解码精度和稳定性。但还有人认为,视觉系统由于有固有延迟(100～200 ms),并不适合在复杂动态系统中实时矫正误差,仅仅通过视觉反馈来控制运动输出通常是不够的。

除视觉反馈外,部分研究者尝试使用听觉、触觉等其他反馈形式。Gage 等人将不同频率的声音作为反馈,实验大鼠不经过训练便学会用神经电信号控制声音的频率。Olson 等人则将视觉和声音反馈结合,使大鼠用神经电信号控制左右两个不同方向的压杆。Lebedev 等人将振动装置贴在猴的表皮实现触觉反馈,Chatterjee 等人将这种触觉反馈应用于脑-机接口,结果表明结合视觉和触觉反馈方式的控制精度优于单一的视觉反馈。

近来,有学者提出将外部设备的信息通过电刺激直接反馈给大脑。这是一种更加直接的信息通道,可以绕过周围神经将信息传回大脑,同时可以减少反馈的延时。关于皮层微电流刺激的相关研究目前还刚刚起步,处于直接刺激皮层来引导动物行为的阶段。Romo 等人证明猴子能区分施加于初级感觉皮层(S1)的电刺激频率,并通过这些电刺激来引导行为。Sandler 等人的实验表明感觉皮层的直接电刺激效果优于触觉反馈。Talwar 等和 Feng 等人的研究均表明,对大鼠体觉皮层的电刺激可以作为一种虚拟的信息提示,引导动物完成不同的行为。2007 年 Fitzsimmons 等人通过改变皮层电流刺激的时空序列提示猴子完成不同的行为任务,实验中猴子不仅能区分出刺激信号的有和无、多和少,还能区分出不同的刺激序列。该研究也首次表明了电刺激可作为外部环境对皮层的信息输入通道。另外,Yang 等人也证明了大鼠感觉皮层可以区分相差只有3 ms 的刺激序列。以上研究均表明直接刺激感觉皮层能够输入一定信息,可以作为植入式脑-机接口的反馈路径,但目前能够反馈给大脑的信息量还相当有限,有待进一步研究和突破。

综上所述,植入式脑-机交互研究亟待在视觉反馈的基础上,结合触觉、听觉以及电刺激等其他形式共同构建多模态反馈通路,进一步提高交互的有效性和控制的可靠性。

2. 控制

植入式脑-机接口的目的是控制外部设备,达到大脑与外界环境的直接交互。尽管植入式脑-机接口较传统的方法能够得到更多的神经活动信息,但仍无法对大脑每一个神经元的活动进行记录,难以建立完备的神经信息处理模型,不能完全解读大脑神经信息。解码模型的不完备和外部环境噪声很大程度上影响了交互过程中大脑控制外部设备的可靠性。此外,外部设备也日趋复杂化和智能化。因此外部设备的智能控制是植入式脑-机接口研究的一个重要问题。

早期植入式脑-机接口的控制对象相对简单,包括机械压杆、二维鼠标(球)、三维球等,可将解析出的运动学参数直接输出到外部控制器上,得到的解码结果与外部设备所需的控制参数大致符合,所以并不需要复杂的控制策略。但这些外部设备仅是一个简单的执行体,不适用于相对复杂的脑-机交互任务。

随着植入式脑-机接口的发展,解码参数逐渐增多,外部设备控制的复杂度也不断增加,仅仅依赖原来的简单控制策略已经很难达到对精细动作的精确控制,一些新的控制策略逐渐应用于植入式脑-机接口。Santhanam 等人利用有限状态转换方法,将运动过程拆分为初始计划与执行环节,使控制更加有效[6]。Linderman 等人提出基于环境信息感知的语义控制策略,用环境因素约束外部设备的运动。这些控制策略实现了更加精细的运动控制[24]。此外,Sanchez 等人提出了基于强化学习的互适应控制策略,并开展了相关的动物实验,但目前该策略控制的仅是外部设备左右运动两种离散状态[25]。

如上所述,在通过植入式脑-机接口实现对外部设备的直接神经控制的过程中,由于大脑和外部设备都是智能体,如果单纯依赖解码输出,则无法保证系统的稳定性与可靠性。因此,将智能控制应用于植入式脑-机接口是十分必要的。信息科学中的机器学习、多源信息融合等方法的逐步引入有利于实现自然精确的控制,相关的研究也将丰富信息科学的方法和内容。

9.2　植入式脑-机接口的双向通信和闭环控制

9.2.1　高通量神经集群信号解析

快速而准确地记录神经集群信息是神经信息加工和处理的前提,随着电极生产技术的飞速发展,神经信息的采集和记录变得越来越方便,目前已有商用电极获得了美国食品药品管理局的认证(FDA 认证),可以植入大脑并实时记录多个脑区的神经信息。这种电极记录的信息涵盖了高通量的神经集群信息,数据规模庞大,因此,如何高效准确地解析高通量神经集群信息已成为脑-机接口领域的关键问题之一。高通量神经集群数据中存在与解析目标无关的冗余信息,这些冗余信息增加了信息解析模型的参数、信息处理模型的学习复杂度和信息实时解析的困难。因此,通过信息约简方法降低神经信息的规模从而提炼有效信息是神经信息解析的重要预处理步骤。

脑-机接口中神经集群信息解码的研究主要可以分为两类,第一类方法假设神经信息与运动信息之间存在简单的线性关系,通过建立线性模型实现两者之间的映射,相关工作包括群矢量及改进算法、基于维纳滤波的解析方法、基于卡尔曼滤波的解析方法、基于 Fisher 线性判别的方法以及基于最大似然估计的方法等。尽管线性解析模型在比较简单的解码应用中已取得不错的效果,进一步的研究发现非线性方法具有更合理的自然生理基础,更符合自然信息解析的连贯性。近年来,有人尝试用第二类方法,即非线性方法进行神经解码,如基于粒子滤波的信息解析算法以及基于 Unscented 卡尔曼滤波器的方法等。

以上研究为高通量神经集群解码研究建立了良好的基础。然而,由于大脑神经系统的复杂性,想要实现高效准确的神经信息解码,现有方法依然存在很大不足。首先,大脑具有可塑性,因此神经信息具有时变性,神经电活动与解析目标的映射模式会随时间改变,传统的静态信息处理方法难以保持长期的高精度解析。其次,反映宏观脑功能的神经信息在空域、频域上都有协同性,单个脑区、单个频段的神经信号不能完整体现宏观意义上的脑功能。由此可见,探索高效、动态、联合的解析模型和算法仍然是当前迫切需要解决的问题。

1) 神经元重要性的评估与约简

植入式脑-机接口从记录到的神经活动中解码出运动信息,从而控制外部设备完成任务。然而记录到的数据中常常存在冗余信息,真正与运动有关的神经元可能只占其中的一部分。其他无关的神经元会产生额外的维度,一方面增加了模型的参数,容易引起解码模型过拟合,从而降低整个脑-机接口系统的泛化能力;另一方面也增加了解码模型的计算复杂度,影响神经解码的实时性。此外,计算复杂度的升高也会给实现脑-机接口硬件的低功耗和便携式带来困难。因此,研究有效的神经约简方法从而解决神经信息规模大、冗余信息多的问题对于脑-机接口具有重要的意义。

Chapin 等人用主成分分析法将神经信息的维度降低至仅剩一维,用于预测大鼠前肢压机械杆的轨迹[4]。Wessberg 等人用神经信息降维分析(neuron-dropping analysis)方法进行约简,某个特定神经元的取舍由解码结果与解码目标之间的相关性来决定[5]。Sanchez 等人使用线性维纳滤波器,通过连接权值的大小来定量判断神经元与解码目标的相关性。现有信息约简方法在一定程度上解决了高通量的神经信息引起的实时性问题,但仍有部分问题有待解决,如主成分分析法在约简过程中没有定量评估神经元对解析目标的重要性,只考虑输入信息各维度之间的相关性而忽略了其与解析目标的相关性,可能会丢失有用的信息。因此虽然能够建立两者的映射模型,却无法在神经元层次选择输入。这种模型难以从生理角度进行解释,不利于神经科学的研究及解析模型的优化。Neuron-dropping analysis 方法计算复杂度高,同时缺乏对神经元重要程度的定量评估。线性维纳滤波器的权值分析法依赖于解码模型本身,无法独立从神经元发放数据自身衡量神经元的重要性。

由于不同神经元对任务的贡献不尽相同,一种可行的办法是对记录到的神经元的重要性进行评估,丢弃不重要的和无关的神经元,保留重要神经元的发放信息。2004 年,Sanchez 等人在自适应模型框架下提出了如下三种评估神经元重要性的方法[26]。

(1) 基于维纳滤波器的单个神经元相关性分析。该方法将每一个神经元的发放作为输入,从而训练得到一个解码模型,如式(9-1)所示,该模型为最小二乘求解的平均均方误差下的最优解。该神经元的重要性由模型的输出与目标结果的相关系数来衡量,相关系数越高意味着解码模型越精确,从而对应神经元的重要性也越大。

$$
\begin{aligned}
\boldsymbol{y}_j(t) &= \boldsymbol{x}(t)\boldsymbol{W}_j \\
\boldsymbol{W}_j &= \boldsymbol{R}^{-1}\boldsymbol{P}_j = E(\boldsymbol{x}^{\mathrm{T}}\boldsymbol{x})^{-1}E(\boldsymbol{x}^{\mathrm{T}}\boldsymbol{d}_j)
\end{aligned}
\tag{9-1}
$$

(2) 基于维纳滤波器的敏感度分析。敏感度可以通过计算模型的输出相对于神经信号的导数求得。对于线性模型,敏感度为模型的权重系数,因此对于训练好的模型,各个神经元的重要性可以从对应模型参数中直接计算出来,如式(9-2)所示。

$$
\begin{aligned}
\frac{\partial y_j}{\partial x_i} &= W_{10(i-1)+1:\,10(i-1)+10,\,j} \\
S_i &= \sigma_i \frac{1}{2}\sum_{j=1}^{2}\frac{1}{10}\sum_{k=1}^{10} |W_{10(i-1)+k,\,j}|
\end{aligned}
\tag{9-2}
$$

(3) 神经元方向调谐分析。调谐曲线反映了神经元在特定运动方向上的锋电位发放率的期望,神经元的重要性可以用调谐曲线的调谐深度来衡量。应用模型敏感度方法挑选出的重要神经元个数以及随机选择出来的神经元个数表明,这些方法筛选出来的重要神经元的子集可以使脑-机接口系统获得与全部神经元类似的性能,采用模型敏感度方法挑选出的神经元具有更好的解码效果。

2009 年,Wang 等人将信息论的方法应用于神经元的线性、非线性以及泊松(LNP)编码模型上,计算神经元锋电位活动与运动参数在感知域的线性投影之间的互信息[27]。互信息值越大表明对应神经元中包含更多关于运动参数的信息,从而该神经元的重要性也越大。然后将神经元集群按照互信息从大到小进行排列,从而可以选取不同大小的重要神经元子集,并利用点过程的方法进行解码。解码的结果表明重要神经元子集可以取得与全部记录到的神经集群类似的精度,然而计算量却大幅度下降(见图 9 - 3)[27]。2011 年,Kahn 等人提出了交叉模型检验的方法,神经元的重要性由该神经元所对应的编码模型的泛化能力决定。该方法被用于解码手指运动中识别那些在不同运动时表现不一样的神经元,实验结果表明相对于随机选取的神经元,解码精度提高了 44%。

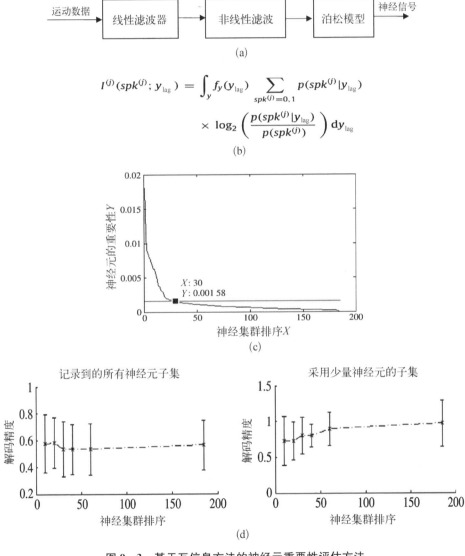

$$I^{(j)}(spk^{(j)}; y_{\text{lag}}) = \int_y f_y(y_{\text{lag}}) \sum_{spk^{(j)}=0,1} p(spk^{(j)}|y_{\text{lag}})$$
$$\times \log_2\left(\frac{p(spk^{(j)}|y_{\text{lag}})}{p(spk^{(j)})}\right) dy_{\text{lag}}$$

(b)

图 9 - 3   基于互信息方法的神经元重要性评估方法

(a) 线性-非线性-泊松的编码模型框图;(b) 神经元锋电位与运动参数在线性感知域投影之间的互信息;(c) 记录到的神经元根据互信息由大到小排列,少量的神经元包含最多的互信息;(d) 不同个数的神经元子集下的解码精度,少量的神经元可以获得比所有神经元更高的解码精度

2010 年, Singhal 等人提出了基于集群模型的分数敏感度方法[28], 该方法从神经数据中随机地选取部分数据, 利用蒙特卡罗仿真训练出多个模型, 并计算出这些模型中神经元的局部敏感度。分数敏感度是关于训练集中所有模型的局部敏感度均值与方差的函数, 分数敏感度越大意味着神经元越重要。虽然实验结果表明该方法优于基于单个模型的方法, 然而由于使用了多个模型, 计算量也变得更大。此外, 这些基于模型的方法所计算出的神经元重要性会依赖具体的模型。当模型不同时, 同一神经元的重要性也会有所不同。而神经元的重要程度应该只与大脑神经活动和具体任务有关, 而不受具体模型类型的影响, 因此一个神经元得分很低并不意味着这个神经元是任务无关的。调谐深度虽然与具体的解码模型无关, 然而它需要利用锋电位的标准差进行归一化, 因此当这个标准差趋近于零时, 调谐深度会被无限放大从而引起误差。

2013 年, Xu 等人提出了基于局部学习法的重要性评估[29], 分析了猕猴抓握实验中不同神经元对不同手势的贡献度, 如图 9-4 所示。通过迭代, 最小化一个基于余量的指数误差函数, 获得反映神经元重要度的一个权值, 再将这个权值做归一化处理, 以此来评价神经元的重要性。然后, 他采用支持向量机(SVM)和 K 近邻(KNN)两种解码算法验证了采用重要度高的神经元集解码能提高解码正确率, 而且这种评估方法不受算法影响。在实验中, 他们从记录的70 个神经元中选择了 10 个重要度最高的神经元, 而用这 10 个神经元解码的正确率为使用全部神经元解码正确率的 95%。这种重要度评估通用性强, 不受编码和解码模型的限制。

另一种有效的神经元约简方法是降维即维数约简[30], 维数约简从直观上理解就是可以找到更少的变量 K 来表达 D 个测量的数据, 由于这 K 个变量不是直接观察到的, 所以也叫作潜在变量。如果一个变量无法捕获任何数据的方差, 这个变量就称为噪声。从这个意义上来说, 维数约简就是去除那些数据中的噪声, 对感兴趣的数据进行简约表达。以一个具体的例子来说明, 每个神经元的响应用随时间变化的放电率来表示, 一共有三个神经元, 每个时间点上三个神经元的放电率都是高维空间中的一个点 (r_1, r_2, r_3), 可以找到一个由 s_1、s_2 组成的平面等价地解释这些数据, 每个点都可以用经过权重处理的 s_1、s_2 表示, 这里的 s_1 和 s_2 相当于神经元共享的一种活动模式。

维数约简通常分为以下三个步骤, 首先选择一个维数约简的方法, 然后对神经信息的数据进行预处理, 最后对数据进行维数约简。当然最后一步具体还包括选择潜在维度、估计模型参数以及低维数据的可视化表现。

下面通过一些具体的例子来看维数约简在神经元群体分析中的应用。

$$g(x_t) = d[x_t, m(x_t)] - d[x_t, h(x_t)]$$

(a)

$$v \leftarrow v - \eta \left\{ \lambda - \sum_{t=1}^{N} \frac{\exp\left[-\sum_j v_j^2 \hat{z}_t(j)\right]}{1 + \exp\left[-\sum_j v_j^2 \hat{z}_t(j)\right]} \right\} \otimes v$$

(b)

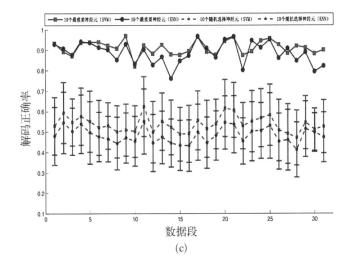

(c)

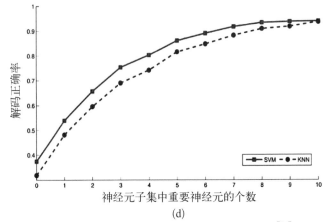

(d)

图 9 - 4　基于局部学习法的神经元重要性评估[29]

（a）局部学习法的原理，x_t 是 t 时刻的神经元活动，$m(x_t)$ 是同种手势条件下与 x_t 最近似的神经元活动，$h(x_t)$ 是不同手势条件下与 x_t 最近似的神经元活动，d 为两者的曼哈顿距离，$g(x_t)$ 越大则 x_t 更接近与其同种手势条件下的神经元活动；（b）重要度权值的计算公式；（c）筛选重要度高的神经元得到的神经元集与随机选择得到的神经元集对解码正确率的比较；（d）神经元集中重要度高的神经元个数与解码正确率的关系

2011 年,Cohen 等人进行了一个关于视觉注意的研究[31],在变换检测 (change-detection)任务中,同步采集猴子 V4 脑区的神经元信号,在分析时,将群体的神经元活动投影到一个一维的注意力轴线上,即建立一个对每个训练任务注意力的测量方式,这个注意力轴线就是每种注意条件下所有神经元的平均响应。研究发现,这个注意力轴线可以预测行为学的表现,如果神经元信号在注意力轴线上的投影值越大,猴子正确地察觉到右边变化的可能性越大,而对于左边的变化则很难察觉。这个结论是无法在单个神经元层面上得到的。

2013 年,Mante 等人对决策任务中前额叶皮层神经元信号进行群体分析[32],将群体的神经元活动投影到一个三维空间,虽然单个神经元的响应很复杂,但在不同的刺激条件下,神经元的群体响应都表现出有序结构。同一个刺激和选择下的神经元轨迹都是相似的。这些研究结论揭示了前额叶对信息的门控和整合作用。

2012 年,Churchland 等人对一个伸臂任务中运动皮层神经信号的响应进行了分析[33],在神经信号被投影到一个平面上的动态过程中,不同的实验条件下有不同的动态轨迹,神经元的准备活动是动态过程的初始状态,然后随着动作的实施而展开。

2011 年,Ahrens 等人对斑马鱼幼虫在运动适应期全脑的光学信号进行了分析[34],记录了大约 8 000 个神经元的活动。为了分析这些数据,研究者使用降维方法揭示了四个阶段四种不同的神经动态结构,最后发现每种结构都对应大脑中的一个神经元。

从这些例子中都可以看出维数约简对从神经元的群体响应中提取出简单结构以及神经信息的可视化都是非常重要的。

2) 神经元锋电位的高效解码

脑-机接口中神经解码负责从神经信号中解析出运动信息,并将这些运动信息转化为合适的命令从而控制外部机械臂或者电脑鼠标完成特定的任务。现有的信号处理方法往往需要采用时间窗的方式对锋电位序列进行预处理,将时间窗内锋电位的发放个数作为输入,利用各种线性或非线性滤波器预测运动参数。这些方法作为黑盒模型仅仅将神经信号与运动轨迹看作输入和输出,利用线性或非线性回归的方法建立输入与输出之间的联系,没有考虑神经系统的生理特性。2000 年,Wessberg 等人使用维纳滤波器和时间延迟神经网络从基于时间窗的锋电位发放率中预测出三维空间手的运动轨迹[5]。在此基础之上,Sanchez 等人提出了一种递归多层感知机模型,实验结果表明该模型使用少量的神经信号就可以获得更好的解码效果[18]。2003 年,Kim 等人提出了一个混合模型,将多个线性模型通过一个非线性网络连接起来,从而提高了预测的精度[16]。进一步的研究表明当存在锋电位分类误差时采用支持向量机可以取得较高的解码准确率。代建华等人采用广义回归神经网络预测老鼠压杆喝水时的压力,实验结果表明解码的精度高于使用维纳滤波器[35]。尽管这些模型在预测运动参数时获得了很多成果,然而毕竟只是黑盒模型,既没有充分利用已有的神经科学知识,也无法从模型中获得神经元的动态特征。

1986 年,Georgopoulos 等人发现猴子大脑运动皮层中的神经元发放频率跟上肢的运动方向之间存在余弦关系[13],证实了神经元活动中包含运动方向的信息,并定义神经元的偏好方向为锋电位发放频率最高时所对应的运动方向。在此基础上他们提出了集群矢量算法,肢体的运动方向可以由各个神经元偏好方向的线性加权和求得。群矢量算法表明有效的解码往往需要对神经元的调谐模型有一些先验知识。通过在解码模型中考虑神经元的调谐特性,人们在贝叶斯框架下利用状态模型建立了基于概率的估计方法。基于概率的方法对一系列观察到的有噪声干扰的神经活动进行分析和建模,将运动参数作为神经系统的状态变量从而推断出它的分布。神经元的调谐模型描述了神经元在其他因素,如在外部运动或刺激的影响下如何进行响应输出,构成了状态空间模型中观察方程的基础。已知当前状态的先验分布及状态变量与观察变量之间的似然函数,由贝叶斯公式可以推导出当前状态的后验概率分布。根据状态转移方程,由当前时刻状态的后验概率又可以求得下一个时刻状态的先验概率,从而可以递归地对运动状态进行估计。Kalman 滤波器是一种典型的贝叶斯估计方法,Wu 等人将该方法成功应用于神经解码中[36]。Kalman 滤波器假设神经活动是由线性高斯系统产生,调谐函数为线性函数,并且锋电位发放服从高斯分布。然而大脑是一个高度复杂的非线性系统,线性高斯假设往往不符合客观事实。一种更加合理的假设认为,调谐函数是线性滤波后用来解码运动速度的指数函数。2004 年,Brockwell 等人基于这种调谐函数,利用粒子滤波器从神经信号中解码出运动速度[22]。上述方法往往假设神经活动是连续信号,因此需要用时间窗对锋电位序列进行预处理。然而这种预处理方法会给神经解码造成一些困难:① 时间窗的宽度很难确定;② 降低了锋电位序列在时间上的分辨率;③ 锋电位序列本质上是一个离散时间点的集合,采用时间窗进行预处理会导致许多信息被丢弃,影响了解码的精度。

为了避免时间窗带来的不足,研究人员尝试采用点过程来对锋电位序列进行更加精确的建模。任意时刻如果存在神经元发放则点过程在该时刻的值为1,否则为 0,因此在时间上保留了锋电位活动中的所有信息。Diggle 等人最早提出了对点过程观测序列进行估计[37]，但并没有描述具体的算法。Chan 等提出了一种基于蒙特卡罗的期望最大化算法（EM）[38]，利用蒙特卡罗采样技术对 EM 算法中 E 步骤中的期望进行估计。随后 Brown 等人在此方法的基础上进一步推导出了点过程递归非线性滤波器的 EM 算法，将非齐次泊松过程与固定间隔的平滑算法结合对参数进行极大似然估计。非齐次泊松过程是一种简单的点过程，它常常被用来对外部刺激和神经活动之间的关系进行建模分析，这种模型将神经元的发放描述为一个简单的泊松过程，它来自指数分布族，并且里面的自然系数可以表示为隐含过程的线性函数。Brown 等人提出了基于非齐次泊松过程的自适应滤波算法，能够从离散的神经元发放中预测出自由活动大鼠的运动轨迹[39]。在点过程自适应滤波的框架下，Eden 等人推导出了递归最小二乘和最快下降算法，能够从集群神经发放中解码出调谐参数或者目标状态[40]。相比于 Kalman 滤波器，这类算法具有更好的时间分辨率，并且也能够利用协方差信息对目标状态进行准确的更新。但是它也有跟 Kalman 滤波器一样的缺点，在已知神经发放的情况下，仍然错误地假设目标状态的后验概率服从高斯分布。为了克服高斯分布假设带来的误差，Wang 等人提出了蒙特卡罗序列点过程算法，利用该算法从神经元发放序列中估计运动信息。采用基于蒙特卡罗的算法时，关于运动信息的后验概率可以是任意分布的而不局限于高斯假设，实验结果表明无论是仿真数据还是真实数据，都能获得更好的解码效果[41]。

这些解码算法都是基于贝叶斯推断从神经活动中提取出运动信息的，需要事先知道运动状态的先验信息以及运动与锋电位发放之间的关系，即神经元的调谐模型。运动状态的先验信息可以由上一时刻运动的后验概率通过状态转移方程求得。而神经元的调谐模型反映了神经元本身的生理性质，通常可以用一个调谐函数进行描述。因此如果需要对运动状态做出准确的估计，神经元的调谐模型具有至关重要的作用。对神经元调谐模型的研究不但在科学上具有重要的意义，有助于搞清楚神经元的活动机制，而且有助于提高解码精度，进一步提升脑-机接口的实用性。神经元的调谐特性描述了神经元在面对刺激或行为时如何进行响应输出，因此在定义调谐函数时需要考虑以下三个方面的因素：① 神经元的输入信号是什么？② 神经元是如何响应这些输入的？③ 如何定量地评估对神经元响应的预测是否准确？

对位于运动皮层的神经元，研究人员最初通过在皮层上施加电刺激引起肌肉收缩的办法来描述运动-神经元响应之间的关系。后续的研究发现在由中央向外移动（center-out）的任务中皮层的锋电位发放与运动方向之间可以用余弦曲线来表示。线性模型作为一种很简单的模型被广泛用于表示神经元刺激-响应之间的关系。然而由于神经元相对于输入表现出非线性特性,研究人员尝试采用非线性模型来进行描述。Brown 等人利用高斯调谐函数对海马区锥体神经元的锋电位发放进行建模[42]。Brockwell 等人用指数函数描述运动皮层神经元的调谐特性[22]。由于在真实数据中刺激或者运动往往具有特定的模式,并不是一个随机的分布,因此这些非线性模型往往不是最优模型。Chichilnisky 提出了基于白噪声的方法来分析神经元响应[43]。2003 年,Paninski 提出了锋电位诱发平均(STA)和锋电位诱发协方差(STC)方法,这种线性滤波器可以将目标输入到几何空间中能够诱发神经元锋电位活动产生显著变化的区域[44]。Simoncelli和 Paninski 等人提出了级联线性、非线性以及泊松模型用于描述神经元在随机刺激下的响应[45]。这个模型假设原始刺激的 STA 球形对称,并且 STC 服从高斯分布,因此锋电位的产生只依赖于最近的刺激,而与该神经元的历史发放记录无关。然而当锋电位诱发活动的均值和方差与原始信号在线性感知域上的投影没有区别时,STA 和 STC 方法便会失效。非齐次泊松过程是这些研究中常用的一种点过程模型,它描述了神经响应与外部刺激之间的关系。然而这个模型本身有一些缺点,比如当锋电位的时间间隔是一个多模态分布时便无法准确地描述神经元的发放行为。因此,在考虑实验时间以及上一个锋电位到当前的时间间隔的基础上,人们提出了一些非泊松的概率模型来描述锋电位序列。此外,神经元不但会受到当前神经元历史发放记录的影响,也会受到其他神经元的影响。这种神经元之间的兴奋性或者抑制性的影响可以通过模型的参数来描述。Truccolo 等人提出了一个基于点过程似然函数的计算框架,能够将当前锋电位的发放概率与锋电位的发放历史、其他神经元的锋电位发放以及外部因素如刺激或运动联系起来[46]。Pillow 等人通过对猕猴视网膜神经节细胞集群锋电位发放的分析,发现其他神经元的锋电位活动也能够影响当前神经元的锋电位发放[47]。

对这些调谐模型进行评估不但有助于在神经解码时选择最佳的调谐模型,而且可以让我们更加深刻地理解神经元的内在活动机制。因此当神经元的输入以及神经元的输入与响应之间的关系被定义以后,我们需要定量地评估调谐模型的准确性。对于解码模型,我们可以用相关系数、均方误差等衡量模型的性能。然而由于锋电位序列的点过程特性,传统的度量手段无法直接使用。在衡量调谐模型性能时,人们常常采用的是接收操作特性(receiver operating characteristic,ROC)网[48]、Kolmogorov-Smirnov 分析[48-49]、格兰杰因果关系(Granger causality)网[50]。在已有的解码算法中,基于序列蒙特卡罗点过程的解码算法可以取得比较满意的结果,它是一种基于贝叶斯的方法,利用了神经元的生理模型,并且对目标状态的后验概率没有任何的限制。然而这类方法仍然存在一些可以改进的地方:① 调谐模型不够准确。基于序列蒙特卡罗点过程的估计本质上是一种贝叶斯滤波算法,因此需要事先定义神经元的调谐模型。以往的解码算法中所使用的调谐函数无论是参数还是非参数模型,往往只认为神经元的发放与外部运动或刺激有关,这与现有的研究结果并不完全一致。Pillow 等人的研究表明,当采用考虑了其他神经元活动的调谐函数,基于贝叶斯的解码模型可以从神经活动中多提取出 20% 的信息。然而他们的研究中所采用的刺激是非常简单的二值序列,并且所分析的锋电位信号来自视网膜神经细胞,而在脑-机接口中,我们所感兴趣的目标信息很可能是复杂的连续信号。但这项研究表明采用更加符合神经元生理模型的调谐函数能够从神经数据中挖掘出更多的信息,有利于提高解码算法的精度。研究人员还尝试通过向调谐函数中加入隐变量来构造更加准确的编码模型,虽然实验结果表明通过这种方法也可以有效地提高解码算法的精度,然而由于引入的隐变量需要使用期望最大迭代算法求解出来,这会大大加重解码算法的计算负担。② 算法计算复杂度高。由于需要依赖大量粒子来计算和表示隐状态的概率分布,序列蒙特卡罗算法的计算复杂度会非常高,对实时的脑-机接口系统带来很大挑战。

3)神经元活动的时变性

神经元调谐模型的准确性对基于贝叶斯估计的解码算法的预测精度有很大影响。尽管人们研究了各种复杂的调谐模型,然而在这些研究中无论是将外部刺激或运动作为输入,还是将其他神经元的活动作为输入,当输入内容相同时,无论何时神经元的响应都是一样的。如果采用调谐模型进行描述,则模型中的参数是固定不变的。然而研究结果表明,如果采用固定参数的解码模型,随着时间的推移,解码模型的精度有逐渐下降的趋势。

Nicolelis 团队采用静态固定参数卡尔曼滤波器实现闭环的脑-机接口控制,卡尔曼滤波器的参数根据第一天的数据估计出来并保持不变,用固定参数的卡尔曼滤波器在不同时间段的解码轨迹图来分析,发现当把模型用于解码第 15 天的数据时,精度有了明显下降,而输入第 29 天的数据时,实际轨迹与预测轨迹之间已经出现了较大的偏差[51]。

解码模型精度的下降可以归结为以下几个方面的原因:① 信号记录时产生的误差。电极在埋植到大脑皮层以后,由于细胞的免疫反应会在电极周围产生结缔组织覆盖在电极表面,从而影响信号记录的质量。此外由于大脑皮层是柔软的组织结构,电极植入的位置并不完全固定,会由于呼吸、运动等原因发生一定的偏移,可能导致相同电极在不同时间检测到不同的神经元。神经元可能会消失、会出现或者被另外一个电极检测到,这些都会导致记录到的神经信号差异性越来越大。② 神经元的可塑性。现有的研究表明皮层神经集群的组织结构和功能会随着新的经历而发生变化,特别表现在神经元之间联系的增强或者减弱以及在外界刺激下新的神经元连接的生成,这些被称为大脑神经元的可塑性。当人们在学习一个新的任务时,由于与以往的知识不同,需要集中注意力来理解和学会,随着训练时间的延长以及对任务熟悉程度的增加,完成任务的难度降低、时间也会逐渐缩短,这间接地反映了大脑神经元的可塑性。可塑性是神经科学中的一个重要领域,对可塑性的研究不但有助于对大脑发育、学习机制的了解,而且有助于我们建立更准确的调谐模型,进一步提高脑-机接口系统的性能。

Laubach 等人训练老鼠进行压杆直到它收到刺激信号,从刺激信号的发生到压杆活动终止之间的时间差称为反应时间,这一反应时间被记录下来。研究发现经过一段时间的训练以后,大鼠压杆的持续时间可以更长,而反应时间却大大缩短了。它间接反映了神经元的可塑性,不断的训练使老鼠对任务的熟悉程度进一步加深,改变了神经元的发放特性,神经元在更短的时间内能够对刺激做出响应[52]。Li 等人训练猴子完成由中央向外移动(center-out)的任务,然后在实验中对操作杆施加一个外力,对施加外力之前、过程中以及施加外力之后M1 区神经元锋电位发放进行分析,将神经元的偏好方向表示在极坐标中施加外力,研究发现神经元在施加外力下出现了四种不同类型的状况:① 神经元在施加不同外力前后偏好方向没有发生明显的变化,其发放规律与力的大小无关;② 神经元在施加外力时偏好方向发生变化,力撤销后又会重新恢复到初始状态;③ 神经元在施加外力时偏好方向发生变化,在力撤销以后保持新的方向不变;④ 神经元虽然在施加力的时候偏好方向没有发现明显的变化,但在力撤销以后才发生偏转。由此发现在大脑 M1 运动区存在几种不同类型的神经元[53],这表明不同神经元在基于运动的学习过程中其调谐特性会发生相应变化。Papadoa-Schioppa 等人利用微电极阵列研究辅助运动皮层神经元的编码特征,研究结果表明辅助运动皮层的神经元无论从个体还是集群角度,都可以反映运动状态,并且当猴子在适应一个新环境的时候,相应的神经元会发生一系列可塑性变化。此外,Vaadia 团队训练猴子完成 8 个方向的由中央向外移动的任务,通过改变运动中的一些变量来观察神经元的可塑性。Paz 等人发现改变屏幕光标与猴子实际运动方向的偏移角度,神经元的发放模式也会发生相应的变化。Zach 等人在任务中随机地选择目标和颜色,使得目标方向和实际运动方向具有一定的偏移,研究结果显示主运动皮层的神经元发放率有了明显的变化。Mandelblat-Cerf 等人研究了 M1 以及 SMA 区的神经元锋电位活动,发现当猴子在学习新的视觉运动任务时,训练任务之间的差异明显增大。

4) 神经信息动态解析模型

在脑-机接口的研究中,神经信息的动态解析是极为关键的一步。神经信息的动态解析就是采用实时的脑-机接口算法(或称为解码器)将神经元活动转化为适合与主体大脑直接交流的信号。这种解码器采用多种分析与机器学习的方法。脑-机接口的解码算法属于多输入多输出(MIMO)模型,在这种模型中,多输入是指记录装置采集的多个神经元信号,多输出是指由脑-机接口控制的外部运动设备或者与外界的交流信号。

众多证据说明大脑是一个时刻变化的系统,用一个始终不变的解码模型显然不能长期稳定解码,因此分析神经元的时变规律,开展时变解码研究也逐渐受到了研究者们的重视。总结现有的时变解码研究发现,大多数的工作都是在自适应滤波器的框架下提出的,这类算法的核心思想是用获得的新样本来修正对模型参数的估计。

目前在脑-机接口中应用的解码器有线性解码器、卡尔曼解码器、点过程模型、人工神经网络、自适应解码器和离散分类器。

(1) 线性解码器。1970 年,Humphrey、Schmidt 和 Thompson 首次采用了线性滤波器,他们成功地证明,采用多元线性回归分析可以根据记录的多个神经元的发放率来重建运动参数。之后,Schmidt 成功实现了实时线性解码。

基于线性解码思想,1986 年,Georgopoulos 提出了群体矢量算法[13],如式(9-3)所示,群矢量 P 等于每个神经元偏好方向的总和:

$$P(M) = \sum_{i=1}^{224} N_i(M) \qquad (9-3)$$

实验分析发现当实验者向某个方向(偏好方向)运动时,神经元的发放频率最高,而向其他方向运动时,神经元的发放率与最高发放率的比值和运动方向与偏好方向之间角度的余弦值成正比(余弦编码函数)。因此,分析出每个神经元的偏好方向后,就可以根据某一时刻每个神经元的发放率综合推断出实验者此刻的运动方向。

然而群矢量算法也存在弊端,在这种算法中,不同神经元的权值被直接设置,缺少得到解码误差最小化的方法。

2003 年,Helms 从动态解析的角度进一步修改了群体矢量算法:一方面,分开考虑每个神经元在发放率高于或低于基础发放率时的编码函数;另一方面,在综合推断实验者的运动方向时,每个神经元的权重不再一致,可以有所差别。

同时,仿照神经网络中的 BP 算法,Helms 提出在解码过程中每个神经元的编码函数和权重都将得到更新,实验证明这种做法使猴子能更稳定地用大脑控制屏幕上的光标移动[54]。在基于猴子的脑-机接口系统中,我们通常要记录 60~200 个神经元的信号来综合分析所需的运动信息。随着运动任务的复杂化和多脑区协同研究的展开,这一数目还将继续上升。其实,在众多神经元中,真正与运动相关的神经元只占 30%~40%,其他的神经元提供的信息很少,甚至会引入噪声干扰。因此,如果能挑选出这些高度相关的神经元,对正确解码大有裨益。

在线性解码器中,另一类维纳滤波器成功地根据神经元群的活动解码出了前肢的运动参数以及其他一些行为的运动参数。这种解码器的设计思路是采用最优线性解码器来最小化均方差。

(2) 卡尔曼解码器。卡尔曼解码器是另一类脑-机接口解码常用的算法。类似于维纳解码器,卡尔曼解码器也是将得到的多通道神经信号作为输入,输出预测的行为变量。卡尔曼解码器以离散的时间窗为单位更新状态,每次更新包括两步计算,第一步是预测,即根据之前的状态对下一状态做出预估;第二步是更新,即根据神经元的发放量对预估值进行调整。

普通卡尔曼解码器的参数是固定不变的,不适合长期的稳定解码,因此,国内外很多人从动态解析的角度对卡尔曼解码器进行了不同的优化。

2009 年,Li 等人提出了无损卡尔曼解码器(UKF)[21],比较了标准卡尔曼解码器和无损卡尔曼解码器的公式差异。无损卡尔曼解码器与神经解码是相关的,因为神经元发放率和肢体运动是非线性关系。一个 N 阶的无损卡尔曼滤波器有两个新的特点,一是神经元调节的非线性模型,二是在状态变量中加入 $(N-1)$ 近期状态。

2007 年,Kim 等研究者提出一个在线选择算法,根据输入信号与输出信号的相关性,利用最小角回归算法可选择出那些相关性比较高的通道[55]。Kim 把这一算法推广到在线算法,实时地选择当前时刻的重要通道来完成时变解码工作。经过仿真数据的测试,该算法可以很好地跟踪参数的变化。应该注意的是,大脑的时变是一个很缓慢的过程,因此在一个较短的时间里可以近似地认为它是一个稳态系统。

基于这个思想,2005 年,Gage 修改了卡尔曼解码器[56]。卡尔曼解码器假设系统状态变量、观察变量及观察噪声均符合高斯分布,并且系统状态的转移(这一时刻系统状态与上一时刻系统状态的关系)与编码函数(这一时刻系统状态与观察变量的关系)都是线性的。只要系统符合这一假设,卡尔曼解码器就能递归地给出对系统状态的最优估计。Gage 提出把实验过程划分成有重叠的小块,在每一个小块里,可以认为系统是稳态非时变的,卡尔曼解码器的参数在每个小块里单独训练。这样分段地估计和更新解码器参数可以动态地学习系统的时变性。实验证明,即使解码器的参数是随机设置的,毫无实践经验的大鼠经过一段时间的学习也能学会稳定地控制鼠标的移动。

类似的,2008 年,Wu 等研究者提出了在线更新参数的时变线性解码器和时变卡尔曼解码器[57]。最近一段时间的数据被用来估计此刻的解码器参数,同时利用了一些简化计算的方法来缩短计算时间以适应在线实时解码的需求。

2012 年,Gilja 等研究者提出了重新调整反馈意向训练的卡尔曼解码器(ReFITKalman),对用于闭环控制的速度卡尔曼解码算法进行了重新设计,基于这种算法提出了两种新的方法:一是改进的神经假肢模型拟合方法,以前的研究认为实验对象控制自己的肢体和神经假肢采用的是相同的策略,在这种算法里,他们将假肢装置作为一个新的与本身肢体具有不同动态特性的设备。实验对象通过调节神经信号来控制这个设备,然后解码为速度,此速度用于更新屏幕上的光标。二是改变了以前的算法,即只将速度或者位置作为与神经信号关联的变量,他们将速度作为模型中实验对象的意图,将光标的位置作为影响神经信号输出的附加变量[58]。

还有一些研究试图从另一个角度来解决时变问题。系统的时变是一个缓慢的过程,如果我们能挖掘出系统时变的规律,就能根据这个规律指导模型参数更新。

依据这种思想,Wang 提出一种双重卡尔曼解码器模型框架。传统的卡尔曼解码器根据系统转移方程和编码函数递归地估计系统状态,其中编码函数假设不随时间发生变化。而在双重卡尔曼模型中,编码函数的参数如同系统状态一样,也是随时间变化的,但变化的速度要慢很多。因此一旦从训练数据中获悉变化的速度,我们就可以构建第二个卡尔曼递归方程,不断更新编码函数。该算法在猴子控制二维摇杆的实验中进行验证,其优势得到了初步的证实[59]。2004 年,Eden 也在点过程解码器上进行了类似的尝试,在仿真实验中,老的神经元逐步丢失,同时,系统不断记录到新的神经元,算法能很好地跟踪这种变化。

(3)点过程模型。点过程模型采用似然函数来求得神经元放电的概率。似然函数依赖的参数主要有神经元锋电位记录、神经元群中其他神经元的活动、外部刺激以及行为。

图 9-5 是一个用点过程实现神经元放电的典型例子。最上方的图显示计数过程 $N(t)$,这是一个由右连续函数计算,在 t 时间内观察到的事件数。中间的图显示其微分 $\mathrm{d}N(t)$,称为峰值训练,是一个指示函数,假设在时间 t 发生事

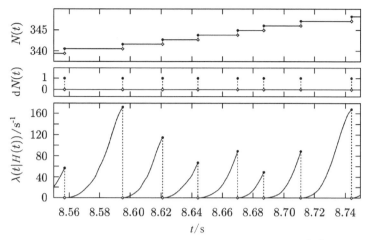

图9-5　点过程实现的一个神经元放电的典型实例[65]

件值为1,否则为0。最下方的图为条件强度函数$\lambda(t \mid H_s)$,在每一事件结束后归零,因为下一事件与前一事件之间不会非常接近。

在神经信号解码过程中,关键的问题是如何估计调谐曲线以及如何描述其时变特征。然而,假设对较少的模型进行跟踪太复杂,而一个简单的线性或指数模型可能会丢失重要的信息。为了平衡,一种可行的办法是综合一种调谐曲线与一个复杂的模型。根据这一思想,2014年,Liao等人对蒙特卡罗点过程模型进行了优化,构建了动态解析的点过程模型,称之为双蒙特卡罗点过程解码器(见图9-6)[60]。传统的蒙特卡罗模型在训练之后参数就固定下来了,采用双蒙特卡罗点过程解码器的参数具有时变性。他们首先采用线性、非线性、泊松模型降低模型参数的数量,然后在双蒙特卡罗点过程模型中实时更新这些参数。相比传统的参数固定的蒙特卡罗点过程模型,双蒙特卡罗点过程模型实现了神经信号的动态解析,并提高了解码准确率。

运动数据 → 线性滤波器 → 非线性滤波 → 泊松模型 → 神经信号

(a)

$$f = \exp(a \cdot k \cdot x) + \exp\left[-\left(\frac{k \cdot x - b}{c}\right)^2\right] + d$$

(b)

$$a_k^j = F a_{k-1}^j + u_k^j$$

(c)

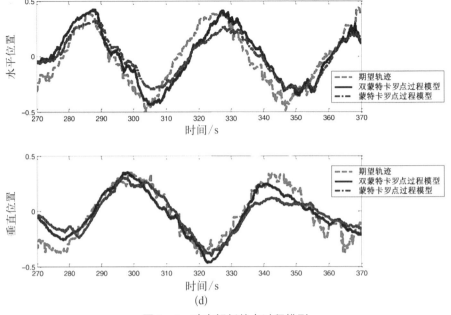

图 9-6　动态解析的点过程模型

(a)降低参数数量的线性-非线性-泊松模型结构框图;(b)传统蒙特卡罗点过程模型的调节函数,a、b、c、d 为四个参数;(c)双蒙特卡罗点过程模型中参数 a 的更新过程;(d)植入式脑-机接口在水平位置和垂直位置的蒙特卡罗点过程模型和双蒙特卡罗点过程模型的轨迹重建

2014 年,Xu 也对蒙特卡罗点过程模型进行了优化,将最近的神经活动状态加入普通的调节模型。拟合优度分析表明,该模型可以更准确地预测神经元的反应。基于该模型构造了一种新的时序蒙特卡罗算法,该算法可以明显降低解码结果的均方误差,使解码精度提高了 23.6%,并提高了解码速度。

(4)人工神经网络。人工神经网络在 20 世纪 90 年代后期被用于早期的脑-机接口研究,包括植入式和非植入式脑-机接口。2012 年,Sussillo 等人提出了一种基于动力学人工神经网络的解码方法[61],即循环神经网络。他将这种解码方法用于手臂由中央向外移动的运动实验来解码猴子 M1 脑区的活动,并获得了优于速度卡尔曼解码算法的解码效果。

力解码器为一个由矩阵 $gJ + W_F W_0^T$ 定义的有效内部连接的递归神经网络,同时 g 为全局变量。解码器的输入来自在 PMd 脑区植入的多电极阵列捕获的一系列神经信号峰值 $s_1(t)$,$\cdots$,$s_{96}(t)$,再乘以权重矩阵 W_I。网络输出是一个解码的可视化猴子的手臂在 x 和 y 方向的位置和速度,归一化的位置和速度信号定义为 $p_x(t)$,$p_y(t)$,$v_x(t)$,$v_y(t)$。解码器则通过修改权重 W_0 来单独训练。输出通过权重 W_F 反馈到神经网络,从而允许解码后的位置和速度修改网络动态。因此,网络动力学是合并神经信号峰值电位、内部连接以及解码后的位置和速度信号所产生的活动组合。脑-机接口实际解码的结果是根据物理空间位置和速度信号线性组合来获取的。

(5)适应性解码器。2004年,Taylor等人首次采用了适应性解码器,她在一个三维空间由中央向外移动实验的解码中加入了一个协同算法来提高猴子M1脑区的解码效果。

2011年,Li等人提出用自训练的贝叶斯算法来更新无损卡尔曼解码器的设置。由于采用了这种算法,实验中就没有了重训练过程。

2009年,Digiovanna用增强学习作为脑-机接口自适应算法,在这种方法中,实验中选择最大化奖励的模式进行刺激,然后将试验结果作为一个标量信号,在每次试验结束时用于参数更新。这种动作-评价增强学习可以在神经信号输入消失或延迟时快速恢复解码的准确率。

(6)离散分类器。离散分类器将神经元活动解码为多个离散选择,通常用在非植入式脑-机接口中,包括线性鉴别分析(LDA)、支持向量机、人工神经网络、多层感知器、隐藏马尔可夫模型、K近邻分类器以及非线性贝叶斯分类器等。

总结上述研究可以发现,时变解码算法成功的关键在于如何定义神经元的编码方式,以及如何描述其随时间变化的规律。如果将脑-机接口系统视作黑盒,把编码函数笼统地定义为神经发放与运动参数之间的输入输出映射,那么需要判断映射发生变化的标准。有必要深入研究神经信息的非线性和时变性,构建基于增量式以及点过程等方法的非线性、动态神经解码模型,提高现有解码模型的泛化能力和鲁棒性;研究完成特定动作时,不同脑区神经元及不同频段神经信号的协同编码模型可以提高神经解码的准确性,最终实现复杂神经信息高效、协同解码。

9.2.2 外部信息的编码与输入

大脑与外部环境的自然交互主要通过感觉及运动系统来实现,大脑根据感觉系统的反馈调整运动行为实现精确的运动控制。目前,在面向运动的脑-机接口研究中,提取运动信息的研究已经取得了重要进展,但是感觉信息的输入还面临着极大的挑战。反馈信息仅依赖于视觉信息通道,受试者在运动控制过程中需要集中注意力观察所控制的光标及假肢的实际运动,利用视觉信息反馈调节运动皮层的神经活动,实现闭环控制。但是在正常的生理条件下,除了视觉信息以外,大多数情况下大脑对肢体主动运动的控制还依赖于来自皮肤、肌肉和关节等躯体感觉系统神经信息的反馈,就运动过程中肢体的运动学和动力学信息而言,躯体感觉系统能比视觉信息通路提供具有更大信息维度、更高时间分辨率和更密切相关的反馈信息,因此极大地限制了当前面向运动控制的脑-机接口技术的实际应用。如何在脑-机接口中建立新的信息输入通路,为大脑提供有效的反馈信息已经成为双向闭环的植入式脑-机接口研究中亟待解决的瓶颈。新的信息输入通道的建立不但可以为面向运动的植入式脑-机接口提供有效的反馈信号,修复损伤的感觉信息通路,实现快速和精确的闭环控制,而且可以为心理和认知科学提供一个崭新的在线研究技术手段,对于理解大脑皮层可塑性机理、神经生物反馈机理以及扩展对大脑信息处理机制的认识具有重要意义。

从信息输入的实现方式上来讲,现有研究表明可以利用电刺激和非电刺激两种方式来重建大脑和外部环境的信息通路。

1) 电刺激

电刺激是指将外部信息转化为电刺激信号,直接作用于神经系统及感受器官。神经电生理的研究表明,直接施加于感觉皮层的微电刺激(intracortical micro stimulation,ICMS)能够为大脑输入一定的信息。自 20 世纪 60 年代以来,基于耳蜗电刺激的电子耳蜗已在临床上取得了巨大的成功,而近年来视觉假体的研究进展也表明电刺激视网膜可以帮助失明者恢复视觉。但是躯体感觉系统与视觉和听觉系统有所不同,由于它没有相对独立的感受器官,无法通过对感受器官进行电刺激实现信息的输入。因此,目前绝大多数躯体感觉输入的研究主要集中在颅内电刺激,包括皮层电刺激和深部电刺激。早期颅内电刺激技术主要应用于视听觉修复的研究中,Dobelle 等用电刺激视觉皮层构造人工视觉假体,让失明者直接感受到光。20 世纪 90 年代,Newsome 等人应用皮层微电刺激技术刺激实验动物的视觉区(visual cortex),改变了视觉神经元的发放率,证明了视觉神经元活动跟视觉感觉信息之间存在直接的联系,皮层微电刺激技术可以直接影响实验动物的感知判断,皮层微电刺激可以直接为大脑输入信息。1998 年,Romo 等开展了用皮层微电刺激进行信息编码输入的研究,证明了猴子在自然的触觉振动刺激和躯体感觉皮层(sensory cortex,S1)微电刺激两种不同的刺激任务中能够做出正确的判断,这说明皮层微电刺激可以作为类似自然感觉的信息输入。随后,2007 年 Butovas 等研究了单个脉冲刺激与多个脉冲串刺激大鼠感觉皮层的信息提示效果,结果表明采用多个脉冲串刺激时信息输入效果更好,大鼠识别刺激的阈值更低,随着刺激强度加强,识别的正确率也越高。2012 年 Semprini 等研究了自由活动的大鼠在感觉皮层微电刺激提示下进行压杆操作的行为范式,测出了大鼠对三种不同电刺激参数——刺激电流、刺激频率和刺激时长进行识别的最低阈值。此外,Koivuniemi 等在大鼠听觉皮层埋植刺激电极,研究了电极植入深度、刺激波形特征以及刺激频率等对大鼠识别的影响。

2007 年,杜克大学 Fitzsimmons 等人对猴子感觉皮层电刺激编码模式进行了研究,将不同模式下电刺激、输入作为左右方向的信息提示,训练猴子进行左右选择的判断任务[62]。实验总共设计了三种刺激模式,分别是 a1 和 a2 有无电刺激模式、时间编码模式和空间编码模式。为了避免猴子本身的方向性偏好,设计了 a1 和 a2 两种互补实验任务,两者信息提示的方向刚好相反。时间编码模式具体表现为两种刺激条件的刺激时间和刺激电量相同,但是脉冲串的输出模式不同,一种刺激采用短脉冲串短间隔输出,另一种刺激采用长脉冲串长间隔输出。在空间编码模式中,两种刺激条件的刺激电量、刺激时间和脉冲串模式都相同,唯一不同的是脉冲串在四个刺激电极上的输出顺序。第一种刺激条件下脉冲串在四个刺激电极上的输出顺序为 1→2→3→4,第二种刺激条件下脉冲串的输出顺序与第一种刚好相反,为 4→3→2→1。实验结果表明,猴子对这三种不同的刺激模式都能够进行正确地识别和区分。

2008 年,Yang 等人以大鼠听觉皮层为研究对象,研究了相邻两根刺激电极上输出脉冲串的时间差对大鼠识别电刺激效果的影响。其中一种刺激模式为两根刺激电极同时输出相同模式的脉冲串,另一种刺激模式为两根刺激电极先后输出相同模式的脉冲串。实验结果表明,第二种刺激模式下两根刺激电极输出脉冲的时间差越大,大鼠对两种刺激模式的识别效果越好,并且大鼠能够识别的最短时间差为 3 ms。2013 年,Miller 研究小组则研究了单电极刺激跟多电极刺激对猴子识别电刺激效果的影响。实验结果表明,随着刺激电极数量增多,猴子对电刺激识别的敏感度也逐渐升高。因此,同样让猴子识别电刺激,多电极刺激比单电极刺激需要的刺激强度更小。

以上的各项研究分别从电刺激参数本身以及电刺激编码模式等方面对皮层电刺激的影响效果进行研究,通过行为学实验证明了多种电刺激参数或模式均可以为大脑输入信息,表明了皮层微电刺激作为信息输入手段的可行性和多样性。

2002 年,Talwar 等人在 *Nature* 发表的文章展示了向大鼠大脑胡须区和内侧前脑束的植入微电极发送电刺激脉冲可以产生虚拟触觉提示和虚拟奖励,控制大鼠左右转向绕过障碍物、爬坡、走高台、下楼梯、钻洞、下坡等,引导大鼠完成复杂的导航任务[63]。该项工作为颅内电刺激技术提供了更广阔的应用领域。

2007 年,浙江大学求是高等研究院郑筱祥科研团队开展了机-脑的植入式脑-机接口技术研究,建立了复杂环境下的大鼠导航系统。该研究在大鼠脑内感觉皮层、内侧前脑束和中央导水管灰质区等部位埋植了三对电极,通过安装于大鼠背部的无线微电刺激背包对相应脑区施加特定电压幅值、脉宽、频率、持续时长的电刺激,让大鼠脑部产生虚拟触觉、兴奋感以及恐惧感,克服恐高、避光等本能行为压力,完成了带有前进、左右转向、停止四种指令的大鼠机器人导航系统,并实现了大鼠在旷野环境中以及立体陡坡条件下的场地导航任务[64](见图 9-7)。

图 9-7 带有"停止"指令的大鼠机器人控制实拍图

关于电刺激在动物机器人上的应用,国内外众多的研究团队开展了相关工作,研究对象除了大鼠以外,还包括蟑螂、飞蛾、甲虫、鸽子、蜜蜂、鲨鱼、壁虎等。研究的原理基本是将电刺激作为信息提示的手段来调控实验动物的行为。

2009 年,O'Doherty 等人在基于猴子的脑-机接口系统中,直接利用电刺激提示猴子进行左右选择任务,猴子则用脑电控制屏幕光标完成相应的选择[65]。为了比较自然触觉刺激和感觉皮层电刺激的效果,Romo 等通过一系列的心理物理学实验比较了自然触觉刺激和感觉皮层电刺激的效果,结果表明猴子能区分施加于初级感觉皮层(S1)不同频率的电刺激,并且电刺激可以引导行为。不仅如此,研究还表明皮层电刺激和自然的触觉刺激能产生同等的心理物理学效应,且同样具有可记忆性和可辨别性。以上研究在很大程度上证实了电刺激皮层可以代替自然刺激作为有效的信息输入方式。2007 年,Fitzsimmons 等人通过改变皮层电流刺激的时空序列提示猴子完成不同的行为任务,实验中猴子不仅能区分出刺激信号的有和无、多和少,还能区分出不同的刺激序列,从行为学上进一步证实了颅内微电刺激可作为外部环境对皮层的信息输入。

　　尽管心理学和行为学研究已表明利用颅内电刺激技术可以直接向大脑输入外部的环境信息,但要更深入地说明电刺激技术直接建立大脑信息输入通道的可行性,还需要结合神经电生理技术,在细胞和组织水平对刺激前后的神经元集群活动展开更深入的观察和研究,对自然刺激和人工刺激引起的神经集群活动模式进行分析和比较,寻找环境信息与颅内电刺激的对应关系,解决环境信息编码的问题。Francis 等人利用单电极技术对大鼠的腹外侧丘脑(ventral posterolateral thalamus,VPL)和感觉皮层的感受也进行了详细的功能定位,比较了在电刺激 VPL 和自然触觉刺激大鼠前掌这两种不同模式下感觉皮层 S1 区神经集群活动的变化。结果表明电刺激 VPL 与触觉刺激前掌引起的神经发放模式非常相似,与自然刺激相比较,电刺激引起强度更大、持续时间更短的神经活动变化,这提示电刺激可能具有更好的时间分辨率。

　　此外,众多研究者已经对刺激参数进行了深入而细致的研究,分别探讨了大脑皮层对不同刺激参数的分辨率和有效应用范围。Rousche 等人通过电刺激大鼠的听觉皮层,研究了刺激脉冲幅度对听觉的影响;London 等通过刺激猴子不同深度处的感觉运动皮层,研究了频率和刺激深度的影响;Xu 等人利用行为学实验着重研究了刺激持续时间和奖赏力度的关系。在电刺激人的视觉皮层的研究中,皮层下和皮层内的电刺激表明,不同的刺激参数能引起不同明暗亮度的感受。不少仿真建模的工作从理论上也对刺激参数做了初步的探讨。但是在面向运动的脑-机接口研究中,如何选择颅内电刺激参数,实现有效的信息编码输入是目前外部信息输入研究亟待解决的一大难题。

　　2) 非电刺激

　　对大脑的微电刺激作为一种外部信息的有效输入手段已经在脑-机接口研究中得到了广泛的验证和使用。电刺激具有可以精确控制刺激时间、刺激强度和刺激参数的优势,但电刺激作为信息的输入手段也存在多个缺点。最主要的问题是电刺激对动物神经系统的影响不具有选择性,通常会对电极附近所有类型的神经元、胶质细胞等都产生影响,使得其缺少对特殊类型神经元的操控。其次电刺激在脑内的传播方向没有特异性,同时又受到解剖结构以及神经元分布的影响,从而导致很难对电刺激的作用范围进行评估。此外,电刺激需要在脑内埋植电极,而这一操作容易对组织造成损伤。近年来,随着多种大脑观测和调控技术的发展,出现了多种非电刺激的大脑功能调控方法,包括光遗传学调控技术、聚焦超声刺激技术和经颅磁刺激技术等。也就是说,非电刺激是在神经通路损伤之后,将环境信息转换为另一类信号,通过其他神经通路来输入。

　　(1) 光遗传学调控技术。近年来,通过在细胞膜上表达特定的光敏感离子通道蛋白,利用特定波长的光照实现对神经元动作电位的调控取得了巨大的突破,产生了全新的光遗传学技术。2006 年 Deisseroth 研究组用转基因方法将在低等海藻中提取出的光感基因 channelrhodospin-2(ChR2)导入小鼠特定的兴奋性神经元。当用适当波长的光(470 nm)照射时,神经元细胞膜上的 ChR2 离子通道打开,使得胞外高浓度的 Na^{2+} 离子内流,造成细胞膜电位的去极化,神经元产生动作电位。Zhang 等人对 ChR2 型光感基因的研究证明了 ChR2 光感基因具有良好的"光信号-电信号"对应特性和跟随特性。利用 ChR2 蛋白可以将毫秒脉宽的光刺激序列转化为神经元的动作电位,其最高发放频率可达 30～50 Hz。另一类源于藻类的 halorhodopsin(NpHR)光基因蛋白被证实可以作为抑制神经激活的有力工具。波长在 580 nm 附近的光可以最大限度地激活氯离子通道 NpHR,使得胞外的氯离子内流,造成细胞膜的超极化,抑制动作电位的产生。光遗传学技术对神经元动作电位的控制有着快速的开-关动力学特性,研究显示长期表达 ChR2 蛋白对神经元的生理机能几乎没有任何影响,这使得利用光遗传学技术实现毫秒级的神经元活动调控成为可能。

相比传统的电刺激技术,光刺激最大的优势在于细胞选择性。由于绝大多数脑内神经元在自然状态下对光不敏感,没有特异性表达光基因的神经元并不会在光照下产生变化。因此,选择性地使目标区域的神经元表达光敏感蛋白可达到控制特定区域神经元特异性的目的[66]。由于不同类型光感基因蛋白的激活可以对特定的神经元产生"激活"或者"抑制"效果,从而使得光遗传学技术对脑内神经元的操控性能远优于传统的电刺激技术。特别是不同类型的光感基因蛋白,其特异性激活光的波长不同,利用不同波长的光照可以同时实现对多类不同神经元的操控。Aracanis 等人对比光刺激与电刺激在动物神经调控方面的特点发现,光遗传学技术同时拥有优异的时间和空间可控性,并且最大限度地规避了非特异性的神经元激活/抑制,证实了光刺激方式可以作为神经系统精确调控的脑刺激方式。光遗传学技术在 2010 年后得到飞速发展,被广泛应用于神经环路、病理与生理、脑区绘图等诸多基础研究中。应用研究领域涉及神经科学研究的方方面面,包括神经环路研究、学习记忆研究、成瘾性研究、运动障碍、睡眠障碍、帕金森病模型、抑郁症和焦虑症动物模型等。

近年来,光遗传学技术在脑-机接口的研究工作中逐渐受到关注。Williams 等学者结合全透明的 ECoG 电极和光遗传技术在小鼠上实现了基于光刺激和皮层 EcoG 信号的闭环脑-机接口系统。利用光遗传学技术,该小组可以在小鼠的感觉皮层上实现任意模式的光照刺激。在感觉反馈的研究中,Tsai 和 Moore 等人利用光遗传学技术证明了对感觉皮层内椎体神经元和快发放的中间神经元分别进行激活时可以诱发出不同类型的 γ 节律,从而证实了光刺激可以控制啮齿动物的感觉皮层和感觉行为响应。2015 年,Xu 等人将光遗传技术与大鼠机器人技术结合,实现了基于光刺激模态的大鼠机器人运动控制及调节系统。将 ChR2 光感基因通过病毒载体介导转染的方式分别引入大鼠脑部关于前进、停止、左右转向等运动行为的相应脑区及特定神经核团后,直接施加激光刺激可以控制或调节大鼠相应的运动行为。

(2) 经颅超声刺激和经颅磁刺激。光遗传学技术可以特异性激活不同类型的神经元,但光照刺激仍然需要利用埋植入脑内的光纤进行传输,或者需要对颅骨做特殊的打磨和透明化处理,从而导致光遗传技术无法实现对大脑的无损刺激。非植入式的经颅超声刺激和经颅磁刺激技术很好地弥补了这一缺陷,通过对不同形式的能量进行深度方向的聚焦,经颅超声刺激和经颅磁刺激可以将能量准确地聚焦于脑内的目标区域,从而激活脑内神经元。

超声波是一种机械波,其频率大于 20 kHz,高于人耳的听觉阈。早在 20 世纪 20 年代,学者发现用超声辐射蛙的坐骨神经可引起腓肠肌的微小颤动。2008 年,Tyler 等人用低强度超声刺激离体培养的脑海马切片,实验结果表明超声刺激能够直接作用于神经元并引发动作电位,改变电压门控钠离子与钙离子通道的通透性,并且释放了跨突触神经递质。近年来,随着聚焦超声技术的进步,脑外发射的超声信号可以在大脑内部聚集能量后对脑无创伤刺激神经,诱发脑部活动。Tufail 等人在小鼠上使用经颅超声脉冲(transcranial pulsed ultrasound, TPU)直接刺激小鼠运动皮层,可以观测到明显的肌肉收缩(表现为四肢、胡须与尾部的运动)。该研究组采用类似的方法刺激小鼠大脑深部海马区域,结果也检测到神经元兴奋放电现象。经颅聚焦超声刺激(transcranial ultrasound stimulation, TUS)具有较高的空间分辨率,其精度可以达毫米级,因此可以精准刺激大脑深部特定功能区域。大量实验进一步证实不同频率、强度以及强制方式的超声波可以改变动作电位的持续时间或传导速度等,起到增强或者抑制神经活动的效果。

类似于经颅超声刺激,经颅磁刺激也是一种非植入式的脑功能刺激方式,其技术原理是在体外施加一定强度的交变电磁场,将脉冲磁场作用于脑组织,在脑内诱发一定强度的感应电流,使神经细胞去极化并产生诱发电位。20 世纪 80 年代,Barker 等人利用磁场对生物的周围神经和大脑皮层进行磁刺激,并记录相应的动作电位发放,开启了经颅磁刺激技术的研究。由于通过外部设备可以施加和调整磁场,改变磁刺激线圈的形状与位置可优化空间磁场与感应电场的分布,实现对大脑皮层和深部核团的神经功能调控。经颅磁刺激技术具有非植入、无痛的特点,已经被逐渐应用于各种神经疾病的治疗中,特别在治疗慢性疼痛、抑郁症、帕金森病等疾病以及脑卒中后运动恢复、认知功能康复等方面获得了较好的效果。但受限于现有磁刺激设备的精度,当前的经颅磁刺激还很难像电刺激和光刺激一样实时精准输入反馈信息。但最新的研究进展表明,类似于光敏感蛋白,生物体内也可以找到磁敏感基因,并且这一类磁敏感基因也可以通过分子遗传学手段在体内表达。因此,我们有理由相信,未来结合在体内表达的磁敏感蛋白和新型经颅磁刺激必定可以利用体外无损磁刺激激活神经细胞的特定活动。

3) 信息输入的参数优化

皮层电刺激技术、光遗传技术、经颅聚焦超声刺激技术和经颅磁刺激技术的发展为脑-机接口的研究提供了更多的大脑功能调控技术手段。无论是电刺激技术还是非电刺激技术均可以作为构建信息输入通路的有效方式。但我们对利用这些技术实现对大脑输入特定外部环境信息的研究都还处在初始阶段。对于各类刺激与特定信息输入的关联性,特别是刺激模式和参数的选择以及有效的功能实现等相关研究还不够充分,这导致刺激能够提供给大脑的信息量相当有限,因此在后续的研究中迫切需要对各类刺激技术进行优化。以电刺激信息输入为例,影响电刺激效果的参数主要包括刺激电流、刺激频率、刺激时长、刺激范围和电极位置等。目前,已经有大量的研究文献证明了不同的刺激参数具有不同的刺激效果。

2007 年,Butovas 等人在大鼠感觉皮层植入刺激电极,让大鼠在电刺激提示下进行舔水、嘴喝水的行为实验,研究单个脉冲刺激跟多个脉冲串刺激对大鼠的信息提示效果。实验结果表明采用多个脉冲串刺激的信息输入效果更好。具体表现为多个脉冲串刺激下大鼠识别刺激的阈值更低,并且随着刺激强度加强,识别的正确率也越高。2012 年,Semprini 及其研究团队利用自由状态的大鼠在感觉皮层微电刺激提示下进行压杆操作的行为范式,研究了大鼠对三种不同电刺激参数——刺激电流、刺激频率和刺激时长进行识别的最低阈值[67]。在实验中以正负方波模式的电刺激作为开始提示,大鼠在固定时间内压压杆视为任务成功。实验结果表明大鼠对幅度为 $40\sim100\ \mu A$,频率为 $50\sim200\ Hz$,刺激时长为 $50\sim200\ ms$ 的电刺激输入识别正确率较高,超出一定的范围后,刺激参数的增大对大鼠识别正确率影响不大。因此,通过大鼠对电刺激参数识别的正确率曲线可以找到大鼠能够识别的最优参数。同一时期,Koivuniemi 及其研究团队在大鼠听觉皮层埋植刺激电极,研究了另外的刺激参数,包括电极植入深度、刺激波形特征以及刺激频率等对大鼠识别的影响。实验结果表明电极在皮层植入的深度越深,大鼠对电刺激的识别阈值越低,最佳埋植深度在皮层第四层或第五层。而在电刺激波形方面需要保证电量的正负平衡,其中负向波的宽度是决定大鼠对电刺激识别阈值高低的主要因素,负向波宽度越窄,大鼠对电刺激的识别阈值越低。给予大鼠的最佳电刺激波形是正负对称、电量平衡、负向波在前的双向波。在刺激频率方面,一定范围内随着频率升高,大鼠对电刺激识别的阈值逐渐降低,但超过一定的范围后,大鼠对电刺激的识别阈值保持不变[68-69]。2016 年加拿大蒙特利尔大学的 Meghan Watson 等人通过大鼠前肢运动的幅度和延时研究了大鼠对三种刺激参数——刺激电流、频率和脉冲宽度的不同响应。实验结果表明,相比较其他参数,电刺激电流强度和频率变化所引起的大鼠前肢运动幅度的变化较大。浙江大学郑筱祥团队利用电生理跟行为学相结合的实验方案进行研究,即一方面在电刺激的同时记录大脑相关脑区的电信号,分析不同电刺激参数对大脑神经电活动的影响;另一方面训练大鼠进行电刺激-行为响应实验,分析不同电刺激参数下的行为响应。研究表明低电流(小于 20 μA)刺激不能给大鼠输入有效信息,中等电流(50 μA)以上的刺激才能给大鼠输入有效信息。同时,行为学跟电生理研究结果具有一致性,都表明电刺激引起神经元发放率不同模式的响应包含了不同的信息,并且可以影响大鼠的行为决策。

上述研究表明,实验动物可以感知脑内部分皮层区域的微电刺激,对不同参数电刺激能做出明确的区分。同时,皮层微电刺激可作为一种直接的信息传输方式为大脑输入一定的信息,诱导实验动物完成特定的行为学表现,实现实验动物和外界环境之间的直接交互。但是在实验过程当中,需要设计实验范式选择有效刺激参数,通过定量化比较电刺激与行为之间的关系挑选出最优刺激参数。但是大脑存在动态的变化机制,最优刺激参数也会随着刺激的过程发生改变,因此这种开环的电刺激方案并不能校正预期目标和实际输出之间的差异。反馈控制系统可以通过持续监测运动输出的变化及时调整刺激参数优化输出控制。

9.2.3 基于双向通信的闭环控制

基于双向通信的闭环脑-机接口在大脑与外部设备之间建立一种新型的信息交互与控制通道,该技术对深入理解大脑感认知过程、促进信息计算领域发展有重要的科学意义和广泛的应用前景。

2011 年,Venkatraman 等人提出了一种利用电刺激进行信息反馈的实验范式,训练大鼠自主摆动胡须,找到一个有实物标记的特定目标位置,当胡须触碰到该目标位置的物体时,大鼠会将胡须保持在目标位置附近。等大鼠学会该任务后,撤走目标位置的物体,取而代之的是当大鼠到达目标位置后,在大鼠感觉区施加一串电刺激,用实时电刺激反馈诱导大鼠定位目标位置[70]。该实验范式利用电刺激反馈了离散的位置信息。

2013 年,Nicolelis 的研究团队实现了电刺激进行连续状态信息反馈的实验范式[71]。实验大鼠在一个圆形行为箱中从相隔一定角度的三个水嘴中寻找目标水嘴。目标水嘴会发出红外光,通过大鼠头载的红外接收器接收,接收到的红外光强度反映了大鼠跟目标水嘴之间的距离。实验设计中将红外光的强度转化成电刺激强度,刺激大鼠感觉皮层,红外光越强,表示大鼠离目标水嘴越近,此时电刺激的强度也越强。通过连续的电刺激反馈训练,大鼠能成功理解电刺激强度跟目标水嘴距离之间的关系,顺利找到目标水嘴的位置,获得喝水奖赏。

以上的两个实验范式都是利用电刺激进行信息反馈的成功案例,实验结果说明实验动物能够将自身的运动状态跟电刺激输入结合起来,从而实现电刺激对外界信息的实时反馈。这两种实验范式为电刺激作为信息反馈的手段构成简单的闭环脑-机接口系统奠定了一定的基础。

将电刺激作为信息提示的手段是闭环脑-机接口最初的通信方式,但是要真正实现双向闭环交互首先是建立可同步进行神经信息刺激、采集的实时双向通信脑-机接口硬软件系统。由于电刺激的残余会使记录放大器饱和,影响信号的采集,产生记录伪迹,有碍神经信号的精确解码。因此,为了有效地消除电刺激伪迹,众多学者进行了相关研究。Litvak 等人利用刺激响应特性相对不变的性质,采用模板相减的方法消除伪迹。Wagenaar 和 Potter 采用曲线拟合方法来预测伪迹并在线去除伪迹,但该方法会丢失信息。在硬件伪迹消除方面,Freeman 等人利用采样保持电路来消除伪迹:刺激前,电路切换到"保持"模式,避免刺激伪迹进入放大器;刺激后,切换到"记录"模式,正常记录信号。但该电路的缺点是在"保持"模式期间信号损失较大。此外,有研究者开展了利用电极和电路结构的调整、滤波、放大器增益调整等其他硬件方法消除伪迹的相关研究。2007 年,Zheng 研究团队和 Rolston、Venkatraman 等人开发了若干将神经刺激和记录结合的双向通信系统,在动物实验中进行了双向闭环脑-机接口的实验。

Novellino 等人结合离体培养的大鼠神经元和嵌入式信号处理平台构建了双向脑-机接口系统模型,该系统利用神经元的信号控制小车的方向,当小车碰到障碍物时可将刺激信号反馈给神经元,实现了神经元与外部环境之间的双向交互。Doherty 等人利用电刺激刺激猴子的感觉皮层给予方向提示,然后实时解码运动皮层神经信号来完成方向选择的任务,结果表明猴子可通过双向脑-机交互系统获取外部信息并实现对外部环境的操控。颅内电刺激作为躯体感觉信息输入的方式不仅在大脑与外部环境之间建立了一条新的信息输入通路,而且通过信息整合,有可能进一步提高现有基于视觉反馈脑-机接口的整体性能。初步研究表明,电刺激感觉皮层除了能作为提示信息引导动物运动以外,还能有效地将运动信息反馈给大脑。Doherty 等分别用触觉反馈和电刺激反馈来训练猴子完成运动方向选择任务,两个星期的研究结果表明,实验中自然触觉反馈和皮层电刺激提供的反馈在信息量上几乎相同。同时,已有相当多的研究证实,多模态反馈较单一模态的反馈能提供更多的信息,有利于提高脑-机接口的性能。Nicolelis 等通过猴子实验发现,视觉反馈对于面向运动控制的脑-机接口系统非常重要,而且视觉反馈加上触觉反馈能使系统的整体性能有进一步提高。Suminski 等研究了自然躯体感觉反馈和视觉反馈的作用机制,在他们的实验中躯体感觉反馈比视觉反馈更能影响运动皮层的神经活动,更重要的是两种不同模态反馈的结合能提供更多的信息。当进一步研究结果表明当两种模态的反馈一致时,双模态反馈能显著提高脑-机接口的控制性能。

1999 年,Chapin 等人将微丝阵列电极植入大鼠的初级运动皮层,开始时大鼠需要用前爪压杆才能获得水,经过一段时间的适应以后,大鼠不需要实际行动,只需有想去压杆的念头,神经网络算法便可以从大鼠的神经信号中解析出它的压杆意愿,从而控制水系给水,这在植入式脑-机接口研究领域首次实现了大脑对外部设备的直接控制。该研究表明了植入式脑-机接口在大脑神经信息处理机制探索、残障人康复等方面具有重大的科研和应用价值。近年来相关的研究取得了突飞猛进的发展,研究的对象由啮齿类动物发展到非人灵长类动物,不断有新的成果被报道出来,在非人灵长类动物身上实现了对计算机光标的控制、多自由度机械手的精确控制以及瘫痪肌肉的控制。2003 年,Carmena 等人将微丝电极埋植在猴子额顶叶皮层区域,利用采集到的神经信号成功地控制机械手完成了伸抓动作[72]。

2008 年,Velliste 等人将微阵列电极埋植在猴子的运动皮层,利用大脑神经信号直接控制外部机械手,该猴子成功地完成了给自己喂食的任务[7]。实验记录了猴子初级运动皮层的神经集群发放信号,用群矢量算法解码出了猴子的手在三维空间中的速度和手指开合的程度,猴子可实时控制机械手臂去抓握食物,并给自己喂食。该实验证明脑-机接口可以代替肢体的部分功能,并且达到接近自然本体的程度。2011 年,O'Doherty 等人将记录电极埋植在相关运动皮层,并将刺激电极埋植在初级感觉皮层,通过使用电刺激的方法第一次实现了带有反馈的闭环脑-机接口系统[73]。猴子通过训练学会控制屏幕上的一只虚拟手去触摸三个外观一致的物体,触摸不同的物体会生成不同的电刺激脉冲并作用在初级感知皮层上。猴子利用该刺激所反馈的信息来调节运动皮层的神经活动,最终控制虚拟手正确地选择目标物体。

2014 年,Hao 等人利用微电极阵列记录猴子运动前皮层的神经元集群信号,发现背侧前运动皮层神经元的活动不仅表征了肩、肘等近端大关节在手臂伸缩运动中的动作信息,而且还参与了手指等远端小关节对于不同抓握的手势编码。在此工作基础上,他们进一步在线解码大脑皮层运动信号,实现了对智能假手的"抓、握、勾、捏"等精细手势动作的实时控制[74](见图 9-8)。

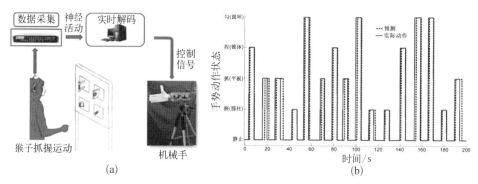

(a) (b)

图 9-8 猴子前运动皮层神经信号在线控制机械手

(a) 系统框图;(b) "抓、握、勾、捏"动作的解码结果

植入式脑-机接口在动物上所取得的成果促使研究人员尝试开展脑-机接口的临床研究。在美国 FDA 的批准下,布朗大学、匹兹堡大学等机构的研究人员先后在多名高位瘫痪的志愿者身上进行临床试验,这些患者可以直接利用大脑神经活动完成对鼠标或机械手的精确控制。2006 年,布朗大学 Donoghue 团队在一名因脊髓损伤导致瘫痪的患者的初级运动皮层中植入 96 通道的微电极阵列。利用脑-机接口系统,该患者通过意念可以准确地控制鼠标打开邮件以及控制外部机械手完成开合等动作[75]。2012 年,Nature 报道了该团队新的研究成果,一名植入神经记录电极的瘫痪患者利用大脑神经信号控制机械手抓起放置在桌子上的瓶子,并将其送到自己嘴边,可以自主喝咖啡[9]。

同年,Schwartz 团队在人身上实现了更多维度(7 维,包括三维空间的位置、三维手腕的旋转和一维手掌的抓握)的控制,利用脑-机接口系统基本完成了任意地移动、翻转和抓握等动作,是目前该系统在临床应用中的最好范例。2016 年,美国匹兹堡大学 Schwartz 教授带领的团队首次成功实现了基于感觉皮层微电刺激的感觉重建[76]。该项研究证明了在人类的大脑中可以利用微电极刺激感觉皮层来获取自然的感觉,是植入式脑-机接口研究领域的最新技术突破,引起了学术界的轰动。在这个实验中,高密度的 Uath 电极被植入了高位截瘫患者的运动皮层和感觉皮层内。新型的脑-机接口系统使受试对象不仅能利用意念控制机械手的运动,还可以将机械手上的触碰感觉转换为对感觉皮层的直接微电刺激,在受试对象控制机械手和美国总统奥巴马握手时,受试对象可以感受到机械手上传来的触碰感觉,实现了基于脑-机接口和皮层微电刺激技术的触觉反馈和感觉重建。

除了利用微电极阵列记录到的神经元锋电位信号之外,另一种颅内场电位信号 ECoG 也逐步被研究人员关注。2010 年,Wang 等人成功地利用皮层 ECoG 信号控制智能机械臂在三维空间运动。2014 年,Zheng 团队在临床实验中,利用志愿者感觉-运动皮层的 ECoG 信号实现了多运动的意图解码和异步控制,实时控制机械假手完成"石头-剪刀-布"等不同手势动作[77](见图 9-9)。2016 年,Ramsay 团队与美敦力公司合作,为渐冻症临床志愿者构建了一套全植入式的脑-机接口系统。志愿者运动皮层上的 ECoG 信号被该系统成功转化为电脑屏幕上光标的二维运动指令,瘫痪的志愿者凭借该系统每分钟可输入 2 个字符。

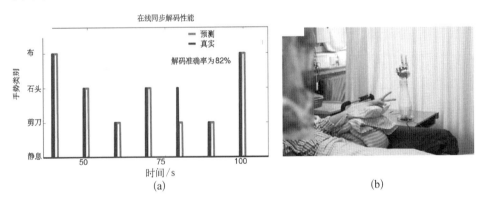

图 9-9 基于临床 ECoG 信号的机械手手势在线解码与控制

(a) 志愿者 P4 的实时机械手手势在线解码;(b) 实验现场照片

9.3 挑战与机遇

虽然,植入式脑-机接口取得了令人瞩目的成果,但是,要真正将其应用到临床还面临诸多重大挑战,包括① 植入式器件及其生物相容性,② 神经信号的检测和传输,③ 多脑区、多频段神经信息协同解码,④ 脑机融合的互适应控制策略等,牵涉到多学科全方位的融合交叉研究。

1) 植入式器件及其生物相容性

电极的生物相容性与长期稳定性是决定脑-机接口技术是否能够广泛应用到临床的关键。近三十年的研究表明，现有神经电极的失效主要可分为工程性和生物性两大类。其中，工程性失效主要是由于植入的电极需要长期驻留在复杂的生理体液环境中，导致包括电极接口和植入电极之间的互连机构故障、电极绝缘材料的损伤以及电极各层材料的剥落等，从而使植入电极采集不到脑内的信息而无法工作。因此，如何解决电极的连接、器件的密封和绝缘涂层材料在体液中的长期稳定性是当前电极器件设计和加工面临的重要挑战之一。

生物性失效源自植入电极引起的周围神经元死亡和胶质瘢痕导致的记录信号丢失。研究表明，炎症反应诱发的星形胶质细胞和小胶质细胞会形成胶质瘢痕，并沿着电极表面构成致密且绝缘的组织层，使植入电极无法记录到神经元的电信号。此外，电极植入期间的周围组织损伤、神经胶质网络的破坏、慢性血脑屏障的破坏以及电极与神经组织之间的相对微运动也是造成胶质瘢痕的主要原因。最新研究还表明，当电极的尺寸超过神经元胞体时，可能会破坏周围胶质细胞间的通信，触发促炎细胞因子的释放，从而导致活化的小胶质细胞和反应性星形胶质细胞的聚集。除了电极的机械特性外，电极表面化学性质和表面形貌都会影响炎症的严重程度。因此，如何减少电极物理尺寸和增加特殊涂层来减少植入电极和神经组织之间的炎症反应以及提高电极的生物相容性已成为当前电极制备和加工的一项重要挑战。生物活性涂层具有减缓排异反应、增强信号记录稳定性的作用。生物活性涂层可以降低胶质细胞的反应，同时增强电极周边神经细胞的存活率。近年来生物相容性电极材料的选择、电极器件的力学性质和几何形状与神经组织形态的可匹配研究、构建具有柔性可拉伸的电极器件以及有机导体和复合材料的联合应用等正在材料科学研究领域中兴起。

2) 神经信号的检测和传输

脑的结构和功能之间存在着多层次多尺度的复杂神经网络联系，人们对大脑神经网络如何感知环境从而产生行为等（如感觉、运动、情感、学习、记忆以及思维）的动态处理过程仍知之甚少。近年来，病毒示踪、细胞水平的透明全脑重建和超高磁场磁共振等脑科学研究技术发展迅猛，能在微观、介观和宏观水平上观察和研究大脑神经网络的静态结构连接图谱，为理解大脑工作机制提供了良好的物理基础。但对于分布在不同脑区负责特定功能和行为的神经网络而言，由于数目和类型众多的神经元随着环境、刺激等的动态变化，以及神经网络的动态连接和相互作用难以表征，导致人们难以理解特定行为背景下大脑神经网络的结构与功能的连接规律以及病态下神经网络连接实时异常变化的机制。为了解决大脑神经网络的功能拓扑表征、关键枢纽节点的信息处理、感觉的输入层和行为的输出层之间信息转换等重大神经科学问题,需要对不同脑区之间的信息流进行实时、动态的表征。因此亟须建立高通量的神经网络实时解析系统,收集特定行为过程中神经网络关键节点的连接数据,通过海量异构数据的实时分析,明确神经网络的连接类型和实现形式,阐明其拓扑连接关系。进一步结合多模态的神经调控手段,对神经网络中关键节点实施实时高精度的调控,探明多层次神经网络的运行规律,使大脑神经网络研究实现从"活动的现象观察"到"功能的因果分析",最终验证人们对脑功能的数学理解[78]。

从现阶段神经科学研究的发展来看,为了能在多层次和全脑尺度上对神经网络进行动态解析和实时调控,需要在多个不同层次上采集高通量的脑神经活动信号;为实现脑信号与行为变化的关联分析,需要融合海量神经电生理数据与行为数据;为探索大脑协同编码机制,需要积累尽可能详尽的实验数据;进一步结合最新的神经调控技术,通过光、电、磁和化学等手段控制(激活或抑制)神经网络中特定神经元集群的活动,建立脑神经信号的调控技术,构建双向闭环的控制通路;对多尺度和超高通量神经元活动进行精细和实时地采集记录和解析,实现对神经网络快速而精准的调控,为临床治疗神经系统相关疾病提供新颖的功能性动态调节手段和方法。

因此,复杂神经网络的解析和调控仪器必须具备更高通量的记录手段、更精细的调控方法以及更实时和高效的信号处理工具。近年来国外研究机构和生产厂商已分别在大脑神经信号高通量采集、实时解析和调控以及多模态数据融合技术等方面开展了相关工作。随着纳米工艺及新型材料的发展,基于柔性材料和微机电系统(MEMS)工艺的多通道微型记录电极阵列已使在大脑皮层表面采集多通道(大于 1 000 通道)高空间分辨率(低于亚毫米级)的电生理信号成为可能。高密度神经微电极技术和高通量神经信号记录技术的快速发展也需要有更强负载能力的神经记录设备。国际上多家知名电生理设备生产厂商已推出了相关设备,其中美国 Plexon 公司最新推出的 OmniPlex®D Neural Data Acquisition System 是目前具有最高记录能力的商业化实验仪器,可以对 512 个电极通道内的 40 kHz 的信号进行同步采样和记录。美国 Blackrock Microsystem、Ripple 等公司也分别推出了类似的 128 或 256 通道的神经电生理记录设备。美国 Intan 公司在 2013 年发布了 RHD2000 系列芯片,可在 4 mm×4 mm 的芯片上对 64 通道电生理信号进行采集、放大和数字化,使神经信号的高通量采集方案实现了商业化应用,为高通量神经信号的采集技术带来了革命性的变化。在神经刺激方面,目前性能最高的商业化刺激器为以色列的 Master-9 Pulse 系统,可实现 9 通道的独立电脉冲刺激，最小脉宽为 4 μs。国内中科院电子所蔡新霞团队从2010 年起在国家自然科学基金重大仪器专项资助下，已经成功开发了双模态神经信息检测分析仪，实现了对 128 通道电生理信号和 8 通道神经化学信号的同步检测，该团队目前正在研发多层次调控设备。清华大学李路明团队不但成功实现了深部脑刺激器的国产化，而且还进一步开发了具有闭环控制功能的多通道神经刺激器。

高通量的神经信号记录将极大地增加神经信号处理和分析的计算量，对脑神经活动的实时计算和在线调控都提出了极大的挑战。目前国际上顶尖的脑-机接口研究团队，如美国布朗大学的 BrainGate 团队和匹兹堡大学的 Andrew Schwartz 团队已分别开发了神经信号的实时解码平台，可对 192 通道的神经信号进行实时解码，并用于机械手臂的在线控制。美国斯坦福大学 Shenoy 教授团队和国内浙江大学陈耀武团队的研究工作均表明通过 FPGA 等硬件实现神经解码算法可以极大地提高信号处理和分析的实效性。2013 年底，美国食品及药物管理局（FDA）正式通过了基于闭环控制的反应性电刺激治疗仪 Neuropace，该产品利用皮层脑电（ECoG）实时检测癫痫发作，并利用电刺激来抑制癫痫。2014 年，美国加州大学 Gazzaley 团队开发了玻璃脑（glassbrain）技术，通过对 EEG 信号的实时处理实现了大脑神经活动的 3D 动态可视化。以上相关研究成果均揭示了实时神经信号处理技术在神经网络信息传输和交互研究中的巨大潜力，该技术的开发和应用将为脑科学研究和神经疾病的治疗揭开崭新的一页。

大脑活动引起的个体和群体行为学变化对了解大脑复杂的认知反应和神经动力学过程具有重要意义，因此神经电生理信号结合定量行为分析的研究方法在脑科学研究中日益受到重视。Plexon 和 Blackrock Microsystems 公司也纷纷推出了新产品，如 CineLab 行为分析系统和 NeuroMotive 系统。浙江大学陈耀武团队研制了基于可扩展 VPX 总线（新一代高速串行总线）架构的脑-机信号交互实时并行处理系统，实现了对高通量脑神经信号的实时处理和交互。同时，近两年来，光、声和磁等新型神经调控技术的不断涌现也要求下一代神经网络解析和调控仪器提供整合异构神经数据和多模态神经调控手段的接口，以实现神经电生理、皮层光学成像和行为视频等多模态数据的采集、分析和调控。此外，神经数据记录从高通量向超高通量转变已是必然的趋势，实验中获取的表征神经网络活动的海量实验数据对信号的高速传输、存储、管理和搜索也将带来极大的挑战。

3）多脑区、多频段神经信息协同解码

神经信息表达的动力学过程非常复杂，表现在神经信号的非线性、时变性以及信息在空域、频域上的协同性。大脑信息表达与传递的一个重要特征便是综合了多脑区各类神经信号在空域、频域中的协同作用。通常,感觉信息的整合与运动行为的产生是一个有机的整体,单个脑区、单个频段的脑信号不能完整体现其运动行为。为了提高解析的精确性和稳定性,引入动态非线性方法研究高效神经信息解码技术以及采用空域、频域信息融合方法构建神经信息在空域、频域的协同解码模型是十分必要的。因此,随着植入式脑-机接口技术研究的不断深入,为了实现更准确的神经信息解析,对神经信号的多脑区、多频段信息协同解码的研究越来越受到重视[79]。

在大脑的运动控制过程中,特别是脑-机接口中经常涉及的精细手部运动,通常由多个与运动相关的脑区参与。初级运动皮层(M1)主要负责接收和传输关键的运动信息,并用于构建最终的运动输出;而前运动皮层(PM)则是负责运动的规划,PM 又分为背侧通路(PMd)和腹侧通路(PMv);而辅助运动皮层(SMA)同样参与运动的控制与决策。这些不同的脑区与运动产生过程中的不同阶段存在相关性,都在完整的运动过程中编码了部分信息,所以采集多个脑区的信息并进行整合对提高脑-机接口的性能以及实现更高精度的控制具有重要意义。

在植入式脑-机接口的发展初期,大部分基于植入式微电极阵列矩阵的脑-机接口研究的都是单个脑区的信号。Fetz 等人证明了皮层神经活动能够编码各种形式的运动参数,但是研究者对哪一个脑区的神经信号输入能够提供最好的运动特征仍存在争议。因为 M1 脑区与运动的表达直接相关,所以目前大部分的研究采用的是 M1 脑区的信号。如 Donoghue 等人利用猴子 M1 脑区的神经元锋电位信号解码了鼠标的位置信息,Schwartz 等人则实现了基于猴子 M1 脑区神经元的三维空间位置解码。而 Pesaran 等人证明顶叶内沟的外侧壁(LIP)信号也能作为脑-机接口的输入。同样的,有许多的团队将目光投入到额叶和顶叶皮层的运动相关区域,发现负责运动规划的这些皮层同样可以作为脑-机接口的信号来源。这些研究都证明了不同的运动相关脑区作为脑-机接口信号源的可能性。

同样有许多研究着眼于多脑区的微电极阵列矩阵植入以及不同脑区的比较。Kalaska 等人同时在猴子的 PMd 和 M1 脑区植入电极观察猴子在同侧手和对侧手做到达运动时两个脑区的活动,发现 PMd 脑区在同侧运动中扮演重要的角色。Shenoy 等人也在猴子控制二维鼠标的脑-机接口中同时记录 PMd 和 M1 脑区的信号,用于解码运动的规划和执行阶段,同时对猴子 PMd/M1 脑区信号的长期稳定性进行检测。在后续的脑-机接口实验的发展中,该团队同样记录了 PMd 及 M1 脑区的信号用于实现猴子模拟打字的脑-机接口。随着脑-机接口技术的发展,越来越多的研究开始关注多个脑区的协同与联系,以提高脑-机接口性能。2015 年,浙江大学求是高等研究院团队在猴子的抓握脑-机接口实验中实现了多脑区信号的记录和解码工作,在研究 PMd 脑区在抓握过程中的表现同时研究了 M1 及 PMd 脑区的信号发放。在实现多运动脑区微电极阵列记录的同时,分析了不同的脑区联系和区别。该研究为多脑区协同解码优化脑-机接口性能提供了坚实的基础。

受微电极阵列植入技术的限制,植入电极的脑区选择和使用范围通常比较有限。而基于皮层电极 ECoG 信号的脑-机接口通常可以覆盖更为广泛的脑区,在脑-机接口的实验室研究和临床应用中受到重视。Fujii 团队设计了同时记录内外侧与沟内信号的皮层电极,用于记录猴子皮层的多脑区 ECoG 信号,该团队还曾在 2010 年实现了基于猴子皮层 ECoG 信号的三维运动解码,皮层电极覆盖了前额叶到运动感觉皮层大部分区域,实验表明包含多个脑区的皮层信号可以长期稳定地解码猴子自主喂食时其手臂的三维轨迹[80]。而对于 ECoG 皮层电极的临床应用,皮层电极的植入与研究通常结合了癫痫或脑卒中等患者的神经信号监测,电极植入的位置以及病灶的定位与手术需求相关,但由于电极覆盖较大脑区范围,因此为我们研究多脑区脑-机接口提供了良好的手段。早在 2004 年,Schalk 团队就开始了基于多脑区皮层信号的脑-机接口研究,该研究覆盖 Brodman 2,3(S1),4(M1),9 等多个脑区,并实现了对一维鼠标的控制。Mehring 等人则在 2008 年利用覆盖额叶和顶叶的皮层 ECoG 信号解码手臂二维轨迹并验证了多脑区信号在不同运动类型脑-机接口中的应用。日本的 Yoshimine 团队利用覆盖感觉运动皮层的 ECoG 电极记录信号在线实时控制机械手,该实验中受试者需要根据指示展示三种不同的手势,皮层 ECoG 电极覆盖于受试者的 M1 和 S1 脑区,研究表明,覆盖两个脑区的 ECoG 信号可以成功实现异步的神经解码并最终实现在线控制机械手。

由于 ECoG 皮层电极可以覆盖较大的范围,不仅可以有效地实现多脑区的协同和联合解码,同样对分析比较不同脑区的编码差异具有重要意义。Ramsey 等人通过 ECoG 电极比较 M1 和 S1 在解码上的差异,实验中要求受试者展示四种不同的手势,来源于 M1 和 S1 的 ECoG 信号分别用于手势的分类解码,并与 M1/S1 联合解码的结果进行比较,实验发现基于 M1 的 ECoG 信号的解码性能与基于 S1 的 ECoG 信号的解码性能基本相近,但低于 M1/S1 联合解码的效果,实验证明了联合多脑区解码提高脑-机接口实验性能的可能性。而 Ojemann 团队则通过覆盖多脑区的 ECoG 电极研究了运动过程中不同脑区的时序相关性,发现 PM 脑区的信号发放早于 S1,而 S1 比 M1 发放早,该研究对了解运动信号的产生和传递过程具有重要意义。浙江大学求是高等研究院团队与浙江大学医学院附属第二医院的神经外科合作,从 2013 年开始研究覆盖多脑区的 ECoG 信号在脑-机接口中的应用,可利用 M1 脑区、S1 脑区以及 PM 脑区信号进行手势解码,并可以在线控制机械手。利用 ECoG 电极覆盖范围广的优势,研究者比较了两侧运动脑区在脑-机接口中的差异以及 M1 和 S1 等不同脑区的解码性能差异。该研究对认识大脑的双侧运动控制机制以及不同神经回路在运动中的参与过程具有重要意义。

在植入式脑-机接口中,除了研究神经锋电位的发放,也有许多团队研究神经场电位的解码。而对于场电位的研究,如何选择合适的信号频段十分重要。不同的频段携带着不同的神经信息,如何从不同的频段中找到合适的运动解码信息,结合各个频段中的优势信息,实现多频段的协同解码是植入式脑-机接口研究中的重要课题。

随着植入式脑-机接口的不断发展,许多研究团队发现了各个脑区不同频段信号在脑-机接口实验中的应用。Bansal 等人研究了 M1 及 PMv 两个脑区局部场电位信号(LFP)的低频成分(小于 4 Hz),实验发现低频的神经锋电位可以由 LFP 信号重构得到,进一步的实验也证实了低频场电位(lf-LFP)可以用于解码三维空间中的伸缩和抓握运动,该研究表明 M1 和 PMv 脑区的场电位低频成分可编码运动信息。Asher 等人则通过深部电极研究了顶叶以及顶间沟(IPS)的 LFP 信号,实验发现 IPS 的低频成分(小于 100 Hz)可编码运动的方向与目标信息。低频 LFP 与锋电位(spike)间的联系被广泛研究,低频 LFP 解码作用也得到推广,但是有实验发现运动皮层 LFP 的高频部分同样可编码运动信息。Zhuang 等人研究猴子的 M1 脑区 LFP 高频成分的解码活动,实验发现 M1 脑区的 LFP 高频成分(100~200 Hz 以及 200~400 Hz 两个频道)包含最多的运动信息,并且使用高频 LFP 信号解码猴子手臂的三维运动具有最高的解码性能[81]。而 Mehring 团队进行了不同频段以及多频段联合解码的研究,将运动皮层不同频段的 LFP 信号分为了(小于 4 Hz,6~13 Hz,63~200 Hz,小于 4 Hz 和 6~13 Hz,小于 4 Hz 和 63~200 Hz,6~13 Hz 和 63~200 Hz,小于 4 Hz、6~13 Hz 和 63~200 Hz)几组进行比较,实验发现使用单个频段时,低频成分(小于 4 Hz)和高频成分(63~200 Hz)具有较高的解码性能,而不同频段结合的结果发现低频成分(小于 4 Hz)和次频成分(6~13 Hz)两个频段结合可以达到最高的解码性能,该实验证明了不同频段包含的运动信息有所差异,多频段协同解码具有性能优势[82]。浙江大学求是高等研究院团队同样在猴子手臂二维轨迹解码的脑-机接口研究中比较了不同频段的 LFP 信号。实验中将猴子 M1 脑区的 LFP 信号分为 7 个频道：δ（0.3～5 Hz），θ-α(5～15 Hz)，β（15～30 Hz），γ1（30～50 Hz），γ2（50～100 Hz），γ3（100～200 Hz），bhfLFP（200～400 Hz），实验发现 γ 频段的 LFP 信号在长期实验中具有更强的稳定性。另外，该团队还研究了超高频段的 LFP 信号（大于 500 Hz），实验发现超高频 LFP 同样可编码运动信息，其解码性能与基于锋电位信号的解码没有显著差异[83]。以上研究表明不同频段的 LFP 信号在信号的长期稳定性和神经解码性能上具有不同的优势，如何结合多频段的信息优势是实现更精细脑-机接口控制的关键问题。

在皮层脑电 ECoG 信号的脑-机接口研究中，由于记录的是皮层的场电位信号，同样需要比较不同频段的 ECoG 信号所编码的运动信息。2014 年，Schalk 团队在 ECoG 脑-机接口实验中比较不同频段的 ECoG 信号，发现高 γ 频段（40～180 Hz）的信号对方向具有最好的解码性能。Fifer 等人则比较了不同的 γ 频段，他们将 γ 频段分为 30～50 Hz、70～100 Hz 以及 100～150 Hz 三个频段，并用于解码抓握不同形状的物品，实验发现三个频段均能取得比较高的解码性能，且均高于 μ 频段（8～14 Hz）和 β 频段（16～30 Hz）。Hotson 等人则研究了不同频段的 ECoG 信号在脑损伤患者的同侧脑-机接口中的应用，实验中将信号分为 0～4 Hz、4～8 Hz、7～13 Hz、14～30 Hz、30～50 Hz、70～110 Hz 以及 130～200 Hz 七个频段，解码三个受试者的手臂轨迹，实验发现对于不同的受试者，解码性能最好的单个频段存在个体差异，但是通过多频段解码发现三个受试者均在多频段解码时达到较好的性能，该研究表明了多频段协同解码在一定程度上可以减少个体的解码差异。浙江大学求是高等研究院也在脑-机接口临床转换实验中对 ECoG 信号的不同频段进行了信号分析和解码比较，实验发现 ECoG 的高频成分（70～135 Hz）对不同手势具有最好的解码性能，而低频成分（4～12 Hz）同样具有较高的解码性能，结合高频和低频信号进行解码能使解码性能有些许提升。以上研究证明了了解不同频段在运动过程中所编码的信息以及联合不同频段特征实现多频段协同解码的重要性，这也是高性能脑-机接口发展的重要方向之一。

在植入式脑-机接口的研究中，寻找最合适的信号源以及信号特征以实现最高效的解码性能是一个关键问题。在大脑对运动的编码中，不同的脑区包含着不同的运动信息，而同一脑区信号的不同频段同样包含不同的运动信息，单一脑区单一频段的解码显然无法很好地还原运动信息，因此多脑区多频段协同解码将是脑-机接口发展的重要趋势。

为了实现多脑区多频段协同解码,重点需要解决动态、非线性的神经集群信息解码方法,研究运动皮层神经信息解码的非线性方法包括模型的建立及其关键参数的获取,引入已证实的关于神经元发放偏好性的证据,生成符合神经生理特征的、泛化能力强的神经信息解码模型;基于数据的概率统计法分析与神经元发放相关的不同运动学特征变量(位置、速度、加速度、方向等),建立两者之间的优化映射模型;研究离散锋电位信号的直接处理算法,将锋电位中丰富的时间信息融入以上讨论的建模、解码以及优化;研究不同神经元组群随时间变化以及空间分布的变化,在解码过程中允许动态观测模型;引入增量式建模方法,降低模型更新的时间复杂度,构建动态的神经信息解码模型;研究不同神经元对解析目标的时间调制模式,构建基于精细时间调制的解码模型。在此基础上,深入开展空域、频域神经信息融合与解码:研究实验动物在完成特定动作时不同脑区(初级运动皮层手部区 M1、背侧运动前区 PMd、后顶叶皮层 PPC、腹侧前运动区前部 F5 等)神经元之间信息通信与协同编码过程,构建基于多脑区的空域神经信息融合解码模型;研究高频段锋电位信号与低频段局部场电位协同编码过程,建立基于锋电位和局部场电位的频域神经信息融合解码模型。

多脑区多频段的协同解码不仅可以整合多层次的信号,提取更完整的运动信息,实现更精准更精细的运动控制,同时对不同脑区频段的比较分析是我们理解不同脑区和频段的神经信号运动编码机制的重要手段。

4) 脑机融合的互适应控制策略

已有研究表明,生物大脑的可塑性与脑-机接口密切相关。在神经信息解码过程中,神经活动是一个动态学习的过程,输出信号(通常是神经活动信号)与输入信号(通常为肢体的运动学信号)之间的映射关系会随着时间的延长而产生显著的变化。在先前的脑-机接口研究中,已有工作表明单个神经元的活动可能会随解码算法发生改变。Ganguly 等人针对脑-机接口条件下的神经集群信号适应性和可塑性进行了初步的探索,他们的研究结果表明,大脑皮层具有非常突出的学习能力,能很快地适应解码模型的突变。随着研究的深入,研究者还发现皮层电刺激反馈也能对皮层的可塑性产生影响,相关研究从另一个方面证实了 Romo 等人关于电刺激具有与自然刺激相似的心理物理学效果的假设。Moritz 等人的研究表明通过皮层电刺激可以在两个神经元之间建立功能性连接,这为神经修复提供了一种新的思路。Rebesco 等研究表明皮层电刺激不仅可以作为一种信息输入方式,还可以有效增强神经的功能性连接,并最终引起行为学上的变化,而这种可塑性的变化可能与自然刺激引起的兴趣爱好(Hebby)学习机制相似。总之,在植入式脑-机接口条件下研究皮层神经元集群的活动变化规律有助于我们了解大脑的可塑性机制和构建双向闭环的交互。利用大脑的可塑性，结合机器学习，构建脑、机相互适应的系统，可以提高脑-机接口的性能，近年来已有研究者尝试互适应的研究策略。Taylor 等人在恒河猴的三维光标控制中使用互适应算法，通过迭代更新每个神经元活动与光标运动角度的映射，追踪神经元发放在学习过程中的变化。Gage 等人设计了更系统化的互适应脑-机接口范式，将大鼠的神经元活动转化为不同频率的声音。大鼠调节神经元活动使声音频率到达目标频率并保持一定时间才算成功完成任务。解码算法采用卡尔曼滤波，在动态适应过程中机器通过选择相关性较大的数据来更新参数，并给出预测。DiGiovanna 等人则提出另外一种基于强化学习的脑-机接口互适应范式，强化学习中智能系统做出一个动作后，会接收由环境产生的奖赏或惩罚，智能系统的目标是使最终的奖赏最大化。大脑利用内在的强化学习机制来调节相关神经元，机器则需要模拟相应的强化学习过程。Mahmoudi 等人在此基础上进一步提出了共生脑-机接口(S-BMI)的概念，直接从大鼠脑部 NAcc 区获取奖赏信息，作为机器强化学习的反馈，利用这种模仿生物系统中的感知—行动—奖赏环路构建的脑-机接口更具适应能力，有助于脑、机之间的整合以及双向的交互[84]。

互适应学习是脑机融合系统，特别是运动功能重建性能提升与功能增强的关键。脑、机器以及外部环境都处于动态变化中，机器必须具备学习能力以适应脑的变化，脑对机器与外部的变化具有可塑性，通过互适应学习促进脑与机器相互适应对方的变化，并增强运动功能重建性能。因此，运动功能重建中的互适应学习机理是脑机融合的关键，有利于探明神经信息的最佳融合方法，建立感觉神经信息与感知觉之间、运动神经信息与运动功能之间的对应关系，实现运动功能重建系统的神经智能控制。目前，互适应脑-机接口的研究还处于探索阶段，很多方面需进一步研究，如复杂控制的互适应、实时精确的奖赏反馈以及大脑智能水平对互适应系统的影响等，从而为智能增强脑机融合系统感知觉及重建运动功能提供理论和技术基础。

综上所述，双向-闭环植入式脑-机接口研究是当前极具挑战的前沿科学问题，值得深入研究。目前国际上相关的研究工作刚刚起步，在"双向通信""闭环控制"两个核心研究方向上还存在着众多亟待攻克的难点，因此这是一个重大的学术需求及难得的机遇和挑战。

参考文献

[1] Konrad P, Shanks T. Implantable brain computer interface: challenges to neurotechnology translation[J]. Neurobiology of Disease, 2010, 38(3): 369 - 375.

［2］ Nicolelis M A. Actions from thoughts［J］. Nature，2001，409(6818)：403-407.

［3］ Kennedy P，Bakay R. Restoration of neural output from a paralyzed patient by a direct brain connection［J］. NeuroReport，1998 9(8)：1707-1711.

［4］ Chapin J. K，Moxon K A，Markowitz R S，et al. Real-time control of a robot arm using simultaneously recorded neurons in the motor cortex［J］. Nature Neuroscience，1999，2(7)：664-670.

［5］ Wessberg J，Stambaugh C R，Kralik J D，et al. Real-time prediction of hand trajectory by ensembles of cortical neurons in primates［J］. Nature，2000，408(6810)：361-365.

［6］ Santhanam G，Ryu S I，Yu B M，et al. A high-performance brain-computer interface ［J］. Nature，2006，442(7099)：195-198.

［7］ Velliste M，Perel S，Spalding M C，et al. Cortical control of a prosthetic arm for self-feeding［J］. Nature，2008，453(7198)：1098-1101.

［8］ Collinger J L，Wodlinger B，Downey J E，et al. High-performance neuroprosthetic control by an individual with tetraplegia［J］. The Lancet，2012，6736：61816-61819.

［9］ Hochberg L R，Bacher D，Jarosiewicz B，et al. Reach and grasp by people with tetraplegia using a neurally controlled robotic arm［J］. Nature，2012，485(7398)：372-375.

［10］ 苏学成,槐瑞托,杨俊卿,等. 一种用于机器人鸟的制导方法：中国,CN200810000866.4［P］. 2008-07-16.

［11］ 李海鹏,戴振东,谭华,等. 壁虎动物机器人遥控系统［J］.计算机技术与发展,2008,18(8)：16-19.

［12］ Zheng X X. Neural interface：frontiers and applications［M］. Singapore：Springer Nature，2020.

［13］ Georgopoulos A P，Schwartz A B，Kettner R E. Neuronal population coding of movement direction［J］. Science，1986，233(4771)：1416-1419.

［14］ Georgopoulos A P，Kettner R E，Schwartz A B，et al. Primate motor cortex and free arm movements to visual targets in three-dimensional space. ii. coding of the direction of movement by a neuronal population［J］. The Journal of Neuroscience，1988，8(8)：2928-2937.

［15］ Taylor D M，Tillery S I H，Schwartz A B. Direct cortical control of 3D neuroprosthetic devices［J］. Science，2002，296(5574)：1829-1832.

［16］ Kim S P，Sanchez J C，Erdogmus D，et al. Divide-and-conquer approach for brain machine interfaces：nonlinear mixture of competitive linear models［J］. Neural Networks，2003. 16(5-6)：865-871.

[17] Sanchez J C, Erdogmus D, Nicolelis M A, et al. Interpreting spatial and temporal neural activity through a recurrent neural network brain-machine interface[J]. IEEE Transactions on Neural Systems and Rehabilitation Engineering, 2005, 13 (2): 213 - 219.

[18] Wang Y W, Kim S, Principe J C. Comparison of TDNN training algorithms in brain machine interfaces[C]//Proceedings of the International Joint Conference on Neural Networks (IJCNN), 2005: 2459 - 2462.

[19] Wu W, Gao Y, Bienenstock E, et al. Bayesian population decoding of motor cortical activity using a Kalman filter[J]. Neural Computation, 2006, 18(1): 80 - 118.

[20] Li Z, O'Doherty J, Hanson T, et al. Unscented Kalman filter for brain-machine interfaces[J]. PloS One, 2009, 4(7): 1 - 18.

[21] Brockwell A, Rojas A, Kass R. Recursive Bayesian decoding of motor cortical signals by particle filtering[J]. Journal of Neurophysiology, 2004, 91(4): 1899 - 1907.

[22] Serruya M, Hatsopoulos N, Paninski L, et al. Brain-machine interface: instant neural control of a movement signal[J]. Nature, 2002, 416(6877): 141 - 142.

[23] Carmena J M, Lebedev M A, Crist RE, et al. Learning to control a brain-machine interface for reaching and grasping by primates[J]. PloS Biology, 2003, 1 (2): 193 - 208.

[24] Linderman M D, Santhanam G, Kemere C T, et al. Signal processing challenges for neural prostheses[J]. IEEE Signal Processing Magazine, 2008, 25(1): 18 - 28.

[25] Sanchez J C, Mahmoudi B, DiGiovanna J, et al. Exploiting co-adaptation for the design of symbiotic neuroprosthetic assistants[J]. Neural Networks, 2009, 22(3): 305 - 315.

[26] Sanchez J C, Carmena J M, Lebedev M A, et al. Ascertaining the importance of neurons to develop better brain-machine interfaces [J]. IEEE Transactions on Biomedical Engineering, 2004, 51(6): 943 - 953.

[27] Wang Y W, Principe J C, Sanchez J C. Ascertaining neuron importance by information theoretical analysis in motor brain-machine interfaces[J]. Neural Networks, 2009, 22(5): 781 - 790.

[28] Singhal G, Aggarwal V, Acharya S, et al. Ensemble fractional sensitivity: a quantitative approach to neuron selection for decoding motor tasks[J]. Computational Intelligence & Neuroscience, 2010, 2010(5): 648292.

[29] Xu K, Wang Y M, Wang Y W, et al. Local-learning-based neuron selection for grasping gesture prediction in motor brain machine interfaces[J]. Journal of Neural Engineering, 2013, 10(2): 26008.

[30] Cunningham J P, Yu B M. Dimensionality reduction for large-scale neural recordings

[J]. Nature Neuroscience, 2014, 17(11): 1500 - 1509.

[31] Cohen M R, Maunsell J H. A neuronal population measure of attention predicts behavioral performance on individual trials[J]. Journal of Neuroscience, 2011, 30 (45): 15241 - 15253.

[32] Mante V, Sussillo D, Shenoy K V, et al. Context-dependent computation by recurrent dynamics in prefrontal cortex[J]. Nature, 2013, 503(7474): 78 - 84.

[33] Churchland M M, Cunningham J P, Kaufman M T, et al. Neural population dynamics during reaching[J]. Nature, 2012, 487(7405): 51 - 56.

[34] Ahrens M B, Li J M, Orger M B, et al. Brain-wide neuronal dynamics during motor adaptation in zebrafish[J]. Nature, 2011, 485(7399): 471 - 477.

[35] 代建华,章怀坚,张韶岷,等. 大鼠运动皮层神经元集群锋电位时空模式解析[J]. 中国科学 C 缉,2009,39(8): 736 - 745.

[36] Wu W, Gao Y, Bienenstock E, et al. Bayesian population decoding of motor cortical activity using a Kalman filter[J]. Neural Computation, 2006, 18(1): 80 - 118.

[37] Diggle P, Heagerty P, Liang K Y, et al. Analysis of longitudinal data[M]. Oxford: Oxford University Press, 2002.

[38] Chan K S, Ledolter J. Monte carlo em estimation for time series models involving counts[J]. Journal of the American Statistical Association, 1995, 90 (429): 242 - 252.

[39] Smith A, Brown E. Estimating a state-space model from point process observations [J]. Neural Computation, 2003, 15(5): 965 - 991.

[40] Eden U, Frank L, Barbieri R, et al. Dynamic analysis of neural encoding by point process adaptive filtering[J]. Neural Computation, 2004, 16(5): 971 - 998.

[41] Wang Y W, Paiva R C, Principe J C. A monte carlo sequential estimation for point process optimum filtering [C]//2006 International Joint Conference on Neural Networks. 2006: 1846 - 1850.

[42] Brown E N, Nguyen D P, Frank L M, et al. An analysis of neural receptive field plasticity by point process adaptive filtering[J]. Proceedings of the National Academy of Sciences, 2001, 98(21): 12261 - 12266.

[43] Chichilnisky E J. A simple white noise analysis of neuronal light responses[J]. Network: Computation in Neural Systems, 2001, 12(2): 199 - 213.

[44] Paninski L. Convergence properties of three spike-triggered analysis techniques [J]. Network: Computation in Neural Systems, 2003, 14(3): 437 - 464.

[45] Simoncelli E P, Paninski J P, Pillow J W, et al, . Characterization of neural responses with stochastic stimuli[J]. The Cognitive Neurosciences, 2004, 3: 327 - 338.

[46] Truccolo W, Eden U T, Fellows M R, et al. A point process framework for relating

neural spiking activity to spiking history, neural ensemble, and extrinsic covariate effects[J]. Journal of Neurophysiology, 2005, 93(2): 1074 - 1089.

[47] Pillow J W, Shlens J, Paninski L, et al. Spatio-temporal correlations and visual signalling in a complete neuronal population [J]. Nature, 2008, 454 (7207): 995 - 999.

[48] Brown E, Barbieri R, Ventura V, et al. The time-rescaling theorem and its application to neural spike train data analysis[J]. Neural Computation, 2002, 14(2): 325 - 346.

[49] Xu K, Wang Y W, Wang F, et al. Neural decoding using a parallel sequential monte carlo method on point processes with ensemble effect [J]. BioMed Research International, 2014: 685492.

[50] Kim S, Putrino D, Ghosh S, et al. A granger causality measure for point 107 process models of ensemble neural spiking activity[J]. PLoS Computational Biology, 2011, 7(3): e1001110.

[51] Li Z, O'Doherty J E, Lebedev M A, et al. Adaptive decoding for brain machine interfaces through bayesian parameter updates[J]. Neural computation, 2011, 23 (12): 3162 - 3204.

[52] Laubach M, Wessberg J, Nicolelis M A L. Cortical ensemble activity increasingly predicts behaviour outcomes during learning of a motor task[J]. Nature, 2000, 405(6786): 567 - 571.

[53] Li C S R, Camillo P S, Bizzi E. Neuronal correlates of motor performanceand motor learning in the primary motor cortex of monkeys adapting to an external force field [J]. Neuron, 2001, 30(2): 593 - 607.

[54] Helms T S I, Taylor D M, Schwartz A B. Training in cortical control of neuroprosthetic devices improves signal extraction from small neuronal ensembles [J]. Reviews in the Neurosciences, 2003, 14(1 - 2): 107.

[55] Kim S P, Sanchez J C, Principe J C. Real time input subset selection for linear time-variant MIMO systems [J]. Optimization Methods & Software, 2007, 22 (1): 83 - 98.

[56] Gage G J, Ludwig K A, Otto K J, et al. Naïve coadaptive cortical control[J]. Journal of Neural Engineering, 2005, 2 (2): 52 - 63.

[57] Wu W, Hatsopoulos N G. Real-time decoding of nonstationary neural activity in motor cortex[J]. IEEE Transactions on Neural Systems and Rehabilitation Engineering, 2008, 16(3): 213 - 222.

[58] Gilja V, Nuyujukian P, Chestek C A, et al. A high-performance neural prosthesis enabled by control algorithm design [J]. Nature Neuroscience, 2012, 15 (12): 1752 - 1757.

[59] Wang Y, Principe J C. Tracking the non-stationary neuron tuning by dual Kalman filter for brain machine interfaces decoding[C]//2008 30th Annual International Conference of the IEEE Engineering in Medicine and Biology Society, 2008.

[60] Liao Y, Li H, Zhang Q, et al. Decoding the non-stationary neuron spike trains by dual Monte Carlo point process estimation in motor[J]. Brain Machine Interfaces, 2014, 2014: 6513 – 6516.

[61] Sussillo D, Nuyujukian P, Fan J M, et al. A recurrent neural network for closed-loop intracortical brain-machine interface decoders[J]. Journal of Neural Engineering, 2012, 9(2): 26027.

[62] Fitzsimmons N A, Drake W, Hanson T L, et al. Primate reaching cued by multichannel spatiotemporal cortical microstimulation[J]. Journal of Neuroscience, 2007, 27(21): 5593 – 5602.

[63] Talwar S K, Xu S, Hawley E S, et al. Rat navigation guided by remote control [J]. Nature, 2002, 417(6884): 37 – 38.

[64] Lin J, Yu C, Jia J, et al. Using dlPAG-evoked immobile behavior in animal-robotics navigation[C]//2010 5th International Conference on Computer Science and Education, 2010: 1295 – 1298.

[65] O'Doherty J E, Lebedev M A, Hanson T L, et al. A brain-machine interface instructed by direct intracortical microstimulation[J]. Frontiers in Integrative Neuroscience, 2009, 3: 20.

[66] Lee J H, Durand R, Gradinaru V, et al. Global and local fMRI signals driven by neurons defined optogenetically bytype and wiring[J]. Nature, 2010, 465(7299): 788 – 792.

[67] Semprini M, Bennicelli L, Vato A. A parametric study of intracortical microstimulation in behaving rats for the development of artificial sensory channels[C]//2012 Annual International Conference of the IEEE Engineering in Medicine and Biology Society, 2012: 799 – 802.

[68] Koivuniemi A S, Otto K J. Asymmetric versus symmetric pulses for cortical microstimulation[J]. IEEE Transactions on Neural Systems and Rehabilitation Engineering, 2011, 19(5): 468 – 476.

[69] Koivuniemi A S, Otto K J. The depth, waveform and pulse rate for electrical microstimulation of the auditory cortex[C]//2012 Annual International Conference of the IEEE Engineering in Medicine and Biology Society, 2012: 2489 – 2492.

[70] Venkatraman S, Carmena J M. Active sensing of target location encoded by cortical microstimulation[J]. IEEE Transactions on Neural Systems and Rehabilitation Enginerring, 2011, 19(3): 317 – 324.

[71] Thomson E E, Carra R, Nicolelis M A. Perceiving invisible light through a somatosensory cortical prosthesis[J]. Nature Communication, 2013, 4: 1482.

[72] Carmena J M, Lebedev M A, Crist R E. Learning to control a brain-machine interface for reaching and grasping by primates[J]. PLoS Biology, 2003. 1(2): 193-208.

[73] O'Doherty J E, Lebedev M A, Ifft P J, et al, Active tactile exploration using a brain-machine-brain interface[J]. Nature, 2011, 479(7372): 228-231.

[74] Hao Y Y, Zhang Q S, Controzzi M, et al. Distinct neural patterns enable grasp types decoding in monkey dorsal premotor cortex[J]. Journal of Neural Engineering, 2014, 11(6): 066011.

[75] Hochberg L R, Serruya M D, Friehs M, et al, Neuronal ensemble control of prosthetic devices by a human with tetraplegia[J]. Nature, 2006, 442(7099): 164-171.

[76] Flesher S N, Collinger J L, Foldes S T, et al. Intracortical microstimulation of human somatosensory cortex[J]. Science Translational Medicine, 2016, 8(361): 361ra141.

[77] Li Y, Zhang S M, Jin Y L, et al. Gesture decoding using ECoG signals from human sensorimotor cortex: a pilot study[J]. Behavioural Neurology, 2017, 2017: 3435686.

[78] Grafton S T. The cognitive neuroscience of prehension: recent developments[J]. Experimental Brain Research, 2010, 204(4): 475-491.

[79] Gardner E P, Ro J Y, Babu K S, et al. Neurophysiology of prehension. II. Response diversity in primary somatosensory (S-I) and motor (M-I) cortices[J]. Journal of Neurophysiology, 2007, 97(2): 1656-1670.

[80] Chao Z C, Nagasaka Y, Fujii N. Long-term asynchronous decoding of arm motion using electrocorticographic signals in monkeys[J]. Frontiers in Neuroengineering, 2010, 3(3)3.

[81] Zhuang J, Truccolo W, Carlos V I, et al. Decoding 3D reach and grasp kinematics from high-frequency local field potentials in primate primary motor cortex[J]. IEEE Transation on Biomedical Engineering, 2010, 57(7): 1774-1784.

[82] Rickert J, Oliveira S C, Vaadia E, et al. Encoding of movement direction in different frequency ranges of motor cortical local field potentials[J]. Journal of Neuroscience, 2005, 25(39): 8815-8824.

[83] Wang D, Zhang Q S, Li Y, et al. Long-term decoding stability of local field potentials from silicon arrays in primate motor cortex during a 2D center out task[J]. Journal of Neural Engingeering, 2014, 11(3): 36009.

[84] Mahmoudi B, Sanchez J C. Symbiotic brain-machine interface through value-based decision making[J]. PloS One, 2011, 6(3): e14760.

10

基于颅内脑电的BCI

洪波

洪波，清华大学医学院生物医学工程系，电子邮箱：hongbo@tsinghua.edu.cn
（宋琛、刘定坤、王如雪、王康、全松男等研究生参与了本章的资料整理）

颅内脑电信号通过直接置于皮层上或者皮层深部的电极采集获得,其主要由电极下的神经元群体的发放活动(spikes)以及局部场电位(LFP)共同构成[1]。其中颅内脑电的高频能量通常认为和局部神经元多细胞放电活动(multi-unit activity, MUA)最为相关,因此对颅内脑电的分析主要集中于高频能量部分[2-3]。

10.1 颅内脑电的电生理特性

颅内脑电所使用的电极通常有两种,包括皮层电极 ECoG 与深部电极 SEEG。皮层电极 ECoG 的触点通常均匀排布在一张片状电极上,皮层电极触点直径通常为 4 mm,间距为 1 cm,如图 10 - 1(a)所示。而深部电极的触点均匀分布在一根棒状电极上,电极触点长度为 2mm,间距为 1.5 mm ,如图 10 - 1(b)所示。由于触点不同,两种电极的有效记录范围也不同,颅内电极单一触点下方覆盖的神经元数量约为 500 000 个,其记录范围可能涉及附近以数百微米为直径的皮层空间[4]。

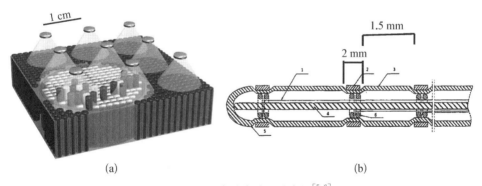

图 10 - 1 颅内脑电的两种电极[5-6]

(a) 颅内脑电的皮层电极;(b) 颅内脑电的深部电极

颅内脑电也可以记录到与头皮脑电类似的诱发电位[7],如图 10 - 2(a)所示,与头皮脑电不同的是这一电位在很邻近的电极之间也有很大差异,这与电磁场在颅内环境的复杂传递有关。由于电磁波在高频段空间衰减较快,因此认为颅内的高频能量记录到的是更为局部化的信息,反映了电极覆盖下神经元及其周边的发放活动。颅内脑电的频带能量分布如图 10 - 2(b)所示,这一能量分布称为 $1/f$ 分布[8],从低频到高频能量呈现出类似于 $1/f$ 函数的递减特性。对比$-400\sim0$ ms 的基线能量功率谱与 $0\sim400$ ms 的响应能量功率谱可以发现,在事件相关的激活中,颅内脑电有几个频段具有显著差异,分别是β,低频 γ 与高频 γ 频段,其中 β 频段为 $13\sim30$ Hz,低频 γ 频段为 $40\sim60$ Hz,高频 γ 频段为 $60\sim200$ Hz,在这些频带中高 γ 频段是最常用的响应分析频带[8,9],和外界刺激的特征最为相关[10]。颅内脑电脑-机接口研究主要关注这一频段的信息。

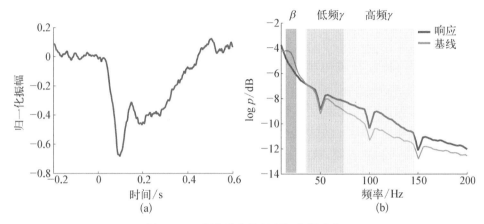

图 10-2　颅内脑电的低频与高频响应

(a) 颅内脑电的低频 ERP 响应;(b) 颅内脑电的高频频谱变化

由于颅内脑电的高频能量在不同频率之间依照 $1/f$ 规律衰减很快,可以通过小波变换来提取颅内脑电高频能量,如图 10-3(a)所示。可以对不同频带的

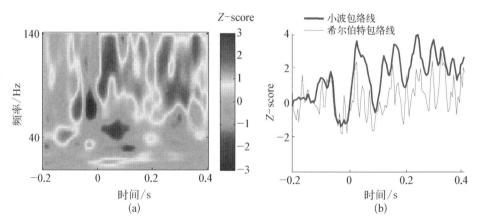

图 10-3　提取和增强颅内脑电的高频能量

(a) 小波变换的时频谱;(b) 小波能量归一化包络与希尔伯特带通包络的对比

能量进行归一化来增强高频段能量[11],也可以不进行归一化,直接使用宽频带
(如 60～200 Hz)滤波后提取希尔伯特变换包络来进行分析。两种方法的对比
如图 10-3(b)所示,由于不满足希尔伯特变换要求的窄带特性,以及将过多的
能量分配给滤波中较低频率的频段,希尔伯特包络的提取效果不如使用小波提
取后进行频带能量归一化的效果好。

10.2　颅内脑电记录电极的空间定位

在进行颅内电极的数据分析前,首先需要获取颅内电极在皮层的空间
位置,这一过程通常通过分析受试者的影像信息进行。需要采集 T1 加权
的磁共振结构像(MRI),并在参与研究的医院采集电极植入术后的 CT
影像。

一般采用 Freesurfer 平台[12]进行空间坐标变换和电极定位。所使用的颅
内空间坐标系统主要有三套,如图 10-4 所示。第一套坐标系为原始 MRI 影像
重建后,每个体素在重建后空间中的列、行以及层(CRS)坐标系,如图 10-
4(b)所示。其中,磁共振采集的空间分辨率为 3 mm×3 mm×3 mm 的矢状位图
像,通过插值重建算法将其变为 1 mm×1 mm×1 mm 的体素空间影像,因此坐
标系的空间分辨率为 1 mm。通过这些具体的距离信息,可以将 CRS 坐标系中
的行列值转换为距空间原点的距离,原点为大脑的中心点,其坐标值为距原点上
方、右方和前方的实际距离,即 RAS(right, anterior, superior)坐标系,如图
10-4(c)所示。然后通过 Freesurfer 的重建工具,可以获得重建后的皮层灰白
质信息,从而获得最后一套坐标系[见图 10-4(d)],即皮层这一曲面上的顶点
编号,每一个顶点对应的 RAS 坐标在重建时会自动生成。当获取电极在一个空

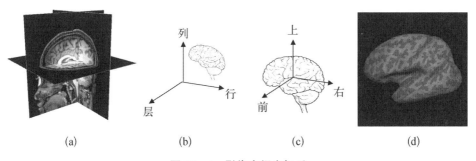

(a)　　　　　　(b)　　　　　　(c)　　　　　　(d)

图 10-4　影像空间坐标系

(a) 三维插值后的 MRI 影像;(b) CRS 坐标系;(c) RAS 坐标系;(d) 重建后的皮层空间

间,如 CRS 空间或 RAS 空间中的坐标之后,就可以通过刚体变换利用转换矩阵使坐标在两个空间之间相互转换。然后再通过 RAS 空间坐标与皮层上顶点编号的对应关系得到该坐标点在皮层上的位置。

既然由电极在 MRI 影像中任意一个坐标系的坐标就可以推出其他两个坐标,那么剩下的事情就是需要获得电极在 MRI 影像中的位置。然而电极的影像只能在 CT 影像中得到,因此需要对两个影像的空间进行配准。个体大脑上的电极定位通过配准重建后的 MRI 影像以及 CT 影像,将 CT 影像中手动确定的电极点位置进行空间投影获得。通过基于互信息的配准方法[13],可以将不同影像空间的坐标进行配准,统一到同一个坐标系中(见图 10 - 5)。

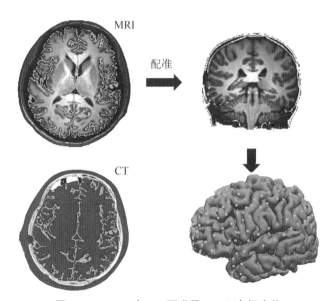

图 10 - 5　MRI 与 CT 配准及 ECoG 电极定位

对于深部电极 SEEG,要根据医院植入电极时给出的大致电极空间位置以及每根电极的触点数量,从 CT 中依据配准后的标准坐标系找到电极的最深点位置,电极在 CT 影像中的形态如图 10 - 6 所示。

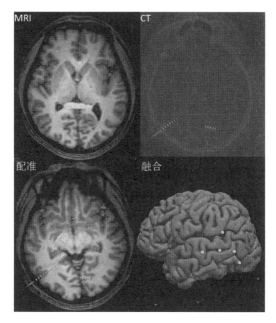

图 10 - 6 MRI 与 CT 配准及 SEEG 电极定位

上方为 MRI 和 CT 图像,左下为配准后图像(红色点表示 SEEG 电极的触点),右下为三维可视化结果(绿色点表示 SEEG 电极在皮层表面入点位置)

10.3 基于颅内脑电的视觉解码 BCI

大脑的视觉通路起始于视网膜,经过丘脑的外侧膝状体到达初级视皮层区 V1。初级视皮层 V1 对亮度对比和线条朝向等视觉信息敏感,随后的视觉高级处理从 V2 开始分为腹侧和背侧两个平行通路,腹侧主要处理视觉物体的形状、颜色等,而背侧通路处理与物体位置和运动相关的信息。基于视觉的脑-机接口系统利用视觉通路上不同脑区对特殊视觉刺激信号的差异化响应来解码脑电信号。目标和非目标视觉诱发响应的差异通常来自注视焦点差异和空间注意力调制。不同的颅内脑电视觉脑-机接口系统主要利用视觉通路中不同层级的响应特性实现脑-机交互。

基于颅内脑电的视觉脑-机接口研究始于 Sutter 等人 1992 年的一项开创性工作。他们首次采用初级视皮层的颅内脑电(硬膜上)信号开发了一套基于视觉诱发电位的在线脑-机接口系统(见图 10 - 7)[14]。这套系统设计了一个 8×8 的输入键盘,系统运行时所有位置同步呈现闪烁或是棋盘格翻转刺激,通过初级视皮层 V1 的中心放大效应确定受试者注视的目标位置。这个系统所诱发的视觉诱发电位 P100 的波峰稳定在 100 ms 左右,本质上与稳态视觉诱发电位同样属于初级视皮层 V1 对于对比度变化的响应。作者创新性地采用了 m 序列对刺激进行编码。假设初级视皮层对视觉刺激的处理是线性时不变系统,输入两组不同的 m 序列,得到的输出相关性接近 0。因此,使用 m 序列编码刺激输入可以在很短的时间内准确区分出目标,而又不易受响应之间混叠的影响。为了解决残疾患者自身产生的严重肌电干扰以及头皮电极定位精度较低的问题,作者进一步提出了植入硬膜外电极的方案,通过手术穿透颅骨将电极安放在硬脑膜外侧。这样在电极不与大脑直接接触时,信号强度能提升 5～10 倍,并且通过颅骨的屏蔽作用能够消除肌电干扰。这个方案在一名渐冻症患者身上进行了为期 11 个月的测试,受试者最终每分钟能拼写 10～12 个字,系统平均响应时间为 1.2 s。

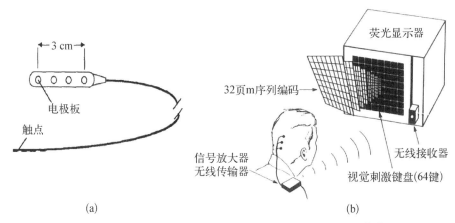

图 10-7 初级视觉皮层硬膜外脑电驱动的 BCI 打字系统[14]

(a) 植入颅内硬膜上的记录电极;(b) BCI 打字的系统设计

随着视觉信息处理层次的提高,头皮脑电视觉诱发电位的延时逐步增大,不同延时的波峰或波谷大致对应视皮层不同层级的处理。基于视觉运动诱发电位负峰 N200 的特征,清华大学研究组设计了 N200 speller 脑-机接口打字范式。其原理与 P300 speller 相同,行列刺激随机出现,刺激形式为以行列为单位出现移动的光栅,通过 N200 成分判断受试者注视的目标行和列,从而判决目标字符,在线传输率达到 12.15 bit/min,获得了与 P300 范式相近的性能[15]。通过优化自适应判决算法,进一步提升了该范式的性能,平均信息传输率可达 42.1 bit/min[16]。考虑到视觉运动响应主要来自人脑 MT 区,结合功能磁共振定位揭示了颅内脑电中与视觉运动响应相关的信号成分,研究者在癫痫患者身上实现了基于皮层脑电 ECoG 信号的脑-机接口系统[17-18]。分类时除了使用低频 ERP 作为特征外,还提取了 40～150 Hz 高频能量包络作为特征,如图 10-8 所示。实验发现 5 名受试者仅用高频 γ 特征的单导联分类正确率基本都高于 ERP,二者结合的分类正确率为(84.22±5.54)%,显著高于单独使用 ERP 或高频 γ 作为特征时的分类正确率。模拟在线信息传输速率达到 26.7 bit/min。相比于其他 BCI 系统,基于视觉运动诱发脑电的脑-机接口有以下优势:信噪比高,信号响应稳定,低对比度下就可诱发大幅度响应,同时存在多个频带的响应,响应的脑区明确,受试者只需很少训练即可快速使用该系统[16]。

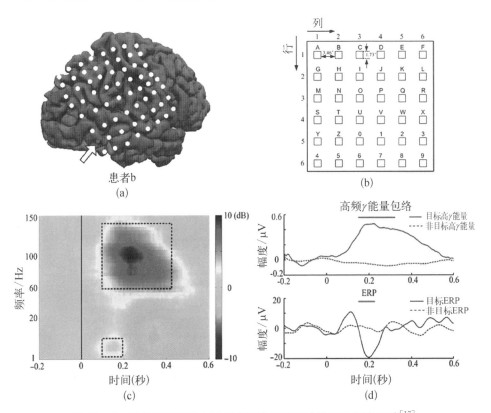

图 10-8　视觉运动脑区 MT 颅内脑电信号驱动的 BCI 打字系统[17]

(a) 患者的电极植入情况和最优电极选择;(b) N200 刺激界面;(c) 典型的 N200 响应,包含低频成分和高频成分;(d) 高频部分的高频 γ 能量包络(上)和 ERP 波形

上述两种视觉脑-机接口主要基于初级视皮层的中心放大效应和注意力对视觉诱发响应的调制。到了更为高级的处理层次,大脑已经能够判别视觉刺激的熟悉程度。头皮脑电中的 P300 是指在刺激后 300 ms 左右出现的一个正诱发电位,其是由两类视觉刺激中比例较少的新异刺激来触发的[19]。P300 的应用在头皮脑电上取得了很大的成功,但在颅内脑电中一直没有应用成功。此外,

P300 信号的起源也一直没有得到有效的解释。Brunner 等人在 2011 年研发了一款基于 ECoG 电极的 P300 拼写打字系统[20]。该研究测试了一名受试者，在这名受试者的前额叶、顶叶和枕叶区域植入了 ECoG 电极。6×6 的键盘会在实验过程中快速闪烁，受试者需要在实验期间始终注视目标位置的字符（见图 10-9）。采用带通滤波器得到 0.1~20 Hz 频带 ERP 波形，对 ERP 波形不同试次叠加平均，将所有通道的采样点作为 ERP 特征，采用逐步回归方法筛选这些特征后训练分类器进行判决。这个系统在在线测试中可以达到平均每分钟 17 字符的速度，相比基于头皮 EEG 的 P300 系统，速度上有了显著提升。这也进一步证明了 ECoG 信号在信噪比上远超头皮 EEG。但这项研究并没能有效揭示 P300 响应的起源，其有效电极来自从初级到较高级视皮层的各个脑区，很难说明哪些区域是直接的 P300 起源。颅内脑电植入电极要求尽可能小的创伤，在无法明确定位起源的情况下，P300 脑-机接口要应用于颅内脑电的环境下是有相当大的难度的。

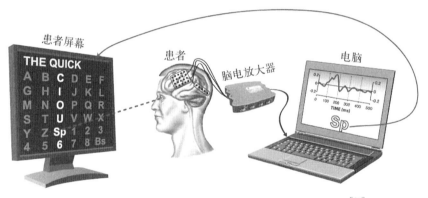

图 10-9　颅内诱发电位 P300 驱动的脑-机接口打字系统[20]

现阶段基于颅内脑电的视觉脑-机接口仍然存在很多挑战。首先是颅内环境下视觉诱发电位 VEP 特征的复杂性：在颅内环境下，由于电场情况更加复杂，VEP 的表现形式与头皮上有很大差异，这也是很多在头皮上非常成功的脑-机接口系统在颅内脑电环境下难以奏效的一个重要原因。其次是刺激疲劳问题，这是所有视觉刺激脑-机接口所面临的共同问题。长时间的闪烁刺激会极大地影响受试者的精神状态，进而影响系统的性能，设计疲劳度更低且具有较高响应区分度的范式一直都是一个重要问题。基于高级视觉脑区 MT 响应的视觉运动脑-机接口与基于初级视觉脑区 V1 的视觉脑-机接口相比，在刺激疲劳方面具有一定优势和应用潜力[17]。我们也注意到，基于颅内脑电的视觉脑-机接口主要采用的还是场电位 LFP 信号,这类低频信号的解码通常要和视觉刺激的编码方式相互配合。事实上是把视皮层响应等价为一个线性系统,从而构建一个基于调制解调原理的解码方法,这方面应该借鉴头皮脑电视觉脑-机接口体系进一步提高 BCI 的通信速率[21]。

10.4 基于颅内脑电的运动解码 BCI

从初级运动皮层 M1(primary motor cortex) 和初级体感皮层 S1(primary somatosensory cortex)或是结合两者的感觉运动皮层 (sensorimotor cortex) 记录到的 ECoG 信号,特别是其中高频 γ 活动特征,可为脑-机接口系统提供稳定而丰富的运动相关信息。基于 ECoG 的 BCI 运动控制研究最初是利用 ECoG 特征解码具有正常运动功能者的连续运动轨迹(从二维到三维),近年发展到手势识别、在线控制机械手运动、临床瘫痪患者控制机械手(或光标)运动的阶段[22-28]。最新研究已经开始探索可提供用户体感反馈的闭环(closed-loop)脑-机接口[29]。

大多 BCI 运动控制将感觉运动皮层 S1 或初级运动皮层 M1 作为提供运动相关信息的主要信号源,研究揭示了它们与实际运动或想象运动的直接关系。Schalk 等利用运动皮层 M1 和运动前区[见图 10 - 10(a)]ECoG 信号的时域运动皮层场电位(local motor potential,LMP)和特定频谱特征拟合线性模型解码二维运动轨迹,包括二维运动定位及运动速度预测,可达到与以往用皮层内微电极解码猴子运动轨迹相当的正确率[22]。这些 ECoG 信号的频谱特征和 LMP 特征均展示出对运动方向(运动角度)的余弦调制[见图 10 - 10(c)]。特别地,LMP 是在此首次被提出可用于运动参数解码的一种新型 ECoG 特征,尽管目前 LMP 的电生理起源仍有待深入研究,但它可以在时域上对运动参量进行幅度调制,并且为解码运动参量提供充分的信息[见图 10 - 10(b)]。在二维运动参数解码的基础上,Bundy 等实现了利用人脑感觉运动皮层 ECoG 特征解码包含多种独立运动学参量的三维空间内手臂的运动轨迹,揭示了利用 ECoG 使 BCI 可控制在多自由度的三维空间内运动的潜能[23]。同样利用 7 种经典频带的频谱能量特征以及时域 LMP 特征最小二乘回归拟合,所得预测运动参量与真实值的相关系数均高于随机水平。其中,感觉运动皮层的 β 频段能量是解码运动起始状态(on/off)中最为重要的特征,而 LMP 和高频 γ(65～95 Hz 和 130～175 Hz 两个频段)能量在解码运动参量时的预测权重最高。

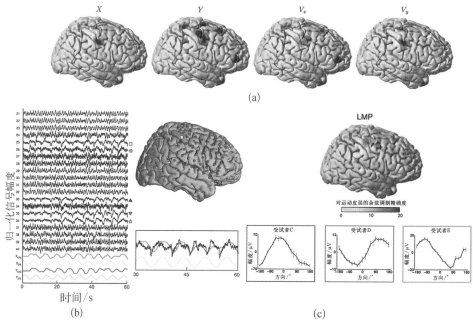

图 10 – 10　运动皮层场电位对二维运动参数的余弦调制编码

(a) 包含运动学参量信息的 ECoG 解剖定位分布,颜色代表不同位置信号在解码运动参量时的贡献度(红色代表最大贡献度,透明色则对应零),受试者 ECoG 电极的覆盖范围如蓝色轮廓所示;(b) 受试者 C 的 ECoG 时间序列示例,其中显示有 LMP 特征信号的电极用符号对应标记,channel_35 的部分信号和光标 X 位置进行放大展示;(c) LMP 特征的运动余弦调制指数解剖分布,以及特定标记位置的调制曲线

　　除解码连续运动轨迹外,ECoG 还可用来识别手势或手指运动等。Chestek 等利用感觉运动皮层 ECoG 的高频 γ 特征(66~114 Hz)来识别 5 种手势和 4 种不同的单个手指运动,分别达到平均 79% 和 78% 的正确率[24],并进行了在线控制机械手完成特定手部姿势的初步尝试,最高达到 97% 的识别率(识别两种手势)。但在识别更多数量的手势时,正确率仍低于离线水平。Hotson 等则对在线控制机械手进行了进一步深入研究[25]。他们首次提出利用受试者感觉运动皮层 ECoG 信号的高频 γ 响应特征,可在无须在线训练的情况下控制机械手的单个手指弯曲运动。在线控制中,其解码手指是否运动的正确率达到 92%,正确率在手指运动开始后 1.6~3.1 s 内达到峰值,即 97%;解码单个手指运动正确率的峰值可达到 81%,综合正确率达到 64%,均高于随机水平。另外,离线主动手指敲击任务和被动震动刺激任务均表明,体感运动皮层和运动皮层在任务开始前已经有显著的高频 γ 响应,如果除去体感皮层反馈信号,仅依赖运动皮层信息,解码手指是否运动的正确率最低仍可达到 70.7%。

初级体感皮层 S1 与初级运动皮层 M1 有着类似的躯体定位空间映射关系，也常被用来作为 BCI 运动控制的信号源。Chestek 等曾分别展示覆盖在 M1、S1 以及近中端和顶叶皮层内 ECoG 信号对不同手势的判别正确率,尽管 M1 分类表现多优于 S1,但受试者间结果差异很大[24]。Branco 等对体感皮层 ECoG 的运动解码表现进行了更为确定性的研究[26],他们用高密度电极记录 S1 和 M1 的 ECoG 信号,利用高频 γ(70～125 Hz) 时频信息建立三维特征空间,解码四种复杂手势,如图 10-11(a)所示,发现仅依据 S1 内 ECoG 信号的特征即可达到较高的手势判别度(76%),与仅依据 M1 内信号的特征获得的判别度(74%)接近。如果同时结合感觉运动皮层 S1、M1 的信号特征,可以将判别准确率提高到 85%,如图 10-11(b)所示。对于同时植入 M1 和 S1 电极的受试者而言,手势判别度贡献较大的电极在 S1 和 M1 均有分布,这进一步说明 M1 和 S1 的神经活动都包含了不同手势的信息,如图 10-11(c)所示。

针对运动功能丧失患者的临床研究有利于促进基于 ECoG 的 BCI 运动控制

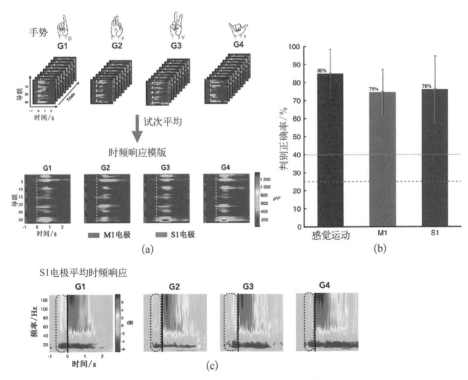

图 10-11 体感皮层 S1 信号用于手势识别

(a) 四种手势的特征空间示例(样本 3),颜色条对应 γ 带不同能量值;(b) 不同位置感觉运动、M1、S1 手势判别正确率,理论随机水平为 25%(灰色虚线),显著水平为 40%(灰色实线);(c) 四种手势 S1 电极响应的平均时频谱,虚线轮廓内表示运动起始前响应,竖直黑线表示运动起始时刻的真正实现。Degenhart 等让 1 位脊髓损伤和 2 位上肢瘫痪的受试者使用基于 ECoG 的 BCI 系统完成手部或肘部屈伸的想象运动和高达 3 个自由度的计算机光标运动控制[27]。研究发现受试者在想象患肢运动时,可以主观调节产生在运动皮层 M1 和体感皮层 S1 的高频 γ 响应,这与已具有正常运动功能受试者的研究一致。受试者还在经过二维光标控制训练后,主动在 M1 和 S1 脑区产生特定的高频 γ 响应,进行鲁棒的体感 ECoG 信号调制来适应三维光标控制,由此证明这类运动 BCI 解码方法同样适用于外周运动功能丧失的患者。2016 年,Vansteensel 等人设计了利用运动皮层脑电信号的脑-机接口打字系统,经过训练一位 ALS 患者可以长期自主打字,平均每分钟可打 2 个字符[28]。研究中在患者头部植入 4 块皮层电极,并将深部脑刺激器 DBS 设备植入 ALS 患者体内,皮层电极连接线在头皮下走线,连接至放大器,再通过无线传输将脑电信号传输到外部的解析设备(见图 10 - 12)。运动控制中的触觉和体感反馈是非常重要的,通过神经电刺激模拟触觉和体感反馈是一个值得探索的方向,但目前该研究尚处于起步阶段。Hiremath 等则通过电刺激一位上肢瘫痪患者的体感皮层,成功使其

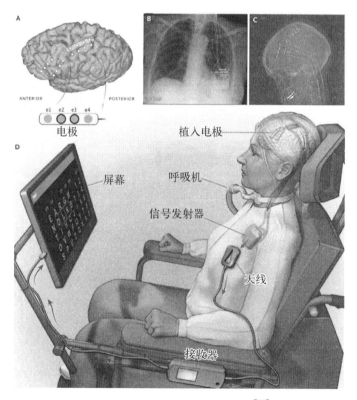

图 10 - 12　植入式无线 BCI 系统[28]

上肢和手部产生感觉[29]。该研究还揭示了外部刺激调控体感强度、感知类别信息的可能,有望通过刺激不同位置分布的电极诱发从手指到上肢的体感感觉,这三个特征将为实现 BCI 假肢控制的闭环——给予用户有效体感信息反馈提供重要依据。

10.5 基于颅内脑电的言语解码 BCI

与基于视觉、运动的脑-机接口系统不同,基于语音语言的 BCI 是一种直接、自然的脑-机接口,它直接从脑电信号中解码使用者心中默读的内容来辅助交流。这类脑-机接口通常记录和解读语言相关脑区的颅内脑电活动。颞叶的语音语言感知脑区包括初级和高级听觉皮层以及 Wernicke 区;额叶的语言语音产生脑区包括 Broca 区和发声控制的运动脑区[30]。

言语 BCI 的最终目标是实现基于默读语音(silent speech)的解码,但由于默读没有行为输出,在时间维度上无法精确定位事件的发生,目前对其研究较少[31-32]。但研究表明,默读与声音感知、朗读等任务共享部分脑网络,因此目前较多的工作集中在基于声音感知、朗读的脑电语音解码[33-34]。因为颞叶和额叶言语处理脑区密切关联,从神经信息编码和解码的角度来讲,这两类言语脑-机接口存在很多相通的地方。目前,脑-机接口解码方法主要包括:通过回归分析来还原声音频谱[35];通过颅内脑电时频特征对音素或词句进行分类[31,36];部分工作开始引入语音识别领域的方法来解码句子层次连续的语音[37-38]。

语音语言的感知主要涉及人脑颞叶的听觉皮层及其邻近的 Wernicke 语言区。言语脑-机接口的研究首先是从听觉皮层颅内脑电重建语音信号开始的。2012 年 Pasley 等人基于高密度的颅内脑电记录技术记录颞上回听觉皮层的脑电信号,尝试重建受试者听到的英文单词时频图(见图 10-13)[35]。其研究结果显示,重建的时频图与原始语音还有一定的差距,根据重建时频图与原始语音信号时频图的相关性来衡量,重建准确率在 30% 左右,该技术对变化较快的辅音的重建效果较差[35]。这项工作把大脑的语音处理看作一个简单的线性系统,虽然考虑了非线性的调整,但还是没有充分考虑语音处理的多层次性。一个可能的途径是在更高的语音单元层次进行解码研究,提高解码准确率。与重建单词语音的时频图不同,另一类研究的思路是分类,即通过颅内脑电对所听到的单词进行分类。Kellis 等人使受试者朗读不同的单词,记录期间的脑电信号,同时用单词类别标注脑电[39]。以串接多通道的频谱能量为特征,经主成分分析等方法

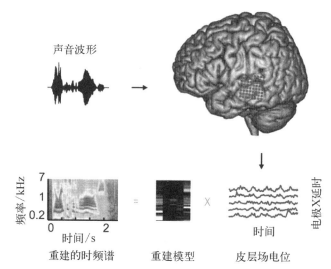

图10-13 基于听觉皮层颅内脑电的英文单词语音时频图重建[35]

降维后,用类似最近邻的方法来实现脑电的分类(见图10-14)。通过识别出脑电所对应的单词,便可以了解受试者的意图。

在有创式脑–机接口中,应尽可能减少电极数量,从而减少创伤,增加系统的可利用性。我们尝试通过单电极颅内脑电响应对受试者听到的元音进行分类(见图10-15)。可以看到,在有些电极上,单电极就可以对 a 和 i 两类元音达到很高的分类正确率。将正确率高于70%的电极投影在皮层上[见图10-15(b)],这些电极主要集中于初级听觉区域(颞平面PT),这反映了初级听觉区域对语音单元特征编码的稳定性。在语音单元处理的高级区域,如颞上沟STS等区域,单个元音的响应可能会受到多种因素的影响,例如元音所在的音节、受试者的注意状态等,这些都可能给信号带来更多的不确定性,因而分类准确率不高。

上面主要讨论了如何通过颅内脑电解码受试者听到的语音。语音语言的产生主要涉及人脑的前额叶布洛卡脑区及其邻近的控制发声的语言运动区。如果要从这些脑区把受试者想说的话解码出来,首先要从解码实际说话时的颅内脑电信号开始。Pei 等人通过记录 Broca 和 Wernicke 区的颅内脑电成功解码了朗读和默读的简单英文单词(见图10-16)[31]。受试者在看到屏幕提示之后开始默读或朗读单词,同时记录脑电。这些英文单词都是由两端两个辅音包含中间一个元音构成,即 CVC(consonant-vowel-consonant)结构。研究者在对单词分类时引入了编码方法,采用两阶段的解码方式[见图10-16(b)]。第一个阶段对元音进行分类,判断单词中的元音是哪类,第二阶段对单词中两端的一对辅音

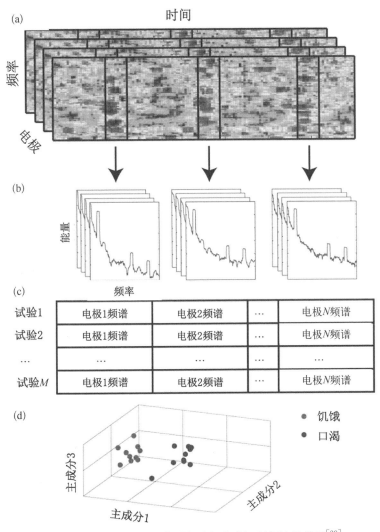

图 10-14 基于颅内脑电时频特征分类识别朗读的单词[39]

进行分类。确定了元音、辅音对的类别便可以确定单词的类别。对于默读任务来说,辅音分类判别力强的区域主要集中在 Wernicke 区,元音分类判别力强的区域主要集中在运动前区,包含少量的 Broca 和 Wernicke 区[见图 10-16(c)]。该项研究中元音的分类正确率为(40.7±2.1)%,辅音的为(40.6±8.3)%,为想象语言的脑-机接口提供了基础。2014 年 Mugler 等人也通过语音发声相关运动区域的颅内脑电来进行英文音素的解码研究,但英文音素分类正确率仅高于机会水平[40]。这两项研究提示,无论是在听觉颞叶皮层,还是额叶语音语言发生相关皮层,目前的颅内脑电分辨率尚不能很好地解码单个语音的音素。

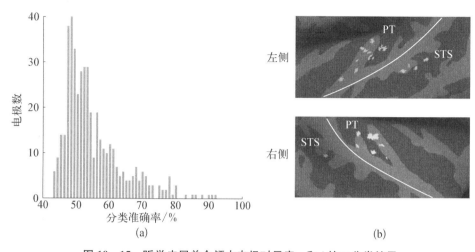

图 10 - 15　听觉皮层单个颅内电极对元音 a 和 i 的二分类结果

（a）单电极分类准确率的分布；（b）具有较高准确率（＞70％）的电极分布

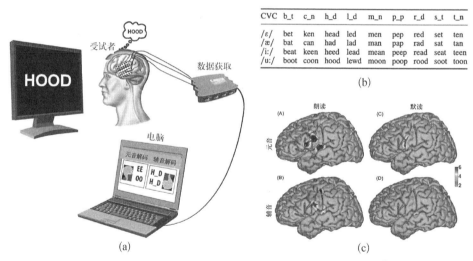

图 10 - 16　基于颅内脑电时频特征识别单词中的元音和辅音[31]

　　语音 BCI 的最终形式应是句子的连续语音解码，从脑电信号中直接识别出句子的音素或字符序列。由于这项任务非常类似于语音识别，目前有研究工作开始将语音识别方法引入到句子级的脑电连续语音解码中。2015 年 Herff 等人同时记录受试者连续发音时的语音信号和颅内脑电信号，结合语音识别的思路实现了脑电信号到文本的转化，研发了一套"Brain-To-Text"系统，单词识别的错误率仅为 25％[33]。他们以脑电信号的高频能量为特征，结合音素的标注信息，利用语音识别中的高斯混合模型和隐马尔可夫模型便可以识别基于脑电的语音信号(见图 10 - 17)。

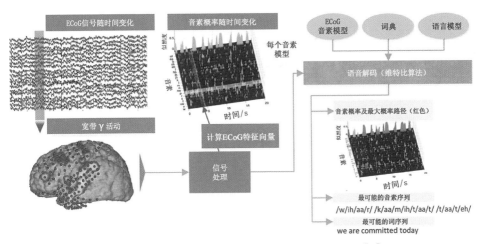

图 10 - 17　结合语音识别技术的连续语音解码系统[33]

10.6　前沿问题与未来发展方向

颅内脑电与头皮脑电相比具有更高的信噪比、更好的空间定位、更宽的频率范围,这三个优点都有助于脑内神经信息的解码。目前的颅内脑电记录只能在临床神经外科手术的电生理监护期实现,无论是 SEEG 还是 ECoG 记录都不能超过一个月,因此不能作为长期植入脑-机接口的解决方案。但是颅内脑电的上述三个优点,使得它成为神经电活动解析感觉、运动和语言内容的重要方式,为未来长期植入的颅内脑电脑-机接口的实现奠定了基础,甚至为头皮脑电脑-机接口方式的创新带来启发。下面从神经编码和脑电界面这两个方面讨论颅内脑电用于脑-机接口的问题和前景。

1) 神经编码与解码方法的特殊性

颅内脑电记录的是局部(通常覆盖直径为 2~4 mm)神经细胞群体放电活动的综合信号,既包括慢变的局部场电位(LFP),也包括快变的局部神经元高频放电,高频放电成分接近多细胞放电活动(multiple-unit activity, MUA)。这两种信号成分用于脑-机接口的解码时有明显区别,这是在设计和实现颅内脑电脑-机接口时需要注意的。慢变成分包括 α 和 β 频段的振荡和诱发电位(见图 10 - 18),这类信号成分主要反映脑状态和对外界视听刺激的锁时响应。慢

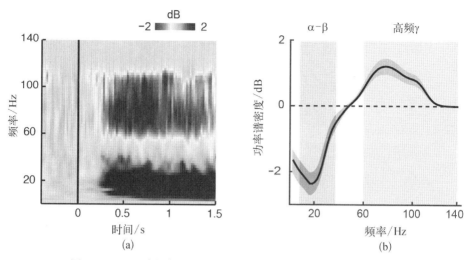

图 10-18 运动任务下颅内脑电的低频和高频成分及其能量变化

变成分的信息编码和解码方法与头皮脑电脑-机接口类似,例如前文提到的基于颅内 P100、N200、P300 等诱发电位成分的脑-机接口打字系统[14,17,20]以及想象运动诱发的颅内脑电振荡成分[22]。快变成分通常为 60 Hz 以上的高频 γ 能量(见图 10-18),但近年来人们普遍认为它并不是高频振荡,而是较宽频带的电活动(broad band activity)[2],频带范围因为记录位置和电极形状的不同而呈现较大差异。高频部分的能量通常呈现很好的信息选择性,其解码方法更加接近基于神经细胞放电的脑-机接口。前文提到的运动脑-机接口中,利用运动皮层 M1 和运动前区颅内脑电信号提取运动皮层场电位 LMP 和高频 γ 的高频能量,通过建立线性拟合模型直接解码二维运动的位置和速度,可达到与以往用皮层内微电极解码猴子运动轨迹相当的准确率,这表明运动皮层的颅内脑电信号具有对运动参数的选择性响应[22]。语言相关大脑皮层的颅内脑电信号的高频 γ 的高频成分(大于 60 Hz)也成为语音语言脑-机接口的主要解码依据。值得注意的是,较为初级的皮层位置的高频成分能量往往与语音中的时频参数呈现某种线性关系,从而可以采用线性参数回归模型[35];而高级语音语言皮层位置颅内脑电高频成分的响应呈现类别化的特点,可以通过线性分类器识别出语音单元的类别。我们在考虑脑-机接口解码方法时,应该区别不同的电极位置和处理层次,有针对性地设计解码算法。有些时候研究者把低频和高频成分结合起来可以提高解码的准确率,这也是值得关注的策略[17,22]。

2) 颅内脑电界面的长期可靠性

用于脑-机接口系统的脑电信号的采集主要分为无创头皮脑电和有创电极

阵列植入两大类。但这两种方法都由于各自的缺陷而无法应用到临床中。无创方式安全方便,但脑电信号微弱,空间分辨率低,难以实现精准、复杂的控制,同时电极和电磁环境的限制也使其无法长时间稳定工作。对于有创的电极阵列植入方式,开颅手术的创伤大,植入电极会引起神经胶质细胞的炎症反应并包裹电极,导致电极阻抗增加,一段时间后神经信号就会减弱甚至消失[41]。此外信号的传输也是个难题,电极通过颅骨的空洞处连接到外部放大器,在长时间的使用过程中,容易发生感染,有线连接也造成诸多不便。

　　针对目前这些方法存在的问题,清华大学研究组提出了一种新的微创全植入脑-机接口方案(见图 10 - 19)。在颅骨上开微孔,将微型电极阵列代替传统的深部电极或电极阵列植入到颅骨内硬膜上的位置,不破坏神经细胞,进行颅内脑电信号采集。这样既保证了颅压的稳定,又避免了免疫反应导致的电极信号失效。再将集成了微型放大器和无线传输模块的微型芯片嵌入这一微孔内,将信号进行放大后通过无线的方式传输到外部设备。这样在微创伤情况下就能实现长期的脑电信号采集和传输,进而应用到外部的脑电分析或脑-机接口设备中[17,42]。这种微创方案获取的神经信息要少于电极阵列,但长期可靠性强,国际上也有一些研究组在研究类似的方案[43-44]。

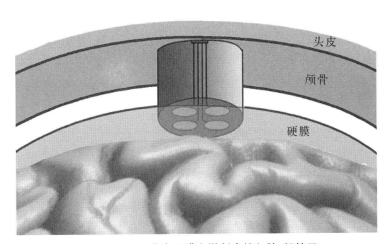

图 10 - 19　颅骨内硬膜上微创全植入脑-机接口

参考文献

[1]　Buzsáki G, Anastassiou C A, Koch C. The origin of extracellular fields and currents—EEG, ECoG, LFP and spikes[J]. Nature Reviews Neuroscience, 2012, 13(6): 407 - 420.

［2］ Mukamel R，Gelbard H，Arieli A，et al. Coupling between neuronal firing，field potentials，and FMRI in human auditory cortex［J］. Science，2005，309（5736）：951－954.

［3］ Crone N E，Boatman D，Gordon B，et al. Induced electrocorticographic gamma activity during auditory perception［J］. Clinical Neurophysiology，2001，112（4）：565－582.

［4］ Parvizi J，Kastner S. Promises and limitations of human intracranial electroencephalography ［J］. Nature Neuroscience，2018，21（4）：474－483.

［5］ Crone N E，Sinai A，Korzeniewska A. High-frequency gamma oscillations and human brain mapping with electrocorticography［J］. Progress in Brain Research，2006，159：275－295.

［6］ 陈晗青，吴迪，王岢.一种颅内深部电极：中国，104605847A［P］.2015－05－13.

［7］ Malins J G，Joanisse M F. Setting the tone：An ERP investigation of the influences of phonological similarity on spoken word recognition in Mandarin Chinese ［J］. Neuropsychologia，2012，50（8）：2032－2043.

［8］ Miller K J，Sorensen L B，Ojemann J G，et al. Power-law scaling in the brain surface electric potential［J］. PLoS Computational Biology，2009，5（12）：e1000609.

［9］ Mesgarani N，Cheung C，Johnson K，et al. Phonetic feature encoding in human superior temporal gyrus［J］. Science，2014，343（6174）：1006－1010.

［10］ Ray S，Maunsell J H R. Different origins of gamma rhythm and high-gamma activity in macaque visual cortex［J］. PLoS Biology，2011，9（4）：e1000610.

［11］ Cheung C，Hamilton L S，Johnson K，et al. The auditory representation of speech sounds in human motor cortex［J］. Elife，2016，5：e12577.

［12］ Fischl B. FreeSurfer［J］. NeuroImage，2012，62（2）：774－781.

［13］ Wells Ⅲ W M，Viola P，Atsumi H，et al. Multi-modal volume registration by maximization of mutual information［J］. Medical Image Analysis，1996，1（1）：35－51.

［14］ Sutter E E. The brain response interface：communication through visually-induced electrical brain responses［J］. Journal of Microcomputer Applications，1992，15（1）：31－45.

［15］ Hong B，Guo F，Liu T，et al. N200-speller using motion-onset visual response ［J］. Clinical Neurophysiology，2009，120（9）：1658－1666.

［16］ Liu T，Goldberg L，Gao S，et al. An online brain-computer interface using non-flashing visual evoked potentials ［J］. Journal of Neural Engineering，2010，7（3）：036003.

［17］ Zhang D，Song H，Xu R，et al. Toward a minimally invasive brain-computer interface using a single subdural channel: a visual speller study[J]. NeuroImage, 2013, 71: 30 – 41.

[18] Zhang D, Song H, Xu H, et al. An N200 speller integrating the spatial profile for the detection of the non-control state [J]. Journal of Neural Engineering, 2012, 9 (2): 026016.

[19] Farwell L A, Donchin E. Talking off the top of your head: toward a mental prosthesis utilizing event-related brain potentials [J]. Electroencephalography and Clinical Neurophysiology, 1988, 70(6): 510 – 523.

[20] Brunner P, Ritaccio A L, Emrich J F, et al. Rapid communication with a "P300" matrix speller using electrocorticographic signals (ECoG) [J]. Frontiers in Neuroscience, 2011, 5: 5.

[21] Gao S, Wang Y, Gao X, et al. Visual and auditory brain-computer interfaces[J]. IEEE Transactions on Biomedical Engineering, 2014, 61(5): 1436 – 1447.

[22] Schalk G, Kubanek J, Miller K J, et al. Decoding two-dimensional movement trajectories using electrocorticographic signals in humans [J]. Journal of Neural Engineering, 2007, 4(3): 264.

[23] Bundy D T, Pahwa M, Szrama N, et al. Decoding three-dimensional reaching movements using electrocorticographic signals in humans [J]. Journal of Neural Engineering, 2016, 13(2): 026021.

[24] Chestek C A, Gilja V, Blabe C H, et al. Hand posture classification using electrocorticography signals in the gamma band over human sensorimotor brain areas [J]. Journal of Neural Engineering, 2013, 10(2): 026002.

[25] Hotson G, McMullen D P, Fifer M S, et al. Individual finger control of a modular prosthetic limb using high-density electrocorticography in a human subject[J]. Journal of Neural Engineering, 2016, 13(2): 026017.

[26] Branco M P, Freudenburg Z V, Aarnoutse E J, et al. Decoding hand gestures from primary somatosensory cortex using high-density ECoG[J]. NeuroImage, 2017, 147: 130 – 142.

[27] Degenhart A D, Hiremath S V, Yang Y, et al. Remapping cortical modulation for electrocorticographic brain-computer interfaces: a somatotopy-based approach in individuals with upper-limb paralysis[J]. Journal of Neural Engineering, 2018, 15(2): 026021.

[28] Vansteensel M J, Pels E G M, Bleichner M G, et al. Fully implanted brain-computer interface in a locked-in patient with ALS[J]. New England Journal of Medicine, 2016, 375(21): 2060 – 2066.

[29] Hiremath S V, Tyler-Kabara E C, Wheeler J J, et al. Human perception of electrical

stimulation on the surface of somatosensory cortex［J］. PLoS One，2017，12
(5)：e0176020.

［30］ Hickok G，Poeppel D. The cortical organization of speech processing［J］. Nature
Reviews Neuroscience，2007，8(5)：393 – 402.

［31］ Pei X，Barbour D L，Leuthardt E C，et al. Decoding vowels and consonants in spoken
and imagined words using electrocorticographic signals in humans［J］. Journal of
Neural Engineering，2011，8(4)：046028.

［32］ Martin S，Brunner P，Holdgraf C，et al. Decoding spectrotemporal features of overt
and covert speech from the human cortex［J］. Frontiers in Neuroengineering，2014，
7：14.

［33］ Herff C，Heger D，De Pesters A，et al. Brain-to-text：decoding spoken phrases from
phone representations in the brain［J］. Frontiers in Neuroscience，2015，9：217.

［34］ Ramsey N F，Salari E，Aarnoutse E J，et al. Decoding spoken phonemes from
sensorimotor cortex with high-density ECoG grids［J］. NeuroImage，2018，180：
301 – 311.

［35］ Pasley B N，David S V，Mesgarani N，et al. Reconstructing speech from human
auditory cortex［J］. PLoS Biology，2012，10(1)：e1001251.

［36］ Zhang D，Gong E，Wu W，et al. Spoken sentences decoding based on intracranial high
gamma response using dynamic time warping［C］//2012 Annual International
Conference of the IEEE Engineering in Medicine and Biology Society，IEEE，2012：
3292 – 3295.

［37］ Yamaguchi H，Yamazaki T，Yamamoto K，et al. Decoding silent speech in Japanese
from single trial EEGS：Preliminary results［J］. Journal of Computer Science &
System Biology，2015，8(5)：285 – 291.

［38］ Wang J，Kim M，Hernandez-Mulero A W，et al. Towards decoding speech production
from single-trial magnetoencephalography （MEG） signals［C］//2017 IEEE
International Conference on Acoustics，Speech and Signal Processing （ICASSP），
IEEE，2017：3036 – 3040.

［39］ Kellis S，Miller K，Thomson K，et al. Decoding spoken words using local field
potentials recorded from the cortical surface［J］. Journal of Neural Engineering，2010，
7(5)：056007.

［40］ Mugler E M，Goldrick M，Slutzky M W. Cortical encoding of phonemic context during
word production［C］//2014 36th Annual International Conference of the IEEE
Engineering in Medicine and Biology Society，IEEE，2014：6790 – 6793.

［41］ Marin C，Fernández E. Biocompatibility of intracortical microelectrodes：current status
and future prospects［J］. Frontiers in Neuroengineering，2010，3：8.

[42] Zhang D, Song H, Xu R, et al. fMRI-guided subdural visual motion BCI with minimal invasiveness[M]. Berlin: Springer, 2014.

[43] Sauter-Starace F, Ratel D, Cretallaz C, et al. Long-term sheep implantation of WIMAGINE®, a wireless 64-channels electrocorticogram recorder[J]. Frontiers in Neuroscience, 2019, 13: 847.

[44] Benabid A L, Costecalde T, Eliseyev A, et al. An exoskeleton controlled by an epidural wireless brain-machine interface in a tetraplegic patient: a proof-of-concept demonstration[J]. The Lancet Neurology, 2019, 18(12): 1112 - 1122.

11

脑电极(脑-机接口器件)

刘景全　王隆春　高鲲鹏　郭哲俊　申根财

刘景全,上海交通大学电子信息与电气工程学院,电子邮箱：jqliu@sjtu.edu.cn
王隆春,上海交通大学电子信息与电气工程学院,电子邮箱：longchunwang@sjtu.edu.cn
高鲲鹏,上海交通大学电子信息与电气工程学院,电子邮箱：798565290@qq.com
郭哲俊,上海交通大学电子信息与电气工程学院,电子邮箱：gzj98762@sjtu.edu.cn
申根材,上海交通大学电子信息与电气工程学院,电子邮箱：shengencai@sjtu.edu.cn

脑电极本质上是脑电传感器，脑电极可以把体内的离子电流转化为电子电流，从而读取或调制神经元的活动等。脑电极根据其在皮肤的位置可以分为非植入式电极和植入式电极两类。非植入式电极是非侵入的，在头皮层采集脑电 EEG 信号，非植入式电极又可以分为湿电极、干电极和半干电极。而植入式电极是侵入的，植入大脑皮层表面或皮层内部，植入式电极主要有平面型植入式电极和探针型植入式电极。脑电极不仅有采集信号的功能，也可通过改性使其具有电刺激功能（可以拓展为光刺激和化学刺激等），还可以把采集与刺激等集成形成多功能的脑电极。因此，脑电极已经超出了原来的内涵，可以称为脑-机接口器件。

11.1 非植入式电极

11.1.1 生物电极及采集原理

为了测量和记录生理电势，需要在皮肤和电子测量装置之间提供一个接口，生理电极便是用来执行这个接口功能的器件[1-2]。在任何实际的电势测量中，电流流进测量电路，理想情况下这个电流非常小但从来不会为零。作为生理电极，必须能够连接身体和测量电路，引导电流的流通。生理电极实际上是一个传感器，体内的电流载体是离子，而电极内以及与其连接的测量电路的电流载体是电子，因此，电极必须作为一个传感器将离子电流转换为电子电流[3]，湿电极便是具有这样能力的一种生理电势采集电极。

从身体到电极的通路之间可以理解为有一个电极-电解液界面，如图 11-1 所示，这种转换实际上是通过化学反应来实现的，化学反应表达式如下所示。

$$C \Longleftrightarrow C^{n+} + ne^- \qquad (11-1)$$

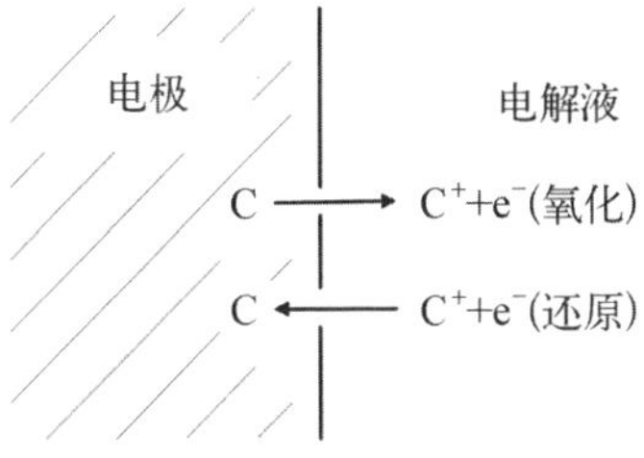

图 11-1 电极-电解液界面

元素 C 的价电子为 n，这样就可以在电极-电解液界面处发生氧化反应产生阳离子和自由电子。刚开始时，氧化反应还是还原反应占主导地位，依赖于电解液中的离子浓度和该特定反应的平衡条件。界面处电解液的阳离子浓度会发生改变，这势必导致界面处阴离子浓度也发生改变，这样在此区域的净电荷不再保持中性。因此，电极周围的电解液与其他区域的电解液会产生一个电势差，这个电势差称为半电池电势 E_{hc}（half-cell potential）[4]，半电池电势受电极材料、电解液离子浓度和温度的影响。

当有电流流过时,半电池电势会发生变化,这种变化是由电极的极化引起的,极化电势可以分成三个组成部分:阻性极化电势、浓度极化电势和活化极化电势。阻性极化电势是由电解液电阻导致的,当有电流流过浸在电解液中的电极时,电解液的电阻将会导致一个沿着电流路径的压降产生,这个压降正比于电流和电解液的电阻,电极间的电阻是电流函数的变量。浓度极化电势来源于电极-电解液附近电解液的离子浓度分布,当有电流存在时,离子浓度会发生改变,这种改变也导致了极化电势。第三种极化的结果是活化极化电势。电荷转换过程中的氧化-还原反应并非完全可逆,为了使金属原子氧化成为金属离子进入电解液中,金属原子必须克服一个能垒(或者称为活化能),能垒支配着氧化-还原反应过程中的化学反应动力学。反过来,当电解液中的阳离子需要得到电子还原成金属原子时也需要一个活化能。当电极与电解液之间存在一个电流时,无论是氧化反应还是还原反应占主导地位,能垒的高度依赖于电流的方向。能量差异导致的电极与电解液之间的电势差称为活化极化电势。因此,电极的净极化电势表达式为

$$V_{\mathrm{p}} = E^{0} + V_{\mathrm{r}} + V_{\mathrm{c}} + V_{\mathrm{a}} \tag{11-2}$$

式中,V_{p} 为电极的极化电势,E^{0} 为标准电极电势,V_{r} 为阻性极化电势,V_{c} 为浓度极化电势,V_{a} 为活化极化电势。在生理信号采集时,电极的极化电势会使前级放大器的输入端产生生理电势失真,从而影响测量准确度。

理论上有两种类型的电极,即完全可极化电极和完全不可极化电极,可以使电极不发生极化现象。完全可极化电极是指当有电流的时候没有电荷穿过电极-电解液界面,因此,对于完全可极化电极也没有极化电势存在;而完全不可极化电极是指电极的电势不随电流的改变而改变。这两种理想的电极是不可能存在的,但是,实际应用中的电极可以接近这些电极的特性。

Ag/AgCl 电极接近完全不可极化的生理电极[5],电极结构如图 11-2 所示。连接绝缘导线的金属银基底上涂有一层离子型化合物 AgCl,AgCl 材料仅轻微溶于水,所以能保持稳定。电极浸在含有氯离子(Cl^{-})的电解液中,最佳的电解液是 AgCl 饱和溶液,这样的电极表面涂层几乎不被溶解。Ag/AgCl 电极的行为特性由两个化学反应控制[6],如式(11-3)、式(11-4)所示,第一个反应是电极表面的银原子被氧化成银离子进入电解液,第二反应是 Ag^{+} 和 Cl^{-} 结合成 AgCl 化合物。AgCl 的析出率以及返回溶液的速率是常数 K_s,称之为溶度积。溶度积是在化学反应平衡条件下 Ag^{+} 和 Cl^{-} 的活性 $a_{\mathrm{Ag}^{+}}$ 和 $a_{\mathrm{Cl}^{-}}$ 的乘积,如

式(11-5)所示。生物体液中的 Cl^- 浓度相对比较高,因此 a_{Cl^-} 一般略小于 1。AgCl 的溶度积大约在 10^{-10} 数量级,这就意味着当一个 Ag/AgCl 电极接触在体液时,Ag^+ 的活性必须与溶度积在一个数量级上。Ag/AgCl 电极的半电池电势如式(11-6)所示。将式(11-5)代入式(11-6)得式(11-7)。

$$Ag \Longleftrightarrow Ag^+ + e^- \tag{11-3}$$

$$Ag^+ + Cl^- \Longleftrightarrow AgCl \downarrow \tag{11-4}$$

$$a_{Ag^+} \times a_{Cl^-} = K_s \tag{11-5}$$

$$E_{AgCl}^{hc} = E_{Ag}^0 + \frac{RT}{nF}\ln a_{Ag^+} \tag{11-6}$$

$$E_{AgCl}^{hc} = E_{Ag}^0 + \frac{RT}{nF}\ln K_s - \frac{RT}{nF}\ln a_{Cl^-} \tag{11-7}$$

式(11-7)等号右边第一项和第二项是常量,仅第三项由 Cl^- 活性决定。当以 Cl^- 离子为主要阴离子的电解液中的 Cl^- 保持稳定的活性时,电极就可以保持稳定的半电池电势。

通常制造 Ag/AgCl 电极的工艺有两种,一种是利用电解工艺形成 Ag/AgCl 电极,另一种是利用烧结工艺形成球形电极,两种工艺制造的 Ag/AgCl 电极分别如图 11-2(a)和(b)所示。

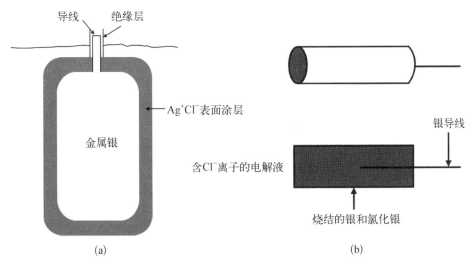

图 11-2 **(a) 电解工艺制造的 Ag/AgCl 电极截面图;(b) 烧结工艺制造的 Ag/AgCl 电极**

通常电极-电解液界面的伏安特性是非线性的[7]，在如前所述的半电池电势中，电极-电解液界面的电荷分布可以认为是一个电容的特性，因此，电极的电学特性等效成分中包含电容是一个合理的假设。将半电池电势 E_{hc} 当作电压源，电解液等效为一个电阻 R_s，电极的等效电路如图 11-3 所示。在该等效电路中，R_d 和 C_d 代表了电极-电解液界面的电学特性，C_d 是指在电极-电解液界面处的双电层电容，与之并联的电阻 R_d 是指电解液的电阻。图 11-3 所示的等效电路中所有元件的值主要由电极材料的几何形状决定，与电解液的材料和浓度关系不大。图 11-3 的等效电路模型说明电极的阻抗与频率有关：高频时，$1/\omega C \ll R_d$，电极的阻抗为常量 R_s；低频时，$1/\omega C \gg R_d$，电极的阻抗为常量 $R_d + R_s$。当频率处于其间时，电极的阻抗与频率相关。

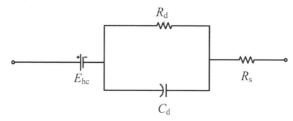

图 11-3 湿电极等效电路模型

当从皮肤表面采集生理电势时，电解液-皮肤界面也必须考虑。图 11-4 为皮肤的截面图，皮肤主要有三层结构：表皮层、真皮层以及皮下组织层。表皮层在最外层，能够不断地自我更新，而且在电极与皮肤之间充当重要的接口作用。表皮层又可以分为生发层和角质层。角质层由死亡细胞构成，因此与其他活细胞构成的组织层不同，其具有电学绝缘特性。表皮层以下的皮肤包含了血管和神经，还包括汗腺、汗腺导管、毛囊，这些组织具备电学导体的特性。

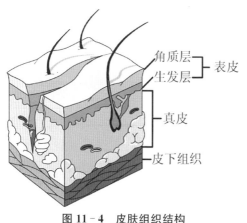

角质层
生发层 } 表皮

真皮

皮下组织

图 11-4 皮肤组织结构

为了表达电极与皮肤通过导电膏的电学连接，图 11-3 所表达的等效电路必须要扩展开，如图 11-5 所示。电极-电解液界面等效电路中间插入了电极-导电膏界面的等效电路，串联电阻 R_s 是导电膏的等效电阻；表皮层，至少是角质层是一层离子半透膜，因此在角质层之间有个离子浓度差，根据能斯特方程可知,存在一个电势差 E;由于角质层的电学特性,表皮层同样存在一个电阻抗,表现为一个电阻 R_e 与电容 C_e 的并联;真皮层及其以下组织层的电学特性可以近似为纯电阻 R_u。

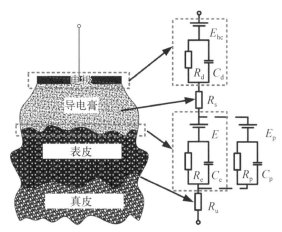

图 11-5 放置在皮肤上的湿电极等效电路

有时候影响心理性皮肤电反应和皮肤电反射的重要因素是汗腺和汗腺导管。汗腺分泌的体液中包含了 Na^+、K^+、Cl^- 离子,这些离子与细胞外液中所包含的离子浓度不同,这样势必在汗腺导管腔与真皮及皮下组织层之间形成一个电势差 E_p。这意味着同样存在一个电阻 R_p 和电容 C_p 并联电路与该电势串联起来以表示汗腺组织的等效电路,如图 11-5 所示。当仅仅考虑生理电势采集而不考虑皮肤电反应或者皮肤电反射时,这部分等效电路可以忽略不计。

11.1.2 干电极技术

干电极在工作时与湿电极不同,不需要导电膏。如前所述,对于 Ag/AgCl 型湿电极,通过导电膏作为媒介,利用电化学作用,Ag/AgCl 电极可以将离子电流转化为电子电流实现生理电势的测量。对于干电极来说,不考虑汗腺产生的影响(如图 11-5 所示),无论是接触式还是非接触式,可以将其等效电路模型归结为如图 11-6 所示的等效电路。图中电极与皮肤之间可以等效为一个电容 C_E,对于接触式干电极,等效电容由空气等充当电介质层,而对于非接触式干电极,电介质层则由空气、织物、毛发等绝缘层构成,角质层由一个电阻 R_e 和一个电容 C_e 并联等效,将角质层以下的组织等效为电阻 R_u。根据 Maxwell 电磁场动态理论可知,生理电势 U_S 产生的电场作用于等效电容 C_E 上使得其产生一个

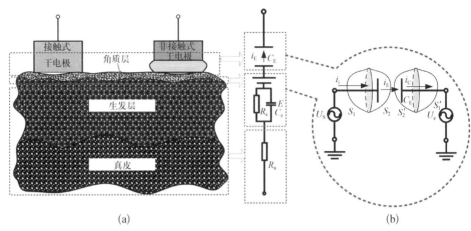

图 11-6　放置于皮肤上的干电极的(a) 总的等效电路和(b) 等效
电容 C_E 的位移电流 i_E 示意图

位移电流 i_E，干电极正是依赖该位移电流来采集生理电势的。

根据静电场性质的高斯定理和环路定理可知

$$\oiint_s D\mathrm{d}S = \sum q_i$$

$$\oint_l E\mathrm{d}l = 0 \tag{11-8}$$

从传导电流的角度考虑，根据安培回路定理，对环路 S_1、S_2，如图 11-6(b)所示，分别有

$$\oint_l E\mathrm{d}l = \iint_{S_1} J_{S_1}\mathrm{d}S = i_1$$

$$\oint_l E\mathrm{d}l = \sum I_i = \iint_{S_2} J_{S_2}\mathrm{d}S = 0 \tag{11-9}$$

式中，J_{S_1}、J_{S_2} 分别表示环路 S_1、S_2 中的电流密度，i_1 代表生理电势中的离子电流。对于图 11-6 中的两个环路 S_1 和 S_2 来说，电流随时间变化时安培环路定理不再适用。

等效电容 C_E 在充放电过程中，电容两极板上的总电荷密度 σ_c 随时间增加或减小，因而电容内部的电场强度 $E_c = \sigma_c/\varepsilon_0$ 也随时间增加或减小，而电容极板上的总电荷 $q_c = S\sigma_c$ 随时间的变化率等于充放电路中电流 i_1 的大小。根据电流连续性有

$$\oiint_S J_S \mathrm{d}S = -\frac{\mathrm{d}q_C}{\mathrm{d}t} \tag{11-10}$$

上式中的 S 是由 S_1 和 S_2 构成的闭合曲面，J_S 代表曲面 S 内的电荷密度，q_C 是积聚在 S 面内的自由电荷，根据高斯定理有

$$\oiint_S D\mathrm{d}S = q_C \Rightarrow \frac{\mathrm{d}q_C}{\mathrm{d}t} = \frac{\mathrm{d}}{\mathrm{d}t}\oiint_S D\mathrm{d}S = \oiint_S \frac{\partial D}{\partial t}\mathrm{d}S \tag{11-11}$$

根据式(11-10)和式(11-11)可得

$$\oiint_S J_S \mathrm{d}S = -\oiint_S \frac{\partial D}{\partial t}\mathrm{d}S \Rightarrow \oiint_S \left(J_S + \frac{\partial D}{\partial t}\right)\mathrm{d}S = 0 \tag{11-12}$$

式(11-12)可以写成

$$\oiint_S \left(J_S + \frac{\partial D}{\partial t}\right)\mathrm{d}S = \oiint_{S_1} \left(J_S + \frac{\partial D}{\partial t}\right)\mathrm{d}S - \oiint_{S_2} \left(J_S + \frac{\partial D}{\partial t}\right)\mathrm{d}S = 0$$

$$\Rightarrow \oiint_{S_1} \left(J_S + \frac{\partial D}{\partial t}\right)\mathrm{d}S = \oiint_{S_2} \left(J_S + \frac{\partial D}{\partial t}\right)\mathrm{d}S \tag{11-13}$$

式(11-13)中的负号是由于 S_1 和 S_2 外法线方向相反导致的。此式表明电流密度与电位移矢量随时间的变化率之和是连续的。

令 $\Phi_D = \iint_S D\mathrm{d}S$ 代表通过任一曲面 S 的电位移通量，$\mathrm{d}\Phi_D/\mathrm{d}t$ 代表位移电流 i_E，则可以得到位移电流 i_E 为

$$i_E = \frac{\mathrm{d}\Phi_D}{\mathrm{d}t} = \oiint_S \frac{\partial D}{\partial t}\mathrm{d}S = \oiint_S J_D \mathrm{d}S \tag{11-14}$$

其中，将电位移矢量的时间变化率 $\frac{\partial D}{\partial t}$ 定义为电流密度 J_D，即电流 i_E 的电流密度为 J_D，这样就可以得到整个封闭曲面内的全电流 I，即

$$I = \oiint_S J_1 \mathrm{d}S + \oiint_S \frac{\partial D}{\partial t}\mathrm{d}S = \oiint_S \left(J_1 + \frac{\partial D}{\partial t}\right)\mathrm{d}S \tag{11-15}$$

式中，J_1 代表电流 i_1 的电流密度。

同理，如图 11-6(b)所示，在曲面 S' 内，可以得到全电流 I' 为

$$I' = \oiint\limits_{S'} J_C dS + \oiint\limits_{S'} \frac{\partial D}{\partial t} dS = \oiint\limits_{S'} \left(J_C + \frac{\partial D}{\partial t} \right) dS \qquad (11-16)$$

在这里,J_C 表示电子电流 i_C 的电流密度。很显然,电流 $I = I'$,即

$$\oiint\limits_{S} \left(J_I + \frac{\partial D}{\partial t} \right) dS = \oiint\limits_{S'} \left(J_C + \frac{\partial D}{\partial t} \right) dS \qquad (11-17)$$

由此可见,干电极采集时,不同于湿电极那样需要通过电化学过程将离子电流转换为电子电流,而是通过等效电容中的位移电流实现离子电流与电子电流的相互转换从而采集生理信号。由于湿电极存在的一些问题导致其不适用于长期可穿戴式的生物电采集,于是适用于长期生物电采集的干电极被一些研究组提出来了。根据电极的结构,干电极可以分为电导型电极和电容电极两类。

电导型电极可由导电材料制成,根据电极和生物体的接触方式,电导型电极可以分为侵入式(invasive)电极和接触式电极。

电极上的微针阵列刺入皮肤的表皮层,以避开角质层的高阻抗,达到降低电极-皮肤接触阻抗的功效。图 11-7 为一般湿电极和微针电极的比较。湿电极利用导电胶浸润皮肤,降低电极-皮肤接触阻抗,而微针电极则用微针刺入表皮,避开表皮角质层的高阻抗,从而达到降低电极-皮肤接触阻抗的效果。微针电极要刺入表皮下,因此微针电极是一种侵入式电极。

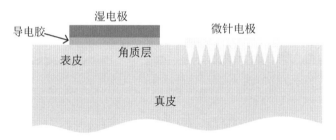

图 11-7 微针电极和湿电极的比较

Griss[8]等基于 MEMS 技术用硅制造了一种硅微针电极。制造硅微针电极的工艺过程如图 11-8 所示:① 在硅基底上旋涂光刻胶,曝光、显影图形化;② 各向同性刻蚀形成针尖;③ 各向异性刻蚀形成微针的基底;④ 去掉光刻胶;⑤ 用磁控溅射法在微针上溅射 Ti/Pt。硅微针的制造工艺复杂、成本高,在制造过程中需要用到干法或者湿法刻蚀硅。而且硅微针的刚度也较低,在采集生物电信号时,针尖可能断裂在皮肤中,给人带来一定的危害。因此一些基于聚合物材料的微针电极被研究出来,图 11-9 是 Ng 等人用真空浇注技术研制的聚合

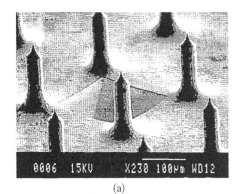

(a)

(b)

图 11-8 硅微针电极及其制备工艺

(a) 硅微针电极；(b) 硅微针电极的制备工艺

(a)

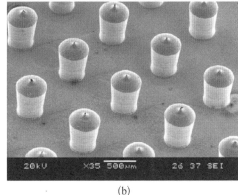

(b)

图 11-9 聚合物微针电极

(a) 聚合物微针电极；(b) 电极的 SEM 照片

物微针电极[9]。这种电极采用聚合物浇铸的方法制造,用聚合物做好电极的原型后,在电极原型表面溅射金属。聚合物微针不仅避免了针尖断裂的危险,而且其制备工艺比硅微针简单。随着科技的发展,Salvo 等提出了用 3D 打印这种更简单的方法制备聚合物微针电极,制备的电极如图 11-10 所示[10]。

图 11-10　3D 打印微针电极

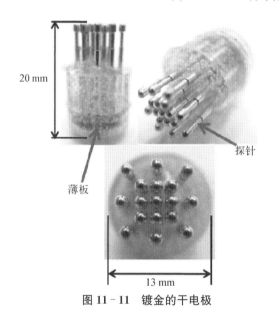

图 11-11　镀金的干电极

随着电子技术的进一步发展,生物电采集设备的阻抗再次提高,对电极-皮肤接触阻抗的要求降低。由金属材料制造的接触式电极可以贴在皮肤表面采集生物电信号。但随着研究的深入,作为金属电极的主要材料是惰性贵金属,因为这类金属具有良好的导电性能和抗氧化能力。图 11-11 为表面镀金的金属电极[11]。金属电极和微针电极都是刚性电极。为了使电极和皮肤稳定接触,需要使电极牢牢固定在皮肤上,例如用医用胶带等把电极紧紧地贴在皮肤上,这样会引起使用者的不适,在长期使用过程中甚至有可能对皮肤造成伤害。因此,对于长期的可穿戴式采集生物电极,电极的柔性化是极其重要的。

目前,一些研究组已经研制出来了多种柔性电极[12-14]。柔性金属电极一般以聚合物为基底,通过一些方法在聚合物上附着一层金属作为生物电极的传感层,图 11-12 为一般柔性金属电极的结构。如同金属电极一样,柔性金属电极的材料一般也是惰性贵金属。图 11-13 为 Baek 研制的柔性聚二甲基硅氧烷(PDMS)电极,这种电极可以在人的手腕处采集到心电信号[15]。柔性 PDMS 电极的制备方法为:在柔性的 PDMS 薄膜上溅射金。这种电极结构简单、柔性好,但是 PDMS 与金属的结合力较弱,金属容易从 PDMS 上脱落。图 11 - 14 为 Oh 等人研制的纳米膜电极[16],利用静电纺丝的方法制造纳米膜,然后在纳米膜上通过化学反应的方法生成金属层作为采集生物电信号的传感层。

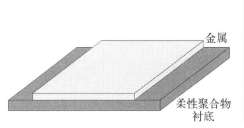

图 11 - 12　柔性金属电极的结构

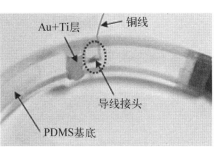

图 11 - 13　柔性 PDMS 电极

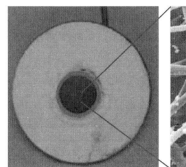
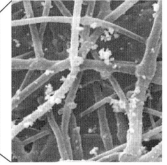

图 11 - 14　纳米网柔性干电极

　　为了增强电极的柔性,导电的聚合物也可以用来制备电极。通常导电聚合物电极的制造方法有两种,一种是在生物可兼容性的聚合物中加入导电粒子,制造出复合的导电聚合物来制备电极;另一种是直接使用现有的导电聚合物制备电极。2012 年,韩国崇实大学的 Lee 等就在 PDMS 中加入碳纳米管(CNTs),制备了测量心电信号的柔性电极[17]。2015 年,美国北卡罗来纳州立大学的 Myers 等在 PDMS 中加入银纳米线(AgNW),使得 PDMS 具有导电性能,制备了测量心电信号的柔性电极[18]。2013 年,法国的圣艾蒂安高等矿业学院的 Leleux 等用导电聚合物 PEDOT(3,4 -乙烯二氧噻吩单体)和 PSS(聚苯乙烯磺酸盐)制造了可用于测量脑电信号的柔性电极[19]。图 11 - 15 分别为 CNTs/PDMS 电极、AgNW/PDMS 电极以及 PEDOT/PSS 电极。尽管柔性非金属电极具有很好的柔性,但其电极材料的导电性能低于金属材料,因此非金属电极和皮肤的接触阻抗会比金属电极的接触阻抗大。

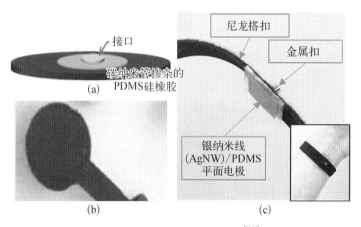

(a)   (b)   (c)

图 11 - 15　非金属柔性电极[19]

(a) CNTs/PDMS 电极;(b) AgNW/PDMS 电极;(c) PEDOT: PSS 电极

　　电容电极(capacitive electrode)是一类带有电子元件的干电极。电容电极采集生物电信号的原理如图 11 - 16 所示[20]。电极和人体构成一个电容,电极上有一个由运算放大器构成的电路,用来提高输入阻抗。图 11 - 16 为基本的电容电极结构以及电极和皮肤的耦合。电容电极依靠电极和皮肤形成的耦合电容采集生物电信号。因此,电容电极可以直接接触皮肤,也可以不直接与皮肤接触采集生物电信号,如电容电极和皮肤间隔着毛发或者衣服等也可以采集到信号。图 11 - 17 为利用印刷电路板(PCB)制造的电容电极,图 11 - 17(a)是 Chi 等制造的电容电极[21],这个 PCB 电容电极的传感层为金属,在金属上还有一层阻焊层形成的绝缘层,这个电极可以不与皮肤直接接触而采集到 ECG 和 EEG。图 11 - 17(b)为 Sullivan 等制造的电容电极[22],这个电极可以直接与头皮接触采集到 EEG。

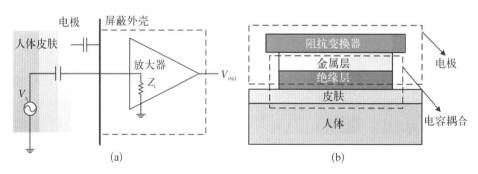

(a)   (b)

图 11 - 16　电　容　电　极

(a) 电容电极记录生物电的原理图;(b) 电容电极的结构

(a)

电极电路

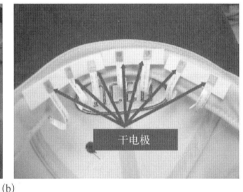

干电极

(b)

图 11-17 PCB 电容电极

(a) Chi 等制造的电容电极;(b) Sullivan 等制造的电容电极

　　以上这些电容电极都是刚性的,不仅不舒服,还会导致电极和人体接触不稳定。为了增加使用者的舒适度以及电极和人体接触的稳定性,一些研究者们研发了一些柔性的电容电极[23-24]。图 11-18 为 Lee 等制造的用于记录 ECG 的柔性电容电极[25],电极由聚酰亚胺-铜-聚酰亚胺(PI-Cu-PI)制造的传感层和放大电路构成。图 11-19 为 Baek 等制造的海绵柔性电容电极[26],电极由导电海绵和放大电路构成,此电极成功采集到了 EEG 信号。柔性电容电极不仅提高了使用者的舒适度,还能使电极和皮肤贴合得更好,有利于提高信噪比。

　　尽管电容电极有一些优点,例如,可以不接触皮肤采集生物电信号。但是电容电极体积大、结构复杂,容易受到运动伪迹的影响,并且电极上有电子元件,因此会引入额外的电子噪声,其抗工频干扰的能力也弱。

　　使用者的安全性、舒适度以及采集到的生物电信号的质量是研制可穿戴电极要考虑的因素。然而电容电极体积大、结构复杂、采集生物电信号的质量比其

图 11-18 柔性电容电极

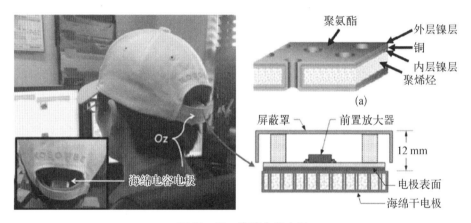

图 11-19 海绵电容电极

他类型的电极低[27]，因此不适合做可穿戴电极。与电容电极相比，电导型电极结构简单、体积小、易柔性化，因此电导型电极是可穿戴电极的研究热点。

11.1.3 半干电极技术

目前为了获得高质量的脑电信号通常使用湿电极采集脑电。提高电极导电液的电导率能降低电极-皮肤接触阻抗，但一般用于采集生物电的湿 Ag/AgCl 电极，在采集完生物电后，使用者皮肤上会残留导电胶，需要清洗皮肤[28-29]。而且随着时间的推移，导电胶脱水变干，这样会导致电极和皮肤间的接触阻抗增大，使采集到的生物电信号质量下降，甚至无法采集到有用的信号，这显然不适合长期采集生物电。而可以长期采集生物电的干电极与皮肤的接触阻抗高于湿电极，采集的生物电信号质量比湿电极差。

脑电信号很微弱,其幅值为 $5\sim300\ \mu V$。为了精确地采集到脑电信号,需要电极具有低的电极-皮肤接触阻抗。为了降低这一阻抗,需要避开皮肤高阻抗特性的影响。降低电极-皮肤接触阻抗的方法有:第一,在电极和皮肤间加上导电液,使导电液浸润皮肤,如图 11-20(a)所示[30];第二,将电极刺入皮肤,如微针电极。电极刺入皮肤不仅会使使用者感到不适,而且可能引起病毒感染,这显然是不可取的。

由于利用导电膏或穿透皮肤降低阻抗的方法不适合于长期或在日常生活中应用,一系列新的脑电电极被设计出来[30],包括柱状干电极[见图 11-20(b)],海绵电极[见图 11-20(c)]以及半干电极[见图 11-20(d)和(e)]。其中,柱状干电极顶端的柱状结构穿过头发,导电柱子直接接触头皮,配合用于克服高接触

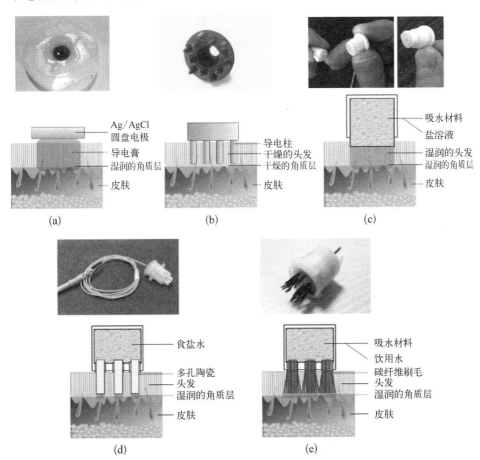

图 11-20 主流脑电电极的结构和工作原理

(a) Ag/AgCl 导电膏电极;(b) 柱状干电极;(c) 海绵电极;(d) 刚性半干电极;(e) 柔性毛刷半干电极

阻抗的主动电极电路在无导电膏的条件下采集脑电。由于干电极不使用导电膏,所以电极与头皮往往难以充分接触,这也就导致了干电极的接触阻抗往往比湿电极高两个数量级,进而导致严重的工频干扰和脑电成分的损失。虽然主动电极电路可以在一定程度上降低工频噪声的幅值并提高共模抑制比,但是损失的脑电信号成分却难以挽回,甚至主动电路本身也会在一定程度上造成信号的畸变。海绵电极也称为水基电极,是一种湿电极,但是不需要使用难以清洁和储存的导电膏,通常导电的外壳包裹可以吸水的海绵。由于海绵不导电,所以用海绵吸收生理盐水以实现其导电性,并大幅度降低头皮角质层的阻抗,使采集到的脑电信号质量接近 Ag/AgCl 导电膏电极。海绵电极易于使用,但是也有容易泄漏导电液、蒸发快的缺点。同时海绵材料容易吸收皮肤表面的污物,这使得海绵电极的可重复使用性较差,往往需要在使用数次后抛弃,甚至作为一次性电极使用。由于海绵会不同程度地暴露于空气中,盐水会很快蒸发,这就需要经常补充导电液,这对脑-机设备的连续使用造成不便。

半干电极是近些年提出的一种新电极,其同时具有干电极和湿电极的部分特性。半干电极的工作原理与海绵电极相似,都是通过多孔结构中渗透的生理盐水来大幅降低皮肤角质层的阻抗。从工作原理的角度看,半干电极与湿电极类似,即可以通过导电液降低皮肤表面的阻抗,与湿电极不同的是半干电极渗出液体的量极少,可以持续湿润皮肤,同时不会导致相邻的电极短路。在实际使用过程中,半干电极使用方便,工作时间长。目前的半干电极主要用多孔陶瓷制作,在盐水储水腔中浸泡有 Ag/AgCl 电极。由于多孔材料在导电性上的缺陷,它与海绵电极一样需要使用生理盐水作为电解液,而使用生理盐水限制了它的易用性,并且长期使用之后,盐水的盐分以及皮肤表面的污物渗入多孔材料的微孔,这些问题也限制了传统半干电极的耐用性。

为了解决目前常用脑电电极存在的种种问题,研究者设计了毛刷结构的柔性半干电极,其基本工作原理如图 11-20(e)所示,即通过导电毛刷将脱脂棉中保存的水分缓慢渗透到毛刷前端与皮肤接触的部位,达到湿润皮肤降低角质层阻抗的目的,同时由于毛刷具有一定的弹性,可以方便地穿过头发与头皮直接接触。由于毛刷具有很好的导电性,并且可以与皮肤充分接触,这种电极可以不依赖生理盐水而仅使用普通的自来水就可以湿润皮肤而正常工作,大幅降低了脑电采集的复杂度,同时其使用方便,采集到的脑电信号质量高。

这种新型半干电极的制作流程如图 11-21 所示[30]。毛刷半干电极的导电刷毛是镀碳尼龙纤维,这种材料的弹性类似牙刷刷毛,同时拥有良好的导电性,利用镀碳尼龙纤维制作的电极自身阻抗仅为数百欧,远低于 Ag/AgCl 混合材料以及绝缘的多孔陶瓷。半干电极的外壳用 3D 打印方法制造,在设计时就考虑了兼容 g. tec 电极插座,可以从脑电帽上快速安装或拆卸。导电毛刷与信号线之间通过碳纤维接头连接。碳纤维的柔性与扩散性可以使金属线芯与刷毛末端稳定接触,同时可以密封金属线芯,避免了金属线芯与水接触带来的金属氧化问题。

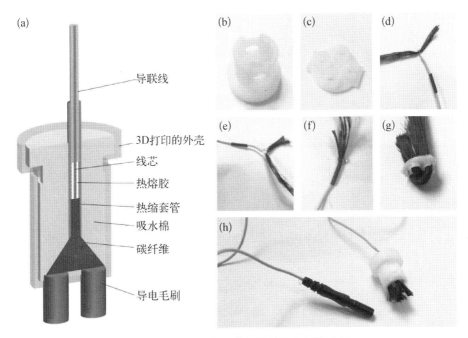

图 11 - 21　毛刷半干电极的结构和制作流程

(a) 毛刷半干电极剖视图;(b)(c) 3D 打印毛刷电极外壳;(d)(e)(f) 制作信号线的碳纤维接头;(g) 用外壳固定导电毛刷;(h) 组装的毛刷半干电极

利用脑电头环将毛刷半干电极固定在使用者头上[见图 11 - 22(a)],具有弹性的头带可以灵活适应使用者的头型,并保持舒适。电极位置按照 10 - 20 系统分布,如图 11 - 22(b)所示[30]。

半干电极采集的电压信号经由 ADS1299 芯片转换为数字信号。在信号采集电路中使用一块 8051 单机片控制 ADS1299 脑电采集芯片工作,通过 SPI 通信接口与 ADS1299 通信,采样频率设定为 250 Hz,满足脑电采集要求。每个采样周期采集到的 8 通道 24 bit 脑电数据通过蓝牙发送到上位机平板电脑,实现脑电的无线传输和实时显示。上位机脑电接收软件使用 Python 编写,同步过滤和显示信号。电路系统集成接触阻抗检测功能,系统的结构如图 11 - 23 所示。

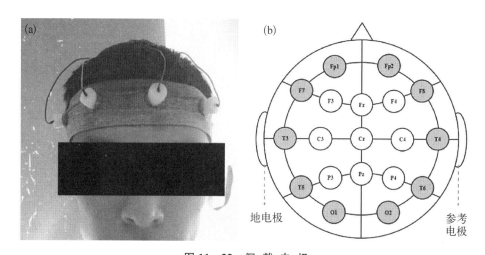

图 11－22　佩 戴 电 极

（a）佩戴中的脑电头带；（b）电极覆盖位置

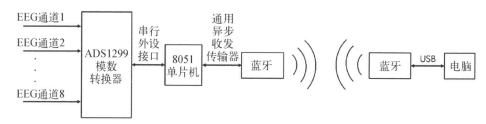

图 11－23　脑电采集电路原理图

对毛刷半干电极性能的检测包括接触阻抗测试、噪声测试、自发脑电采集

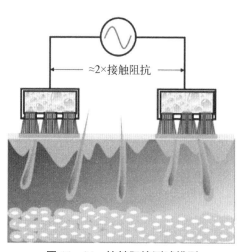

图 11－24　接触阻抗测试模型

以及诱发脑电采集四部分。利用双电极法检测接触阻抗，在皮肤表面安放两个相同类型的电极，这两个电极可以认为具有相同的阻抗模型，在两个电极之间施加交流信号见图 11－24，就可以检测两电极之间的阻抗[30]。

将得到的阻抗均分，即为单个电极的接触阻抗。使用 Keysight E4990A 阻抗分析仪进行检测，得到的交流阻抗谱如图 11－25 所示[30]。结果显示，在 20～1 000 Hz 的频率范围内，毛刷半干电极的接触阻抗在 3 000 Ω 以下。

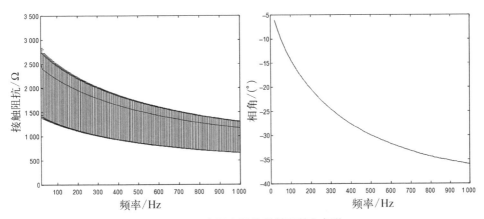

图 11 - 25　半干电极的接触阻抗和相位

利用测得的阻抗谱来拟合等效电路,模型与结果如图 11 - 26 所示[30]。其中,R_e 与 C_{es} 表示电极的等效电路模型,R_{ct} 与 Z_{CPE} 表示电极与皮肤接触界面的电路等效模型,Z_{CPE} 为一个恒相位元件,用以表征接触界面偏离理想电容特性的程度,R_s、C_s 以及 R_{usb} 表征皮下组织的等效电路。拟合结果显示,毛刷电极显著地降低了皮肤角质层的阻抗,并具有类似导电膏湿电极的接触阻抗。

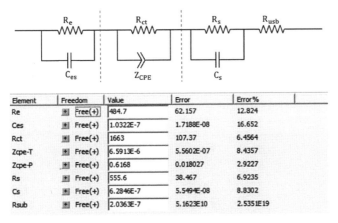

Element	Freedom	Value	Error	Error%	
Re	Free(+)	484.7	62.157	12.824	
Ces	Free(+)	1.0322E-7	1.7188E-08	16.652	
Rct	Free(+)	1663	107.37	6.4564	
Zcpe-T	Free(+)	6.5913E-6	5.5602E-07	8.4357	
Zcpe-P	Free(+)	0.6168	0.018027	2.9227	
Rs	Free(+)	555.6	38.467	6.9235	
Cs	Free(+)	6.2846E-7	5.5494E-08	8.8302	
Rsub	Free(+)	2.0363E-7	5.1623E10	2.5351E19	

图 11 - 26　毛刷电极的等效电路模型

利用 Neuroscan NuAmps(一种脑电采集设备)检测电极在不同部位的接触阻抗,分别检测了五名受试者有发区域和无发区域的两种阻抗,将检测结果与导电膏 Ag/AgCl 电极进行对比,如图 11 - 27 所示[30]。图中,毛刷半干电极表现出略低于 Ag/AgCl 导电膏电极的接触阻抗。S4 与 S5 为女生,她们无发区域的化妆品可能起到增加接触阻抗的作用,从而出现了有发区域的接触阻抗低于无发区域的反常情况。

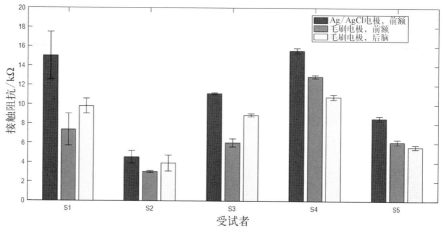

图 11 - 27 不同部位的接触阻抗对比测试

继续测试毛刷电极和导电膏电极的工作时间,测试结果如图 11 - 28 所示[30],在密封状态下导电膏电极可以持续稳定地工作,而在有发区域,电极贴片受头发阻碍,无法紧贴头皮,导电膏不可避免地暴露在空气中,使得导电膏中的水分持续蒸发,最终电极与头皮的接触断开,表现为阻抗的突变,超出 Neuroscan Nuamps 脑电采集系统的 250 kΩ 的量程。虽然毛刷上的水分同样暴露在空气中并不断蒸发,但由于储水腔中有持续的水分供应,依然可以维持长时间的正常工作。

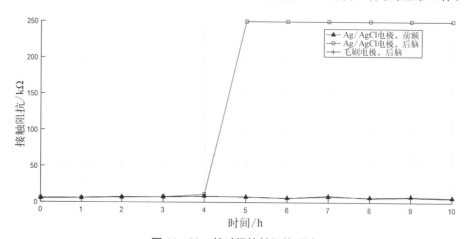

图 11 - 28 长时间接触阻抗测试

电极的短路噪声可以用来评价电极获取真实脑电信号的能力。电极产生的噪声主要为 $1/f$ 噪声,这种噪声由电流流过电极表面的缺陷造成,属于随机噪声,其频谱中的成分往往随频率的降低而增大,是干扰脑电采集的主要噪声。将三个电极(采集电极、参考电极、地电极)固定在银板上检测电极的短路噪声,并计算不同幅值噪声出现的频率以及噪声的频率分布,结果如图 11-29 所示[30],毛刷电极拥有低于导电膏电极的噪声水平,在较低频率范围内的噪声明显降低。

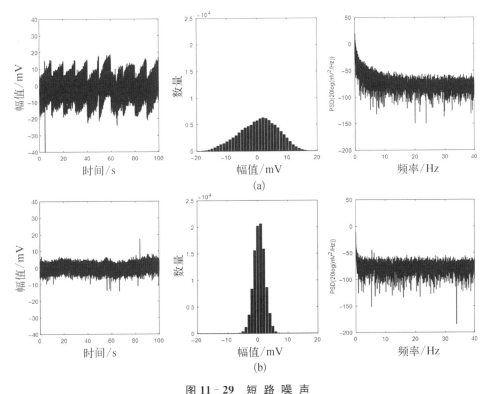

图 11-29 短路噪声

(a) Ag/AgCl 导电膏电极;(b) 毛刷电极

研究者使用 Neuroscan Nuamps 采集信号,检测毛刷电极采集自发脑电和诱发脑电的性能。图 11-30 为导电膏 Ag/AgCl 电极与毛刷电极采集 α 波的信号功率谱密度[30]。从图中可以明显观察到 Ag/AgCl 导电膏电极和毛刷电极采集到的信号闭眼状态下在 8~11 Hz 范围内功率显著增加,可以认为此时捕捉到强烈的 α 波信号。

诱发脑电的检测分为视觉稳态诱发脑电(SSVEP)和 P300 视觉诱发脑电。SSVEP 的测试中,以一定频率闪烁的 LED 刺激大脑视觉中枢产生相应频率的反应,并在脑电信号的功率谱密度图上产生相应频率的尖峰。我们分别测试了 14 Hz、15 Hz、16 Hz、17 Hz 以及没有刺激时的脑电信号,其功率谱密度如图 11-31 所示[30],不同刺激频率下的尖峰严格对应刺激频率。

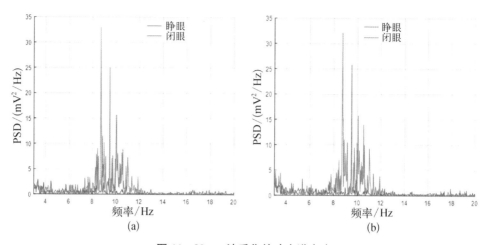

图 11-30 α波采集的功率谱密度

(a) 湿电极；(b) 毛刷电极

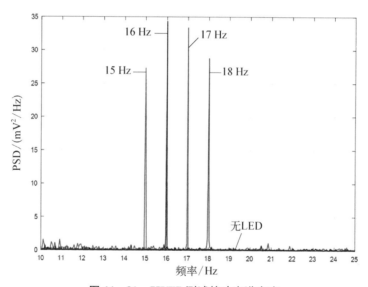

图 11-31 SSVEP测试的功率谱密度

P300诱发脑电的检测通过E-prime2.0软件实现。在显示屏上随机交替地显示字符"X"与"Y"，其中"X"显示80次，为"Normal"刺激，"Y"显示20次，为"Oddball"刺激，结果如图11-32所示[30]，毛刷半干电极成功检测到了不同刺激产生的脑电响应变化。

半干电极介于湿电极与干电极之间，兼具干、湿电极的优点，同时又能避免他们的缺点。半干电极内部设有储液库，内部的液体可以从储液库中释放并润

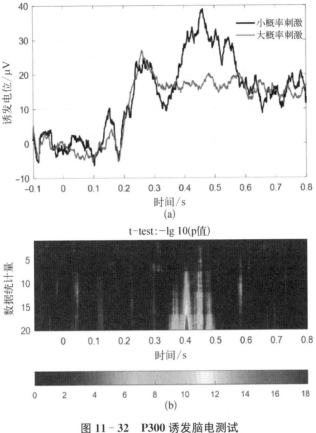

图 11 - 32　P300 诱发脑电测试

(a) P300 效应；(b) 统计显著性

湿头皮。Peng 等利用多孔钛研制了一种半干电极,这种电极有一个可以存储导电液的腔体,但能像干电极一样,使皮肤保持清洁。当电极的储液腔没有受到压力时,导电液存储在储液腔内;当储液腔受到压力时,导电液通过多孔钛的微孔渗出到皮肤上,从而降低电极-皮肤接触阻抗。当施加在储液腔上的压力撤去时,导电液又回到了储液腔中,如图 11 - 33 所示[31]。Li 等报道了一种多孔陶瓷半干电极,如图 11 - 34 所示[32],主要包括多孔陶瓷小柱和盛有 NaCl 溶液的电解质腔体,Ag/AgCl 粉末电极置于电解质腔内。在多孔陶瓷小柱的毛细作用下,半干电极能持续、可控地向头皮表面释放 NaCl 溶液,这种半干电极消除了使用导电膏的不便性。为了进一步提高半干电极的保湿性能,可以使用半透膜与吸水材料制备半干电极。吸水材料对水具有较强的吸附能力,减少了半干电极中水分的挥发。半透膜可以使半干电极中的水分缓慢释放,从而润湿皮肤最外层的角质层,以减小皮肤-电极接触阻抗,获得高质量的脑电信号。

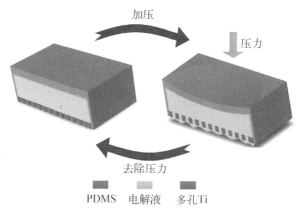

PDMS   电解液   多孔Ti

图 11 - 33   多孔钛半干电极的概念图

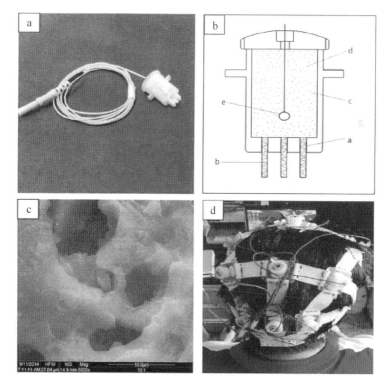

图 11 - 34   多孔陶瓷半干电极

(a) 陶瓷半干电极的实物照片;(b) 陶瓷半干电极的结构设计图;(c) 多孔陶瓷的电镜图;
(d) 陶瓷半干电极及头带示意图

11.1.4　面向穿戴的干电极应用及其展望

智能可穿戴医疗设备是现在的研究热点之一,谷歌、苹果等公司都在开展相关研究。可穿戴医疗设备可以集成如生物电、呼吸、血压、血氧饱和度、脉搏率、体温等生物信号传感器。通过这些生物信号监测到的数据,可以对使用者的体质和健康状况进行评估,并给出睡眠、饮食、运动和服药等个性化改善建议,让使用者保持较稳定的身体健康状况。对于 BCI 和 HCI 技术,也需要实时利用生物电信号,因此方便快捷不受时空限制地采集生物电显得尤其重要。一般用来采集生物电的电极是湿电极,这类电极需要配合导电胶一起使用。其中银/氯化银(Ag/AgCl)电极是使用最为广泛的湿电极,因为其具有高信噪比、采集生物电信号的质量好以及生物兼容性好的特点。但是,Ag/AgCl 电极也存在一些缺点使得它不适用于长期实时地采集生物电信号。因此,研究可用于长期采集生物电信号的可穿戴电极技术是非常有必要的。

要充分利用 EEG 信号,首先需要稳定可靠地采集到 EEG 信号。由于实用化的脑-机接口往往要随使用者一起动,所以轻量化、易用化和可穿戴是对 EEG 检测设备的重要要求。而要实现脑电采集设备的这些性能,则很大程度上取决于高性能干电极的应用。

目前,EEG 信号被广泛用于医疗诊断和康复训练。EEG 信号常用来诊断癫痫、抑郁症等神经系统疾病。EEG 信号不仅是癫痫诊断的重要依据,而且可以捕捉到癫痫发作的前兆,这对于降低癫痫患者的损伤和恢复正常的生活具有重要意义。由于癫痫发作存在极大的不确定性,因此,仅仅在医院内进行定期的脑电检查并不能准确评估癫痫发作的风险,也无法及时对癫痫发作进行预警或在癫痫发作后进行处理。在这种情况下,随时随地检测脑电信号是极为必要的。由于湿电极自身的特性,其安装需要较强的专业技能,并且这种电极的导电膏无法长时间保持湿润。因此,传统的湿电极无法满足这一要求。在这种情况下,干电极易于使用、工作持续时间长的优势凸显出来。干电极可以随时随地对脑电信号进行检测,无须复杂的准备工作和庞大的检测设备。当检测到脑电信号发生异常时可以第一时间提醒患者以及相关人员。

抑郁症患者的脑电信号也与健康人的脑电不同。通过检测脑电信号可以及时得知抑郁症患者的病情变化,有利于监护人采取必要的应对措施。由于抑郁症患者本身对诊断具有一定的抗拒心理,频繁地前往医院进行脑电监测并不是一种最恰当的方案。基于干电极的脑电采集系统使用方便性,对使用者造成的不适感较湿电极明显降低,不易刺激患者,可以作为其日常检测工具。

除了对神经系统疾病的日常监护外,脑电信号还可以应用于更多的日常环境中。目前,许多交通事故源自司机的疲劳驾驶。对司机疲劳状态进行实时监测可以有效避免因疲劳驾驶造成的交通事故。而对驾驶员情绪和疲劳的准确检测也依赖高质量的脑电信号获取技术。由于驾驶员需要将注意力集中在驾驶上,因此此时脑电信号的采集需要在不干扰驾驶员注意力的前提下进行,这就要求 EEG 检测设备具有尽可能小的质量和尽可能好的易用性,以避免佩戴设备对驾驶员造成额外的心理和体力负担反而增加驾驶的危险性。湿电极脑电采集系统往往需要连接大量线缆,附着在头皮上的导电膏也会造成明显的皮肤不适感,因此无法在驾驶环境下应用。干电极脑电采集系统维护简单、持续工作时间长,并且设备体积小、重量轻,非常适合作为驾驶室内的扩展配件使用,用以长时间监测驾驶员精神状态,以便在出现疲劳状态时及时预警。此外,通过检测司机的脑电信号还可以获知司机的精神专注情况。当检测到司机注意力分散时可以及时发出预警,避免发生危险状况。

专注度以及疲劳程度的检测也可应用在课堂上。良好的精神状态以及注意力的集中对学生接受课堂知识具有重要意义。实时的检测和提醒可以有效地帮助学生增强自己的注意力,提高学习效率,并且可以帮助学生清晰地认识自己的疲劳程度,使其可以更有效地调整作息规律,进而提高学习效率。这些应用也需要使用方便快捷的干电极脑-机接口系统。

不论是癫痫、抑郁症等疾病,还是对司机或学生精神状态以及专注度的检测,都具有长期和易反复的特点,这就需要非常频繁地检测信号,仅在医院检测非常不便。因此,不管是日常使用还是医疗诊断,一套信号质量好、质量体积小、操作简单易用、可靠性高的 EEG 采集设备都是极为必要的,这都对干电极提出了要求。

目前,虽然报道了大量关于干电极的研究成果,而且已经有一些设备已经走出实验室进入了市场,但是依然存在一些亟待解决的问题。首先,虽然研究者提出了各种各样的干电极构型,但是目前进入市场的主要还是柱状电极。这种电极虽具有结构简单的优点,但是依然存在信号质量低于传统湿电极、使用舒适度低的缺点。其次,目前的干电极脑电采集系统成本较高,动辄数万元的价格使其距离真正使用阶段还有一段距离。并且,相较于湿电极脑电采集系统,目前的干电极受制于电极和固定装置的体积,远远无法达到与湿电极相同的通道数量和采集密度,而且脑电信号的质量也受到固定装置的影响。

因此,在可以预见的将来,脑电干电极的研究工作主要集中在如下几个方面。第一,提高干电极脑电信号质量。提高脑电信号质量可以从电极材料与电极后端电路两方面入手。目前的干电极材料主要是金银等传统金属和碳纳米管石墨烯等新型碳材料。这些材料虽然自身具有优秀的导电性和噪声水平,但无法对皮肤自身的状态产生影响,面对皮肤阻抗往往无能为力。一些高强度水凝胶以及长时效水凝胶的新型电极材料的出现有望解决这一难题。基于新型水凝胶的干电极具有传统干电极工作时间长、易于维护等优点,还可以在皮肤与电极之间直接建立离子信号传输的通道,实现脑电信号从皮下组织、皮肤表面到电极的无障碍传输,大幅度提高电信号的采集质量。第二,提升脑电采集密度。脑电采集密度的提升依赖于干电极的材料以及电极结构的共同作用,如具有更低接触阻抗的材料可以使电极的直径做得更小,改进导电刷毛结构可以在减小电极直径的同时使其与皮肤的有效接触面积不降反增。第三,改进干电极的固定方式。目前的干电极主要通过头盔固定在头皮上,并依靠具有伸缩性的弹簧装置适应不同的头型。头盔以及相应的弹簧装置具有较大的体积和质量。因此,亟待研发柔软、轻便并且更稳定可靠的新型固定方式。

为了实现与湿电极相当的脑电信号质量,干电极技术会继续发展。更高性能的放大器、更高集成度的电路系统都将与新材料新结构的干电极进行整合,共同构成具有高度抗干扰能力的干电极系统。可以预见,基于干电极的可穿戴脑电采集系统会在将来获得更多的关注,并走进生产生活的方方面面。

11.2 植入式电极

脑疾病已成为我国乃至全球在健康领域面临的巨大挑战,全球各类脑疾病患者多达数亿人,每年给全社会带来超过 1 万亿美元的经济负担。目前在我国,儿童自闭症患者高达近 200 万人,抑郁症和精神分裂症患者超过 4 200 万人,尤其是老龄化使各类神经退行性疾病患者数量飞速增长,如阿尔茨海默病患者已超过 900 万人,帕金森病患者超过 300 万人,位居全球首位。绝大多数脑疾病缺乏清晰的机理研究和有效的治疗办法,因此脑疾病机理的研究和治疗方案的开发迫在眉睫。

神经接口技术在许多神经疾病的研究和治疗中起着至关重要的作用。神经接口技术旨在通过神经电极记录或刺激神经活动,将中枢神经或者周围神经与外部世界连接起来,从而解析复杂的神经元信号,研究以及治疗各种脑部疾病。

早期的植入式神经电极是外部包裹绝缘层只露出尖端的导电金属丝,每根电极仅含一个记录或刺激点,需要手工制作与封装,制作精度差、效率低,与庞大的神经网络相比,无法满足研究者的需求。随着微加工技术的发展,以硅为基材的加工技术精度逐渐提高,并且可以用于大规模批量化生产,使制作小型精密的硅基探针阵列成为可能,其中典型的代表是密歇根电极[33]和犹他电极[34]。然而,生物组织与硅材料属性的不一致导致绝大多数的硅基电极在长期埋置后出现一些生物排异反应或者探针被腐蚀从而失效[35-37]。与此同时,随着人们对大分子聚合物的深入了解,研究者发现一些生物相容性较好的柔性薄膜材料可以直接作为神经电极的基底材料,由聚合物薄膜制备的神经接口由于具有良好的化学稳定性与较低的模量,被广泛应用于大面积的二维神经[38]、曲面神经[39]以及长期慢性神经信号的记录[40]中,逐渐成为众多神经接口中不可替代的一部分。植入式电极主要分为平面型植入式电极和探针型植入式电极。

11.2.1　平面型植入式电极

平面型植入式电极是以生物相容的、柔性绝缘材料为结构材料,结合导电材料将生物体电信号传导至外界的神经接口。基于柔性材料的平面型植入式电极与组织有更好的共形、保形接触,能够适应生物组织较为复杂的生理结构。

基于集成电路工艺发展起来的柔性聚合物(如派瑞林和聚酰亚胺)制备工艺成熟,加工尺寸不受限,沉积厚度可以控制在亚微米级别,且化学稳定性好,具有良好的绝缘性,因此,这类材料适合直接用作大面积平面电极的基底材料。

为了在崎岖的组织表面更大范围、更精确地记录生物电信号,柔性平面电极需要有更好的保形性和贴附性。2010 年,美国伊利诺伊大学香槟分校(University of Illinois)的 Kim 等研究人员在超薄聚酰亚胺基底的电极上铺设了一层可溶解性蚕丝蛋白,当蚕丝蛋白水解后,柔性电极和脑组织之间的毛细力保证电极完全贴合在脑组织表面[41]。从图 11-35 中可以看出超薄基底可以有效提高器件的柔性,最终厚度为 2.5 μm 的电极与猫的大脑皮层具有极佳的保形贴附特性,所有

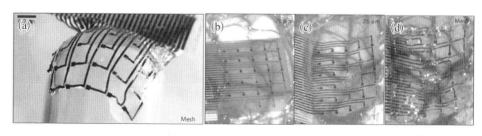

图 11-35　可溶解性蚕丝蛋白增强的超薄保形贴附柔性脑-机接口器件[41]

电极通道均可以有效采集到 ECoG 脑电信号。降低柔性基底的厚度有助于提升电极与组织表面的贴附性,此外在柔性基底上开孔,扩大空隙与柔性基底的面积比也会使电极更容易贴附于脑表面。首尔大学(Korea University)的 Break 等研究人员于 2014 年提出的一种带网孔的电极,如图 11-36(a)所示[42],实验证明,相对于同样厚度大小的薄膜电极,带网孔的薄膜电极可以更好地贴附在脑模型表面,利用该电极检测脑电预测猕猴眼动的准确率可达到 87%。降低整块基底的厚度会提升薄膜的柔性,但同时也会造成器件机械强度不足,使器件在植入操作过程和植入后容易损坏。2018 年,上海交通大学的刘景全等研究人员提出了一种基于剪纸手工艺的 ECoG 平面电极,如图 11-36(b)和(c)所示[43]。类似于窗花的结构,电极点的周围引入了一圈半封闭的槽,使得电极点可以在垂直于电极平面的方向上摆动。

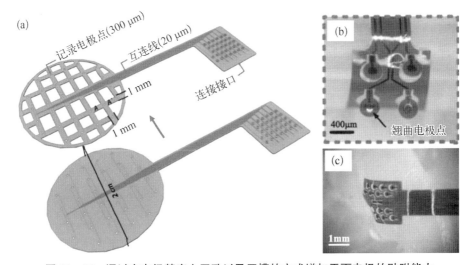

图 11-36　通过在电极基底上开孔以及开槽的方式增加平面电极的贴附能力

在不减少薄膜厚度的条件下,该电极的微型记录点可以可靠地贴附在被测组织表面。得益于这个特点,翘曲的电极点可以深入脑沟回内测得信号,与普通的平面电极相比,翘曲电极点可测得位于脑部凹面处功率谱密度更高的 ECoG 信号。

刚性材料如硅、二氧化硅和金属等相较人体组织如大脑、心脏、血管等在模量上高出许多量级,很难直接与神经系统或组织集成,而聚酰亚胺(PI)、聚对二甲苯和环氧树脂 SU-8 等传统微机电系统(MEMS)工艺柔性材料相对于柔性生物组织来说杨氏模量仍然较高,采用如 PDMS、水凝胶等这类超柔性的材料作为基底是增加电极贴附性以及生物相容性的一种办法。2018 年,中国国家纳米科学技术中心 Yang 等研究人员开发了一种基于细菌纤维素超柔衬底的脑-机接口器件,杨氏模量仅为 120 kPa,弯曲刚度是同样结构聚酰亚胺衬底电极的 1/5 200[44]。图 11 - 37(c) 为 PDMS、PI、Parylene C 和 PC 等材料的杨氏模量。由图可见细菌纤维素材料的模量更接近脑组织,同时具有优良的生物相容性和环境友好性。电极的基底主要通过热压细菌纤维素形成,利用掩膜图形化电子束蒸发 Cr/Au 得到电极金属层,最小分辨率可达 5 μm,再将掩膜沉积的氮化硅作为电极封装层,电极末端通过各向异性导电胶带连接金属焊盘和柔性软排线,最终得到 10 通道、电极点尺寸为 20 μm×20 μm 的微电极阵列,可有效采集小鼠皮层脑电 ECoG 信号。2019 年,上海交通大学的刘景全等研究人员提出将一种杨氏模量低于 PDMS 的超弹性铂催化硅橡胶 Dragonskin (Smooth-On, Easton, PA)作为基底的超柔电极,如图 11 - 38 所示[45],该电极除了包含 9 路经过修饰的电极点外,还包含 4 个可独立寻址的 LED 蓝光芯片,可用于光遗传学研究。其采用蛇形导线设计,保证电极可承受一定拉伸形变,经过老化测试、反复机械拉伸测试证实该电极具备稳定的电学、光学和电化学性能。

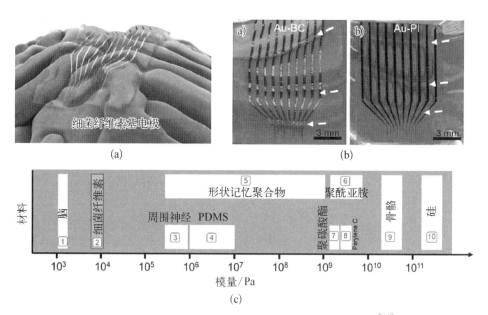

图 11 - 37　基于超柔性细菌纤维素的柔性脑-机接口器件[44]

随着植入式器件表面处理技术、微流体通道技术、光遗传等技术的发展,平面柔性电极的功能不仅仅局限于单纯的记录与刺激生物电信号,越来越多的柔性平面电极集成了光学、热学、力学以及电磁学传感或者执行单元,更好地辅助

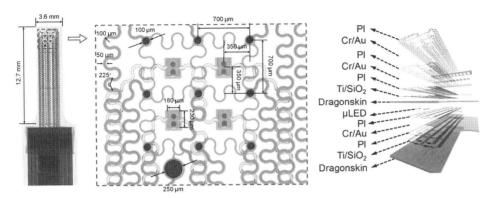

图 11-38　基于铂催化硅橡胶的超弹性平面电极

或者增强柔性平面电极的功能。2013 年,美国伊利诺伊大学香槟分校的 Kim 等研究人员研发了一种可注射的无线光基因柔性器件,如图 11-39(a)所示[46]。该器件的特点是可利用微针辅助,把柔性器件通过蚕丝蛋白粘在微针上,形成立体型器件。在植入脑部后,利用人工脑脊液把蚕丝蛋白溶解,使微针退出脑组织,实现光基因柔性器件完全植入。如图 11-39(b)所示[46],该器件还集成了发光二极管、光电二极管、温度传感元件,在体内可以进行闭环刺激与控制。此外,其控制与供能部分也具有小型化、可植入的特点,系统整体通过无线方式传入、传出信号,是可植入系统的理想形态。2015 年,美国科罗拉多大学(University of Colorado)的 Jeong 等研究人员将微流体通道集成在柔性平面光电极中,如图 11-40 所示[47]。该电极不但包含四个独立控制的发光二极管,可以精确地进行光刺激,还集成了四道微流体通道以及溶液存储池,以便在需要的时候通过无线控制加热装置释放溶液池中的不同药剂。

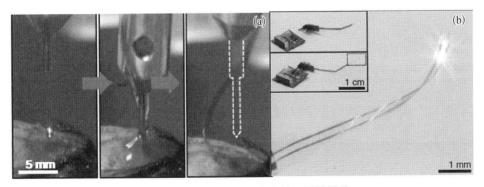

图 11-39　可注射的无线光基因柔性器件

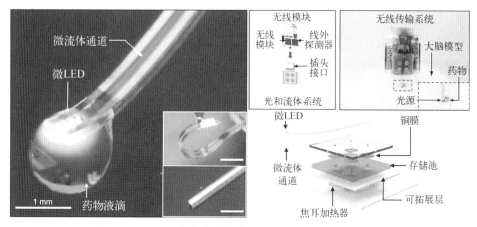

图 11 - 40　用于体内光遗传学研究的无线微流体柔性电极

2018 年,上海交通大学的刘景全等研究人员提出了一种基于聚酰亚胺的光电极阵列,如图 11 - 41 所示[48]。该阵列包含 16 个单独寻址的记录电极以及 16 个可单独控制的发光二极管,实现了大面积的阵列光刺激需求,同时分开制备发光二极管阵列与记录电极点阵列,两者可根据实际需求合并或者单独使用。2019 年,国家纳米科学中心的方英等研究人员在 *Nano letters* 期刊上提出了一种包含软磁合金的柔性探针电极,如图 11 - 42 所示[49]。在磁场作用下埋藏在电极头部的铁镍将随磁场发生移动,从而使得该电极植入更方便、创伤更小。

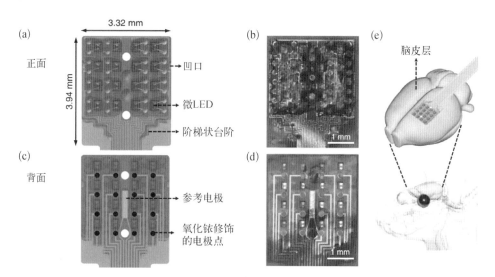

图 11 - 41　柔性 16 路光电极阵列

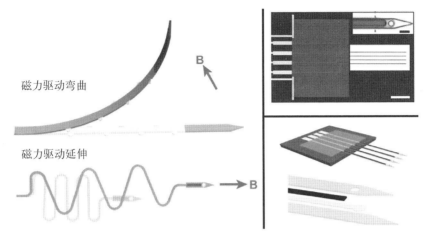

图 11‑42　用于神经记录的磁驱动柔性微电极阵列

11.2.2　平面型植入式电极的应用和展望

随着科学技术的不断发展,柔性平面电极采用的材料的生物相容性更高,多种功能的微器件被结合进柔性平面电极。从简单的平版印刷加手工制作到精密的微纳加工和批量化生产,植入式柔性平面电极逐步从单一的平面电生理记录扩展到曲面电生理检测以及多功能传感,柔性植入式平面电极广泛应用于人体各个部位的组织中。

1) 脑皮层 ECoG 信号记录

通过电生理记录可以获得脑皮层内神经环路的功能性连接和生理功能之间的关系,目前主要的神经活动记录方法包括侵入式(植入)和非侵入式(非植入)两种。如图 11‑43 所示[50],这些侵入式和非侵入式技术按照记录电极的位置可以记录不同种类的神经信号。最常见的非侵入脑电采集是将多个电极贴在大脑头皮表面,获取大量神经元同时发放的 EEG 电信号,但是获得信号的信噪比和时空分辨率不高。而介于颅内刺入式微电极和头皮外脑电极之间的脑皮层平面电极,由于其具有侵入损伤相对较小,采集的 ECoG 信号比 EEG 信噪比高、分辨率(亚微米级)高、信号采集频率范围更大以及包含皮层神经元群体活动信息等优点,已经在脑电分布记录、治疗刺激和脑-机接口系统上表现出巨大潜力。最早脑皮层电信号 ECoG 记录可以追溯到 20 世纪 20 年代,Berger 把电极放在患者的硬脑膜表面采集信号。至今为止,脑皮层电信号在解码癫痫脑区和确定手术目标区域等方面仍是重要工具,随着微机电系统(MEMS)技术的飞速发展,传统大尺寸脑皮层电极正朝着小尺寸、高密度和多功能集成方向演变,可以在整

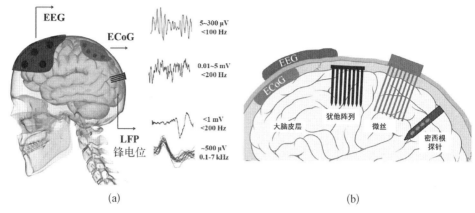

图 11‑43 脑电信号分类及记录电极种类和位置

(a) 脑电信号分类；(b) 记录电极种类和记录位置

个皮层表面获取更加丰富和精确的脑活动信息，逐步成为脑科学研究的热点。

2) 心脏电生理记录

虽然平面柔性电极在微加工的过程中受工艺限制需要保证在同一平面内，但是当其制备好并从基底上释放下来之后可用于各类曲面的包裹和缠绕。美国伊利诺伊大学香槟分校的 Kim 等研究人员在介入导管上利用平面电极结构集成了多种传感器，可以对心脏电生理进行测量与消融，如图 11‑44(a)所示[51]。作为球囊的一部分，包括温度传感器在内，记录电极与其他导线均可以随着球囊而变大或缩小，如图 11‑44(b)所示[51]。把平面器件贴在立体的球囊表面，除了直接三维加工外，这种方式是柔性平面器件向曲面转化的重要方法。2014 年，Xu 等人研制了一种三维外皮肤膜，可以对整个心外膜进行相关的记录与光刺激[52]。利用 3D 打印技术打印模板，如图 11‑44(c)所示[52]，该柔性器件可以与心脏贴合得很好。结合温度、应变、pH 等传感器，可以对心脏进行较高密度的测量。同时该电极集成了微型 LED，具有对心脏进行光刺激的潜力。

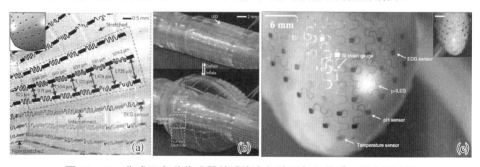

图 11‑44 集成了多种传感器的球囊电极阵列与心外膜三维电子皮肤

3) 深部脑刺激

传统的用于深部脑刺激(DBS)的电极装置采用精密加工金属配件结合手工装配的方式制备而成,该制备方式精度较低,大多只能集成较少刺激位点。随着人们对于病灶区电刺激需求的提高,对 DBS 装置小型化和兼容性的要求也更高。相比传统的 DBS 电极,采用 MEMS 技术制作的聚合物 DBS 电极精度高,材料的生物相容性更好,与体内成像设备相兼容。2011 年,德国弗莱堡大学(University of Freiburg)的 Fomani 等研究人员将柔性平面电极应用在脑刺激与记录的柔性三维微探针[53]。该器件把制备好的柔性平面电极缠绕在一个圆柱体状的棒上,可以围绕棒的圆周对附近的组织进行电生理记录与电刺激。可以把平面柔性器件覆盖在具有特定结构的三维支撑结构表面,形成新的立体型器件,用于研究深部脑刺激。2018 年,德国弗莱堡大学的 Ashouri 等人将以聚酰亚胺为基底的柔性平面电极缠绕在 PDMS 硅胶棒上制作成 DBS 刺激装置,如图 11 – 45 所示[54]。相比传统精密机械加工制备的 DBS 电极,这种方式制作的电极模量更低,在核磁共振成像中造成的伪影更小,便于医师准确观察植入位置。

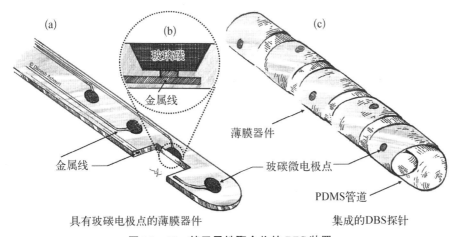

图 11 – 45　基于柔性聚合物的 DBS 装置

4) 周围神经电生理记录

除此之外,平面柔性电极还衍生出各种样式用于记录周围神经束的卡夫(cuff)电极[55-56]。图 11 – 46(a)为书页电极,这种立体电极可以把不同的电极像书页一样横向夹住,使其保持较好的位置。图 11 – 46(b)为筛网电极,该器件可以分别包围较大神经束里面的小神经束,得到各个细小神经束的神经电活动或者进行对应的电刺激。图 11 – 46(c)为钢琴铰链 cuff 电极,这种电极的封闭方式是在类似钢琴琴键的孔里插入细棒,实现 cuff 的闭合。图 11 – 46(d)为螺旋

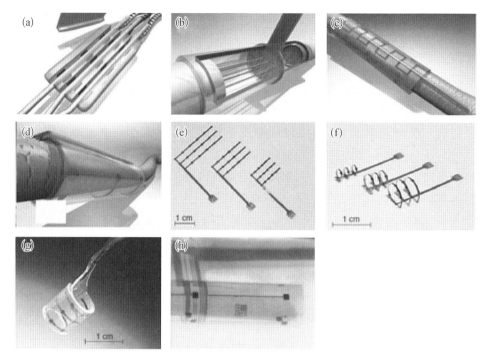

图 11 - 46 若干类型的立体柔性神经接口器件

(a) 书页电极;(b) 筛网电极;(c) 钢琴铰链 cuff 电极;(d) 螺旋 cuff 电极;(e) 温度梯度前不同直径的 cuff 电极;(f) 温度梯度后不同直径的 cuff 电极;(g) 硅胶 cuff 电极;(h) 聚酰亚胺薄膜 cuff 电极

cuff 电极,该器件的封闭方式一般是对电极自身结构层卷曲后进行退火塑型得到,封闭方式相对于上一种更为简单。图 11 - 46(e)和(f)为温度梯度前后不同直径的 cuff 电极,可以看到这种方法可以方便地制备一系列 cuff 电极。图 11 - 46(g)为硅胶 cuff 电极,这种电极的 cuff 结构是用柔性的硅胶组装的,在需要高密度电极的情况下,组装有一定的不便之处。图 11 - 46(h)为聚酰亚胺薄膜 cuff 电极,这种电极放在神经曲面上会自然地覆盖好,没有专门的封闭结构。

虽然平面柔性电极相对于传统的硅基电极有与生物组织更为相近的模量、制备工艺简单、应用场景广泛等优点,但是还存在以下不足。

(1) 柔性平面电极的分辨率还有待提高。相比于成熟的集成电路加工工艺,柔性聚合物的制作工艺精度低,因此无论是柔性电极的记录还是光刺激的分辨率都比传统的硅基传感器低,很难在柔性基底上集成高密度大规模的阵列。而传统的硅基电极不但加工精度高,其还与集成电路工艺相兼容,可将集成电路集成进电极,在记录端就对采集的信号进行处理,实现电极的功能化。因此,未来的研究工作主要集中在提高生物兼容的柔性聚合加工精度以及将其与传统硅基器件相结合。

（2）多功能、高可靠性的柔性电极技术有待进一步开发。虽然现已存在将各种传感元件集成进柔性电极的多功能柔性电极，但是绝大多数电极仅增加了一至两项辅助其获取信号的功能，因此，有待进一步开发具备可复合检测多项生物指标的柔性电极。此外，多功能传感单元极大地增加了电极的复杂程度，对于电极植入后传感元件的可靠性要求将进一步提升。

（3）有关在生物体内长期植入柔性器件的动物实验有待进一步开展。由于柔性材料具有与生物组织相近的杨氏模量与更稳定的化学性质，因此，其更适合被长期植入体内进行慢性记录。至今已有很多柔性电极被证实其在生物体内引起的生物排异反应更小，可记录到有效信号的周期更长。因此，在长周期内定期监测柔性脑-机接口器件并测量其质量变化，然后通过结构和材料优化延长器件使用寿命成为现在的研究热点。此外，结合特定神经环路或疾病模型的研究需求，如帕金森病、阿尔茨海默病等，通过电生理学、动物行为学、分子生物学和组织病理学实验，深入研究长期植入器件对动物模型的影响是当今使用柔性电极必须探究的课题之一。

11.2.3 探针型植入式电极

硅基微电极阵列按照结构与植入位置又可分为硅基密歇根电极和犹他电极（Utah 电极）。Utah 电极是 1989 年犹他大学的 Normann 设计的[57]，一般采用3 英寸（1 英寸≈2.54 厘米）的 n 掺杂型〈100〉硅片作为衬底。首先，通过热迁移技术使硅片从背面到正面形成很多 p 掺杂的导电通道，这些导电通道之间形成背靠背的 PN 结，从而使得通道之间不会导通。接着，使用微加工技术将这些 p 型通道切割成独立的柱状阵列，阵列的尖端再通过微加工技术形成锥形。然后，使用电子束蒸发设备在电极阵列的尖端沉积一层铂作为电极点材料。完成金属沉积后，用聚酰亚胺对整个电极阵列进行绝缘处理，仅露出电极尖端作为电极点。为输出信号，利用焊线方法将电极阵列背面的焊盘与外部电路连接。犹他电极已经通过美国 FDA 认证，具有较高的体内植入安全性。然而，犹他电极的探针长度一般较短，无法植入深脑区域。

美国布朗大学（Brown University）的 Hochberg 等研究人员于 2006 年研制出帮助四肢瘫痪患者恢复运动功能的可植入运动神经假体[34]。对于运动神经假体来说，将与四肢瘫痪患者运动意图相关的神经信号转化为实现运动任务的控制信号是其最主要的功能。研究人员将一个具有 96 通道的犹他电极阵列植入到瘫痪患者的主运动皮层来记录群体神经元的活动，如图 11-47 所示[34]，结果表明这个瘫痪三年的患者能够通过运动意图来调制神经元的发放模式，对神经信号进行解

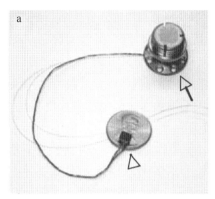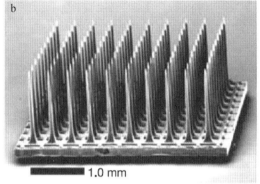

图 11‑47　用于神经解码的犹他电极阵列

码。患者可以用一个"神经光标"来模拟发送邮件以及操作电视机,甚至可以在谈话过程中进行以上操作。

　　相对 Utah 电极而言,密歇根电极的探针长度可以覆盖整个脑区,实现不同脑区的记录与刺激。密歇根电极利用集成电路工艺实现了规模化生产,集成度高且易于多功能化,具有非常可观的应用前景。美国斯坦福大学(Stanford University)的 Wise 等研究人员于 1970 年研制出了世界上首个采用硅基衬底加工制备的微探针[58]。这种采用集成电路工艺制备的微探针克服了传统微电极的很多问题,同时为硅基微电极的规模化生产提供了方向。如图 11‑48 所示[58],这种硅基微探针的结构主要包括硅衬底、氧化硅下绝缘层、金属导电层以及氧化硅上绝缘层。具体的加工顺序为:对硅衬底进行背面图形化以形成电极

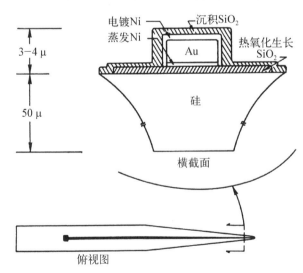

图 11‑48　世界上第一个硅基神经探针的截面示意图

的探针结构;接着,在正面的氧化层上沉积 Ni/Au 金属层并进行刻蚀图形化;随后,再沉积一层氧化硅作为上绝缘层,光刻后将电极点和焊盘上的绝缘层去除;最后,采用湿法刻蚀技术将探针从衬底上释放出来。由于光刻技术的分辨率极高,这种探针的电极点可以达到 2 μm,因此具有极高的空间分辨率。最后,通过植入猫的大脑皮层中发现,这种硅基探针可以成功记录到单个神经元的活动。

美国密歇根大学(University of Michigan)的 Najafi 等研究人员于 1985 年研制出一种用于中枢神经系统信号处理以及闭环神经假肢控制的微电极阵列[59]。在过去的 15 年里,硅基神经微电极虽然具有记录单个神经元活动的能力,但是,这种电极对神经科学的影响依然非常微弱。其中主要的原因是硅基微电极很难通过化学刻蚀办法达到 100 μm 以下的探针厚度。Najafi 等利用高浓度硼深扩散技术以及各向异性刻蚀停止技术解决了这个难题。如图 11 - 49(a)所示[59],采用硼掺杂硅片为衬底,多晶硅为导电层,氧化硅或者氮化硅为上下绝缘层,Najafi 等制备了探针长度为 3 mm、宽度为 50 μm、厚度为 15 μm 的硅基微电极。图 11 - 49(b)[59]为这种硅基微电极的加工工艺图,主要步骤包括衬底选择性硼掺杂;下绝缘层沉积、金属图形化以及上绝缘层沉积;绝缘层图形化、电极点金属沉积、湿法刻蚀减薄硅层及释放神经探针。其中,湿法刻蚀减薄是形成超薄探针的关键。由于硼掺杂浓度高于 5×10^{19} cm^{-3} 的硅无法被乙二胺-邻苯二酚(EDP)刻蚀,使用 EDP 进行释放后的电极探针厚度将由硼的掺杂浓度决定。因此,可以通过硼掺杂来精确控制探针厚度。

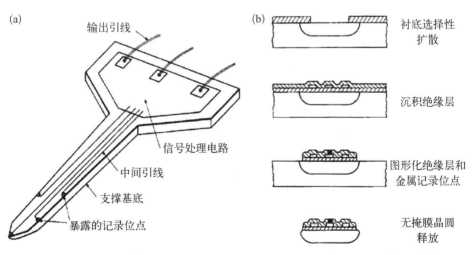

图 11 - 49 (a) 基于硼掺杂技术的多通道硅基神经探针示意图及(b) 基于硼掺杂技术的多通道硅基神经探针工艺流程图

美国加州理工大学(California Institute of Technology)的 Kewley 等研究人员于 1996 年提出了一种用于神经科学研究的硅基神经探针微加工方法[60]，其制备的神经探针可以同时从多个特定脑区获取高分辨率神经信号。而且，研究人员首次使用等离子体刻蚀技术替代湿法刻蚀技术定义了探针轮廓。如图 11-50 所示[60]，该法将 4 英寸硅片作为衬底，利用化学气相沉积技术沉积第一层氮化硅，并将其作为下绝缘层；接着，使用 lift-off 工艺对金属层进行图形化；然后，再沉积第二层氮化硅作为中间绝缘层；用等离子体刻蚀去除电极点和焊盘处的绝缘层；随后，再次使用 lift-off 工艺对金属铱进行图形化；再沉积一层氮化硅作为上绝缘层；在上绝缘层上沉积一层铬金属层并图形化，将其作为氮化硅的掩膜；采用等离子体刻蚀形成正面硅的轮廓线；沉积氮化硅，将其作为正面结构在背面湿法刻蚀过程中的阻挡层；湿法刻蚀背面的硅直到轮廓线透明；最后，正面等离子体刻蚀氮化硅暴露出电极点。其中，正面等离子体深硅刻蚀是形成超薄探针结构的关键。

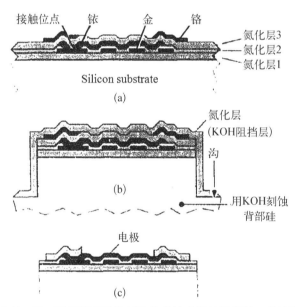

图 11-50　基于等离子体刻蚀技术的硅基神经探针工艺流程图

Norlin 和 Kindlundh 等研究人员于 2002 年验证了一种基于硅干法刻蚀技术的神经探针微加工方法[61]。将绝缘体上的硅(SOI)作为衬底材料，利用双面深硅刻蚀技术，Norlin 等人成功制备了一种具有叉状探针结构的 32 通道神经探针。通常，SOI 硅片具有顶层硅、埋氧层和底层硅三层结构。其中，埋氧层能够停止顶层硅和底层硅的刻蚀，是制备超薄探针的关键。图 11-51(a)[61]为采用

SOI 硅片制备的 32 通道神经探针的扫描电子显微镜图形。该神经探针的长度
为 5 mm,宽度为 25 μm,厚度为 20 μm,探针的顶端具有一个 4° 的尖角。
图 11-51(b)[61]为采用 SOI 硅片作为衬底进行神经探针微加工的工艺流程图。
其主要工艺步骤包括沉积氮化硅作为下绝缘层;沉积金属层并图形化;沉积中间
绝缘层并图形化;电极材料的沉积与图形化;沉积氮化硅作为上绝缘层并图形
化;正面深硅刻蚀;背面深硅刻蚀;去除埋氧层并释放神经探针。通过测试电极
的阻抗发现,这种方法制备的神经探针能够用来采集神经信号。而且,该法在降
低工艺复杂度、提高样品一致性以及实现规模化生产方面具有诱人的应用前景。

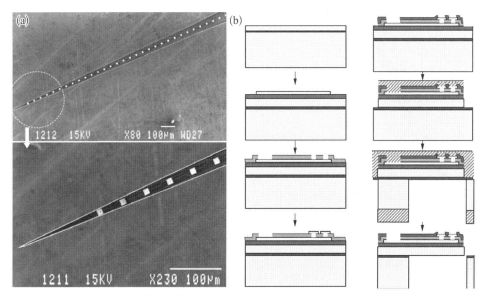

图 11-51 (a) 多通道硅基神经探针示意图及(b) 多通道硅基神经探针工艺流程图

密歇根大学(University of Michigan)的 Wu 等研究人员于 2013 年研制出
基于光纤耦合光波导技术的硅基神经探针[62],将光波导与微电极进行单片集
成,大大提高了光刺激的空间分辨率,并首次验证了单片集成光波导电极的体内
植入。这种神经电极具有一根长、宽、高分别为 5 mm、70 μm、15 μm 的硅探针,
如图 11-52(a)所示,在探针上分布着 8 个记录电极点以及一根由氮化硅与氧化
硅构成的光波导。该光波导的内芯为 5 μm 厚的氮化硅,包覆层为 3 μm 厚的氧
化硅,如图 11-52(c)所示。位于光纤一侧的光波导的宽度为 28 μm,位于电极
点一侧的宽度为 14 μm。这种设计可以提高光波导与光纤的耦合效率以及光刺
激的空间分辨率。通过光学测试发现,这种神经探针的光传输损失为(10.5±
1.9)dB。在 ChR2 表达大鼠的 CA1 区进行植入后,该探针成功记录到神经元的

自发局部场电位以及动作电位。研究表明,这种单片集成光波导耦合光纤的神经探针具有比光纤更高的空间分辨率。

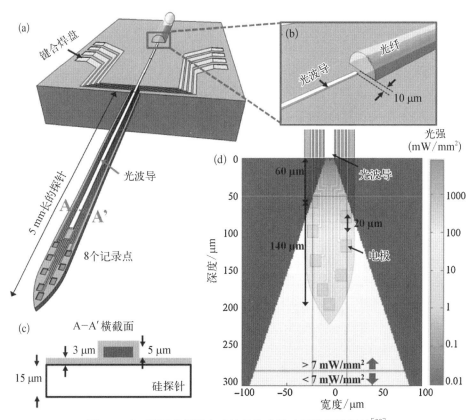

图 11 - 52　基于光纤耦合光波导技术的硅基神经微探针[62]

美国密歇根大学的 Wu 等研究人员于 2015 年研制出可以单片集成微型 LED 的硅基密歇根电极来研究光遗传学[63]。如图 11 - 53 所示[63],研究人员采用硅基氮化镓晶片作为衬底,通过微加工技术实现了微型 LED 与硅基微电极的单片集成。该电极共有 4 个探针,每个探针上分布了 8 个记录电极点和 3 个微型 LED。其中,每个微型 LED 的尺寸和锥体神经元胞体大小相似。因此,这种集成了微型 LED 的密歇根电极可以记录单个神经元的光刺激以及动作电位。

尽管采用单片集成氮化镓 LED 技术可以实现高时空分辨率的光刺激,但是,这种技术的工艺流程比较复杂,集成的 LED 发光效率差,而且加工成本高昂。这些缺点导致其在光遗传学研究中的应用受到限制。德国弗莱堡大学的 Ayub 等研究人员于 2017 年研制出集成了裸 LED 芯片的混合型皮层内神经探

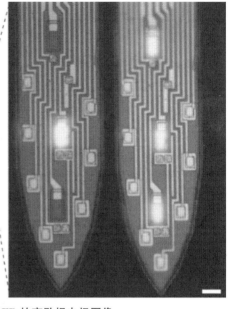

PCB

电极探针

图 11 - 53　单片集成 LED 的密歇根电极图像

针用于光遗传学研究[64]。如图 11 - 54 所示[64]，该探针主要包括一个集成了裸 LED 芯片的柔性衬底以及一个微加工制备的硅探针。其中，柔性衬底主要用于 LED 芯片的键合以及电学传输，而硅探针主要用于固定 LED 芯片以及硬化柔性衬底。通过结合硅探针与柔性探针，研究人员巧妙地集成了裸 LED 芯片与硅探针。目前，研究人员已经制备了在长、宽、厚分别为 8 mm、250 μm、65 μm 的硅探针上集成 10 个 LED 芯片的微电极。将微电极植入转基因小鼠的皮层以及下丘脑，研究人员可以对兴奋型和抑制型神经元进行光刺激并记录到相应的神经元活动。他们还利用不同时长以及功率幅值的光脉冲刺激来调控单个神经元活动以及局部群体神经元活动。研究表明，这种集成了 LED 的神经探针具有广

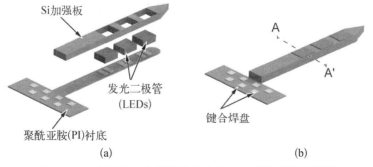

Si加强板

发光二极管
(LEDs)

聚酰亚胺(PI)衬底

A

A'

键合焊盘

(a)　　　　　　　　　　(b)

图 11 - 54　用于光遗传学研究的集成 LED 芯片的神经探针

泛的光遗传学应用价值。

德国弗莱堡大学的 Schwaerzle 等研究人员于 2017 年研制出基于激光二极管(LD)耦合光波导技术的 MEMS 神经探针[65]。如图 11 - 55 所示[65],该神经电极具有两个长、宽、厚分别为 8 mm、250 μm、50 μm 的探针。探针的基底部分布了四个 LD 裸芯片,每个芯片分别与一根 SU - 8 光波导进行耦合。SU - 8 光波导的宽和厚分别为 20 μm 和 13 μm,从 LD 芯片沿着探针方向一直延伸到记录电极点。由于 LD 芯片具有发光强度高、方向性好的优点,LD 与 SU - 8 光波导直接耦合可以提供足够强度的光刺激。此外,位于基部的 LD 芯片通过导线与外部电路相连,具有独立控制光脉冲信号的能力。通过调整 LD 的辐射波长,这种神经探针还可以调控多种类型视蛋白表达神经元。因此,这种集成了 LD 耦合光波导的神经探针同样对神经环路的研究具有重要意义。

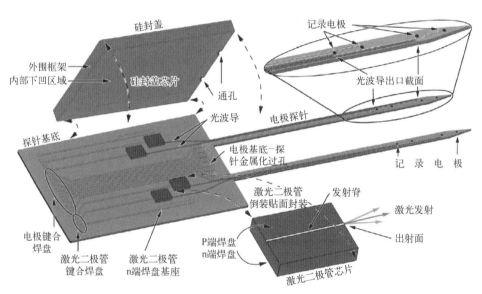

图 11 - 55　基于 LD 耦合光波导技术的神经探针示意图

在基于 LD 耦合光波导的密歇根式神经探针的发展基础上,上海交通大学的刘景全等研究人员于 2019 年研制出三维可驱动的密歇根光电极阵列[66]。如图 11 - 56 所示[66],该三维可驱动电极由神经探针、LD 芯片、柔性聚酰亚胺(PI)排线以及可驱动模块组成。其中,LD 芯片通过阳极各向异性导电胶(ACF)键合、采用金线键合的方式集成到神经探针上并与 SU - 8 光波导对准,接着通过热压 ACF 将神经探针和 PCB 用 PI 排线导通。最后将不同长度的探针组装到微驱动模块上,制造了三维可驱动密歇根电极。该光电极阵列整体尺寸为 20 mm×18 mm×10 mm。在慢性小鼠动物试验中,将电极阵列植入到小鼠前边缘皮层(PrL)、丘脑背内侧核(MD)、尾状壳核背内侧(dmCP)以及次级运动皮层后侧(pM2)等脑区。光遗传实验中用蓝光刺激 MD 脑区,同时成功记录到 PrL 脑区的神经信号发放率的改变。由此可见,该三维可驱动的密歇根光电极阵列在多脑区神经元活动的记录和刺激方面是非常有效的。

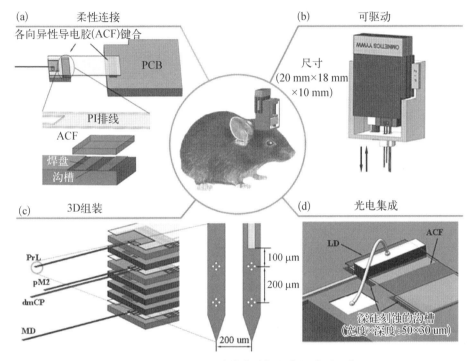

图 11 - 56　三维可驱动的密歇根光电极阵列示意图

密歇根大学(University of Michigan)的 Kampasi 等研究人员于 2016 年研制出基于多个辐射波长的 LD 耦合光波导技术的 MEMS 神经探针[67]。如图 11 - 57 所示[67],该神经电极主要由神经探针、变折射率(GRIN)透镜、LD 以及相应的固定夹具构成。其中,两个具有不同辐射波长的 LD 通过两个 GRIN 棱镜与光波导耦合。GRIN 棱镜可以汇聚 LD 出射光线,从而可以提高 LD 与光波导的耦合效率。两个 LD 的出射光线耦合进光波导后再通过一个光混合器被传输到探针的电极记录点附近。该光混合波导的宽和厚分别为 30 μm 和 7 μm,内芯为氮氧化硅,包覆层为氧化硅。对集成的探针进行光学表征发现,对于辐射波长分别为 405 nm 和 635 nm 的 LD,整个器件的光传播损失为 9.2~12.8 dB。这个结果比之前报道过的实验数据都要低。因此,这种神经探针可以通过多个波长的光对同一个神经元群体进行调控。最后,将该探针植入到 ChR2 与 Arch 共同表达后的小鼠海马体 CA1 区,研究人员成功实现了对特定区域神经元活动的刺激、抑制以及记录。因此,这种集成了多色 LD、GRIN 棱镜以及光混合器的神经探针是一种非常有前景的光遗传学工具。

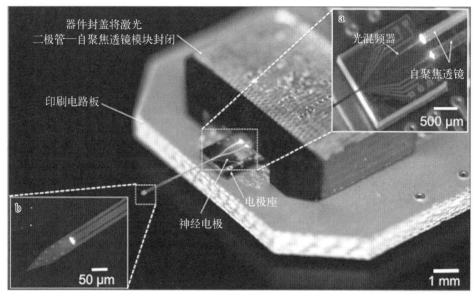

图 11-57　基于多个波长 LD 耦合光波导技术的神经探针

对于植入式神经探针的研究,不仅世界范围内的许多高校在攻坚克难,高新科技公司 Neuralink 在科学狂人马斯克的带领下也做出了巨大的贡献[68],推动了植入式神经探针的发展和植入方案的完善。2019 年 7 月 17 日,马斯克团队发布了新型脑-机接口系统并且发布了学术论文。该脑-机接口系统主要由以下三个方面构成。

(1) 线电极阵列。该线电极采用具有生物相容性的聚酰亚胺(PI)薄膜材料制造而成,具有可弯曲、尺寸小、灵活性强等特点,PI 薄膜材料内部封装着金属导线来传导电信号,如图 11-58 所示[68]。线电极阵列是通过 MEMS 微加工工艺来制备的。该团队设计了 20 多种不同的线电极类型,每个植入式 PI 电极器件包含 48 或者 96 个探针,每个探针包含 32 个独立的电极点,因此植入式 PI 电极器件最多可记录 3 072 个电极点。该器件的线宽为 $5 \sim 50 \ \mu m$,线直径为 $4 \sim 6 \ \mu m$,典型的导线长为 20 mm,每个探针前端都设计了一个面积为 $16 \ \mu m \times 50 \ \mu m$ 的环,方便植入时穿针。并且金电极点上分别修饰了 PEDOT 和金属铱氧化物(IrO_x)以改善界面阻抗并提高生物相容性。

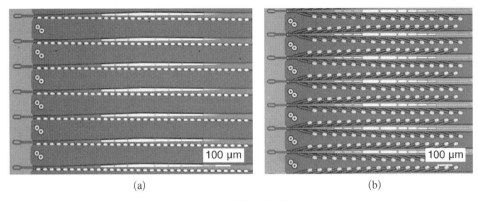

(a) (b)

图 11-58　线 电 极 阵 列

（a）边缘线性探针（由间距为 $50\,\mu m$ 的 32 个电极点组成）；（b）树状探针（由间距为 $75\,\mu m$ 的 32 个电极点组成）

（2）辅助植入的穿线机器人。由于 PI 薄膜聚合物探针精细又柔软，增加了植入手术的难度。该科研团队专门开发了一种用于植入柔性探针的神经外科机器人，该机器人每分钟能植入 6 根探针，高效可靠，并且有效避开血管，使得探针能够在分散的大脑区域进行记录。图 11-59[68] 为神经外科机器人的植入头部组件，该组件中的针由钨-铼线材电刻蚀而成，直径为 $24\,\mu m$，其中一个针尖被设计成钩环，用于输送线，另一个针尖负责穿透硬脑膜和脑组织来植线。植入头部组件由线性马达驱动，可以可变植入后快速回缩，以帮助探针和针头分离。神经

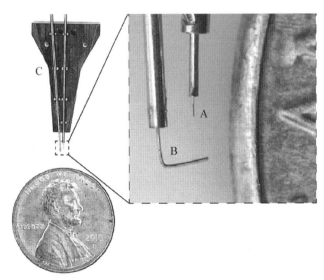

图 11-59　神经外科机器人的植入头部组件

外科机器人整体结构如图 11 - 60 所示[68]，其中 E 为成像组件，用于将针引导到线环，插入目标。C 为 6 个独立的光模块，每个模块能够独立地以 405 nm、525 nm 和 650 nm 几种波长或者白光进行照射。该系统在 19 次手术中的平均植入成功率为(87.1±12.6)%。每个手术平均插入时间为 45 min，插入速率约为每分钟 29.6 个电极。

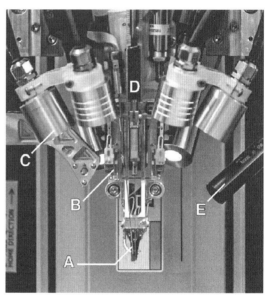

图 11 - 60　马斯克团队开发的神经外科机器人

（3）神经信号头皮上的定制化芯片。大脑内部有数千个电极长期记录神经元信号，这对电子设备性能提出了很高的要求。高密度的记录通道要求信号放大和数模转换必须集成在电极阵列组件中。而且这个集成的组件必须能放大微弱的神经信号，同时抑制噪声，并且可以在最小的功耗和尺寸下对放大的信号进行采样和数字化，并实时处理这些信号。Neuralink 团队开发的专业集成电路芯片能满足这些要求，该脑电采集芯片由三部分组成：256 个独立可编程放大器；片上数模转换器；用于序列化、数字化输出的外围控制电路。该脑电采集芯片和柔性探针所构成的系统如图 11 - 61 所示[68]。其中 A 为模拟像素（analog pixel）芯片，B 为植入大脑的聚合物导线，C 为钛金属外壳，D 为供电和传输数据的 USB-C 接口。该系统封装在涂有聚二甲苯的钛金属外壳中，防止液体渗入以延长系统的使用寿命。该脑电采集芯片以 19.3 kHz 在 10 bit 分辨率的条件下进行采样。

　　总体来说，Neuralink 公司开发的植入式脑-机接口系统在神经系统疾病治

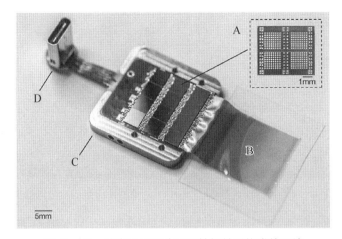

图 11-61 脑电采集芯片和柔性探针所构成的系统

A—analog pixel 芯片;B—聚合物导线;C—钛金属外壳;D—USB-C 接口

疗方面大有可为,但需进一步落实该技术在临床中的应用。

随着神经科学和人工智能的发展,植入探针式神经电极不仅在神经电极的结构设计和多功能集成上有突破,研究人员在对电极点进行修饰以提高神经信号的采集质量等方面也做了较多的研究。2006 年密歇根大学(University of Michigan)的 Ludwig 等人将导电聚合物聚乙撑二氧噻吩薄膜通过电化学沉积的方法修饰到密歇根探针的电极点上[69]。实验发现在超过 6 周的时间内,修饰导电聚合物后电极点的阻抗频谱、信号信噪比、记录到的有效神经元信号都优于未修饰的电极点,这表明电化学沉积导电聚合物修饰电极点对长期慢性动物实验中的神经活动记录具有明显的提升作用。

在研究导电聚合物 PEDOT 的基础上,研究人员对修饰材料进行了更加深入的研究。上海交通大学的刘景全等研究人员通过共沉积还原氧化石墨烯增强的导电聚合物复合薄膜(PP-rGO)修饰电极点[70]。如图 11-62 所示[70]是电极点经过 10 min 电化学沉积后的扫描电镜图,可以看出沉积的复合材料薄膜疏松多孔,该特征大大提高了电极点的有效面积,从而降低电极点的阻抗以达到提高记录信号信噪比的目的。动物实验数据表明,未修饰和复合材料薄膜(PP-rGO)修饰的电极点记录到神经信号的信噪比分别为 5.1 和 11.7。PP-rGO 修饰电极点性能优越,在神经信号记录方面扮演着重要的角色。另一方面,对电极点进行修饰的方法不仅能提高神经信号的信噪比,对于减弱光遗传过程中的金属电极点处产生的光电伪迹现象同样具有重要的意义。该研究团队在基于光纤耦合的植入式密歇根式光电极上,对电极点进行铂黑/导电聚合物(Pt-PP)双镀

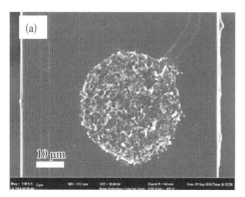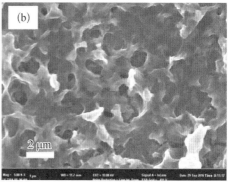

图 11 - 62　复合材料薄膜(PP-rGO)修饰的电极点的扫描电镜图

层电化学修饰。其修饰双镀层的密歇根式光电极如图 11 - 63 所示[71]。在基于光纤耦合的密歇根式光电极中,用环氧树脂封装光纤,保证光纤的前端和探针尖端电极点阵列相距约 100 μm,电极的电学封装通过热压聚酰亚胺排线与 PCB 的连接,利用电化学叠层电镀方法修饰电极点,分别电镀铂黑和导电聚合物(PEDOT)。将该神经探针植入到小鼠的中脑腹侧被盖区(VTA)进行实验验证。实验结果表明,和单层铂黑修饰的电极点相比,Pt-PP 双镀层材料修饰的电极点在光遗传实验中受到光电伪迹信号的干扰更弱,表现为光电伪迹幅值低且恢复时间短,因此该双镀层材料修饰的电极点在光刺激周期内记录到的神经元动作电位数量较多。由以上研究可以看出,对电极点进行材料修饰对提高信号质量和电极点的稳定性具有重要意义。

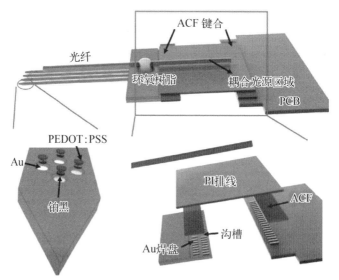

图 11 - 63　修饰双镀层材料的密歇根式光电极示意图

11.2.4 探针型植入式电极的应用和展望

随着信息通信技术的高速发展,各种高效的计算算法和高速的处理器层出不穷,人类对于大脑的研究有了更加夯实的基础,但对于如何将大脑内数以亿万计的神经元信号完好地传递到 PC 端并进行处理仍然存在着较大的挑战,探针型植入式电极是有望战胜这一挑战的有效方法。经过科研工作者近二十年的努力,探针型植入式电极在面向神经系统的疾病诊断与治疗以及面向神经系统的神经信息解码技术等方面都有重要应用。

1) 面向神经系统的疾病诊断与治疗

目前,在世界范围内因神经系统疾病造成的死亡率高达 12%,这些疾病包括癫痫、帕金森震颤和多发性硬化症。而在因为神经系统紊乱而导致生活不能自理的患者中,有 7.9% 的是癫痫患者。如今,得益于神经科技的进步,人们可以通过记录癫痫患者的局部场电位来确认病灶位置并进行切除。然而,由于目前商用的立体脑电电极(SEEG)具有非常有限的空间分辨率,因此多通道的电极成为一种非常有前景的诊断癫痫病灶的脑-机接口器件。德国弗莱堡大学的Pothof 等研究人员于 2015 年研制出一种能够记录到单个神经元动作电位的SEEG 探针[72]。这种探针首先使用传统的平面微加工技术来制备聚酰亚胺薄膜电极。为了让电极具有立体定位能力,平面的聚酰亚胺电极通过卷曲形成一个直径为 0.8 mm 的管电极。如图 11-64 所示[72],探针的尖端分布了 32～128 个用于记录神经元动作电位的微电极点以及若干个用于记录 LFP 的大电极点。这种探针具有与临床使用的神经探针类似的形状和大小,但是其空间分辨率得到大大提高。使用这种新型的 SEEG 探针,研究人员成功地在猴子的大脑中记录到相关的神经信号,且记录到稳定信号的时间超过了通常癫痫患者进行病灶定位所需的时长。此外,研究人员还首次使用这种管状电极记录到单个神

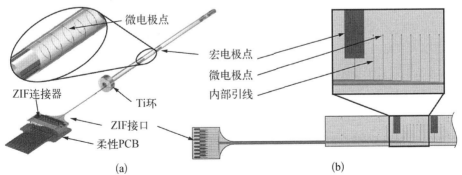

图 11-64 (a) 用于癫痫病灶定位的管状脑电电极及 (b) 管电极展开后的效果图

经元的活动,这说明 SEEG 探针在治疗癫痫患者方面具有重要应用前景。除了定位神经疾病的病灶,探针型植入式电极也是一种新兴的治疗神经系统疾病的有效解决方案。深脑电刺激对很多神经系统疾病改善效果均较好,如强迫症、抑郁症、痴呆、帕金森等。而探针型植入式电极作为深脑电刺激治疗方案的载体,无疑扮演着一个重要的角色。

2) 面向神经系统的神经信息解码技术

研究表明,对于四肢瘫痪的患者,其大脑想象运动的能力是完整的,因此神经假体和脑-机接口技术的进步为截肢患者和瘫痪患者带来了重新活动的希望。对于运动神经假体来说,将与四肢瘫痪患者运动意图相关的神经信号转化为实现运动任务的控制信号是其最主要的功能。因此探针型植入式电极可在大脑内部绕过受损的神经回路(瘫痪的病灶)记录到反应本体运动意图的神经元发放规律,并传递到后端计算机,对相应信号进行提取和聚类,解读大脑的源命令,从而反馈给神经假体,控制神经假体进行相应的活动。在匹斯堡大学的一项研究中,一名患者在植入电极后成功地利用意念控制机械手臂与奥巴马握手。由于机械手上装有传感器,每个传感器连接不同的电极,当机械手受到压力,对应的电极就刺激感觉皮层,让患者感受到被握住。未来希望截肢者会将他们的假肢视为"他们的手指/手臂",而不是附着在截肢部位的硬件。

11.3 展望

自 1990 年以来,超过 1 000 多个神经科学家和神经假体研究者利用探针型植入式电极检测大脑活动,同时并行使用光刺激和电记录的光电极阵列来进行神经科学研究的工作也逐步增多,这些科研进展都是具有深远意义的。但是神经科学家和工程技术人员都认识到,在不提高探针型植入式电极规模、密度和特异性的前提下,当下的基础研究不足以在神经科学领域取得重大突破。与纷繁复杂的大脑系统结构相比,我们的工具仍然非常粗糙,因此要实现大脑基本功能(记忆和学习)的逆向工程都需要花费很多年。由此可见,在神经科学研究的道路上没有捷径可走,神经科学理论的研究和工具器件的创新并行发展才是揭开人类大脑神秘面纱的康庄大道。

对于探针型植入式电极来说,其今后的科研重点主要包括以下三个方面。① 提高探针型植入式电极的密度、规模和集成度。大脑内包含约 850 亿神经元、100 万亿个突触,只有提升记录电极点的数量,扩大电极记录区域,才能访问并检测更多神经元动态响应，实现对大脑结构功能的初步剖析。因此改良工艺制造更高密度的电极点、改善探针型植入式电极的封装、在电极后端集成高效率低功耗的专用集成电路（ASIC）以及改善无线模块等手段都将是行之有效的手段。② 提高探针型植入式电极刺激的选择性功能。近年来细胞特异性光遗传刺激与动态神经记录相结合的方法成为无选择性电刺激方法的强力补充。当下主流的三种探针型植入式光电极（集成光纤、集成 μLED、LD 耦合光波导）都无法在无创的情况进行光遗传实验，并且三种电极都有不同的缺陷。因此开发高效稳定、低噪声、扩展性强，甚至无创的光电神经接口器件尤为重要。③ 提高探针型植入式电极检测记录特异性功能。由于大脑内部同样有超过 100 种化学神经递质负责大脑的通信功能和保证液体环境的稳定，因此除了对大脑神经电信号的记录，对不同神经递质的各项指标进行检测对于监测大脑的健康、透析大脑结构有重要意义。具备多模态的化学传感检测和具有细胞电记录功能的探针型植入式电极将在神经科学领域大有可为。

近年来，随着科研人员兴趣的提高以及政府和基金会投资的加大，新思想不断出现和新的科研人员不断加入，我们可以预见在未来十年中人们对脑功能以及与疾病相关的功能障碍的理解将有重大突破。

参考文献

[1] Gargiulo G，Calvo R A，Bifulco P，et al. A new EEG recording system for passive dry electrodes [J]. Clinical Neurophysiology，2010，121(5)：686-693.

[2] Jung H C，Moon J H，Baek D H，et al. CNT/PDMS composite flexible dry electrodes for long-term ECG monitoring [J]. IEEE Transactions on Biomedical Engineering，2012，59(5)：1472-1479.

[3] Mcadams E，Jossinet J. Nonlinear transient response of electrode—electrolyte interfaces [J]. Medical and Biological Engineering and Computing，2000，38(4)：427-432.

[4] Yu L M，Tay F E H，Guo D G，et al. A MEMS-based bioelectrode for ECG measurement[C]，Sensors，2008 IEEE：1068-1071.

[5] Tallgren P，Vanhatalo S，Kaila K，et al. Evaluation of commercially available electrodes and gels for recording of slow EEG potentials [J]. Clinical Neurophysiology，2005，116(4)：799-806.

[6] 黄芳丽，曹全喜，卫云鸽，等. Ag/AgCl 电极的制备及电化学性能[J]. 电子科技，2010，23(6)：29.

[7] Wang L F，Liu J Q，Yang B，et al. PDMS-based low cost flexible dry electrode for

long-term EEG measurement [J]. IEEE Sensors Journal, 2012, 12(9): 2898 - 2904.

[8] Griss P, Enoksson P, Tolvanen-Laakso H, et al. Spiked biopotential electrodes[C]// Proceedings IEEE Thirteenth Annual International Conference On Micro Electro Mechanical Systems, IEEE: 323 - 328.

[9] Ng W C, Seet H L, Lee K S, et al. Micro-spike EEG electrode and the vacuum-casting technology for mass production [J]. Journal of Materials Processing Technology, 2009, 209(9): 4434 - 4438.

[10] Salvo P, Raedt R, Carrette E, et al. A 3D printed dry electrode for ECG/EEG recording [J]. Sensors and Actuators A: Physical, 2012, 174: 96 - 102.

[11] Liao L D, Wang I J, Chen S F, et al. Design, fabrication and experimental validation of a novel dry-contact sensor for measuring electroencephalography signals without skin preparation [J]. Sensors, 2011, 11(6): 5819 - 5834.

[12] Chen C Y, Chang C L, Chien T F, et al. Flexible PDMS electrode for one-point wearable wireless bio-potential acquisition [J]. Sensors and Actuators A: Physical, 2013, 203: 20 - 28.

[13] Ryu C Y, Nam S H, Kim S. Conductive rubber electrode for wearable health monitoring [C]//2005 IEEE Engineering in Medicine and Biology 27th Annual Conference, IEEE: 3479 - 3481.

[14] Hoffmann K P, Ruff R. Flexible dry surface-electrodes for ECG long-term monitoring [C]//2007 29th Annual International Conference of the IEEE Engineering in Medicine and Biology Society, IEEE: 5739 - 5742.

[15] Baek J Y, An J H, Choi J M, et al. Flexible polymeric dry electrodes for the long-term monitoring of ECG [J]. Sensors and Actuators A: Physical, 2008, 143(2): 423 - 429.

[16] Oh T I, Yoon S, Kim T E, et al. Nanofiber web textile dry electrodes for long-term biopotential recording [J]. IEEE Transactions on Biomedical Circuits and Systems, 2012, 7(2): 204 - 211.

[17] Lee J H, Nam Y W, Jung H C, et al. Shear induced CNT/PDMS conducting thin film for electrode cardiogram (ECG) electrode [J]. BioChip Journal, 2012, 6(1): 91 - 98.

[18] Myers A C, Huang H, Zhu Y. Wearable silver nanowire dry electrodes for electrophysiological sensing [J]. RSC Advances, 2015, 5(15): 11627 - 11632.

[19] Leleux P, Badier J M, Rivnay J, et al. Conducting polymer electrodes for electroencephalography [J]. Advanced Healthcare Materials, 2014, 3(4): 490 - 493.

[20] Lim Y G, Kim K K, Park S. ECG measurement on a chair without conductive contact [J]. IEEE Transactions on Biomedical Engineering, 2006, 53(5): 956 - 959.

[21] Chi Y M, Deiss S R, Cauwenberghs G. Non-contact low power EEG/ECG electrode for high density wearable biopotential sensor networks[C]//2009 Sixth International Workshop on Wearable and Implantable Body Sensor Networks. IEEE: 246 – 250.

[22] Sullivan T J, Deiss S R, Jung T P, et al. A brain-machine interface using dry-contact, low-noise EEG sensors[C]//2008 IEEE International Symposium on Circuits and Systems. IEEE: 1986 – 1989.

[23] Baek H J, Kim H S, Heo J, et al. Brain-computer interfaces using capacitive measurement of visual or auditory steady-state responses [J]. Journal of Neural Engineering, 2013, 10(2): 024001.

[24] Lee S M, Kim J H, Byeon H J, et al. A capacitive, biocompatible and adhesive electrode for long-term and cap-free monitoring of EEG signals [J]. Journal of Neural Engineering, 2013, 10(3): 036006.

[25] Lee S M, Sim K S, Kim K K, et al. Thin and flexible active electrodes with shield for capacitive electrocardiogram measurement [J]. Medical & Biological Engineering & Computing, 2010, 48(5): 447 – 457.

[26] Baek H J, Lee H J, Lim Y G, et al. Conductive polymer foam surface improves the performance of a capacitive EEG electrode [J]. IEEE Transactions on Biomedical Engineering, 2012, 59(12): 3422 – 3431.

[27] Kim T, Kim J, Kim Y, et al. Preparation and characterization of poly (3, 4 – ethylenedioxythiophene)(PEDOT) using partially sulfonated poly (styrene-butadiene-styrene) triblock copolymer as a polyelectrolyte [J]. Current Applied Physics, 2009, 9(1): 120 – 125.

[28] Teplan M. Fundamentals of EEG measurement [J]. Measurement Science Review, 2002, 2(2): 1 – 11.

[29] Liao L D, Lin C T, Mcdowel L K, et al. Biosensor technologies for augmented brain-computer interfaces in the next decades [J]. Proceedings of the IEEE, 2012, 100 (Special Centennial Issue): 1553 – 1566.

[30] Gao K, Yang H, Liao L L, et al. A novel bristle-shaped semi-dry electrode with low contact impedance and ease of use features for EEG signal measurement[J]. IEEE Transactions on Biomedical Engineering, 2020, 67(3): 750 – 761.

[31] Peng H L, Liu J Q, Tian H C, et al. A novel passive electrode based on porous Ti for EEG recording [J]. Sensors and Actuators B: Chemical, 2016, 226: 349 – 356.

[32] Li G, Zhang D, Wang S, et al. Novel passive ceramic based semi-dry electrodes for recording electroencephalography signals from the hairy scalp [J]. Sensors and Actuators B: Chemical, 2016, 237: 167 – 178.

[33] Nicolelis M A, Baccala L A, Lin R C, et al. Sensorimotor encoding by synchronous

neural ensemble activity at multiple levels of the somatosensory system [J]. Science, 1995, 268(5215): 1353 – 1358.

[34] Hochberg L R, Serruya M D, Friehs G M, et al. Neuronal ensemble control of prosthetic devices by a human with tetraplegia [J]. Nature, 2006, 442 (7099): 164 – 171.

[35] Jorfi M, Skousen J, Weder C, et al. Progress towards biocompatible intracortical microelectrodes for neural interfacing applications [J]. Journal of Neural Engineering, 2015, 12(1): 011001.

[36] Rousche P, Normann R. Chronic recording capability of the Utah intracortical electrode array in cat sensory cortex [J]. Journal of Neuroscience Methods, 1998, 82(1): 1 – 15.

[37] Park S, Guo Y, Jia X, et al. One-step optogenetics with multifunctional flexible polymer fibers [J]. Nature Neuroscience, 2017, 20(4): 612 – 619.

[38] Tybrand T K, Khodagholy D, Dielacher B, et al. High-density stretchable electrode grids for chronic neural recording[J]. Advanced materials, 2018, 30: 1706520.

[39] Yu H, Xiong W, Zhang H, et al. A Parylene self locking cuff electrode for peripheral nerve stimulation and recording[J]. Journal of Microelectromechanical Systems, 2014, 23(5): 1025 – 1035.

[40] Luan L, Wei X, Zhao Z, et al. Ultraflexible nanoelectronic probes form reliable, glial scar-free neural integration [J]. Science Advances, 2017, 3(2): 1601966.

[41] Kim D H, Viventi J, Amsden J J, et al. Dissolvable films of silk fibroin for ultrathin conformal bio-integrated electronics [J]. Nature Materials, 2010, 9(6): 511 – 517.

[42] Baek D H, Lee J, Byeon H J, et al. A thin film polyimide mesh microelectrode for chronic epidural electrocorticography recording with enhanced contactability [J]. Journal of Neural Engineering, 2014, 11(4): 046023.

[43] Guo Z, Ji B, Wang M, et al. A polyimide-based 3D ultrathin bioelectrode with elastic sites for neural recording[J]. Journal of Microelectromechanical Systems, 2018, 27 (6): 1035 – 1040.

[44] Yang J, Du M, Wang L, et al. Bacterial cellulose as a supersoft neural interfacing substrate [J]. ACS Applied Materials & Interfaces, 2018, 10(39): 33049 – 33059.

[45] Ji B, Ge C, Guo Z, et al. Flexible and stretchable opto-electric neural interface for low-noise electrocorticogram recordings and neuromodulation in vivo [J]. Biosensors and Bioelectronics, 2019, 153: 112009.

[46] Kim T I, Mccall J G, Jung Y H, et al. Injectable, cellular-scale optoelectronics with applications for wireless optogenetics [J]. Science, 340(2013): 211 – 216.

[47] Jeong J W, Mccall J, Shin G, et al. Wireless optofluidic systems for programmable in

vivo pharmacology and optogenetics[J]. Cell,162(3):662-674.

[48] Ji B, Guo Z, Wang M, et al. Flexible polyimide-based hybrid optoelectric neural interface with 16 channels of micro-LEDs and electrodes [J]. Microsystems & Nanoengineering,2018,4:2096-1030.

[49] Gao L, Wang J, Guan S, et al. Magnetic actuation of flexible microelectrode arrays for neural activity recordings [J]. Nano Letters,2019,19(11):8032-8039.

[50] Fattahi P, Yang G, Kim G, et al. A review of organic and inorganic biomaterials for neural interfaces [J]. Advanced Materials,2014,26(12):1846-1885.

[51] Kim D H, Lu N, Ghaffari R. Materials for multifunctional balloon catheterswith capabilities in cardiac electrophysiologicalmapping and ablation therapy [J]. Nature Materials,2011,10(4):316-323.

[52] Xu L Z, Gutbrod S R, Bonifas A P, et al. 3D multifunctional integumentary membranes for spatiotemporal cardiac measurements and stimulation across the entire epicardium [J]. Nature Communications,2014,5(1):3329.

[53] Fomani A A, Mansour R R, Florez-Quenguan C M, et al. Development and characterization of multisite three-dimensional microprobes for deep brain stimulation and recording [J]. Journal of Microelectromechanical Systems, 2011, 20 (5): 1109-1118.

[54] Ashouri D, Vomero M, Erhardt J B, et al. Integrity assessment of a hybrid DBS probe that enables neurotransmitter detection simultaneously to electrical stimulation and recording [J]. Micromachines,2018,9(10):510.

[55] Koch K P. Neural prostheses and biomedical microsystems in neurological rehabilitation [J]. Acta Neurochirurgica Supplement,2007,97(1):427-434.

[56] Stieglitz T, Schuetter M, Koch K P, et al. Implantable biomedical microsystems for neural prostheses[J]. IEEE Engineering in Medicine and Biology Magazine, 2005, 24(5):58-65.

[57] Campbell P K, Jones K E, Huber R J, et al. A silicon-based, three-dimensional neural interface: manufacturing processes for an intracortical electrode array[J]. IEEE Transactions on Biomedical Engineering,1991,38(8):758-768.

[58] Wise K D, Angell J B, Starr A, et al. An integrated-circuit approach to extracellular microelectrodes[J]. IEEE Transactions on Biomedical Engineering, 1970, 17(3): 238-247.

[59] Najafi K, Wise K D, Mochizuki T. A high-yield IC-compatible multichannel recording array [J]. IEEE Transactions on Electron Devices,1985,32(7):1206-1211.

[60] Kewley D T, Hills M D, Borkholder D A, et al. Plasma-etched neural probes[J]. Sensors and Actuators A-physical,1997,58(1):27-35.

［61］ Norlin P，Kindlundh M，Mouroux A，et al． A 32 - site neural recording probe fabricated by DRIE of SOI substrates ［J］． Journal of Micromechanics and Microengineering，2002，12(4)：414 - 419．

［62］ Wu F，Stark E，Im M，et al． An implantable neural probe with monolithically integrated dielectric waveguide and recording electrodes for optogenetics applications ［J］． Journal of Neural Engineering，2013，10(5)：056012．

［63］ Wu F，Stark E，Ku P C，et al． Monolithically integrated μLEDs on silicon neural probes for high-resolution optogenetic studies in behaving animals ［J］． Neuron，2015，88(6)：1136 - 1148．

［64］ Ayub S，Gentet L J，Richárd F，et al． Hybrid intracerebral probe with integrated bare LED chips for optogenetic studies ［J］． Biomedical Microdevices，2017，19(3)．

［65］ Schwaerzle M，Paul O，Ruther P． Compact silicon-based optrode with integrated laser diode chips，SU - 8 waveguides and platinum electrodes for optogenetic applications ［J］． Journal of Micromechanics and Microengineering，2017，27(6)：065004．

［66］ Wang M H，Gu X W，Ji B W，et al． Three-dimensional drivable optrode array for high-resolution neural stimulations and recordings in multiple brain regions ［J］． Biosensors & Bioelectronics，2019，131：9 - 16．

［67］ Kampasi K，Stark E，Seymour J，et al． Fiberless multicolor neural optoelectrode for in vivo circuit analysis ［J］． Scientific Reports，2016，6：30961．

［68］ Musk E． An integrated brain-machine interface platform with thousands of channels ［J］． Journal of Medical Internet Research，2019，21(10)：e16194．

［69］ Ludwig K A，Uram J D，Yang J，et al． Chronic neural recordings using silicon microelectrode arrays electrochemically deposited with a poly (3, 4 - ethylenedioxythiophene) (PEDOT) film ［J］． Journal of Neural Engineering，2006，3(1)：59 - 70．

［70］ Wang M H，Ji B W，Gu X W，et al． Direct electrodeposition of Graphene enhanced conductive polymer on microelectrode for biosensing application ［J］． Biosensors and Bioelectronics，2018，99：99 - 107．

［71］ Wang L C，Wang M H，et al． The use of a double-layer platinum black-conducting polymer coating for improvement of neural recording and mitigation of photoelectric artifact ［J］． Biosensors and Bioelectronics，2019，145：111661．

［72］ Pothof F，Bonini L，Lanzilotto M，et al． Chronic neural probe for simultaneous recording of single-unit，multi-unit，and local field potential activity from multiple brain sites ［J］． Journal of Neural Engineering，2016，13(4)：046006．

12

脑-机接口的医学应用

安兴伟　许敏鹏　倪广健　柯余峰　刘爽　明东

安兴伟,天津大学医学工程与转化医学研究院,电子邮箱：anxingwei@tju.edu.cn
许敏鹏,天津大学精密仪器与光电子工程学院,电子邮箱：xmp52637@tju.edu.cn
倪广健,天津大学精密仪器与光电子工程学院,电子邮箱：niguangjian@tju.edu.cn
柯余峰,天津大学医学工程与转化医学研究院,电子邮箱：clarenceke@tju.edu.cn
刘爽,天津大学医学工程与转化医学研究院,电子邮箱：shuangliu@tju.edu.cn
明东,天津大学医学工程与转化医学研究院,电子邮箱：richardming@tju.edu.cn

对外交流是人类生活中的一项基本活动。然而，一些人由于意外事故或疾病可能会部分甚至完全丧失对外语言交流能力，甚至不能通过视听感官或肢体动作与外界沟通，以致其行为意图无法得到有效表达。如肌萎缩性脊髓侧索硬化症、脊髓损伤（spinal cord injury，SCI）、脑卒中等几种常见的造成对外信息交流功能障碍的疾病会阻碍患者行为控制的神经通路，严重时甚至会使人完全丧失思维表达或行为控制的能力。该类患者人群极易失去与外界信息交流的能力，进而成为自我封闭的个体。因此，修复或改善该类人群的运动或交流功能，帮助其与外界环境进行有效的信息交流，或探索研究能替代大脑对外交流方式的人机交互新模式具有重要的意义。

目前主要存在三种修复或替代大脑对外交流的可能途径。第一种为利用功能尚存的神经通路或肌肉取代已受损神经通路或肌肉。如患者可以通过眼动、手势或肢体动作与外界进行交流对话，但该途径只能用于有限场合；第二种为通过检测受损神经或肌肉部位的残存活动功能来制定具体的外部设备替代方案，如 Freehand 公司的神经假肢就可以帮助脊髓损伤患者恢复手部功能，但其功能恢复状况受限于原残存功能；第三种是为大脑提供全新的、无须依赖常规周围神经与肌肉系统的对外交流通道，即脑-机接口（BCI）。BCI 是将中枢神经系统活动直接转化为人工输出的系统，它能够替代、修复、增强、补充或改善中枢神经系统的正常输出从而改善中枢神经系统与内外环境之间的交互作用，如图 12-1 所示。

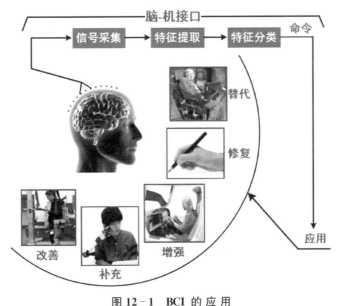

图 12-1 BCI 的应用

大脑思维活动提供了可检测的反映心理或行为特征的神经电生理信号(可经头皮电极、皮层表面电极或皮层内部植入式电极等多种传感器拾取)。BCI通过解码这些特征脑电信号获得大脑思维意图信息,再由工程技术手段将其转换成可用于控制外部设备工作的指令信号,从而实现无须常规周围神经与肌肉系统参与、按大脑思维意图照办的对外信息交流与互动。因此,BCI技术的出现与发展不仅为上述残障人群带来了全新的功能康复希望,而且也为健康人士开拓了前所未有的人机交互新天地。

BCI研究最初的想法是为残疾人提供一种与外界进行交流的通信方式,让他们通过这种方式实现用自己的思维操控轮椅、假肢等。但随着BCI技术的日益成熟并不断取得重大的突破性成果,社会对智能机器人的需求逐渐增加,BCI机器人的概念也应运而生,多种技术融合是其重要特征之一。

12.1 脑-机接口与脑疾病康复

BCI在康复治疗中帮助患者恢复其常规的动作控制、认知或情绪功能。BCI技术在治疗学中的应用主要是通过采集用户的大脑信号,将其转化为可立即反馈到用户的可用输出指令。也就是说,在用户与BCI系统之间建立了一个实时、闭环的相互作用通路。而BCI技术在治疗学中应用的独特之处在于该反馈设计的作用是调节持续的大脑活动,诱发或指导大脑长期的可塑性,以改善相应运动或认知功能。BCI技术在治疗学中的研究焦点主要集中于非侵入式BCI系统相关的信号类型,如脑电图、脑磁图和fMRI。希望实现的治疗效果包括中止或避免癫痫发作,改善脑卒中后的运动恢复状况,改善注意力表现、情绪反应和其他认知过程以及控制疼痛等。

脑电信号早在1929年就已经被应用到大脑功能的临床诊断和治疗中,目前其应用包括以下几个方面。

(1)在过去几十年里,脑电信号可用来诊断癫痫,同时也是睡眠分期的重要指标。其中有两种脑电特征模式的研究已经取得了实质性成果:感觉运动节律(sensorimotor rhythms,SMRs)的调节和慢波皮层电位(slow cortical potentials,SCPs)的调节。

(2)21世纪以来,脑电反馈和训练被用于注意力缺陷(attention-deficit hyperactivity disorder,ADHD)和认知功能障碍的诊断治疗。一些研究表明,脑电信号的一些特征信息与中老年人群的年龄及认知表现相关,如训练之后脑电信号的频率特性能反映出个体所处的警觉状态,而且脑电信号的不同频段特性对其认知过程有比较明显的影响。这些研究表明脑电反馈训练对注意力和认知行为研究有积极作用,可以作为治疗干预此类疾病的有效手段。

(3) 基于脑电信号的 BCI 训练也可用于改善运动功能。对于脑卒中及其他中枢神经系统创伤等人群,传统治疗手段是对其四肢进行被动式运动训练。而基于 BCI 的训练则提供了一种不同的运动功能恢复方式,如通过常规大脑训练改善运动功能,在练习过程中刺激产生常规运动。这方面相关的主要技术还有功能性电刺激、神经机器人技术、近红外光谱与脑磁图等。

BCI 技术也可以利用大脑活动的代谢信息。磁共振成像(MRI)是一种脑成像方式,功能磁共振通过 MRI 分辨不同脑区在不同运动和情绪状态下的功能活动。近年来,随着功能检测技术的进步,基于 fMRI 的 BCI 技术已经取得了一些成果。研究表明,利用 fMRI 反馈进行大脑活动的自我调节训练,并结合具体的感觉过程可恢复或强化运动、认知和情绪功能。

BCI 系统的应用将为康复医学的发展带来新的进步,除了能帮助那些具有严重功能障碍的患者建立与外界的交流通道,还可将康复训练中很多的被动运动转换成患者的主动运动,进一步提高患者的主观能动性,从而提高康复效果。传统康复方式很注重患者的主动运动,但是有时患者不具备主动运动的能力,这是临床康复中的一大难题。现在可以利用 BCI 技术,让患者通过自己的思想控制外界设备进行训练,这样不仅能够提高患者的主动性,还可在患者受损的中枢神经中形成反馈,刺激脑的重塑或代偿,从而提高康复疗效。随着虚拟现实(VR)技术的普及,患者可在更加接近现实的环境中产生质量更高的 EEG,进而提高 BCI 的性能。BCI 技术丰富了康复治疗手段并拓宽了康复治疗思路,是一种新的康复医学媒介。目前该技术已趋于成熟,并逐渐接近临床应用,它可应用于偏瘫患者的肢体康复、感知觉训练、平衡训练及康复后期的作业训练中。首先让患者在虚拟现实环境中学会执行任务,然后逐渐转移到现实生活中,这样可减少患者可能面临的危险并有助于提高治疗效果。

12.1.1 脑卒中

脑卒中俗称中风,是目前世界上致残率最高的疾病,也是危害人类健康的重大疾病。脑卒中患者常伴有肢体偏瘫,需长期进行康复训练和治疗,给个人、家庭和社会带来沉重的负担。脑卒中患者即使经过抢救后存活,也都会产生不同程度的后遗症。运动机能的缺失是脑卒中后遗症最为常见的表现,有 80%～90% 的患者发病后会产生严重运动机能损伤[1],20%～40% 的患者会出现不同程度的僵直症状。脑卒中患者发病后有较长时间感觉和运动机能缺失,导致患者对使用肢体产生抗拒感,长时间弃用肢体十分容易发生功能性动作遗忘(functional motor amnesia)或者习惯性废用现象(learned non-use phenomenon),增大了康复难度。

研究表明,患者在康复训练、重新掌握肢体基本运动功能的再学习过程中,大脑中枢神经会产生积极的可塑性变化改变其功能连接和结构,以适应运动需求。传统康复训练(仅强迫患肢做被动重复运动)无法观察和诱导中枢神经可塑性变化对康复的潜在促进作用,而近年兴起的基于脑-机接口技术可在患者主观意愿的驱使下进行康复训练,达到前所未有的显著疗效,其优势是直接关注患者大脑,由主观意愿诱导并推动中枢神经可塑性变化。

1. 脑卒中后的神经网络重组

目前,帮助脑卒中患者恢复功能的治疗方案有很多,但都收效甚微,对此我们需要寻找其他的治疗手段。脑卒中可能会导致大脑重组,针对脑卒中康复设计的脑-机接口可以控制这种大脑重组,即促进大脑神经的积极可塑性变化。目前的研究表明,慢性脑卒中导致的大脑重组现象是健侧半球的过度使用和患侧半球的过少使用而导致的患侧半球抑制增强,这种抑制作用能够阻碍患侧区域兴奋性重组和运动系统功能的恢复。在慢性脑卒中以及其他运动、语言障碍的患者中使用约束运动疗法有较为明显的效果。这种治疗方案要求较长时间约束患者健康肢体并迫使患者尽可能地使用患侧肢体,从而增加患者患侧半球神经活动的兴奋性。如果脑卒中患者在患病后的一年内没有残余运动,则这种方法对患者的临床疗效甚微,但它可以在一定程度上增大健侧半球到患侧半球的信息流[2]。

基于这些研究,针对脑卒中康复的现代化方法主要集中在自上而下的康复进程上,目的在于辅助或诱导患者神经回路的重建。类似的治疗方法还包括功能性电刺激、干细胞治疗、药物干预技术等。

2. 脑-机接口在脑卒中康复中的应用

很多疾病如偏瘫、脊髓损伤、颅脑损伤等疾病均会伴有运动功能障碍,按受损部位又可具体分为上肢、下肢和手功能的障碍。随着智能康复技术的发展和普及,先后有功能性电刺激(FES)、机械外骨骼(Exo)、步行器(Walker)等技术应用于新型运动康复辅助系统的研究开发中,以替代、补偿和恢复运动功能,近年来脑-机接口(BCI)技术的引入为智能康复提供了新思路。

最新研究表明,大脑的可塑性变化才是运动机能障碍患者康复的根本因素,正确利用中枢神经的可塑性变化对预测和加快康复进程尤为重要[3]。中枢神经的可塑性发生在多个不同层面，从由于学习而产生的神经元细胞尺度变化到因为伤害而激发的皮层网络大规模重新映射。中枢神经可塑性在健康发展、学习、记忆以及脑损伤恢复中的作用已成为共识。基于大脑的可塑性变化理论，运动功能障碍患者可通过 BCI 系统操控外界设备，从而替代上肢、下肢的运动功能，提高运动能力，并通过持续的、有神经反馈的康复训练进一步促进其运动功能的康复。

传统脑卒中患者的运动功能康复手段主要有药物疗法、针灸疗法、被动式电刺激疗法、等速运动训练器等，这些方法的共性是使患者接受被动式治疗、得到被动的康复效果。而基于 BCI 的脑控康复机器人技术，如减重步行器、机械外骨骼，特别是联合 BCI 和功能性电刺激（functional electrical stimulation，FES）的BCI-FES 等新兴康复手段直接利用患者的大脑主观意念信号操作外部康复设备，属于主动式康复手段，其疗效有明显提升[4-5]。但是，这类主动式康复治疗手段对中枢神经可塑性的具体影响机制尚不明确，如何根据该作用机理针对特定患者设计性能最优的 BCI 系统以及制订效果最佳的训练计划尚缺乏科学依据。

为了有效使用 BCI 康复设备诱导中枢神经的可塑性变化需要快速且准确地识别患者大脑信息。故对大脑运动信息识别方法的研究十分重要。

人在想象动作或真实动作下，某些生理参数如脑电、血氧饱和度、心率、血压等会发生变化，这些变化均可反映人的神经心理活动过程。想象动作下的脑电信号特征明显，且时间分辨率高，有明显优势，故成为常见的想象动作信息识别方法之一。近年来，有关想象动作的应用技术研究也有显著进展，想象动作下的脑电信号已广泛应用于人机交互和虚拟现实领域，并成为控制脑-机接口的重要方法。基于 MI-BCI 技术的运动功能康复治疗方案不仅省时、省力、安全，还能够使患者主动参与康复训练并促进其中枢神经的重塑。作为人机交互的一种方式，基于想象动作的脑-机接口的最大优点是不需要外界刺激，可以应用于多个领域，如可促进脑卒中患者大脑运动区损伤的可塑性修复和运动能力康复等。图12-2 为 MI-BCI 康复系统的原理示意图。

1）上肢的应用

脑卒中患者常会有不同程度的

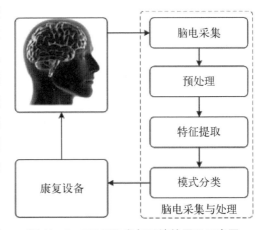

图 12-2 MI-BCI 康复系统的原理示意图

上肢运动功能障碍,严重影响其生活质量。目前,研究者在不断探索恢复患者上肢运动功能的各种新技术。然而,这些技术大都要求患者具备一定的残余运动功能,不适用于有严重运动功能障碍的患者。

在2000年已有学者成功地从电极采集的神经信号中提取出运动信息,从而控制远程机械臂,这使得上肢功能完全受损的患者重获希望。基于脑-机接口(BCI)的新型康复技术能够使患者直接通过"意识"控制外部设备进行康复训练,患者可以利用康复训练机械手系统[6]在治疗计划的指导下来主动调整康复训练的过程及内容。这种方式能够充分调动患者参与治疗的主动性,使患者的精神高度集中于动作训练,更容易诱导中枢神经系统的可塑性变化,进而有效地提高上肢康复训练的效果。人在想象运动时会产生和真实运动相同的脑电特征,因此,对于患有严重运动功能障碍即无任何运动残留的患者,可借助基于运动想象(MI)的BCI系统进行康复训练。有研究表明,基于MI的BCI-FES训练的疗效优于传统康复训练[7]。此外,便携式BCI手臂康复系统[8]的出现进一步推动了用于上肢康复BCI系统的临床应用进程。

"神工一号"是天津大学研制的全球首台适用于全肢体运动障碍的"纯意念控制"人工神经机器人系统,入选2014年"中国改变未来的十大科技成果"。它在脑卒中患者体外仿生构筑了一条完整的人工神经通路,通过人工神经机器人计算并分析脑区的激活程度和可塑性模式,辅助皮层肌肉活动的同步耦合,反复强化大脑至肌群的正常兴奋传导通路,有效促进了运动反射弧的逐渐恢复。训练型脑-机接口(t-BCI)康复模式在运动功能康复的临床应用中效果明显,有力地推动了视听认知脑-机交互技术在临床康复领域的发展与应用。

2) 下肢的应用

大量研究表明大脑作为最重要的监测运动模式的器官包含中枢模式发生器的信息。目前,针对步行康复的研究主要都是应用脑电、肌电或者结合这两种神经生理电信号来控制外骨骼辅助移动的,这类方式均基于可编程中枢神经发生器(programmable central pattern generators)或者动态神经回归网络(dynamic recurrent neural networks)。

目前,应用BCI-FES的康复技术大都是针对上肢的,为下肢服务的系统则相对较少,主要有以下几个原因:第一,大部分日常活动多由上肢完成,因此,患者对于上肢运动功能恢复的需求更为强烈;第二,下肢运动所产生的肌电信号会对脑电产生干扰,对服务于下肢的BCI-FES系统技术要求相对较高;第三,大脑皮层控制下肢运动的部位较深,颅外采集的脑电信号较微弱,使得后期脑电信号的处理较为困难。

与上肢康复治疗类似,下肢运动功能障碍患者也可通过基于 MI 的 BCI 系统进行康复治疗,如通过 BCI-FES 系统使侧胫前肌运动,完成足背屈动作,以解决脑卒中、脑创伤等导致的足下垂。由于直接在颅外采集的控制下肢运动的脑电信号十分微弱,不利于后期脑电信号的处理,因此,可考虑加入视觉刺激,如将 SSVEP 技术应用于下肢康复的 BCI 系统中,从而增强脑电信号。然而,驱动下肢运动所需的电刺激强度较大,患者会产生轻微痛感,且在行走中受试者很难全神贯注地注视屏幕中的刺激信号,导致识别率较低。但这不失为一种恢复下肢运动功能的新思路。为了使患者在行走的过程中注视屏幕中的刺激信号,又有研究将虚拟现实技术(VR)引入用于下肢康复的 BCI 系统中,如利用与 VR 结合的触觉刺激装置代替 SSVEP。这种装置利用行走训练产生的脑电信号对脚底产生刺激,使患者即使在平躺的姿势时也有步行的感觉。这种方法也可以应用到其他各种临床状况下的步态神经康复中,如脑卒中、脊髓损伤、多发性硬化症以及脑瘫等。

天津大学的研究人员对比分析了功能性电刺激(FES)和外骨骼(Exo)两种助行方式,并结合其优点开发了全新的 FES 和 Exo 助行康复机器人机-电智能联合系统。该系统所采集的电刺激肌肉运动方式可同步激活对应任务状态的肌肉和大脑,在穿戴者行走训练的过程中增强运动相关脑区的兴奋性,从而同时实现"功能替代"和"功能重建"双重功效。目前,FES-Exo 系统已进入帮助脑卒中偏瘫和脊髓损伤截瘫患者恢复运动功能的初步临床实验验证阶段。

3) 手功能恢复的应用

对于手功能的康复目前研究较多的是手功能康复机器人,很多人尝试将 BCI 应用到手功能康复机器人中,这将使手功能的康复从被动转为主动。手指动作极为精细且协调配合非常复杂,这使得其运动功能的恢复较其他身体部位更为困难。传统的康复方法如电刺激疗法、运动作业治疗以及中医康复等方法费时费力且缺少患者主动参与的刺激与反馈,效果也有待提高。BCI 技术能显著改善手功能并很大程度弥补康复训练中的不足。

基于运动想象的脑-机接口(MI-BCI)治疗方案能够重塑大脑皮质,修复大脑和外部肢体间的功能性连接,并且这种方案不需要患者做出运动,适合残留微弱运动功能或完全瘫痪的患者。虚拟现实系统具有较好的实时性与较强的沉浸感,将虚拟现实技术与 MI-BCI 系统相结合应用于患者手功能的康复训练[9]能够为患者提供较真实的视觉刺激与较好的反馈信息,有望改善患者的训练效果。患者利用 MI-BCI 系统进行康复训练的同时,对其施加功能性电刺激[10],刺激过程产生的运动、感觉信息经完好的周围神经通路反馈给大脑,也就对损伤的中枢神经进行了刺激,这可以加速其自身的康复过程,提高康复质量。天津大学王明时课题组结合功能性电刺激与运动想象脑-机接口开发了根据四肢瘫痪患者的运动意愿控制瘫痪肢体的智能康复系统,该系统能够绕过患者体内受损的神经通路,直接将人的运动意图通过外部通路传达给功能性电刺激仪,刺激相应的神经肌肉直接控制患者的瘫痪肢体。该康复系统能以 95% 以上正确率分析人的运动意图,控制功能性电刺激仪完成预定的刺激任务,辅助恢复患者手部抓握功能,展现出巨大的实用价值。有研究表明基于运动想象的 BCI 及 FES 技术要比单纯的 FES 效果显著[11]。

3. 脑卒中康复的未来发展趋势

目前大多数神经接口都是用来控制患侧肢体的运动学特性(速率、加速度、位置)而不是其动力学特性(力量、扭矩)。然而,动力学特性对于具有特殊要求的功能运动是至关重要的,因此我们需要通过脑-机接口将动力学特性并入脑活动解码中。脑控制的应用(如神经反馈学习)没有肌肉的参与,因此也没有动力控制,这可能会阻碍功能性运动任务参与的脑网络功能重建,也就是说若移除辅助技术则会导致患者的运动障碍状况回到之前的水平。因此,我们需要一种新的复合治疗方法来引入动力控制,即利用患者残余的肌肉活动控制病灶周围区域或假肢的运动等。在由脑卒中导致四肢瘫痪的患者中,约有 45% 可以检测到残余肌电活动,这可以用来解码患者运动意图[12],进而使患者控制康复机器设备等。

目前基于脑-机接口的神经康复研究表明,如果与使用者意图相关信号的潜伏期在几百毫秒或者更短的时间范围以内[13],其神经可塑性能够被诱导;若运动意图和运动反馈间的时延过长,则相应的学习训练对神经重塑无效。因此需要通过更深入的研究来确定最佳潜伏期时长,为患者制订更有效的治疗方案诱导其神经可塑性。

针对上肢的运动康复,目前已有较为广泛的研究,而关于下肢康复的研究主要集中于基于脑-机接口的运动意图检测[14]。针对患者下肢的运动康复,需要对更广泛区域的患者进行更深入的研究。目前,在利用运动相关皮层电位检测步态启动的研究中,已经成功地将负极性的慢波皮层电位用于检测下肢运动意图中,这表明慢波皮层电位可以驱动脑-机接口来帮助脑卒中患者恢复腿部运动功能。

目前,一些关于交流和康复的脑-机接口临床试验正在进行,包括使用基于脑-机接口的身体控制设备,如外骨骼和功能性电刺激设备。在不久的将来我们可以利用已获取的数据来更深入地了解脑-机接口的功能性神经重塑机制,且有望恢复患者的运动功能。这也需要我们进行更多的基于多模态成像技术和脑-机接口技术的康复临床试验。

此外,高要求的康复治疗需要较高强度、较强反馈的康复训练,未来可将视频游戏、虚拟现实以及增强现实等技术应用于基于脑-机接口的康复治疗中,增强患者康复治疗的现实沉浸感,同时给患者以较强反馈。随着传感器技术的发展,非侵入式和可植入型无线脑-机接口技术也得到了提高。脑-机接口系统在临床上的应用日益广泛且成效也逐渐显著,未来基于脑-机接口的治疗方法在神经康复的治疗中将会扮演重要角色。

12.1.2 多动症

多动症(attention deficit hyperactivity disorder,ADHD)是一种最常见的儿童精神类疾病,学龄期儿童的发病率约为 5%[15],其主要病症为注意力不集中、多动。ADHD 的康复是一个长期的过程,其中 65% 的患病儿童在成年以后病情依然不能好转[16]。ADHD 通常伴有严重的外化(如对立违抗、行为错乱)或内化(如情绪低落、焦虑)症状,导致患者学习能力低下,进而造成职场失败、社交能力低下以及产生冒险冲动等行为。

1. 多动症的治疗方法

由于 ADHD 对儿童的影响严重,人们对 ADHD 的治疗做出了很大努力。目前应用比较广泛的是药物治疗[17],但药物治疗本身存在一些问题。首先药物并不是对所有患病儿童均有效,并且药物有可能在睡眠、食欲、成长等方面有副作用,甚至会影响个别儿童的心血管健康。此外,药物治疗缺乏一定的衡量标准(normalization),长期使用的治疗效果有待观察。以上种种问题都限制了药物治疗,于是人们对非药物治疗方法的需求大大增加。

非药物治疗方法主要包括心理行为干预治疗、控制饮食方法、补充营养品、中草药相关疗法等,然而这些治疗方法能够获得的治疗效果也比较有限。神经反馈作为一种非药物治疗方法在治疗儿童 ADHD 的方面也表现出了较大潜力。

2. 多动症与神经反馈

神经反馈是将脑电信号等神经信号转换成视、听觉信息,受试者通过训练,选择性地增强或抑制某些成分,以达到调节脑功能的目的。神经反馈帮助人们增强对自身生理活动反应的感知,经过一定的学习和训练,个体可建立自主神经系统的操作性条件反射来调节这些生理活动的变化,实现对生理反应的自我管理[18]。

人们对神经反馈方法治疗 ADHD 的认可是建立在对 ADHD 的神经学产生原理基础上的。通过脑电信号、影像学等手段观察到的神经反馈能够调节 ADHD 患儿的大脑活动。利用大脑的可塑性，反复训练提高大脑的自我调节能力，促进大脑活动正常化，从而治疗 ADHD。

ADHD 的神经反馈治疗方法主要用到两种重要的脑电特征信息，即脑电频谱信息和慢皮层电位。神经反馈训练旨在降低脑电低频活动，增加高频活动；调整慢皮层电位的相位从而调节皮层相位活动，优化皮层资源配置。两者具体情况如下。

1）脑电频谱研究

对 ADHD 患儿的脑电研究最早是通过肉眼观察 EEG 信号，人们发现 ADHD 患儿前额区域的低频段脑电活动有所增强。对脑电定量分析发现 ADHD 患儿 θ 频带脑电能量相对正常儿童较高，因此 θ/α 及 θ/β 成为鉴别 ADHD 患儿与正常儿童的重要指标。一个经典的 ADHD 研究方案旨在减少 θ 频带脑电活动，同时增加 β 频带活动。然而亦有研究指出，单纯使用 θ 频带脑电能量与 β 频带脑电能量的比值并不能准确反映患病情况。相关研究指出，θ/α 或 θ/β 并不是 ADHD 的特异性指标，其更可能是与任务需求相关的反应缺陷。这对 ADHD 神经机理提出了挑战，表明 ADHD 可能是一种更为复杂的异构型疾病。

2）慢皮层电位研究

对于事件相关电位方面，最早研究结论是 ADHD 患儿的 P300 比正常儿童幅值小、延时长，且形状特征不同。之后的研究主要集中在刺激后 500～1 000 ms 出现的慢皮层电位（slow cortical potentials，SCP）上，SCP 主要代表大脑皮层直流电活动变化，反映出相应脑区神经元的活跃度情况。SCP 向负向转换意味着大量脑细胞发生去极化、可激活性提高以及有更多可利用的神经资源。SCP 正向变化意味着神经兴奋性降低甚至可能被抑制[19]。大量动物和人类实验表明，SCP 的关联负变化（contingent negative variation，CNV）与认知准备、决策、时间估计等思维活动相关。

尽管 P300 等其他信号在 ADHD 患者成年后逐渐消失，CNV 的特征（低于正常人）在 ADHD 患者成年后依然可以检测到，这说明一些童年患有 ADHD 而成年后病症消失的患者仍然有注意力障碍等问题[20]。

神经反馈治疗主要有两种途径，第一种是使 ADHD 患儿模仿正常儿童的神经生理学特征；第二种是训练患儿依据具体任务需求调整自己的注意力集中程度和脑功能，从而起到缓解病情的作用。神经反馈的手段包括视觉反馈和听觉反馈等。一些设计中,神经活动通过物体的运动速度或高度等反馈给用户,如果 EEG 信号正常,则物体会上升、下降或者加速前进等。另一些设计中,用户通过调整脑神经活动改变屏幕上物体的颜色。对于成功的试次,用户将得到奖励,因此,神经反馈可以视为认知行为调节。对于不同用户,奖励阈值将有所调整,以保证用户得到足够的正向反馈。

近年来,关于神经反馈治疗 ADHD 的研究质量有明显提高。此外,神经反馈治疗 ADHD 效果的综合分析(meta-analysis)研究也开始出现,可进一步量化分析治疗效果。然而,也有研究者指出,这些研究缺乏合理的控制变量,没有将受试者随机分配到各种实验条件中,采用的诊断指标不合理,采用主观、含心理因素的非盲评估手段。此外他们也没有考虑不同受试者所用实验设置的细微变化对实验结果的影响。

欧洲一研究机构采用更为严格的条件筛选出 8 项研究进行了综合分析,其结论指出,神经反馈对 ADHD 治疗效果显著($P<0.000\,1$)[21],其采用的治疗效果评价来源于与受试者较为亲近的人。但当引入了盲法评定(blinded ratings)之后,这些治疗效果在统计学上并不显著。由于之前的研究在盲法评定控制上有缺陷,后期的一些研究采用了更为严格、客观的实验方法。然而虽然这些实验很好地控制了变量,但是各自采用不同的非标准训练方法或设备,缺乏统一性,并且这些实验都没有证实受试者能够学会自我调节皮层神经活动。

另外,神经反馈训练效果与临床 ADHD 治疗效果之间的关系是一个重要问题,有研究表明两者之间有相互关系。在一个慢皮层电位的研究中,研究人员以受试者能否有效自我调节 EEG 活动为标准将受试者分为成功组和失败组,他们发现成功组比失败组有更好的临床表现[22]。但失败组的临床表现也有明显提升,这说明自我调节能力与临床治疗效果的提升是非特异性关系。

神经反馈训练的重要内容就是增强预期的"行为",这本身就会使皮层的行为增强相关脑区产生变化。通过视觉反馈,受试者接受大量的奖励,那么奖励系统可以反映受试者临床症状的改善状况。同步 EEG-fMRI 影响研究表明慢皮层电位的负移与皮层和下皮层奖励反馈系统的激活程度有关[23]。ADHD 患者在接受神经反馈训练前神经奖励通路的活动显著强于正常人,经过一定的 SCP-神经反馈训练后,神经反馈通路关键部位结构开始向正常化转变。

同时也有研究者采用了三维虚拟现实(VR)多难度游戏系统,其设置的初衷是提高治疗体验,通过治疗、游戏融合等手段吸引用户保持治疗热情,这些治疗更容易被儿童接受,提高其治疗兴趣。但是这种治疗方案也存在难以普及、用户顺从度低等问题。

3）未来发展

虽然研究者并没有对不同训练范式之间的效率差异进行细致的研究，但是通过分析前人的研究我们可以发现，不同的神经生理学方法对 EEG、ERP 的训练成果有所影响，未来的研究应该是重点分析这些差异。EEG-神经反馈技术由于其低廉、使用方便的优点将继续成为主流，但一些基于血流动力学的神经反馈技术也开始进入研究者的视野。近红外光谱和实时 fMRI 在空间分辨率上有一定优势，相关研究也在进行当中。值得指出，实时 fMRI 能够快速反应深层脑区信息，这些脑区同大脑皮层一样与 ADHD 有关。

关于 ADHD 神经成因的研究还有很多，一些关于执行功能障碍和脑奖励机制损伤的研究也开始起步。现阶段的研究重点都是提高特定的神经活动，但是训练引起的脑奖励系统结构功能变化在神经生理学和神经心理学方面的研究还很少。此外，时域信息处理缺陷作为第三种 ADHD 的可能影响因素还没有被详细研究。关于 CNV 时域特征的详细研究也许可以指出 ADHD 神经活动发生异常的时间点。

神经反馈治疗 ADHD 也应考虑改善患者的自我感知或自我效能感。为了提供学习的最佳条件，有必要提高对 ADHD 特征跨时间学习轨迹和跨个体行为的认识，并相应地调整训练计划。这也包括可能促进 ADHD 儿童 EEG 自我调节的治疗策略。将来，用于 ADHD 研究的神经反馈装置应该遵循更严格的科学标准，可在治疗期间定性地记录 EEG，从而分析治疗过程中脑电自我调节的变化过程。

12.1.3　自闭症

自闭症是一种发育障碍类疾病，病程可持续一生，且患病率逐年升高，已给家庭和社会造成巨大的经济和社会负担。然而，自闭症的病因尚未完全明晰，缺少有效的治疗和干预方法。自闭症受基因和环境共同影响，其中环境可能是主要影响因素。自闭症儿童大脑早期发育异常，这可能是自闭症发病的直接诱因，神经毒性物质、营养物质、代谢产物和神经活性物质等都可能是自闭症的病因。

自闭症障碍（autistic spectrum disorder，ASD）是包括自闭症、康复障碍、儿童分解障碍以及阿斯伯格病变等普遍性发育障碍的异质性群体。ASD 儿童的功能障碍主要表现在以下三方面：① 社交互动；② 口头和非语言沟通；③ 行为或兴趣。ASD 可能与感觉整合困难、精神发育迟滞或发作障碍共同存在。其中，患有 ASD 的儿童可能对声音、纹理、口味和气味特别敏感，其认知缺陷往往与沟通技巧受损有关。

1. 自闭症的病理学研究

多项研究表明,自闭症患儿的脑电异常率为 $10\%\sim83\%$,平均发病率为 50%。非正常的脑电信号经常伴随着智力、言语和教育的不良表现[24]。在一项研究中,Rippon 等人提出的实验范式可降低自闭症患者特定局部神经网络之间的连接性,并减少独立神经元之间的过度连接。研究表明过度连接可能与关键神经系统中激发/抑制比的增加有关,而连通性的异常往往伴随着信息集成的异常[25]。自闭症儿童普遍存在的障碍特征是执行功能障碍。执行功能障碍与额叶和其他脑区的整合功能障碍相关。因此,执行功能障碍会影响社交行为和认知功能[26]。

在自闭症儿童的单光子发射计算机断层扫描(single photon emission computed tomography,SPECT)中发现,内侧前额叶皮层和前扣带回区域的脑血流异常与患者社交能力的受损有关。同时,研究还发现患者右内侧颞叶的脑充血与患者强烈的求同意愿密切相关[27]。脑功能成像的研究结果表明自闭症患者的社交功能障碍、语言障碍与神经基板存在一定的联系[28]。在句子理解测试中,患有自闭症的人在大脑皮层的 Broca 区和 Wernicke 区有较少的功能连接,这说明相比于正常人,自闭症患者在语言任务中的信息组织和神经同步性水平都相对较低[29]。神经影像学研究发现,重要的脑结构包括杏仁核、上颞沟区和梭状回等,自闭症患者的相关功能均处于低水平[30]。上述研究为 ASD 的神经病理学研究奠定了基础。

2. 自闭症的治疗方法

传统的 ASD 治疗主要包括行为干预、药物治疗和饮食治疗。2006 年 Green 等人调查了 ASD 患者父母对各种常见疗法的选择态度(多选),其中比较了七种不同的常见疗法。有 70% 的父母愿意选择语言疗法,52% 的家长愿意选择精神药物治疗。其他治疗包括视觉训练计划(43%)、感觉整合方法(38%)、应用行为分析(36%)、特殊饮食疗法(27%)以及补充维生素疗法(43%)。

3. 神经反馈与自闭症

利用脑-机接口的神经反馈方式在针对自闭症儿童的康复训练中正在承担重要角色。与正常儿童相比,自闭症儿童在观看他人运动时模仿动机弱,相应的感觉运动皮层激活程度较低。神经反馈则是通过让患儿参与基于自身感觉运动皮层激活程度强弱实时反馈的游戏项目,提升他们对感觉运动皮层激活程度的自我控制能力,从而改善自闭症症状。

神经反馈作为一种治疗干预方式开始于 1972 年加州大学洛杉矶分校 Sterman 博士的研究,他通过增强感觉运动节律(sensory-motor rhythm,

SMR)的脑电波训练患者控制癫痫发作[31]。1976 年,Lubar 将神经反馈应用于多动症患者,发现增加 β 节律脑电波和减弱头顶中央位置的脑电波能够改善注意力兴奋和多动症的症状。神经反馈对注意力、冲动性、多动症以及智商的改善为将神经反馈用于 ASD 治疗奠定了基础。

应用于 ASD 治疗的神经反馈旨在使用复杂的计算机技术来训练个体以增强或改善非正常的脑电模式。与治疗多动症儿童的方式类似,在神经反馈过程中,相关的脑电信息以视觉和(或)听觉形式的游戏呈现在计算机上,展示给自闭症患者。患者在遵循操作要求的前提下改善其脑电状态,之后便可以在游戏中成功得分。脑电状态的变化与脑血流量、代谢和神经递质功能的调节有关,神经反馈作为一种非侵入式治疗方法,可以增强 ASD 患者的神经调节能力与代谢功能,且该方法无副作用。脑电信号的定量化分析(quantitative electroencephalographic,QEEG)是评估脑功能是否异常的重要工具。进行 QEEG 分析,可以评估和预测与 ASD 儿童症状相关的神经生理学模式。脑电信号的定量化分析对开发适合 ASD 患者的神经反馈范式非常重要。

最早利用神经反馈治疗自闭症的报道是 Cowan 和 Markham 等人在 1994 年对一名 8 岁的自闭症女孩进行治疗。实验首先分析了患者在睁眼和休息两种条件下的脑电信号,实验发现顶叶和枕叶出现了 α 节律(7～13 Hz)和 θ (4～7 Hz)节律异常,从而针对性地设计神经反馈范式,利用双极性电极抑制 "thalpha"(4～10 Hz)至 β(16～20 Hz)节律脑电活性。经过 21 次神经反馈训练后,患者可持续性地关注目标,且自闭症症状减轻,患者父母和老师也指出其社交行为有所改善。通过"注意力变化"(test of variables of attention,TOVA)测试表明患者的注意力涣散,冲动和变异性表现也有重大改善。两年后进行随访结果显示患者 TOVA 测试的所有评分均在正常范围内[32]。

最常见的神经反馈方式是抑制主要的慢波活动,同时分别以右耳或左耳为参考,通过放置在头皮 Cz 或 C4(中枢脑部位)的电极增强 13～15 Hz 的活动。研究表明,在感觉运动皮层和顶叶区进行 SMR 增强和 θ 抑制治疗,患者的睡眠质量、伤害行为、痴迷等症状均得到了明显改善[33]。

近些年来,将虚拟现实(VR)引入神经反馈的研究受到广泛关注。虚拟现实作为一项新兴技术,利用电脑模拟产生一个三维的虚拟世界,给用户提供关于视觉、听觉、触觉等感官的模拟体验,让用户如同身临其境一般,可以及时、没有限制地观察三维空间内的事物。结合虚拟现实的神经反馈训练与传统的神经反馈相比具有更好的真实性、趣味性、反馈性等优点。虚拟现实环境中的反馈非常丰富,多样化的激励条件可以带给患者更多的正向驱动,增强体验感,而且还可以将训练目标分阶段化,循序渐进地完成康复治疗,为患者带来更强的信心。

Sinigaglia 等人认为人类镜像神经系统(human mirror neuron system, hMNS)可能由更广泛的视觉刺激引起,并且观察到的运动行为与执行的动作之间可能存在广泛的一致性。通过向 ASD 患者呈现逼真的视觉刺激,并检测感觉运动皮层 μ 节律的变化,从而反映镜像神经元活动,并以此鉴别和诊断自闭症[34]。基于前人的研究,研究者将患者随机分配到不同的实验环境中,并采集分析不同导联的脑电信号。通过 VR 技术在 BCI 系统中创建一系列用于激活 hMNS 的生动视觉刺激,包括动作刺激如阴影动作或点光动作,形成不同的实验环境。结果表明自闭症患者的镜像神经元功能均得到了改善。

2013 年,Mai 等人设计了基于 X3D 的 VR 干预工具 BCI 系统,为 ASD 患者提供全新的场景体验,包括用户进入教室、选择座位和参加小组活动等。患者可以在第一人称或第三人称模式下控制虚拟场景,不受实时社会压力或制约因素的限制。这种沉浸式虚拟环境的设计易于交互和即时反馈,加强患者的神经反馈调节,从而改善患者病症[35]。

总之,已经有大量研究使用 QEEG 和神经反馈与诊断对 ASD 患者进行治疗。虽然这些研究使用的是不同的仪器和神经反馈模式,并且神经反馈的数量不同,但所有的研究结果均显示患者的自闭症状态得到了显著改善。

12.1.4 抑郁症

抑郁症(major depressive disorder)又称抑郁障碍,是一种常见的精神疾病,主要临床特征为显著而持久的情绪低落、思维迟缓以及意志活动减退,同时可能伴随认知功能的损伤及躯体动作异常。抑郁症患者有很高的自杀倾向,调查显示 90% 自杀的人患有精神疾病,而在这些患有精神疾病的人中有一半到三分之二的人患有抑郁症[36]。抑郁症的患病率高达 2%～15%,是全球性的公众健康问题。世界卫生组织预测到 2020 年抑郁症将会成为全球第二大疾病[37],人们对抑郁症及其治疗方法也越来越关注。

1. 抑郁症的病因病理

人们对抑郁症的病因病理尚不清楚,大量研究表明遗传因素、神经生化因素和心理社会因素等对其均有显著影响。其中神经生化因素的证据主要来源于精神药理学研究和神经递质代谢的相关研究,研究认为抑郁症的发病与脑内 5-羟色胺(5-hydroxytryptamine,5-HT)和去甲肾上腺素(noradrenaline,NE)功能活动的降低有关。20 世纪 50 年代,研究人员发现治疗肺结核的异烟酰异丙肼对抑郁症有治疗作用,该药也因此成为第一类治疗抑郁症的药物。随后研究发现异烟酰异丙肼是一种单胺氧化酶抑制剂,通过抑制 NE 和血液中 5 - HT 的氧化来提高抑郁症患者的情绪[38]。如今大多数抗抑郁药物仍然是依据改变单胺类递质而研制的,如增加单胺类递质传递的三环类抗抑郁药(tricyclic antidepressants,TCA)、抑制神经元对单胺类递质再摄取的 5 - HT 和 NE 再摄取抑制剂(serotoninand norepinephrine re-uptake inhibitor,SNRIs)、抑制单胺类物质降解的单胺氧化酶抑制剂(monoamine oxidase inhibitor,MAOI)等。

功能磁共振成像(functional magnetic resonance imaging,fMRI)、正电子发射断层显像术(positron-emission tomography,PET)等神经影像学报告显示抑郁症患者的脑内结构如海马、杏仁核以及前额叶皮质体积有明显的变化。已有研究报道单相抑郁症患者的海马体积明显减小且左右侧有差别,双相抑郁症患者左右侧的海马体积未有明显差别。有报道显示重度抑郁症患者额叶皮质体积下降,前额叶皮质膝下体积显著下降,额叶神经胶质细胞明显减少。然而对杏仁核体积变化的研究却尚无定论,也有研究显示轻度抑郁症患者的杏仁核体积显著增大,中度抑郁症患者的杏仁核体积有所增大却不明显,重度抑郁症患者的却缩小。认知神经科学、临床医学等学科对抑郁症患者的脑神经结构及功能进行研究后发现,背外侧前额叶皮层(dorsolateral prefrontal cortex,dlPFC)的异常最多。左右侧 dlPFC 活动的不平衡,即左侧 dlPFC 活动减低、右侧 dlPFC 活动增加是引起抑郁症的重要原因[39],而且这种活动的不平衡性不局限于dlPFC,也可能影响到眶额区域。对抑郁症患者脑功能异常的元分析研究也表明,在加工负面情绪刺激时左侧 dlPFC 被激活得更少。

2. 抑郁症的现有治疗方法

与多动症和自闭症的治疗类似,目前抑郁症的治疗也主要包括药物治疗、心理治疗和物理治疗。药物治疗能有效解除患者的抑郁心境及伴随的焦虑、紧张和躯体症状,有效率为 60% ~ 80%。物理治疗中,无抽搐电休克疗法(modified electroconvulsive treatment,MECT)能减少抑郁症患者的住院率及住院时间[40],但也可能给患者带来嗜睡、肌肉疼痛及恶心等症状,甚至造成轻度的记忆损害。有研究表明重复经颅磁刺激(repetitive transcranial magnetic stimulation,rTMS)治疗方法安全有效,可以在一定程度上提高患者心境状态,减轻抑郁症状。但是 rTMS 治疗费用昂贵、不易操作,甚至可能引起抽搐等不良反应。心理疗法分为自我情绪调节和心理医生辅助情绪调节两种主要治疗方式。自我情绪调节法主要是通过各种放松、内省、静观等训练完成,其作用效果不稳定,严重依赖个体的精神状态和心理经验。而心理医生辅助情绪调节法一般要求医生和患者共处一个独立的环境中,通过交谈的方式诱导患者释放负面情绪,但其中大量话题具有高度的隐私性,空间隐私性的破坏则会极大影响心理辅导的效果。心理治疗中的认知行为疗法对抑郁症的治疗效果较好,但仅适用于急性期过后的患者[41]。

3. 神经反馈治疗抑郁症

近来对于一些非药物治疗方法如经颅磁刺激、经颅直流电刺激和生物反馈及神经反馈技术的研究不断增加,为抑郁症的治疗提供了新的方向。当前神经生理学和临床精神病学的研究显示抑郁患者的脑电具有特征性的改变,神经反馈方法对患者的心理和精神疾病具有良好的调节作用和治疗效果。目前神经反馈训练疗法已广泛应用于癫痫、学习障碍以及注意缺乏等神经心理疾病,其在增强认知功能、改进显微手术技能等增强神经系统等方面的应用研究也较多。

抑郁症脑电神经反馈(EEG neurofeedback,EEG -NF)的研究基础是Davidson 的情绪趋近/戒断模型(Davidson's approach/withdrawal model of emotion),即假设左右侧额叶皮质分别促进欲望和厌恶情绪行为(appetitive and aversive emotional behaviors),左侧额叶的活动减退(hypoactivity)与抑郁症相关[42-43]。正常成人在安静觉醒状态下的主要脑电活动为 α 节律,而抑郁患者则很少出现 α 波,取而代之的是频率较高的 β 波成分。基于抑郁症的脑电特征,近年来研究者逐渐应用神经反馈技术治疗抑郁症,并取得了一定的疗效。

目前常用的神经反馈方式是增强 α 波,降低 β/θ 波。由于脑电图的 α 活动(alpha activity)通常与代谢激活(metabolic activation)较低相关,因此左侧相对活动减退可能与左侧 α 功率(alpha power)较高有关。神经反馈的原理是训练患者减少左半球 α 活动,增加右半球 α 活动,或将不对称指数(asymmetry index)向右偏移,以重新平衡激活水平,而利于激活左半球。这种不对称模型在脑卒中的研究中得到初步支持,因为大脑左半球损伤比右半球损伤更易诱发抑郁。最近的荟萃分析也支持基于静息 EEG 数据的不对称模型[44]。但是由于个体差异较大,限制了其作为神经反馈目标的有用性[45]。不对称 EEG-NF 方案主要将 α 功率的不对称指数作为反馈信号,训练患者增加右侧与左侧活动之比,基本可以重新平衡左半球活动的减退。该不对称指数(A)的计算公式为 $A = 100 \times (R-L)/(R+L)$,其中 R 和 L 分别为在左右侧额叶电极处测量的 α 活动(通过快速傅里叶变换获得)功率的平方根。

12.2 大脑对外交流的新途径

人与外界的交流是至关重要的,交流是信息传递的过程,患者如果失去了交流能力就无法获得所需,他们的生活质量则会严重下降。基于 P300、SMR 或 SCP 的 BCI 可使瘫痪患者恢复简单的语言交流(完全性闭锁患者除外)。现阶段的研究主要是基于虚拟现实技术中脑-机接口系统的应用,如网络聊天、视频对话等对外环境交流。

12.2.1 闭锁综合征

目前,BCI 在瘫痪患者交流中的应用主要针对肌萎缩性侧索硬化(ALS)患者。ALS 是一种渐进性运动神经疾病,能够对周围和中枢运动神经系统造成毁灭性的损伤,而对感觉和认知功能影响相对较小[46],目前仍无药可医,患者如果不采用永久性呼吸装置,将会死于呼吸障碍或呼吸相关的并发症。对于采用呼吸装置的患者,病情恶化会导致其完全丧失肌肉反应,最终仅剩控制眼部肌肉的能力。除眼球垂直运动和眨眼,其他肢体全部瘫痪但仍保留意识的患者称为闭锁综合征(locked-insyndrome, LIS)患者,而眼部运动能力也已丧失但仍保留知觉和认知能力的患者为完全闭锁综合征(complete locked-insyndrome, CLIS)患者。

ALS 患者最终会完全丧失说话能力,因此能够使 ALS 患者与外界交流的系统有非常重要的作用。仍保留若干运动功能通道的患者可以使用增强型和替代型交流策略的辅助交流手段,如基于眼动跟踪的语音合成设备[47],但完全丧失运动功能通道的 LIS 或 CLIS 患者却无法使用。有创或无创的 BCI 技术都已经被用来解决 LIS 和 CLIS 患者的交流问题[48]。通常,基于 BCI 的交流技术通过获取患者的大脑信号来操控字符拼写器、光标、网页浏览器等,从而可以编写语句或表达情感、思想和愿望。

1. 有创 BCI

有创 BCI 于 1989 年首次应用于 ALS 患者大脑[49],这些患者处于瘫痪的不同阶段,但都不是 LIS 或 CLIS 患者。在这些实验中,填充了神经营养因子的电极被植入患者大脑,患者通过调节电极突触的放电类型控制屏幕上的光标。

近些年有创 BCI 研究已经有了一些新进展。2006 年,研究者将 100 个微电极植入到两个四肢麻痹患者的运动皮层,大大改善了 BCI 的使用效果,患者学习使用这种神经接口系统移动光标或控制机械手在任意方向运动[50-51],而采用基于无创 EEG 或功能性近红外光谱的 BCI 非常难甚至无法完成这种任务。2015 年研究者使两名 ALS 患者利用有创神经假体自由打字[51],患者可在 19 分钟内完成 115 个单词,但这两名患者都不是 LIS 或 CLIS 患者。同年在另一项研究中,三名瘫痪患者(两名 ALS、一名 SCI)使用基于植入式 BCI 的字符拼写器最高可每分钟正确拼写 39.2 个字符[52]。2016 年发表于新英格兰医学的一项针对 ALS 患者的研究采用了全植入式 BCI 方式,患者通过右手运动想象控制虚拟键盘,当光标移动到目标字符时想象用右手点击该字符,经过 6 个月的训练,其打字正确率达到 95%,速度达到平均每个字符 33 秒[53]。

用有创 BCI 作为 CLIS 患者交流手段的研究尚未获得成功,有研究将 ECoG 电极植入到 CLIS 患者的脑皮层,但并未得到有用结果。研究人员训练患者通过皮层震荡和 ERP 选择字母或"是/否",但发现 CLIS 患者并不能使用该系统进行有意义的交流[54-55]。研究者指出了导致失败的可能原因,但这些解释仍不明确。不过,少量 ALS 患者有创 BCI 病例报告不足以支持任何关于无创 BCI 对 CLIS 患者有效的结论。为了确定最有效的 BCI 类型,需要训练更多的 CLIS 患者使用这种系统,并比较有创和无创 BCI 系统的使用效果。

2. 无创 BCI

无创 BCI 于 1999 年首次应用于 ALS 导致的 CLIS 临床研究[56],此后多种基于 EEG 的 BCI 在 LIS 患者中也得到了应用。

(1)基于皮层慢电位的 BCI。皮层慢电位是采集于感觉运动皮层的与多种认知任务有关的缓慢极化漂移,学习心理任务可以影响皮层慢电位的变化,从而可以控制光标或选择字符等。在首例成功将无创 BCI 用于 LIS 患者的研究中[56],患者能够通过控制皮层慢电位选择屏幕上的字母以实现交流,后续研究采用皮层慢电位控制外部设备,这些研究表明皮层慢电位可以为 LIS 患者提供基本的交流通道。然而,一些针对 CLIS 患者的研究并未获得成功。

(2)基于感觉运动节律的 BCI。感觉运动节律在 BCI 中的应用一般是通过运动想象实现的,想象一侧的肢体运动时对侧运动感觉区采集的脑电信号会在特定频率产生去同步现象,因此可以通过肢体运动想象控制外部设备。采用感觉运动节律的 BCI 已经得到成功应用,例如,在 2014 年的一篇研究报道中,LIS 和高位脊髓损伤患者能够使用皮层慢电位控制电脑屏幕上的光标、选择字符或单词[57]。

(3)基于 P300 的 BCI。大部分 ALS 导致的 LIS 病人都有视觉功能并能够控制眼球运动,能够学习自我调整、产生 P300 ERP,因此具备控制 BCI 的潜力。一个研究案例发现,在使用基于 P300 ERP 的 BCI 超过两年半之后,ALS 晚期患者仍能够使用其拼写字符[58]。2015 年报道的一项针对 ALS 患者的研究中,杜克大学的研究人员在基于 P300 的 BCI 中引入动态停止策略,在单词拼写正确率不变的情况下使拼写速度提高 1～3 倍[59]。同年,乌兹堡大学的科研人员分别针对 LIS 和 ALS 两名艺术家患者开发了一套基于 P300 - BCI 的 Brain Painting(大脑作画)系统,两名艺术家分别在 22 个月和 15 个月内利用该系统进行了绘画艺术创作[60]。LIS 患者仍保留部分肌肉运动能力,而针对 CLIS 患者的 BCI 系统仍缺乏研究。

（4）基于 SSVEP 的 BCI。现有 SSVEP-BCI 技术在健康人群中的最高速度已达到 P300 - BCI 的数倍,并且准确率往往也更高。2011 年就曾有研究成功地让 LIS 患者采用 SSVEP-BCI 控制电脑的音乐播放参数[61]。在 LIS 患者中针对基于 P300 和基于 SSVEP 的对比研究发现,SSVEP-BCI 的正确率更高,对患者造成的脑力负荷更低,并且总体满意度更高[62]。发表于 2014 年的一项研究采用基于隐性注意 SSVEP 的 BCI,六名 LIS 患者中有两名的离线正确率高于随机水平,一名患者成功完成了在线交流[63]。

3. 针对 CLIS 患者研究的缺口

上述采用无创 EEG-BCI 的研究均针对 LIS 患者,而同样的技术针对 CLIS 患者的研究未取得成功。发表于 2008 年的一个研究发现,CLIS 患者难以有效控制脑电信号以实现基于 EEG 信号的交流[64],其原因可能与特定的认知问题和特定神经电生理活动的异常有关。Kübler 等人推测,CLIS 患者的目标性思维减退可能会阻碍其使用 BCI 交流所需的工具性学习[64]。是否有可能使 CLIS 患者利用 BCI 交流,目前依然不明确。有研究发现 CLIS 患者的听觉和本体感觉刺激诱发的 ERP 未受损害[55],这表明使用这些信号特征有可能实现有效交流。尽管这只是个案报告,并且不一定对所有 CLIS 患者都可用,但我们仍需要更好地理解 BCI 学习背后的神经生理机制,尤其是针对瘫痪患者,以提高 CLIS 患者使用其他学习范式或其他神经成像技术的可能性。

4. 面向 CLIS 患者的 BCI

Birbaumer 等人指出,即使患者的听觉和认知处理功能保留,因缺乏及时强化,自主反应与意图之间的应激缺失在任何情况下都会阻止工具性学习[65]。对于 CLIS 患者,完全的社会隔离意味着任何预期的响应和愿望都没有相应结果,因此,意图都被压抑在认知和生理层面。同样,工具性学习中的应激缺失很可能导致目标导向型思维和想象的减退。

这种关于 CLIS 患者工具性学习失败的解释得到了动物模型研究的支持。在一项研究中,大鼠被奖励的同时增加运动皮层特定神经元的放电,减少毗邻神经元的放电,可通过神经反馈控制放电频率,但是采用谷氨酸受体拮抗剂阻断皮层-丘脑-纹状体环路,可消除自我调节的学习和执行能力[66]。CLIS 患者工具性条件反射的缺失能够导致类似皮层-丘脑-纹状体环路被激活的缺失,从而类似地消除了驱动交流能力的目标导向性意图。如果是这种情况,所有基于工具性学习和意志力注意的训练过程,包括控制 BCI,都会因为控制力的消退和丧失而不起作用[67-68]。

唯一不依赖目标导向性思维和运动的学习策略是经典条件反射,它无须意志力和努力。首例成功使 ALS 导致的 CLIS 患者进行交流的实验来源于一项采用 fNIRS 的经典条件反射范式研究[69]。这种基于 fNIRS 的 BCI 让患者在超过 1 年的时间里回答"是"或"否"这样简单的问题,该方法通过 fNIRS 信号的测量和分类问题呈现后皮层的氧合和脱氧作用,经典条件反射范式意味着对问题的反应是反身性的,使得它更容易区分患者对问题的回答。在多于 14 个连续实验的时段中,基于 fNIRS 的 BCI 使得患者的交流正确率达到 72%~100%。

为了验证基于 fNIRS 的 BCI 并改进这一技术,研究者结合 NIRS 和 EEG 对 ALS 导致的 CLIS 患者开展了大量研究。在一个研究中,基于 NIRS-EEG 的 BCI 能够使 4 个患者通过控制额中部脑血氧对口头问题进行反应,通过学习,这些患者能够以"是"或"否"的方式回答有确定答案的问题和开放性问题[70]。如果能够在更多患者中重复这一实验,将有望改善由 ALS 导致的完全闭锁状态。交流能力对 CLIS 患者的生活质量有非常重要的影响,通过良好的家庭照顾,即使晚期 ALS 患者也能够获得可接受的生活质量[71-73]。

5. 脑干中风患者的交流

和 ALS 患者一样,脑干中风也会导致 LIS,患者需要辅助才能够与外界交流。目前,针对 BCI 在脑干中风后 LIS 患者中的应用研究非常有限,其中一个研究训练患者控制其皮层慢电位,但实验因患者自发恢复了一些肌肉控制能力而终止[74]。另一个包含脑干中风患者和晚期 ALS、C4 级脊髓损伤、格林-巴利综合征、多发性硬化症患者的研究中,患者被训练只用一个基于 P300 ERP 的 BCI 控制屏幕上的球移动到目标位置,中风后 LIS 患者的 P300 识别率为 63.3%,是所有患者中最低的[75]。发表于 2014 年的一个研究成功地将基于 ERP 的 BCI 拼写器用于脑干中风后 LIS 患者的交流,研究者在长达 13 个月的时间里开展了 62 次实验,其中 40 次中患者成功拼写了实验人员指定的单词,并与家人进行了对话[75]。

12.2.2 意识障碍

意外事故后昏迷的患者需要医师判断其认知状态,根据意识状态实施相应干预措施,而普通手段难以准确判断,更难与患者进行简单交流。有些患者可能残留部分认知能力或者对自我和环境的感知能力,而丧失运动能力或注意能力,在临床实践中一个重要目的是至少能够让患者进行简单的"是"或

"否"的交流。

1. 意识障碍患者中意识的神经标记

过去几十年,功能性神经成像和电生理技术的发展为更好研究健康人和有意识障碍脑损伤患者的认知过程和意识奠定了基础[76]。这些方法的原理是,找到无须行为响应的认知标记,而这些标记可能因为运动能力受损或认知障碍而难以获取。本节将讨论针对不同理论背景意识障碍患者的意识状态检测研究。

1) 静息态和介观回路神经标记

采用单光子断层成像(SPECT)或正电子发射断层成像(PET)技术对脑死亡、植物人、微意识和正常意识的静息态脑灌注或代谢的研究逐渐增加[77],一些区域在知觉处理中表现出了独特的作用,如前脑细观回路[78],这一脑回路包括前额皮层、前扣带回、后顶叶皮层,贯穿皮层-纹状体苍白球-丘脑-皮层连接环路。采用 PET 成像的研究对比了这些脑区的静息态活动与临床金标准(临床量表)在检测意识障碍患者意识状态中的作用,采用 fMRI 的研究则讨论了默认模式网络的连接性在自我意识中的作用[79]。这些方法都极其依赖与意识处理相关的特定脑区活动,并且这些方法的研究中都以临床金标准为参考,它们与临床金标准的关系仍是应用中的难点。

2) 任务相关功能神经成像

脑功能成像研究也探讨了意识障碍患者对不同任务的响应,如呈现熟人脸部照片、伤害性体感刺激、简单或复杂的声音刺激、患者说出自己名字、分级语音处理任务等。这些研究发现,暴露在这些任务中会激活植物人的初级感觉皮层,但却不能有效激活相关的更高级皮层。其他激活脑区之间的功能连接受损意味着不同脑区被隔离或与其他脑区失去连接,妨碍了知觉处理。当同样的任务作用于微意识患者时,通常能够观察到比植物人更广泛的脑区活动,并且微意识患者的脑区激活涉及更多关联脑区,皮层间功能连接效率更高。Owen 等人于 2006 年提出了一种采用两种想象任务的 fMRI 范式[80],分别想象打网球(网球任务)和想象在一个熟悉地方行走(空间导航任务)。这一范式需要受试者注意刺激、理解文字提示并将信息保存在工作记忆中,通过调制大脑活动对这些信息进行响应。在一组健康人测试中发现辅助运动区在网球任务中特异性且一致性地激活,而海马旁回在空间导航任务中特异性且一致性地激活。由于任务复杂,需要高级认知活动参与,这些脑区与任务相关的特异性模式可以用作意识的神经标记。采用这一技术,一个满足植物人临床判定标准的典型患者的特定脑区在这两种任务中均被激活。这一研究提供了最有说服力的证据,证明了即使最有经验的团队,采用临床评价方法也可能检测不出意识。

3) 电生理与诱发电位

长潜伏期的 ERP,如失匹配负波(MMN)和 P300,在意识障碍患者中也有很多应用,其基本想法来源于这些脑认知功能的皮层标记在探测患者重获知觉能力中可能发挥作用。MMN 在被动 oddball 范式中是前注意感觉记忆被获取的标识,是觉醒预后的早期标记,但不是知觉本身的标记[81-82]。P300(或 P3)是 ERP 的一个正成分,可通过让患者数新异刺激的个数来诱发,也可通过增加刺激的新异性而不让患者主动参与进行诱发。P300 包含两个子成分 P3a 和 P3b,中央区 P3a 与管理注意迁移方向的警觉性处理相关,顶区 P3b 与刺激类型有关,有些学者认为这个子成分是有意识知觉的标记。值得注意的是,在 oddball 范式中采用患者自己名字作为新异刺激作用于意识障碍的患者时,在植物人和微意识状态的两名患者中均记录到 P3b 成分。

在另一个采用严重脑损伤患者自己名字诱发听觉电位的研究中,在所有 LIS 患者和微意识患者中都发现了 P3 成分,而在 3 个植物人(共 5 个)中也记录到 P3 成分[83]。在告知患者数自己名字出现次数的研究中发现,微意识患者能诱发更强的 P3 成分,而植物人则未出现这一现象[84]。需要指出的是,这些研究发现,与健康人对比,微意识患者或植物人的 P3 潜伏期均显著延迟。

为了进一步探测意识障碍患者可能存在的意识处理,Naccache 等人采用一种称作"local-global"(局部-全局)的范式[85],通过局部时间里的音调变化诱发 MMN,而将几秒钟内的声音序列变化作为诱发顶区 P300 的靶刺激。只有当患者有意识地处理这一全局规则冲突时才会出现 P3 成分。

4) 全局神经工作空间理论和大脑标记

依据全局神经工作空间理论(global neuronal workspace theory)[86]和信息整合理论(information integration theory),意识的大脑标记应该满足以下标准:网络重要节点间的长距离同步、信号复杂、可重复地自上而下处理以及大脑信号的全局整合。采用脑电信号,相对于无意识刺激,有意识刺激能够在刺激发出 300 ms 左右诱发信号幅值增加(包含 P3 波)、γ 能量和 β 与 γ 波的长程同步[86]。一些研究采用 EEG 测量长距离皮层间信息共享[87]或量化复杂度[88],已经在意识障碍患者中检验了这些标记的有效性。

这些研究表明,电生理和脑成像可以为意识障碍患者提供直接的脑功能评估方法,并能够检测临床被认定为植物人患者的意识状态。极少数无法产生任何连贯的意识行为但仍保留大多数高级认知功能的意识障碍患者是很好的 BCI 适用人群,因为 BCI 能够为他们提供一种特殊的交流方式。

2. 从调制大脑活动到意识障碍患者的 BCI 应用

由于 BCI 需要实时分析和分类脑活动信号以推断和执行反映用户意图的期望指令,可以通过调制大脑活动对不同刺激或指示进行响应是意识障碍患者使用 BCI 的先决条件。意识障碍患者的最主要目的是通过"是/否"的编码重建其交流能力。从这个角度来看,需要训练患者调制自身大脑活动以便将"是/否"与两种不同的特异性大脑活动联系起来。fMRI、fNIRS 和 EEG 三种无创神经成像技术可以用来研究这方面。到目前为止,仅有少数研究探索了意识障碍病人调节自身大脑活动的可能性。

一个基于 fMRI 的研究将前述的"网球""空间导航"范式应用于 54 名意识障碍患者(最小意识状态或植物人患者)[89],在 23 名植物人患者中有 4 人能够根据任务调节他们的大脑活动,其中一个原本被认为是植物人状态的患者使用这种心理任务编码的"是/否"交流方式正确回答了 5 个问题(共 6 个)。用作对"是"和"否"响应标记的辅助运动区和海马旁回的量化激活对 6 个问题中的 2 个问题有明确的区分。然而,研究也注意到,对于另外 4 个问题,这两个脑区的区分并不十分明确。

在一个基于 EEG 的研究中,Lulé 等人在 16 名健康对照组和 18 名脑损伤患者(2 名闭锁综合征、13 名微意识状态、3 名植物人)中测试了基于听觉 P3 的 BCI 系统[90]。受试者在听到一个提问后呈现("是""否""停"或"走")4 个听觉刺激,受试者根据他们对问题的回答将注意力集中于"是"或"否",实验后分析受试者对靶刺激的响应 P3 是否出现,并构建在线分类器。结果发现,健康人的在线平均正确率为 73%,闭锁综合征患者为 60%,而微意识状态和植物人患者都不能完成有效交流。

华南理工大学采用一种视听联合刺激的 ERP-BCI 向 8 名植物人和 5 名最小意识状态患者呈现类似用于评估意识障碍患者行为能力量表(JFK coma recovery scale-revised, JFK CRS-R)中的问题,患者根据问题选择"是"或"否"[91]。结果发现 1 名 JFK CRS-R 量表评分中得 1 分的患者在 BCI 评价中拥有 86.5% 的正确率。四名植物人和三名最小意识状态患者在 JFK CRS-R 量表评估中没有得到有效响应,但在基于 BCI 的评估中得到了有效响应,其中四名患者在后续的 JFK CRS-R 量表评估中的评分得到改善。四名植物人患者和 1 名最小意识状态患者在两种评估方式中都没有得到有效响应。这些研究结果表明,BCI 评估可能是一种更敏感的方法,可作为量表评估的补充。

3. 局限性与展望

像神经康复的其他领域一样,脑-机接口的主要挑战是将这些新技术应用于临床实践。原理论证研究已经发现,即使没有任何行为响应,检测特定任务调制的大脑活动并将之转化为"是/否"编码对特定问题的响应是可行的。这些研究结果也能够为更好地评估意识障碍患者的意识状态提供新方法。因此,未来意识障碍患者的分类必须将这些新技术与行为评估结合起来。

这些技术突出的局限性在于,意识障碍患者本身可能残存的认知能力不足以完成特定的任务。这可能是现有研究中有效性低的主要原因。另一个局限是脑损伤本身对大脑信号的改变。从目前的实际情况来看,因其对运动干扰的低敏感性和信号采集的便捷性,EEG 可能是比其他脑功能成像更可行的技术,并且成本较低,EEG 采集设备对电磁禁忌患者可用。fNIRS 技术是相对较新的技术,在 BCI 和意识障碍患者中的研究和应用仍很有限。

现在主要的挑战是选择好的研究对象(如闭锁综合征、无动性缄默症)以改善信号检测的灵敏度和响应的准确性,提供简洁的指令和程序,并且根据患者的警觉性变化选择最佳实验时间。这需要检测并使用患者最有效的感觉通道,例如,对于有闭锁综合征的意识障碍患者,其视觉和眼部运动能力普遍受损,此类患者使用诸如 P300 拼写器等视觉 BCI 可能会有困难,因此听觉 BCI 可能是更有意义的。为了将这些新技术应用于实际,针对这些问题将意识障碍患者的意识状态进行等级划分可能是最合理的方法。

12.3 视听觉神经假体

脑-机接口的另外一个重要研究方向是如何实现由"机"到"脑",这一过程相当于传统脑-机接口的逆过程,即通过外部的、人工的设备和系统代替无法正常工作的器官去感知外部环境和物体,通过电或磁的形式刺激相关神经,在大脑相关区域产生类似自然或正常条件下的感知和感觉。这一逆向脑-机接口的典型应用为视听觉神经假体。本小节将介绍视觉假体和听觉假体的基本概念、原理、存在问题和发展方向。

视觉和听觉是人类最为重要的感觉,通过视觉和听觉,人可以获得外界信息,进行沟通交流。然而视觉系统和听觉系统的疾病或损伤会切断或阻碍人获取外界相关信息,进而剥夺相应的感知。由于视觉和听觉系统结构复杂、涉及的生理学机理尚未完全明了,现有治疗手段尚未能帮助患者完全从复杂疾病中康复。神经假体(neuro-prosthetics)是使用电子设备来替代受损神经系统或者感觉器官以恢复患者的感知或行为功能的辅助仪器。人工耳蜗是最先得到临床应用推广的神经假体,其功能是帮助聋人感知声音,人工耳蜗同时也是迄今为止应用最为成功和广泛的神经假体。本章主要描述视觉和听觉假体,包括介绍视觉、听觉系统基本的生理功能和病理学机理、目前在视觉康复、听觉康复领域所使用的神经假体以及各类假体存在的问题和未来发展的趋势。不论视觉假体还是听觉假体,涉及的都是我们人类身上最复杂的感觉系统,相关假体的研究和开发也牵涉医学、生理学、工程学、心理学等学科。

12.3.1 视觉神经假体

视觉是通过视觉系统的外周感觉器官(眼)接收外界环境中一定波长范围内的电磁波刺激,经中枢有关部分编码加工和分析后获得的主观感觉。当人们注视外界物体时,物体影像经由屈光系统聚焦在视网膜上。光刺激下的光感受器会将投射图像的局部亮度和色彩模式信号转变成生物电信号和化学信号,激活视网膜神经元细胞形成动作电位,再由视神经节轴突形成视神经传至大脑。这些信号首先在大脑中形成视觉感觉,再根据人的判断、识别、经验、记忆、分析等复杂处理过程,在大脑中形成物体的形状、颜色等概念构成视觉(vision)。通过视觉,人和动物感知外界物体的大小、明暗、颜色、动静,获得对机体生存具有重要意义的各种信息,有 80% 以上的外界信息经视觉获得。视觉是人类感觉器官系统中最重要的感觉之一,是人类认识客观世界的重要途径。然而,许多致盲眼疾病剥夺了患者观察世界的权利,且目前对这些疾病还缺乏有效的治疗措施。随着科技的进步,科学家们提出了帮助盲人恢复光明的新方案:视觉神经假体(visual prosthesis),即利用人工装置来代替视觉通路中某段缺损修复视觉。

视觉神经假体是通过图像获取装置(如微型摄像机)捕捉物体的影像信息,经视觉信号处理和提取系统进行编译,然后由信号传送系统将图像传送到神经假体上,并转换为电脉冲信号,利用微电极阵列对视觉神经系统进行电刺激诱发光幻视,从而产生人工视觉,如图 12 - 3 所示。将刺激信号传递到各种视觉假体的刺激部位虽不相同,但是硬件结构相似,主要区别在于神经接口的结合部位。

1. 视觉假体种类

视觉假体按照植入部位的不同大致可以分为视网膜假体(retinal implant)、视神经假体(optic nerve implant)和视皮层假体(visual cortical implant)。

为盲人植入视觉假体的先驱是 Brindley 和他的同事 Dobelle[92],20 世纪初,他们在两名受试者的视皮层上植入了铂刺激电极阵列,当电刺激视皮层时,可以诱发不连续的"光幻视",而且这些光点的位置与视野在视皮层的空间定位大体一致。由于电极之间的间隔较近,电极之间的非线性相互作用会产生干扰,多个

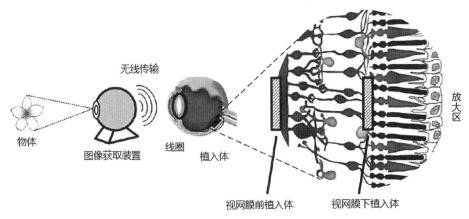

图 12-3　视网膜神经假体示意图

电极同时刺激引起的光幻视重合不能获得多点的空间视觉感觉。这些因素极大限制了系统传递视觉信息(包括脸、文字、图像等)的能力。这个先驱性的尝试为随后的视觉假体开发奠定了理论和实践基础。

1)视网膜假体

根据视网膜假体电极阵列的位置,最常见的视网膜假体可分为视网膜前、视网膜下或脉络膜。通常,视网膜前和脉络膜上假体使用眼外光传感器,而视网膜下假体则将光传感器与刺激电极耦合在失去感光体的位置,以确保传感器利用自然的眼球运动。视网膜前植入部位在视网膜神经节细胞层与玻璃体之间,其优势在于植入的过程相对简单,假体不会将视网膜与视网膜色素上皮和脉络膜分开。

2003 年 Humayun 等首次对一例视网膜色素变性患者实施了视网膜上视觉假体移植手术,获得了一定的成功,手术 10 周后,患者对 4×4 的电极阵列中的每一个电极的电流刺激都有"光幻视"。大多数"光幻视"都被描述成圆形亮点,而且患者还描述出了颜色的感觉(如黄色、白色、橘红色和蓝色)。同年,Rizzo 等人利用单电极或电极阵列对五名视网膜色素变性的失明患者和一位视觉正常志愿者的视网膜进行刺激。他们研究发现失明患者的电刺激阈值明显高于正常人,而且失明程度越严重,阈值越高[93]。

视网膜前植入假体的主要技术挑战在于该手术对植入设备的尺寸要求严格,需要使用视网膜钉将电极阵列与视网膜前膜表面进行长期稳定物理连接。这样一来,可能造成的问题有视网膜的机械损伤和由穿过巩膜玻璃体引线引发的炎症等。

视神经的处理过程主要发生在视网膜神经节细胞外周位置,这是视网膜前植入假体无法实现的。视网膜下假体则位于视网膜色素上皮层与光感受细胞层之间(健康的眼睛中的自然光感受器位置),并可以保证玻璃体能够像水槽一样为微控制器散热。植入位置旨在取代无法正常工作的感光器,植入过程也伴随着许多挑战。首先要求电极阵列和相关电子元件厚度足够小,以最大限度地降低视网膜损伤或脱离的可能。此外,视网膜下电极阵列还有可能阻止脉络膜向存活的视网膜供血。图宾根大学(Tübingen University)眼科医院的团队自1995年始致力于采用微型光电二极管阵列(MPDA)采集入射光并将其转换成电流来刺激视网膜神经节细胞。在临床实验过程中,该技术帮助若干视网膜色素变性患者重获读字母,辨别未知的物品,放置盘子、杯子和餐具等的能力[94]。该技术分别于2012年和2016年在伦敦和香港得到了临床应用,且患者的视觉均得到一定程度的恢复。

脉络膜植入可以提供稳定的电极位置且手术方法安全简单,因为该方法无须破坏眼睛内的结构便可以对电极阵列进行定位,可最大限度上降低临床并发症的发生[95]。与视网膜前和视网膜下视觉假体相比,脉络膜假体的主要局限在于电极阵列和视网膜神经元之间的较大距离使刺激阈值增加。但是实验结果表明,该电极安置方式可以在安全水平范围内有效地刺激视网膜。临床试验亦证明,在电荷输入的安全范围内,长期严重眼盲患者可以通过电刺激获得可辨别的感知响应[96]。

2)视皮层假体

初级视皮层被认为是视觉假体植入的理想位置,因为它具有良好的视网膜组织,且具有足够的空间放置多个植入物。然而,目前尚不清楚绕过所有视网膜内发生视觉处理的假体和外侧膝状体能否包含足够的信息传递给脑以准确识别电刺激产生的视觉感知。例如,正常视觉处理中存在着大量的衰减曲线调制反馈回路(外侧膝状体的大部分输入是通过视皮层接收的[97]),而皮层类假体将会旁路掉这一处理过程。此外,虽然可塑性脑(plastic brain)在改善视觉假体临床效果上起重要作用,但目前尚不清楚对视皮层的直接刺激是否会引起与视网膜刺激相同程度的塑性重组。

从20世纪60年代开始,若干关于在深度失明患者中产生光幻视的报告指出,患者在视皮层植入假体后具有阅读盲文图案及真实字母的能力[98],且具备在停车场开车和绕房间走动的能力[99]。这些早期的临床研究有力地证明了通过刺激皮层表面或通过穿透微电极[100]来诱发视觉感觉的可行性。2000年Dobelle报道了在盲人视皮层内植入视觉假体20余年的观察结果。该系统由一台安装在患者眼镜片上的数字相机、置于患者腰带上的电脑及其电子插件和置于皮层表面的微电极阵列等组成(见图 12 - 4),各部分用导线相连接。数字相机及电脑把光信号转变成电信号,通过导线输送到皮层上的电极中。结果显示患者可识别眼前人的轮廓。2002 年,Dobelle 在 16 个患者中植入了含 72 个盘状电极的电极阵列,其中一名受试者已经能够自己驾车在无人的公园里绕圈。但是植入视觉假体的患者视力恢复情况和设备的稳定性情况还未有相关的报道。

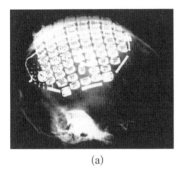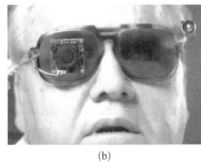

(a)   (b)   (c)

图 12 - 4   (a) 视皮层上植入的铂刺激电极阵列;(b) 安装在患者眼镜片上的数字相机;
(c) 置于患者腰带上的电脑及电子插件

3) 视神经假体

对于有大部分视网膜疾病的患者而言,可能其大部分光感受器已经丧失功能,但视网膜组织中仍存在 78.4% 的内层神经细胞、29.7% 的神经节细胞及 4.9% 的感光细胞。所以可以尝试通过刺激视网膜内层细胞,利用具有一定功能的神经细胞及其网络在视皮层产生诱发电位,从而产生视觉。

视神经假体是在有功能的视网膜神经节细胞轴突的延伸部分植入刺激器。这种方法避免了对大脑造成的侵入性破坏,而且简便易操作。视神经直径为 1~2 mm,是视觉场景中所有信息的紧凑导管,这就意味着有望通过电刺激很小面积的视神经来激活大部分的视觉区域。由于电极位于非常密集的神经(神经内约 120 万个纤维)外侧,所以难以实现局部刺激和细节感知。作为完全绕过视网膜的植入技术,这种方法不仅可以用于视网膜变性的患者,与视网膜植入假体的方法相比,它还提供了相对安全和容易的植入程序。但该方法尚有许多待完善和研究的地方,例如使用视神经刺激引起空间性相邻光幻视的原因仍不清楚[101]。

2. 视觉神经假体未来的发展

如前所述,不同位置的视觉假体各有其优缺点,虽然对其研究尚处于初级阶段,但每种视觉假体都有巨大的发展潜力。视觉假体的临床和商业化应用对于失明患者乃至整个社会都有深远的意义,它使由于眼部疾病缺乏有效的治疗而导致失明的患者有了重见光明的可能,这也是激励各国研究人员不断对其结构和性能进行研究和改进的重要原因。目前全世界范围内已经接受视觉假体植入的患者较佩戴听觉假体(人工耳蜗)的患者要少得多,主要原因包括生物相容性问题、电刺激模式与其诱发视觉感知之间的关系问题、视觉假体中最小信息需求问题、电子装置的散热问题等。因此,目前有关视觉假体的研究工作从多电极阵列的改进、电极与神经组织的相互作用、视觉假体的动物模型和动物实验、视觉假体的心理物理学、相关的视频与图像处理等方面展开。

由于人工视觉假体需要植入颅内,与生物体组织细胞长时间接触,所以对植入设备的生物相容性要求很高。生物材料相容性的评估不但要求检测电极周围的细胞密度,还需具有检测细胞线(神经细胞、神经胶质、星形胶质细胞)和评估细胞状态(正常、病理、退化)等。目前为大多数人所认可的评估生物相容性的方法是将先进的共聚焦显微镜和免疫组学方法相结合,这样不仅能够识别电极周围的细胞,同时也能掌握这些细胞的活性。生物相容性的另一个问题便是长期电刺激对视神经组织的负面影响,这是因为植入点的神经组织在植入后将长时间接受高频电刺激,遗憾的是目前尚无任何植入视觉假体受长期电刺激后对视网膜影响的实验证据。此外,虽然视觉假体的大部分散热量都在眼外部排出,但植入颅内的遥感器、微刺激器等在工作过程中也会散发出一定的热量,导致周围组织温度增加,给组织带来伤害。为了能够更好地模拟人眼功能、满足患者日常基本生活需求,势必会增加刺激电极数量、提高设备热量。所以设计简单、小体积、低功耗的电子微型设备在未来的视觉假体研究中仍是巨大考验。

随着研究的深入,人们逐渐认识到视觉假体技术存在的最大障碍是如何在假体与大脑之间进行有效的信息传递,或者是如何定义从视网膜到视神经的拓扑映射关系。虽然理论上讲电刺激模式能反映视觉景象的时间和空间特性,但目前仍不清楚大脑是如何编码电刺激模式的,能否通过提供高度灵活的规则刺激模式重塑视觉系统来优化患者的感知是一个具有挑战性的问题。而且刺激电极之间需要多大的距离才能帮助盲人获得简单的直线甚至更为复杂的图形感知也是需要仔细研究的问题。未来将脑部成像技术,例如脑光学成像技术、PET-CT成像技术、fMRI等与皮层的多通道记录联合起来,充分发挥它们互补的时间和空间优势,更好地探测视神经假体植入后大脑皮层的响应,进而设计合理的刺激模式以及寻找两者之间的对应关系,对视觉假体的发展和应用至关重要。

由于诸多限制导致无法在假体中植入足够多的电极,所以满足基本识别要求最少需要多少电极是必须探清的问题。最新的研究发现,12×12 的像素化汉字可以提供识别汉字的足够信息,对于简单的汉字,8×8 甚至 6×6 的像素就可以识别。然而,实验中所有的像素均在正方形内,而且像素大小相同,但实际得到的光幻视形状、大小、颜色等各不相同,且位置的分布也不规则。所以就目前来说,满足基本视觉功能最小需求的像素数仍需进一步研究。

12.3.2 听觉神经假体

在发达国家,大约每 1 000 名新生儿中就有 1 位患有遗传性重度先天性耳聋。在发展中国家,由于宫内感染这一比例还要高一些。重度听力损失也可能由后天的诸多因素造成,这导致每几百名幼儿中就有一个严重耳聋者。随着年龄的增长,很多人的听力都会衰退,尤其是那些长期接触强声音的人。听力损失带来的不仅是感觉功能的缺失,更会引起严重的心理问题。相比视觉损失,很多人认为听力损失更容易导致社会孤立感。正如海伦·凯勒(*The Story of My Life*,1903)所描述:"失明切断了人与事物的联系,失聪则切断了人与人的联系(Blindness cuts us off from things,but deafness cuts us off from people)。"听觉神经假体(auditory prosthesis)的主要功能在于接收环境中的声波信号,随之转换为电信号,刺激听觉神经或与听觉有关的大脑皮层,从而帮助重度和极重度耳聋患者恢复对声音的感知。

1. 人工耳蜗

声音在空气中传播引起声压波动,言语或音乐等复杂声音由很多不同频率的波动组成。耳朵的任务是分析每个频率的声强,该过程是在耳蜗(cochlea)内完成的。耳蜗中的毛细胞是声传导过程中不可或缺的一个环节,因为它们开启的电化学反应使得螺旋神经节和听神经以电位的形式传递声信息,最终大脑将其解释为声音。然而毛细胞可能受损或死亡,导致这一结果的原因包括为避免某种致死遗传疾病而使用具有耳毒性的药物、长期暴露在高强度声环境中、衰老等。哺乳动物的毛细胞死亡以后是不能再生的,这意味着在缺失可用毛细胞的情况下,如果想向大脑传递声信息,需要一个跨过或代替毛细胞的方法,这也正是目前人工耳蜗(cochlear implant)的基本设计思路。

人工耳蜗的麦克风(话筒)从环境中接收声音后通过导线将信号传到言语处理器,处理后按一定言语处理策略对有用信息进行编码,再将信号在线传至发射线圈;发射线圈把信号经皮肤以发射方式或插座导入方式输入体内,该信号由体内接收器接收并解码后以电刺激形式送至耳蜗内的电极以刺激听神经纤维,从而使人产生听觉。人工耳蜗通过电极直接刺激与听神经相连的螺旋神经节来传递对于言语理解最重要的频率成分(通常是 200～8 000 Hz),因此旁路了凋亡的毛细胞。此外,与毛细胞的正常化学转换不同,人工耳蜗刺激以电的形式开启了神经中的电化学转换过程。每个电极触点都被分配了一个频率范围,并且频率和位置的分配关系与正常耳蜗的频率分布方式相似,高频在耳蜗底部附近,低频位于耳蜗顶部附近。因此人工耳蜗模仿了耳蜗的频率位置关系,进而能够提供频率分析的功能。

目前,人工耳蜗佩戴者已经可以在安静环境中进行一对一交谈时取得很好的言语识别效果。1969 年,美国科学家 House 与 Jack Urban 协力开发出了第一款可穿戴式的人工耳蜗,该设备仅有一个电极,目的是辅助读唇。20 世纪 70 年代,澳大利亚的学者 Clark 教授研发出了可对耳蜗多个部位进行电刺激的设备,该设备于 1984 年获得美国食品药品监督局(FDA)批准正式在临床中用于成人,并分别于 1990 年、1998 年和 2002 年将患者年龄下限降低到了 2 岁、18 个月和 12 个月。目前人工耳蜗植入患者的年龄下限在特殊情况下可为 4 个月(国际范围内)或 6 个月(美国境内)。人工耳蜗在开发和优化过程中克服了许多生物学、医学以及工程学的难题,并且现在仍然在不断改进。Clark 教授、MED-EL 公司的 Hochmair 博士和杜克大学的 Wilson 博士对这项技术做出了杰出贡献。三位专家因开发了这种能给极重度耳聋者重建听力的现代人工耳蜗设备而获得了拉斯克基础医学研究奖(Lasker Award)。

目前通过美国 FDA 认证的人工耳蜗产品主要来自澳大利亚的 Cochlear 公司、奥地利的 MED-EL 公司和美国的 Advanced Bionics(AB)公司。2011 年中国杭州诺尔康公司的晨星人工耳蜗系统获得原国家食品药品监督管理总局的许可进入中国市场。图 12 - 5 列举了 4 款人工耳蜗设备,分别来自三家市场占有率前三的国际知名公司和一家国内领先公司。

美国国立卫生研究院(NIH)的耳聋研究所和其他沟通障碍研究所(NIDCD)估计全球有超过 32.4 万名人工耳蜗植入者。这些植入者覆盖所有年龄段,儿童植入者的年龄越来越小(原因是婴儿出生时耳蜗的大小基本固定,随着年龄的增长耳蜗变化很小),老年植入者的年龄越来越高(90 多岁)。

人工耳蜗电极以电刺激螺旋神经节细胞的周边神经末梢或细胞体来产生动作电位,动作电位经听神经中枢端传入脑干耳蜗核,并经中枢听觉通路传入听觉皮层,产生听觉。正如前面提到的,因为耳蜗中的听神经是按照频率分布的,所以每个电极刺激一簇神经细胞,这些细胞原本也是负责对应的大致频率的。一般而言,刺激电极既可以放在耳蜗内,也可以放在耳蜗外,但电极的位置会影响人工耳蜗的言语识别率。电极阵列的放置位置及其插入深度对人工耳蜗的听觉

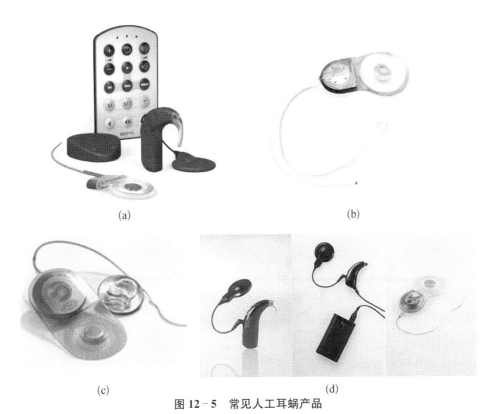

图 12 - 5　常见人工耳蜗产品

（a）MED - EL(Mi1000 CONCERTO)；（b）Cochlear(CI 24RE)；（c）AB(HiRes 90K 1J)；（c）诺尔康(晨星人工耳蜗系统)

效果影响很大[102-105]。随着耳蜗植入术在位置选择方面技术的提高、电极插入方法的改进以及对电极插入深度控制技术的发展，电极阵列的放置对言语识别率的负面影响将会越来越低。

人工耳蜗中的言语处理器负责分析传入的声音信号，提取其中的言语信息并将之转换成能够模拟自然听觉语音编码的电刺激信号，通过电极对听神经纤维进行刺激。良好的言语处理器应能提取出关键的言语信息并产生适宜的电刺激模式，使人工耳蜗用户获得最佳的言语识别能力。其中的关键技术便是人工耳蜗系统信息处理的核心——言语处理策略，同时声音处理也是近几十年来人工耳蜗康复效果不断提高的主要贡献者。声音处理方法作为人-机交互界面中机器处理的前提，人们首先设定的思路是"自下而上"（bottom up），即以正常听觉的完整信息接收端为基准，最大程度上保持信息的完整性。

2. 人工耳蜗的植入

不同品牌人工耳蜗产品电极序列的设计理念和具体细节有较大差异，其中最显著的差异是电极植入深度。理论上电极植入耳蜗的位置越深,覆盖的神经组织越多,为患者提供的声音信息频率范围越大。根据基底膜的频率定位,电极如果能覆盖整个基底膜,患者便有可能感受到和正常耳蜗几乎一致的声音频率范围。

电极的植入深度一直是人工耳蜗产品设计领域的研究热点。人工耳蜗电极序列在耳蜗内的植入深度不仅取决于电极序列的长度,还与电极类型有关。可供耳蜗结构正常患者选择的电极类型有直电极和预弯电极,手术医生根据不同类型电极的手术指南选择圆窗或耳蜗开窗路径植入电极。直电极植入耳蜗后靠近鼓阶的外侧壁,而弯电极则靠近蜗轴,弯电极的植入深度较同长度的直电极更深。因而,根据电极序列在耳蜗内盘旋的角度来判断电极植入的深度较为可靠。相对于较短的电极,理论上长电极可以覆盖耳蜗内更低频率的区域,蜗尖电极输出的频率信息与相应位置螺旋神经节细胞的特征频率更匹配,从而使患者的声音感受更加自然。此外,在通道数量固定的情况下,电极长度越长,通道间的距离越宽,以减小通道间刺激的相互干扰。然而,电极植入越深相应位置鼓阶内径越窄,损伤基底膜和周围组织的可能性亦增加,不利于保留低频残余听力[106]。

人工耳蜗电极的作用是精准地激发整合动作电位,动作电位通过听神经被传输至听觉皮层。耳蜗或听神经结构的任何损伤都会降低上述激发和传输的精准性,进而使人工耳蜗不能发挥出最大效能。在植入耳蜗的过程中,一旦电极从鼓阶偏移进入前庭阶,就意味着耳蜗内结构被严重破坏。此类损伤将导致未来的治疗措施(如基因治疗或干细胞再生)无法得到应用。

近年来,人工耳蜗在植入技术与编码方式等方面有显著的进步,很大程度上改善了佩戴者的听力和言语识别能力。这里面,人工耳蜗双侧植入带来的双耳聆听提供了极大的助力。双耳总和效应、双耳压制效应、声源定位能力等效果仅依靠单侧人工耳蜗植入很难达到[107]。国内外针对人工耳蜗双侧植入的研究表明,较之单侧人工耳蜗植入,双侧植入患者的言语识别率有显著性提高。头部对声波存在物理阻挡作用(即头影效应),使得声音传到另一侧耳后强度被削弱,进而使得双耳间的声信号(低于 1 500 Hz)存在一定的时间差(ITD)和强度差(ILD)。其中时间差主要针对低于 1 500 Hz 的声信号,而强度差主要针对高于 1 500 Hz 的声信号。我们听觉系统在噪声环境中进行言语识别及判断声源位置的能力主要基于双耳传递的声信号差异。此外,双耳听阈要比单耳听阈低,当双耳的声音进入听觉中枢后,听觉中枢会对双耳的信号进行分析,选择性地利用信噪比较好的信号[108]。研究表明双侧人工耳蜗植入可以显著提高使用者在噪声环境中的言语识别能力,改善声源定位能力[109]。尽管与单侧人工耳蜗植入相比,双侧人工耳蜗植入存在以上诸多优势,但国内进行双侧人工耳蜗植入者的数量仍较少[110]。

3. 人工耳蜗的未来发展

随着人工耳蜗电极和言语处理器的发展、言语编码策略的多样化、听神经动作电位测试和电刺激听觉脑干反应测试以及其他相关技术的改进、手术后听觉与言语训练效果的提高,人工耳蜗手术的适应证也在不断扩大、质量逐步提高。目前,绝大多数佩戴人工耳蜗的患者在发达国家,其主要原因是这种装置售价很高,且植入手术和术后治疗费用昂贵,一般收入家庭开销不起。我国已经开展了针对聋儿的人工耳蜗救助项目,免费给患儿实施人工耳蜗手术,已帮助逾千名儿童重新返回有声世界。但这对于每年有四万名新生聋儿的中国,救助数量还远远不够。要从根本上解决问题还是需要国内科研机构与生产企业加大相关产品的研发力度,推出适合国内消费的神经假体产品,才能填补这一巨大缺口。目前,全世界的耳蜗植入市场主要由 3 家外国公司(澳大利亚的 Cochlear 公司、奥地利的 MED-EL 公司以及美国的 Advanced Bionics 公司)垄断。在我国,诺尔康公司承担了"十二五"国家科技支撑计划的听性脑干植入设备国产化及临床应用、国产人工耳蜗的策略和技术优化两个项目,并获得了浙江省重大科技专项,也是"十一五"国家科技支撑计划项目和中科院"科技助残计划"的唯一产业化基地。根据诺尔康的发展目标,最终将达到年产 2 万台人工耳蜗的规模。若该产业化目标得以顺利实现,将是我国众多聋哑患者的福音。

人工耳蜗植入并不能修复受损的听力系统。如果听神经受损严重,大脑将得不到足够的信息,对复杂声音例如语言或者音乐的理解和欣赏造成困难,因为理解和欣赏复杂的声音比仅仅探测到声音需要更多的听神经。人工耳蜗佩戴者的康复水平差别很大,就是因为个体具备的健康听神经数目不同。人工耳蜗的问题是,由于人工耳蜗植入耳蜗内的电极数目(12～24)远小于耳内毛细胞的数量(约 3 500)和螺旋神经节细胞的数量(35 000～50 000),导致其频率分辨率远低于正常听力者。并且科学界对于耳蜗感音机理以及如何模拟耳蜗的时频分析能力仍存在大量的未知和争议。所以人工耳蜗植入者在欣赏音乐时或在有噪声干扰的情况下交流时,均无法获得良好的效果。当然,由于神经系统具有强大的可塑性,对于越早植入的人来说,尤其是先天听障者,在其语言功能发育前植入,将可以使他很好地融入正常社会。

人工耳蜗传递到听觉系统的信号中丢弃了大量的声信息。人工耳蜗领域中有很多方面有待改进,比如音乐、音高、空间听觉和噪声问题。其中噪声问题尤为突出,人工耳蜗佩戴者在噪声环境中的言语理解能力亟待提高[111]。对于多数人工耳蜗使用者来说,他们对复杂声音尤其是音乐的欣赏能力非常薄弱,特别是针对更依赖旋律表达的古典音乐和交响乐。因为人工耳蜗仅仅传达了时域包络信息,并将原始包络替换为脉冲串,所以大部分"时域音高"(即由波形周期性传递的音高)就消失了,部分"位置音高"(即兴奋的神经元的位置不同而具有不同的特征频率,进而产生不同的音高)保留了下来。当然,并非全部时域音高都没有了,因为在时域包络中仍传达了一些时域音高(足以提供分辨说话者性别的能力,当然与声听觉相比会弱一些)[112]。我们希望人工耳蜗使用者能够出去参加社交活动,比如在一个嘈杂的餐厅或鸡尾酒会,但精细结构(fine structure)或周期性信息的缺失严重限制了他们的体验。精细结构或周期性信息的缺失,或称这些听觉分组信息(这里的分组是指大脑在听觉场景中剥离出一个个单个听觉客体的能力)的缺失导致各种包络混杂在一起,听上去就混沌不堪。从治疗方面看,人工耳蜗领域所面临的挑战主要包括如何有效地预测人工耳蜗植入后的工作效果,如何克服巨大的患者个体差异来帮助那些得分较差的患者获得好的使用效果。

精细结构主要体现在时域和频域两个方面。时域方面涉及声学信号的分析和电刺激信号的释放两个过程。当前主要采用的声音处理策略都是利用包络提取来获得时间变化信息。近年来的新技术逐渐在分析过程中加入精细结构的处理,如 MED-EL 的精细结构编码策略(fine structure processing)。在频域方面,电流定向技术(current steering)或者称为虚拟通道(virtual channel)突破了物理电极数目的限制,为人工耳蜗系统提供了更多的通道,丰富了频域信息。另外,困扰人工耳蜗技术的另一个难题是低频信息(如 F0)的分辨能力,它也是造成在噪声环境中聆听多人交谈、识别噪音、识别声调语言(如汉语普通话的四声)和欣赏音乐非常困难的主要原因之一。除了电流定向技术提供更多低频信息分辨率外,MED-EL 在 Pulsar 中开始采用的精细结构策略中,在低频段以可变刺激速率来提高低频区域的分辨能力。Zeng 等人提出的频率幅度调制编码(frequency amplitude modulation encoding,FAME)策略也是基于频域的速率编码原理来达到相同目的的[113]。Churchill 等找到了一种混合速率刺激策略,能够表达时域精细结构和包络信息(其中低速率用于表达包络信息和若干蜗尖电极间的相干时域精细结构,高速率只用于表达蜗底电极的包络信息),该方法在改善声源定位的同时没有对安静环境下的言语理解产生负面影响[114]。精细结构策略可以显著改善噪声下的言语识别能力,提高声音质量,提高声源定位能力,改善音调(如汉语四声)的识别以及增强音乐欣赏能力,如表 12-1所示。

表 12 - 1　精细结构编码与传统编码策略对比

声音环境	安静环境下	音乐欣赏与 声调语言的学习	噪声环境
声音的要素	包络	精细结构	包络和精细结构
传统编码策略	可以提取	无法提取	可以提取
超精细结构编码策略	可以提取	可以提取	可以提取

众所周知,耳蜗从蜗底到蜗顶分别感应从高频到低频的声音。耳蜗的不同部位用于识别不同的音调,进而传递到大脑,形成美妙的声音。根据这一人体自然特性,个性化的长度电极可以满足耳蜗大小不同的患者,实现个性化耳蜗全覆盖。已有多项研究表明,当人工耳蜗提供信号的频带与通道所在部位的自然听觉频率不匹配时,植入者的言语识别会受到不利影响。因此,理想的人工耳蜗处理器应当在接收到声音后,可以自动将信号分离为不同频率的信号,然后传输至全覆盖电极的相应刺激通道,使不同频率的信号被耳蜗内不同部位接收。目前国际多项研究均表明,植入全覆盖电极才能实现最佳的位置-音调匹配。

人工耳蜗系统的电刺激感觉与声刺激感觉尚有不少差异。声刺激的动态范围可以达到 120 dB,而电刺激的动态范围仅为 $10\sim20$ dB。而且电听觉刺激强度的分辨梯度数目也比正常听觉少。人工耳蜗单个电极刺激频率的改变会引起使用者对声调感觉的变化,其电刺激频率上限为 300 Hz 的正弦波。更高的刺激频率并不能引起音调的增加,而正常听觉在更宽的刺激率范围内都可以察觉出音调的变化。这也是人工耳蜗难以媲美天生耳蜗的主要原因之一。

随着科技尤其是基因科学的发展,基因疗法、毛细胞再生等手段也在不久的将来有望用于治疗耳聋。例如 2014 年美国《科学转化医学》报道了新南威尔士大学新研究的"电-基因输送"疗法[115],即结合人工耳蜗电脉冲及基因疗法对完全失聪的豚鼠进行治疗,让其耳蜗细胞产生神经营养蛋白,从而成功让豚鼠的内耳"听神经"再生。他们认为,耳蜗电脉冲结合基因治疗的新方法有望利用植入耳蜗产生的神经活动促使受损听神经发生积极变化,使患者真正恢复听力,甚至能帮助失聪者听到音乐等更丰富的声音。

总之,人工耳蜗是一种非常有效的听觉假体,它仿照了内耳的声音编码方式,但是其传递信息的能力受到了严重的限制。对于人工耳蜗的研究,有成功的经验也有实际的挑战。人工耳蜗激发了一些令人兴奋的新研究问题,并且揭示了一些关于听觉系统的新谜题。著名的美国声学学会会刊(JASA)几乎每一期都有关于人工耳蜗或人工耳蜗仿真处理的文章。这个领域的研究一直处在听觉研究的前沿,可以帮助我们更好地理解听觉原理,并且帮助那些失去或从未有过听力的人重建听力。

科技进步必将使未来的视觉、听觉假体在物理性能和整体功能等各方面产生显著变化。新的信号处理方法和硬件技术将能够更好地提取、编码并传递重要的特征信息;新的微电子技术、纳米技术和生物测量技术的不断引入也可以帮助我们制造出更多新式电子接口、电极和电源以及一整套完全不排异和完全可植入的假体设备,从而降低设备的能量需求,解决生物相容性问题。

12.4 脑-机接口与运动辅助

由意外事故或疾病导致的神经损伤往往使当事人丧失运动功能,尽管手术、药物干预和康复训练已经能够使部分患者恢复运动功能,但恢复效果不尽相同,且大多数中枢神经系统损伤和严重的周围神经系统损伤仍然没有有效的治疗手段。对于不能恢复或只能恢复部分运动功能的患者来说,运动辅助技术能够替代损伤的神经系统,增强其运动机能,而 BCI 结合运动辅助技术有望实现更高效和自然的运动。目前 BCI 技术已成功应用在重大肢体残疾人群的辅助控制中,即在辅助技术(assistive technology,AT)领域已应用,如通过 BCI 技术控制机械臂完成简单抓取动作,控制电动轮椅完成身体移动等。一般辅助技术仅仅是通过固定外部设备为重大肢体损伤的人群提供一种完成特定任务的方法。BCI 技术的引入将会改变这一现状,并为不能通过当前辅助设备达到目的的人群提供用户体验,这一切有赖于对中枢系统与肌肉运动控制之间关系的进一步检测研究。传统辅助技术(例如基于肌肉控制的辅助技术)的应用与基于 BCI 的辅助技术的开发是同等重要的,且两者之间的联系是极为密切的,形成了 BCI 研究的一个重大应用方向——BCI/AT 设备或系统。事实上,BCI/AT 设备或系统就是 BCI 技术在辅助交流和控制领域的应用。

辅助技术是一种仪器设备或程序,能够在残障人群的肢体或认知能力与他们所要表达的某种功能之间搭建虚拟桥梁。例如,一个轮椅可以为不能方便外出或不能靠自己交流的人提供移动通信的能力。辅助技术比较有代表性的应用是利用人体尚存的功能代替已经失去的功能,如一个手动轮椅就是利用人体手臂功能代替已失去的腿部功能。针对有严重肢体运动障碍而非认知障碍的人群,由于 BCI 技术并不要求肢体运动,如脑控电动轮椅等,其具备广泛的辅助应用前景。目前已有一些研究团队尝试发展 BCI 技术以辅助有认知损伤的人群。

可以想象,BCI 在辅助技术方面的应用会向着更加细化、更为全面的方向不断发展。

辅助 BCI 为瘫痪患者带来了很大的希望。目前,在欧洲每年有大约 330 000 的脊髓损伤(SCI)幸存者和大约 11 000 个新的伤病患者。然而这些运动损伤患者中,很多人的大脑运动相关区域完好,但由于脊髓、神经或肌肉的损坏而不能运动。瘫痪限制了他们的独立性以及移动和交流的能力。一些辅助设备会提供替代信号,如摄像机可以检测眼动来指示计算机光标移动。尽管这些替代设备有些时候可用,但是它们的实用性很有限,很难保持稳定,而且不能像自然运动那么连贯。例如,患者注视感兴趣的物体会扰乱对眼部的基本控制。相比之下,BCI 可以利用与大脑运动区相关的已有神经基础来控制运动,它从运动区提取安全可靠的信号来弥补丢失的功能,如从初级运动皮层的手臂区域神经元提取有意识的手臂伸展轨迹信息[116]。BCI 的目的是辅助患者实现交流和控制肢体运动。脊髓在有效的传统学习过程中有很重要的可塑性,这使得脊神经能够对变化的环境状况有很灵活的适应性,BCI 能够成为意图与熟练运动之间的连接桥梁。但是这些控制信号只有在神经信号持续且能够被瘫痪患者有意识激发的条件下才能有效。常用的与 BCI 结合的运动辅助设备有机械手臂、机械外骨骼、神经肌肉电刺激设备以及智能轮椅等。

12.4.1 脑–机接口控制机械手臂

机械手臂是机器人技术应用最广泛的自动化机械装置,在工业制造、医学治疗、娱乐服务、军事、半导体制造以及太空探索等领域都能看到它的身影。其更是截肢和瘫痪患者恢复正常身体机能的希望。

机械手臂主要由执行机构、驱动机构和控制系统三大部分组成,为了抓取空间中任意位置和方位的物体,一般需有 6 个自由度(仅手臂的运动,不包括抓放物体)。自由度是机械手臂设计的关键参数,立体空间中有 6 个自由度,分别为前后、上下及左右的移动和旋转。自由度越多,机械手臂的灵活性越大,通用性越广,其结构也越复杂。机械手臂的控制系统通过控制每个自由度的电机来完成特定动作,同时还可以接收传感器反馈的信息,形成稳定的闭环控制。

机械手臂是在早期出现的古代机器人的基础上发展起来的。20 世纪 30 年代末期 William Pollard 和 Harold A. Roseland 第一次提出了类似的理念,当时他们设计了一台有 5 个自由度的喷雾器,并配备了一套电气控制系统,Pollard 的这一设计被称为"first position controlling apparatus"(第一个位置控制装置)。尽管 Pollard 没有设计出手臂,但是这套系统成了后来几乎所有机械手臂设计的基础。早期的机械手臂主要应用于工业制造,大批量生产和核能技术的研究要求某些操作机械能代替人处理放射性物质,因此,美国于 1947 年开发了遥控机械手臂,1948 年又开发了机械式的主、从机械手臂,1958 年美国联合控制公司研制出可流水线作业的机械手臂,它的结构是机体上安装一个回转臂,顶部装有电磁块的工件抓放机构,控制系统是示教型的。随着计算机和自动控制技术的迅速发展,机械手臂进入高度自动化和智能化时期。

BCI 控制机械手臂是近年来 BCI 辅助设备研究的重要方向之一,它是帮助瘫痪患者恢复正常身体机能的福音。BCI 控制机械手臂主要通过脑电信号控制机械手臂每个自由度的电机,而随着传感器技术的发展,使患者逐渐体验到触摸的感觉,从而使这项技术向大脑意识与机械手臂的交互控制发展。

早期的 BCI 控制机械手臂主要通过植入大脑运动皮层的微电极阵列接收的指令集控制简易机械手臂的节点运动,基本可控制机械手臂转移物体。第一位在大脑运动皮层接受微电极植入的人是 Matthew——脊髓损伤导致四肢完全截瘫的青年患者,通过 Brain Gate BCI 系统,其实现了与外部电子设备的交互控制,可用意念控制光标打开电子邮件、调节电视音量和频道、控制简易多节点机器手臂抓握并转移物体等,2006 年 Hochberg 在《自然》发表了相应研究[116],该研究在 Matthew 产生手部运动意图时,通过 96 导联植入式微电极阵列提取其大脑初级运动皮层神经元集群电活动信号,由解码器将电信号转换为控制信号,进而实现对外部设备的控制。这一研究最终证明即使没有刺激提示信息,瘫痪患者也可以直接控制实体设备实现目的性动作。2008 年,Buch 等完成了对 8 名脑卒中患者进行基于脑磁图的 BCI 系统的训练[117],该训练通过屏幕上光标在目标方向的升高或降低,并提供实时性能反馈,成功打开或关闭瘫痪侧的手矫形器。结果显示其中 6 人可控制安装在瘫痪侧的手矫形器完成抓握动作。

典型机械手臂的动作包括手臂的平移、旋转和手部的抓握,为了增加机械手臂动作的复杂性和灵活性,需要扩展更多自由度。然而机械手臂自由度的调整需要对应的 BCI 控制指令,随着自由度的增加,需要的稳定、可分类脑电信号特征随之增加,这对于微弱的脑电信息来说是很困难的。近年来,仍有不少团队致力于该方向上的研究,并取得了重大的突破。2012 年,Hochberg 团队最先实现了四个自由度的机械手臂动作,包括三维空间的自由运动和一维的抓握动作,该研究结果发表于《自然》[118]。该项研究有两名受试者,均由于中风导致了不同程度的瘫痪,实验中分别在两人的大脑皮层植入了 96 导联微电极阵列。受试者不需要严格的训练,通过对运动皮层神经电信号的解码即可生成控制机械手臂速度和手部状态指令。在 3D 伸臂抓握任务中,两名受试者在规定时间内碰触和抓握目标的成功率均在 65% 以上。为了探索设备在日常生活中对瘫痪患者的促进作用,实验要求其中一名受试者完成抓取杯子,用吸管喝咖啡,将杯子放回桌子的任务。受试者在 6 次尝试中成功完成 4 次,总用时 8.5 min。尽管完成上述动作不像正常人那样快速和准确,但是受试者还是通过意念控制机械手臂喝到了一瓶咖啡,这也证明了通过小样本神经信号能够直接控制复杂设备的多维动作。2013 年,Collinger 及其团队使机械手臂完成了七维度的动作,包括三维的空间转换、三维的空间定位和一维的抓握[119]。受试者是一名患有 13 年脊髓小脑损伤的 52 岁女性,在其左侧运动皮层植入 96 导联微电极阵列。最终受试者的任务成功率提高到了 91.6%,每组实验完成时间缩减到 112 s,机械手臂的动作基本能够像正常人那样流畅、协调和灵活,同时可以使用不同的策略去完成任务。值得注意的是,受试者经过几个小时的训练就可以掌握机械手臂的三维空间动作,实现七维的控制训练时间一般不会超过 4 个月。2015 年,与 Collinger 同一团队的 Wodlinger 发表文章指出其团队已经将机械手臂动作由七个维度提高到了十个维度[120]。受试者仍然是 52 岁脊髓小脑损伤的女性患者,在其左侧运动皮层植入 96 导联微电极阵列。新 BCI 系统的空间转换和空间定位仍然为三维,一维的抓握被扩展到四维的手部形状变化。尽管实验成功率由七维度的 85% 降到了 70%,但是考虑到任务的复杂度,十维度的性能要远高于七维度。这次实验大大扩展了 BCI 控制机械手臂运动的复杂度,使受试者完成了更协调、自然和相对真实的手臂动作,展现了人工假体更美好的应用前景。

近年来,多关节机械手臂实现的多种抓握和运动方式已经逐步接近自然手,也能够通过很好的神经信息解码技术获得运动意图,那么更自然的感觉反馈将成为 BCI 控制机械手臂研究的关键问题。此前,受试者使用机械手臂抓握物体时需使用既定的程序或通过视觉实时观察和判断机械手臂关节动作姿态及被抓握物体是否会滑落或破碎,视觉的高度集中加重了脑力负荷,而且视觉信息反馈判断精准度不高,因此,更接近人体的触觉反馈将成为新的突破口。美国 Collinger 团队在 2016 年通过改进的 BCI 系统,第一次使瘫痪患者通过仿生手体验到触摸的感觉[121]。实验在一个由于脊髓损伤而瘫痪了 10 年的 28 岁男性受试者身上进行,在受试者的初级感觉皮层植入了两个微电极阵列,每个阵列有 32 个功能电极,同时将另外两个微电极阵列植入其运动皮层。当机械手臂被碰触时,会触发对受试者的大脑刺激,使受试者认为这些感觉来自他自己瘫痪的手。受试者曾表示:"这个机器人手指就像是我自己的一样,我不但能够有触觉,甚至还能够完成推东西等一系列简单的动作。"蒙住眼睛时,受试者可以准确地知道机械手的哪个手指被碰触了,准确率可以达到 80%。其甚至能够在一定程度上感受到压力的强弱。目前来讲,这种刺激也是非常安全的,而且能够持续几个月的时间。以往的机械手臂只能通过既定的策略去抓握杯子,然而对于不同质量和不同形状的杯子其缺乏很好的鲁棒性。这项研究使受试者产生了几乎接近自然的感觉,如果将触感和运动 BCI 系统结合,那么将大大提高受试者操纵机械手臂的准确性。但是,现在还是需要更多的研究与尝试来了解更多的刺激形式,如冷热度的感知、重量的感知、形状的感知和更准确的压力感知等,并通过这些刺激更好地帮助那些残疾人恢复知觉和活动的能力。

BCI 系统控制机械手臂的研究还有很长的路要走,其首要任务还是提高大脑与机械手臂间信息的传输量、传输速率和准确度,以提高机械手臂运动的复杂度、灵活性和精准度。此外,研究人员也在提高机械手臂的性能,如新加坡国立大学已经开始研制人工肌肉组织,这种人工肌肉组织能够协助人们提起是自身质量 500 倍的重物。未来的机械手臂不仅能够辅助瘫痪患者恢复肢体功能,而且有望实现传说中的"力能扛鼎"。

12.4.2 脑-机接口控制机械外骨骼

外骨骼是一种能够对生物内部柔软器官进行构型、建筑和提供保护的坚硬外部结构。机械外骨骼则是根据动物外骨骼设计的一种由钢铁等材料构成并可让人穿上的机器装置,这一装备可以提供额外动力来驱使四肢运动,一般也可以称为动力外骨骼(powered exoskeleton)。机械外骨骼的应用可以分为 3 个主要方向:军用、民用和医疗。早期机械外骨骼研究多倾向于军用,除增强人体机能外,其还具备良好的防护性、对复杂环境的适应性以及辅助火力、通信、侦查支持等军用功能。随着科技的进步,机械外骨骼逐渐被应用到民间,一般可用于帮助消防员和其他救援人员在危险环境中生存,帮助搬运沉重物资等。目前,在医疗领域机械外骨骼更是有着重要的应用,包括瘫痪患者运动的辅助和康复、老弱人群行动的辅助以及协助医护人员转移患者等。

在医疗康复领域,科学家已研制出很多性能卓越的机械外骨骼作为医疗辅助设备,其甚至能够帮助瘫痪患者有效地打理他们的日常生活和工作。

早期的 BCI 控制机械外骨骼主要通过脑控辅助设备实现大脑控制机械辅助设备做简单动作。2013 年,日本全国残疾人康复中心 Sakurada 等人使用非侵入式 BCI 技术实现了专业医疗辅助设备(BMI-based occupational therapy assist suit, BOTAS)辅助手臂的运动[122]。该项目采集受试者视觉皮层(Oz)的稳态视觉诱发电位(steady-state visual evoked potential, SSVEP)信号,完成了 BOTAS 对球体的抓握和移动动作。实验中 3 个脊髓损伤患者都能够成功地操作该系统,且不需要专业的训练。这项研究是 BCI 和机械外骨骼结合的成功范式。2014 年,由 Verney 和 Mestais 等主持的 BCI 项目研制出一套无线传输全身外骨骼设备[123]。项目通过一个长期植入式无线 64 导联 ECoG 和新的信号处理方法使受试者可以控制一个四肢外骨骼移动设备 EMY,采集到的 ECoG 信号将通过植入设备采集并无线传输到基站。这一植入设备由 64 导联生物相容性电极、密封钛壳、生物相容性线圈以及一个远程电源组成。改进的 ECoG 信号解码算法可以通过解码受试者大脑活动使其自由控制外骨骼。神经信号处理算法基于张肌数据分析可以对信号同时进行多个域(频域、时域和空间)的处理。从灵长类动物大脑 ECoG 信号中提取连续三维手部轨迹的高性能解码技术能够通过外骨骼实时地完成手臂运动。为了确保未来的临床应用,同样在人类受试者身上进行了尝试,并在受试者执行真实和想象手部运动任务时使用了非侵入式 MEG 信号采集系统。

为了提高 BCI 控制机械外骨骼的准确性和灵活性,越来越多的研究团队开始研究脑电和肌肉电信号的混合控制系统。2015 年,圣埃斯皮里图联邦大学的 Villa-Parra 等人将脑电和表面肌电信号混合来控制下肢外骨骼运动[124],研究结合事件相关同步/去同步、皮层慢电位和下肢运动相关肌肉电信号以及制订下肢外骨骼的控制策略,使受试者完成了站立、坐下、弯曲和伸展膝盖的动作。2016 年,日本全国残疾人康复中心 Kawase 等人通过脑电和肌电混合信号实时控制轻度瘫痪患者手臂外骨骼的运动[125]。实验的脑电信号采用感觉运动节律、P300 和 SSVEP 策略。肌电信号来自左手臂的 8 个电极,并通过肌肉外骨骼模型转换为手肘、手腕和手指关节弯曲/伸展的角度。结合脑电和肌电信号,受试者可以控制机械外骨骼 BOTAS 进行六个自由度的运动。该项研究大大削弱了单纯 EEG 控制运动模式少和准确运动意图信息生成延迟的缺陷,使受试者能够实时控制手臂外骨骼的多维运动,并成功完成移动球体到目标位置的任务。

相比于机械手臂,机械外骨骼拥有更好的实用性,它可以直接安装在瘫痪患者的四肢,其临床研究已开始。2017 年,来自堪萨斯大学医疗中心的 Bundy 团队开发了一种基于 BCI 的动力手臂外骨骼,并将其应用到了实际生活中[126]。该设备采集脑卒中患者大脑想象瘫痪手臂运动时的信号,通过 EEG 信号的功率谱控制动力手臂外骨骼活动。受试者在家中佩戴设备 12 周,并对其实验前中后的运动功能进行测试。结果显示受试者上肢行为研究测试提高了 6.2%,抓握力量、运动力指数和加拿大作业活动测试(Canadian occupational performance measure)指标同样有显著的提高。该实验是 BCI 驱动的动力手臂外骨骼系统在家庭环境中的有效尝试,为其将来的临床应用奠定了坚实的基础。

　　BCI 控制机械外骨骼不仅需要实现其机械结构与穿戴者之间的交互性,而且要求控制系统能快速、准确地反映穿戴者的运动情况。BCI 控制机械外骨骼可以看作一套综合一体化系统[127],除提高外骨骼的机械性能外,BCI 控制系统是其主要研究方向,该控制系统的未来发展可以从感知、决策及执行三方面考虑。感知层面主要是收集生理信息和物理信息等:生理信息的采集要求实现更快速、准确的脑电和肌电编解码;物理信息的收集要求提高传感器敏感度,增加传感器以获取更多物理量。决策层面要求穿戴者与系统共同协调,针对不同的环境实现人主机辅、机主人辅和人机协调的多模式转换。执行层面要求机械外骨骼提高快速、精确地反映决策能力,对机械外骨骼的机械结构进行改进,使其对人体运动零干涉,对 BCI 控制系统进行优化,建立合适的运动趋势预测机制和自主适应学习机制。相信不久的将来,BCI 控制机械外骨骼系统必将为人们提供更好的服务。

12.4.3　脑-机接口控制肌肉电刺激

　　电刺激是一种应用于康复治疗的方法,这种使用电能进行治疗的手段也称为电疗。最初的电刺激可以称为被动刺激,一般用来消炎、促进机体康复以及延缓偏瘫患者因为肌肉废用引起的肌萎缩等,现在已出现名目繁多的各类肌肉刺激和神经刺激,电刺激的应用也扩展为瘫痪肢体的康复辅助以及损伤神经的康复和替代。当前医疗应用的电刺激主要为功能电刺激(functional electrical stimulation,FES),FES 是一种使用低能电脉冲帮助中枢神经系统损伤的瘫痪患者人工生成身体运动的技术。具体来说,FES 可以帮助瘫痪患者实现肌肉收缩,从而完成诸如抓握、行走、膀胱排尿和站立等动作。FES 是 Liberson 等在1961 年发明的,他们用脚踏开关控制电流刺激腓神经支配的肌肉,使踝关节产生背屈,以帮助患者行走,当时称为功能性电疗法,1962 年才正式定名为 FES。该技术也被用来开发神经假体,试图永久替代脊髓损伤、头部损伤、脑卒中和其他神经障碍患者的受损功能。FES 有时候也称为神经肌肉电刺激(neuromuscular electrical stimulation, NMES)。

　　机械手臂和外骨骼虽然可以替代截瘫患者的肢体或给予截瘫患者肢体力量以恢复身体机能,但是对于那些仅仅失去肢体与大脑之间交流的人来说,或许可以有更好的选择,即肌肉电刺激,也可以称其为神经假体。这项技术成功地绕过损伤的脊髓,通过 BCI 将大脑信号发送给肢体,进而恢复肢体运动能力。2011 年,加利福尼亚大学设计了一套基于非植入式 EEG 的 BCI 和非植入式 FES 集成系统,并成功刺激健康受试者实现了 $15°\sim20°$ 的脚部背屈运动,成为

BCI控制FES辅助肢体运动的成功事例[128]。2012年,芝加哥西北大学的费恩伯格医学院研制出一套神经假体系统,使猴子成功地移动瘫痪的手臂(见图12-6)[129]。研究人员在猴子的大脑植入电极来读取其运动皮层中的100个神经元活动,通过该神经元集群的激活信息创建一个数据流,由BCI编解码猴子的运动意图。该解码后的数据被传送给FES,由FES触发肌肉执行诸如拿起球并将其放置到指定区域的任务。实验结果显示,该系统有效地代替了神经系统,显著地恢复了瘫痪手臂的精细运动。尽管该系统仅仅被应用在猴子身上,但当时其仍然被称为"人类瘫痪患者恢复手臂功能的重大突破性成就"。

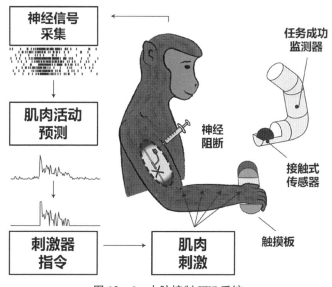

图12-6 大脑控制FES系统

高位颈椎脊髓损伤导致的截瘫使患者在日常生活中不能完成伸臂和抓握动作。FES将刺激的时空模型应用到外围的神经和肌肉,从而辅助瘫痪肢体实现运动能力。FES可以由皮肤表面、肌肉内或神经卡夫电极传输,并且能恢复那些保留了有意识的肩膀和手肘运动的中低位颈部脊髓损伤患者的抓握能力。2013年,海森堡大学成功通过BCI控制FES刺激脑卒中患者实现了手部抓握功能[130]。该研究使用非侵入式EEG信号采集系统,配合瘫痪肢体对侧肩部动作控制FES刺激,成功使患者用瘫痪手完成抓握动作。实验最终测试到患者成功地抓住并吃到法式卷饼,但是患者手肘等动作并不完善,完成测试过程中需要过多的肩部和头部辅助动作。事实上,传统的非侵入式BCI控制FES刺激系统很难实现整个手臂的精细动作,且多存在眼、头、颈、肩等部位的辅助运动,控制协调性差。2016 年,Bouton 等人设计了一套记录瘫痪患者大脑皮层内电信号的脑-机交互系统(intracortical brain-computer interfaces,iBCI),iBCI 可以实时控制受试者肌肉活动并恢复其手部精细动作(见图 12-7)[131]。该实验使用长期的植入式皮层内微电极阵列记录颈椎脊髓损伤瘫痪患者大脑运动皮层的多个活动,应用机器学习算法对神经活动信息进行解码,通过定制的高分辨率神经肌肉电刺激系统控制受试者前臂肌肉活动。

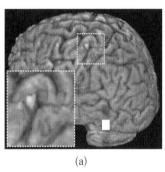  

(a)　　　　　　　　　　　(b)　　　　　　　　　　　(c)

图 12-7　实 验 设 置

(a) 大脑功能区:红色区域为尝试手部运动时大脑激活区;绿色区域为术后计算机断层扫描植入微电极阵列区;黄色区域为红绿重合区;(b) 神经肌肉电刺激套袖;(c) 使用设备的受试者

受试者因车祸受到创伤性颈椎脊髓损伤,实验前已经患有 4 年的非痉挛性四肢瘫痪。大脑信号采集与以往研究相同,通过 fMRI 定位并在初级运动皮层植入微电极阵列。然而 FES 刺激采用了高密度多电极的神经肌肉电刺激套袖,该套袖由 130 个圆盘形刺激电极组成,可以套在受试者的前臂如图 12-7(b)所示,用来传导解码运动皮层神经活动获得的高分辨率神经肌肉电刺激。该项研究实现了受试者手臂、腕关节和手指的精细动作,并且在一项模拟日常生活的复杂任务中,可以使受试者完成抓握、倾倒、搅拌和释放物体等重要动作。这也是第一次成功使用四肢瘫痪患者大脑皮层内记录的信号实时控制肌肉活动的研究[131]。2017 年,Ajiboye 等人介绍了一项相似的研究,该研究仍然采用有效的 iBCI 信号,但在受试者大脑运动皮层植入了两个 96 导联微电极阵列,且 FES 系统由外部刺激器和经皮电极组成(见图 12-8),可以使受试者手肘、手腕和手指的关节活动[132]。该实验受试者是一位 53 岁高位颈椎脊髓损伤患者,其植入 FES 手臂对侧保留着有限的可意识控制的肩部活动,但是有意识的盂肱、肘和手部功能损坏,且肩部下方感觉丧失。受试者首先通过虚拟现实技术进行了 4 个月的三维虚拟手臂控制训练,然后在右手上下臂植入 36 个经皮肌肉刺激电极,对肌肉进行循环电刺激,以提高动作力度、关节活动范围和肌肉抗疲劳度。

受试者使用 FES＋iBCI 系统完成了抓取咖啡杯喝咖啡和使用勺子吃土豆泥等多项复杂任务。当要求受试者描述他是如何命令 FES 手臂运动时,他回答说:"这是一件很美好的事情,我并不需要非常努力地控制它运动,我只需要想出来,它就会动。"

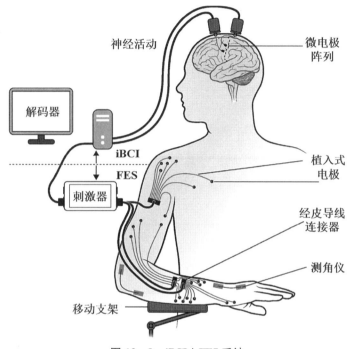

图 12－8　iBCI＋FES 系统

目前 FES 面向康复治疗的系统正在蓬勃发展,然而面向生活、辅助瘫痪患者日常运动的 FES 系统的研发仍然是个长期的目标,尤其是实现辅助瘫痪患者下肢运动始终是个重大难题。单纯的 FES 系统有很多局限,最大困难在于萎缩的肌肉难以产生足够的力量支持运动,所以 FES 与辅助机器人相结合是未来发展的一个重要方向。

12.4.4　脑-机接口控制智能轮椅

智能轮椅(smart wheelchair)是一种使用智能控制系统增强或替代用户控制功能的电动轮椅。通常,智能轮椅需要一系列的传感器,并通过计算机进行控制,接口设备由常规轮椅操纵杆、"sip-and-puff"设备或敏感的触摸显示器组成,更高级的智能轮椅也可以通过意念控制,即应用 BCI 技术。与传统的电动轮椅不同,智能轮椅对速度和方向的控制同时具备了非手动、计算机智能策略和计算机接口等多项技术支持。

残障会给人带来很多痛苦,使患者失去自由,严重降低其生活积极性,甚至诱发抑郁。控制移动设备如电动轮椅是获得身体自由的重要途径。然而,对于使用者来说使用非手动控制系统需要具有非常高水平的技巧、专注度和判断能力。缺乏对轮椅的充分控制,发生事故和碰撞的风险将大大提高,极易引起损伤。智能轮椅技术具有自动导航能力,能极大程度地避免碰撞事故的发生。这一技术通常会通过增加传感器、计算机控制和智能机器人算法等实现。一些比较知名的研究有 SENA、Rolland、Hephaestus 和 Navchair。非手动控制智能轮椅技术将成为四肢瘫痪患者获得身体自由的新希望。

目前,智能轮椅的非手动控制技术主要有头控、颊控、颏控、舌控、眼动控制、气控、声控和 BCI 控制等。其中 BCI 控制技术能够直接编解码大脑信号,可以实现"纯意念控制",可应用于脑信号正常的全身瘫痪患者,适用范围最广泛,并已逐渐成为非手动控制智能轮椅最主要的研究方向之一。

新加坡国立大学的 Rebsamen 等人在 2007 年设计了第一台可以在标准办公室或医院工作的脑控轮椅(brain-controlled wheelchair,BCW)产品原型[133]。该设备使用一套简易的便携式脑电 BCI 系统,可以持续记录大脑活动。设备的控制策略基于缓慢但是安全准确的 EEG P300 信号,该策略可以帮助选择计算机上的目的地、停止等选项。不过轮椅只能按照预定的路线移动到目的地,好在路径只需要根据环境软件编制即可。设备测试时,所有受试者仅一次就成功到达目的地,发布命令时间大概需要 15 s。同年巴西圣埃斯皮里图联邦大学 Ferreira 等人结合眼动肌电信号和睁闭眼时脑电 α 节律信号去同步现象选择计算机控制策略,进而控制智能轮椅[134]。两套设备都是基于菜单系统进行设计的,这使得意识辨识准确率大大提高。然而为了提高信噪比,需要将外部提示重复很多次,以至于信息传输速率仅为 4～15 bit/min,即每次选择需要 4～15 s。而比利时天主教鲁汶大学 Vanacker 等人设计的一套实时控制系统,其信息传输速率提高了大约 65%[135]。该系统只需要用户提供 3 种操作意向:前进控制轮椅加速,左和右控制轮椅转向。不过设备的弊端是需要用户持续发出意向命令,否则系统将停止相应操作,这就要求用户全程精神集中,容易造成疲劳。此外,设备的安全性能较低,需要增加障碍规避系统。

显然,以上研究在可靠、实时非手动智能操控技术上都有待进一步的发展,而且它们也很难在未知的环境中进行有效的导航。

高识别率的 EEG 信号能够实现智能轮椅的精准和快速反应,多指令集能够实现智能轮椅的精细操作,如方向(左转、右转、前进和后退等)和速度(加速、减速和匀速等)控制,优化 EEG 信号诱发范式和增加控制指令集是实时调整控制策略、提高系统安全性的有效手段。2012 年,华南理工大学 Long 等人设计了混合 BCI 系统控制轮椅[136]。该项目应用运动想象 μ 节律和 P300 电位混合范式,设定左右手的运动想象信号控制轮椅的左右转向,脚部运动想象和注意特定按钮产生的 P300 电位混合控制加速、减速和匀速运动。研究者用该设备进行了 5 人的虚拟环境测试,设定目的地的最优路径长为 2 270 像素。5 名受试者平均完成时间为(84.42±4.63)s,平均路径长为(2 843.46±105.41)像素。该项目相比于之前的研究实现了智能轮椅的实时多变量控制,大大提高了其实用性。2013 年,华南理工大学 Li 等人设计了 P300 和 SSVEP 混合 BCI 控制轮椅[137]。实验通过上下左右四组小圆点的红白颜色交替闪烁产生四种不同频率下的 SSVEP 信号,中间大圆点帮助诱发 P300 信号,系统通过检测相应信号控制轮椅的操纵策略。该实验在增加控制指令集的同时,在控制智能轮椅执行"走"和"停"命令时的反应时间上也有很大的提升。2014 年,上海同济大学的 Cao 等人通过结合 MI 和 SSVEP 实现了智能轮椅的多维控制[138]。该研究设计了 8 个控制指令,包括开/关、左/右转向、加/减速、前进和保持直行,信息传输速率达 295.2 bit/min,相比于单独基于 MI(179.4 bit/min)和 SSVEP(228.0 bit/min)信号的 BCI 系统都有很大的提升。

值得注意的是,2017 年西班牙马拉加大学的 Ron-Angevin 等人使用听觉刺激代替视觉刺激诱发 EEG 信号[139]。受试者将听到"左""右""等待""前进"和"后退"的提示声音,从而改变自己的控制指令。此外,在轮椅转向到不同角度时也会有相应的蜂鸣音提示。该实验省略了视觉刺激 BCI 系统控制智能轮椅的交换界面,并在一定程度上降低了脑力负荷。但实验个体差异明显,9 名受试者中指令实现准确率最低为 72%,最高为 100%,且任务完成时间最短为 4 min,最长为 15 min。Li 等人在一篇文章中曾指出,在一项 P300 诱发实验中,视听觉联合刺激范式比单独的视觉和听觉刺激范式获得的在线平均准确率更高(分别为 95.67%、86.33%、62.33%),且视听觉联合刺激能够增强 ERP 成分,这将大大提高 BCI 性能[140]。视听觉联合刺激 BCI 系统有望成为未来脑控智能轮椅新的研究方向。

完善自主导航功能是优化 BCI 控制智能轮椅系统的另一项研究任务。早在 2009 年,西班牙萨拉戈萨大学的 Iturrate 等人就设计了一台新的脑控轮椅,该设备融合同步 P300 和实时场景图形生成器,实现了先进的自主导航功能[141]。在操纵轮椅过程中,用户面对一个计算机屏幕,屏幕上显示着激光扫描场景后的实时虚拟重建。用户集中注意确定虚拟场景中目的地的位置就会产生视觉诱发神经信号,EEG 采集该信号并传输给自主导航系统,进而驱动轮椅移动。其中激光扫描同样会检测障碍物,从而避免碰撞。不过,该设备与 Brice 和 Ferreira 的设计相似,轮椅移动过程中不需要持续的注意,虽然意识辨识准确率高(高于94%),但信号传输速率较低(4~15 bit/min)。相对来说,设备优势在于场景和路线可以实时更新,不需要提前设定,这使得用户可以适应不同场景以及同一环境下周围出现的变化。随后,巴西圣埃斯皮里图联邦大学 Müller 等人在2010 年将 P300 信号改为 SSVEP 信号,并实时生成参考路径[142]。这在保持很高分类正确率(96%)和实时性的同时,可将信息传输速率提高到101.66 bit/min。2013 年,悉尼科技大学 Nguyen 等人将智能轮椅与立体和球形视野结合[143]。实验中 BCI 控制智能轮椅系统的"视觉"子系统模拟马的视觉(全景视角可达 330°~360°)构建模型,可以实时呈现前方静态事物的立体影像,同时球形视野可以提供周围各个方位的动态障碍物检测。实时操控系统允许使用者通过 BCI 控制系统选择行动方向,智能轮椅在执行这些命令的同时检测和规避障碍物,大大提高了其安全性。2016 年,Lopes 等人另辟蹊径,他们设计了一套路径生成混合策略[144]。该策略使用 3D 全路径和双动态局部路径生成方法,对多障碍物和多拐角的复杂环境进行路径的实时调整,使轮椅在复杂环境中仍能保持高效的自动导航性能。

BCI 控制智能轮椅技术研究已经取得了一定的成效,控制指令多样化、控制策略复杂化、导航系统立体和精准化以及智能轮椅执行实时和高效化基本满足了行动不便人士的需求。但 BCI 控制智能轮椅技术还停留在实验室研究阶段,并没有真正产业化,其应用技术还有很多研究空间。未来的 BCI 控制智能轮椅技术仍然需要发展更优化的大脑信号编解码技术、更强的路线自动规划能力、更实时的环境监测和网络通信手段等。随着人工智能、图像处理、计算机和传感器等技术的发展,BCI 控制智能轮椅技术将更为完善、丰富,也将真正进入老年人和残障人士的生活。

传统的运动康复辅助技术基本能够辅助或替代残疾人士受损功能,帮助其恢复独立的日常生活活动,但往往需要其他身体机能来操控辅助器具,这对于全身瘫痪、闭锁综合征等重度残疾患者来说异常困难。BCI 运动辅助技术能够实现真正的意念控制辅助器具,用户仅仅通过"想"就可以完成对外部设备的操控。不过,BCI 运动辅助技术还不能广泛应用于临床和日常生活中,其仍然面临一些问题。首先是脑电采集设备的研制问题。侵入式 BCI 系统直接采集大脑皮层电活动,信号精准且稳定,但是任何手术都存在安全问题,且长期植入电极有感染的风险,不适合日常生活的广泛应用。非侵入式 BCI 系统完全避免了手术的风

险,但同时减少了脑电信息。此外,侵入式 BCI 安装的有线"插头"和非侵入式
BCI 的电极帽都不便在日常生活中佩戴。高密度导联头皮信号采集和无线传输
技术有望实现高分辨率、安全和便携的脑电信号采集系统的研制。其次是脑电
信号特征提取和分类算法的研究问题。指令集的大小直接关系着 BCI 辅助技术
的复杂性和灵活性,优化脑电信息识别分类算法是增加指令集的有效手段,目前
神经网络和支持向量机是最受欢迎的两种分类算法。再次是辅助器具的智能化
问题。智能系统一般具有很强的自组织和自适应能力,这将大大减少对 BCI 系
统控制指令的需求,使用最简洁的指令完成复杂的任务也是 BCI 辅助技术的重
要研究方向之一。最后是一些临床和生活应用中的其他问题。如大容量的电池
能源问题、系统应用的普适性问题以及辅助干预程度的实时监控和智能优化问
题等。BCI 运动辅助技术的研究仍有很多的发展空间,随着科学技术的飞快发
展,BCI 运动辅助技术能够得到迅速完善,并很快应用于残疾人的日常生活,甚
至用于增强正常人体的运动功能。

参考文献

[1] Kreisel S H, Hennerici M G, Bäzner H. Pathophysiology of stroke rehabilitation: the natural course of clinical recovery, use-dependent plasticity and rehabilitative outcome [J]. Cerebrovascular Diseases, 2007, 23(4): 243 - 255.

[2] Buch E R, Shanechi A M, Fourkas A D, et al. Parietofrontal integrity determines neural modulation associated with grasping imagery after stroke[J]. Brain, 2012, 135(2): 596 - 614.

[3] Stinear C M, Byblow W D. Predicting and accelerating motor recovery after stroke [J]. Current Opinion in Neurology, 2014, 27(6): 624 - 630.

[4] Takahashi M, Takeda K, Otaka Y, et al. Event related desynchronization-modulated functional electrical stimulation system for stroke rehabilitation: a feasibility study [J]. Journal of Neuroengineering & Rehabilitation, 2012, 9(1): 56.

[5] Yakub F, Md Khudzari A Z, Mori Y. Recent trends for practical rehabilitation robotics, current challenges and the future[J]. International Journal of Rehabilitation Research, 2014, 37(1): 9.

[6] 孟飞,黄军友,高小榕.基于脑-机接口技术的上肢康复训练机械手系统[J].中国康复医学杂志,2004,19(5): 327 - 9.

[7] Kim T, Kim S, Lee B. Effects of action observational training plus brain-computer interface-based functional electrical stimulation on paretic arm motor recovery in patient with stroke: a randomized controlled trial[J]. Occupational Therapy International,

2016，23(1)：39－47.

[8] Webb J，Xiao Z G，Aschenbrenner K P，et al. Towards a portable assistive arm exoskeleton for stroke patient rehabilitation controlled through a brain computer interface[C]//2012 4th IEEE RAS & EMBS international conference on biomedical robotics and biomechatronics，2012.

[9] 马赟，王毅军，高小榕. 基于脑-机接口技术的虚拟现实康复训练平台[J]. 中国生物医学工程学报，2007，26(3)：373－378.

[10] 王娅，周鹏，张爽. 基于 ERD/ERS 脑电信号的智能化功能电刺激系统的设计[J]. 生物医学工程学杂志，2007，24(5)：1157－1160.

[11] 刘小燮，毕胜，高小榕，等. 基于运动想象的脑机交互康复训练新技术对脑卒中大脑可塑性影响[J]. 中国康复医学杂志，2013，28(2)：97－102.

[12] Ramos-Murguialday A，Broetz D，Rea M，et al. Brain-machine interface in chronic stroke rehabilitation：a controlled study[J]. Annals of Neurology，2013，74(1)：100－108.

[13] Xu R，Jiang N，Lin C，et al. Enhanced low-latency detection of motor intention from EEG for closed-loop brain-computer interface applications[J]. IEEE Transactions on Biomedical Engineering，2014，61(2)：288－296.

[14] Jiang N，Gizzi L，Mrachacz-Kersting N，et al. A brain-computer interface for single-trial detection of gait initiation from movement related cortical potentials[J]. Clinical Neurophysiology，2015，126(1)：154－159.

[15] Association A P. Diagnostic and statistical manual of mental disorders[M]. 5th ed. Washington：American Psychiatric Association，2013.

[16] Faraone S V，Biederman J，Mick E. The age-dependent decline of attention deficit hyperactivity disorder：a meta-analysis of follow-up studies [J]. Psychological Medicine，2006，36(2)：159－165.

[17] Banaschewski T，Coghill D，Santosh P，et al. Long-acting medications for the hyperkinetic disorders：a systematic review and European treatment guideline[J]. European Child and Adolescent Psychiatry，2006，15(8)：476－495.

[18] Kirk H W. Restoring the brain：neurofeedback as an integrative approach to health [M]. Boca Raton：CRC Press，2015.

[19] Birbaumer N，Elbert T，Canavan A G，et al. Slow potentials of the cerebral cortex and behavior[J]. Physiological Reviews，1990，70(1)：1－41.

[20] Doehnert M，Brandeis D，Schneider G，et al. A neurophysiological marker of impaired preparation in an 11-year follow-up study of attention-deficit/hyperactivity disorder (ADHD)[J]. Journal of Child Psychology & Psychiatry，2013，54(3)：260－270.

[21] Sonugabarke E J，Brandeis D，Cortese S，et al. Nonpharmacological interventions for

ADHD：systematic review and meta-analyses of randomized controlled trials of dietary and psychological treatments[J]. American Journal of Psychiatry，2013，170（3）：275 - 289.

[22] Gündoğmuş E. Self-regulation of slow cortical potentials：a new treatment for children with attention-deficit/hyperactivity disorder[J]. Pediatrics，2006，118(5)：e1530.

[23] Plichta M M，Wolf I，Hohmann S，et al. Simultaneous EEG and fMRI reveals a causally connected subcortical-cortical network during reward anticipation[J]. Journal of Neuroscience，2013，33(36)：14526 - 14533.

[24] Hughes J R，John E R. Conventional and quantitative electroencephalography in psychiatry[J]. Journal of Neuropsychiatry & Clinical Neurosciences，1999，11（2）：190208.

[25] Rippon G，Brock J，Brown C，et al. Disordered connectivity in the autistic brain：challenges for the 'new psychophysiology' [J]. International Journal of Psychophysiology，2007，63(2)：164 - 172.

[26] Hill E L. Executive dysfunction in autism[J]. Trends in Cognitive Sciences，2004，8(1)：26 - 32.

[27] Ohnishi T，Matsuda H，Hashimoto T，et al. Abnormal regional cerebral blood flow in childhood autism[J]. Brain，2000，123(9)：1838 - 1844.

[28] Welchew D E，Ashwin C，Berkouk K，et al. Functional disconnectivity of the medial temporal lobe in Asperger's syndrome[J]. Biological Psychiatry，2005，57（9）：991 - 998.

[29] Just M A，Cherkassky V L，Keller T A，et al. Cortical activation and synchronization during sentence comprehension in high-functioning autism：evidence of underconnectivity[J]. Brain，2004，127(8)：1811 - 1821.

[30] Mcalonan G M，Cheung V，Cheung C，et al. Mapping the brain in autism：a voxel-based MRI study of volumetric differences and intercorrelations in autism[J]. Brain，2005，128(2)：268 - 276.

[31] Sterman M B，Friar L. Suppression of seizures in an epileptic following sensorimotor EEG feedback training[J]. Electroencephalography & Clinical Neurophysiology，1972，33(1)：89 - 95.

[32] Cowan J，Markham L. EEG biofeedback for the attention problems of autism-a case-study[J]. Biofeedback & Self Regulation，1994，19(3)：287.

[33] Ibric V L，Hudspeth W. QEEG and Roshi use in autism post-toxic encephalopathy — a case study[C]//The 11th Annual Winter Brain Conference，2003.

[34] Sinigaglia C，Sparaci L. Emotions in action through the looking glass[J]. Journal of Analytical Psychology，2010，55(1)：3 - 29.

[35] Mai E S, Zeitz K, Zeitz R, et al. A VR based intervention tool for autism spectrum disorder[C]//The International Conference on 3D Web Technology, 2013.

[36] Cavanagh J T, Carson A J, Sharpe M, et al. Psychological autopsy studies of suicide: a systematic review[J]. Psychological Medicine, 2003, 33(3): 395 - 405.

[37] Roiser J P, Elliott R, Sahakian B J. Cognitive mechanisms of treatment in depression [J]. Neuropsychopharmacology, 2012, 37(1): 117 - 136.

[38] Wimbiscus M, Kostenko O, Malone D. MAO inhibitors: risks, benefits, and lore [J]. Cleveland Clinic Journal of Medicine, 2010, 77(12): 859 - 882.

[39] Grimm S, Beck J, Schuepbach D, et al. Imbalance between left and right dorsolateral prefrontal cortex in major depression is linked to negative emotional judgment: an fMRI study in severe major depressive disorder[J]. Biological Psychiatry, 2008, 63 (4): 369 - 376.

[40] Gupta S, Tobiansky R, Bassett P, et al. Efficacy of maintenance electroconvulsive therapy in recurrent depression: a naturalistic study[J]. The Journal of ECT, 2008, 24(3): 191 - 194.

[41] Hind D, Cotter J, Thake A, et al. Cognitive behavioural therapy for the treatment of depression in people with multiple sclerosis: a systematic review and meta-analysis [J]. BMC Psychiatry, 2014, 14(1): 5.

[42] Henriques J B, Davidson R J. Regional brain electrical asymmetries discriminate between previously depressed and healthy control subjects[J]. Journal of Abnormal Psychology, 1990, 99(1): 22 - 31.

[43] Henriques J B, Davidson R J. Left frontal hypoactivation in depression[J]. Journal of Abnormal Psychology, 1991, 100(4): 535 - 545.

[44] Thibodeau R, Jorgensen R S, Kim S. Depression, anxiety, and resting frontal EEG asymmetry: a meta-analytic review[J]. Journal of Abnormal Psychology, 2006, 115(4): 715 - 729.

[45] Linden D E J. Neurofeedback and networks of depression[J]. Dialogues in Clinical Neuroscience, 2014, 16(1): 103 - 112.

[46] Chou S M, Norris F H. Issues & opinions: amyotrophic lateral sclerosis: lower motor neuron disease spreading to upper motor neurons[J]. Muscle & Nerve, 1993, 16(8): 864 - 869.

[47] Beukelman D, Mirenda P. Augmentative and alternative communication: supporting children and adults with complex communication needs[M]. Baltimore: Brookes Publishing Company, 2005.

[48] Birbaumer N, Cohen L G. Brain-computer interfaces: communication and restoration of movement in paralysis[J]. The Journal of Physiology, 2007, 579(3): 621 - 636.

[49] Kennedy P R, Bakay R A. Restoration of neural output from a paralyzed patient by a direct brain connection[J]. Neuroreport, 1998, 9(8): 1707 - 1711.

[50] Hochberg L R, Serruya M D, Friehs G M, et al. Neuronal ensemble control of prosthetic devices by a human with tetraplegia[J]. Nature, 2006, 442: 164 - 171.

[51] Gilja V, Pandarinath C, Blabe C H, et al. Clinical translation of a high performance neural prosthesis[J]. Nature Medicine, 2015, 21: 1142 - 1145.

[52] Pandarinath C, Nuyujukian P, Blabe C H, et al. High performance communication by people with paralysis using an intracortical brain-computer interface[J]. Human Biology and Medicine, 2017, 6: e18554.

[53] Vansteensel M J, Pels E G, Bleichner M G, et al. Fully implanted brain-computer interface in a locked-in patient with ALS[J]. The New England Journal of Medicine, 2016, 375(21): 2060 - 2066.

[54] Birbaumer N. Breaking the silence: brain-computer interfaces (BCI) for communication and motor control[J]. Psychophysiology, 2006, 43(6): 517 - 532.

[55] Murguialday A R, Hill J, Bensch M, et al. Transition from the locked in to the completely locked-in state: a physiological analysis[J]. Clinical Neurophysiology, 2011, 122(5): 925 - 933.

[56] Birbaumer N, Ghanayim N, Hinterberger T, et al. A spelling device for the paralysed [J]. Nature, 1999, 398: 297 - 298.

[57] Wolpaw J R, Mcfarland D J. Control of a two-dimensional movement signal by a noninvasive brain-computer interface in humans[J]. Proceedings of the National Academy of Sciences of the United States of America, 2004, 101(51): 17849 - 17854.

[58] Sellers E W, Vaughan T M, Wolpaw J R. A brain-computer interface for long-term independent home use[J]. Amyotrophic Lateral Sclerosis, 2010, 11(5): 449 - 455.

[59] Mainsah B, Collins L, Colwell K, et al. Increasing BCI communication rates with dynamic stopping towards more practical use: an ALS study[J]. Journal of Neural Engineering, 2015, 12(1): 016013.

[60] Holz E M, Botrel L, Kübler A. Independent home use of brain painting improves quality of life of two artists in the locked-in state diagnosed with amyotrophic lateral sclerosis[J]. Brain-computer Interfaces, 2015, 2(2 - 3): 117 - 134.

[61] Miranda E R, Magee W L, Wilson J J, et al. Brain-computer music interfacing (BCMI): from basic research to the real world of special needs[J]. Music and Medicine, 2011, 3(3): 134 - 140.

[62] Combaz A, Chatelle C, Robben A, et al. A comparison of two spelling brain-computer interfaces based on visual P3 and SSVEP in locked-in syndrome[J]. PloS One, 2013,

8(9)：e73691.

[63] Lesenfants D，Habbal D，Lugo Z，et al. An independent SSVEP-based brain-computer interface in locked-in syndrome［J］. Journal of Neural Engineering，2014，11 (3)：035002.

[64] Kübler A，Birbaumer N. Brain-computer interfaces and communication in paralysis：extinction of goal directed thinking in completely paralysed patients？［J］. Clinical Neurophysiology，2008，119(11)：2658 - 2666.

[65] Birbaumer N，Piccione F，Silvoni S，et al. Ideomotor silence：the case of complete paralysis and brain-computer interfaces（BCI）［J］. Psychological Research，2012，76(2)：183 - 191.

[66] Dworkin B R，Miller N E. Failure to replicate visceral learning in the acute curarized rat preparation［J］. Behavioral Neuroscience，1986，100(3)：299 - 314.

[67] Birbaumer N，Chaudhary U. Learning from brain control：clinical application of brain-computer interfaces［J］. E-Neuroforum，2015，6(4)：87 - 95.

[68] Stocco A，Lebiere C，Anderson J R. Conditional routing of information to the cortex：a model of the basal ganglia's role in cognitive coordination［J］. Psychological Review，2010，117(2)：541 - 574.

[69] Gallegos-Ayala G，Furdea A，Takano K，et al. Brain communication in a completely locked-in patient using bedside near-infrared spectroscopy［J］. Neurology，2014，82 (21)：1930 - 1932.

[70] Chaudhary U，Xia B，Silvoni S，et al. Brain-computer interface-based communication in the completely locked-in state［J］. PLoS Biology，2017，15(1)：e1002593.

[71] Lulé D，Ehlich B，Lang D，et al. Quality of life in fatal disease：the flawed judgement of the social environment［J］. Journal of Neurology，2013，260(11)：2836 - 2843.

[72] Lulé D，Zickler C，Häcker S，et al. Life can be worth living in locked-in syndrome ［J］. Progress in Brain Research，2009，177：339 - 351.

[73] Lulé D，Diekmann V，Anders S，et al. Brain responses to emotional stimuli in patients with amyotrophic lateral sclerosis（ALS）［J］. Journal of Neurology，2007，254：519 - 527.

[74] Kübler A，Kotchoubey B，Salzmann H P，et al. Self-regulation of slow cortical potentials in completely paralyzed human patients［J］. Neuroscience Letters，1998，252(3)：171 - 174.

[75] Piccione F，Giorgi F，Tonin P，et al. P300-based brain computer interface：reliability and performance in healthy and paralysed participants［J］. Clinical Neurophysiology，2006，117(3)：531 - 537.

[76] Fernández-Espejo D，Owen A M. Detecting awareness after severe brain injury

[J]. Nature Reviews Neuroscience, 2013, 14(11): 801 – 809.

[77] Laureys S, Owen A M, Schiff N D. Brain function in coma, vegetative state, and related disorders[J]. The Lancet Neurology, 2004, 3(9): 537 – 546.

[78] Schiff N D. Recovery of consciousness after brain injury: a mesocircuit hypothesis [J]. Trends in Neurosciences, 2010, 33(1): 1 – 9.

[79] Vanhaudenhuyse A, Noirhomme Q, Tshibanda L J F, et al. Default network connectivity reflects the level of consciousness in non-communicative brain-damaged patients[J]. Brain, 2009, 133(1): 161 – 171.

[80] Owen A M, Coleman M R, Boly M, et al. Detecting awareness in the vegetative state [J]. Science, 2006, 313(5792): 1402.

[81] Fischer C, Luauté J, Adeleine P, et al. Predictive value of sensory and cognitive evoked potentials for awakening from coma[J]. Neurology, 2004, 63(4): 669 – 673.

[82] Näätänen R. The mismatch negativity: a powerful tool for cognitive neuroscience [J]. Ear and Hearing, 1995, 16(1): 6 – 18.

[83] Perrin F, Schnakers C, Schabus M, et al. Brain response to one's own name in vegetative state, minimally conscious state, and locked-in syndrome[J]. Archives of Neurology, 2006, 63(4): 562 – 569.

[84] Schnakers C, Perrin F, Schabus M, et al. Voluntary brain processing in disorders of consciousness[J]. Neurology, 2008, 71(20): 1614 – 1620.

[85] Bekinschtein T A, Dehaene S, Rohaut B, et al. Neural signature of the conscious processing of auditory regularities [J]. Proceedings of the National Academy of Sciences, 2009, 106(5): 1672 – 1677.

[86] Dehaene S, Charles L, King J R, et al. Toward a computational theory of conscious processing[J]. Current Opinion in Neurobiology, 2014, 25: 76 – 84.

[87] King J R, Sitt J D, Faugeras F, et al. Information sharing in the brain indexes consciousness in noncommunicative patients[J]. Current Biology, 2013, 23(19): 1914 – 1919.

[88] Casali A G, Gosseries O, Rosanova M, et al. A theoretically based index of consciousness independent of sensory processing and behavior [J]. Science Translational Medicine, 2013, 5(198): 198ra05.

[89] Monti M M, Vanhaudenhuyse A, Coleman M R, et al. Willful modulation of brain activity in disorders of consciousness[J]. New England Journal of Medicine, 2010, 362(7): 579 – 589.

[90] Lulé D, Noirhomme Q, Kleih S C, et al. Probing command following in patients with disorders of consciousness using a brain-computer interface [J]. Clinical Neurophysiology, 2013, 124(1): 101 – 106.

[91]　Wang F, He Y, Qu J, et al. Enhancing clinical communication assessments Using an audiovisual BCI for patients with disorders of consciousness[J]. Journal of Neural Engineering, 2017, 14(4): 046024.

[92]　Dobelle W H, Mladejovsky M G, Evans J R, et al. "Braille" reading by a blind volunteer by visual cortex stimulation[J]. Nature, 1976, 259(5539): 111 – 112.

[93]　Rizzo J F, Wyatt J, Loewenstein J, et al. Perceptual efficacy of electrical stimulation of human retina with a microelectrode array during short-term surgical trials[J]. Investigative Ophthalmology & Visual Science, 2003, 44(12): 5362 – 5369.

[94]　Zrenner E, Bartz-Schmidt K U, Benav H, et al. Subretinal electronic chips allow blind patients to read letters and combine them to words[J]. Proceedings of the Royal Society B: Biological Sciences, 2011, 278(1711): 1489 – 1497.

[95]　Shivdasani M N, Luu C D, Cicione R, et al. Evaluation of stimulus parameters and electrode geometry for an effective suprachoroidal retinal prosthesis[J]. Journal of Neural Engineering, 2010, 7(3): 036008.

[96]　Fujikado T, Kamei M, Sakaguchi H, et al. Testing of semichronically implanted retinal prosthesis by suprachoroidal-transretinal stimulation in patients with retinitis pigmentosa[J]. Investigative Ophthalmology & Visual Science, 2011, 52(7): 4726 – 4733.

[97]　Panetsos F, Sanchez-Jimenez A, Cerio E D, et al. Consistent phosphenes generated by electrical microstimulation of the visual thalamus: an experimental approach for thalamic visual neuroprostheses[J]. Frontiers in Neuroscience, 2011, 5: 84.

[98]　Lewis P M, Rosenfeld J V. Electrical stimulation of the brain and the development of cortical visual prostheses: an historical perspective[J]. Brain Research, 2016, 1630: 208 – 224.

[99]　Brindley G S, Lewin W S. The sensations produced by electrical stimulation of the visual cortex[J]. The Journal of Physiology, 1968, 196(2): 479 – 493.

[100]　Schmidt E M, Bak M J, Hambrecht F T, et al. Feasibility of a visual prosthesis for the blind based on intracortical microstimulation of the visual cortex[J]. Brain, 1996, 119(2): 507 – 522.

[101]　Cohen E D. Prosthetic interfaces with the visual system: biological issues[J]. Journal of Neural Engineering, 2007, 4(2): 14 – 31.

[102]　Kalkman R K, Briaire J J, Dekker D M, et al. Place pitch versus electrode location in a realistic computational model of the implanted human cochlea[J]. Hear Research, 2014, 315: 10 – 24.

[103]　Buchman C A, Dillon M T, King E R, et al. Influence of cochlear implant insertion depth on performance: a prospective randomized trial[J]. Otology & Neurotology,

2014，35(10)：1773 - 1779.

[104] Yukawa K，Cohen L，Blamey P，et al. Effects of insertion depth of cochlear implant electrodes upon speech perception[J]. Audiology & Neuro-Otology，2004，9(3)：163 - 172.

[105] Landsberger D M，Svrakic S，Roland J T，et al. The relationship between insertion angles，default frequency allocations，and spiral ganglion place pitch in cochlear implants[J]. Ear and Hearing，2015，36(5)：e207 - e213.

[106] Landsberger D M，Mertens G，Punte A K，et al. Perceptual changes in place of stimulation with long cochlear implant electrode arrays[J]. The Journal of the Acoustical Society of America，2014，135(2)：EL75 - EL81.

[107] Bronkhorst A W，Plomp R. The effect of head-induced interaural time and level differences on speech intelligibility in noise[J]. The Journal of the Acoustical Society of America，1988，83(4)：1508 - 1516.

[108] Byrne D. Clinical issues and options in binaural hearing aid fitting[J]. Ear and Hearing，1981，2(5)：187 - 193.

[109] Brungart D S. Preliminary model of auditory distance perception for nearby sources,” in Computational Models of Auditory Function[C]//Proceedings of the Computational Models of Auditory Function，2001.

[110] Peters B R，Wyss J，Manrique M. Worldwide trends in bilateral cochlear implantation[J]. The Laryngoscope，2010，120(2)：S17 - S44.

[111] Loizou P C，Hu Y，Litovsky R，et al. Speech recognition by bilateral cochlear implant users in a cocktail-party setting[J]. The Journal of the Acoustical Society of America，2009，125(1)：372 - 283.

[112] Fu Q J，Chinchilla S，Galvin J J. The role of spectral and temporal cues in voice gender discrimination by normal-hearing listeners and cochlear implant users[J]. Journal of the Association for Research in Otolaryngology，2004，5(3)：253 - 260.

[113] Nie K，Stickney G，Zeng F G. Encoding frequency Modulation to improve cochlear implant performance in noise[J]. IEEE Transactions on Biomedical Engineering，2005，52(1)：64 - 73.

[114] Churchill T H，Kan A，Goupell M J，et al. Spatial hearing benefits demonstrated with presentation of acoustic temporal fine structure cues in bilateral cochlear implant listeners[J]. The Journal of the Acoustical Society of America，2014，136 (3)：1246.

[115] Pinyon J L，Tadros S F，Froud K E，et al. Close-field electroporation gene delivery using the cochlear implant electrode array enhances the bionic ear[J]. Science Translational Medicine，2014，6(233)：233ra54.

[116] Hochberg L R, Serruya M D, Friehs G M, et al. Neuronal ensemble control of prosthetic devices by a human with tetraplegia[J]. Nature, 2006, 442 (7099): 164-171.

[117] Buch E, Weber C, Cohen L G, et al. Think to move: a neuromagnetic brain-computer interface (BCI) system for chronic stroke[J]. Stroke, 2008, 39 (3): 910-917.

[118] Hochberg L R, Bacher D, Jarosiewicz B, et al. Reach and grasp by people with tetraplegia using a neurally controlled robotic arm[J]. Nature, 2012, 485 (7398): 372-375.

[119] Collinger J L, Wodlinger B, Downey J E, et al. High-performance neuroprosthetic control by an individual with tetraplegia[J]. The Lancet, 2013, 381 (9866): 557-564.

[120] Wodlinger B, Downey J E, Tyler-Kabara E C, et al. Ten-dimensional anthropomorphic arm control in a human brain-machine interface: difficulties, solutions, and limitations [J]. Journal of Neural Engineering, 2015, 12 (1): 0160111.

[121] Flesher S N, Collinger J L, Foldes S T, et al. Intracortical microstimulation of human somatosensory cortex [J]. Science Translational Medicine, 2016, 8 (361): 361ra141.

[122] Sakurada T, Kawase T, Takano K, et al. A BMI-based occupational therapy assist suit: asynchronous control by SSVEP[J]. Frontiers in Neuroence, 2013, 7: 172.

[123] Eliseyev A, Mestais C, Charvet G, et al. CLINATEC (R) BCI platform based on the ECoG-recording implant WIMAGINE (R) and the innovative signal-processing: preclinical results[C]//2014 36th Annual International Conference of the IEEE Engineering in Medicine and Biology Society, 2014.

[124] Villa-Parra A C, Delisle-Rodriguez D, Lopez-Delis A, et al. Towards a robotic knee exoskeleton control based on human motion intention through EEG and sEMGsignals [M]//Ahram T, Karwowski W, Schmorrow D. 6th International Conference on Applied Human Factors and Ergonomics. Amsterdam: Elsevier science Bv. 2015: 1379-1386.

[125] Kawase T, Sakurada T, Koike Y, et al. A hybrid BMI-based exoskeleton for paresis: EMG control for assisting arm movements[J]. Journal of Neural Engineering, 2017, 14(1): 016015.

[126] Bundy D T, Souders L, Baranyai K, et al. Contralesional brain-computer interface control of a powered exoskeleton for motor recovery in chronic stroke survivors [J]. Stroke, 2017, 48(7): 1908-1915.

[127] 邢凯,赵新华,陈炜,等. 外骨骼机器人的研究现状及发展趋势[J]. 医疗卫生装备, 2015,01: 104 - 107.

[128] Do A H, Wang P T, King C E, et al. Brain-computer interface controlled functional electrical stimulation system for ankle movement[J]. Journal of Neuroengineering and Rehabilitation, 2011, 8: 49.

[129] Ethier C, Oby E R, Bauman M J, et al. Restoration of grasp following paralysis through brain-controlled stimulation of muscles[J]. Nature, 2012, 485 (7398): 368 - 371.

[130] Rohm M, Schneiders M, Muller C, et al. Hybrid brain-computer interfaces and hybrid neuroprostheses for restoration of upper limb functions in individuals with high-level spinal cord injury[J]. Artificial Intelligence in Medicine, 2013, 59 (2): 133 - 142.

[131] Bouton C E, Shaikhouni A, Annetta N V, et al. Restoring cortical control of functional movement in a human with quadriplegia[J]. Nature, 2016, 533 (7602): 247 - 250.

[132] Ajiboye A B, Willett F R, Young D R, et al. Restoration of reaching and grasping movements through brain-controlled muscle stimulation in a person with tetraplegia: a proof-of-concept demonstration[J]. The Lancet, 2017, 389 (10081): 1821 - 1830.

[133] Rebsamen B, Burdet E, Guan C T, et al. Controlling a wheelchair indoors using thought[J]. IEEE Intelligent Systems, 2007, 22 (2): 18 - 24.

[134] Ferreira A, Silva R L, Celeste W C, et al. Human-machine interface based on muscular and brain signals applied to a robotic wheelchair[J]. Journal of Physics: Conference Series, 2007, 90: 012094.

[135] Vanacker G, Del R Millán J, Lew E, et al. Context-based filtering for assisted brain-actuated wheelchair driving [J]. Computational Intelligence and Neuroscience, 2007(2007): 25130.

[136] Long J Y, Li Y Q, Wang H T, et al. Control of a simulated wheelchair based on a hybrid brain computer interface[C]//2012 Annual International Conference of the IEEE Engineering in Medicine and Biology Society, 2012.

[137] Li Y Q, Pan J H, Wang F, et al. A hybrid BCI system combining P300 and SSVEP and its application to wheelchair control [J]. IEEE Transaction on Biomedical Engineering, 2013, 60 (11): 3156 - 3166.

[138] Cao L, Li J, Ji H F, et al. A hybrid brain computer interface system based on the neurophysiological protocol and brain-actuated switch for wheelchair control [J]. Journal of Neuroscience Methods, 2014, 229: 33 - 43.

[139] Ron-Angevin R, Velasco-Alvarez F, Fernandez-Rodriguez A, et al. Brain-computer

interface application: auditory serial interface to control a two-class motor-imagery-based wheelchair[J]. Journal of Neuroengineering & Rehabilitation, 2017, 14: 49.

[140] Li Y Q, Pan J H, Long J Y, et al. Multimodal BCIs: target detection, multidimensional control, and awareness evaluation in patients with disorder of consciousness[J]. Proceedings of the IEEE, 2016, 104(2): 332 – 352.

[141] Iturrate I, Antelis J M, Kubler A, et al. A noninvasive brain-actuated wheelchair based on a P300 neurophysiological protocol and automated navigation[J]. IEEE Transactions on the Robot, 2009, 25(3): 614 – 627.

[142] Müller S M T, Celeste W C, Bastos T F, et al. Brain-computer interface based on visual evoked potentials to command autonomous robotic wheelchair[J]. Journal of Medical and Biological Engineering, 2010, 30(6): 407 – 416.

[143] Nguyen J S, Su S W, Nguyen H T, et al. Experimental study on a smart wheelchair system using a combination of stereoscopic and spherical vision[C]//2013 35th Annual International Conference of the IEEE Engineering in Medicine and Biology Society, 2013.

[144] Lopes A, Rodrigues J, Perdigao J, et al. A new hybrid motion planner: applied in a brain-actuated robotic wheelchair[J]. IEEE Robotics & Automation Magazine, 2016, 23(4): 82 – 93.

13

情感脑-机接口

吕宝粮　郑伟龙

吕宝粮,上海交通大学计算机科学与工程系,电子邮箱: bllu@sjtu.edu.cn
郑伟龙,麻省理工学院脑与认知科学系,电子邮箱: weilonglive@gmail.com

本章介绍情感脑-机接口的基本概念、工作原理、关键算法以及正在开发的应用系统,探讨情感脑-机接口在通用人工智能发展过程中所能发挥的作用,列举情感脑-机接口尚未解决的若干公开问题。

13.1 引言

情绪与学习、记忆、注意和抉择同属于人类大脑的基本认知功能,它在人们的生活中发挥着十分重要的作用,渗透在人们日常生活的方方面面。在人与计算机的交互中,如何让机器准确地感知人的情绪尤为重要,因为具有这种能力的机器可以帮助我们构建更加自然和友好的人机交互系统。

随着神经科学在情绪机理方面的深入研究[1-2]、情感科学(affective science)的兴起、情感智能(emotion AI)[3]技术的快速发展以及情感智能技术应用的迫切需求,近年来情感脑-机接口(affective brain-computer interface, aBCI)的研究受到了学术界和产业界的广泛关注,新的算法和系统不断涌现[4-8]。通俗地讲,情感脑-机接口是一种对人的情绪进行识别或调节的脑-机接口。按照是否对人的情绪进行调节,情感脑-机接口又可细分为两个子类。一类是通过采集脑信号让外部设备识别人的情绪,其工作原理与常规的脑-机接口类似,我们称这类情感脑-机接口为情绪识别(emotion recognition)脑-机接口(er-BCI)。另一类情感脑-机接口不仅需要采集脑信号让外部设备识别人的情绪,而且需要在情绪识别的基础上,通过对脑的特定区域施加某种刺激,实现情绪调节,我们称这类情感脑-机接口为情绪识别与情绪调节(emotion recognition and emotion regulation)脑-机接口($e^2 r^2$-BCI),简称情绪调节脑-机接口。目前,国内外大多数情感脑-机接口的研究都集中于前一类情绪识别脑-机接口,而情绪调节脑-机接口的研究比较少,尚处于萌芽阶段。

根据应用场景的不同,情感脑-机接口可以是侵入式的,也可以是非侵入式的。例如,基于脑深部电刺激(deep brain stimulation)的难治性抑郁症治疗系统是一种典型的侵入式情绪调节脑-机接口,而基于可穿戴干电极脑电设备的广告评估系统则是一种非侵入式情绪识别脑-机接口。在大多数文献对脑-机接口的分类中,情感脑-机接口又称为被动式(passive BCI)脑-机接口,如图 13-1 所示[7]。这样称呼的原因是,在理想情况下,情感脑-机接口不需要用户像运动想象脑-机接口那样主动地、全神贯注地注视刺激信号来诱发自己特定的脑信号。另外,在传统的脑-机接口分类体系中,人们所说的情感脑-机接口一般是指情绪识别脑-机接口,并未涵盖情绪调节脑-机接口。

实际上,为了诱发用户的情绪,目前在实验室环境的情绪实验里,受试者需要积极、主动地接受情绪刺激以便诱发出指定的情绪状态。这样做是因为目前还没有很好的技术能在日常生活中采集高质量的、带标签的情感数据,只能在实验室环境里完成特定的情绪诱发任务。当然,情感脑-机接口的最终目标是用户不需要接受额外的刺激就可以在日常生活的真实场景中自由地使用该系统。

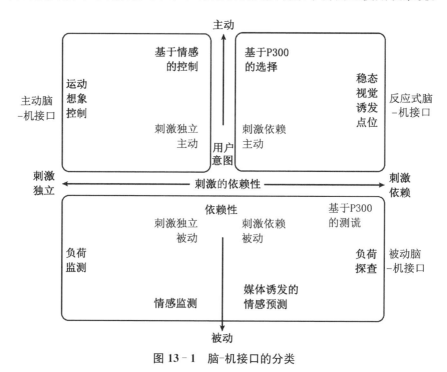

图 13 - 1 脑-机接口的分类

13.2 情绪、情绪识别及情绪调节

本节将介绍在情感脑-机接口研究中经常使用的术语、经典理论及模型。

13.2.1 情绪

1) 情绪理论

情绪最早的定义出现在美国心理学家 James 于 1884 年发表的文章中,他认为情绪是人们对自己身体所发生变化的一种感觉,先有身体的变化才有情绪的感知，任何情绪的产生都伴随着身体上的某些变化，如面部表情、肌肉紧张或内脏活动等[9]。1885 年丹麦生理学家 Lange 也提出了类似的观点[10]。因此，后人把他们对情绪的研究统称为 James-Lange 理论，也叫情绪的外周理论。该理论肯定了人的生理因素与情绪之间的内在联系。

1927 年 Cannon 在论文中否定了 James 的情绪理论，提出情绪的产生是由丘脑决定的，他认为当外界刺激传递到大脑皮层后，大脑皮层就会激活丘脑，并由此产生相应的不同情绪[11]。Cannon 的弟子 Bard 也认为情绪的产生与丘脑有关，因此有人将他们的研究称为 Cannon-Bard 理论。该理论肯定了丘脑在情绪产生过程中的重要作用，但完全否定了外周生理与情绪产生之间的关系。

1937 年康奈尔大学的比较解剖学家 Papez 再次将情绪的产生与人的生理活动联系在一起，并提出了情绪产生的边缘系统机制，即帕佩兹环路（Papez circuit）。他认为，与情感刺激相关的感觉信息在传到丘脑后，会向感觉皮层和下丘脑传播。在提出帕佩兹环路十几年后，心理学家 MacLean 在该研究的基础上提出了边缘系统（limbic system）学说。边缘系统是指中枢神经系统中由古皮层和旧皮层演化成的大脑组织，以及与这些组织有密切联系并位于附近的神经核团。Papez-MacLean 学说将前人对情绪的研究结果结合在一起，为后人研究情绪奠定了基础。

对情绪的定义至今尚未统一，但神经科学和认知科学的研究结果表明，情绪的产生与生理活动，特别是与大脑皮层的活动密切相关。人脑具有把来自视觉、听觉、嗅觉、触觉等多个感觉通道的信息进行整合，进而形成完整知觉的能力，是情绪处理的中枢单元。研究表明，在某些情绪状态下，大脑神经活动具有特定的激活模式。然而，人们对情绪处理的神经机制知之甚少，很多情绪处理的神经机理有待明确。

2）情绪模型

情绪是在外界刺激条件下人的复杂生理、物理变化过程，具有三种成分：主观体验，即人对不同情绪状态的自我感受；外部表现，即人处在不同情绪状态时身体各部分动作的量化反应形式；生理唤醒，即由情绪状态变化引起的生理信号变化。

人的情绪会受到时间、空间、文化以及个体差异等因素的影响。不同的研究人员从不同的研究背景和角度建立了不同的情绪模型。目前，研究人员主要关注两类情绪模型：离散模型和维度模型。离散模型认为情绪是由多种不同的、离散的基本情绪状态组成，其余的情绪状态是这些基本情绪的组合，人的真实情绪包含这些基本情绪以及其他复杂情绪。其中最著名的是 Ekman 提出的情绪理论。通过对世界上不同文化的研究,Ekman 发现面部表情所表达的情绪在各种文化中并没有什么不同。他认为愤怒、恐惧、厌恶、高兴、悲伤及惊讶是 6 种基本的情绪[12]。

Ekman 的学生 Cordaro 和 Keltner 在其基础上收集了来自中国、印度、日本、韩国以及美国五种文化背景人群的超过 2 600 张面部表情和身体状态。他们在 6 种基本情绪的基础上新增加了娱乐、敬畏、满足、欲望、尴尬、痛苦、缓解、同情、无聊、困惑、兴趣、骄傲、羞愧、轻蔑、宽慰以及胜利这 16 种情绪,共 22 种[13]。

Plutchik 在 Ekman 的 6 类基本情绪模型的基础上,提出了情绪的轮式模型[14],如图 13-2 所示。该模型以积极和消极的情绪状态对比为基础,主要涵盖了 8 种情绪类别:欢乐对悲伤、生气对恐惧、信任对厌恶以及惊讶对期望。同时,他还指出,一些复杂的情绪可以由基本情绪通过在特定文化背景下进行联想而得到。类似于三原色的混合,基本情绪的混合也可以构成一张人类情绪体验谱。

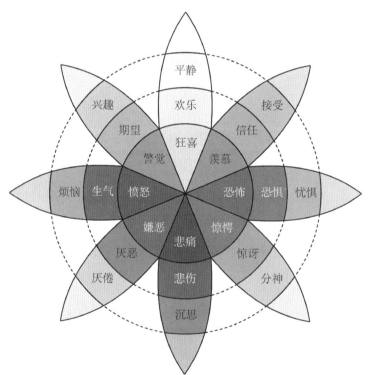

图 13-2 Plutchik 提出的情绪轮式模型

维度模型则把情绪定义在由多个维度组成的坐标系中,其中被广泛使用的是 Russell 于 1980 年提出的情绪二维模型[15],称为 Russell circumplex 模型,如图 13 - 3 所示。它将人类的所有情绪描述为由愉悦度(valence)和唤起度(arousal)建立的二维坐标系,所有的情绪状态可以由该二维坐标系下的一个点坐标表示。该模型将原本几乎无限大的研究空间缩小至二维空间。通过使用维度的方法,研究人员可以更具体地评估和量化刺激引发的情绪反应,该复合模型已被许多研究所采用。

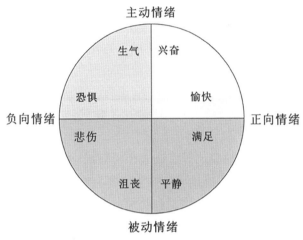

图 13 - 3 经典二维情感模型(Russell circumplex)

这里需要指出的是,无论是情绪的离散模型还是连续模型,从情感脑-机接口的角度看,它们都只是对情绪的一种定性主观描述,而不是定量可计算的,不能看作是真正的情感脑-机接口中的情感模型(affective model)。上述三种情绪模型可用于标注各种生理信号的情绪类别。例如,有的研究者依据情绪的离散模型对脑电信号给出高兴、悲伤、中性等三类情绪的类别标号[16],而有的研究者则让受试者从愉悦度和唤醒度上对刺激素材的情绪进行打分[17]。

13.2.2 情绪识别

情感交流是人与人之间交流的重要部分,情感化的人机交互设计是当前信息科学和认知科学研究的热点,同时也是情感人工智能领域备受关注但却尚未解决的重要问题。在 20 世纪末,Salovey 等人首次提出了情感智能的概念[18],他们认为除了逻辑智能,情感智能也是人类智能的重要部分。情感智能指的是感知、理解和调节情绪的能力。现有的人机交互系统具有一定的逻辑智能,但其情感智能几乎为零，人机交互系统只能按照人预先编制的程序进行动作，而不能自然地进行具有情感的交流和表达，这极大地限制了其功能和应用范围。人们期望人机交互系统不仅能"做事"，更要"懂人意"。因此，Picard 提出了情感计算（affective computing）的概念[19]，目的是在人机交互中引入情感因素，赋予计算机感知、理解以及表达情感的能力。人机交互系统面对的环境是复杂和动态的，在许多场合要能与人协调作业，拥有情感交互能力的系统能够更好地适应这样的环境。在具有情感智能的系统里，首先是要感知情绪，识别情绪。只有先识别情绪，才能理解人的情绪，并进一步对人的情绪状态做出合适的反应。因此，情绪识别是实现情感智能的重要一步。

在人与人交流的过程中，人们基本通过人的外部表现来感知对方的情绪状态。情绪的外部表现主要包括面部表情（面部肌肉变化的不同组合模式）、姿态动作（身体其他部分的动作）以及语音语调（语言的声调、节奏、速度等方面的变化）。传统的情绪识别方法大多采用上述面部表情、姿态动作以及语音语调等信号[20-23]。这些信号容易获取，不需要佩戴传感设备，但是容易受到用户主观因素的影响。当用户的内心感受与外在表现不一致时，系统将无法做出正确的判断。实际上，情绪表征包含了人的外部行为特征与内部生理变化，外部行为特征和内部生理变化分别从不同的角度反映情绪状态的变化。因此，依靠单一的外部行为特征或内部生理信号都难以全面、准确地表征情绪状态。

人的生理变化主要受神经系统支配，因此生理信号能够客观地反映人的情绪状态。目前，国内外学者采用的情绪识别生理信号主要有脑电（EEG）[24]、眼动、近红外成像（NIRS）、皮肤阻抗、血容量波动（BVP）、皮肤电反应（GSR）以及心电（ECG）[25-26]等。生理信号虽然能够比较客观地表达情绪，但是大多数生理信号的获取都需要使用接触式设备。一般认为，情绪是大脑皮层和皮层下神经协同活动的结果。因此，直接从中枢神经系统的脑部区域采集脑信号进行情绪识别会更加客观、直接。许多研究表明，利用脑电信号进行情绪识别具有不易被伪装和识别率高的特点，是探究情感处理神经机理的重要手段[27-29]。

作为情绪的支配者，大脑的神经活动状态对不同的情绪具有特异性，可以更加客观地显示出人的真实情绪状态。通过以静态表情图片诱发情绪的实验模式，研究人员对个体情绪反应的脑功能活动进行了分析，发现在不同类别、不同强度面部表情的刺激下，受试者被激活的脑区均有所不同。此外，研究人员借助核磁共振技术分别对动态情绪动画和语音信号的互动机制进行了研究，结果显示双侧颞上沟、V5 视觉区、梭状回、丘脑和枕区都被激活了。尤其是在愉悦面孔的刺激下，动态面孔较静态图片对内侧前额叶的激活显著弱一些[30]。情感信息的表达和认知是一个动态、多通道的交互过程,情感信息的整合涉及包含基础功能脑区、多模态脑区的复杂脑网络。

情绪是由特定情景引起的,往往经历产生、发展和消亡的复杂过程。情绪识别需要考虑具体的内容语境,不能简单地根据某些外部行为表现做出判断而忽视了情绪的语义和内容属性。比如同样是热泪盈眶,有可能是喜极而泣,也有可能是悲痛欲绝。因此,具备内容语境感知的情绪识别研究越来越受到人们的重视[31]。

眼动跟踪可以自然地提供各种眼睛活动的物理参数,观察用户的潜意识行为,进而为受试者提供当前活动语境的重要线索[32]。眼动跟踪是一种记录个体眼动数据的技术,通过眼动跟踪,研究者可以在某一时刻知道受试者看向哪里以及受试者眼睛的移动轨迹。在生理水平,兴奋度的改变可以用扫视的延迟、数量和频率以及注视的时间和频率来检测。对于感知水平,人的情感信息处理活动可以通过大量的注视和扫视以及注视积累的时间进行评估。眼动信号既能提供瞳孔直径变化等生理参数,也可以提供眨眼、扫视、注视等潜意识行为参数。因此,眼动信号为情绪识别提供了多种特点各异的特征。

13.2.3　情绪调节

美国斯坦福大学心理学系教授 Gross 在其主编的《情绪调节手册》一书中[33]对情绪调节进行了全面、系统的论述。他对情绪调节做了如下定义:情绪调节是指用来增强、维持或降低某种情绪反应或多种情绪反应组合的有意识和无意识的所有策略。

根据 Gross 的定义,情绪的产生过程可分为三个阶段:情绪产生之前、情绪产生时以及情绪产生后的反应。

(1)情绪产生之前。情绪产生之前指诱发情绪产生的原因或线索。人的情绪通常会受到外部刺激的影响。例如,小学生听到老师表扬自己某门课程的成绩时会更加喜欢这门课程,学得更好;连续阴雨的天气会让人感到心情不佳。

(2)情绪产生时。情绪产生时通常会有三类反应,即行为、体验以及生理反应。行为反应是最容易观察到的外部情绪表征,例如高兴时的笑容。体验是主观的、难以量化的,是人们内心的一种感觉,有时候我们可能无法准确地描述。生理反应则需要对生理信号进行分析才能观察到。例如,通过分析脑电信号在不同脑区和不同频段的变化,我们可以判断用户当前是处于高兴还是悲伤状态。

(3)情绪产生后的反应。情绪产生后,人们会针对某种情绪产生一系列的反应。例如,情绪低沉时,我们可能会听一些喜欢的歌曲或音乐;收到中意大学的录取通知书时，会向亲戚朋友奔走相告，分享喜悦。

在这三个阶段的两个节点上，有两次可以调节情绪反应的机会：第一次出现在观测到情绪线索但情绪还未产生之前；第二次出现在情绪产生后，情绪反应还未出现之前。Gross 把前一种情绪调节策略称为前摄调节（antecedent-focused emotion regulation），后一种情绪调节策略称为反应调节（response-focused emotion regulation），最经典的前摄调节为认知重评，最经典的反应调节为表达抑制[33]。

2002 年 Gross 提出了情绪调节过程模型[34]，该模型包含情绪调节的五个不同阶段：情境选择、情境修正、注意分配、认知改变/认知重评以及情绪反应的调整。

1）情境选择（situation selection）

在情绪调节中最具有前瞻性的做法莫过于进行情景选择。这类情绪调节是人们为了提高/降低情境结束时出现想要/不想要的情绪状态的可能性而采取的行为选择。例如，我们独自到图书馆学习，为了能够拥有安静的学习环境，我们会倾向于选择距离卫生间或水房较远的位置，因为卫生间和水房附近通常人来人往，比较嘈杂。

为了进行有效的情境选择，我们需要了解某一种情境可能具有的长期特征以及在该情境下可能产生的情绪反应。然而，我们常常会对未来的情境反应做出错误的估计。这些前瞻性反应偏差的存在使得个体很难恰当地进行情境选择。同时，有效的情境选择也会受到短期收益与长期投入互相权衡的影响。例如，沾染毒品可能在短期内感觉舒服，但这种短期舒服要以长期的机体损伤甚至付出生命为代价。因此，恰当地情境选择通常需要借鉴他人的观点和看法。

2）情境修正（situation modification）

在之前提及的图书馆的例子中，如果书桌上方的吊灯突然坏掉，那么当前的环境已经不适合我们继续舒适地学习，甚至令人产生厌烦情绪。因此，为了能够完成今天的学习任务，保持良好的学习心情，我们会收拾书包寻找下一个合适的位置。这种直接修正情境并改变其对情绪影响的行为就构成了情绪调节的一种潜在形式。然而，情境选择和情境修正之间有时候会变得难以区分，其原因在于对某一情境的修正有可能会有效地创造出一个新的情境。

3）注意分配（attentional deployment）

注意分配是人们把注意焦点进行转换和分配的过程。从婴儿时期开始到成年期，每个人都在使用注意分配，尤其当情境不可能被修正或改变时更是如此。注意分配有很多不同的形式，包括注意的物理退缩（如闭上眼睛或蒙住耳朵）、内部的重新定向(如分心和集中)等。在图书馆的例子中,假如临近期末考试,图书馆里很多同学都在进行小组讨论,环境比较嘈杂,迫于无奈,我们只能戴上耳机隔绝嘈杂的声音,并在心中默默提醒自己把注意力更多地放在看书上。因此,注意分配也可以被视为一种内在的情境选择。

4)认知改变/认知重评(cognitive change/reappraisal)

认知改变是指通过改变我们对自身所在情境的看法或对需要的控制力,从而改变对所处情境的评价,进一步改变情境具有的情绪性意义。即便是在情境已经被选择、修正以及参与之后,其产生的情绪反应也没有成为定局。继续我们图书馆的例子,假如正当我们抱怨环境嘈杂影响看书时,一个楼上的同学突然发来微信说楼上环境更加糟糕,简直像在吵架,我们会瞬间觉着自己运气还不错,没有选择在楼上找个位置坐下来学习。通过与不如自己幸运的人进行比较,我们改变了对所处情境的解释,最终减少了消极情绪。

5)情绪反应的调整(response modulation)

情绪反应的调整与其他情绪调节过程相反,情绪反应的调整在情绪发生的后期,即个体已经形成反应倾向之后才开始出现。情绪反应的调整是指尽可能直接地影响生理性、体验性或行为性的反应,例如使用药物、运动、酒精等来调整情绪体验。

如果未有意识地注意情绪调节策略,人们无意识的调节方式往往是表达抑制。例如,人们常常要掩饰和隐藏自己的负面感受,不让别人看到。这类消极的情绪反应调节策略背后有社会评价、社会认知、性别认同以及依恋关系等复杂的原因。但总之,如果不是有意训练,人们很难学会主动且恰当地表达情绪。久而久之,被抑制的情绪会以更复杂、更深远的身心健康问题表现出来。

13.3 脑-机接口实验的基本要素和方法

本节将介绍开展情感脑-机接口实验需要考虑的基本要素和使用的基本方法,包括情绪诱发、情绪刺激素材、脑电信号采集以及情绪实验。

13.3.1 情绪诱发

在情绪识别研究中,为了能得到人在不同情绪状态下的外部表现和内部生理变化,非常重要的一步是如何诱发受试者产生不同的情绪。情绪的诱发方式有两种,一种是主体诱发,另一种是事件诱发。

主体诱发是指通过让受试者做能表示出不同情绪的表情或让受试者回忆带有某种情绪的事件来产生相应的情绪,这种诱发方式常常用于表情识别。Ekman 等人的研究发现,通过主体诱发也可以有效地诱发受试者产生一些外周生理信号的变化[35]。

事件诱发是指通过图片、声音以及视频片段等可以诱发情绪产生的刺激素材,诱发受试者产生特定的情绪。神经科学的实验发现,当人在观察另一个人进行某项活动时,自身的脑部活动也如同在进行该活动一样,这种现象称为镜像神经元理论[36]。事件诱发的原理就是基于镜像神经元理论,使受试者在受到刺激素材的诱发时产生相应的情绪。

通常,在设计情绪诱发实验时需要考虑以下五个因素:① 使用主体诱发还是事件诱发,即是让受试者想象处于某种情绪以产生出某种情绪,还是通过刺激素材诱发受试者产生某种情绪。② 处于实验室环境还是真实环境,即是让受试者处在实验室环境中进行实验,还是处在真实环境中进行实验。③ 重外在表现还是内在感受,即实验是更强调受试者外在表现出某种情绪状态,还是内在真正处于某种情绪状态。④ 开放记录还是隐式记录,即是否让受试者知道正在记录实验过程。⑤ 目的是否知晓,即是否让受试者知道正在进行的实验是关于情绪诱发的实验。

在情绪实验中,需要根据具体的实验任务,综合考虑以上因素,确定合理、可行的情绪诱发方案。

13.3.2 情绪刺激素材

为了使实验更加有效和可控,很多研究者选择使用事件诱发方式来获得人在不同情绪状态下的数据。目前常用的情绪刺激素材有视觉刺激、听觉刺激、嗅觉刺激以及多媒体材料。

(1)视觉刺激。视觉刺激主要是指通过人的视觉来对情绪进行诱发的,刺激材料主要包括文字刺激和图片刺激。

(2)听觉刺激。听觉刺激主要包括带有情绪色彩的语音语句、音乐以及来自大自然的各种声音。

(3)嗅觉刺激。嗅觉刺激是使用带有不同情绪因素的气味为刺激素材,诱发受试者产生相应的情绪。目前,在情绪诱发的相关研究中,关于使用嗅觉刺激的研究比较少。

(4)多媒体材料。多媒体刺激素材结合了视觉、听觉等多方面的刺激,往往能使受试者在较短时间内投入到刺激素材所包含的情绪因素中。上海交通大学仿脑计算与机器智能研究中心于 2015 年对外发布的情绪识别脑电数据集 SEED(SJTU emotion EEG dataset)[①]就是采用电影片段作为情绪刺激素材。

下面以 SEED 数据集的三类情绪为例说明情绪刺激素材的选取。为了诱发受试者产生高兴、悲伤和中性三种情绪,我们需要寻找能够诱发这三类情绪的电影片段。对于高兴和悲伤两种情绪,我们注重寻找情感丰富、易引起受试者共鸣的电影片段,尽量使受试者在较短的时间内产生相应的情绪,并且使情绪保持在一定的水平,以确保所采集的数据都是有效诱发情绪状态时的生理信号。在高兴和悲伤视频之间加入中性情绪的视频过渡使受试者可以得以休息,减少疲劳。

具体地,实验选取了一些热门中文影片的精彩片段,并且尽可能地保证故事情节的完整性,从而能够更好地诱发受试者相应的情绪。对于高兴情绪的诱发材料,主要选择《泰囧》《越光宝盒》《唐伯虎点秋香》等电影片段。对于悲伤情绪的诱发材料,主要选择《唐山大地震》《一九四二》等电影片段。对于中性情绪的诱发材料,主要选择《世界遗产在中国》等风光纪录片,每个片段时长大约为 4 min。

情绪刺激素材的播放流程如图 13-4 所示,三种情绪交替播放,避免连续播放同种情绪的视频。在每段视频播放之前会有图片提示接下来的视频所属的情绪类别,让受试者有所准备,可以在有限时间内较早地诱发相应的情绪,从而能够采集到更多的有效样本。在两个视频片段之间,会有半分钟的休息时间,在此期间受试者可以平复情绪,并对该段视频进行打分和反馈。

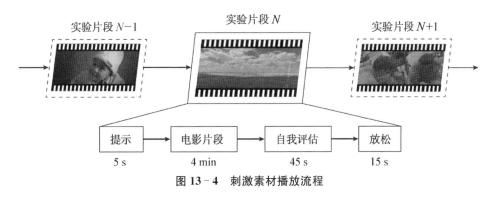

图 13-4 刺激素材播放流程

13.3.3 脑电信号采集

目前,根据电极的类型,脑电信号采集设备可分为两类:湿电极采集设备和干电极采集设备。由于受试者的头皮有较高的阻抗,在使用湿电极之前需要在

---

① http://bcmi.sjtu.edu.cn/home/seed/index.html。

电极和头皮之间涂抹湿润的导电介质以降低阻抗,从而提供更好的脑电信号采集环境,这也是湿电极名称的由来。在早期的研究中,使用导电膏的湿电极脑电信号采集设备是实验的主流。湿电极设备虽然可以通过介质降低皮肤阻抗,但是其性能也会随着实验时间的增长而下降,从而导致在同一次实验中采集到的脑电数据会出现随时间偏移的问题。另外,湿电极的准备过程需要较高的技术水平和较长的时间,增加了实验人力和时间成本。

近几年随着材料科学、微电子学的发展以及脑-机接口技术在正常人群中应用的需求,各种干电极脑电信号采集设备已经商业化。干电极脑电信号采集设备具有便携性和易用性等优点,实验人员不仅可以省略大量涂抹导电介质的时间,同时可以通过无线设备对脑电数据进行采集和记录。但是,干电极脑电帽仍然有一定的缺陷。与湿电极设备相比,干电极设备更容易受到出汗和身体活动等因素的影响,并且采集的脑电信号质量一般不如湿电极。

13.3.4 情绪实验

在受试者正式参与实验之前,受试者需要填写问卷表格,记录受试者的基本信息和平时的睡眠状况等。在实验之前,向受试者说明实验的目的和具体流程,让其了解脑电信号采集设备对人体没有任何伤害,同时告知他们在实验过程中应尽量保持舒适的姿势,减少活动,以降低肌电和眼电信号对脑电信号的干扰。

实验在一个隔音的房间内进行,如图 13-5 所示。室内照明正常,通风良好,温度维持在室温,为受试者营造一个相对舒适的环境,使受试者不受外界环境的影响,专心实验。

图 13-5　情绪实验场景

在 SEED 数据采集过程中,我们使用 ESI neuro scan 系统采集和记录脑电信号。实验采用 64 导联脑电帽,电极分布符合国际统一的 10-20 系统,其中有 2 导联未使用,因此一共有 62 导联脑电信号。在大屏幕上播放视频的同时,脑电帽同步采集脑电信号,采样率为 1 000 Hz,经过放大器将信号放大后,再使用专用软件(Scan)将脑电信号记录在电脑上。

此外,我们使用 SMI 公司的 iView ETG 眼镜式眼动仪同时采集和记录眼动跟踪信号。iView ETG 眼镜式眼动仪能够捕捉眼睛的活动状况,其配套的分析软件 BeGaze 可以通过图像处理技术对眼动视频进行分析,提取出各种眼动信号。

在实验正式开始之前,实验人员会根据受试者的习惯和需求调节扬声器的大小,给受试者观看简短的视频,使其适应实验环境。实验开始后,同步采集和记录脑电信号和眼动跟踪信号,除了受试者以外的所有人员都离开实验房间,以使实验环境保持安静。

13.4 脑电信号处理与特征提取

本节将介绍脑电信号的预处理、脑电信号的特征提取以及脑电信号的特征平滑。

由于脑电信号十分微弱,容易受到其他信号的干扰。因此,采集到的脑电信号并不是纯粹的脑电信号,必须对脑电信号进行预处理,去除其中的噪声。在此之后,要对脑电信号进行特征提取和平滑处理,得到表征情绪状态变化的脑电特征[28]。这里需要强调的是,在情感脑-机接口任务里,我们一般都是采集单次(single trial)脑电信号,因此对脑电信号的预处理提出了更高的要求。

13.4.1 脑电信号的预处理

脑电信号的预处理是对采集到的脑电信号进行降噪和去伪迹(artifact)处理。脑电信号非常微弱,一般只有 50 μV 左右,在采集过程中非常容易受到人体自身其他生理信号以及外界环境的干扰。因此,采集到的脑电信号通常含有噪声,并非纯粹的脑电信号。此外,脑电信号也会受到周围环境中磁场变化的干扰,如果不对原始信号进行预处理,脑电信号将被这些伪迹掩盖,之后所得到的结果将无法反映脑电信号对情绪状态变化的客观表征。因此,对原始信号进行降噪和去伪迹处理是一项十分重要的任务。具体来讲,主要的干扰有以下几种[37]。

（1）眼电伪迹。眼球的运动会改变角膜-视网膜偶极子的外电场,眼睑的运动(眨眼)也会对该电场有分流作用,这两种伪迹信号会对脑电的采集产生影响,其频率为 1～50 Hz。

（2）肌电伪迹。肌电伪迹通常会出现在吞咽和躯体运动中。肌电伪迹会在相互分开的单峰到连续的干扰范围内变动,它的幅度范围很大。如果受试者有比较大的动作,就会对脑电信号产生很大干扰。肌电伪迹的频率一般很高。

（3）心电伪迹。心脏产生的电场会直接干扰脑电信号。心电伪迹取决于心脏电偶极子的取向,而且它会出现在多导联信号中,心电伪迹的频率一般在 1 Hz 左右。

（4）皮电活动干扰。皮电活动干扰通常源于汗液,从汗腺分泌的汗液导致脑电电极周围的电解液浓度改变,进而使电极和头皮之间的阻抗不稳定或过高,引起信号幅值变化。

（5）工频干扰。脑电信号很可能受到由于采集设备使用交流电而引起的50 Hz 市电的干扰。

由于在实验过程中,不需要受试者进行大幅度的动作,一般会要求受试者尽量保持静止,关闭手机等移动设备。另外,对采集到的原始信号进行带通滤波(1～75 Hz),可以过滤掉一些伪迹信号。

13.4.2 脑电信号的特征提取

在对脑电信号进行预处理之后,接下来要从中提取出与情绪相关的特征。由于脑电的频域特征与人的认知和情绪有很大关系,所以脑电的频域特征可以认为是一种与人的情绪状态紧密相关的重要特征[38]。

1）频域特征

为了将时序的脑电信号转换到频域上,我们使用离散短时傅里叶变换(short-term Fourier transform,STFT)算法。经过汉宁窗处理可以减少由于傅里叶变换所造成的频谱损失。根据脑电频段的划分,脑电信号可分为五个频段,即 $\delta(1\sim<4\ \text{Hz})$,$\theta(4\sim<7\ \text{Hz})$,$\alpha(7\sim<13\ \text{Hz})$,$\beta(13\sim<30\ \text{Hz})$ 和 $\gamma(30\sim<50\ \text{Hz})$。

利用离散短时傅里叶变换,可计算出每个频段的能量谱。因此,我们从62 导联脑电信号里可以得到 62 导联脑电信号在五个频段上的平均能量,共310 个特征。

2）微分熵特征

微分熵(differential entropy,DE)是香农熵在连续概率上的一个扩展[39]。

假设 X 为一个连续型随机变量，$f(x)$ 为其概率密度函数，则微分熵可被定义为

$$h(X) = -\int_X f(X) \log_2 \left[f(X) \right] \mathrm{d}x \qquad (13-1)$$

假设脑电信号 X 服从高斯分布 $N(\mu, \sigma^2)$，则式(13-1)可以表示为

$$h(X) = -\int_{-\infty}^{\infty} \frac{1}{\sqrt{2\pi\sigma^2}} \mathrm{e}^{-\frac{(x-\mu)^2}{2\sigma^2}} \log_2 \left(\frac{1}{\sqrt{2\pi\sigma^2}} \mathrm{e}^{-\frac{(x-\mu)^2}{2\sigma^2}} \right) \mathrm{d}x = \frac{1}{2} \log_2 (2\pi\mathrm{e}\sigma^2)$$

$$(13-2)$$

从式(13-2)中我们可以发现，要想计算脑电信号对应的微分熵，我们只需要计算该序列的方差。考虑到脑电信号已经过滤到直流分量，其平均值为零，故其方差可以表示为

$$\hat{\sigma}^2 = \frac{1}{N} \sum_{i=1}^{N} x_i^2 \qquad (13-3)$$

从式(13-3)我们可以得到，一个频段内脑电信号的方差实际上与该频段内脑电信号的能量谱密度 E 是等价的。目前，已有研究表明，我们可以利用 $\frac{E}{N}$ 来估计 σ^2。因此，该频段内脑电信号的微分熵特征计算公式可以进一步表示为

$$h(X) = \frac{1}{2} \log_2 E + \frac{1}{2} \log_2 \left(\frac{2\pi\mathrm{e}}{N} \right) \qquad (13-4)$$

根据式(13-4)，我们可以看出，对于固定长度的脑电信号，一个频段内的脑电信号所对应的微分熵实际与该频段内能量谱密度的对数是等价的。因此，微分熵特征可以简化为以下公式：

$$\mathrm{DE} = \log_2 E \qquad (13-5)$$

考虑到原始的脑电信号是通过 62 通道的脑电帽采集到的，并且功率谱密度(PSD)与微分熵(DE)特征均是基于每个通道提取脑电特征的，同时，本章将脑电信号划分到了 5 个频段，因此这两种脑电特征的维数均是 310 维(62×5)。

13.4.3 脑电信号的特征平滑

即使经过降噪和去伪迹处理，仍然不能完全去除与情绪无关的脑电信号，此时的脑电特征与情绪相关的脑电特征之间还存在较大的偏差。人的情绪变化是一个相对平缓的渐变过程，但是，得到的脑电特征的变化会比较剧烈。这意味着

脑电特征里含有与情绪无关的脑电活动,为此需要消除或降低无关脑电信号的影响。解决这一问题的方法是对脑电信号进行特征平滑。下面介绍两种平滑算法:滑动平均平滑和线性动力系统平滑[37]。

1)滑动平均平滑

原始脑电特征 y_n 可以看作是由确定特征 x_n 和噪声信号 e_n 的叠加:

$$y_n = x_n + e_n \qquad (13-6)$$

为了减小噪声信号 e_n 对确定特征 x_n 的影响,可以在一定的时间窗口中对 y_n 进行局部平均。滑动平均平滑是最简单的特征平滑方法,它将一个时序序列中的样本点与相邻的样本点进行平均,得到的平均值作为平滑后该点的样本值。滑动平均的作用可抚平短期波动,反映出长期趋势或周期。具体的数学表达式如下:

$$x_n = \frac{1}{2n+1} \sum_{k=-n}^{k=n} y_{k+1} \qquad (13-7)$$

2)线性动力系统平滑

滑动平均平滑方法虽然可以削弱与情绪无关信号的影响,但是它十分容易受到局部噪声的干扰,无法消除局部线性噪声的影响。线性动力系统(linear dynamic system,LDS)可以有效地避免局部噪声影响[40]。虽然线性动力系统本质上相当于加权的滑动平均平滑方法,但 LDS 是利用概率模型有效地对权重进行估计,可以充分利用脑电信号中的信息。

设观测到的脑电信号序列为 $\{y_1, y_2, \cdots, y_n\}$,用 $\{x_1, x_2, \cdots, x_n\}$ 表示与情绪相关的脑电特征。通过构建状态空间方程,可以从观测到的脑电信号序列中对隐藏的 $\{x_1, x_2, \cdots, x_n\}$ 进行估计。假设与情绪相关的初始脑电特征服从高斯分布,即

$$p(x_1) = \mathcal{N}(w \mid 0, \Gamma) \qquad (13-8)$$

x 与 y 的关系可以用一系列线性等式表示:

$$x_n = \boldsymbol{A} x_{n-1} + w_n \qquad (13-9)$$

$$y_n = \boldsymbol{C} x_n + v_n \qquad (13-10)$$

$$x_1 = w_0 + u \qquad (13-11)$$

其中,$\boldsymbol{A}$ 为状态转移矩阵,$\boldsymbol{C}$ 为观测矩阵,w,v,u 为噪声,噪声项也服从高斯分布:

$$w = \mathcal{N}(w \mid 0, \Gamma) \qquad (13-12)$$

$$v = \mathcal{N}(w \mid 0, \Sigma) \qquad (13-13)$$

$$u = \mathcal{N}(w \mid 0, V_0) \qquad (13-14)$$

综合上面几个公式,可以得到其高斯条件分布的形式:

$$p(x_n \mid x_{n-1}) = \mathcal{N}(x_n \mid \boldsymbol{A} x_{n-1}, \Gamma) \qquad (13-15)$$

$$p(y_n \mid x_n) = \mathcal{N}(y_n \mid \boldsymbol{C} x_n, \Sigma) \qquad (13-16)$$

此线性动力系统模型的参数可以表示为 $\theta = \{A, C, \Gamma, \Sigma, \mu_0, V_0\}$。通过观测到的序列 $\{y_1, y_2, \cdots, y_n\}$,隐藏的状态 x_n 可以通过边缘后验分布 $p(x_n \mid y_1, y_2, \cdots, y_n) = \mathcal{N}(x_n \mid \mu_n, V_n)$ 来估计,而 μ_n, V_n 可以通过迭代算法进行估计。根据上述描述,在观测序列 y_n 和参数 θ 已知的情况下,可以对 μ_n, V_n 进行迭代估计,从而得到 x_n 的最大后验估计。

对于参数 $\theta = \{A, C, \Gamma, \Sigma, \mu_0, V_0\}$,可以通过期望最大化(expectation maximization, EM)[41]算法,基于训练数据中的原始脑电信号进行估计,具体计算过程见参考文献[37]。因此,在使用线性动力系统之前,需要先用一部分训练数据进行学习,从而确定参数 θ 的值。在实际操作中,一般先经过上述方法得到 θ 值,之后就一直使用该值,不再另做训练。

13.5 眼动信号的处理与特征提取

本节将介绍眼动跟踪、眼动信号的预处理、眼动信号特征提取与特征平滑,其处理方法与前面介绍的脑电信号类似。

13.5.1 眼动跟踪

虽然研究者对眼动跟踪信号的研究由来已久,但应用于情绪识别的研究相对较少。目前,大家已经发现眼动信号中的瞳孔直径与情绪状态有关。Partala等人[42]在给予受试者听觉上的情感刺激后,对受试者的瞳孔大小变化进行检测。他们发现受试者在听到正面和负面的音乐刺激后,其瞳孔明显比听到中性音乐刺激后的大。这说明自主神经系统对强烈的情感刺激是十分敏感的,用瞳孔大小的变化作为输入信号进行情感计算是可行的。

Bradley 等人[43]在给受试者图片后,对其瞳孔反应进行了研究。他们发现当受试者看到含有正面或负面情绪的图片时,瞳孔变化程度会增大,同时受试者的瞳孔变化与皮肤阻抗的变化是一致的,这说明交感神经系统在调节这些变化。由瞳孔的变化可以看出,情绪的激发与交感神经活动的增加相关,所以瞳孔可以作为情绪激发和自主神经活动的一个评估指标。

Soleymani 等人[44]提取了脑电、凝视距离、眨眼频率、眨眼时间以及瞳孔直径等特征,分别对脑电特征和眼动信号特征训练出两个分类器,再根据这两个不同模态的分类结果在决策层面上进行融合。这一方法在检测激越度(冷静、中等亢奋和激活三类情绪)时准确率达到 68.5%,在检测愉悦度(讨厌、中性和愉快三类情绪)时正确率达到 76.4%。他们的实验结果说明,凝视距离、眨眼频率、眨眼时间、瞳孔直径等眼动信号特征与情绪相关。

通常,我们可以利用眼动仪来采集眼动数据。图 13-6 为 Tobbi 公司的桌面式眼动仪和 SMI 公司的 iView ETG 眼镜式眼动仪。早期的眼动仪大多是桌面式眼动仪,属于非接触式的眼动信号采集设备,可以固定在受试者观看的屏幕上,屏幕的大小一般限制在 25 英寸(1 英寸=2.54 厘米)以内。所以,桌面式眼动仪对受试者的头部活动范围有比较大的限制。随着可穿戴设备的发展,眼镜式眼动仪凭借其可穿戴、可移动的优点,逐渐受到研究人员的青睐。眼镜式眼动仪和干电极脑电设备是笔者实验室目前用于情绪识别所采用的两种主要的多模态信号采集设备。

(a)　　　　　　　　　　　　(b)

图 13-6　两类眼动数据采集设备

(a) 桌面式眼动仪;(b) 眼镜式眼动仪

13.5.2　眼动信号的预处理

首先,由于眼动跟踪信号的采集是由事件触发的,如当受试者注视或扫视时,眼动仪会记录下来。因此,眼动跟踪信号的采样频率比较低,一般只有 20 Hz,而脑电信号降采样后的采样频率也高达 200 Hz。两者在采样频率上相差了 10 倍,从而导致眼动信号和脑电信号的样本数在时间轴上不匹配,这样就不能直接对这两种信号的特征进行融合。为了解决这个问题,需要对上述所有的眼动信号进行上采样,使其样本数与脑电信号的样本数能够在时间轴上对齐,或者对脑电信号进行下采样。具体采用何种方式,要根据具体任务而定。

眼动信号会受环境变化的影响,因此需要对眼动信号进行预处理,去除环境光照影响。瞳孔直径变化的一个主要原因就是光线,但不同受试者对同一个场景的瞳孔反应是很相似的。另外瞳孔对光的反射幅度随年龄的不同会有变化,不同年龄段的数据将单独处理。对于具有不同情绪的视频片段下的眼动信号,可使用主成分分析法(PCA)估计其共同光照反射模式,消除由于环境光照对瞳孔变化的影响,提取与情绪状态相关的瞳孔变化数据。

令 Y 为一个 $M \times N_p$ 的矩阵,包含观测到的瞳孔直径信息,M 表示样本数目,N_p 表示受试者的人数。Y 包含三种信号:

$$Y = X + Z + E \tag{13-17}$$

其中,X 是最强的信号,即瞳孔直径对光照的反应;Z 是与副交感神经的情绪和注意力相对应的信号;E 是其他的噪声。这三个部分的来源是相互独立的,因此 PCA 的去相关性可以将它们分开。区分开来的成分中,需要去除由光照引起的第一主成分,剩下的成分可以认为是由情绪引起的瞳孔变化。

13.5.3　情绪识别的眼动信号特征提取与特征平滑

在情绪识别的研究中,可以采用的眼动数据主要有瞳孔直径(pupil diameter)、散度(dispersion)、注视(fixation)、眨眼(blink)以及扫视(saccade)信号等。瞳孔大小一般会随着外部环境光照强度的变化而改变。当光线增强时,瞳孔直径会减小;而当光线减弱时,瞳孔直径会增大。目前,已经有研究发现瞳孔扩张反应可以显示出情绪效价和决策过程中的信心[43]。散度指的是注视点在水平和垂直两个方向上的偏差。注视指的是眼睛聚焦在某个物体上,且停留在该物体上的时长至少为两百毫秒,该过程通常会获取较多的信息。眨眼属于一种不自主的快速闭合动作,称为瞬目反射。扫视是指注视点从一个物体快速移动至另一个物体,其中视线移动的角度大约为 $1° \sim 40°$。

对眼动信号进行预处理后,根据不同情绪状态下的眼动内在规律提取有效的眼动特征。我们选取了 33 维眼动特征[45],利用短时傅里叶变换(STFT)计算瞳孔直径在四个频段的微分熵特征以及均值和标准差特征,这六个特征均是在 X 轴和 Y 轴上计算,所以一共有 12 维,其中的四个频段分别是 $0 \sim < 0.2 \text{ Hz}$,$0.2 \sim < 0.4 \text{ Hz}$,$0.4 \sim < 0.6 \text{ Hz}$ 以及 $0.6 \sim < 1 \text{ Hz}$;此外有 4 维特征是瞳孔分散(pupil dispersion)特征,表示瞳孔分散特征在 X 轴和 Y 轴上的均值和标准差;

扫视持续时间(saccade duration)和扫视幅度(saccade amplitude)的均值和标准差这 4 维特征也作为眼动特征;眨眼时间(blink duration)与注视时间(fixation duration)的均值和标准差同样作为 4 维眼动特征被计算在内;最后还有 9 维事件统计(event statistics)特征,它们共同组成了 33 维眼动特征。

由于得到的眼动信号特征在时间轴上的变化十分剧烈,这与情绪变化是平和缓慢的特点不相符,因此我们对眼动信号特征也进行了线性动力系统平滑处理。

13.6　脑电信号和眼动信号融合的情绪识别

本节将介绍多模态信息融合的传统算法和新的深度学习模型,给出了脑电信号与眼动信号融合的情绪识别结果和它们的互补特性。

13.6.1　多模态信息融合

信息融合又称数据融合,也可以称为传感器信息融合或多传感器信息融合。这里介绍模型层次融合和基于多模态深度学习的信息融合方法。

1. 模型层次融合

模型层次融合又叫决策级融合,先由每类传感器基于自己的数据做出决策,然后由融合规则给出融合结果。

1) 最大值规则

设一共有 k 个不同的分类器,c 个类别,每个分类器对于数据都有一个概率分布 $P_j(Y_i \mid x_t)$,$j \in \{1, 2, \cdots, k\}$,$i \in \{1, 2, \cdots, c\}$。最大值规则(max rule)就是选出概率最大的分类器所对应的类别作为该数据所属的类别,具体数学形式如下。

对于样本 x_t,选择 Y_t 满足:

$$\max_{Y_i}\left\{\max_j P_j(Y_i \mid x_t)\right\} \tag{13-18}$$

2) 求和规则

求和规则是对所有分类器对应类别的概率求和,得到一个总的概率分布,然后再选出其中概率最大分类器所对应的类别,具体的数学形式如下。

对于样本 x_t,选择 Y_t 满足:

$$\max_{Y_i} \frac{1}{k} \sum_{j=1}^{k} P_j(Y_i \mid x_t) \qquad (13-19)$$

3) 模糊积分融合

上述简单的模型融合策略都是基于一个理想的假设,即各个分类器之间都相互独立,但这与实际情形不太相符。为了去除这一假设,可以使用模糊积分(fuzzy integral)。模糊积分是由 Murofushi 等人提出的一种含有模糊度量(fuzzy measures)的实函数积分[46]。求解模糊度量的本质是找到在每个类别下不同模型所占的比重。

(1) 模糊度量与模糊积分。

模糊度量的定义如下。令 $X = \{x_1, x_2, \cdots, x_n\}$,定义在 X 上的模糊度量 μ 是一组方程 $\mu: P(X) \to [0, 1]$ 满足:① $\mu(\varnothing) = 0$,$\mu(X) = 1$;② $A \subseteq B \Rightarrow \mu(A) \leqslant \mu(B)$。

这里采用 Choquet 积分,令 μ 是定义在 X 上的一组模糊度量,离散 Choquet 积分是关于 μ 的函数 $f(X \to \mathbb{R}^+)$:

$$C_\mu[f(x_1), f(x_2), \cdots, f(x_n)] = \sum_{i=1}^{n} [f(x_i) - f(x_{i-1})]\mu[A_{(i)}]$$

$$(13-20)$$

式中,(i) 表示置换后的下标,使得 $0 \leqslant f(x_1) \leqslant f(x_2) \leqslant \cdots \leqslant f(x_n) \leqslant 1$。此外,$f(x_0) = 0$,$A_{(i)} = (x_{(i)}, x_{(i+1)}, \cdots, x_{(n)})$。

令 $C_1, C_2, \cdots, C_m$ 为 m 个类别,n 维特征向量 $\boldsymbol{X}^{\mathrm{T}} = [x_1, x_2, \cdots, x_n]$ 是数据。对于每个特征 x_i 都有一个分类器。对于所有类别 j,每个分类器 i 都会对应一个位置的样本 X°,在"X° 属于类别 C_j"的条件下,给出一个置信度,记为 $\Phi_i^j(X^\circ)$。

接下来,就要把所有分类器给出的置信度利用模糊积分的方式结合起来。在"X° 属于类别 C_j"的条件下,全局的置信度是

$$\Phi_{\mu^j}(C_j; X^\circ) = C_{\mu^j}(\Phi_1^j, \Phi_2^j, \cdots, \Phi_n^j) \qquad (13-21)$$

式中,$\mu^j (j \in \{1, 2, \cdots, m\})$ 对应一组特征,表达了每个特征以及特征组对分类的重要性。最终,X° 被归为置信度最高的那一类。

模糊度量 μ 一共有 $m(2^n - 2)$ 个系数。其中,m 表示一共有 m 个类别,每一个类别对应一个 μ^j;而每一个 μ^j 是对 X 子集的映射,X 一共有 2^n 个子集,但是由于 $\mu(\varnothing) = 0$,$\mu(X) = 1$,因此不需要将这两个包括在 μ^j 中,所以每个 μ^j 有

(2^n-2)个系数。

（2）模糊度量学习。

这里介绍如何计算模糊度量 μ。为了方便讨论，令 $m=2$，即两类特征。现假设有 $l=l_1+l_2$ 个含有两类的训练数据，被标记为 X_1^j，X_2^j，$\cdots$，$X_{l_j}^j$，$j=1$，2。模糊度量学习的规则如下。

最小化分类器期望输出与实际输出之间的平方误差：

$$J=\sum_{k=1}^{l_1}\left[\Phi_{\mu^1}(C_1;X_k^1)-\Phi_{\mu^2}(C_2;X_k^1)-1\right]^2+$$
$$\sum_{k=1}^{l_2}\left[\Phi_{\mu^2}(C_2;X_k^2)-\Phi_{\mu^1}(C_1;X_k^2)-1\right]^2 \qquad (13-22)$$

最小化 J 的问题转化为一个含有 $2(2^n-2)$ 个变量和 $2n(2^{n-1}-1)$ 个约束的二次优化为题，可以写成如下形式：

$$\min\frac{1}{2}\mu^{\mathrm{T}}D\mu+\Gamma^{\mathrm{T}}\mu$$

$$\text{s.t.}\quad A\mu+b\geqslant 0 \qquad (13-23)$$

式中，μ 是一个 $2(2^n-2)$ 维向量，包含模糊度量系数，即 $\mu=[\mu_1^{\mathrm{T}},\mu_1^{\mathrm{T}}]^{\mathrm{T}}$，而 $\mu_j=[\mu^j(\{x_1\})\mu^j(\{x_2\})\cdots\mu^j(\{x_n\})\mu^j(\{x_1,\ x_2\})\cdots\mu^j(\{x_{n-1},\ x_n\})\cdots\mu^j(\{x_2,\ x_3,\cdots,\ x_n\})]^{\mathrm{T}}$。

在求出模糊度量之后，就可以利用它来表示每个特征的重要程度，利用模糊度量来对不同特征对应的分类器进行加权求和，然后求出总体的置信度，最终得到决策层融合后的模型。

2. 多模态深度学习

基于深度学习的多模态信息融合模型包括多模态深度自编码器模型[47]和多模态深度玻尔兹曼机模型[48]。这里介绍多模态深度自编码模型的结构和学习过程。

多模态深度学习模型的结构如图 13-7 所示。网络训练分为编码阶段和解码阶段，编码阶段负责产生高层次的隐含特征，解码阶段负责使隐含特征更好地表示不同模态的数据。

在编码阶段，对于脑电特征及其隐含层，利用受限玻尔兹曼机训练。受限玻尔兹曼机包含可见层和隐藏层，在图 13-7 所示的模型中，可见层为脑电或者眼动特征。若可见层用 $V\in\{0,1\}$ 表示，隐含层用 $h\in\{0,1\}$ 表示，可见层和隐

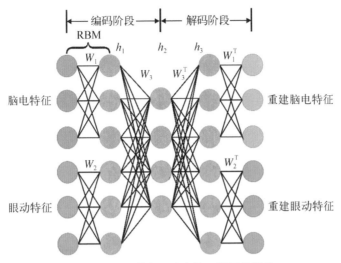

图 13-7 多模态深度自编码器网络结构

含层之间的权重矩阵为 $\boldsymbol{W}$,模型的能量为 E,那么我们可得到如下等式:

$$E(v,h;\theta)=-\sum_{i=1}^{M}\sum_{j=1}^{N}W_{ij}v_ih_j-\sum_{i=1}^{M}b_iv_i-\sum_{j=1}^{N}a_jh_j \qquad (13-24)$$

式中,变量 θ 代表偏置变量和权重系数。通过能量函数就得到可见单元和隐含单元的联合概率密度函数,即

$$p(v,h;\theta)=\frac{1}{Z(\theta)}\exp[E(v,h;\theta)] \qquad (13-25)$$

$$Z(\theta)=\sum_{V}\sum_{h}\exp[E(v,h;\theta)] \qquad (13-26)$$

式中,$Z(\theta)$ 是正则化常数。假设可见单元和隐含单元均满足伯努利分布,那么我们就可以得到以下的关系式:

$$p(h_j=1\mid v;\theta)=g\Big(\sum_{i=1}^{M}W_{ij}v_i+a_j\Big) \qquad (13-27)$$

$$p(v_j=1\mid h;\theta)=g\Big(\sum_{j=1}^{N}W_{ij}h_j+b_j\Big) \qquad (13-28)$$

$$g(x)=\frac{1}{1+\exp(-x)} \qquad (13-29)$$

进而,通过求关于权重系数的偏导数,可以得到更新的权重公式:

$$\frac{1}{N}\sum_{i=1}^{N}\frac{\partial \log_2 P(v_n;\theta)}{\partial W_{ij}}=E_{P_{\text{data}}}[v_i h_j]-E_{P_{\text{model}}}[v_i h_j] \qquad (13-30)$$

对于多模态数据共存的情况,多模态自编码器工作的流程如图 13-8 所示。将脑电和眼动数据的低层次特征输入到多模态深度自编码器网络中,提取出两个模态共享的高层次特征。高层次特征包含了两种不同模态的信息。最后,利用高层次的共享特征来训练分类器进行不同种类情绪的识别。

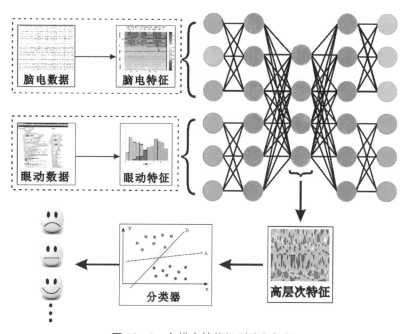

图 13-8　多模态情绪识别流程框架

分类器的选择可以使用经典的支持向量机,也可以将深度自编码器的编码部分完整复制,然后往最上层增加全连接层作为分类器。

13.6.2　单模态脑电信号识别结果

本节选取 SEED-IV 数据集,该数据集包含 15 个受试者的脑电数据,每个受试者在不同时间段共做了 3 次实验,一共 45 组实验数据。对于每个受试者的每次实验的数据,采用前 16 段(包括悲伤、恐惧、高兴和中性各 4 段)刺激素材所对应的样本作为训练数据,后 8 段(包括悲伤、恐惧、高兴和中性各 2 段)刺激素材所对应的样本作为测试数据,用 SVM 进行训练和测试。使用的脑电信号特征为功率谱密度(PSD)和微分熵(DE),45 组实验结果的均值如图 13-9 所示。

从该图可以看出,微分熵(DE)特征的δ、θ、α、β、γ以及全频段的分类准确率均高于功率谱密度特征(PSD)的准确率,这说明DE特征比PSD具有更强的情绪识别能力,更适合用于情绪识别任务。DE特征优于PSD特征的主要原因是DE特征可以平衡脑电在不同频域上能量的差距,减少了误差,提高了情绪识别的精度。其他实验室的脑电情绪识别结果也得到了类似的结论:DE特征优于PSD特征[49-50]。

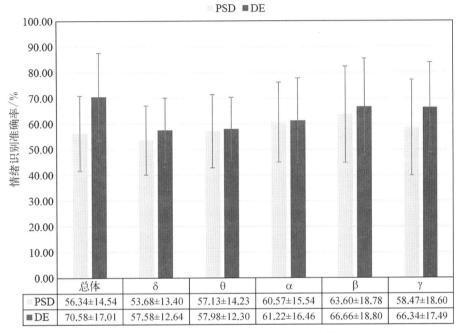

	总体	δ	θ	α	β	γ
PSD	56.34±14.54	53.68±13.40	57.13±14.23	60.57±15.54	63.60±18.78	58.47±18.60
DE	70.58±17.01	57.58±12.64	57.98±12.30	61.22±16.46	66.66±18.80	66.34±17.49

图 13-9　EEG 不同频段识别准确率比较

此外,DE特征的β频段分类准确率为(66.66±18.80)%,γ频段的分类准确率为(66.34±17.49)%,两者均要高于δ、θ、α频段的准确率,且δ、θ、α频段的准确率随频率的降低而递减。这说明β和γ频段含有更多与情绪相关的信息,情绪的产生与高频段的脑电信号具有更大的相关性,因此,β和γ频段是情绪产生的关键频段。这也与之前介绍的β频段主要出现在人处于注意力集中、思维活跃、情绪活跃等状态中,以及γ频段主要出现在人处于激动、亢奋或在跨模态感知处理中或受到集中而强烈的感官刺激状态的理论相符。

γ频段的标准差要比β频段的标准差小,说明γ频段的脑电特征在情绪识别任务中具有更高的稳定性。这些结果也与之前我们提出的γ频段适用于情绪识别的结论一致[51,16]。不过,总的来说DE特征和PSD特征的全频段均要比单一使用某个频段所得到的分类准确率要高,说明全频段包含更多与情绪相关的信息,能够更加全面地表征不同的情绪状态,具有更强的情绪识别能力。

13.6.3 单模态眼动信号识别结果

本节使用经过短时傅里叶变换并进行特征平滑的瞳孔直径(pupil diameter)、注视偏差(dis-persion)、扫视时间(saccade duration)、扫视幅度(saccade amplitude)、眨眼时间(blink duration)、注视时间(fixation duration)以及统计事件特征这七大类眼动信号特征进行情绪识别。

对于瞳孔直径,我们对其在四个频段($0\sim<0.2$ Hz,$0.2\sim<0.4$ Hz,$0.4\sim<0.6$ Hz,$0.6\sim<1$ Hz)上分别提取了 PSD 和 DE 特征,这两种特征在不同频段以及全频段的分类准确率均值如表 13-1 所示。从该表可以看出,PSD 和 DE 特征在频段 1($0\sim<0.2$ Hz)和频段 2($0.2\sim<0.4$ Hz)的情绪识别准确率均要高于后两个频段,说明在低频段的特征具有更强的情绪表征能力。前文介绍过当人处于放松或者消极的情绪状态时,会出现虹膜的震颤。这说明低频段的特征与情绪状态有关,而实验结果也很好地证明了这一点。

表 13-1　瞳孔直径特征的平均分类准确率　　　　单位:%

特　征	全频段	$0\sim<0.2$ Hz	$0.2\sim<0.4$ Hz	$0.4\sim<0.6$ Hz	$0.6\sim<1$ Hz
PSD	49.53 ± 21.50	53.48 ± 18.50	53.34 ± 17.71	50.93 ± 17.99	49.49 ± 15.41
DE	52.84 ± 17.67	52.01 ± 18.35	51.56 ± 17.62	46.59 ± 16.01	46.71 ± 20.29

DE 特征在每个频段上的识别准确率虽然没有 PSD 特征高,但是它在全频段上的准确率要远高于 PSD 特征在全频段上的准确率,而且 DE 特征的标准差要远小于 PSD 特征的标准差。这也再次验证了 DE 特征相比于 PSD 特征具有更强的情绪识别能力,且具有更高的稳定性,更加适用于情绪识别任务。

此外,DE 特征在全频段的准确率均高于单一某个频段的准确率,这说明每个频段所包含的与情绪相关的信息还略显不足,四个频段相结合可以相对提高情绪识别的准确率。从准确率的数值来看,各个频段所能达到的准确率均远远高于随机分类的精度 25%,这说明瞳孔直径还是具有一定的情绪表征能力,但是由于特征的维度很低,所含信息太少,所以总体的识别准确率不是很高。

瞳孔直径、注视偏差、扫视时间、扫视幅度、眨眼时间、注视时间以及统计事件特征这七大类眼动信号特征进行情绪识别的准确率如表 13-2 和图 13-10 所示。从图 13-10 可以直观地看出,瞳孔直径在所有特征(除去总特征)中具有最高的识别准确率(52.84±17.67)%,说明瞳孔直径相比于其他眼动信号特征具有更强的情绪表征能力。此外统计事件特征和扫视特征也具有相对较高的准确率,分别为(48.29±20.97)%和(44.27±18.92)%,而注视偏差、注视时间和眨眼时间识别情绪的能力则相对较弱。各个眼动信号特征的准确率不是很高,说明了这些单一的特征虽然也具有一定的情绪识别能力,但毕竟维度太低,所含与情绪相关的信息不足以完全地区分不同的情绪状态。

表 13-2   不同眼动信号特征的平均分类准确率   单位:%

指　标	瞳孔直径	注视偏差	扫视特征	注视时间	眨眼时间	统计事件	总特征
均　值	52.84	39.42	44.27	34.44	38.68	48.29	67.82
标准差	17.67	18.48	18.92	18.47	17.39	20.97	18.04

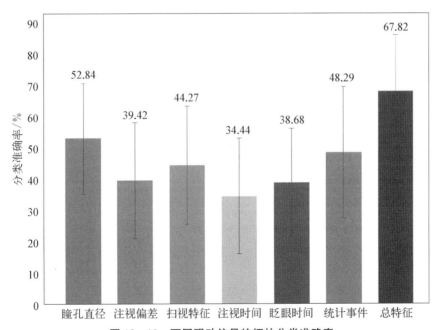

图 13-10   不同眼动信号特征的分类准确率

将所有眼动信号特征合并形成总特征,所得到的分类准确率为(67.82±18.04)%,且标准差相对较低,说明各个眼动信号特征都与情绪状态有一定的相关性,合在一起可以有效提高情绪识别的准确率,而且其稳定性也有所提高。这一结果与脑电信号特征所得到的准确率(70.58±17.01)%相比略微差了一点,但也达到了与脑电信号特征相当的情绪识别能力。

13.6.4 脑电信号与眼动信号融合识别结果

2014 年,我们在国际上首次提出了脑电与眼动信号融合的情绪识别框架,如图 13-11 所示[52]。我们利用眼镜式眼动仪提取了多种不同的眼动特征,并与脑电特征相结合,构建了一种新的多模态情绪识别系统,该系统取得了良好的识别效果。对于实验室环境下的三类情绪识别任务(高兴、悲伤和中性),眼动特征和脑电特征分别达到了 77.80% 和 78.51% 的准确率[45],进一步利用多模态深度学习模型,结合脑电和眼动特征的准确率达到了 91%,准确率提高了将近 13%[53]。这说明利用脑电和眼动信号进行情绪识别是很有效的。

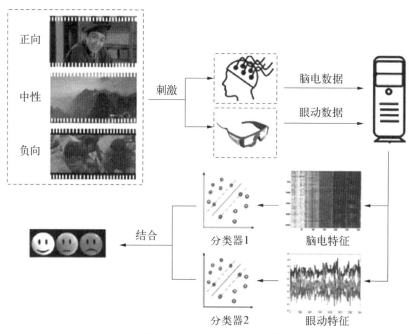

图 13-11 脑电与眼动信号融合的情绪识别框架

我们发现,脑电和眼动在识别三类情绪时具有互补特性,脑电信号更容易区分正面和负面情绪,而眼动信号相对于脑电能更好地区分中性和负面情绪。脑电和眼动信号对于三类情绪识别准确率如图 13-12 所示。箭头从一个圆圈指向另外一个圆圈表示错误的识别,箭头上的数字表示错误率。例如,浅色箭头从高兴(正向)指向悲伤(负向)的数值为 0.15,这表示眼动信号把高兴错误地识别为悲伤的错误率为 15%。

将脑电信号特征和眼动信号特征通过之前介绍的多种模型融合策略进行融

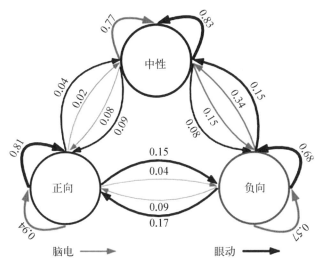

图 13-12 脑电和眼动信号对于三类情绪识别准确率

合,得到四类情绪的分类准确率如表 13-3 所示。表 13-3 展示了使用 T7 和 T8 两导联脑电信号,T7、T8、FT7、FT8 四导联脑电信号,T7、T8、FT7、FT8、TP7 和 TP8 6 导联脑电信号以及全部 62 导联脑电信号与眼动信号特征结合进行情绪识别的结果。

表 13-3　不同模型融合策略的分类准确率均值和标准差　　单位:%

导　数		EEG	Eye	Max	Sum	Fuzzy	特征层融合	双模态深度自动编码器
2导联	平均值	64.65	67.82	67.71	67.68	64.88	75.03	85.29
	标准差	±15.91	±18.04	±17.45	±19.76	±19.33	±16.51	±9.59
4导联	平均值	66.33	67.82	68.58	69.19	67.45	75.77	85.04
	标准差	±15.19	±18.04	±17.15	±20.39	±19.00	±16.35	±11.54
6导联	平均值	68.72	67.82	69.85	69.02	68.75	75.88	85.11
	标准差	±15.92	±18.04	±17.92	±18.38	±17.54	±16.44	±11.78
62导联	平均值	70.58	67.82	68.99	71.71	73.55	77.63	85.32
	标准差	±17.01	±18.04	±17.14	±17.10	±16.72	±16.43	±9.15

从表 13-3 可以看出,随着导联数的增加,所有方法的情绪识别准确率都逐渐提升。在大部分情况下,将脑电信号特征和眼动信号特征结合进行情绪识别所得的准确率要比只使用两者之一的某种信号所得到的准确率高。这说明将脑

电信号和眼动信号特征融合能够利用两者的互补性有效地提高模型情绪识别的能力。

此外，通过比较不同融合策略的识别准确率，可以看出双模态深度自动编码器(BDAE)所能达到的准确率要显著高于其他几种方法，均在 85% 以上，比单一使用某一种信号特征的准确率高将近 15%～18%。而且它在四种不同导联数脑电信号的情况下，均能达到较高的情绪分类准确率。这说明深度神经网络能够有效地提取脑电信号特征和眼动信号特征中与情绪相关的高阶信息，这些信息具有更强的情绪表征能力，从而能够有效地提高情绪识别的准确率。而且它的标准差要比其他方法小很多，说明其分类的效果比较稳定。

在其他模型融合策略中，特征层融合(FLF)方法要比其他决策层融合方法所达到的准确率要高(均在 75% 以上)，且标准差均在 16% 左右。这说明直接将两种信号的特征向量拼接起来形成新的特征向量进行训练就可以达到比较高的识别准确率，且其分类效果比较稳定。

模糊积分方法在脑电信号只取 2 导联、4 导联和 6 导联的情况下，将两种信号融合所得的分类准确率反而低于仅使用眼动信号进行识别的准确率或与其差不多，可能的原因是只使用 2 导联、4 导联和 6 导联脑电信号训练所得的分类模型精度不高，这会干扰模糊积分算法进行权重分配，从而导致最终的准确率降低。在 62 导联脑电信号和眼动信号相结合的情况下，模糊积分的分类准确率又达到了 $(73.55 \pm 16.72)\%$，高于其他三种决策层策略，这可能是由于 62 导联脑电信号特征训练出来的分类模型具有更强的分类能力、更高的精度，模糊积分算法会加大分配给脑电信号模型的权重，从而使得最终的分类准确率得到了提升。

此外，利用 6 导联脑电信号和眼动信号相结合的 BDAE 模型融合方法进行情绪识别所达到的识别准确率 $[(85.11 \pm 11.78)\%]$ 与使用 62 导联脑电信号和眼动信号相结合所达到的准确率 $[(85.32 \pm 9.15)\%]$ 相当，说明这 6 导联脑电信号确实对应了情绪产生的关键脑区，仅使用这 6 导联脑电信号就可以较为有效地识别四类不同的情绪。这样就可以大大降低信号采集和处理的复杂度并减少所需时间，为情绪识别在实践中应用提供了更大的可能性。

13.7 迁移学习与跨受试者情绪识别

本节将介绍适合构建跨受试者情感模型的域适用和域泛化迁移学习算法，并介绍这两种迁移学习算法在克服脑电信号个性差异方面的特点和适用范围。

13.7.1　受试者依赖模型与跨受试者模型

在构建情绪识别模型时,根据训练数据和测试数据使用方式的不同,可以把模型分为两类:一类是训练数据和测试数据都来自同一个受试者,这样的模型称为受试者依赖模型;另一类是训练数据和测试数据来自不同的受试者,这样的模型称为跨受试者模型或受试者独立模型。一般来说,在解决实际问题时,大都需要构建跨受试者的情绪识别模型。这主要有两方面的原因:一方面是某个受试者自身的数据量不足以训练一个性能良好的模型,从而需要通过利用其他人的数据来提升模型的性能;另一方面,我们希望构建一个通用的模型,便于大规模应用。

无论是实验室环境的情绪实验还是真实场景的实际应用,由于不同受试者或用户之间存在生理上和精神状态上的差异,以及数据采集时设备引入的噪声,导致脑电信号存在个体差异(subject variability)。这使得不同受试者的脑电数据之间存在着较大的分布差异。由于脑电等生理信号的采集和标注成本都比较高且比较费时,这就需要我们利用已有的、标注好的受试者数据,对新的受试者进行跨受试者的情感模型建模。传统的机器学习算法通常假设训练数据和测试数据是独立同分布的,然而,这样的假设在跨受试者的脑-机接口中无法满足。由于训练集和测试集的数据分布存在差异,用传统的机器学习算法所构建的情感模型的预测精度往往会大幅下降。

为了减少由于脑电和眼动等生理信号的个体差异性带来的精度损失,迁移学习(transfer learning)为构建跨受试者的情感模型提供了一种有效的解决方案[54]。迁移学习是一类机器学习方法,它关注如何利用已有的数据和任务帮助解决另一个相关的问题。在迁移学习框架里,我们将不同的数据分布称为域(domain),标注好的训练数据集称为源域(source domain),需要学习并提高精度的测试集称为目标域(target domain)。具体来说,迁移学习方法主要考虑降低域差异(domain shift),从而使得在源域上训练的模型能很好地推广到目标域。从迁移学习的角度看,我们可以将受试者视为域,将个体差异视为一种域差异。

13.7.2　域适应

域适应(domain adaptation)是迁移学习的一个分支,它关注这样一类问题,这些问题的特征空间相同,但数据的边缘分布不同。根据学习过程中目标域是否携带标签信息可以将域适应分为无监督域适应、半监督域适应和有监督域适应。下面介绍几种在情感脑-机接口中比较常用的无监督域适应方法。

1）基于样本权重的域适应

由于数据集之间边缘分布不同，我们可以简单地重新分配源域样本的权重，使得对应的经验风险最小化目标函数向目标域的经验风险最小化逼近。而权重的选择则可以通过源域和目标域数据边缘分布来决定。直推参数迁移（transductive parameter transfer，TPT）方法是这类算法的代表之一，它将数据分布映射到再生核希尔伯特空间后，对分布进行学习[55]。

2）基于特征空间变换的域适应

基于特征空间变换的域适应是通过对源域和目标域的特征空间进行变换，从而消除边缘分布差异。这类算法的早期工作之一是 Pan 等人提出的迁移成分分析（transfer component analysis，TCA），它将原始特征投射到高维再生核希尔伯特空间，通过寻找最小化域间最大均值差异（maximum mean discrepancy，MMD）来寻找一个子空间作为新的特征空间。

3）基于深度网络的域适应

由于深度网络拟合能力强、鲁棒性高、结构自由度高等特点，人们可以方便地设计网络结构来达到域适应。实际上，基于深度网络的域适应也是在寻找跨域泛化能力好的特征表达。近年来的大量研究结果表明，基于深度网络的域适应方法相较传统方法有比较大的性能提升，其中代表性的工作是 Ganin 等人提出的域对抗网络（domain-adversarial training of neural network，DANN）。DANN 将源域和目标域数据的特征提取和域分类两个子网络进行对抗训练，有效地得到了具有较好跨域泛化能力的特征提取网络[56]。随后，Tzeng 等人提出了基于深度对抗网络的域适应框架，并在此框架内提出了崭新的对抗判别性域适应（adversarial discriminative domain adaptation，ADDA）[57]。

13.7.3　域对抗网络

域对抗网络（DANN）结构共包含三个由神经网络构成的模块：特征提取器 G_f，标签预测器 G_y 和域判别器 G_d，其结构如图 13-13 所示。我们首先从比较简单的结构入手，假设每个神经网络的模块仅有一层全连接隐藏层。给定 p 维的实数向量输入空间 $\mathcal{X}(x \in \mathbb{R}^p)$，我们首先引入特征提取器 $G_f : \mathcal{X} \to \mathbb{R}^m$，基于输入提取 m 维的特征向量。G_f 包含一套参数 $\theta_f = \{W_f, b_f\} \in \mathbb{R}^{m \times p} \times \mathbb{R}^m$ 和相应的激活函数 f_f，提取的特征为

$$G_f(x ; \theta_f) = f_f(W_f x + b_f) \tag{13-31}$$

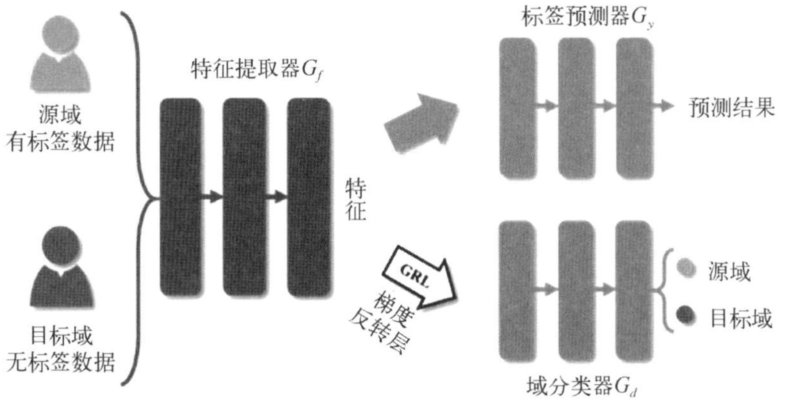

图 13 - 13 域对抗网络结构

这里我们选择 sigmoid 函数作为激活函数，即 $f_f(x_i) = \dfrac{1}{1+\mathrm{e}^{-x_i}}$。对于提取到的特征 $G_f(x)$，标签预测器通过映射 $G_y: \mathbb{R}^d \to \mathcal{Y}$ 来对特征进行预测。假设我们进行的是一个 l 分类任务，则 $\mathcal{Y} = [0, 1]^l$。基于参数 $\theta_y = \{W_y, b_y\} \in \mathbb{R}^{l \times m} \times \mathbb{R}^l$，标签预测器 G_y 的预测过程为

$$G_y[G_f(x); \theta_y] = \mathrm{softmax}[W_y G_f(x) + b_y] \tag{13-32}$$

基于 $\mathrm{softmax}(x_i) = \dfrac{\mathrm{e}^{x_i}}{\sum\limits_{i=1}^{N} \mathrm{e}^{x_i}}$，$G_y[G_f(x)]$ 的每一维代表样本属于这一类的概率。给定一个训练样本 (x_i, y_i)，标签预测器 G_y 对其预测的类别为 $\hat{y}_i$，产生的分类损失函数为

$$L_y(\hat{y}_i, y_i) = L_y\{G_y[G_f(x_i)], y_i\} = \log_2 \dfrac{1}{G_y[G_f(x)]_{y_i}} \tag{13-33}$$

为了保证模型可以克服域适应问题中源域输入 X^S 和目标域输入 X^T 之间的域差异，DANN 对特征提取器获得的中间表达 $G_f(x)$ 进行域正则化（domain regularizer），引入第三个模块，即域判别器 G_d。在域适应问题中，域判别器是一个二分类器，即映射 $G_d: \mathbb{R}^m \to [0, 1]$。与前两个模块相同，$G_d$ 包含参数 $\theta_d = \{W_d, b_d\} \in \mathbb{R}^m \times \mathbb{R}$。我们可以将域判别器的判别过程表示为

$$G_d[G_f(x); \theta_d] = f_d(W_d^T x + b_d) \tag{13-34}$$

由于域适应问题中仅存在源域和目标域的二域分类，我们可以将激活函数

f_d 设为 sigmoid 函数。对于给定一个训练样本 x_i,我们用 d_i 来表示其数据来源,即 $d_i = \begin{cases} 0, & x_i \in X^S \\ 1, & x_i \in X^T \end{cases}$。此时,域判别器引入的损失函数为

$$L_d(\hat{d}_i, d_i) = L_d\{G_d[G_f(x_i)], d_i\}$$
$$= d_i \log_2 \frac{1}{G_d[G_f(x_i)]} + (1 - d_i) \log_2 \frac{1}{1 - G_d[G_f(x_i)]}$$

$$(13 - 35)$$

至此,我们有了三个基于神经网络的模块 G_f、G_y 和 G_d。特征提取器 G_f 映射输入到 m 维的特征空间,随后将提取的特征分别呈递给标签预测器 G_y 和域判别器 G_d。值得注意的是,在 G_f 和 G_d 之间,DANN 引入了梯度反转层(gradient reversal layer,GRL),从而形成对抗训练。梯度反转层在神经网络的正向传递时相当于恒等函数。在梯度的反向传播时,经过梯度反转层的梯度会反转符号,即乘以 -1 后继续传播。

假设在训练过程中,我们已知一个大小为 N 的样本集,其中前 n 个为源域带标签的样本 (x_i, y_i, d_i),后 $(N-n)$ 个为目标域无标签样本 (x_i, d_i),则 DANN 的损失函数可以写为

$$E(\theta_f, \theta_y, \theta_d) = \frac{1}{n} \sum_{i=1}^{n} L_y(\hat{y}_i, y_i)$$
$$- \lambda \left[\frac{1}{n} \sum_{i}^{n} L_d(\hat{d}_i, d_i) + \frac{1}{N-n} \sum_{i=n+1}^{N} L_d(\hat{d}_i, d_i) \right]$$

$$(13 - 36)$$

式中,λ 为引入的用于平衡两个损失函数的超参数。经过整理,DANN 算法的优化目标可以表示为

$$(\hat{\theta}_f, \hat{\theta}_y) = \underset{\theta_f, \theta_y}{\operatorname{argmin}} E(\theta_f, \theta_y, \hat{\theta}_d) \qquad (13 - 37)$$

$$(\hat{\theta}_d) = \underset{\theta_d}{\operatorname{argmin}} E(\hat{\theta}_f, \hat{\theta}_y, \theta_d) \qquad (13 - 38)$$

我们可以具体地将三个部分的训练过程表示为

$$\theta_f \leftarrow \theta_f - \mu \left(\frac{\partial L_y}{\partial \theta_f} - \lambda \frac{\partial L_d}{\partial \theta_f} \right) \qquad (13 - 39)$$

$$\theta_y \leftarrow \theta_y - \mu \frac{\partial L_y}{\partial \theta_y} \qquad (13 - 40)$$

$$\theta_d \leftarrow \theta_d - \mu\lambda \frac{\partial L_d}{\partial \theta_d} \qquad (13-41)$$

在训练过程中,DANN 将接受来自源域和目标域的数据,通过特征提取器 G_f 进行一系列非线性映射,从而获得特征 $G_f(x)$。源域数据提取的特征将分别呈递给标签预测器 G_y 和域判别器 G_d,而目标域数据提取的特征仅传递至域判别器 G_d。G_y 根据源域数据的标签和自己的预测结果产生梯度进行回传,而 G_d 根据源域和目标域数据的域标签以及对特征的判别结果产生梯度进行回传。特征提取器 G_f 和域判别器 G_d 将以对抗训练的方式完成式(13-37)和式(13-38)所示的优化目标。

在训练完成后,G_d 成为一个准确的域判别器,可以基于特征提取器 G_f 的输出判断样本的来源。G_y 可以基于 G_f 提取的特征进行准确的标签预测。而特征提取器 G_f 则达成了两个目标:① 接受来自 G_d 的反向梯度,从而保证可以提取到源域和目标域共有的特征,使 G_d 无法区分提取的中间特征来源;② 接受来自 G_y 的正向梯度训练,从而可以在消除源域和目标域差异信息的情况下提取足够的标签相关信息,以保证准确的预测结果。最终在测试过程中,来自目标域的测试集数据将通过 G_f 进行特征提取,然后将特征呈递给 G_y 进行标签预测。

13.7.4 域泛化

域适应方法需要使用源域已标注的训练数据和目标域受试者的未标注数据进行模型训练,从而获得针对目标域受试者的精度比较高的个性化模型。这虽然降低了标注数据的成本,但是仍然需要采集目标域受试者的数据才能进行模型训练。域适用方法存在以下两方面的不足:① 采用域适用方法训练后的模型仅仅适用于当前受试者,对于其他受试者,我们仍需重新采集数据并训练模型;② 当情感脑-机接口需要大规模向用户推广时,由于存在更多的目标域受试者,同时当目标域受试者的数据采集依然比较费时、费力时,域适应方法的效率会比较低。以手机基于人脸图像的自动身份认证为例,如果采用域适应方法,当用户启用一部新手机时,需要用户自拍几张不同角度的面孔照片,之后手机才能正确地进行身份认证,这个过程称为个性化校准(calibration)。

为了方便用户使用,我们希望有一种无须进行个性化校准的方法。这里我们引入域泛化(domain generalization)方法来实现无须个性化校准的情感脑-机接口。

域泛化是迁移学习的另一分支,已经在图像识别、移植排异反应预测等领域得到了成功应用。域泛化主要是使用来自多个源域的数据获得提取域无关任务相关信息的特征映射方法，从而对未知的目标域数据进行高鲁棒性的预测。所以，当无法获取新的受试者数据，或者要面向很多新受试者进行预测时，基于域泛化的情感脑-机接口可以获得较高的精度和泛化能力。

目前，域泛化算法主要分为三类：基于特征的域泛化、基于参数的域泛化以及基于实例的域泛化。

1）基于特征的域泛化

基于特征的域泛化算法主要是根据多个源域的信息寻找一个域无关的特征空间。我们可以将来自不同域的数据映射到这个空间中，然后学习一个通用模型，这样在面对新的受试者数据时，我们可以直接通过相同的映射得到适用于通用模型的特征表达。Blanchard 等人将所有源域数据放在一起，训练一个泛化能力更强的 SVM 模型[58]；Muandet 等人提出了域无关成分分析（domain-invariant component analysis，DICA）算法，基于核矩阵对空间映射进行优化，降低各个域数据特征的区分度[59]；Ghifary 等人首先提出将域差异视为一种噪声，基于去噪自编码器的架构设计了一个新的特征学习算法，学习如何将原始数据转换为多个相关域的类似数据，从而获得域差异的鲁棒性[60]。随后，Ghifary 等人对域泛化问题进行了进一步研究，他们对核空间中的简单几何度量进行优化，提出散布成分分析（scatter component analysis，SCA），将域适应和域泛化思想结合到一个框架[61]。

2）基于参数的域泛化

基于参数的域泛化的主要思想是通过约束模型的参数提升其泛化能力。Khosla 等人针对图片分类问题中不同数据集存在域差异问题，提出将支持向量机的参数分为两部分：适用于所有数据集的视觉通用参数和因数据集而异的偏差参数。通过显式地定义两部分参数，通用模型的参数可以在训练的过程中被直接提取出来[62]。Fang 等人从度量学习的角度出发，提出无偏度量学习算法，从多个有偏域的数据中学习一组偏差较小的距离度量[63]；Li 等人开发了一个低秩参数化的卷积神经网络，对多种不同风格的图片进行了精度较高的域泛化分类[64]。

3）基于实例的域泛化

基于实例的域泛化从测试数据的角度出发，衡量每个数据和已知多个源域的相似性。通过相似度打分，可以给各个源域的分类器加上权重，从而获得对测试数据的最终预测。Xu 等人利用来自多个源域的低秩结构，在样本支持向量机中加入核标准正则化以计算正样本的相似度，从而应用于域泛化问题[65];He 等人基于注意力机制的思想,在目标检测问题上提出域注意力机制,利用源域之间的域差异构建域注意力模块。该模块可以根据输入特征和各源域的相似性,对相似的特征分配更高的权重,从而向各源域模型提供不同的输入特征[66]。

13.7.5 域泛化的定义

假定用 $\mathcal{X}$ 表示输入的特征空间,$\mathcal{Y}$ 表示输出的标签空间。基于上述空间,我们将空间 $\mathcal{X} \times \mathcal{Y}$ 上的联合概率分布 P_{XY} 称为域。在 $\mathcal{X} \times \mathcal{Y}$ 空间上,将所有联合概率分布,即所有域组成的集合标记为 $\mathbb{P}_{XY}$,对应的边缘概率分布 P_X 和条件概率分布 $P_{Y|X}$ 的集合记为 P_X 和 $P_{Y|X}$。在这里我们假设可以按照一定的分布 $\mathcal{P}$ 从集合 P_{XY} 中进行采样获得域 P_{XY}^i。由于域表示的是一种概率分布,我们不能直接对其进行观测和刻画。但是我们可以基于其概率分布进行采样,获得一系列样本点。我们可以基于域集合分布 $\mathcal{P}$ 采样获得 N 个域 $\{P_{XY}^i\}_{i=1}^N$,再基于每个域的联合概率分布采样获得 N 个样本集合 $S = \{S_i\}_{i=1}^N$,其中 $S_i = \{(x_j^i, y_j^i)\}_{j=1}^{N_i}$ 为在域 P_{XY}^i 上采样获得的大小为 N_i 的样本集合。基于 S_i,我们可以获得对域 P_{XY}^i 的经验估计 $\hat{P}_{XY}^i$,以及对应的边缘概率分布 $\hat{P}_X^i$ 和条件概率分布 $\hat{P}_{Y|X}^i$。

在迁移学习框架里,对于出现的不同域 P_{XY},边缘概率分布 P_X 和条件概率分布 $P_{Y|X}$ 可能都会发生变动,从而导致模型训练和测试的过程中数据分布改变,因此导致模型的精度大幅降低。我们假设不同域的边缘概率分布 P_X 会发生变化,但是对应的条件概率分布 $P_{Y|X}$ 会在边缘概率分布变动的情况下保持稳定或者十分平滑地改变。在这样的条件下,我们需要建立一个模型,可以准确地刻画特征空间 $\mathcal{X}$ 和标签空间 $\mathcal{Y}$ 之间的关系,并且在域差异不断变化的情况下能表现出足够的鲁棒性。

基于上面的叙述,我们给出域泛化问题的定义。给定 k 个不同源域组成的集合 $P^S = \{P_{XY}^1, \cdots, P_{XY}^k\}$,当 $i \neq j$ 时,$P_X^i \neq P_X^j$,$P_{Y|X}^i \approx P_{Y|X}^j$。基于这 k 个源域采样获得 k 个带有标签的数据集 $D^S = \{D_i^S\}_{i=1}^k$,其中 $D_i^S = \{(x_j^i, y_j^i)\}_{j=1}^{N_i}$。域泛化的任务是,使用数据集 D^S 学习一个映射函数 $f: \mathcal{X} \rightarrow \mathcal{Y}$,使其可以在边缘概率分布 P_X 变化的情况下保持刻画条件概率分布 $P_{Y|X}$ 的准确性。当面对从未见过的目标域集合 $P^T \notin P^S$ 时,f 要表现出足够的泛化能力,使之可以应用于 P^T 的任何一个成员目标域中(见图 13 - 14)。

为了让读者进一步理解域泛化的定义,我们给出域适应方法所希望达成的

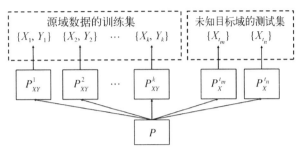

图 13-14　域泛化问题

目标以供对比。在域适应任务中,我们有基于源域 P_{XY}^S 采样得到的数据集 $D^S = \{(x_i, y_i)\}_{i=1}^{N_S}$ 和基于目标域 P_{XY}^T 采样得到的数据集 $D^T = \{(x_i)\}_{i=1}^{N_T}$。域适应方法是希望使用 D^S 和 D^T 训练一个映射函数 $f: \mathcal{X} \rightarrow \mathcal{Y}$,使其可以对服从目标域分布 P_{XY}^T 的数据进行高精度的预测。通过对比我们发现,域适应的思想主要针对某一个目标域,希望模型通过知识迁移对目标域进行高精度预测。而域泛化的思想则是希望通过基于多个源域的信息,降低域差异对于模型的影响,从而达到更好的泛化能力,使其可以应用于任何未见过的目标域数据。

13.7.6　域泛化-域对抗神经网络

在前面的讨论中,我们可以看出,DANN 通过基于梯度反转层的对抗式网络架构设计,训练了一个可以消除域间差异同时又能提取标签相关信息的特征提取器 G_f。这里,我们从基于特征的域泛化和基于参数的域泛化两个角度出发,对 DANN 的结构进行改进和推广。首先在基于特征的域泛化方法中,我们可以考虑如何寻找一个特定的特征空间,在该空间中没有域差异导致的数据分布差异。

在 DANN 的结构中,我们保留特征提取器 G_f 和标签预测器 G_y 的结构,对域判别器 G_d 进行调整。已知来自 k 个域的带有标签的样本 (x_i, y_i, d_i) 组成的大小为 N 的样本集,由于数据的域已经从二元转化为 k 元,这里的 d_i 也需要从 $[0,1]$ 的取值转变为一个 k 维向量,即 $d_i \in \mathbb{R}^k$。所以,这里我们需要将域判别器从域适应问题中的二分类器 G_d 推广至域泛化问题中的 k 分类器 G'_d。其中,G'_d 包含的参数推广为 $\theta'_d = \{W'_d, b'_d\} \in \mathbb{R}^{m \times k} \times \mathbb{R}^k$。经过推广的域判别器 G'_d 的判别过程表示为

$$G'_d[G_f(x); \theta'_d] = f'_d(W'^T_d x + b'_d) \qquad (13-42)$$

这里激活函数 f'_d 由原来的二分类 sigmoid 函数转变为适用于 k 分类的

softmax 函数。给定样本 (x_i, y_i, d_i)，预测 G'_d 的域标签为 $\hat{d_i}$，判别过程引入的损失函数更改为

$$L'_d(\hat{d_i}, d_i) = L'_d\{G_d[G_f(x_i)], d_i\} = \log_2 \frac{1}{G'_d[G_f(x)]_{d_i}}$$

$$(13-43)$$

将推广后的域判别器 G'_d 重新整合到原来的模型中，我们可得到面向域泛化问题的新版 DANN 模型。我们将其称为域泛化-域对抗神经网络（doman generalization version of domain adversarial neural network，DG - DANN)[67-69]。对 DG - DANN 的损失函数重新整理，我们可以得到：

$$E(\theta_f, \theta_y, \theta'_d) = \frac{1}{N} \sum_{i=1}^{N} L_y(\hat{y_i}, y_i) - \lambda \frac{1}{N} \sum_{i=1}^{N} L'_d(\hat{d_i}, d_i) \quad (13-44)$$

算法的优化目标与式(13 - 37)和式(13 - 38)相同。

在训练过程中，面向域泛化问题的 DG - DANN 与面向域适应问题的 DANN 有所不同。在域泛化问题的设置中，没有目标域的数据，而是同时存在 k 个域的带标签数据。在 DANN 中，由于目标域数据不带标签，只能参与 G_f 和 G_d 这两个模块的训练，整个模型的训练过程需要对源域和目标域数据进行不同的处理。而在 DG - DANN 模型的训练过程中，我们将目标域的概念暂时舍弃，直接通过 G_f 对 k 个源域的数据进行特征提取，并同时呈递给 G_y 和 G_d。最终，经过对抗式的学习，G_f 可以在这 k 个源域的信息下学习到降低域偏差带来的数据分布差异，同时又能保留标签预测相关信息的空间，从而对数据进行有效的非线性映射。DG - DANN 的结构如图 13 - 15 所示。

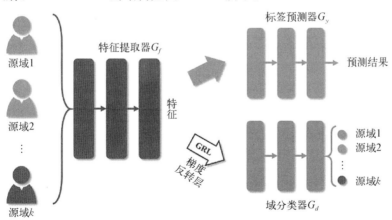

图 13 - 15　DG - DANN 模型结构

13.7.7　域残差网络

在 DANN 架构中,提取的特征分别呈递给标签预测器 G_y 和域判别器 G_d,这是因为这里关注的主要是标签预测的相关信息和导致数据分布差异的域偏差信息。我们可以从这个角度着手,假设对于某个域 D^k,其包含的信息有两部分,即与预测任务相关的标签信息和与域特性相关的域偏差信息。标签信息在不同域之间是相同的,而域偏差信息则因域而异。例如,在跨受试者的情绪识别问题中,我们可以认为不同的受试者都有共同的情绪感受和产生情绪的基础,这意味着他们的脑电数据存在共通的情绪信息;而由于个体差异性导致不同受试者的脑电信号分布不同,这里引入的就是域偏差信息。我们可以从另一个角度来印证这个假设。在域泛化问题的定义中曾经提到,各个域都是按照一定的分布 $\mathcal{P}$ 采样得到的。我们可以认为分布 $\mathcal{P}$ 表示的就是所有域共享的标签信息空间,而在采样过程中引入的偏差为域偏差信息。我们进一步假设,对于一个已知的域,它的标签信息和域偏差信息可以分别通过参数进行描述和建模。在 Khosla 的工作中曾经提到这样的思路,即同时训练描述这两种信息的参数,以达到显式地排除域偏差信息的效果[62]。

基于这样的思路,我们将 DANN 中负责信息提取的特征提取器 G_f 进行改造。任务相关的标签信息可以由参数 $\theta_f^c = \{W_f^c, b_f^c\}$ 来学习,而域偏差信息由参数 $\theta_f^\delta = \{W_f^\delta, b_f^\delta\}$ 来刻画。值得注意的是,标签信息参数 θ_f^c 是所有域权值共享的,而域偏差参数 θ_f^δ 是每个域独有的。所以,对于域 D^i,特征提取器的参数表示为

$$\theta_f^i = \theta_f^c + \theta_f^{\delta_i} = \{W_f^c + W_f^{\delta_i},\ b_f^c + b_f^{\delta_i}\} \tag{13-45}$$

经过改造后的特征提取器 G'_f 可以表示为

$$G'_f(x\ ;\ \theta_f^i) = f_f[(W_f^c x + b_f^c) + (W_f^{\delta_i} x + b_f^{\delta_i})] \tag{13-46}$$

其结构如图 13-16 所示。

我们将 G'_f 重新结合到 DG-DANN 的结构中,保留标签预测期 G_y 和经过改造的域判别器 G'_d。给定 k 个域的训练数据,则模型的特征提取器包含一套共享权值的标签信息参数和 k 套分配给各个域的域偏差参数。这样的结构类似残差网络结构,所以我们将其命名为域残差网络(domain residual network,DResNet)[67,69]。DResNet 的结构如图 13-17 所示。

在训练过程中,各个域的数据将首先由一个路由器分配,保证域 D^i 的数据

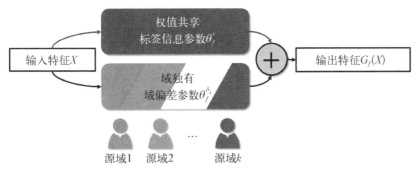

图 13 - 16 域残差网络的特征提取器

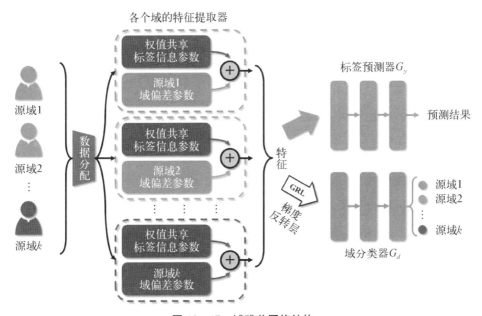

图 13 - 17 域残差网络结构

由参数 θ_f^i 进行特征提取。提取到的特征 $G'_f(x)$ 将同时呈递给 G_y 和 G_d 分别进行标签预测和源域判别,并形成相应的梯度。在梯度回传的过程中,样本 (x_i, y_i, d_i) 产生的梯度将仅回传给第 i 套特征提取参数 θ_f^i。我们可以将 DResNet 的优化过程整理为

$$(\hat{\theta}_f^l, \hat{\theta}_y) = \underset{\theta_f^i, \theta_y}{\arg\min} E(\theta_f^i, \theta_y, \hat{\theta}_d) \qquad (13-47)$$

$$(\hat{\theta}_d) = \underset{\theta_d}{\arg\min} E(\hat{\theta}_f^l, \hat{\theta}_y, \theta_d) \qquad (13-48)$$

训练过程中参数 θ_f^c 的权值共享保证了它对每个域的有效性，而参数 θ_f^p 为各个域独有，使得其仅获得这个域的信息。通过共同的对抗学习，权值共享的 θ_f^c 学习到各个域共有通用的标签信息，而各域独占的 θ_f^p 则倾向于提取域独有的偏差信息。在预测阶段，DResNet 将去掉各个域的域偏差参数，仅保留权值共享的标签信息参数。这样就达成了显式排除域偏差影响的目标，最终测试集数据将仅使用标签信息参数进行特征提取，然后由标签预测器进行最终的预测。

13.7.8 跨受试者情绪识别

我们首先对跨受试者情绪识别实验的结果进行讨论。在 SEED 三类情绪识别任务上的留一受试者交叉验证的实验结果如表 13-4 所示。表 13-4 展示了交叉验证结果的平均值和标准差。我们可以看到，由于个体差异的影响，作为基线的 SVM 模型的精度较低，仅有 58.1%。在基于传统迁移学习的跨受试者情绪识别模型中，域适应方法的精度较高，其中直推式参数迁移算法(TPT)的平均准确率达到了 75.1%，相较于基线提升了 17.0%。域泛化方法的精度虽然不是最高，但是与基线比较，其准确率仍然提升了 10% 左右。与传统域适应算法的结果相比，传统域泛化方法(DICA、SCA)的准确率仍然处于同一水平，而且从标准差可以看到，传统域泛化方法的性能更加稳定。

在基于深度学习的跨受试者情绪识别结果中，迁移学习模型的准确率提升得更加明显。基于 Wasserstein 距离生成式的对抗域适应网络(WGANDA)达到了目前跨受试者情绪识别的最高准确率，即 87.1%，相较于基线提升了 29.0%。虽然深度对抗域适应算法(DG-DANN、DResNet)没有达到最佳性能，但是与基线相比，其准确率仍然提升了 25% 以上，与深度域适应算法的精度处于相近的水平。另外对比域泛化-域对抗神经网络和域残差网络的结果，我们可以看到域残差网络的效果更优秀一些，这进一步验证了我们对于域内信息的假设，即域信息分为域间共享的标签信息以及域间不同的偏差信息。

表 13-4 基于 SEED 数据集的留一受试者交叉验证实验结果

单位：%

	基线	域适应方法					域泛化方法			
	SVM	TCA	TPT	DANN	DAN	WGAN DA	DICA	SCA	DG-DANN	DRes Net
平均值	58.1	64.0	75.1	79.1	83.8	87.1	69.4	66.3	84.3	85.3
标准差	13.8	14.6	12.8	13.1	8.5	7.1	7.8	10.6	8.3	8.0

通过对比我们发现，在相同的数据划分下，域适应方法可以达到最佳的识别效果；域泛化方法与域适应方法在跨受试者情绪识别的分类问题中有相近的准确率，且域泛化模型更加稳定。这是由于域适应方法使用了目标域无标签数据参与了模型的训练。而针对个别受试者进行迁移时，域适应模型的效果会有较大起伏。这可能由于个别受试者的数据分布与源域相差过大而导致了迁移失效。而在域泛化模型中，由于模型的训练过程没有目标域数据的参与，故模型的训练不会因为个别受试者数据的差异过大导致模型性能的波动，这使得模型在预测时效果更加稳定。

为了进一步测试域泛化模型的泛化能力，我们进行了多重随机受试者抽取交叉验证，其实验结果如表 13-5 所示。在这个实验范式中，我们集中使用 10 名受试者数据进行模型训练，在模型没有其余 5 名受试者任何数据的情况下直接对其数据进行预测。由于没有目标域的信息，域适应方法并不适用于这种范式，所以此处我们给出基线和域泛化方法的实验结果。首先可以看到，由于训练集数据量降低，各个模型的识别准确率有所下降。基线 SVM 的平均精度为 54.1%。在传统域泛化方法中，域无关成分分析（DICA）的准确率较高，达到了 64.4%，与基线相比提升了 10.2%。而基于深度对抗的域泛化方法的提升效果更加明显，其中 DG-DANN 的平均准确率达到了 81.5%，而 DResNet 的平均准确率达到了 81.7%，相较基线分别提升了 27.4% 和 27.6%。在这组实验中我们可以看到，DResNet 依然达到了最高的平均识别精度。另一个结论是，域泛化方法在对多个未知受试者进行情绪识别时仍然可以达到很好的迁移效果。

表 13-5　基于 SEED 数据集的多重随机受试者抽取交叉验证实验结果

单位：%

	SVM	DICA	SCA	DG-DANN	DResNet
平均值	54.1	64.4	60.8	81.5	81.7
标准差	13.5	9.0	5.0	7.9	7.4

为了进一步分析基于深度对抗网络域泛化模型的性能，我们利用 t-SNE 算法分别对 SEED 数据集的原始特征和经过 DResNet 提取的特征进行了可视化处理。t-SNE 算法是一种非线性降维算法，非常适合将高维特征降维至二维或者三维空间，从而进行可视化。经过非线性降维映射，在新的低维空间中不同样本之间的欧几里得距离表示的是其相似程度，越相似的点在新的低维空间中距离越近。

经过降维后的可视化特征分布如图 13-18 所示。图 13-18 中的三行分别是从三个不同的角度对一组数据划分下的可视化特征进行着色和分析,其中图 13-18(a)表示的是 SEED 数据集中的原始特征,而图 13-18(b)为经过 DResNet 网络中特征提取器提取的特征。其中第一行按照样本的源域进行着色。我们可以发现,SEED 数据集中各个源域的数据均聚在一起,不同的域之间

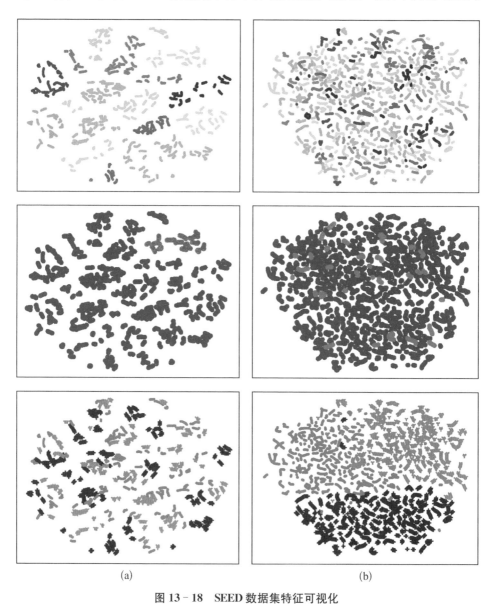

(a)   (b)

图 13-18　SEED 数据集特征可视化

(a) SEED 数据集原始特征;(b) DResNet 提取的特征

有着较大的间隔。这表明在数据集的原始特征中存在较大的域间差异。而经过训练的 DResNet 模型提取特征后,来自不同域的特征均匀地分布在整个空间,这表示此时不同域之间的域偏差通过 DResNet 的特征提取器映射后几乎已经消除了。这一点在第二行表现得更加明显。在第二行我们将留一受试者交叉验证中的源域数据,即训练集数据,标为蓝色,而将目标域数据,即测试集数据,标为红色。可以看到在原始数据中目标受试者的数据聚集在空间的一角,这导致我们在源域数据上训练的模型在目标域数据上遭受大幅的精度损失。而经过 DResNet 特征提取后,目标域数据均匀地充满了整个空间,这表明此时训练集和测试集数据的特征已经具有相同的分布,使用 DResNet 中的标签预测器进行预测即可获得较为准确的识别结果。

除此之外,我们还根据标签的信息对降维后的可视化特征进行着色。在第三行中,红色、蓝色和绿色分别表示高兴、悲伤和中性情绪。在 SEED 原始数据中,每个域内各种情绪的区分界面比较明显,而由于不同的域之间存在域偏差,在整个原始特征空间中并没有各类标签比较清晰的分界线。同时,在源域上训练得到的分界面很难适应目标域的各类样本分布,所以并不能很好地对样本进行分类。

我们再关注经过 DResNet 提取后的特征,可以发现各类样本之间已经出现了十分清晰的分界面。这是由于 DResNet 中的特征提取器同时接收来自域判别器的反向梯度和来自标签预测器的正向梯度。前者可以使特征提取器降低各个域之间的域偏差,从而令来自不同域的特征分布一致;后者可以接受标签相关的分类信息,从而使得提取到的特征更容易进行分类。所以最终提取到的特征可以既服从同一分布,又在各类之间有比较明显的分类间隔。

13.8 情感脑-机接口的潜在应用与挑战

相较于传统脑-机接口,情感脑-机接口的研究历史相对较短,正处于萌芽阶段,从事该研究的人员也比较少。本节将介绍目前笔者实验室正在开发的两个情感脑-机接口应用系统,探讨情感脑-机接口在通用人工智能发展过程中可能发挥的作用,最后列举情感脑-机接口尚未解决的若干公开问题。

13.8.1 基于情感脑-机接口的抑郁症评估系统

抑郁症是一种情感障碍疾病,其主要表现之一是患者对正面情绪的感知出现了异常。长久以来,人们从心理学、神经科学、认知科学等角度对抑郁症的临床表现、生理心理变化、神经系统变化进行了大量的研究,但是由于抑郁症疾病的复杂性,关于抑郁症的成因、治疗等诸多问题仍然是科学家研究的热点。

目前,抑郁症的诊断过程仍存在许多主观因素。首先,在诊断过程中,量表评分是一个重要的指标。但是,无论是患者的自评量表或者是医生填写的他评量表,在给出分数的过程中难免存在一定程度的主观因素。其次,医生在问诊环节,通过和患者及其家人的对话,直接或间接地了解患者的身体心理状态,进而综合考虑患者的状态、量表的反馈以及自己的经验,对患者的患病程度做出判断,这其中也不可避免地存在一定的主观因素。抑郁症在诊断过程中存在的主观性一方面影响患者了解自己的真实状态,另一方面,也影响医生对症下药和及时评估治疗方案。

随着我国人口老龄化的加剧和生活节奏的不断加快,抑郁症患病率增加与精神科医生短缺的矛盾将会逐步凸显。在此背景下,研究和开发基于人工智能技术和客观生理数据的智能抑郁症评估系统已经成为人工智能技术在情感障碍疾病诊断与治疗领域的一项重要研究课题。

首先,人工智能技术已经在临床医学中得到了成功应用并发挥了重要作用。例如,放射科读片和新型冠状病毒(COVID-19)患者的品行预测等[70-71]。这些成功的案例充分说明了人工智能技术在医疗领域巨大的应用潜力。其次,抑郁症患者会有情感障碍、睡眠障碍、注意力障碍等各种不同的表现。这些表现除了可以主观观测到,也可以通过脑电数据、眼动数据、心理实验、游戏等多种形式对其进行客观的量化和评估。这可以为多模态情感脑-机接口提供大量的多模态学习数据,从不同的侧面对抑郁症患者的症状进行建模,进而客观、定量地评估抑郁症[72-74]。

为了构建具有实用性的抑郁症评估系统,我们需要解决以下几个方面的技术问题,并改进诊断流程。

1) 多模态信号的同步采集

多模态信号同步采集可以让抑郁症评估系统从多个不同的侧面对抑郁症进行建模,提高模型的准确率和鲁棒性。例如,脑电信号可以反映患者中枢神经系统在不同任务下的神经活动,眼动数据则是不同认知活动的外显,视频、语音、文本等信号为我们后期分析患者的表情、说话语速等个人状态提供了便利。相较于单模态或者非同步采集的多模态数据,同步采集的多模态数据为后期建模分析提供了更大的可能性,模型能够从多模态共存的角度寻找可靠的抑郁症诊断指标[75-76]。

2）改进传统诊断流程

为了将问诊阶段的数据融入抑郁症评估系统中，需要在问诊阶段采集患者的行为动作、面部表情、语音等信息，如图 13 - 19 所示。因此，在征得患者同意的前提下，需要在问诊阶段增加录音、录像设备。为了客观评估患者的情绪、睡眠、注意力等状态，需要增加新的评估流程——多模态情感脑-机交互实验，通过对患者进行多个不同任务的情感交互实验，同步采集患者的多模态信号。

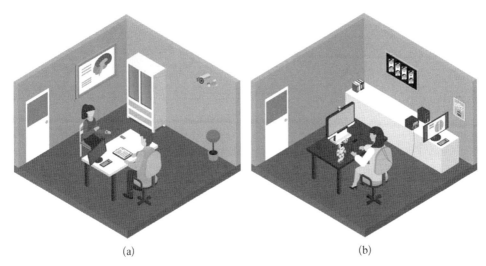

(a)　　　　　　　　　　　　　　(b)

图 13 - 19　改进的抑郁症诊断流程

（a）对问诊流程的改进（增加了录音、录像等设备）；（b）新增的多模态情感脑-机交互实验
（患者进行不同的实验任务，同步采集患者的多模态数据）

3）开发可靠的机器学习算法

机器学习算法是整个系统的核心。具体地，为了能够充分利用不同模态之间的互补性，需要构建高效的多模态融合算法，这样既能通过融合改善评估效果，又能为后期分析模态关系提供便利。为了改善由于采集脑电等生理信号的难度大而造成的数据量不足问题，可以使用生成式对抗网络模型，该模型根据不同的先验条件生成数据，提高模型的训练效率。为了实现更客观的评估，抑郁症评估系统还需要开发基于视频图像的患者微表情识别、行为动作分析，基于语音、文本数据的受试者情绪和行为偏好分析等。

4）评估系统的多种使用场景

评估系统除了改善医护人员的诊断效率，另一个重要目的是让患者能够及时了解自己的状态，让医护人员了解治疗方案的效果，这就需要患者在家或者住院期间单独使用抑郁评估系统，如图 13 - 20 所示。

图 13‑20 患者在家单独使用抑郁症评估系统示意图

为了能够让患者单独使用抑郁症评估系统,需要从两个方面进行设计和改进。首先,避免让患者记录脑电信号,一方面是因为脑电信号的采集准备过程比较烦琐,需要反复调节电极的接触质量,另一方面是因为一般需要专业的技术人员来使用脑电设备,对普通人而言,其操作难度较大。其次,为了配合脑电等模态的缺失,评估系统必须通过异质迁移学习等算法学习多模态之间的内在关系,能够利用剩余模态信息在一定程度上补充缺失模态的信息,保证评估效果的可靠性。

基于多模态情感脑-机交互的抑郁症评估系统同步采集客观的生理、非生理信号及交互行为数据,能够减少评估抑郁症过程中的主观因素,先进的人工智能技术可以保证评估系统的准确性和鲁棒性,多场景适用性为系统从医院走向家庭提供了可能性。

13.8.2 基于情感脑-机接口的难治性抑郁症脑深部电刺激治疗系统

除了情绪识别外,情感脑-机接口的另一重要应用是情绪调节。人类自身具有一定的情绪调节机制,可以对外界的刺激作出合适的情绪反应。当人体自身情绪调节机制失衡时,机体会产生不同于平常的情绪波动和情绪反应,从而引起相关的情感障碍,其中一种常见的情感障碍是抑郁症。最近的研究显示,全球有超过 2.6 亿的抑郁症患者,抑郁症被世界卫生组织认定为患病率最高的疾病之一。抑郁症通常会引起不同程度的脑功能受损,如认知功能下降、顽固性睡眠障碍等。目前常见的抑郁症治疗手段包括认知行为治疗、药物治疗以及电休克治疗。但是上述治疗手段对一部分(约 30%)抑郁症患者疗效不佳,这类抑郁症称为难治性抑郁症[77]。

目前,国内外一些顶尖的抑郁症研究团队正致力于研究和探索基于脑深部电刺激(deep brain stimulation,DBS)的难治性抑郁症治疗方法[78]。脑深部电刺激是一种侵入性神经调控技术,通过电刺激大脑皮层相应靶点来达到调节情绪的目的。DBS 通过侵入式手术将电极置入大脑内部,如图 13-21 所示。在手术结束后,DBS 电极可以为大脑深部提供持续性的电刺激,由于该刺激直接作用于大脑内部结构,所以治疗效果一般远远优于传统的物理治疗方式。更为重要的是,目前的临床研究没有发现 DBS 的认知损害。此外,最新的可感知 DBS 系统既可以进行脑深部电刺激,又能记录脑信号,因此这种系统可以看作是一种新型侵入式脑-机接口。近年来,基于 DBS 的治疗技术在帕金森症、神经性厌食症等方面均取得了较为成功的临床治疗效果[79-80]。在难治性抑郁症治疗方面,DBS 预计是会在未来 5～10 年内获得批准的一种很有前景的治疗方法。

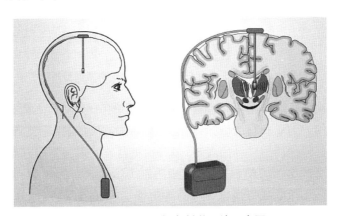

图 13-21 脑深部电刺激系统示意图

但是,将 DBS 大面积推广依然面临着巨大的挑战。一方面,患者的情绪会随着自身的健康状态、生活和工作环境的不同而变化,需要根据患者所处的环境及其康复状态持续地调节刺激参数。但是,目前临床试验中患者的康复状态需要依靠患者的主观报告及填写量表或者临床医生评估完成,缺乏客观的抑郁情绪评估指标。这种客观、定量反馈信息的缺乏也在很大程度上限制了调节脑深部电刺激参数的有效性。另一方面,目前 DBS 治疗缺乏公认有效的靶点和刺激参数,不同患者对不同刺激模式的反应存在一定的个体差异,为了达到最优的治疗效果,需要对刺激强度、刺激持续时间、刺激方位等参数进行个性化调节。医生手动调节参数费时费力,很难实现精准高效的刺激。

为了克服医生手动调节 DBS 参数的局限性,可以应用强化学习的方法使 DBS 刺激参数实现自适应和个性化的调节。强化学习是一种机器学习算法,可以支持智能化的时序决策。将强化学习应用于情绪调节,有望提供精准持续的 DBS 个性化治疗,实现智能化的基于 DBS 的难治性抑郁症治疗系统,即可以将 DBS 刺激参数(幅度、频率、位置)作为强化学习的调节目标,将患者的情绪状态作为反馈信号,根据反馈信号对刺激参数进行自适应调节,达到最优的刺激效果(见图 13 - 22)。

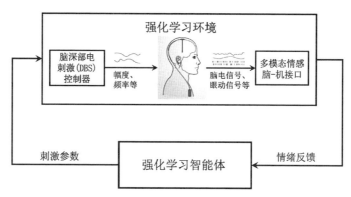

图 13 - 22 基于强化学习的闭环 DBS 情绪调节系统

对 DBS 参数进行合理调节的基础是对患者的情绪状态和康复情况进行准确、客观地评估。为了获得准确、客观的度量方法,可以结合基于情感脑-机接口的抑郁症评估系统,通过设计患者与计算机、机器人的多种不同方式的人机交互实验,获取患者的多模态情感数据,实现对患者情绪状态的客观、定量评估和度量。在此基础上,建立基于强化学习的难治性抑郁症脑深部电刺激个性化参数调节模型,根据情绪状态客观、定量评估反馈信号,自适应调节脑深部电刺激的刺激参数,有望实现个性化的抑郁症诊断和治疗系统。

13.8.3 情感脑-机接口与通用人工智能

AlphaGo 战胜人类围棋顶尖高手是人工智能发展史上的一件里程碑事件。从人工智能的角度,AlphaGo 具有强大的逻辑智能,但它并不具有任何情感智能。在 2016 年 6 月夏季达沃斯论坛上,李世石曾几次提及类似的话:"我再也不想跟 AlphaGo 下棋了。"李世石直言,跟 AlphaGo 下棋没有感情上的交流,其困难程度超出想象,这正体现出情感智能的重要性。未来人工智能的研究,除逻辑智能外,我们必须关注情感智能。但是,目前无论是学术界还是工业界,大家还主要侧重逻辑智能的研究与开发,而情感智能的研究尚处于萌芽阶段。

随着人工智能的不断发展及其在各行各业的广泛应用,特别是那些需要人与机器自然交互的任务或人需要与机器协同作业的任务,情感智能将是关键的核心技术。例如,未来的家庭服务机器人,它们不同于现在汽车装配线上的工业机器人,不仅需要具有强大的逻辑智能,而且需要具有符合人类伦理、道德和生活习俗的情感智能。举例说,老年人不会喜欢一个没有任何情感智能的家庭陪伴机器人或聊天机器人。不具有情感智能的弱人工智能无法满足人类社会的需求,未来的通用人工智能(artifical general intelligence)应该是逻辑智能与情感智能的有机结合,是人工智能发展的必然趋势[81]。

大脑是通用人工智能唯一的参照物。人类需要知道自己大脑的工作机理,从而构建机器的情感和通用人工智能。人工智能追求的终极目标是让机器像人一样学习、思考,并具有情感。根据目前神经科学、认知科学、计算机科学和人工智能的发展水平,机器要实现像人一样的情感至少需要经历四个阶段,如图13-23所示。初始阶段,大多数人工智能系统仅具有逻辑智能,不具备任何情感智能;第一阶段,机器能精确识别人的情绪并进行情感反馈;第二阶段,机器具有自主学习能力,并对客观世界有全面的感知;第三阶段,机器具有价值、意识和创造性,具有像人一样的情感,从而具有与人进行自然情感交互的能力。目前人工智能的研究水平正从初始阶段迈向第一阶段。而在通用人工智能发展过程

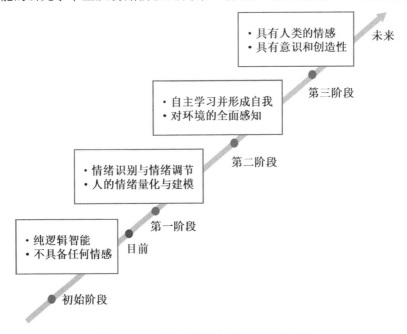

图 13-23　从情绪识别到构建人类的情感

中,情感脑-机接口将发挥重要的作用,因为它是能够使未来机器人精准地识别人类情绪的关键技术。

遗传算法之父 Holland 在 *Emergence: From Chaos to Order* 一书中提到整体协同耦合的系统远比各模块单独的行为复杂,并称之为涌现[82]。涌现机制不是简单的功能堆积,其运算必须是非线性的。大脑从单个神经元到高级功能正是涌现机制的一个例子。人工智能之父 Minsky 在 *The Society of Mind* 一书中解释了如何利用无心智的小模块构建出心智的原理,即心智的涌现[83]。他在 *The Emotion Machine* 一书中进一步解释人类大脑的运行方式,设计了能理解、会思考的机器,然后尝试将这种思维运用到理解人类自身和发展人工智能上[84]。他认为机器的情感可以通过涌现机制由许多非情感功能构建,未来的机器将具有人类的情感。

13.8.4　情感脑-机接口的挑战

最近,Shanechi 在《自然神经科学》杂志里[85]列举了运动型脑-机接口与情感脑-机接口在五个方面面临的挑战,如表 13-6 所示。显然,相对于运动型脑-机接口,情感脑-机接口面临的挑战更艰巨。此外,对于情感脑-机接口,还有下列若干尚未解决的公开问题。

表 13-6　运动型脑-机接口与情感脑-机接口面临的挑战性问题

挑　　战	运动型脑-机接口	情绪型脑-机接口
神经测量	运动皮层网络(包括前运动皮层、初级运动皮层以及后顶叶皮层)	分布式多点皮层网络,其职能尚未明确定义
行为测量	时间上连续(运动)	时间上离散,频率低(例如,自我情绪评估表)
行为动力学时间尺度	毫秒级(运动动态)	数分钟至数天或更长(情绪动态)
行为评估	相对容易且准确	困难且不准确(常见评估方法是自我评估量表)
是否需要对直接脑刺激效果建模	一般不需要,除非双向脑-机接口提供人工感觉反馈	需要,并且要对分布式多点皮层网络建模

(1) 目前,有许多与情感处理有关的情感障碍疾病,如抑郁症和自闭症。但是,人们对大脑的情绪处理神经机制知之甚少。跨受试者的情感研究应结合对神经和行为数据的分析,找到针对情绪障碍的治疗方法。未来也许将有一种有

效的方法来激活或抑制用于治疗情绪障碍的特定神经回路。

（2）需要研究情感脑-机接口在真实场景中的应用,应用场景可以扩展到游戏、慕课和机器人等各个领域。目前的研究主要集中在可控、理想的实验室环境,从模拟到真实情景的推广需要进一步研究。模拟和真实场景有许多不同的特性,包括不利的环境、个体差异等。如何克服模拟与真实场景之间的差异是一项重要的研究课题。

（3）目前,公开脑电数据集的受试群体大都以年轻学生为主,需要评估其他年龄段的受试者表现。此外,情绪识别中的性别差异[86-89]和文化差异[90-92]也需要进行系统地研究,比如,面部表情在各种文化中显示出的共性,跨文化的个人情感是否存在稳定的神经模式。

（4）可以引入更多的传感器模态,研究它们彼此之间的相互作用。如何有效地将各种采样频率下不同模态信号进行有效融合仍然是一个未解决的问题。

（5）情感标签被标注为离散的类别,这种方法没有考虑情感随时间的动态变化。如何在连续的范围内准确地识别情绪,并在较高的时间分辨率下进行情绪标注是一个需要解决的问题。

（6）目前的情绪实验设定与社交环境是隔离的,受试者被动地受到刺激,并且不能主动地与环境互动。将来,我们可以通过引入社交互动来改善实验。

参考文献

［1］ Adolphs R，Anderson D J. The neuroscience of emotion：a new synthesis［M］. Princeton：Princeton University Press，2018.

［2］ Dolensek N，Gehrlach D A，Klein A S. Facial expressions of emotion states and their neuronal correlates in mice［J］. Science，2020，368(6486)：89－94.

［3］ Somers M. Emotion AI，explained［EB/OL］. 2019－03－08）［2019－09－22］https：//mitsloan. mit. edu/ideas-made-to-matter/emotion-ai-explained.

［4］ Guger C，Allison B Z，Mrachacz-Kersting N. Brain-computer interface research：a state-of-the-art summary 7［M］. Berlin：Springer，2017，1－9.

［5］ Ang K K，Guan C T. Brain-computer interface for neurorehabilitation of upper limb after stroke［J］. Proceedings of the IEEE，2015，103(6)：944－953.

［6］ Lotte F，Congedo M，Lécuyer A，et al. A review of classification algorithms for EEG-based brain-computer interfaces［J］. Journal of Neural Engineering，2007，4(2)：R1－R13.

［7］ Mühl C，Allison B，Nijholt A，et al. A survey of affective brain computer interfaces：principles，state-of-the-art，and challenges［J］. Brain-Computer Interfaces，2014，1

(2)：66 - 84.

[8] Lin Y P, Wang C H, Jung T P, et al. EEG-based emotion recognition in music listening[J]. IEEE Transactions on Biomedical Engineering, 2010, 57(7)：1798 - 1806.

[9] James W. What is an emotion? [J]. Mind, 1884, 9(34)：188 - 205.

[10] Lange C G. The mechanism of the emotions[J]. The Classical Psychologists, 1885：672 - 684.

[11] Cannon W B. The James-Lange theory of emotions：a critical examination and an alternative theory[J]. The American Journal of Psychology, 1927, 9(1/4)：106 - 124.

[12] Ekman P. An argument for basic emotions[J]. Cognition and Emotion, 1992, 6(3 - 4)：169 - 200.

[13] Cordaro D T, Sun R, Keltner D, et al. Universals and cultural variations in 22 emotional expressions across five cultures[J]. Emotion, 2018, 18(1)：75.

[14] Plutchik R. A general psychoevolutionary theory of emotion[M]. Pittsburgh：Academic press, 1980.

[15] Russell J A. A circumplex model of emotion[J]. Journal of Personality and Social Psychology, 1980, 39：1161 - 1178.

[16] Zheng W L, Lu B L. Investigating critical frequency bands and channels for EEG-based emotion recognition with deep neural networks[J]. IEEE Transactions on Autonomous Mental Development, 2015, 7(3)：162 - 175.

[17] Koelstra S, Muhl C, Soleymani M, et al. Deap：A database for emotion analysis；using physiological signals[J]. IEEE Transactions on Affective Computing, 2011, 3(1)：18 - 31.

[18] Salovey P, Mayer J D. Emotional intelligence[J]. Imagination, Cognition and Personality, 1990, 9(3)：185 - 211.

[19] Picard R W. Affective computing[M]. Boston：MIT press, 2000.

[20] El Ayadi M, Kamel M S, Karray F. Survey on speech emotion recognition：features, classification schemes, and databases[J]. Pattern Recognition, 2011, 44(3)：572 - 587.

[21] Ko B C. A brief review of facial emotion recognition based on visual information [J]. Sensors, 2018, 18(2)：401.

[22] Yadollahi A, Shahraki A G, Zaiane O R. Current state of text sentiment analysis from opinion to emotion mining[J]. ACM Computing Surveys, 2017, 50(2)：25.

[23] Li S, Deng W H. Deep facial expression recognition：A survey[J]. IEEE Transactions on Affective Computing, 2020, DOI 10. 1109/TAFFC. 2020. 2981446.

[24] Alarcao S M, Fonseca M J. Emotions recognition using EEG signals: a survey [J]. IEEE Transactions on Affective Computing, 2017, 10(3): 374 - 393.

[25] Cheng X F, Wang Y, Dai S C, et al. Heart sound signals can be used for emotion recognition[J]. Scientific Reports, 2019, 9(1): 6468.

[26] Nardelli M, Valenza G, Greco A, et al. Recognizing emotions induced by affective sounds through heart rate variability[J]. IEEE Transactions on Affective Computing, 2015, 6(4): 385 - 394.

[27] Zheng W L. Affective brain-computer interactions[D]. Shanghai: Shanghai Jiao Tong University, 2018.

[28] 聂聃, 王晓韡, 段若男, 等. 基于脑电的情绪识别研究综述[J]. 中国生物医学工程学报, 2012, 31(4): 595 - 606.

[29] Wang X W, Nie D, Lu B L. Emotional state classification from EEG data using machine learning approach[J]. Neurocomputing, 2014, 129: 94 - 106.

[30] Kessler H, Doyen-Waldecker C, Hofer C, et al. Neural correlates of the perception of dynamic versus static facial expressions of emotion[J]. GMS Psycho-Social-Medicine, 2011, 8: 3.

[31] Ptaszynski M, Dybala P, Shi W, et al. Towards context aware emotional intelligence in machines: computing contextual appropriateness of affective states [C]// International Joint Conference on Artificial Intelligence, 2009: 1469 - 1474.

[32] Bulling A, Ward J A, Gellersen H, et al. Eye movement analysis for activity recognition using electrooculography[J]. IEEE Transactions on Pattern Analysis and Machine Intelligence, 2011, 33(4): 741 - 753.

[33] Gross J J. Handbook of emotion regulation[M]. Guilford: Guilford Publications, 2013.

[34] Gross J J. Emotion regulation: affective, cognitive, and social consequences[J]. Psychophysiology, 2002, 39(3): 281 - 291.

[35] Ekman P, Levenson R W, Friesen W V. Autonomic nervous system activity distinguishes among emotions[J]. Science, 1983, 221(4616): 1208 - 1210.

[36] Rizzolatti G, Craighero L. The mirror-neuron system [J]. Annual Review Neuroscience, 2004, 27: 169 - 192.

[37] 石立臣. 基于脑电信号的警觉度估计研究[D]. 上海: 上海交通大学, 2012.

[38] Jenke R, Peer A, Buss M. Feature extraction and selection for emotion recognition from EEG[J]. IEEE Transactions on Affective Computing, 2014, 5(3): 327 - 339.

[39] Duan R N, Zhu J Y, Lu B L. Differential entropy feature for EEG-based emotion classification[C]//In International IEEE/EMBS Conference on Neural Engineering, 2013.

[40] Shi L C, Lu B L. Off-line and on-line vigilance estimation based on linear dynamical system and manifold learning[C]//International Conference of the IEEE Engineering in Medicine and Biology, 2010: 6587 – 6590.

[41] Bishop C M, Nasrabadi N M. Pattern recognition and machine learning[M]. New York: Springer, 2006.

[42] Partala T, Surakka V. Pupil size variation as an indication of affective processing [J]. International Journal of Human-Computer Studies, 2003, 59(1): 185 – 198.

[43] Bradley M M, Miccoli L, Escrig M A, et al. The pupil as a measure of emotional arousal and autonomic activation[J]. Psychophysiology, 2008, 45(4): 602 – 607.

[44] Soleymani M, Pantic M, Pun T. Multimodal emotion recognition in response to videos [J]. IEEE Transactions on Affective Computing, 2012, 3(2): 211 – 223.

[45] Lu Y F, Zheng W L, Li B B, et al. Combining eye movements and EEG to enhance emotion recognition[C]//International Conference on Artificial Intelligence, 2015.

[46] Murofushi T, Sugeno M. An interpretation of fuzzy measures and the choquet integral as an integral with respect to a fuzzy measure[J]. Fuzzy Sets and Systems, 1989, 29(2): 201 – 227.

[47] Zheng W L, Liu W, Lu Y F, et al. EmotionMeter: a multimodal framework for recognizing human emotions[J]. IEEE Transactions on Cybernetics, 2019, 49(3): 1110 – 1122.

[48] Srivastava N, Salakhutdinov R R. Multimodal learning with deep boltzmann machines [C]//International Conference on Neural Information Processing Systems, 2012: 2222 – 2230.

[49] Yang Y, Wu Q J, Zheng W L, et al. EEG-based emotion recognition using hierarchical network with subnetwork nodes[J]. IEEE Transactions on Cognitive and Developmental Systems, 2017, 10(2): 408 – 419.

[50] Song T F, Zheng W M, Song P, et al. EEG emotion recognition using dynamical graph convolutional neural networks[J]. IEEE Transactions on Affective Computing, 2018, 11(3): 532 – 541.

[51] Li M, Lu B L. Emotion classification based on gamma-band EEG[C]//International Conference of the IEEE Engineering in Medicine and Biology Society, 2009.

[52] Zheng W L, Dong B N, Lu B L. Multimodal emotion recognition using EEG and eye tracking data[C]//International Conference of the IEEE Engineering in Medicine and Biology Society, 2014: 5040 – 5043.

[53] Liu W, Zheng W L, Lu B L. Emotion recognition using multimodal deep learning [C]//In International Conference on Neural Information Processing, 2016, 521 – 529.

[54] Jayaram V, Alamgir M, Altun Y, et al. Transfer learning in brain-computer interfaces

[J]. IEEE Computational Intelligence Magazine，2016，11(1)：20-31.

[55] Sangineto E，Zen G，Ricci E，et al. We are not all equal：personalizing models for facial expression analysis with transductive parameter transfer［C］. In ACM International Conference on Multimedia，2014，357-366.

[56] Ganin Y，Ustinova E，Ajakan H，et al. Domain-adversarial training of neural networks[J]. The Journal of Machine Learning Research，2016，17(1)：2096-2030.

[57] Tzeng E，Hoffman J，Saenko K，et al. Adversarial discriminative domain adaptation ［C］//IEEE Conference on Computer Vision and Pattern Recognition，2017：7167-7176.

[58] Blanchard G，Lee G，Scott C. Generalizing from several related classification tasks to a new unlabeled sample[C]//International Conference on Neural Information Processing Systems，2011.

[59] Muandet K，Balduzzi D，Schölkopf B. Domain generalization via invariant feature representation[C]//International Conference on Machine Learning，2013.

[60] Ghifary M，Kleijn W B，Zhang M J，et al. Domain generalization for object recognition with multi-task autoencoders[C]. IEEE International Conference on Computer Vision，2015.

[61] Ghifary M，Balduzzi D，Kleijn W B，et al. Scatter component analysis：A unified framework for domain adaptation and domain generalization[J]. IEEE Transactions on Pattern Analysis and Machine Intelligence，2016，39(7)：1414-1430.

[62] Khosla A，Zhou T，Malisiewicz T，et al. Undoing the damage of dataset bias[C]//In European Conference on Computer Vision，2012：158-171.

[63] Fang C，Xu Y，Rockmore D N. Unbiased metric learning：on the utilization of multiple datasets and web images for softening bias［C］//IEEE International Conference on Computer Vision，2013.

[64] Li D，Yang Y X，Song Y Z，et al. Deeper，broader and artier domain generalization ［C］//IEEE International Conference on Computer Vision，2017.

[65] Xu Z，Li W，Niu L，et al. Exploiting low-rank structure from latent domains for domain generalization［C］//In European Conference on Computer Vision，2014：628-643.

[66] He W，Zheng H，Lai J. Domain attention model for domain generalization in object detection［C］//In chinese conference on pattern recognition and computer vision，2018.

[67] 马博群.基于对抗域泛化的跨被试情绪识别与疲劳检测[D].上海：上海交通大学，2020.

[68] Ma B Q，Li H，Luo Y，et al. Depersonalized Cross-Subject Vigilance Estimation with

Adversarial Domain Generalization[C]//In International Joint Conference on Neural Networks，2019：1 - 8.

[69] Ma B Q，Li H，Zheng WL，et al. Reducing the Subject Variability of EEG Signals with Adversarial Domain Generalization[C]//In International Conference on Neural Information Processing，2019：30 - 42.

[70] Mei X Y，Lee H C，Diao K Y，et al. Artificial intelligence-enabled rapid diagnosis of patients with COVID - 19[J]. Nature Medicine，2020，1 - 5.

[71] Yan L，Zhang H T，Goncalves J，et al. An interpretable mortality prediction model for COVID - 19 patients[J]. Nature Machine Intelligence，2020，2：283 - 288.

[72] Rottenberg，J. Emotions in depression：what do we really know？[J]. Annual Review of Clinical Psychology，2017，13：241 - 263.

[73] Giuntini F T，Cazzolato M T，Dos-Reis M D，et al. A review on recognizing depression in social networks：challenges and opportunities[J]. Journal of Ambient Intelligence and Humanized Computing，2020，11：1 - 17.

[74] Acharya U R，Sudarshan V K，Adeli H，et al. Computer-aided diagnosis of depression using EEG signals[J]. European Neurology，2015，73(5 - 6)：329 - 336.

[75] Bocharov A V，Knyazev G G，Savostyanov A N. Depression and implicit emotion processing：an EEG study[J]. Neurophysiologie Clinique/Clinical Neurophysiology，2017，47(3)：225 - 230.

[76] Yang F，Pediaditis M，Tsiknakis M. Automatic assessment of depression based on visual cues：a systematic review[J]. IEEE Transactions on Affective Computing，2019，10(4)：445.

[77] Fava M. Diagnosis and definition of treatment-resistant depression[J]. Biological Psychiatry，2003，53(8)：649 - 659.

[78] Mayberg H S，Lozano A M，Voon V，et al. Deep brain stimulation for treatment-resistant depression[J]. Neuron，2005，45(5)：651 - 660.

[79] Deuschl G，Schade-Brittinger C，Krack P，et al. A randomized trial of deep-brain stimulation for Parkinson's disease[J]. New England Journal of Medicine，2006，355(9)：896 - 908.

[80] Lipsman N，Woodside D B，Giacobbe P，et al. Subcallosal cingulate deep brain stimulation for treatment-refractory anorexia nervosa：a phase 1 pilot trial[J]. The Lancet，2013，381(9875)：1361 - 1370.

[81] 吕宝粮. 情感智能与伦理[J]. 跨文化对话，2019，41：215 - 222.

[82] Holland J H. Emergence：from chaos to order[M]. Oxford：Oxford University Press，1998.

[83] Minsky M. The society of mind[M]. New York：Simon and Schuster，1986.

[84] Minsky M. The emotion machine[M]. New York：Pantheon Press，2006.

[85] Shanechi M M. Brain-machine interfaces from motor to mood[J]. Nature Neuroscience，2019，22(10)：1554 - 1564.

[86] 闫雪. 基于脑电和眼动数据的男女情绪差异研究[D]. 上海：上海交通大学，2018.

[87] Zhu J Y，Zheng W L，Lu B L. Cross-subject and cross-gender emotion classification from EEG[C]//In World Congress on Medical Physics and Biomedical Engineering，2015.

[88] Yan X，Zheng W L，Liu W，et al. Identifying gender differences in multimodal emotion recognition using bimodal deep autoencoder[C]//In International Conference on Neural Information Processing，2017：533 - 542.

[89] Yan X，Zheng W L，Liu W，et al. Investigating gender differences of brain areas in emotion recognition using LSTM neural network[C]//In International Conference on Neural Information Processing，2017：820 - 829.

[90] 吴思远. 基于脑电与眼动数据的跨文化情绪识别研究[D]. 上海：上海交通大学，2019.

[91] Wu S Y，Schaefer M，Zheng W L，et al. Neural patterns between Chinese and Germans for EEG-based emotion recognition[C]//International IEEE/EMBS Conference on Neural Engineering，2017：94 - 97.

[92] Gan L，Liu W，Luo Y，et al. A cross-culture study on multimodal emotion recognition using deep learning[C]//International Conference on Neural Information Processing，2019.

索　引